国外油气勘探开发新进展丛书（十六）

采油采气中的有机沉积物

[美] Wayne W. Frenier　Murtaza Ziauddin
　　Ramachandran Venkatesan　著
　　　　杨　玲　李　响　译

石油工业出版社

内 容 提 要

本书概述了原油的化学和物理特征，阐述了有机沉积物的形成、沉积理论，介绍了预测油气生产过程中潜在有机沉积物生成的仿真工具和垢的管理方法，列举了应用这些理论控制油气生产干线有机沉积物生成的最佳方法和成功案例。

本书可供从事石油工程科研与实践的工作者，尤其是那些具有一定石油工程专业知识和实践经验而又需要较系统地掌握油、气生产过程中有机沉积物形成、预防、清除知识的技术人员学习参考，也可作为石油工程专业本科生、研究生的辅助教材。

图书在版编目（CIP）数据

采油采气中的有机沉积物 /（美）韦恩·W. 弗雷耶
(Wayne W. Frenier)，（美）穆尔塔扎·齐奥丁
(Murtaza Ziauddin)，（美）拉玛钱德兰·文卡泰桑著；
杨玲，李响译 . — 北京：石油工业出版社，2020.6
（国外油气勘探开发新进展丛书 . 十六）
书名原文：Organic Deposits in Oil and Gas Production
    ISBN 978–7–5183–3384–4

  Ⅰ . ①采… Ⅱ . ①韦… ②穆… ③拉… ④杨… ⑤李… Ⅲ . ①油气开采 – 防垢 Ⅳ . ① TE358…

中国版本图书馆 CIP 数据核字（2019）第 106441 号

Organic Deposits in Oil and Gas Production
by Wayne W. Frenier, Murtaza Ziauddin and Ramachandran Venkatesan
Copyright © 2010 Society of Petroleum Engineers
All Rights Reserved. Translated from the English by Petroleum Industry Press with permission of the Society of Petroleum Engineers. The Society of Petroleum Engineers is not responsible for, and does not certify, the accuracy of this translation.
本书经美国 Society of Petroleum Engineers 授权石油工业出版社有限公司翻译出版。版权所有，侵权必究。
北京市版权局著作权合同登记号：01—2014—7351

出版发行：石油工业出版社
    （北京安定门外安华里 2 区 1 号楼　100011）
    网　　址：www.petropub.com
    编辑部：(010) 64210387　图书营销中心：(010) 64523633
经　　销：全国新华书店
印　　刷：北京中石油彩色印刷有限责任公司

2020 年 6 月第 1 版　2020 年 6 月第 1 次印刷
787×1092 毫米　开本：1/16　印张：23.5
字数：555 千字

定价：168.00 元
（如出现印装质量问题，我社图书营销中心负责调换）
版权所有，翻印必究

《国外油气勘探开发新进展丛书（十六）》
编委会

主　任：赵政璋

副主任：赵文智　张卫国　李天太

编　委：（按姓氏笔画排序）

　　　　朱道义　刘德来　杨　玲　张　益

　　　　陈　军　周家尧　周理志　赵金省

　　　　章卫兵

序

  为了及时学习国外油气勘探开发新理论、新技术和新工艺，推动中国石油上游业务技术进步，本着先进、实用、有效的原则，中国石油勘探与生产分公司和石油工业出版社组织多方力量，对国外著名出版社和知名学者最新出版的、代表最先进理论和技术水平的著作进行了引进，并翻译和出版。

  从2001年起，在跟踪国外油气勘探、开发最新理论新技术发展和最新出版动态基础上，从生产需求出发，通过优中选优已经翻译出版了15辑80多本专著。在这套系列丛书中，有些代表了某一专业的最先进理论和技术水平，有些非常具有实用性，也是生产中所亟需。这些译著发行后，得到了企业和科研院校广大科研管理人员和师生的欢迎，并在实用中发挥了重要作用，达到了促进生产、更新知识、提高业务水平的目的。部分石油单位统一购买并配发到了相关技术人员的手中。同时中国石油天然气集团公司也筛选了部分适合基层员工学习参考的图书，列入"千万图书下基层，百万员工品书香"书目，配发到中国石油所属的4万余个基层队站。该套系列丛书也获得了我国出版界的认可，三次获得了中国出版工作者协会的"引进版科技类优秀图书奖"，形成了规模品牌，获得了很好的社会效益。

  2017年在前15辑出版的基础上，经过多次调研、筛选，又推选出了国外最新出版的6本专著，即《提高采收率基本原理》《油页岩开发——美国油页岩开发政策报告》《现代钻井技术》《采油采气中的有机沉积物》《天然气——21世纪能源》《压裂充填技术手册》，以飨读者。

  在本套丛书的引进、翻译和出版过程中，中国石油勘探与生产分公司和石油工业出版社组织了一批著名专家、教授和有丰富实践经验的工程技术人员担任翻译和审校工作，使得该套丛书能以较高的质量和效率翻译出版，并和广大读者见面。

  希望该套丛书在相关企业、科研单位、院校的生产和科研中发挥应有的作用。

中国石油天然气集团公司副总经理

译者前言

随着中国对油气资源需求的快速增长，加快中国石油工业的发展步伐、提高石油资源开发效果的重要性就愈发凸显，而油气生产过程中，生产系统的高效运营是高效开发油气田的技术保障。

在石油生产过程中，由于流体性质和外界因素的影响，在生产系统中经常会形成各种沉积物，包括无机沉积物（无机垢）和有机沉积物（有机垢）。沉积物的形成，会给生产和安全带来一系列影响，主要表现为流速降低、设备故障而影响产量，甚至引发各种事故，需要大量和昂贵的补救措施来缓解这些问题。

中国油气生产系统结垢问题不容小觑，它可能严重影响石油生产，尤其是陆上低产井结蜡问题和海上油气井的水合物形成问题，都会制约油气资源的高效开发。

为了及时了解和跟踪国外油气生产的新理论、新技术、新工艺，提高中国油气生产的理论水平和技术水平，石油工业出版社联合西安石油大学，在西安石油大学优秀著作出版基金的资助下，对石油工程师学会2010年出版的"Organic Deposits in Oil and Gas Production"一书进行了翻译。该书重点对井筒、地面设备和管线中有机沉积物方面的研究内容进行了深化、扩展与提高，在很大程度上反映了21世纪最初10年国外有机沉积物方面研究在理论、技术以及现场应用上取得的新进展与成果，同时也对无机沉积物方面研究做了介绍。该书系统介绍了石油生产系统中结垢理论和预防、清除技术，是"垢"研究的经典参考资料，是从事预防和清除有机沉积物研究与应用的工程师的必读之书。

该书针对石油生产系统结垢问题，以原油的化学和物理特征为基础，重点阐述了有机沉积物的形成、沉积新理论，介绍了预测油气生产过程中潜在有机沉积物生成的仿真工具以及沉积物的预防和清除管理方法，列举研究了国外油气田应用此类理论控制油气生产干线有机沉积物生成的最佳方法和成功案例，总结了现有的技术，探讨了有机沉积物研究的发展方向，为油气田现场有机沉积物的预防和清除提供理论和方法，为有机沉积物方面的研究指明方向。

全书共7章，李响翻译原书前言、第1章至第3章，杨玲翻译第4章至第7章；同时杨子言、陈龙伟、王黎明为该书的翻译提供了许多帮助，在此表示诚挚的感谢！

由于译者水平有限，翻译时难免存在疏漏、不妥之处，请读者批评指正！

原书前言

本书以普通读者为对象，概述了有机垢的形成、沉积、清除和预防的理论和技术，重点介绍了控制有机垢沉积的化学和力学原理。概述部分从油气生产上游的角度介绍了生产系统干线垢管理的技术现状。后续章节介绍的内容包括垢形成的化学和物理驱动力、垢的管理方法和可以预测潜在问题（垢）的仿真工具。Frenier 和 Ziauddin（2008）介绍了无机垢的形成、清除和抑制机理，以及应用这些原理控制干线垢沉积的最佳方法和成功案例。

提纲分析如下：

（1）生产系统是否存在结垢问题？
（2）如果存在结垢问题，结垢程度如何？
（3）结垢问题是否可以通过加热、机械或化学手段处理？
（4）应用流动保障理念对特定问题进行评估。

本书的每个章节都对当前文献进行了综述，并对文献引用的共识进行了总结。

第 1 章介绍了垢产生的原因和造成的经济损失，同时也对无机垢进行了简要的回顾。第 2 章介绍了有机垢形成的基本概念和基本原理。第 3 章介绍了原油的化学和物理特性及分析技术，这些特征有可能影响有机垢的形成。第 4 章详细介绍了特定类型有机垢以及有机/无机混合垢形成和沉积机理。第 5 章介绍各种清除有机垢的方法。第 6 章介绍了有机垢抑制和减轻的技术。第 1 章到第 6 章的最后都以"思考与讨论"结束。在"思考与讨论"部分总结了现有的技术和这些技术在流动保障项目中的应用。第 7 章以最佳案例形式，进一步阐述了前面章节介绍的有机垢控制和补救措施的技术和原理。

油田"上游"环境的定义。本书只限于油田"上游"生产环境中垢沉积问题。作者主要讨论"上游"管道和井眼中的垢，管道和井眼干线包括天然或人工管道、地面设备、集油管线和井场地面设备，油田"上游"生产环境中的垢沉积可导致"储层伤害"以及油井和管道的堵塞。本书不讨论集输管线和炼厂设备中垢的清除和抑制问题，但集输管线和炼厂清除和抑制垢需要的许多技术和方法与本书介绍的很相似，将本书的方法进行适当修正后即可使用。读者可参看 Frenier（2001）对工业设备清除污垢的总结，其中就包括了油气生产设备清污问题。有关储层伤害的更多认识，读者也可参考 Civan（2000）的见解。

致　　谢

笔者感谢斯伦贝谢公司和雪佛龙公司的帮助和鼓励，尤其感谢他们为本书提供了大量文本和插图。同时也感谢斯伦贝谢公司的 Syed Ali 和 Phil Fletcher，他们参与了该写作项目的策划，并提供了大量的参考文献，对本书做出了巨大贡献，让大家对垢的认识更加深入。

石油工程师学会（SPE）要感谢 Jim Collins（康菲石油公司）代表书籍发展委员会监督本书写作项目所做的慷慨贡献。感谢康菲石油公司为保证本书在整个写作和审核过程中的进度和质量所做的贡献。

献　　辞

Wayne W. Frenier：此书献给我妻子 Dolores 和我们的孩子 Andrew Frenier、Kathleen Turner 以及我们的孙子，他们激励我继续学习和成长。

Murtaza Ziauddin：此书献给我的父母 Ismail 和 Tasneem，他们把我带到这个世界并成就了我的今天。

Ramachandran Venkatesan：感谢父母（R. Venkatesan 先生和 Meenakshi Venkatesan 太太）的养育之恩，感谢妻子 Madhu 和儿子 Pranav 对我的支持，我的生活不能没有他们。

目 录

1 概述 (1)
   1.1 现场垢的形成过程 (1)
   1.2 名词解释 (1)
   1.3 油藏的生产周期 (1)
   1.4 储层流体 (2)
   1.5 有机垢和无机垢的形成原因及形成地点 (2)
   1.6 生产环境中的无机垢 (4)
   1.7 无机垢和有机垢对生产的影响 (6)
   1.8 无机垢和有机垢对经济效益的影响 (8)
   1.9 无机垢或有机垢的初步诊断 (10)
   1.10 思考与讨论 (12)

2 有机垢形成的基本原理 (13)
   2.1 原油组分 (15)
   2.2 烃体系的相态 (22)
   2.3 状态方程 (27)
   2.4 思考与讨论 (32)

3 原油的物理化学特性 (33)
   3.1 概述 (33)
   3.2 原油成分特征 (37)
   3.3 物理性质 (48)
   3.4 思考与讨论 (54)

4 有机垢的特征和形成机制 (56)
   4.1 蜡（烷烃） (57)
   4.2 沥青质 (71)
   4.3 笼形天然气水合物 (100)
   4.4 环烷酸盐 (115)
   4.5 聚合物垢及其他反应生成物和研究沉积的地面设施 (124)
   4.6 混合垢 (128)
   4.7 研究沉积的设备 (131)

		4.8 总结与思考	(138)
5	清除有机垢的方法		(140)
	5.1	机械清除方法	(140)
	5.2	超声波方法和其他非化学方法	(149)
	5.3	有机垢的化学溶解方法	(150)
	5.4	垢和溶剂的测试技术	(171)
	5.5	细菌法清除蜡和沥青质	(176)
	5.6	思考与讨论	(179)
6	预防有机垢形成和沉积的方法		(180)
	6.1	天然气脱水	(180)
	6.2	井筒或管道的热力维护	(183)
	6.3	冷流法运输水合物	(185)
	6.4	有机垢的抑制	(188)
	6.5	有机垢的抗黏附处理技术	(255)
	6.6	抑制剂应用技术及成功处理案例	(256)
	6.7	干预策略的选择	(269)
	6.8	思考与讨论	(269)
7	处理有机垢的最佳方法和案例研究		(271)
	7.1	去除有机垢的最佳方法	(271)
	7.2	流动保障的最佳案例（关于水合物和石蜡垢）——深海气田开发面临的挑战	(273)
	7.3	控制环烷酸盐垢的最佳方法	(275)
	7.4	石蜡控制措施的案例研究	(276)
	7.5	沥青质问题和应对策略	(280)
	7.6	抑制水合物的案例	(284)
附录 1 符号名称			(287)
附录 2 主题词索引			(290)
参考文献			(297)

1 概　　述

1.1　现场垢的形成过程

有机沉积物和无机沉积物存在于油气生产的各个环节，包括输油管道、井筒、储层以及地面设施。沉淀是引起沉积的第一步，也是沉积形成的必要条件，但不是充分条件。沉积物出现在易受影响的表面，是有害的，所以也被称为一种"污染物"。沉积物会降低流速，造成设备故障，从而影响产量，而缓解这些问题可能就需要大量昂贵的补救措施。沉积物的形成受多种因素影响，包括石油组分、天然气组分、伴生水组分、井的环境和各种生产要素等，这些因素将会在后续章节中详细讨论。

从流动保障（FA）的角度出发，海上油田开发面临的最大问题是天然气水合物的形成，其次是蜡的伤害，随后是沥青质的伤害。环烷酸盐类通常会造成海上设备出现问题，但这些情况相对较少见。当生产系统中有含盐的水存在时，无机沉积物和混合沉积物随时都可能出现。

在陆上，尤其是在低产（"枯竭"）井中，石蜡沉积是主要的生产问题。2005 年低产井（每天生产 10bbl❶ 石油或低于 $6×10^4 ft^3$❷ 的天然气）(Covatch 和 Morrison, 2005) 的石油产量占当年石油产量的比例高达 75%，这些石油通常在低温低压下流动，且多是抽油机井。如果油井生产的是含蜡原油，将有可能形成石蜡沉积。由于这些井的边际特性，如果经济低迷，将会导致大规模停产 (IOGCC, 2004)。

1.2　名词解释

无机沉积物：沉积于表面的无机固体，俗称无机垢。
有机沉积物：形成于表面的有机固体，俗称有机垢。
沉淀：固相从液相中分离出来的过程。沉淀是形成沉积和造成伤害的必要条件，但不是充分条件。沉淀是温度、压力和组分的函数。
沉积：在表层形成固态层的过程（悬浮在液体中的固体颗粒的连续沉降）。沉积是剪切力、表面状况和粒子间的相互作用以及压力、温度和组分的函数。
絮凝：将松散的粒子固结起来的过程。
伤害：在储层或井中，固体沉积层的形成、储层孔喉桥架堵塞。

1.3　油藏的生产周期

储层的生产周期严重影响垢的形成过程，同时也影响管理者对垢形成过程的控制。

---

❶　$1bbl=158.9873dm^3$。
❷　$1ft^3=28.31685dm^3$。

生产周期的各个阶段在业内已有明确的定义（POSC，2006）：勘探（发现）、评估（确定）、开发（开发）、生产（衰竭）、废弃（处理）。位置（陆上或海上）、温度和压力也会影响油管中垢的形成，而且还可能使一些垢难以处理，甚至会导致流体性质在生产周期中产生变化。生产主干线垢不断增长的必要条件是临近边界（管壁）附近沉淀固相生成。压力、温度、流速，甚至储层不同区域排水状况的变化都会导致某些类型的垢形成。工程师、化学家和技术人员在生产环境中的主要工作是注意可能会导致不同类型垢形成的条件，从而设计出预防或缓解的措施，以确保最终向用户交付产品。油藏生产周期的每个阶段都可能出现不同的风险。例如，许多井在开发阶段油（气）水比要高于生产阶段或废弃阶段。

1.4 储层流体

大多数储层产出的流体中有烃类气体和水或盐水，而这些产出流体会随着时间的推移和生产条件的变化而产生变化。因此，考虑到概念上的便利以及实验上（理论上）将它们放在一起比较困难，所以对这些流体分别讨论。在产油气的多孔介质储层（如砂岩）中，水是大量存在的，因此油气井产出的水量常多于油气量。采出水的成分可以提供了解石油储层的相关信息，确定需要使用的防垢添加剂，关系到水处理方法及水处理系统的设计，并且可能会限制水处理及水处理系统的使用年限。采出水对于开发石油资源和保护环境来说是非常重要的。在许多情况下，可将从海洋、淡水湖泊或溪流中得到的水以及采出水注入生产层中来保持地层压力平衡或水驱油。采出或注入水的水质范围在可饮用水与溶解固体含量高达50%的浓盐水之间。溶解盐包括碱性的和碱土金属卤化物、硫酸盐、碳酸盐以及低浓度的几种过渡金属盐。溶解气包括各种烃类气体、二氧化碳和硫化氢等。注入水中也可能含有溶解氧和一定比例的溶解气体（与未开发储层中溶解气体比例不同）。这些含烃类流体是本书的主要内容，将在第2章和第3章中详细介绍。

1.5 有机垢和无机垢的形成原因及形成地点

在钻井、完井前，地层流体都与其周围环境处于平衡状态。然而，在开钻并发生流体流动后平衡就被打破，固体沉淀就可能形成。无机沉积物被称为无机垢，图1.1所示为石膏垢和方解石垢，而有机垢则被描述为"蜡"（饱和烃）或"沥青质"（不饱和环烃）。其他类型的有机垢还包括环烷酸盐、金刚烷和天然气水合物。这些物质都易于在地层中、近井地带、射孔孔眼、管件、井下完井设备以及集油管线、分离设备和管道等地面设备中形成沉淀。另一种重要但易被忽视的垢是由于腐蚀造成的，管线材料及地面设备腐蚀可生成碳酸铁、氧化铁、硫酸铁等垢。有机垢，如有机固体（主要为蜡、沥青质、笼形水合物和环烷酸盐）形成的沉积可以导致管道堵塞以及储层伤害。图1.2所示为一段被蜡堵塞的油管。在海底生产环境（这对新的大规模开发油田是最为重要的），由于天然气水合物的形成导致的管线堵塞被认为是引发流动保障的主要问题。在我们研究的开发区域，海底温度约为4℃，已经低于大部分原油的析蜡温度（WAT），此时石蜡沉积就成为该地区一个突出的问题。

无论沉淀在何处形成，都会导致流量有不同程度的减少，甚至可能导致井被废弃。图 1.3 是垢沉积阻塞地层孔隙的示意图，这种沉积污垢可以通过机械方法或添加"抑制剂"来减少。无机垢或有机垢形成的条件是可以预测的，但垢产生的具体位置却很难确定，即便垢形成，也有多种化学和机械方法可以清除它们。对于流动保障工程来说，无机垢虽然也是重要的关注点，但本书以研究有机垢为主，仅在下一节对无机垢的形成做简单介绍。

图 1.1　油管被石膏和方解石垢堵塞（Crabtree 等，1999）
斯伦贝谢公司授权使用

图 1.2　油管中的石蜡垢

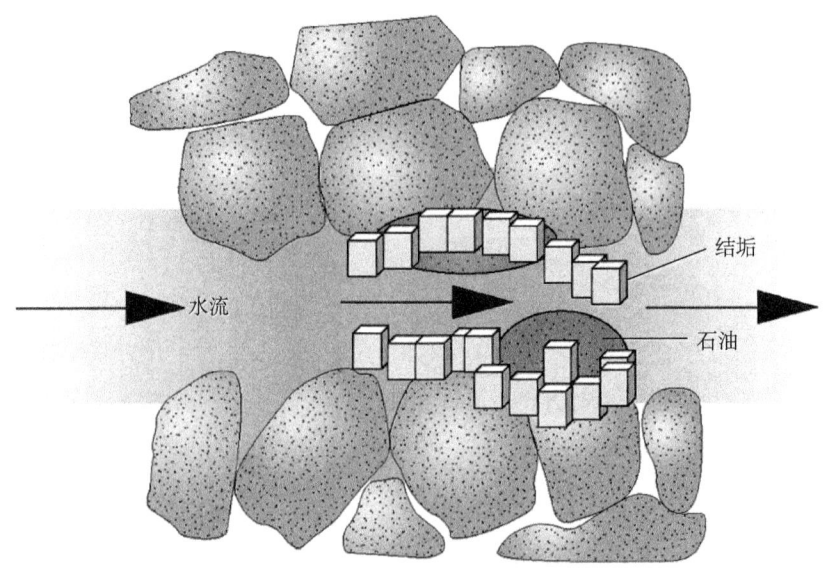

图 1.3 垢沉积阻塞地层孔隙的示意图（Crabtree 等，1999）
斯伦贝谢公司授权使用

1.6 生产环境中的无机垢

由于有机垢往往和各类的无机垢共生，清除或抑制垢的方法中也包括了对无机垢的清除或抑制。因此，在这里对无机垢进行简单的综述。当环境中有饱和无机盐时，无机垢通常可能在介质的表层形成。垢的主要类别为碳酸盐（Ca^{2+}、Mg^{2+} 和 Fe^{2+}），硫酸盐（Ca^{2+}、Ba^{2+}、Sr^{2+} 和 Ra^{2+}），氧化物和氢氧化物（Fe^{2+}、Fe^{3+}、Mg^{2+} 和 Cu^{2+}），硫化物（Fe^{2+}、Cu^{2+} 和 Zn^{2+}）以及硅酸盐（Ca^{2+}、Mg^{2+}、Al^{3+} 和 Na^{+}）。表 1.1 总结了常见的无机垢化合物。有关无机垢结垢过程的详细论述可参阅 Frenier 和 Ziauddin（2008）所著的书。表 1.1 中更加全面地列出了工业用水中的水垢沉淀物，该表出自 1975 年由 Cowan 和 Weintritt 编写的关于垢和结垢的文献综述，此书在 2004 年修订，内容涵盖了垢形成的各种情况和防垢方法。

表 1.1 常见无机垢

矿物名称	通用名	化学式
锥辉石	硅酸铁钠	$NaFe(SiO_3)_2$
方沸石	铝钠硅酸盐	$NaAlSi_2O_6 \cdot H_2O$
硬石膏	硫酸钙	$CaSO_4$
霰石	菱形碳酸钙	$CaCO_3$
重晶石	硫酸钡	$BaSO_4$
水镁石	氢氧化镁	$Mg(OH)_2$
方解石	碳酸钙	$CaCO_3$

续表

矿物名称	通用名	化学式
辉铜矿	硫化亚铜	Cu_2S
黄铜矿	二硫化亚铁铜	$CuFeS_2$
铬铁矿	铬酸亚铁	$FeCr_2O_4$
铜	铜	Cu
靛铜矿	硫化铜	CuS
赤铜矿	氧化亚铜	Cu_2O
三水铝矿	氢氧化铝	$Al(OH)_3$
针铁矿	羟基氧化铁	$\alpha-FeO(OH)$
生石膏	二水硫酸钙	$CaSO_4 \cdot 2H_2O$
岩盐	盐	$NaCl$
赤铁矿	三氧化二铁	Fe_2O_3
水菱镁矿	碱式碳酸镁	$3MgCO_3 \cdot Mg(OH)_2 \cdot 3H_2O$
羟基磷灰石	羟基磷酸钙或碱式磷酸钙	$Ca_{10}(OH)_2(PO_4)_6$
氧化镁	氧化镁	MgO
磁铁矿	四氧化三铁	Fe_3O_4
菱镁矿	碳酸镁	$MgCO_3$
蒙脱石	含水硅铝酸盐（硅铝酸盐）	$Al_2O_3 \cdot 4SiO_2 \cdot 4H_2O$
黝方石	硅酸铝钠	$Na_8[AlSiO_4]_6[SO_4] \cdot H_2O$
黄铁矿	二硫化亚铁	FeS_2
软锰矿	二氧化锰	MnO_2
蛇纹石	硅酸镁	$Mg_3Si_2O_7 \cdot 2H_2O$
菱铁矿	碳酸亚铁	$FeCO_3$
硅石	石英	SiO_2
水合硅石	水合硅石	$SiO_2 \cdot 2H_2O$
方钠石	钠铝硅酸盐	$Na_8Al_6Si_6O_{24} \cdot 2Cl$
陨硫铁，磁黄铁矿	硫化亚铁	FeS
方铁矿	氧化亚铁	FeO

  碎屑被定义为在异地形成并运移到介质表面的聚集物。在介质表面碎屑可以影响流动，也可以干扰热传递或两者都影响。因此，岩屑是一个"可移动的"垢。地层中的"细碎屑"运移导致的孔隙堵塞就是碎屑伤害的一个案例。有关结垢的基本信息主要来源于与工业冷却水相关的文献，在工业冷却水系统中，往往是缓蚀剂和阻垢剂共用，很难将缓蚀剂和阻

垢剂分开。在油田环境中也是如此，管道和地面设备腐蚀会产生含铁沉淀物。研发抑制剂的企业涉及各行各业，其中一些技术已应用于油田阻垢。Weber 和 Knopf（1994）讨论了工业冷却水系统中的结垢和腐蚀问题，该讨论以及 Ostroff（1979）所著的书强调，接触 CO_2 的天然水体中产生的垢和腐蚀物与 CO_2 是紧密相关的，可用式（1.1）表示：

$$Ca^{2+}+2HCO_3^- \Longleftrightarrow CaCO_3+H_2O+CO_2 \tag{1.1}$$

如果能够精确地知道井底水的组分，那么就可以预测结垢趋势。Langulier（1936）研发的结垢预测方法就是最早结垢趋势预测方法之一，该方法运用热力学和经验值来计算水的"饱和系数"或"结垢指数"，从而预测水源的结垢趋势。

在最理想的条件下，如果 pH 值、Ca^{2+} 含量及 CO_2 分压能够被严格控制，那么就可以使用少量的化学药品来控制沉淀和腐蚀。然而，这种方法在实际生产中很难实现，所以依然要使用各类阻垢剂和缓蚀剂。在近井地带、裂缝带、填砂裂缝带、筛管、井下设备、管柱以及地面设施中容易形成碳酸盐垢。将不配伍的水（如海水和地层水）相混合，当离子积超过盐的溶度积时就会产生硫酸盐垢。硫酸盐垢的形成环境和碳酸盐垢相同（通常不是同时生成），但在地面设施中不常见。硫酸盐垢易在基岩、孔眼、筛管、油管和接头中形成。在电动潜油泵中形成的垢需要特别关注，因为这些垢可能会导致泵失效（MacDonald 和 Engwall，1983）。此外，注水井积垢是因为将海水注入不配伍的地层所致。不配伍的水混合形成的硫酸钡垢是一种特殊的垢，因为它很难再溶解（Frenier 和 Ziauddin，2008）。

当任何含铁金属（如管柱、地面设施）与腐蚀液发生反应生成不溶盐沉淀后就会形成铁基垢，例如管柱和地面设施中的含水氧化铁（锈）、锅炉中的磁性氧化铁（Fe_3O_4）、近井地带和含硫油井管柱中的硫化铁，以及"甜"井（含硫量少的油井）中的碳酸铁。Becker（1998）对垢和化学腐蚀的研究进展进行了综述。Byars（1999）还论及超出了当前讨论范围的油气生产设备中铁合金腐蚀的一些细节。

图 1.4 是生产井中垢形成的示意图，图中展示了各种类型的无机垢和有机垢，包括铁垢、钙垢，还可能有钡垢，同时也包括沥青质和蜡垢。通过放大能显示沉积序列。由于大多数生产油管和生产线是由铁基合金制造的，所以管道中沉积的第一层通常是氧化铁。无机垢（通常是方解石或硫酸钡）易沉积到氧化铁表面。有机固体，例如沥青质和蜡将会沉积在无机垢上或与无机垢混合。作者认为：混合沉积，特别是管柱中的混合沉积是普遍现象而非特例，在成功的流动保障项目中，所有类型的垢都必须考虑。更多关于有机垢和混合垢形成细节将在第 4 章中详细讨论。

1.7 无机垢和有机垢对生产的影响

1.7.1 储层伤害

有机垢、无机垢、水锁以及机械问题都可能导致储层伤害。Bennion（1999）综述了影响油气生产的各种有机垢的伤害。他认为，蜡可能在具有高析蜡温度值的原油中结晶。这些析出的固体蜡会导致井眼处或井眼附近以及在油管和地面设备中形成蜡的桥塞（常见于压降大的井，由于孔眼附近的局部冷却）。Fan 和 Llave（1996）的报告中指出，近井眼地层的石蜡沉积通常是由于不当的生产工艺造成的,例如热油循环或者引入冷流体。Thomas 和 Bennion(1999)也表明,蜡可以造成储层伤害。在接近泡点压力(p_{ob})开采石油时,沥青质造成的储层伤害就更为常见。这些问题通常是用有机溶剂、稀释剂、热能或结晶抑制剂来处理。但是,在很多情况下这些处理方法都对储层有极大的破坏性。当储层流体混合时,可能有各种各样的有机垢和无机垢沉淀,可能导致井下、油管、地面设备或注入设备堵塞。有机垢可能包括如沥青质在内的物质等。沥青质是高分子有机物,它在温度、压力降低时,或接触不兼容的油、酸或醇时,将从石油中析出成为沉淀物。另一组污垢是包括金刚烷在内的物质,金刚烷等效于气藏中的沥青质和水合物。表 1.1 中列出的各种类型的无机垢也可能在地层中沉积,这些垢是由于生产过程中发生化学和力学性质变化造成的,而除垢的方法往往是采用基质酸化。

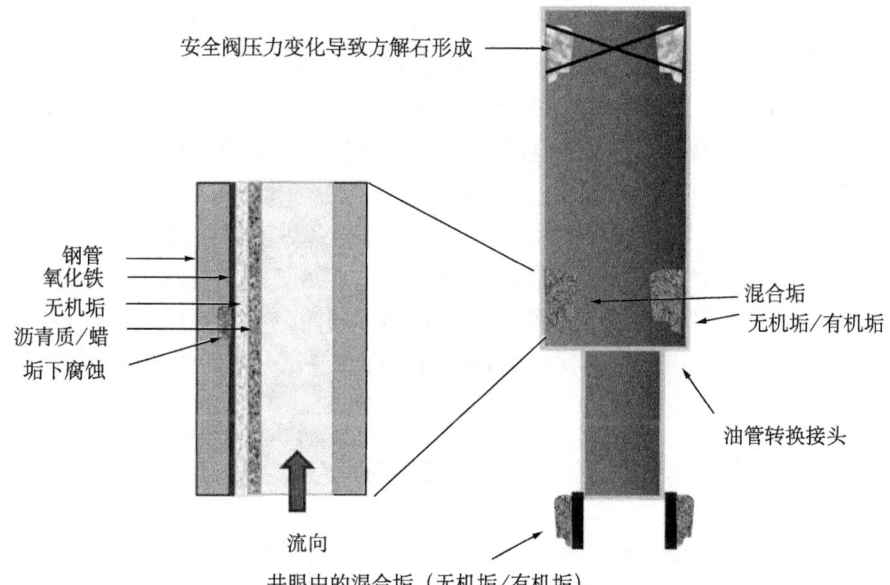

图 1.4 井中无机垢和有机垢的形成示意图

垢,尤其有机垢,能改变油、气产层的润湿性(Abdallah 等,2007)。大部分地层在生产前是亲水的,因为水吸附在岩石表面,所以油气可以在孔隙间流动。如果地层中存在有机垢(如沥青质),可能会导致地层部分或完全亲油,使部分油气吸附在岩石表层不能流向井底。Civan(2000)全面介绍了储层伤害及各种伤害产生原因。

1.7.2 流动保障

如果从储层到销售点管线系统任何地方产生了无机垢或有机垢沉积,这都会给油田生产造成严重影响。管件中的垢会使得气、液有效过流直径缩小,从而抑制储层的生产。由于在管件中垢聚积造成附加压降可能相当的大,因此,可用下式表示单相管流中压降和流速的关系:

$$\Delta p = \frac{2L}{D} \cdot f \rho u^2 \tag{1.2}$$

式中，L 为管长；D 为管直径；ρ 为流体密度；f 为摩擦系数；u 为平均流速，可用 $u = 4q/(\pi D^2)$ 表示，其中 q 为体积流量。

在层流中，摩擦系数为 $f = 16/Re$，其中 Re 是雷诺数。对于光滑管件中的紊流来说，摩擦系数 $f = 0.079/Re^{0.25}$。请注意，雷诺数的定义为：

$$Re = \frac{\rho u D}{\mu} \tag{1.3}$$

式中，μ 为流体黏度。

通过以上定义以及式（1.2）和式（1.3）可以看出，当流量给定时，在层流中，压降与 $1/D^4$ 成正比。在光滑管件的紊流中，压降与 $1/D^{4.75}$ 成正比。因此，任何由于垢聚积导致的有效管径减小都会导致压降急剧增加，使来自储层中的流体相应减少。

管件中压降过大，会降低储层流体流向售油点的能力。石油行业中通常用流动保障来描述这类问题。Brown（2002）将流动保障描述为"保证流体从储层流向售油点的可靠、可控、有利可图的生产操作"。流动保障对于深水资源开发尤为重要，因为基础设施处于深水环境，垢在油管中形成了堵塞，就需要修井，但修井费用高昂，有时令人望而却步（Brown，2002）。储层流体的综合特性对于流动保障的各方面都是至关重要的。PVT 特性的相关知识，分析饱和烃、芳香烃、胶质、沥青质、石蜡和萘的技术，水化学知识以及钻井液特性的相关知识等都是资源开发所必须了解的。同时，需要足够量的优质储层流体样品来确定油藏的经济风险边界，以便在此界限内进行储层、井筒、管线以及相关流程作业，避免流动保障问题的出现。

1.8 无机垢和有机垢对经济效益的影响

2002 年，无机垢对经济的影响估计超过了 1.4 亿美元（Frenier 和 Ziauddin，2008），该报告数据显示，北海地区 28% 的井减产与结垢相关，可以认为在全世界范围内的已开发的油气田都将经历类似的递减率。该报告还预测，结垢所造成的后果对北美、南美以及北海的储层开采都有很大的影响。

Graham 和 Mackay（2004）指出在英国北海地区，由于在基岩、近井地带以及油管中垢（主要是硫酸钡）的形成，导致了每年超过 400×10^4 bbl 的产量损失。他们认为，这主要是由于注入水（海水）和地层水不配伍造成的。这类垢最常发生在以注海水保持地层压力和产量的油藏开发中。由于更多的油藏进入了开采中后期，需要注水来保持其压力稳定，这就会导致无机垢在数量上增加，也相应增加了操作成本。

随着全世界的储层进入生产期（见上文中对生产周期的讨论），这个问题将会持续恶化。目前，每生产 1bbl 石油就会产出 3bbl 水，即含水率高达 75%，因此水被认为是油气田中最为严重的问题。

从油、气生产总成本来看，处理有机垢比无机垢的花费更大。阿瓦隆（Avalon）总统 Kent Rodriguez 在其所著的一篇名为《超声波缓解措施》（2007）的文章中指出"在全世界范围内，由于原油中的固体石蜡和其他大量的有机垢所造成的一系列问题是不容忽视的"。尽管笔者不能找到这个观点的原始资料或向该书作者求证该观点，但仍认为这个观点的影响是深远的。《石油天然气杂志》估算蜡沉积所造成的经济损失可达到每年数百万美元（OGJ，2001）。

MMS/DeepStar 工作室的文章《产出流体》(DeepStar，1995）中认为，海上油田的维修成本随着水深的增加而增加。深水油藏项目在沥青质垢清理和控制方面可能会花 500 万～1000 万美元，除生产成本以外，每口井的井下工艺措施可能会花费 50 万～100 万美元，而且每根油管的机械修复可能会花费约 2500 万美元。在世界各地，石油生产和加工过程中产生的大量有机垢都是非常严重的问题（Leontaritis 和 Mansoori，1987）。Sivaraman（2002）声称，"专家估计控制和预防水合物生成（业内称为'流动保障'）每年的花费将超过 1 亿美元"。

在北爱琴海（North Aegean Sea）的普里诺斯（Prinos），一些油井，特别是生产初期的油井，初始产量高，达到 3000bbl/d，但生产几天后就完全停止自喷。要修复这种井花费多达 25 万美元，所以结垢问题对经济效益有着极大的影响。Mansoori（1988）评估了在沥青质垢上的成本花费。他认为，石油生产加工过程中所产生的沥青质垢在世界各地将都是非常严重的问题。某油田的一些油井（David，1973；Leontaritis 和 Mansoori，1987），特别是生产初期的油井，即使在初始产量达到 3000bbl/d 后的几天内，也会产生流动困难的问题。要修复这些井的花费高达 50 万美元，对经济效益有着极大的影响。

在委内瑞拉，油井临时关井或使用酸化增产措施后有大量的有机垢形成（沥青淤渣），这些有机垢会导致井部分或完全堵塞（Lichaa，1977）。在阿尔及利亚的哈西迈萨乌德（Hassi Messaoud）油田，油管中大量的有机垢的沉积一直是非常严重的生产问题（Haskett 和 Tartera，1965）。在天然气生产设备中可以使用乙醇或乙二醇来抑制水合物的形成，该方法所花费的成本估计（Sloan，1991；Lachet 和 Behar，2000）可占总生产设备成本的 5%～8%。

在另一些油田，油管中的沥青质垢已经严重影响生产，需要频繁地清洗或刮削油管来维持生产（Haskett 和 Tartera，1965）。在埋藏较深油藏的生产史上和经济效益上，沥青质都扮演着非常重要的角色。

Mansoori（1988）描述的一个案例，沥青质絮凝和沉积问题贯穿石油生产整个过程，从油田开发早期到为了提高采收率对井进行酸化处理和二氧化碳驱油的三次采油期。在油田中，即便是对于一次开采和二次开采都没有发现沥青质垢的储层来说，也会在注入二氧化碳提高采收率时在生产油管中发现沥青质垢。考虑到石油工业未来发展的趋势是油层更深油质更重，因此沥青质原油更多，同时为提高采收率更多使用混相气驱技术，为此，沥青质垢的沉积将对含沥青质油藏开发的经济效益起至关重要的作用。

另一种衡量无机垢和有机垢对生产成本影响的途径是调查从事预防和修复措施的企业的数量。Freedonia Group（2007）的一份报告中列出了有 49 家公司收入的主要来源于提供有机垢和无机垢清理和预防的化学药品、应用服务或两者兼有。此外，一篇题为《沥青质抑制剂》（GIA，2006）的报告中列出有 33 家公司从事相关化学服务业务。

尽管没有精确的费用分配数据，笔者相信，在流动保障问题上，花费在天然气水合物沉积有关问题上的开支可能超过了花费在蜡和沥青质沉积问题上的开支。

1.9 无机垢或有机垢的初步诊断

有几种方法可以初判无机垢或有机垢是否影响到了生产。图1.5是产量递减曲线图（取自生产日志）。基于产量的快速递减以及水垢的出现，其意味着无机垢或有机垢的形成是造成产量递减的原因之一。各种各样的其他曲线，如井径测井曲线（使用井径测井仪）或伽马测井曲线也能判断出油管中是否存在无机垢或有机垢。这些都是判断结垢的常见方法。电动潜油泵中产生了无机垢可以通过流量减少或温度升高来检测。无机垢可能会导致泵失效，需要起管柱以及更换泵。产量下降也可能是由于有机垢或如岩屑迁移、水堵、地层中亲油或亲水条件的变化这些问题造成的。表皮系数经常被用于确定井是否受到伤害，它是一个无量纲数，将井底流压与预期压力联系起来。该值常用于表征油井受到伤害的程度。虽然确定正表皮系数产生的原因很难，但水化学的各方面信息、原油的组分以及储层条件都能为正确诊断提供帮助。Economide和Boney（2000）综述了影响表皮系数的多种因素及估算方法。

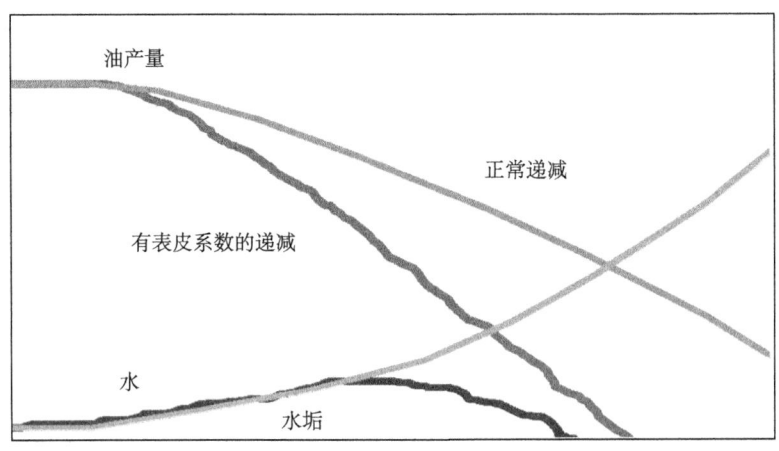

图1.5 产量递减曲线（取自生产日志）

1.9.1 水化学分析

水化学分析可以为地层水的结垢趋势分析，也可为与地层水混合的水的结垢趋势分析提供重要信息。目前，关于水质分析的标准方法不少，其中就有美国公共卫生协会提供的方法（APHA，1999）。对结垢趋势影响很大的大部分阳离子可以使用原子吸收分光光度法或电感耦合等离子体原子发射光谱（ICPOES）法来测定。

便携式装备（Hach，2005）也可分析水组分，该方法是基于在水中加入特定试剂，使用简单的光学分光光度计读取水颜色的变化来分析水的组分。分析产出水样品只能给出结垢离子存在的一些迹象，只有分析取自地层的水样品，并保持在井底压力和温度条件下才能检测到关键的结垢离子。

1.9.2 原油组分分析

由于原油烃类组成复杂，烃相（气相及液相）组分分析要比水相组分分析困难得多。

用只能分析5种分析物［Ca、Ba、S（对于硫酸盐）、Na和P］以及碳酸盐的电感耦合等离子体原子发射光谱（ICPOES）法就能简单分析水样，并提供非常有用的结垢潜力预测图版。4类烃类分析（饱和烃、沥青质、胶质类和芳香烃）同样也能为有机物结垢提供有机物结垢趋势图，但这是一个更为复杂的过程。析蜡温度（WAT）测定法是最简单的检验单一有机物沉积的方法，但是这种测试也非常复杂。此外，含水饱和度、温度、压力以及甲烷含量等信息也能为水合物生成潜能提供一定参考。有关碳氢化合物的测定将在第3章、第4章做出详细介绍。

1.9.3 垢的成分分析

如果已有垢样本，那么只需要一块加热板、试管、烧杯、10%盐酸、乙二胺四乙酸（EDTA）钠溶液和一块磁铁就可大致确定垢的成分。通过图1.6所示的流程能确定无机垢的成分，同时能判断是否有有机垢。X射线和化学分析可以判定混合垢中矿物的数量。对有机垢的其他分析将会在第4章和第5章中具体介绍。

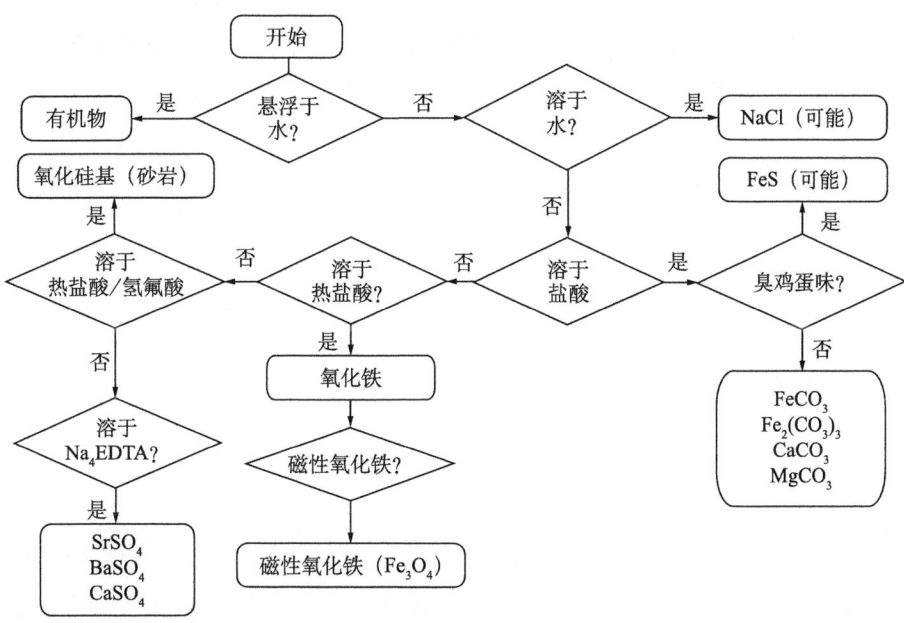

图1.6 垢分析的简单流程图

更多关于无机物分析技术见Frenier和Ziauddin（2008）所著书的5.2.1节。Davies和Scott（2006）也介绍了大量水分析的相关内容。更多采样和分析技术可参考第4章，尤其是在4.7节还介绍了确定碱度、硬度、pH值等这些一般参数的重要性，这些一般参数非常有用。

在油田，要想判断伤害的程度和位置需要对现场进行更详细的分析。Vassenden等（2005）将测PVT的商业软件工具和基于化学动力学的结垢模型与简单的径向达西渗流模型结合使用，介绍了混有凝析油的Smorbukk井碳酸盐垢的形成情况。他们描述了控制垢沉淀的物理效应的相互作用，建立了温度变化模型。他们认为，研究所观察到的现象很重要，因为这使确定伤害位置成为可能。

第3章具体介绍原油组分。第4章主要介绍确定有机垢沉积趋势的方法。第5章讨论测定有机垢和混合垢溶解度的方法。

1.10　思考与讨论

(1) 油藏的油气生产周期对无机垢和有机垢的生成过程以及其抑制或清除作业都有着重要影响。掌握流体性质和生产系统中温度、压力的变化对于流动保障计划非常重要。

(2) 随着时间和生产条件的变化，大多数油田油、水产量和含水率都会发生变化。

(3) 无机垢和有机垢的形成是由于生产周期中平衡条件发生变化造成的。

(4) 有机垢、无机垢、水堵以及机械问题都可能造成储层伤害和管线损伤。

(5) 据估计，无机垢造成的经济损失每年超过14亿美元，而有机垢每年也会超过数十亿美元。

(6) 无机垢和有机垢问题可以用石油工程和化学分析方法来具体诊断。

(7) 尽管与水相关的垢和有机垢通常被分别讨论，但不论哪种类别都会影响整个生产系统安全生产，因此工程师必须将无机垢和有机垢作为一个整体来考虑。

2 有机垢形成的基本原理

原油是一种主要由氢和碳元素组成的不同类型烃类混合物。其组分分子大小从非常小的分子（H_2 和 CH_4）到分子量为数千的化合物含量不等。烷烃和芳族烃分子只由氢和碳元素组成，其中每种类型的分子都具有独特的化学结构和性质。一些原油中还含有硫、氮和氧，由于它们不是碳和氢，因此通常被称为杂原子。此外，金属原子，包括铁、镍和钒都可能会与芳族和杂原子形成复杂化合物。

油气开采通常伴随着产水。因此，油、气、水的交互作用会形成乳状液和泡沫以及笼形的天然气水合物。像冰一样的天然气水合物是在低温条件下，笼形结构的水分子和更小的客分子（如甲烷）相遇形成的。水合物、蜡、沥青质和环烷酸盐等固体的形成都会在生产作业中造成问题（前面章节中讨论过的无机垢也会在生产作业中造成问题）。本节中只讨论与有机垢形成相关的基本原理。

原油中的某些化学物质虽能导致管线和其他生产设备结垢，但其也可以成为很好的商品，US EPA HPVTG（2009）报告显示，在 2000 年，美国生产了超过 $3000 \times 10^4 t$ 道路沥青。原油中所含的沥青可能会导致积垢，但可以使用一些分离技术从原油中分离出来（HPVTG，2009），这些将在第 3 章和第 4 章中介绍。同样，原油中所含的蜡通常也具有重要的商业价值（Icon Group，2006）。

在许多古代文明中都使用从地表沉积物中得到的沥青、蜡和稠油，它们的用途渗透到各个领域，包括船的防水、军用产品（希腊"火"）和制备木乃伊等。Cecil（2007）和 Nissenbaum（1994）的报告中指出"天然"沥青块（也称为黑沥青）形成于死海海底（位于现代以色列和约旦之间），然后浮出水面。Nissenbaum（1978）同时指出，天然沥青以及高浓度蜡的使用已有很长的历史，可回溯到 3000 多年以前。死海中漂浮的沥青已经使用化学方法进行了鉴定，并且发现它与埃及青铜时代早期石器中的沥青是相匹配的。根据 Nissenbaum 所述，可能意味着在青铜时代早期贸易往来中的沥青来自埃及死海，并且人们可能在收集沥青处定居。值得注意的是，黑沥青或北美沥青都是天然的，树脂烃发现于美国犹他州东北部 Uintah 盆地中。这种天然沥青与石油硬质沥青相似，通常还被称为天然沥青、沥青矿、硬沥青或沥青。黑沥青可溶于芳香烃以及脂类溶剂，同时也可溶于石油沥青。因其独特的兼容性，黑沥青经常用来固化石油产品。块状黑沥青具有光泽，其黑色从外观上看类似于黑曜石矿物。黑沥青易碎，很容易碎成深棕色粉末。

前西班牙美索美洲的人们收集、处理沥青，并将沥青（天然沥青或稠油的另一种术语）作为密封剂和黏合剂用于装潢。最早这样做的是墨西哥海湾南部沿海低地的奥尔梅克人（Olmec，墨西哥的古印第安人，公元前 1200—公元前 500 年）。Wendt 和 Lu（2006）在地球化学分析报告中认为，古代奥尔梅克人使用的沥青与奥尔梅克地区油苗中的沥青从地球化学上可以区分，但它们之间是有联系的。北美加利福尼亚州的 La Brea 油坑（西班牙语：焦油）已经成为古生物学的奇迹，因其有成百上千的冰河期化石还原了当时动物陷入高黏度沉积物中的情景。早在19世纪，美国土著民使用此等产品以及松树或其他树的树脂给编织篮这类容器防水。图2.1为一个包裹着树脂的土制水瓮。显然，天然沥青一直是商品。

图2.1 包裹着"树脂"的土制水瓮
Gilcrease博物馆，俄克拉荷马州

特立尼达湖沥青为天然产物，其产自西印度群岛特立尼达的沥青湖或树脂湖。它可能是世界上最大的天然沥青矿，在19世纪中叶开始具有重要的商业价值，自1888年首次承租后就一直处于开采状态。目前的开发商（LAT，2007）注意到，许多欧洲探险家去特立尼达拉岛时都要去拜访沥青湖。其中一位被提及的探险家是Robert Dudley，Leicester伯爵（1532—1588），他比Walter Raleigh爵士早3个月到达该岛。LAT（2007）称首次记载使用沥青并推广到欧洲的记录来自Sir Walter Raleigh 1595年3月的报告，报告中记载他用沥青来填塞漏水船只的缝隙，并得出沥青是"最好商品"的结论。他在1617年另一次航海过程中，决定经由特立尼达回到英国，以便采集到一些沥青样本。

尽管沥青有应用价值，但若有机物沉积到特定位置还是可能会造成危害的。本章主要介绍有机垢（包括石油开采中发现的固体有机物）的形成以及一些与垢形成有关的简单的热力学原理。第3章论述了各种可用于描述原油组分和原油结垢趋势的方法。有机垢形成机制的其他细节将在第4章论述。第5章到第7章将讨论整治、预防和抑制垢的方法和最佳做法，最后介绍成功处理垢的案例分析。

在生产系统的许多部位对有机垢控制是非常重要的，包括：
（1）近井地层；
（2）完井（筛管和孔眼）；
（3）井底控制装置（包括地面控制井下安全阀）；
（4）生产油管；
（5）井口装置、跨接管、集合管（阀组）、管路；
（6）输出管线。

因为大部分新（大）油气田多为海上油田，所以海下生产设备和海底管路系统垢的管理就显得非常重要。图2.2为海底油气流动保障环境的示意图。多种有机垢会危害这些重要设备，影响流体在管路中的流动。由于这些井处于偏远地区和极端环境中，修复很难实施。

图2.2　海底油气流动保障（FA）环境

2.1　原油组分

在石油工业中，原油的分类有多种不同的方法。可根据产地［例如，West Texas Intermediate"（WTI），亦称 Texas Light Sweet 或 Brent］、相对密度（根据下方美国石油协会定义的 API 度）和黏度进行分类。请注意，这些分类也是确定原油基准价格的基础，但通常情况下，原油价格还是根据产地来定。参照维基百科的定义（West Texas Intermediate，2009），精炼厂适合处理硫含量相对较少的"糖果"流体，同时也适用于处理含有大量硫化氢和硫醇的"酸性"流体，但这需要更多提炼设备来满足产品规格的要求。"含硫量小于0.5%的原油为低硫原油，硫含量超过2%为高硫原油（Simanzhenkov和Idem，2003）。每种原油都有其独特的特性，原油特性可以通过石油研究室的各种分析来确定，具体内容将在第3章中详细介绍。目前有不同的术语来描述和表征原油。

美国石油协会对液态石油 API 度定义为：

$$\text{API 度} = [141.5/\text{相对密度}(60℉)] - 131.5 \tag{2.1}$$

式中，60℉（或15.6℃）是相对密度计算中的标准温度。相对密度为1.0的水的API度为(141.5/1.0)-131.5=10.0°API。需要注意的是，API度仅可用于表征储罐油。

通常，API度高的石油具有更高的商业价值，也就是说，API度较低的石油则具有较低的商业价值。这种一般性规律仅适用于 API 度在 45°API 以内的石油，因为超过这个值，从液体中提取出的可用汽油馏分会减少或不稳定。根据 API 度，原油可分为轻质原油、中质原油和重质原油。轻质原油即 API 度超过 30°API；中质原油即 API 度为 20～30°API；重质原油即 API 度为 10～20°API；特重质原油即 API 度低于 10°API。1982 年，国际组织 UNITAR（Kayhan，1982）将重质原油定义为在初始油藏温度下，黏度为 100～10000mPa·s，且 API 度为 10～20°API 的不含气原油。在给定压力下，流体的流量与黏度成反比 [式（1.2）]，因此原油黏度具有重要的价值。含气原油的黏度与含气量、API 度以及温度有关。API 度高的原油通常具有较低的黏度。在标准温度或未稀释情况下，不能流动的石油通常被称为"沥青"，其黏度可能大于 10000mPa·s，API 度通常小于 10°API。采自加拿大艾伯塔的沥青油砂矿，API 度约为 8°API。这种沥青的 API 度可"提升"到 31～33°API，这种提升后的油称为合成油。这些提升 API 度后的流体黏度值可小于 100mPa·s（Beal，1946a，1946b）。

石油馏分是由多种不同类型的碳氢化合物组成的混合物，其依据收集馏分时的沸点范围进行分类。根据沸点范围可定义主要的原油产品，如汽油、柴油、石脑油、航空煤油、真空油和渣油。由于石油混合物中组分的多样性和复杂性，只能确定原油中或凝析油中轻质馏分，但想要准确测定石油的成分几乎是不可能的。"描述"特定石油或馏分的化学性质的手段还包括：

（1）沸点法（蒸馏法）是原油分析的基本工具。分馏就是按照组分沸点的差别将石油"切割"成若干馏分。原油的价值在很大程度上取决于其分离出的馏分数量。要想运用状态方程（EOS）（后续章中介绍）解决问题时，馏分的标准泡点、相对密度和馏分分子量 3 个参数中必须已知 2 个，以便获取临界温度、临界压力和压缩因子。

（2）饱和分、芳香分、胶质类和沥青质（SARA）法，又称为四组分分析法。

（3）烷烃、异构烷烃、环烷烃和芳香烃（PINA）组成评价，描述各种原油中含有的轻化学产品基础原料特征及原油开发化工产品的潜能。

（4）烷烃（石蜡）、环烷烃和芳香烃（PNA）烃类分析，可为模拟配制实验样品，表征原油特征和性质。

（5）最基本的化学测定是元素分析（C、H、S、N、O），可用于识别区分沥青质和石蜡。

具体分析方法在第 3 章中论述。Simanzhenkov 和 Idem（2003）对石油产品的加工和将原油馏分分为烷烃、环烷烃、芳香烃和沥青特别感兴趣。图 2.3 展示了属于这类有机化合物的特定分子的例子，该图也展示了极性最小的化合物（石蜡）变成为极性较大的单环芳烃和多环芳香烃沥青质分子的进程。Simanzhenkov 和 Idem（2003）也声称，烷烃的范围很大（多环非芳香化合物），是大多数原油中最主要的化合物。胶质（树脂）最早由 Nellensteyn 和 Loman（Nellensteyn，1924；Nellensteyn Loman，1932）介绍为另一类芳香族分子。这些分子和沥青质稳定性有关（Andersen 和 Speight，2001；Hammami 和 Ratulowski，2007）。Hammami 和 Ratulowski（2007）认为胶质是沥青质分子的前体，其溶于油相液体，是油的一部分，他们也将其称为"有机表面活性剂"（Akbarzadeh 等，2007）。图 2.3 为胶质分子模型（Speight，1991）6—十二烷基萘的化学结构。Porte 等（2003）也有相似观点，他们认为沥青质和胶质是连续统一体的一部分，它们的属性有明显的重叠，其中一些观点将会在第 4 章中详细介绍。

水和溶解盐通常也与石油相关联，并且可能会影响到石油的许多性质。水不溶于原油，但可以与原油一起形成乳化液。

在 2.1.1 节至 2.1.4 节中将介绍能够产生结垢的各种各样烃类成分。第 3 章中详细介绍原油的性质，而有机垢及其形成机理将在第 4 章中详述。

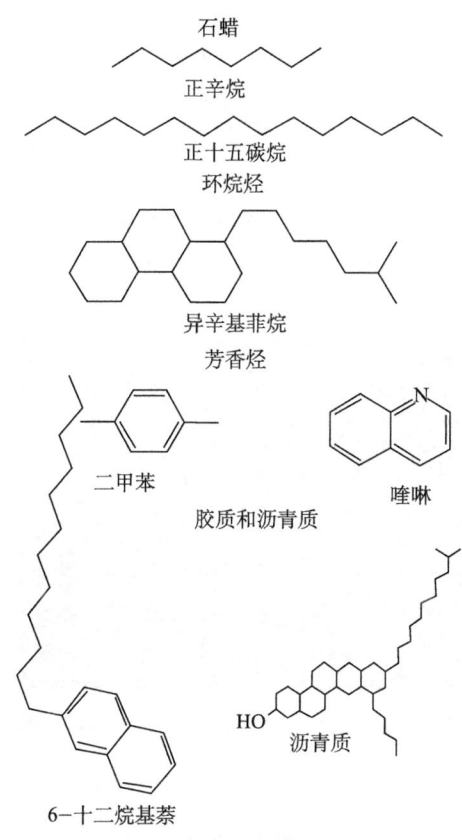

图 2.3　原油中的化学物质模型

2.1.1　蜡（石蜡）

蜡是从原油中析出的有机固体，主要是温度的函数。通常认为蜡主要是由正构烷烃（直链）、一些异构体（支链）（偶尔）以及环烷烃构成（图 2.3）。在环境条件下，正构烷烃 $n-C_{16}$ 和 C_{16} 以下的物质呈液态，因此，通常只有那些 C_{17} 烷烃和大于 C_{17} 的烷烃才可以从蜡中结晶并形成有效沉积。有关蜡的沉积，最值得关注的碳数范围是从 $n-C_{20}$ 到 $n-C_{80}$ 或更大。当温度低于油的析蜡点时，出油管和生产油管中就会产生石蜡沉淀。析蜡点是冷却原油样品时，样品开始出现"浑浊"时的最高温度。术语"析蜡点""析蜡温度"和"浊点"是同一个概念。

蜡析出会使油的非牛顿性增加，同时含蜡原油的表观黏度也会增加。然而，与蜡析出有关的主要问题是在输送含蜡原油时管壁上形成的蜡沉积。了解石蜡晶体的析出是非常重要的,因为它最终可能导致沉积,在某些情况下还会导致输油管道堵塞。图 2.4 展示了构成石蜡的几种化学结构,包括正构烷烃、异构烷烃和环烷烃。图 2.5 为镜下看到的石蜡晶体图。当有足够的蜡从溶液中析出时,它们可能会形成能够阻碍流动的凝胶网络。蜡析出的细节将在第 4 章中详细介绍。美国材料试验学会 ASTM D97—06(2006)标准将原油的倾点定义为:在直立 90°的凝固点测定管中,保持原油可流动 5s 条件下的最低温度。

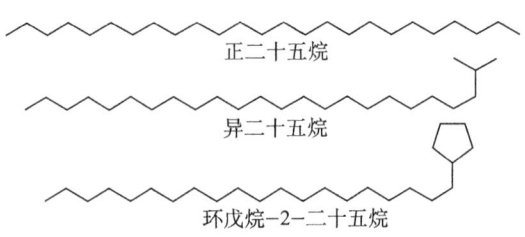

图 2.4　石蜡的几种化学结构

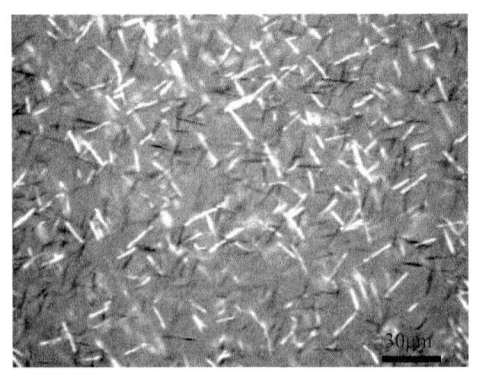

图 2.5　显微镜下的石蜡晶体(Ekaabi 等,2007)

2.1.2　沥青质

沥青质是一类从烷类中析出的可溶性化合物,其可溶于芳香族化合物(例如甲苯或苯)。这类物质是由多种复杂高分子碳氢化合物及其非金属衍生物组成的不同摩尔质量和极性的连续体。胶质(如上所述)也可被认为属于沥青质。区分各种各样沥青质必须用测试仪器或使用有机溶剂。可归属于沥青类的具有烷基的多环芳香族碳氢化合物的结构如图 2.3 和图 2.6 所示,在一些环中也可找到 N、S 和 O 杂原子。分离或沉淀的固体沥青质,在颜色上呈棕色到黑色,并且没有固定熔点。一般来说,许多沥青质在温度达到 150℃以上时开始分解。

从原油中析出的沥青质固体的性质和数量(第 3 章和第 4 章)取决于实验用的溶剂、原油性质以及使用的分离方法。图 2.7 为在 100℃、29.9MPa(Hammami 等,1995)条件下,北海地区的混合油加入不同烷类产生大量沥青质沉淀的数据,图中质量分数数据是指被 1.2mm 过滤器所收集的固体的数量。随着沉淀剂液体碳数的增加,沉淀的沥青质固体数量减少。此外,沥青质的质地和性质也随着滴定剂碳数而变化,用链短的正构烷烃滴定剂获得的沥青质质地发黏，而用链较长的烷烃滴定剂获得的沥青质质地是干燥的粉状。可以认为，那些链短的、轻的正构烷烃滴定剂在析出沥青质的同时也析出胶质（Hammami 和 Ratulowski，2007）。

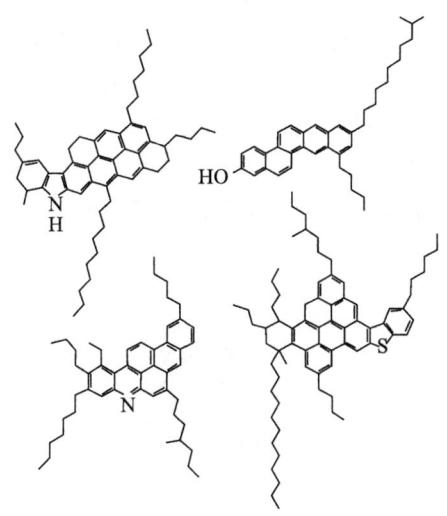

图 2.6　沥青质的结构（Andreatta，2005）

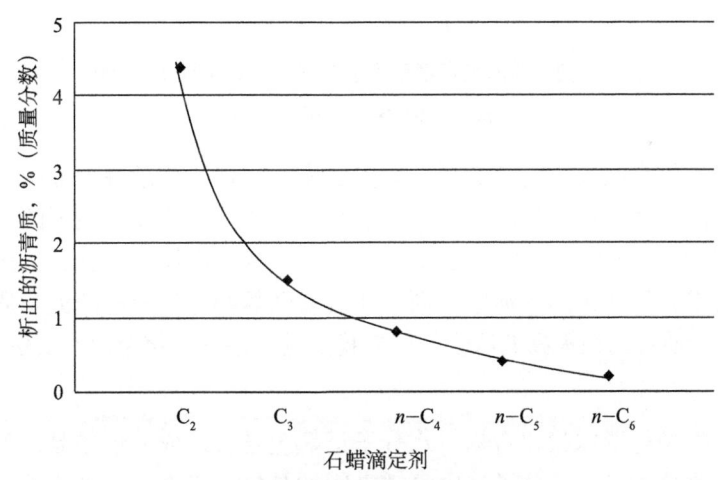

图 2.7　石蜡滴定剂碳数对沥青质的影响

依据核磁共振（NMR）、红外线、X 射线衍射、荧光去极化和各种散射技术，可以假设沥青质分子的结构是由各种各样的烷基侧链取代多环芳香族集群组成的。由于沥青质类是由复杂的碳氢化合物混合组成的，来源特殊，并且是特定的，业界已开发出基于沥青质极性的将样本分离成基本组分的分离技术。图 2.8 为 Mullins（2005）的研究工作中假设的纳米聚集体结构。

Akbarzadeh 等（2007）与其他 11 位作者以及本书的 4.2 节中都对原油中沥青质的结构细节做了详细的介绍。由于沥青质溶解度分级涵盖较宽的分子结构范围，因此无法用单一分子结构和大小来表述。但是根据多种测量方法，一个我们所期许的结果正在慢慢浮现出来。最新观点提出，沥青质平均摩尔质量约为750g/mol，范围在300～1400g/mol之间。这与7个或8个芳香稠环的分子相当，并且该范围可容纳4～10个分子环。也有证据表明，一些沥青质是由烷烃连接多组环烷烃基团组成。当外链受到其他分子链的排斥时，杂原子（主要为包含在环体系内的杂原子）可以使分子产生极性，稠环芳香烃体系的极性和杂原子引起的电荷分离，可使相邻沥青质分子互相紧密相连。Mullins等（2007b）认为这种结构与40多年前提出的Yen模型（Yen等，1961）一致，Yen等还提出了分子相互重叠的沥青质稠环共轭体系。但是，他们根据10因子提出的单一分子的分子量明显比20世纪80年代和90年代提出的一般沥青质分子量小。目前，可以在沥青质分子的结构和聚合框架之内理解Yen模型。

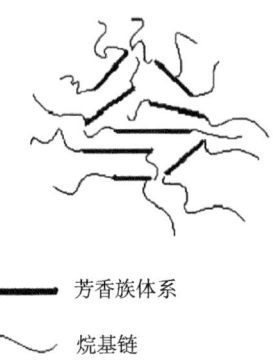

―― 芳香族体系

～ 烷基链

图2.8 沥青质的纳米聚集体示意图（Andreatta等，2005）

版权归美国化学学会所有（2005）

这种分子聚集行为取决于溶剂类型。大多数实验方法不能解释原油中沥青质分子聚集行为。此外，原油中其他化合物的存在也会影响沥青质的溶解度。最近的一项井下原油样本分析研究（Akbarzadeh等，2007）证明了沥青质纳米聚集体的存在。室内实验可演示随着压力、温度或组分的变化，原油中的沥青质是如何絮结并形成厚的沥青质垢。然而，在一些原油中，沥青质可以在极高的浓度下保持稳定的"溶解"状态而不发生沉淀。

2.1.3 水合物

天然气水合物是笼形冰状化合物，水分子借氢键结合形成笼形结晶，气体分子（客体分子）被包围在水分子（主体分子）中氢键之间的晶格孔穴之中。晶格孔穴内气体或易挥发性液体通过范德华力（Kvenvolden，1993）达到热力学稳定。这种结构与结晶水合物完全不同，结晶水合物中的水是矿物（如石膏）（$CaSO_4 \cdot 2H_2O$）晶格的一部分。Ⅱ型天然气水合物可能含有83%（摩尔分数）的水，而石膏仅含有有20%（摩尔分数）的水。

众所周知，甲烷、乙烷、丙烷、丁烷、N_2、CO_2和H_2S都可形成水合物。只有具有适当的几何形状和大小的分子才可以进入这些直径通常为0.8～0.9nm的氢键之间的晶格孔穴中。一般状态下，在压力大于30atm❶和海底温度条件下，形成的水合物比纯水更稳定。

---

❶ 1atm=101325Pa。

当气流高速流动时，弯头处的压力变动或激动都会加速水合物的形成。已确定的水合物晶体结构有 3 种类型。前两种结构［结构Ⅰ(sⅠ) 和结构Ⅱ(sⅡ)］是由 X 射线技术确定的，而第 3 种结构［结构 H(sH)］是由核磁共振（NMR）和粉末衍射技术确定的。有关水合物的结构可参见图 2.9、图 2.10 以及 Koh 和 Sloan（2007）对水合物结构的综述。更多细节将在第 4 章中详细介绍。

基于氢键，水分子可以形成晶格结构。纯甲烷主要形成 sⅠ 型水合物，而含有低至 0.5%（摩尔分数）乙烷或丙烷的天然气将形成 sⅡ 型水合物。对于石油和天然气行业，天然气水合物是一个需要关注的问题，因为当天然气水合物形成时，会阻塞输油管线、阀门、井口和管道，造成产量损失。

2.1.4 其他沉淀物

除石蜡、沥青质、水合物以外，业内人士认为，包括"环烷酸盐"等复杂类别的有机酸钙盐或有机酸镁盐也能导致积垢。如果在生产过程中（在分离器中）出现高温，就可能产生聚合反应产物。各种有机垢以及混合的有机垢/无机垢将在第 4 章中详细介绍。

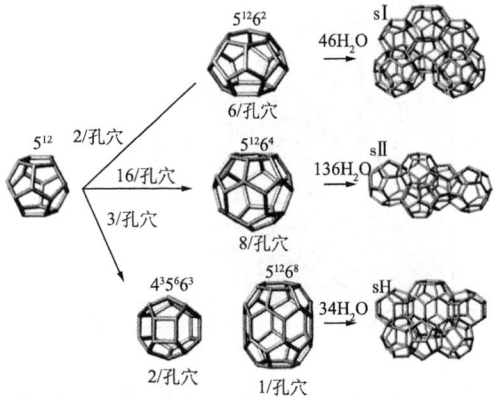

图 2.9 多种水合物结构——笼形多面体（Koh 和 Sloan, 2007）
John Wiley 和 Sons 再版许可

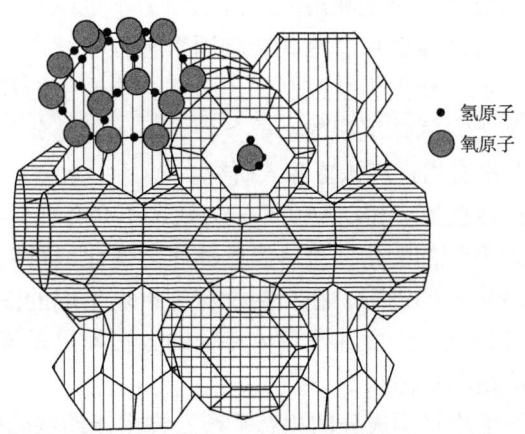

图 2.10 Ⅰ型甲烷水合物晶体（Dutch, 2007）
每个顶点由一个氧原子占据，每边的中点为氢原子。水分子依靠氢键形成笼形网络，笼形骨架内为甲烷分子

2.2 烃体系的相态

石油流体的相态是预测积垢问题的关键指标。流体的相态取决于温度、压力和该流体体系的组成。在储层中，流体组分处于平衡状态。然而由于生产活动，平衡发生变化，这可能会导致固体从液相中分离出来。图 2.11 为石油流体的一般相图，图中也显示了流体从储层到生产系统整个过程的温度、压力变化轨迹。图中所示固态沥青质、石蜡和水合物相界为平衡相界。这些相界表明，当温度和压力进入特定范围时，流体会饱和并析出相应的固态物。一旦进入固相边界，流体就可能产生相应的固态沉积物。然而，相界并不能够预示是否真的产生沉积，即便能够预示，也不能预测产生沉积物的量。在许多生产现场，温度和压力变化轨迹已经穿过相界，但是并没有出现固体沉积，也就不会出现流动保障问题。

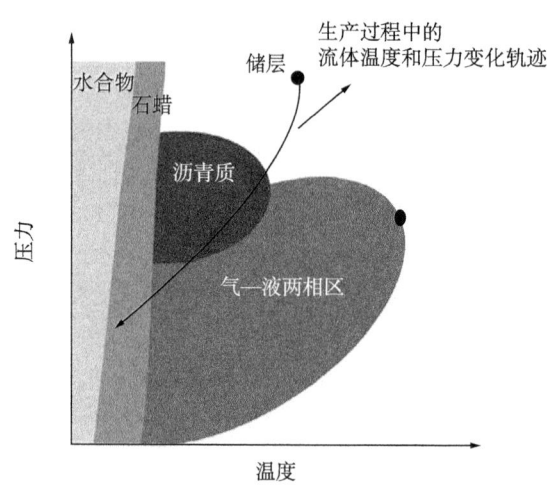

图 2.11　水合物、石蜡和沥青质的沉积状况示意图

一旦穿过平衡相界进入固相区，在多因素作用下，流体可以不产生固体沉积物。该溶液能变成没有固相形成和分离的过饱和溶液。沉积动力不足以导致沉积的发生，或者说流体剪切清除过程比沉积过程的速度快。这些影响因素将在后续章节中介绍，它们是有机垢控制方法的基础。虽然如此，相图仍是控制和预防水合物产生的基础，也是研究相关问题的关键手段。相界的交叉处是固体沉积的必要条件，但不是充分条件，它对区分不沉淀的固体和可能沉淀的固体非常有用，应该更深入研究。

多数情况下，储层流体在生产初期温度和压力轨迹不会与任何液—固相界相交。但是，随着储层压力降低或生产系统的变化，流体温度和压力变化线可以改变并可以与一个或多个液—固相界相交。随着生产的进行，在初期没有有机垢生成的油藏生产系统中也会出现有机垢。第 3 章中介绍的描述已开发油藏流体特征的方法就是以流体组分变化来描述流体特性，从而描述储层流体相态变化。

本节重点介绍液态石油中烃类成分的相态平衡。许多流动保障问题是由无机垢导致的，有关无机垢相平衡的问题在 Frenier 和 Ziauddin（2008）的书中将会有详细介绍。

2.2.1 石油流体的气—液相态

石油流体相图的建立是通过测定流体的气—液相界开始的。相界数据是研究储层流体的初始压力、体积、温度（PVT）时所得到的标准数据的一部分，对模拟预测储层特性至关重要。液态石油根据其气液相态可分为4种主要类型（Pedersen 和 Christensen，2007）：天然气混合物、凝析气混合物、近临界混合物或挥发油和黑油。

图2.12为不同流体的气—液相图。结合该图，对比储层温度相对于混合物临界温度的位置可以判断流体相态。混合物的临界点是泡点线和露点线的交会点。在图2.12中，对于每一种流体类型，临界点都由一个非彩色的圆圈来表示。在临界点，液相和气相的性质是相同的。露点是指气相中形成第一滴液滴时对应的温度和压力，而泡点是指液相中形成第一个气泡对应的温度和压力。露点线始于临界点的右侧，泡点线始于临界点的左侧。

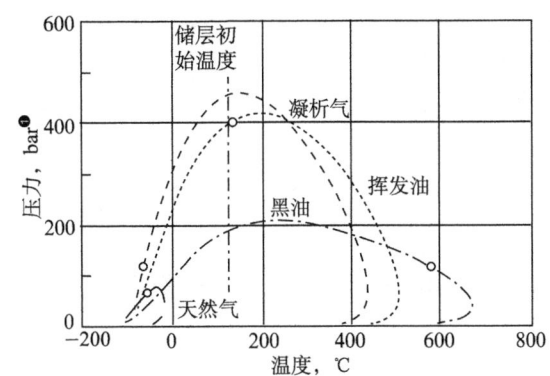

图2.12　各类储层流体的气—液相包络线图（Pedersen 和 Christensen，2007）

Taylor 和 Francis Group 授权使用

在生产过程中，储层的温度能够大致恒定在储层初始温度（T_{res}），而压力却由于消耗而降低。对于天然气混合物来说，压力衰竭并不影响相的数量，天然气在任何压力下都将保持单一相态。但是，对于凝析气来说，压力降低到某种程度会导致液相的形成。在温度为初始温度的条件下，压力下降到露点线以下时就会发生。然而，对于挥发油，由于其是与相包线的泡点线而不是露点线相交，因此压力下降会导致气相的形成，而且挥发性油的储层温度接近流体的临界温度。对于黑油而言，压力变化线是从泡点压力线侧进入两相区；因此，如同挥发油的情形一样，由于压力的损耗会导致新相——气相产生。但对于黑油来说，储层温度远低于流体的临界温度。

一旦测量出气—液相界，就可以进一步研究建立该体系的固—液相界。石蜡、水合物和沥青质是石油中3种主要的有机固相，它们的相态将在后续章节中介绍。

2.2.2 石蜡的相态

蜡沉淀的相界可以通过测量不同压力下的流体析蜡点来确定。要注意的是，析蜡点通常只是针对储罐油（STO）进行测量。含气原油的析蜡点是压力的函数，但很少进行测量，只有在该数据至关重要时才会测量。确定析蜡点的主要方法有镜下观察法、差示扫描量热

---

❶ 1bar=10^5Pa。

法以及黏度测定法。这些方法以及其他方法将在第4章中介绍。

图2.13为石蜡相包络线的例子。该图展示了用高压显微镜测得的不同压力下墨西哥湾含气原油的析蜡点，同时还展示了热力学模型模拟的析蜡点。该流体的泡点压力大约为5500psi❶。从图中可以看出，随着压力的增加，含气原油的析蜡点开始下降，这是因为溶解气的作用——较轻组分是石蜡的良好溶剂，所以随着原油中溶解气的增多析蜡点持续减小直到泡点压力。当压力高于泡点压力时，由于压缩性的影响，随着压力的增大，析蜡点逐渐升高。

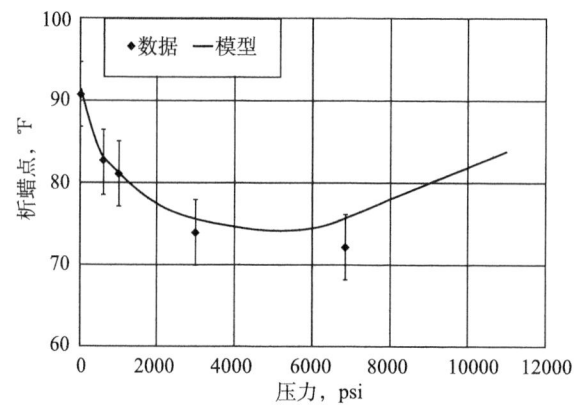

图2.13 测量和计算的析蜡点
本图由雪佛龙公司提供

2.2.3 沥青质的相态

有关能否用经典热力学原理描述沥青质沉淀，在文献中存在重大争议。例如，沥青质沉淀是否可逆，以及沥青质沉淀是固相还是黏性液相的问题就存在分歧。解决这些问题的方法将在后续章节中详细介绍。本节用单纯的热力学观点来阐明沥青质沉淀的一些重要特征。

一般来说，在泡点石油溶解气的含量最高，所以沥青质沉淀包络线跨越泡点压力线。对于沥青质来说，气相中的轻质烷烃是不良溶剂，当压力下降到泡点压力以下时，一些气体将会蒸发，液相中的气体浓度就会下降，剩余液体的密度也会增加，这使得剩余液体对于沥青质来说成为更好的溶剂，并且随着压力继续下降，沥青质相可以重新溶解于液体。沥青质完全溶解于液体时的压力称为沥青质析出压力下限。当压力增大到泡点压力以上时也会引起沥青质溶解。这是因为轻质组分（C_1—C_4）的可压缩性远高于重质组分（胶质和沥青质）。因此，当系统压力升高到泡点压力以上时，液体中轻质组分体积的减少要远高于重质组分。这导致重质组分中体积分数的增大并增强了沥青质的溶解度。在足够高的压力下，沥青质相将完全消失，此时的压力被称为沥青质析出压力上限（Hammami和Ratulowski，2007）。

图2.14为科威特南部Marrat区块原油中的沥青质沉淀包络线（Kabir和Jamaluddin，2002）。Marrat地区石油的API度约为38°API，沥青质含量约为0.5%（质量分数）。在该区块中，管件和分离器中都已经能够观察到严重的沥青质沉积现象。测量和计算出的沥青

---

❶ 1psi=6894.757Pa。

质沉淀的上包络线和下包络线（APEs）以及泡点压力线可见图2.14。该区块油藏压力约为7700psi，温度约为241℉。地面压力和温度分别为5100psi和160℉。从图2.14可以看出，当储层中的流体流向地面设施时，将会与沥青质沉淀相界的上边界相交。

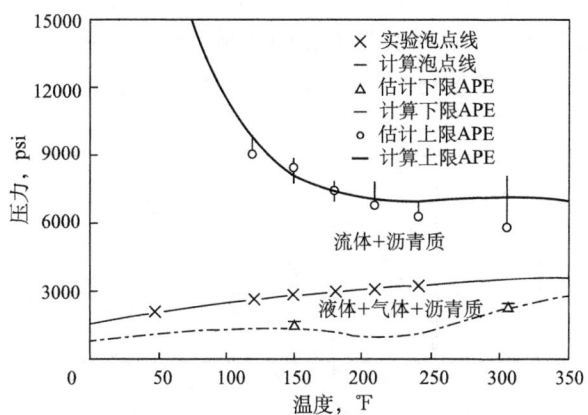

图2.14 科威特南部Marrat区块沥青质沉淀包络线的上限和下限图（Kabir和Jamaluddin，2002）

沥青质析出的起始压力和泡点压力之间有近3000psi的压力差，远高于其他大部分油田。图2.15为其他存在沥青质问题的储层流体沥青质起始析出压力上限和泡点压力线。图中测量获得的沥青质开始析出上限压力为实心圆，而泡点压力为空心圆。数据是由Jamaluddin等（2002a）测量（针对该原油只测量了沥青质析出的上限包络线）。其中，实线和虚线分别代表Gonzalez等（2008）模拟的沥青质析出的起始点和泡点。微绕链统计缔合流体理论状态方程（PC-SAFT方程，稍后介绍）通常用来模拟沥青质析出起始点。当油藏温度为296℉时，沥青质析出起始包络线与气—液相边界相当靠近。

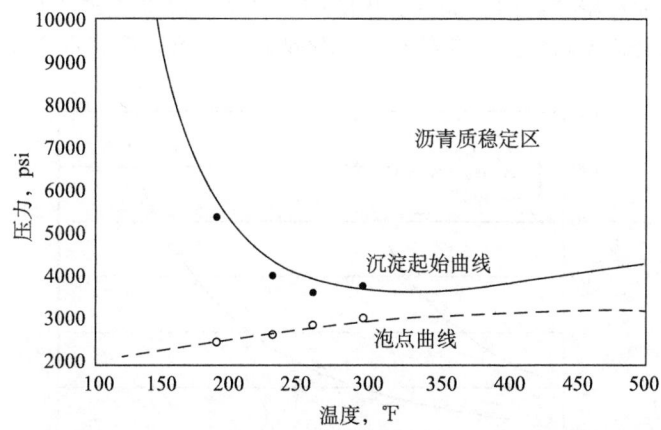

图2.15 黑油储层流体中沥青质析出的起始包络线和泡点曲线（Gonzalez等，2008）
版权归美国化学学会所有

2.2.4 水合物的相态

图2.16是用分离器液体根据实验和计算获得的水合物形成相边界图，图中符号表示的

实验数据来自 Ng 和 Robinson（1984），模拟数据来自 Pedersen 和 Sørensen（2007）。当烃类气体和液体都存在时，分离器液体泡点之上的水合物曲线要比在低压下更为陡峭。在图中也可以看出，在分离器液体中添加了 13%（质量分数）和 24%（质量分数）的甲醇后的相边界。添加甲醇通常是为了减少水合物的形成，从图 2.16 中可以清楚地看到，其可以将水合物区域转移到较低温度处。这种类型的相图通常用来确定减轻水合物形成所需要的甲醇量。包括甲醇在内的抑制剂的使用，将在第 6 章中详细介绍。

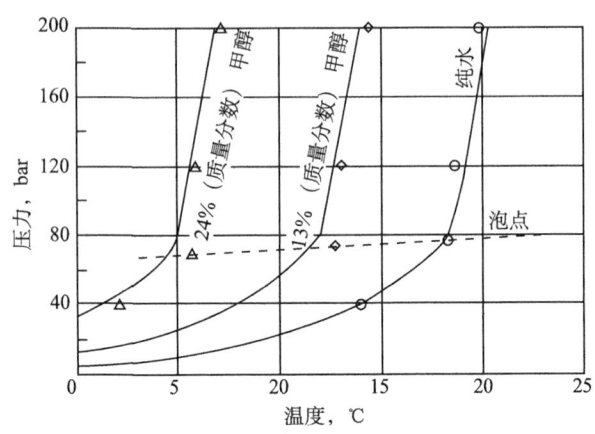

图 2.16　实验（符号）和模拟（实线和虚线）方法研究分离器液体水合物的形成条件
实验数据来自 Ng 等（1987），模拟结果来自 Pedersen 等（2007）

图 2.17 展示了天然气混合物中水合物的形成条件。Me15Na5 表示含有 15%（质量分数）甲醇和 5%（质量分数）氯化钠的水溶液。实验数据来自 Bishnoi 和 holabhai（1999），模拟结果来自 Pedersen 和 Christensen（2007）。在这种情况下，水合物形成温度的降低是受到氯化钠和甲醇的综合影响。由于加入了甲醇和氯化钠，使得水合物形成曲线的斜率更大，并明显地向较低温度和较高压力方向移动。氯化钠和甲醇可以拟制水合物形成。

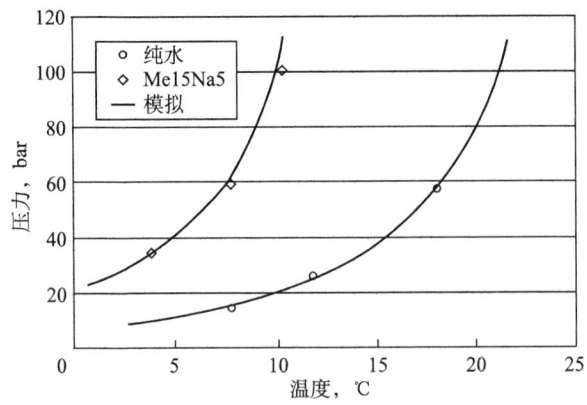

图 2.17　实验（符号）和模拟（实线和虚线）方法研究分离器液体水合物的形成条件
实验数据来自 Bishnoi 和 Dholabhai（1999），模拟结果来自 Pedersen 等（2007）。
图片来自 Pedersen 和 Christensen（2007）。Taylor 和 Francis Group 使用许可

2.3 状态方程

状态方程为体系的压力、体积、温度的数学关系式。它主要用于计算体系的容积和相态特性。在许多文献中都有各类状态方程的详细描述（McCain，1989；Sandler，1989；Firoozabadi，1999；Poling 等，2000），因此这里只做简要的概述。

2.3.1 单组分气—液特性建模的状态方程

用于气—液特征建模的简单状态方程为：

$$pV = zRT \tag{2.2}$$

式中，p 为压力，Pa；V 为摩尔体积，m³/mol；R 为通用气体常数，其值为 8.314J/(mol·K)；T 为温度，K；z 为压缩因子。

对于理想气体，压缩因子 z 等于 1。在理想气体模型中，假设分子服从能量守恒定律，分子间没有相互作用。实际气体在低压、高温时接近理想气体状态。在其他条件下的实际气体，分子间的相互作用是不容忽视的，且 z 通常并不等于 1。在这种情况下，z 可以表示为：

$$z = 1 + \frac{B}{V} + \frac{C}{V^2} + \frac{D}{V^3} + \cdots \tag{2.3}$$

上述 z 的表达式称为维里展开式，使用该表达式表示 z 的状态方程称为维里型状态方程。该方程最早由 Kammerlingh Onnes（1901）提出。系数 B、C、D 分别被称为第二、第三、第四系数，且仅为温度的函数。尽管维里型状态方程看起来像是经验方程，但其是具有坚实理论基础的状态方程之一。该方程可由统计力学得出，并且方程中的每一项都有其物理意义。例如，B/V 表示两分子间的相互作用，C/V^2 表示 3 个分子间的相互作用等。然而，由于两分子间的相互作用要比 3 个分子间的相互作用多，且 3 个分子间的相互作用要比 4 个分子间的相互作用更为重要，所以在 z 表达式中，连续高阶项的重要性显著下降。多项之间的相互作用随着压力的增加而增加，并且在高压条件下，模型相态通常需要高阶项。然而，在实践中，方程中有超过 2～3 项的情况并不常见。

另一种利用维里展开式计算 z 的方法是将 z 与对比温度（T_r）和对比压力（p_r）相联系，其中 $T_r = T/T_c$，$p_r = p/p_c$。T_c 和 p_c 分别为气体的临界温度和临界压力，对于一些化合物来说，这些值是现成的，可以查阅获得（Poling 等，2000）。各种纯组分的 z 的广义图已经由拟合数据绘出，并从现有文献可以查阅到（Nelson 和 Obert，1954；Breedveld 和 Prausnitz，1973）。这些相关性是基于对应状态原理，对应状态原理即假设对于不同的气体，如果有两个对比参数（压力、体积、温度）相同，则第三个对比参数必定大致相同。此时称这些气体处于相同的对应状态。除了接近泡点线或接近临界点这些区域（z 对 T_r 和 p_r 很敏感），相关性通常会产生小于 5% 的误差。但对于强极性气体以及氢、氦、氖误差通常也是非常大的。

维里型状态方程引人注意的地方在于其均建立在牢固的理论基础上。然而，在实际应用中，维里型状态方程仍显复杂，尤其是在模拟状态需要用到高阶项时。更通用的模拟气态或气—液态特性的方程是三次维里型状态方程。三次维里型状态方程最早由 van der Waals（1837—1923）在 1873 年提出：

$$\left(p + \frac{a}{V^2}\right)(V - b) = RT \tag{2.4}$$

通常将上述方程（van der Waals，1873）称为 van der Waals 状态方程，该方程是对理想状态方程的一种改进，该方程考虑了被理想气体模型所忽略的气体分子自身大小和分子之间的相互作用力，能更好地表征气体的宏观物理性质［与式（2.2）比较］。实际气体对管壁施加的压力低于理想气体，这是由于实际气体分子之间的引力造成的，方程中的 a/V^2 项就是实际气体分子之间有引力作用而引起的修正项。实际气体所占的体积大于理想气体，是因为实际气体分子会占据一定的体积，而在理想气体模型中假设气体分子体积为零。上述方程中的 b 项代表实际气体分子占有一定体积而引起的修正量。a 和 b 的值可从对应状态原理（Sandler，1989）中计算出：

$$a = 27R^2T_c^2/(64p_c) \tag{2.5}$$

以及

$$b = RT_c/(8p_c) \tag{2.6}$$

式（2.5）和式（2.6）仅用两个参数（T_c 和 p_c）就能对体系特性做出最初的评估。对于大多数流体来说，这两种参数都容易求得。这种方法与前文介绍的使用对应状态原理建立 z 与 T_r 和 p_r 两参数关系相类似。

van der Waals 状态方程虽然为半理论方程，但对于认识非理想气体模型仍是一个重要的尝试。然而在实践中，由于其只能在低压状态下使用，因此其运用具有一定的局限性。自从有了该方程，就有许多研究人员用类似方法解释非理想气体模型，其中一些尝试对 van der Waals 方程做了明显的改进。这些方程中最为显著的改进是由 Redlich 和 Kwong（1949）提出的。

$$p = \frac{RT}{V - b} - \frac{a}{T^{1/2}V(V + b)} \tag{2.7}$$

其中，a 和 b 可从式（2.8）和式（2.9）中得出（Smith 和 Ness，1987）：

$$a = \frac{0.42748R^2T_c^{2.5}}{p_c} \tag{2.8}$$

$$b = \frac{0.08664RT_c}{p_c} \tag{2.9}$$

Redlich—Kwong 状态方程仍然为两参数方程，但其对 van der Waals 状态方程做出了显著的改进。另一个由 Peng 和 Robinson（1976）提出的通用关系式为：

$$p = \frac{RT}{V-b} - \frac{a(T)}{V(V+b)+b(V-b)} \quad (2.10)$$

其中：

$$a(T) = 0.45724 \frac{R^2 T_c^2}{p_c} \alpha(T)$$

$$b = 0.07780 \frac{RT_c}{p_c}$$

$$\sqrt{\alpha} = 1 + k\left(1 - \sqrt{\frac{T}{T_c}}\right)$$

式中，$k = 0.37464 + 1.5422\omega - 0.26992\omega^2$，其中 ω 是偏心因子。

Peng–Robinson 状态方程本质上来说为三参数（T_c、p_c 和 ω）方程，与先前介绍的两参数方程相比，该方程三参数能更好地拟合实验数据，同时还保留了三次方程的简明性，此外，该方程还可应用于包括混合相态和气—液平衡的碳氢化合物特性的预测。但是该方程无法准确预测强极性分子的特性，尤其是含有氢键的极性分子的特征。分子间相互作用强的模型需要更复杂的状态方程来描述。

只有用状态方程准确计算出液相和气相的性质参数后才能计算液相平衡参数，但计算不应过于复杂。三次方程非常适用于这种类型的计算，它们提供了一种最简单描述液相和气相模型的方法，同时还能实现高效的计算。这些方程的解通常会产生 3 个体积根。V 在物理意义上的值一般为真值并且为正数。当 T 大于 T_c 时，三次方程只有 1 个正实根。当 T 等于 T_c 时，V 的 3 个根均相等且等于 V_c（临界体积）。当 T 小于 T_c 时，在高压状态下只有 1 个正实根，若是在低压状态下，则存在 3 个正实根，此时，最小的根为液体体积，最大的根为气体体积，中间的值没有意义（Smith 和 Ness，1987）。

2.3.2 多组分体系

上述讨论的状态方程是针对纯物质（单一组分），将这些单一组分的状态方程扩展运用到多组分体系，需通过平均纯组分物理参数来获得表征混合物的物理参数。适用于平均单组分特性参数的方程通常被称为混合公式。目前，许多代数方程已经能够依据纯组分的特征参数求取多组分体系的特性参数。一般来说，算术平均用于几何参数的平均，而几何平均用于能量参数的平均（Gunn，1972；Leland 和 Chappelear，1968；Reid 和 Leland，1965）。大多数混合公式是经验公式（基于维里型状态方程的混合公式例外）。用于三次状态方程的混合公式为：

$$\left. \begin{array}{l} a_m = \sum_i \sum_j y_i y_j \left(a_i a_j\right)^{1/2} \left(1 - k_{ij}\right) \\ b_m = \sum_i y_i b_i \end{array} \right\} \quad (2.11)$$

式中，a_m 和 b_m 为混合物的参数 a 和 b；y_i 和 y_j 为 i 和 j 组分的摩尔分数；k_{ij} 为二元相互作

用系数。许多体系的 k_{ij} 的值已在文献（Knapp 等，1982）中列出。对于油气体系，通常假设 k_{ij} 为零。若所有 k_{ij} 均为零，则可将上述 a_m 方程简化为：

$$a_m = \left(\sum_i y_i a_i^{1/2}\right)^2 \tag{2.12}$$

液态石油组分很多，对所有组分使用纯组分状态方程，然后，根据混合原则将它们组合是不现实的，为此，常见的做法是将相似组分"集中"成为假组分，将液态石油表征为纯组分和几个假组分的混合物。例如，将 C_{7+} 馏分集中成几个假组分。不能被集中到 C_{7+} 中的重馏分，可以定义成附加馏分。在文献中，几个假组分分组方案已被推荐。Pedersen 等（1984）推荐了一个以质量为基础的假组分分组方法，在该分组中，每种混合假组分都具有相似的质量，并且假组分中的 T_c、p_c 和 ω 值为各个碳数馏分的 T_c、p_c 和 ω 值的加权平均值。Danesh 等（1992）采用了一种对每种假组分来说，摩尔分数的乘积和分子量的对数都相同的"集中"分组方案。在大多数方案中，非烃气（N_2、CO_2 和 H_2S）和轻烷烃（C_1、C_2、C_3、$i-C_4$、$n-C_4$、$i-C_5$ 和 C_6）不参与"集中"分组（通常认为 C_6 馏分是纯 $n-C_6$ 馏分，即使其可能被支化，并且在 C_6 馏分中可能会有环状组分也是如此，同理 $i-C_5$ 的同分异构体也用单一组分来表示）。这些"集中"分组方案能将大多数液态石油表示成是由 10～20 种纯组分和假组分组成的混合物。对于大多数模拟计算来说，这种约化表示能满足原油 PVT 性质建模精度要求。

表 2.1 为凝析气、挥发油、黑油和天然气的摩尔组分，该摩尔组分是依据集中组分分组获得的，适合于模拟这些流体相态。这些流体混合物由 Pedersen 和 Christensen（2007）运用集中组分分组，将其组分表征为假组分。这些流体的相包络线如图 2.12 所示。该相包络线作图运用到了 Peng-Robinson 状态方程。

表 2.1 凝析气、挥发油、黑油和天然气的摩尔组分（Pedersen 和 Christensen，2007）

组分	凝析气 %（摩尔分数）	挥发油 %（摩尔分数）	黑油 %（摩尔分数）	天然气 %（摩尔分数）
N_2	0.53	0.46	0.04	0.34
CO_2	3.3	3.36	0.69	0.84
C_1	72.98	62.36	39.24	90.4
C_2	7.68	8.9	1.59	5.20
C_3	4.1	5.31	0.25	2.06
$i-C_4$	0.7	0.92	0.11	0.36
$n-C_4$	1.42	2.08	0.10	0.55
$i-C_5$	0.54	0.73	0.11	0.14
$i-C_5$	0.67	0.85	0.03	0.10
C_6	0.85	1.05	0.2	0.01
C_7	1.33	1.85	0.69	—

续表

组分	凝析气 %（摩尔分数）	挥发油 %（摩尔分数）	黑油 %（摩尔分数）	天然气 %（摩尔分数）
C_8	1.33	1.75	1.31	—
C_9	0.78	1.4	0.75	—
C_{10}	0.61	1.07	54.9（C_{10+}）	—
C_{11}	0.42	0.84	—	—
C_{12}	0.33	0.76	—	—
C_{13}	0.42	0.75	—	—
C_{14}	0.24	0.75	—	—
C_{15}	0.30	0.58	—	—
C_{16}	0.17	0.50	—	—
C_{17}	0.21	0.42	—	—
C_{18}	0.15	0.42	—	—
C_{19}	0.15	0.37	—	—
C_{20+}	0.8	2.68	—	—

2.3.3 高等状态方程模型

上述介绍的三次状态方程和其他简单状态方程模型的重大局限在于它们不适合描述分子大小差异大的混合物相态。基于统计缔合流体理论（SAFT）的状态方程模型（Chapman 等，1988，1990）和聚合物溶液理论（Hirschberg 等，1984）已经被建议来解决该矛盾。在统计缔合流体理论中，假设分子是由多个球形体柔性链组成的，类似于珍珠项链。每个段代表一个亚甲基族（然而，在实践中已发现每个段的适合参数大约为一个半亚甲基族）。基于统计缔合流体理论的状态方程的一个优势是方程容易将纯组分参数相关联。正烷烃和多环芳香烃模型参数和组分分子量之间存在着良好的相关性。这就减少了状态方程中的未知量。

统计缔合流体理论模型中的一个特殊模型已非常成功应用于沥青质相态建模中，该特殊模型是微绕链统计缔合流体理论模型（PC-SAFT），由 Gross 和 Sadowski（2001）提出。在 PC-SAFT 方程中，假设各组分独立并由 3 个参数建模。这 3 个参数是每段组分分子的直径、分子的数量以及段与段之间的相互作用能。目前，PC-SAFT 方程已被成功应用于研究沥青质沉淀包络线对混合物组成成分变化的敏感性。例如，Gonzalez 等（2008）研究了增加 10%（摩尔分数）甲烷对流体的影响（Jamaluddin 等，2002a）。图 2.18 显示若加入了甲烷则地表沥青质开始沉淀的上限曲线会转移到更高温度和压力的区域，因为甲烷是沥青质的不良溶剂，这种现象是可以预料的。PC-SAFT 方程是一种可以不需要大量实验就可以对假设情况进行快速预测的方法。

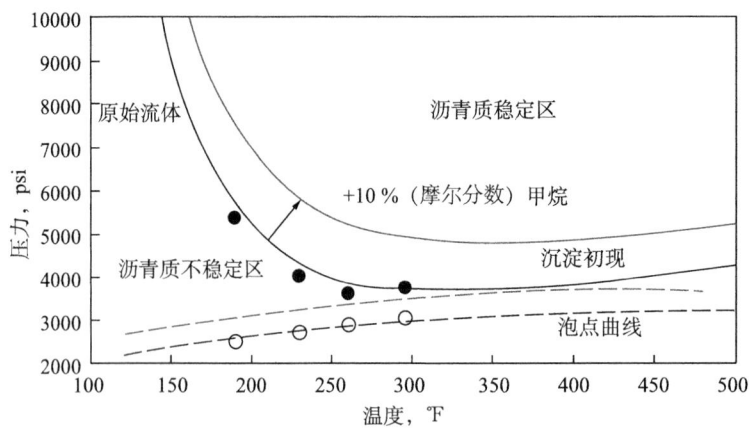

图 2.18　加入甲烷后的流体相态图

来自 Gonzalez（2008）PC—SAFT 模型。再版许可。版权归美国化学学会所有。实验数据来自 Jamaluddin 等（2002）

2.4　思考与讨论

（1）有机垢由石蜡、沥青质、水合物、环烷酸钙及其混合物和反应聚合物构成。在海底环境中，笼形天然气水合物是最主要的流动保障问题。

（2）在生产过程中，流体的温度、压力会发生变化，导致流体成分改变，这样，大部分有机垢会在生产环境中开始形成。随着油藏的开发进入中、后阶段，这些发生的变化也更有可能使储层中产生沉淀物。

（3）各种相图和状态方程可以用来描述一些有机垢的形成。这些数学模型可以用来帮助预测有机垢的稳定区域和不稳定区域。

（4）状态方程与下一章中介绍的油气流体的物理化学特性相结合，可以用于建模，帮助预测生产中的结垢问题。

（5）第 3 章中描述了许多不同的测试技术，这些测试技术可以测定石油烃的成分，并预测包括沉积趋势在内的物理化学特性。有机垢及其沉积机制将在第 4 章中详细介绍。

3 原油的物理化学特性

3.1 概述

要想管理有机垢,首先必须了解原油性质。这对于认识有机垢及优选处理和预防措施来说都很重要。本章将简要介绍液态石油的表征技术。第 4 章将介绍固体(石蜡、沥青质、水合物)的表征技术。有时候固体也可包括环烷酸盐,并且在许多环境条件下,有机垢和无机垢同时沉积。关于无机垢的详细讨论在 Frenier 和 Ziauddin(2008)的著作中可以看到。

涉及流动保障的典型工作流程如图 3.1 所示。矩形框表示流程步骤,椭圆形框表示具体的工作或结果。可以看出,流动保障涉及油田化学和多相流判定。在任何流动保障研究中,最关键的第一步都是采集具有代表性的流体样本。理想样本应该是在恒定的温度和压力储层中无污染采样,并保持压力、温度不变,完好无损地运送到实验室。然而,在当前技术条件下,这是无法实现的。更现实的做法是通过压力补偿和温度补偿来减少样品相态的变化。如果流动保障研究是基于非典型样本,那么可能会导致对生产设备的超安全或欠安全设计,两者的后期维护都很昂贵。笔者认为,这是不容忽视的。

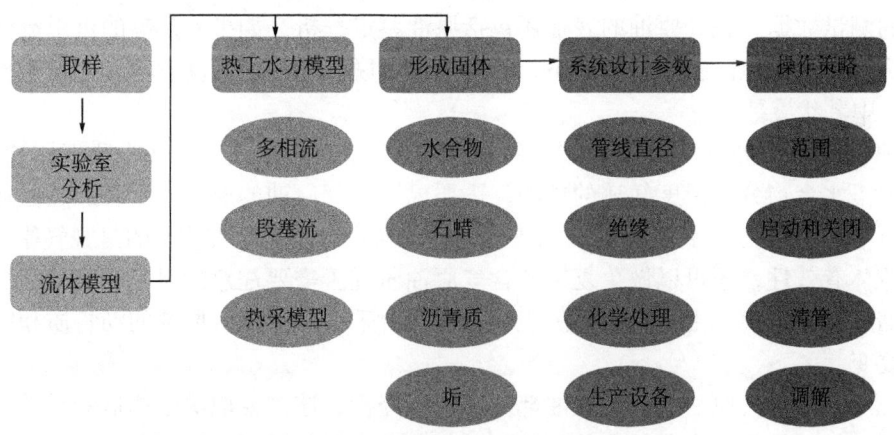

图 3.1 流动保障的典型工作流程(Chevron 提供)

采样后,在将样本运送到实验室的途中以及在实验室中,都必须保持样本的完整性。样本一旦运送到实验室中,在将样本重整至合适的压力和温度后,就可以进行初步相态评价和固体筛查。同时,根据预计的有机垢类型,需要确定蜡含量、倾点和析蜡点。另外,还要进行饱和烃、芳香烃、胶质类和沥青质分析、沥青质初始沉淀点测定以及水合物形成分析。测量数据将用于有机垢沉积现象和过程的数值模拟,可预测指定油田多种作业条件下和不同生产状况下可能发生的流动保障问题的严重程度。其结果将有助于优化生产系统、输油管线、清管频率、清管方式、有效隔热、注入设备、清垢剂段塞大小、清垢作业时间等的设计。数值模拟结果的有效性可能要视需要做进一步的实验研究。这些实验、模拟和对策研究的详细信息,将在后续章节中介绍。这些内容在开发方案中的"有机垢"部分论述。为了使开发方案更完整、更全面,开发方案中还必须包括控制金属腐蚀和无机垢生成的研究(Frenier 和 Ziauddin,2008)。

本章的后半部分以及第4章都认为流动保障(FA)决策的制定,离不开各种化学数据测定技术。

3.1.1 含气原油和脱气原油性质对比

一个完整的原油特性介绍应包括脱气原油和含气原油两部分。含气原油指的是储层流体,其在原始油藏压力和温度下为单相流,在地表条件下,储层流体可分为气相和液相。脱气原油在地表状态下呈稳定的液相状态,其中不含溶解气。由于地面处理的程度和方法不同,脱气原油并不都是一样的,从而导致流体成分与物理特性不同。含气原油首要的特征描述是成分分析。必须将储层流体还原到原始环境压力和温度下,才能够进行详细的成分分析。这些详细分析通常使用气相色谱技术。基于生产的油、气质量,通过对储层流体中闪蒸气和油的分析,测量它们的组分、闪蒸气的体积和闪蒸液的质量,可以数值重组储层流体。根据闪蒸原油的分子量以及从闪蒸气成分计算中获得的气体分子量,可将分析结果转换为以摩尔为单位表示。闪蒸油密度的确定,可为该油田原油的 API 度提供参考。

石油的 PVT 分析(3.3节)是表征储层流体的基础参数。PVT 分析通常包括定质量膨胀(CME)测试、差异分离测试、分离器闪蒸测试以及储层流体组分和黏度测定。针对流动保障设施设计还应该包括流体的定质量膨胀测试数据和在低于油藏温度条件下黏度随压力变化的测试数据。脱气原油的表征还包括原油鉴定分析(如果有足够的可用流体)和潜在固体沉淀筛选试验。在某些情况下,不同含水量脱气原油的黏度测定,可用于模拟流体产生系统中乳状液黏度。

各种各样的流动保障测试技术需要的样本要么是含气原油,要么是脱气原油。例如,不同压力下水合物分解温度轨迹的预测,需要已知含气原油的成分(尽管这些值通常是计算值,而不是测量值)。针对石蜡和沥青质问题的初步筛选,通常使用的是脱气原油。根据需求和流体有效性,还可以做更复杂的含气原油研究。需要注意的是,在某些情况下,当流体从储层流到地表,由于有机垢沉积或原油的合采,可能导致原油的沥青质和蜡含量已经发生改变。

如上所述,含气原油或脱气原油都可以进行分析,这主要取决于测试的目的。脱气原油分析技术针对的是地表条件下的原油,且测试成本要低得多。用调配的分离器样品也为表征原油特征提供了另一种途径。该试样在地表采集,所以样本采集成本会显著降低。服务公司也提供井下(现场)流体分析。井下流体分析技术可以确保采集到高品质流体样品(Mullins 和 Schroer,2000),尤其在海上环境,该技术更划算。

测得的原油特性表明,含气原油和脱气原油之间的特征差异很大,工程师必须根据具体个例,针对特定流动保障问题,决定是否需要测定、分析含气原油特性。

3.1.2 样本

油田服务公司对地表和地下采样都提供多种方案。采样方案的选择取决于所要测定的特性参数以及井的整体测试计划。

Nagarajan 等（2006）和 Bon 等（2007）讨论了采样过程中的关键步骤以及多种流体类型（从超重原油到凝析油以及复杂的挥发油）的流体特征。一般来说，成功采样的关键因素是：避免储层内两相流的产生；最少的钻井液和完井液污染以及样品保存的完整性。如果钻井液的成分已知，那么在某种程度上能够解释钻井液侵入造成的污染（Gozalpour 等，1999；Mena Cervantes 等，2007）。在某种程度上，采样瓶的完整性可以通过肉眼检查，也可根据实验室打开采样瓶时的开启压力来确定。

重油油藏中典型样品的采集需要控制压差，使地层出砂降到最低，同时要保证重质油流动时没有分相。通常重质油油气分离非常缓慢，导致生产气油比高度的不确定（Nagarajan 等，2006）。由于重油重组比例不确定，因此这种情况下不适合在地面条件下调制重油样品。此外，由于重油中气体溶解缓慢，也导致制备典型流体困难。为此，首选采集井底样本，这种采样方式能提供单相样本，并保持其处于单相条件下。由于在重油中蜡含量低且沥青质多为分散状态，因此固体沉积问题较少。最可能出现的是重油携砂和乳化的问题，这些超出了本书的讨论范围。

实验室接收样品后通常将样品置于一个摆动的支架上，至少摆动 5 天，以确保流体均质（Jamaluddin 等，2001）。试样检测仪很少带有靠扩散作用均质化的装置。如果样品在采集和运输的过程中发生了不可逆的相态变化，为了均质化，简单的加热和压缩是无法使流体恢复到最初状态。Hammami 和 Ratulowski（2007）指出，1995 年以前用于沥青质研究的多数实验技术都受限于其额定压力，因此，含气原油特性分析的结论，通常是在脱气原油分析的基础上推断出来的。脱气原油实验，很难对沥青质的可逆性进行测试，这是因为样品成分已出现了不可逆的改变。另外，在测试过程中需要特别注意沥青质的特性，因为一些沥青质可能会形成沉淀。1995 年，随着高压、高温激光透光率技术的发展，Hammami 等（1999）确认并报道，在压力诱导下沥青质有再溶解的强烈趋势。欠饱和的墨西哥湾储层流体，在储层温度下，实验系统压力增大超过饱和压力时，沥青质出现再次溶解的现象。注意，如果在样品室中，原油中的沥青质已经形成沉淀，那么沥青质的特性参数（如沥青析出的初始压力和温度）的测量就将是错误的，但沥青质的总含量仍可用该样品估计。作者主张，表征沥青质的最佳样品是未减压的样品（即获取单相样品时要压差最小化，同时使用压力补偿取样器采集）。

Muhammad 等（2003）试验了几种能够在采样过程中使沥青质处于溶解状态的方法。采集到的井底样品通常使用多种类型的仪器进行测试。装在裸眼井测井电缆装置上的采样器，包含一个可以收集多达 6gal[1] 样品的模块化样品室，但该采样器没有压力补偿：一个没有压力补偿的多相样品容器和一个有压力补偿的单相多室采样器。使用近红外光谱（NIR）散射方法（Hammami 等，1999）测试表明，在样品处理过程中，有压力补偿的单相多室采样器采的样品沥青质沉淀量最少，其可为沥青质分析提供最具代表性的样品。

Afanasyev 等（2009）介绍了一个非常紧凑的能替代井下取样器的地面装置，该装置是基于多相流量计的流体采样系统。作者还就利用井场分析设备和多相采样装置对采自一

---

[1] 1gal（英）=4.546092dm^3（准确值）；1gal（美）=3.785412dm^3。

口新井的样品进行物理重组的现场试验做了报道。在储层条件下将样品恢复1天后，将 25cm³ 的样品转移至 PVT 测试室（为了质量控制和饱和压力的测定）实验测得样品露点压力为 376.8bar（5463.6psi），基本上与早期的基于数学重组的状态方程预测露点压力 382bar（5539psi）相匹配。该报告的作者声称，这一结果证实，通过多相采样装置取样，采用物理重组方法配样是可行的。

由于收集单相样品对于沥青质分析非常有用。Irani（2007）介绍了一种收集单相样品的连续油管传输的采样系统，该系统对于沥青质分析非常有用。该装置是一种外径为 5.38in 的全通径采样器。9个铬镍铁合金取样器的额定值均为 400℉（204.4℉）、20000psi，可采集 400cm³ 样品。作者认为，氮气输送系统是该装置的核心部分，它在保证样品单相上起着决定性的作用，单一氮源为所有取样器样品瓶保持压力。Bon等（2007）已经尝试过把井底取样温度控制在不低于储层温度的条件下，并在运输过程中用电池供电的加热套，保持样品在储层压力和温度条件下运送到实验室。

对于蜡分析来说，井底取样样品要优于地表取样样品，因为井眼温度的降低可能会导致一些蜡析出，地表取样样品中蜡含量会降低。此外，想要保持样品中的蜡含量，要尽可能避免样品在取样筒间不必要的转移。如果样品的转移不可避免，那么应该在转移前对样品搅拌加热使样品均质。

油田服务公司提供在提出取样器之前，在井下对井底流体样品进行质量分析的服务。比如井下分析可以减轻钻井液侵入导致的污染（Mullins 和 Schroer，2000）。井下分析也有利于确定采样时间、位置以及需要采集样品的量。这对深海采样可能至关重要，因为在深海采样时，钻机的工作时间是非常宝贵的，而且利于采样的条件也有限，所以一旦出现了利于采样的条件，就要确保收集到品质好的样品。

各种类型的采样探针也可减轻井下取样时样品的污染问题。其中，一种设计是将受污染的流体依靠泵吸到探针的周边，再从另外的管线中流出（图3.2）。这使探针中心能够将纯储层流体收集至取样管线。在取样过程中，为了控制这两个独立的泵运系统，需要对这两个管线中的流体性质进行实时监控。采样探针除能够提高取样的纯度外，还能够加速取样管线过程，可减少钻井时间和成本（Weinheber 等，2009；O'Keefe 等，2008）。

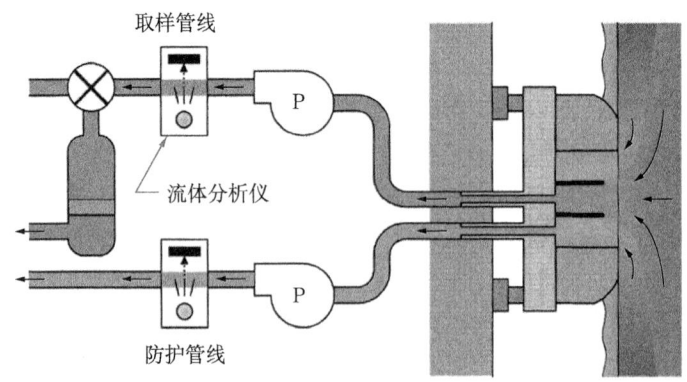

图3.2 采样系统流程示意图（O'Keefe 等，2008）

3.2 原油成分特征

原油是由各种烃类组成的混合物（图2.3）。原油加工的基础方法是蒸馏，所以最适用的原油分析方法也是蒸馏法。标准的原油分析主要是识别各组分并分析其主要属性及含量。馏分的分类是根据原油处理工艺的先进程度以及潜在的商业价值而定。它们通常包括轻汽油、轻石脑油和重石脑油、煤油、常压瓦斯油、轻质真空瓦斯油、重质真空瓦斯油和减压油渣。对储层流体的分析，在多数情况下，通常使用气液色谱法，该方法从本质上来说就是一种高分辨率的蒸馏。馏分成分是通过沸点（正构烷烃的沸点）和指定属性获得的。想要通过识别个体成分来表征原油是不可能的。因为，可能的 n-C_{20} 异构体的数目（正二十烷）大于1000000，此外，这些异构体的沸点非常接近。因此，它们不能用常规分析技术分离，即使有办法将它们分离出来，对于工程分析的计算过程来说也没有太大影响。

大量特性描述工作的目的是为工艺流程和热力学模拟建立流体模型。石油工业中通常采用由 Peng 和 Robinson（1976）研发的三次状态方程和 Soave 修正的 RK 方程（Soave, 1972）对气体特性进行描述。关于状态方程的讨论见2.3节，该方程基于对应状态原理，利用组分的临界性质获得所需的参数。临界温度、临界压力和压缩因子可以用标准沸点、密度或分子量这3个变量中的任何2个，建立它们之间的关系式，同时，这3个变量之间也存在良好的相关性（Riazi, 2005）。表征原油的重要途径包括：

(1) 蒸馏法或气相色谱法；
(2) 分析馏分的密度分布；
(3) 分析饱和烃、芳香烃、胶质类和沥青质（SARA）；
(4) 分析烷烃（石蜡）—环烷烃—芳香烃（PNA）。

Simanzhenkov 和 Idem（2003）详细地介绍了原油的化学组成及各种用来表征这些流体特性的测试方法。他们将原油表征为以链烷、环烷（多环）、芳香烃或沥青质为主要类型的有机化合物。这些化学组分对石油的加工和利用有着重要的作用，同时也会影响生产过程中有害固体的形成。本节将介绍一些用于表征原油的技术，这是了解和控制各种有机垢沉积的基础。由于这些技术在后续章节中会用到并详细讨论，因此，此处只做简要介绍。原油中这些组分的存在及其相互作用对其物理性质的影响将在3.3节中介绍，所以此处首先介绍确定烃类流体化学成分的方法，同时还将对适用于研究有机垢和有机垢沉积现象的分析测试方法做简要回顾。更多测试方法将在第4章中介绍。

两本参考书（Simanzhenkov 和 Idem, 2003; Altgelt 和 Boduszynski, 1994）中详细介绍了原油组分及特性分析的相关方法，Simanzhenkov 和 Idem（2003）所著书中在第2章较为详细地介绍了色谱、光谱和化学分析方法，以及用于测量密度、黏度和折射率的物理方法，唯一没有详细介绍的是核磁共振（NMR）技术。Altgelt 和 Boduszynski（1994）所著书中在第6章至第9章分别介绍了重质石油馏分的色谱分离、用质谱法测定重质石油馏分的分子特征、用核磁共振技术描述光谱组特征以及一些辅助的表征方法（包含了其他光谱和化学分析方法）。为此，这两本书都具有非常广泛而重要的参考价值。

3.2.1 蒸馏曲线

蒸馏是将原油提炼成汽油和各种化工产品的第一步。Simanzhenkov 和 Idem（2003）在他们著作书的第 5 章中对这一工艺做出了详细的介绍。要想生产出令人满意的产品，首先必须对原油样本绘制蒸馏曲线，这对很多流动保障研究也非常有用。

最轻组分的沸点称为初始沸点（IBP），而最重组分的沸点称为终馏点（FBP）。ASTM D86-07b（2007）介绍了蒸馏石油产品的试验方法，该试验是在大气压力下进行的，不适用于含有非常轻气体或沸点高于 1000℉ 的很重化合物的混合物。ASTM D86-07b 测试通常是做液体的简单筛选，该测试方法简单方便，但不具有一致性或可重现性（Riazi，2005）。因此，该方法已被色谱模拟蒸馏法替代（3.2.2 节）。ASTM D2892（2005）提供了一个较为复杂的原油的评估法。所谓"真沸点"是指使用一个具有许多（15～100）理论塔板和高回流比（1：5 或更大）的蒸馏塔得到的沸点（Riazi，2005）。这确保了组分分离更彻底，从而能更准确地测定沸点。但这个过程很难实现，当比较不同实验室的数据时应注意这一点。收集的试验馏分可进行其他分析测试。

对于原油来说，当沸点高于 150℃ 时，就必须进行真空蒸馏。对精炼厂或买方来说，ASTM D5236-03（2007）测试方法是许多重烃类混合物测试方法的一种。它在不同的沸点范围内对馏分产量进行估计。通过本试验方法所收集的馏分可以单独使用或与其他组分组合作为分析研究和质量评价的样本。

ASTM D2887-02（2002）提供了一个使用气相色谱法（GC）来获得模拟蒸馏曲线的方法。本试验方法仅适用于终沸点（FBP）不大于 538℃（1000℉），且初沸点（IBP）为 55℃（100℉）的石油馏分产品。这种方法比 ASTM D86-07b（2007）更具有可重现性。模拟蒸馏曲线也可以通过超临界流体色谱法（SFC）获得。Stadler 等（1993）对 26 罐原油的模拟蒸馏曲线做了对比，这些曲线均是使用 GC 和 SFC 获得的。如上所述，可以用色谱法来绘制模拟蒸馏曲线。气相色谱分析技术（Simulated Distillation Analysis，2009）中已介绍了用该技术测试原油沸点分布的情况。作者指出，如果原油样品中含有大于 C_{44} 的组分，并且沸点超过 538℃，那么可选 ASTM D5307-97（2007）作为分析方法。该方法需要每种样品注入 2 次：第 1 次根据内部标准注入样本，第 2 次则不需要。使用该方法通过比较两次时间段数据，使用内部标准计算获得初始沸点（IBP）、沸点分布曲线以及沸点在 538～1000℃ 之间的馏渣的质量分数。本研究使用的是加拿大油砂地区的沥青样品。原油样品的沸点曲线如图 3.3 所示，曲线显示了温度与馏出物累积量之间的关系。其他一些不同的色谱方法将在后续章节中做出详细的介绍。

3.2.2 色谱分析法

色谱分析法广泛应用于研究多组分混合物、原油和流动保障问题，是一种物理分离法，其将组分分为固定相和流动相两种相态，流动相可在一定方向上移动（Heftmann，1975；Ettre，1993），它可以是液体、气体或超临界流体。固定相可以是固体、凝胶或液体，如果是液体，它可以是载体表面涂渍的固定液，也可以化学键与固体结合或被固定在固体上。

固定相的作用是将被测定分析物从混合物中分离出来。固定相吸附每种组分的能力不同，从而导致每种组分分馏的时间不同。表征组分特征可以用组分的分馏时间或保留时间表示，设备和作业条件可以通过已知的标准进行校准。独立组分通过检测并被识别出来。根据流动相的差异，有不同类型的可供使用的探测器。这些探测器一般基于紫外光和可见光、折射率、电化学变化进行探测，连接在色谱法分析仪末端的质谱仪（MS）可测定馏分的分子量。

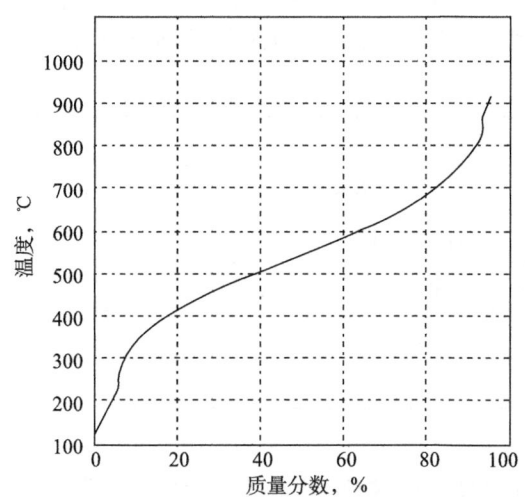

图 3.3　气相色谱法测定出的蒸馏曲线（模拟蒸馏分析）
Shimadzu Scientific Instruments 再版许可

色谱分析技术先进且发展前景较好，在大量文献中已被广泛介绍（Speight，1991；Ettre，1993；Raal 和 Muhlbauer，1997）。各种设计和方法的更为详细介绍超出了本书的范围，此处只对流动保障研究中会用到的常见方法做简单的介绍。读者要深入了解可以阅读专业文献。在 Simanzhenkov 和 Idem（2003）文献中的 2.1 节中使用了大量示意图对该技术进行了总体介绍。

3.2.2.1　气相色谱法（GC）

气相色谱法是最为常见的用于烃类流体分析的色谱技术。气相色谱仪由气相色谱柱组成，携带样品的气体称为载气，这些载气充当流动相（Hyver 和 Sandra，1989；McNair 和 Miller，1997），它们通常是惰性气体（如氮）或不活泼气体（如氦）。气相色谱柱的填充材料即为固定相，通常为惰性载体表面涂渍的固定液或惰性载体上的高分子聚合物。流动相通过固定相，最终保留在气相色谱柱的组分被检测和被识别。固定相吸附成分的多少，取决于样品成分的物理和化学性质。组分的洗脱时间或保留时间取决于气相色谱柱或作业条件（例如，气体流速、温度以及该气相色谱柱的长度），气相色谱柱可以用已知的标准进行校准。

气相色谱法特别适用于分析可挥发但不分解的低分子量化合物和低沸点到中等沸点的原油成分。对石油重质馏分的分析，应用该技术是具有挑战性的。例如随着分子量增大，一定分子量范围内可能的组分数量呈几何级数增长，这意味着随着分子量增加，同分异构体之间的物性差异也随之减小。此外，组分的高分子量和相似化学成分会导致捕获时间过长，致使该方法不可用。想要通过升高柱温来减少组分在色谱柱的停留时间基本是不可行的，因为当色谱柱温度升高会导致某些组分热分解，也会降低色谱柱的使用寿命。现在已有各种类型的探测器用来分析色谱柱中不同类型组分的特征（Skoog 等，2007），探测器类型的总结见表 3.1。

（1）氢火焰离子化检测器（FID）特别适用于检测有机物和其他易燃化合物，通常用于检测气相色谱仪中的流出物。由于该方法会破坏被检测样品的组分，因此，在分析复杂混合物时需要使用多种检测器，而氢火焰离子化检测器通常最后使用。

表 3.1　气相色谱检测技术

技术	原理	应用
FID	火焰电离	任何挥发性化合物（破坏性）
TCD	检测柱体流出物热导率的变化	大多数有机化合物
ECD	β 射线发射器（某些运载气体的电子电离）	卤代烃
MS	电离原子的质荷比差异	结构细节
PID	紫外光电离	芳族和杂质

（2）热导检测器（TCD）是一种通用型检测器，该仪器通过对比纯载气流和载气流热导率，分析化合物的组分。TCD 由热导池及其检测电路组成，当被测组分与载气一起进入热导池时，由于混合气的热导率与纯载气不同（通常是低于载气的热导率），热导池的温度也不同，致使检测电路中的钨丝温度发生改变，其电阻也随之改变，进而使电桥输出端产生不平衡电位而作为信号输出。

（3）电子俘获探测器（ECD）使用 β 射线发射器（电子发射）电离某些载气并在偏移的对电极之间产生电流。当有机分子中含有带负电的官能团（例如，卤素、磷、氮基团）通过探测器时，其会捕获电子并减少电极之间的电流量。电子俘获探测器和火焰电离检测器的灵敏度差不多，虽然电子俘获探测器的动态量程有局限性，但它能很好地应用于卤代化合物的分析。

（4）质谱仪（MS）是一个非常重要的探测器类型。从本质上来说，是连接在气相色谱仪上的附属仪器。质谱仪运用电离原子或分子的质荷比不同来分离彼此。因此，质谱分析可用于原子或分子的量化，也可用于确定分子的化学结构。分子有独特的裂解方式，可提供鉴定分子结构成分信息。

在组分量化方面，氢火焰离子化检测器通常要优于质谱仪。而在各组分识别方面，质谱仪要优于氢火焰离子化检测器，且质谱仪具有更高的分辨率。质谱仪在量化方面较弱，所以质谱仪和火焰电离化检测器通常联合使用，这样既善于量化，也善于识别。

光离子化检测器（PID）用于芳香烃或有机金属杂环种类物质的测定。该装置采用紫外光来电离从色谱柱中流出的分析物。这个过程中产生的离子由电极收集，所产生的电流可估量分析物浓度。

3.2.2.2 液相色谱法（LC）

液相色谱法中，流动相为液体。液相色谱法可在色谱柱中进行测试，也可在盘片上完成测试（Snyder 和 Kirkland，1979；Snyder 等，1997）。在流动保障研究中，液相色谱法一般是在高进气压力时进行，因此通常被称为高效（或高压）液相色谱法（HPLC）（Ettre，1993）。高效液相色谱法的主要优势在于其对样品的分析能够得到"普遍认可"，并且总的分析时间大约只需要几分钟。但它也有严重缺陷，即大多数高效液相色谱法在烃组分分析时很难获得适用于不同馏分的精确响应因子。

在高效液相色谱法中，样品通过由微小颗粒或多孔介质充填而成的色谱柱（固定相），流动相为高压液体。基于流动相和固定相的极性，高效液相色谱仪可分为两个不同的子类，其中固定相比流动相极性更强，则称为正相液相色谱仪；反之，称为反相液相色谱仪。高效液相色谱法可非常高效地分离不同的碳氢化合物和识别特定成分类型。

高效液相色谱法已用于沥青质馏分鉴定（Coulombe 和 Sawatzky，1986）。大多数液相色谱探测器和质谱仪一样，工作原理都是基于紫外光折射率、荧光性、光散射或电化学变化的基础之上的。

3.2.2.3 超临界流体色谱法（SFC）

超临界流体色谱法中，流动相为超临界流体。超临界流体即温度在其临界温度以上的流体。超临界流体的物理性质处于其液体与气体之间。对于超临界流体色谱法来说，CO_2 以其较低的临界温度（31℃）和较低的毒性，并且与大多数测试方法没有干扰，成为适用的流体。

超临界流体色谱法最大的优势是利用了超临界流体传质速率高的特性。其通常具有更高的分辨率。由于超临界流体的扩散系数高于其他流体，因此其测试速度也高于高效液相色谱法。在标准的超临界流体色谱法操作条件下，当超临界流体作为流动相时，其密度大约为相应流体的 1/3～1/4，扩散系数约为天然气的 1/100，液体的 200 倍（Speight，1991），黏度与其他气体处于同一量级。因此，超临界流体的流动速度比其他色谱流体的流动速度快，有利于缩短分离时间。此外，该流体的高密度使其溶解力要比气体高 1000 倍。这使得超临界流体色谱在分析大分子化合物时具有很高的使用价值。Stadler 等（1993）对 26 罐原油进行了气相色谱和超临界流体色谱方法的对比。他们发现，对于大多数原油来说，超临界流体色谱法能分析出更多的洗脱油馏分，且烃类分解的威胁性最小。

3.2.2.4 排阻色谱法（SEC）

排阻色谱法，又名凝胶渗透色谱法（GPC）。在排阻色谱法中，分离主要是基于分子的大小和形状，或者更准确地说是基于分子的流体力学体积（Lathe 和 Ruthven，1956；Moore，1964；Otacka，1973；Yau 等，1979；Speight，1991；McNair 和 Miller，1997；Eisenstein，2006）。代表性的固定相是凝胶（故名凝胶渗透色谱法），例如孔径大小不同的聚苯乙烯珠。聚丙烯酰胺、葡聚糖和琼脂糖以及二氧化硅也可用作固定相。当水溶液作为流动相时，该技术被称为凝胶过滤色谱法，而当有机溶剂作为流动相时，则称为凝胶渗透色谱法（Eisenstein，2006）。在排阻色谱法分析过程中，低分子量组分具有较长的停留时间。色谱分离是基于凝胶珠的孔隙系统不能容纳较大溶质的分子，所以首先对较大溶质的分子进行洗脱。另外，停留在凝胶珠中较小溶质分子的多少，取决于它们的相对尺寸，较小溶质分子停留的量越多，则需要更多的时间来洗脱。因此，精细的流量控制、校准、注射和检测（通常通过折射率或紫外线吸收），就可能得到溶质分子量分布的准确色谱。但是，该方法是在假设溶质—溶质和溶质—凝胶分子之间不发生化学或物理反应的基础之上进行的。例如，强极性小分子可以在溶液中结合且难以分离，可以导致分析结果出现在"错误"的分子量范围内。

排阻色谱法是度量石油馏分平均分子量分布的一个新兴技术，尤其适用于检测原油中的非极性成分。然而，石油中含有宽泛的不同极性的成分，包括非极性烷烃和环烷烃（脂环族化合物）、中等极性芳香烃（单核和浓缩）以及极性的氮、氧和硫。每一种特定的化合物与凝胶表面的相互作用程度不同。随着成分极性的增加以及溶剂极性的降低，相互作用的强度也会增加。因此，在原油组分中可能并不存在洗脱体积与分子量自然对数（$\ln M$）之间理想线性关系（Speight，1991）。同时也缺乏与石油成分化学性质相同的已知平均分子量分布的标准（用于校准的目的）。尽管存在这些限制，石油成分的研究，尤其是较重成分研究还是使用凝胶渗透色谱法。

通常，排阻色谱柱是通过测量已知分子量聚合物标准洗脱特性进行校准，并假设其他未知聚合物也会以类似的方式洗脱，这样它们的质量分布就可以通过参考校准标准确定。然而，要想摆脱排阻色谱柱校准的假设条件，就必须考虑多种技术的相互联作，目前可以将光散射仪与排阻色谱仪联用。此外，紫外/可见光检测器可以为洗脱聚合物提供更多的化学信息。

3.2.2.5 离子交换色谱法（IC）

离子交换色谱法中的分离是基于样品组分离子交换亲和力差异（Small，1989；Weiss，1994），吸附基于溶质离子和固定相中电荷之间的吸引力。离子交换色谱法被广泛地应用于石油馏分的分析，主要是对石油馏分中酸性和碱性成分做初步分离。这种技术的优点是大大提高了复合体分离的质量，但它所需的时间较长。这种方法常用于确定和量化离子和无机化学材料，偶尔也用于原油分析中。

离子交换树脂是由铝硅酸盐、合成树脂和多糖制备。最普遍使用的树脂具有聚苯乙烯交联聚合物链的骨架结构，待测样品通过该结构时，离子扩散到大部分的交换位置。离子交换树脂通常由直径为几百微米的微粒组成，致使大部分的交换位置点都远离表面。有机树脂的聚电解质特性，决定了它们可以吸收大量的水或溶剂，所以其膨胀后的体积远远大于干凝胶。三维聚合电解质树脂的聚合链之间分子的间距决定了透过微粒的大小。

目前，阳离子交换色谱法主要用于分离石油馏分中的含氮成分。阴离子交换色谱法主要用于分离石油馏分中的酸性成分（如羧酸和酚类）。

3.2.2.6 二维气相色谱法（GC×GC）

传统气相色谱法（GC）使用单一色谱柱来分离组分。而二维气相色谱法使用两个色谱柱。组分从第一根色谱柱中洗脱后，进入使用不同固定相的第二根色谱柱进一步分离。通常，第一根色谱柱是基于化合物的挥发性进行分离，而第二根色谱柱是基于化合物的极性进行分离。两根色柱中间装有一个调制器，经第一根色谱柱分离后的所有馏出物在调制器内进行浓缩聚焦后注入第二根色谱柱，继续进行分离，最后进入色谱检测器。二维气相色谱法可与氢火焰离子化检测器或时间质谱仪（TOFMS）联合使用。图3.4为一种油样的二维气相色谱图（Mullins等，2008），圈定区域代表已表征的特定组分类型的峰值。Pr和Ph分别代表初始化合物和植烷。Mullins等（2008）用色谱法从原油主体成分中分离出存在于被污染钻井液中的烯烃。请注意，二维气相色谱法可以分解挥发性相似但极性不同的化合物，而一维的气相色谱法很难做到。

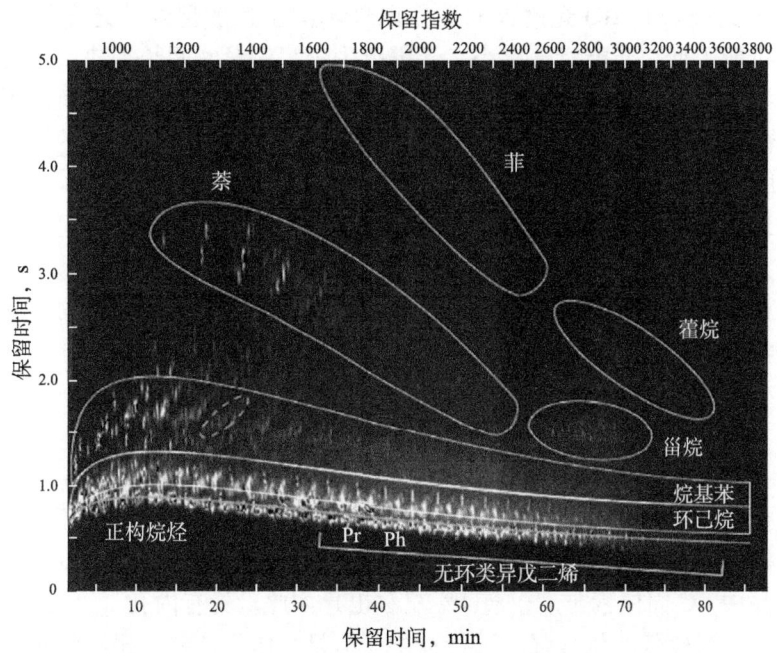

图3.4 一种油样的二维气相色谱图
圈定区域代表已表征的特定组分类型的峰值
Mullins等（2008）重印许可。版权归美国化学学会所有

3.2.3 光谱技术

光谱原指可见光色散后根据其波长大小而依次排列的图案。但这一概念有了很大扩展。目前，光谱学指的是通过光谱来研究电磁波与物质之间的相互作用。现今光谱技术由电磁辐射或电磁吸收构成，例如红外、可见光、紫外线、X射线以及核磁共振和质谱技术。这些方法可用于更详细地表征原油中部分组分或单个组分和用于流动保障研究。

光谱技术利用电磁辐射可以吸收或发射光谱。吸收光谱法的原理是当化合物暴露于电磁辐射时，它会吸收某些波长的能量，而其他波长的能量可以通过。电磁辐射是否吸收取决于该化合物的结构和辐射的波长。发射光谱法的原理是当化合物从激发态能量到较低能量的状态时，会发出一定波长的光子。所发射的辐射取决于化合物的结构。根据其所基于的电磁波频谱，可将光谱技术分类。例如，红外光谱法是基于光谱的红外部分，而紫外可见光谱是基于电磁频谱的紫外可见部分。

3.2.3.1 红外光谱

红外光谱是电磁波谱的红外区域，其范围为$10 \sim 13000 cm^{-1}$。电磁光谱的红外部分被分为近红外区、中红外区和远红外区 3 个区域。然而，中红外区（其范围为 400~4000cm^{-1}）在识别有机化合物方面最为有效，因为大部分相关吸收发生在这个范围内。红外光谱具有更高的使用价值，主要是因为有机化合物中的大多数官能团之间，红外吸收模式都存在微小的差异。例如，烷基官能团在 2850~2960cm^{-1} 范围吸附，芳香烃约为 3030cm^{-1} 等。红外光谱分析已用于识别 N—H 键和 O—H 键、高分子链的性质、C—H 键偏移的弯曲频率和多环芳香烃体系的性质。

傅里叶变换红外（FT-IR）光谱仪的工作原理不同于色散型红外光谱仪，它克服了色散型光谱仪分辨能力低、光能量输出小、光谱范围窄、测量时间长等缺点。利用干涉仪获得入射光的干涉图，然后通过傅里叶数学变换，把时间域函数干涉图变换为频率域函数图（普通的红外光谱图）。这使得傅里叶变换红外光谱技术可同时收集所有的频率信息。事实上，现在几乎所有的红外光谱仪都是傅里叶变换红外光谱仪。

红外光谱适用于识别有机垢或有机垢薄层。可为该类垢的化学除垢配方和方法的研制和开发提供信息。Curtis 和 Weaver（1998）介绍了这项非常有前景的技术，该技术首先要做的是从复合样品中分离出各组分。分离完成后，各组分的官能团或类别可以通过傅里叶变换红外光谱法进行识别。分离可通过物理或化学手段进行。通过分析分离物，更好地了解该样品中有机质的性质。用计算机将干涉图函数进行傅里叶变换就得到了对整个样品的光谱。

3.2.3.2 核磁共振（NMR）

质子磁共振（PMR）技术可能是近代研究石油中高分子量组分中多环芳香烃结构最早使用的方法。核磁共振碳谱（^{13}CNMR）已成为有机分子研究的重要手段（尤其是聚合物），即使大多数样品中 ^{13}C 同位素丰度仅有 1% 左右也是如此。具有内孔（可容纳大量样品管）的高磁场磁体，可对较低的信号强度进行补偿。但是，质子核磁共振不能研究分子中不同类型碳原子的数量和不同类型碳原子的电子环境等重要信息。

通过核磁共振获得的主要分析信息是化学位移。根据具体的化学环境，分子中不同的质子共振频率会稍有不同。由于这种频移和基础共振波频率与磁场强度成正比，因此频移就转换成与磁场无关的无量纲值，故称为化学位移。化学位移是某一物质吸收峰的位置与标准质子吸收峰位置之间的差异（核子 ^{1}H、^{13}C 和 ^{29}Si、四甲基硅烷是常用的参照物）。信号频率位置与参照物频率峰值位置的差值除以参照物信号频率，得到化学位移。与核磁共振基准频率相比，频移是非常小的。典型的频移可能只有 100Hz，与核磁共振基准频率 100 MHz 相比，化学位移通常用"百万分之"表示。

3.2.4 分子量（M）

分子量分布不能直接测定。通常利用高分子溶液的依数性测定来确定其平均分子量。

3.2.4.1 凝固点降低法（FPD）

挥发性溶剂中的挥发性溶质通常导致该溶剂的蒸气压降低。蒸气压下降可以直接测量，也可以根据测量一些固定点（如正常沸点和凝固点）进行推测。在石油工业中的标准做法是测量脱气原油分子量与饱和了水的苯凝固点之间关系。凝固点降低法由方程 $\Delta T = K_f m$ 给出，其中 m 是溶质的质量摩尔浓度，K_f 是溶剂（如苯）的凝固点常数，见式（3.1）：

$$\Delta T = T_{f(\text{pure solvent})} - T_{f(\text{solution})} = K_f m = \frac{m_B}{m_A M} K_f \tag{3.1}$$

式中，m_A、m_B 分别为溶剂、溶质的质量，kg；K_f 为凝固点降低（FPD）常数，且只与溶剂有关。

可通过以下方程计算：

$$K_f = \frac{RT_m^2 M}{\Delta H_f} \tag{3.2}$$

式中，R 为气体常数；T_m 为纯溶剂的熔点，K；M 为溶剂的摩尔质量；ΔH_f 为每摩尔溶剂的溶解热。

由式（3.1）可导出计算溶质摩尔质量 M 的公式：

$$M = \frac{m_B}{\Delta T m_A} K_f \tag{3.3}$$

即溶质摩尔质量（M）与凝固点降低值（纯苯和溶液凝固点的差值）成反比。

3.2.4.2 蒸气压渗透法（VPO）

VPO 是另一种简单有效的确定挥发性溶剂中非挥发性溶质分子量的技术。该方法和凝固点降低法及沸点升高法一样，都是基于溶液的蒸气压降低现象。蒸气压渗透法方程和凝固点降低法也是一样。蒸气压渗透法所用溶剂的沸点升高常数高于纯苯，但仍能完全溶解原油样品。例如邻二氯苯，其恒沸点为苯的 6 倍，使检测较高分子量的化合物成为可能。该方法通常用两个试管测量温差，一个试管中装有溶剂，另一个试管中装有溶液。这两个样品试管被密闭在一个底部储存有溶剂的容器内。因为溶液面上溶剂的饱和蒸汽压低于纯溶剂的饱和蒸汽压，于是溶剂分子就会自气相凝聚在溶液表面，并放出凝聚热，从而使溶液的温度升高。而对于纯溶剂来说，其挥发速度和凝聚速度相等，温度不发生变化，那么这两个试管液之间便产生温差。当温差建立起来以后，热量将通过传导、对流、辐射等方式自溶液相散失到蒸气相。达到"定态"时，测温元件所反映出的温差不再升高。假定溶液符合理想溶液的性质，则此时溶液和溶剂之间的温差 ΔT 和溶液中溶质的分子量之间的关系与凝固点降低法相同，成反比。该方法要保持尽可能低的溶质浓度，同时对于标准分子量，ΔT 的分辨率范围为 1% ~ 2%。例如，对于分子质量为 250D 的样品来说，最大质量分数在 0.5% ~ 1.0%。因为高浓度可导致测试溶液中形成二聚物，或者说，其不满足测试原理方程的约束条件（该方程是由复杂方程简化近似所得），因为大多数近似方程是基于溶质的摩尔分数很小，彼此间没有相互作用。

在大多数溶液中，浓度的变化通常伴随着溶剂蒸气压力、凝固点及沸点基本依数性的线性和成比例变化。在不改变样品物理状态的情况下，测量这些属性的任何一种都可间接得出摩尔渗透压质量浓度（渗透压度）。Vapro 欧姆计（Westcor，2009）中的蒸气压力是通过测定密闭样品室上方的小蒸气空间中悬挂的细金属丝热电偶温度获得，在一个测量周期中，热电偶经历一系列微处理器控制的温度变化。

Champagne 等（1985）介绍了阿萨巴斯卡沥青样品（通过凝胶渗透色谱法分馏获

得）完整的测试过程，确定了各组分的质量，同时用其他几种方法也测得了各组分的分子量。与此前公布的数据相比，使用不同的溶剂［四氢呋喃（THF），苯／水］和不同的技术（VPO，FPD，GC/MS）得到的结果是一致的。这项工作准确确定了阿萨巴斯卡沥青的分子量分布情况。

3.2.5 元素分析

石油馏分中主要的化学元素是碳（C）、氢（H）、氮（N）、氧（O）、硫（S）。元素分析中能得到的最有价值的信息是石油混合物的碳氢比和硫含量。根据这些数据，可以确定原油的品质和预测结垢问题。馏分沸点越高或其 API 度越低，其碳氢比以及硫、氮和金属成分的比例也会增加。由于其运输和处理成本增加，这会导致油品质量下降。重馏分硫含量可达到 6%～8%，氮的质量分数可达到 2%～2.5%（Riazi，2005），这些元素都会对油品品质造成负面影响，需要昂贵的精炼工艺处理。这些高极性的元素可使流体在各种生产操作过程中变得不稳定，含氮和硫的原油也可能导致污垢沉积。

这些元素的测定有特定的方法和仪器，即元素分析仪。CHN 分析仪是其中的一种，该仪器中试样在 1000℃ 的纯氧中会发生氧化。C 氧化成 CO_2，H 氧化成 H_2O，N 变为氧化氮。氧化氮在 650℃ 条件下与铜发生除氧反应，氧化氮转变为氮气。气相色谱仪利用热导池检测器（TCD）可将 CO_2、H_2O 和 N_2 从其混合物中区分开。以类似的方式，被氧化成 SO_2 的硫可通过热导池检测器检测，该仪器还可检测 CO_2、N_2 和 H_2O。氧是通过在高温下 C 转化为 CO 后使用气相色谱仪（Denis 和 Briant，1997）测定。

原油中的镍、钒、铁及其他金属离子。石油混合物中另一种杂原子为金属成分。这些金属的含量为百万分之几到千分之一不等，且其含量随着石油沸点的增高或者 API 度的降低而增大。在催化裂化的原料中，即使只有少量的这些金属（尤其是镍、钒、铁、铜）也会对催化剂的活性造成负面影响，并且会增加积炭形成的量。金属成分与重化合物有关，且主要出现在残留物中。目前，没有同时确定所有金属成分的通用方法，但美国材料试验协会提供了确定各种成分的试验法 ASTM D1026-82（1990）、ASTM D1262-81（1990）、ASTM D1318-00（2005）、ASTM D1368（1994）和 ASTM D1548-92e1（1997）。另一种方法是燃烧油样，金属化合物就存在于有机灰中。然后酸化该有机灰，并用原子吸收光谱（AAS）或电感耦合等离子体发射光谱（ICPOES）检查该溶液中的金属种类。某些电感耦合等离子体发射光谱仪可用来直接分析稀释后的有机样品。

3.2.6 饱和烃、芳香烃、胶质和沥青质特性表征

表征原油组分特征（尤其是与沥青质有关的流动保障问题）的常用方法是将流体表征为饱和烃、芳香烃、胶质和沥青质（SARA）馏分。储油罐中的原油可进行 SARA 分析。许多沥青质稳定性预测都以 SARA 分析中得出的数据为基础，但这些模型的有效性是有限的。然而，由于原油组分定义的差异，目前使用的技术会有一些差异。因此，使用不同来源或仿真模型中的数据时，需要谨慎比较。作者发现，由不同的实验室测量相同的 SARA 样品，胶质和沥青质馏分的差异可高达 10 倍。Fan 和 Buckley（2002）的报告中描述了各种测定 SARA 的方法，并声称由不同实验室、不同技术测得的 SARA 馏分，可以表现出很大的差异。在某种程度上，这些差异可能是由于使用不同的样品造成的。根据这

些作者的观点，大致有 3 类 SARA 测试方法：(1) 薄层色谱火焰离子检测法 (TLC-FID) (Latron, 1994)；(2) 基于 ASTM D2007-98 (1993) 的测试方法；(3) 各种高效液相色谱法 (HPLC)。对于不同方法的详细介绍见 Fan 和 Buckley (2002)。

包括一些高效液相色谱法在内的典型 SARA 分析流程如图 3.5 所示。该测试试验是对 Hammami 和 Ratulowski (2007) 所介绍的试验方法的修正。第一步是将样品分馏成为挥发性成分和非挥发性成分。蒸馏通常在 270℃ 下进行（即 C_{15} 的沸点）。然后，对流体中的挥发性成分用超临界流体色谱仪或气相色谱仪/质谱仪测芳香族环烃与饱和烷烃的比率。需要提醒的是，该比率测定是 SARA 分析的一部分。

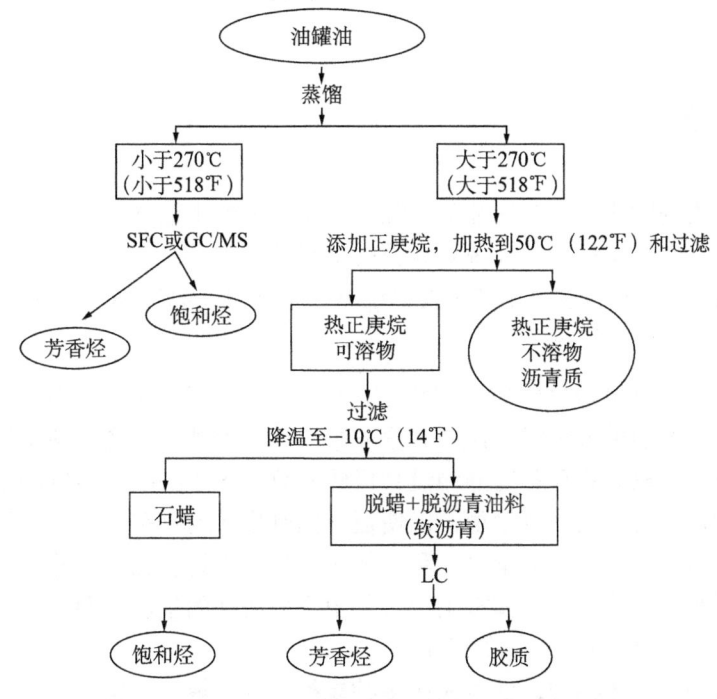

图 3.5 油罐油的 SARA 分析流程图

非挥发性成分在 50℃ 的烷烃溶剂中从 20:1 稀释到 40:1。典型的溶剂是正戊烷、正己烷和正庚烷。混合物在溶剂中溶解一段时间后进行热过滤。收集的滤液残渣就是沥青质馏分。从给定原油中能够收集到的滤液残渣量取决于过滤所用的溶剂。大多数实验室用的是指定溶剂。沥青质沉淀预测模型数据输入时，必须格外注意这一点。

先将滤液冷却到 -10℃，再进行过滤。从该过滤步骤收集的残渣为原油的蜡含量。如果要想更进一步表征蜡含量，可以将蜡馏分溶于二硫化碳中，然后用高温气相色谱进行分析。根据已测量的标准正构烷烃的保留时间，可测定正构烷烃和异构烷烃到 C_{100+} 的质量分数。给定碳数的异构烷烃的质量分数相当于 2 个连续（相邻）的正构烷烃峰之间面积百分率的总和。对脱蜡馏分可使用高效液相色谱法 (HPLC) (Hammami 和 Ratulowski, 2007) 来测定其芳香烃和胶质馏分。Hammami 和 Ratulowski (2007) 建议的替代方法也建议直接使用高效液相色谱法分析脱沥青质馏分，从而确定饱和烃、芳香烃和胶质馏分。

Fan 和 Buckley（2002）对相同样品使用几种不同的测试技术，对比各种技术的优点和缺点。根据这些试验，得到以下结论：

（1）在没有大量附加的分析方法分析沸点达到 250℃ 的组分时，薄层色谱火焰离子检测法（TLC-FID）（Latron，1994）不能用于测试中等密度原油。因为用该方法，沥青质和胶质中高分子量、极性、芳香族物质的分配比与 ASTM 方法 [ASTM D200-798（1993）]确定的不一致。

（2）对于 SARA 分析来说，高效液相色谱法（Fan 和 Buckley，2002）与更耗时的美国材料试验学会推荐方法测试结果非常一致。

（3）同一油样，可以通过对比 SARA 馏分测试数据计算的 API 度和测试的 API 度来检测 SARA 馏分数据的内在一致性。

3.3 物理性质

在没有计算机的时代，最初的油藏工程方法主要依赖于油罐模型模拟油藏压力衰竭过程。通常情况下，在开发过程中油藏被看作是恒温的。因此，人们关注在一种或多种温度条件下油藏的压力和体积特性，本节主要讨论 PVT、密度、黏度和折射率（RI）的测量。

3.3.1 PVT

PVT 测量数据与油藏流体组成数据相结合可以构建基于油藏流体状态方程（EOS）的流体模型。在制作黑油模拟表时，这些数据非常有用。此外，现在对储层的基本研究（可能包括膨胀研究、分离试验和黏度的测量）已经不只局限于油藏的温度和压力，这样做是为了协助工程师调整他们的预测模型，以便适应预测生产设备在低于常规的温度和压力下的工况。这些数据也可用于水力学设计和流体工艺流程设计。加上一些其他补充试验，现代流动保障工程师事先能预测、模拟生产过程中许多潜在的生产问题，可在储层开发之前制订有效的操作方案避免潜在问题的发生。

只要建立适当的流体模型，就可完成多种模拟过程，模拟案例见图 2.12。相图用于说明不同相态的存在区域，但是用户必须记住，这些模拟大多建立在只有很少的数据点的基础上。大多数有机固体的沉淀区域可以在 PVT 图上显示出来，如图 2.11 所示。不管怎样，流动保障工程师都知道，在低温和高压条件下有利于形成水合物和蜡沉积。他们也意识到，除一些特殊地点外，沥青质沉积通常发生在生产油管和分离器中。

不同成熟度的储层产出流体的组分不同。例如，储层温度下的储层流体的饱和压力非常重要，因为随着生产的进行，当储层压力小于饱和压力时，在储层中将会形成两相流，由于相对渗透率的作用，这会影响流体的流动。流体模型一旦建立，就可用来预测流体成分变化及其可能的发生时间，从而为油藏流体的流动保障研究提供关键数据。

针对油藏数值模拟研究的 PVT 分析技术在许多相关书籍中都有详细的介绍（Carlson，2003；Pedersen 和 Christensen，2007），因此，本节中只对这些技术做简单介绍。专门的 PVT 研究，例如沥青质起始析出压力的测定将在第 4 章中介绍。PVT 分析在 PVT 装置中完成（图 3.6），PVT 装置可完成流体的等压排放和定质量条件下的膨胀或压缩这两个基本操作，所有的实验都是在平衡状态下完成。

(1) 减压蒸馏（真空蒸馏）。这是一种典型用于储层流体分析的闪蒸过程。现行的色谱可提供包括环境压力下产出气体体积的质量和 PVT 测试的详细分析。确定气体和液体组分，并对油和气的组分详细分析，进行组分调配可重新建立储层流体的成分。多数承包商在报告中也提到了气油比（GOR）和 API 度，这意味着这些测试数据可能有其他用途。之所以称为减压蒸馏是因为闪蒸过程是在压力为零的条件下的测试。对于给定油藏流体，减压蒸馏的 API 度可能是最小的，而气油比可能是最大的，同样，测试结果也受地层因素的影响，但目前还未见相关的报道，这主要是因为如果考虑地层因素对测试结果的影响，必须掌握测试室中流体初始体积的详细信息以及一些平衡初始条件。

(2) 分离器测试。该测试是用来确定储罐油回收最大化的分离条件。分离器测试可以是单级或多级，最佳分离条件的确定需要在不同的条件下重复试验获得。分离器测试时，首先测试地层温度条件下实验仓中油藏样品的泡点压力。通过一系列的 2～4 次的闪蒸蒸发，测量排出的原油体积。第一次闪蒸通常是在分离器的温度和压力下进行，去除闪蒸出的气后，液体在储油罐温度和大气压力下完成第二次闪蒸（McCain Jr., 2002）。根据这些数据，可以估算分离罐总的气油比。测试中脱出的气体和液体组分可用于组分和密度分析。

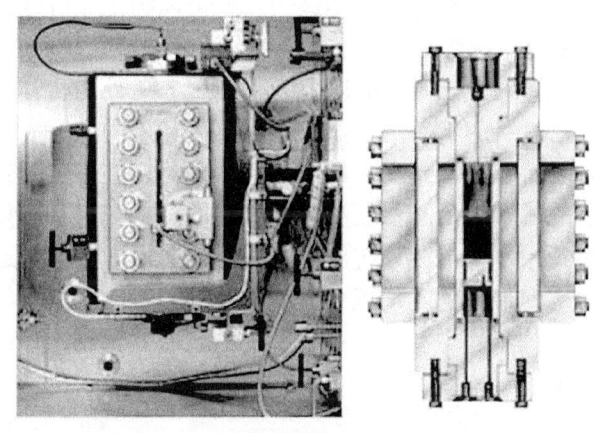

图 3.6　研究相态和流体性质的相态室（斯伦贝谢公司版权所有）

(3) 恒质量膨胀实验（CME）。恒质量膨胀是能够在相态室中进行的最简单实验。相态室中的物质在恒定温度和固定体积下混合，直到压力变得恒定。一系列这样的平衡步骤是通过改变相态室的体积进行，得出的数据是相态室体积或总体积，以及平衡压力的相体积。该实验可确定试样的可压缩性以及饱和压力。作者推荐这类实验在低于储层温度下进行，以便表征储层流体的热膨胀性和与温度有关的特性。流体体积与饱和压力下的流体体积比，可用于确定饱和压力下的流体性能，也可用于将一两个压力下测试的密度数据校正成各种所需压力和温度条件的密度。作者们建议饱和压力应为新相零体积的极限压力（高于饱和压力新相消失，低于饱和压力新相出现）。因此，露点是零体积反凝析液时的临界点，而泡点是气相存在的临界点。

(4) 定容衰竭实验（CVD）。该实验可用来模拟油藏枯竭过程。原油样品在单相条件下被移至相态室中，在压力略大于油藏压力的条件下记录相态室中原油样品的初始体积。逐级降低相态室压力,每降低一级压力后相态室内物质膨胀,在保持相态室体积不变的情况下达到相平衡,测试最终压力达 500～1000psi。获得的数据是储层流体和油藏的初始体积、每个压力下排出的较高压力气的体积以及不同压力衰减阶段收集的低压气体的体积、相态室中液体体积以及每个压力下的最终体积。气相色谱可分析产出气体的成分以及凝析液成分,并可重组出每个压力下产出的储层流体。

(5) 差异分离实验［微分脱气(DV)］。差异分离也称微分脱气,是一种与定容消耗(CVD)相似的方法。这种方法可以在没有可视窗的相态室测量原油体积。该方法也使得通过分离器在各阶段闪蒸原油获得数据成为可能,而这些数据能够表征整个油田废弃前通过分离器生产的产量。考虑到这一点,差异分离方法通常只限于饱和原油和体积系数 (B_o) 小于 1.5 的原油,虽然该测试在实践中不仅只用于低收缩性原油,而且几乎用于所有原油。

实验中,将储层流体的初始进料装入相态室中,并在储层压力或压力为 200psi 或压力在泡点压力以上记录储层流体的体积。相态室内的物质膨胀直到预期的第一阶段压力,并达到平衡状态。此时,将相态室所有的气体排出,并记录在高压条件下排出气体的体积。收集和分析气体和凝析液,同时记录低压条件下气体的体积。一旦油面抵达相态室顶端的针形阀时,压力计的表针就会有跳动,根据这一点就可以确定非可视化相态室中没有气相了,同时可记录在每个压力和最终状态下相态室中油的体积。

膨胀过程一直持续,直到相态室中的压力为 100～200psi 为止,然后使用几种不同的方法达到最终的状态,而最终的状态通常选为储层温度和压力。在实践中,最终状态下的相平衡过程很难实现,取而代之的是实验员以分离器条件直接闪蒸相态室中的物质并测量油、气体积,然后将油的体积转化成油藏温度条件下的体积。另一种常见的测量油、气体积的方法是从初始压力开始降低测试系统压力,从液相逸出的气体通过相态室顶端阀门排出,直至测试系统压力达到最终的环境压力。从这类消耗实验中得出的数据必须取值到分离器条件下的数值才在油藏工程中有用。由于所需的实验非常困难,昂贵且费时,因此这通常依靠数值解法来实现。

3.3.2 密度

在石油工业中,生产或销售的原油产量以桶为单位,而天然气的产量以立方英尺为单位。然而,大多数工艺的计算机程序是基于流体的摩尔质量或摩尔数。数据间的转换就涉及流体的分子量和密度。因此,原油样品的密度是流体重要特征参数,密度和黏度是整个石油产品的生产、运输以及精炼过程中要用的基本参数。

密度是指单位体积的质量。其与相对密度类似,但注意不要混淆,相对密度是指在特定温度下,同体积原油质量与水的质量比。相对密度的标准温度为水在最大密度时的温度。

确定密度有许多种方法。液体比重法快速准确且可在环境压力下用于体积较大但相对较轻的流体。密度测量的第二种法是比重瓶法。比重瓶是一个体积已精确测定的容器,在特定压力和温度下,对空瓶和装满样品后的比重瓶进行称重,即可得到密度。

高温密度计和流量计是运用科里奥利效应测量通过测试元件的质量。密度测量仪中有两个运动物体:一个是穿过 U 形管的流体,另一个是交变电流导致的振动线圈

(Micromotion, 2008)。

最近，在井底测量原油密度和黏度已变得可能。O'Keefe等（2007）介绍了一种井底传感器，这种传感器使用电缆地层测试器可以实时测量流体的密度和黏度。这种传感器通过测量淹没在井筒流体中的机械谐振器的振动来测量流体的黏度和密度。器件的谐振频率与流体的密度成反比。该传感器的适用范围为现场原油密度为 0.05~1.2g/cm³，相应黏度范围为 0.25~50mPa·s。

3.3.3 黏度

烃类流体的黏度是表征其流动特性的一个基本参数，其是流体的化学组分和物理状态的函数。通常，黏度有两种不同的定义。绝对黏度（η）用于度量当流体受剪切应力作用时流体所受的阻力的大小 [式（3.4）]，该方程描述了流体受到的剪切应力（σ）和应变率（γ）与黏度的关系。运动黏度（υ）定义为在同一温度下流体的绝对黏度与密度的比。

$$\sigma=\eta\gamma \tag{3.4}$$

一般情况下，原油的黏度随密度增大而增大 [即较低 API 度的原油（密度较大的原油）具有较高的黏度]。通常情况下，脱气原油在不同温度下的黏度可通过实验确定。为了进行油藏工程研究，可确定油藏温度条件下，含气原油的黏度与压力之间的关系。以设施设计为目的，可确定低温条件下，含气原油的黏度与压力之间的关系。此外，各种石油馏分的黏度在下游工程应用中也具有重要作用。随着 API 度降低，石油馏分的黏度也增加；对于渣油和重油 API 度小于 10°API（相对密度大于 1），黏度变化可从几百到几十万帕秒。对于所有类型的液态石油馏分来说，黏度是一个可测量的体相性质。对于因精馏过程热分解而无法获得沸点数据的重馏分，运动黏度是一个有用的表征参数。黏度不仅是流体重要的物理特性，而且它还可以用来评估未定义石油馏分其他物理性质以及组成和品质（Riazi, 2005）。一般来说，石油馏分的运动黏度是在标准温度 37.8℃（100℉）和 98.9℃（210℉）下测量。

然而，对于非常重的馏分，在温度 38℃以上黏度测定已有报道 [例如 50℃（122℉）和 60℃（140℉）]。根据运动黏度和温度之间的经验关系，ASTM D341-93（1998）提供了运动黏度和温度之间的图表。一旦测定了流体在两种已知温度下的运动黏度，就可以根据图表来估计其他温度条件下的黏度（Riazi, 2005）。

黏度的测量可以通过几种方法来完成。一般而言，要么物体穿过静止的流体，要么流体通过静止的物体。当雷诺数（Re）足够小（即层流条件）时，流体和物体表面的相对运动所引起的阻力即为测量的黏度。

对于牛顿流体，黏度可以通过 U 形毛细管黏度计测量。通过测量液体流过一个已知直径的毛细管中两个标定点所用的时间，再用该时间乘以黏度计系数，即可得到运动黏度。黏度计通常放置在恒温水浴中进行测量，如图 3.7 所示。更详细的测试方法的介绍见 ASTM D445-04[e1]（2004），该方法相当于 ISO 3104 的方法，且运动黏度是在 15~100℃（60~210℉）范围内测量。对于这种方法，重复性和再现性分别为 0.35% 和 0.7%。

另一类黏度计是旋转黏度计，它测试的剪切速率范围较宽，尤其适合测量低剪切速率和高黏度的流体，如润滑油和重质石油馏分的黏度。在这些黏度计中，流体被放置在两个曲面之间，其中一个曲面是固定不动的，另一个曲面可以旋转。旋转黏度计（图3.7）是基于被测液体中物体转动所需要的扭矩是该流体黏度的函数这一理念设计的。测量在已知转速下，流体中转盘或测锤转动所需要的扭矩，从而获得流体黏度。"测量筒和测锤"黏度计要求测试样品的体积是被测试容器精确标定的体积，在一定转速下测量扭矩并记录。"测量筒和测锤"黏度计有两种经典的几何结构，即"Couette"和"Searle"，可根据测量筒或测锤是否旋转来区分这两种类型。在一些情况下，首选旋转筒型，虽然其在准确测量方面比较困难，但是它可减少Taylor涡流的发生（轴对称的环形涡流）。其他类型黏度计的例子可见Viscometer（2009）。

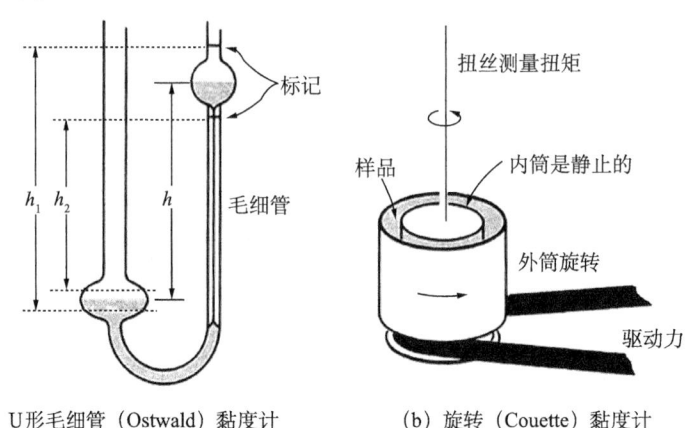

(a) U形毛细管（Ostwald）黏度计　　(b) 旋转（Couette）黏度计

图3.7　黏度计示意图

h—上球管的中间至下球管中间的距离；h_1—上方标记点至下球管底部的高度距离；
h_2—下方标记至下球管顶部的距离

上述这些方法可用来测量大气压力下原油黏度。测量含气流体的黏度时必须在一定压力作用下操作黏度计。通常，这些测量可用的黏度计有滚球式黏度计、毛细管流动黏度计和电磁黏度计3种类型。储层流体样品必须在加压条件下转移到黏度计，以确保其转移过程始终为单相。

在滚球式黏度计中，圆球下降通过流体（在实际操作中圆球一般滚下斜面室侧面），而圆球穿过流体所需的时间与流体黏度相关。在毛细管流动黏度计中，当含气流体在压力作用下可以通过一个长的毛细管时，毛细管的压降可以测量，流体的黏度也可以基于层流条件的Hagen-Poiseuille公式计算。Cambridge Viscosity（CVI 2010）的电磁黏度计（或美国材料试验学会所指的振荡活塞黏度计）如图3.8所示。本方法中，在承压流体的作用下活塞往复移动，测量活塞运动的延迟时间，就可推断流体黏度。

3.3.4　流变学

许多"复杂流体"会遇到流动保障问题。这些流体在流动状态下既不像液体，也不像固体，而是表现出混合状态。对流体流动的研究称为流变学。流变学最为简单的定义为对流动物质的研究。对如水或很多有机液体（包括一些高黏性流体）这类简单流体来说，剪切应力（σ）与其所产生的剪切应变率（γ）呈线性相关，它们的比即为液体的黏度（η），如式（3.4）中定义的。这类流体称为牛顿流体。

然而，对于复杂流体（例如，乳状液、悬浮液、钻井液、凝胶、泡沫、聚合物溶液以及其他物质的复杂混合物）来说，在一定温度下，剪切应力和剪切速率的关系不能只由单一的黏度值来表征。黏度是操作条件（如剪切速率）的函数。流变学的任务之一就是通过适当的测量和模拟，建立变形和应力之间的关系。剪切变稀和触变性等可用于表征非牛顿流体特性。一般情况下，对于聚合物熔体、蜡与油的混合物和悬浮液，它们的黏度会随着剪切速率的增加而降低，这类特性称为剪切变稀，其具有一定的工业意义。例如，涂料具有剪切变稀特性。剪切增稠是不常见的现象，其表现为流体的黏度随剪切速率增加而增加。触变性是一些复杂流体所具有的属性（例如，水中某些类型的黏土），代表流体黏度对时间的依赖性。在恒定的剪切速率下，触变性流体黏度随时间的增加而降低。表现出相反的行为（即在恒定的剪切速率下随时间增加，黏度增加）则被称为震凝性流体。复杂流体也可能表现出屈服应力。小于一定外加应力值，流体不流动，该应力称为屈服应力。当应力值大于屈服应力值时，流体流动。应该指出的是，例如含蜡原油，通常具有剪切变稀和触变性，且在较低的温度下也可表现出屈服应力。

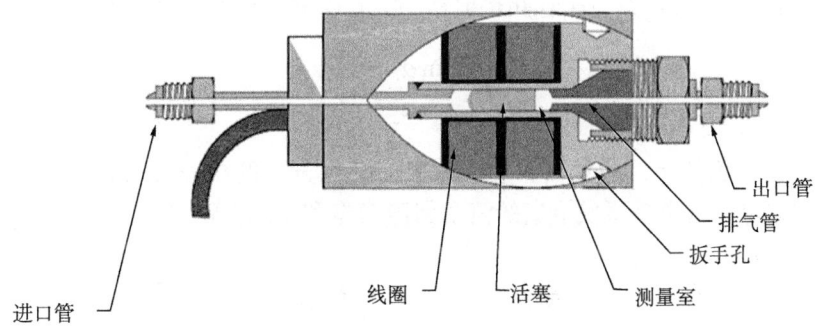

图 3.8　电磁黏度计
由 Cambridge Viscosity（CVI，2010）提供

流变仪是一种用于测量流体流变性的仪器。除应用恒定的剪切应力或恒定剪切速率外，流变仪也可以应用振荡运动。对振动的响应可用于确定流体的类似固体和类似液体的特征，还可以测出流动方向的应力。因此，应力张量与应变有关。通过程序控制，流变仪可以执行温度扫描、应变扫描和蠕变实验，确定流体的各种流变性能。

3.3.5　折射率（RI）

光从一种介质斜射入另一种介质时，由于界面两侧的物质性质不同，光在另一面它会发生折射（弯曲），如图 3.9 所示。

折射率可以使用各种类型的折射计测量。最简单的是装有两个棱镜的装置（图 3.10）。将一滴测试液滴在底部棱镜上（具有粗糙表面），从该装置可以观察到测试液，从而读出折射率值。由于光波的电场被折射介质中的电子改变，所以折射率与某些化学性质有关。在沥青质的研究中，折射率与原油中不同族化合物的各种溶解度参数有关。大量的手提式、台式和数字仪器可用来测量折射率。Wang 和 Buckley（2002）提出了一种改进方法，可以使用自动折射计（Index Instruments，模型 GPR 11-37）来测量折射率。折射计可测得单色光（在这种情况下，钠-D 的波长为 589nm）通过合成蓝宝石棱镜进入液体试样的入射临界角。在临界角时，没有透射光线进入液体，所以这种折射计既可用于透明液体，也可用于不透明的液体。

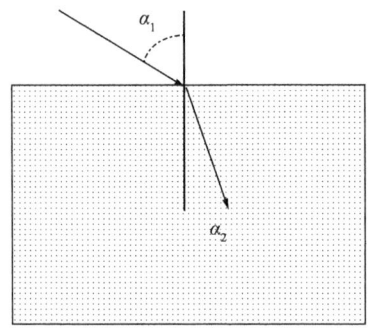

图 3.9　表面折射示意图

折射率（η）表示入射角（α_1）和折射角（α_2）之间的比值。折射率的定义式为：

$$\eta = \frac{\sin\alpha_1}{\sin\alpha_2} \tag{3.5}$$

测定有机垢（包括蜡、沥青质和环烷酸盐）特性方法的相关讨论见第 4 章。在本章介绍的原油性质测定，这也是研发恰当的流动保障模型和缓解性策略必需的。

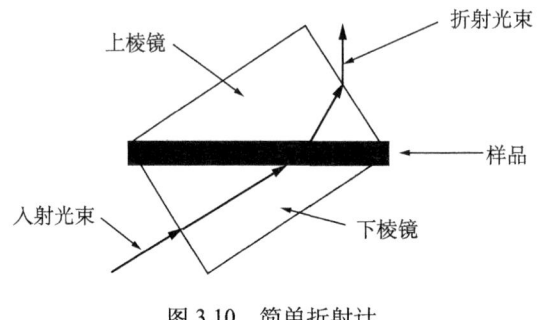

图 3.10　简单折射计

3.4　思考与讨论

（1）流动保障策略的成功制定，首先必须了解生产的原油和天然气的物理和化学特性。本章回顾了评估这些流体的一般方法。为了进一步研究，第一步也是最重要一步是收集和保存具有代表性的流体样本。

（2）确定原油和天然气是否可能形成蜡、沥青质或水合物，首先要测定原油和天然气的化学组分。这些分析包括一般的成分分析，如各种色谱、蒸馏、特定的光谱分析以及 SARA 分析，这些测试分析可以描述所生产流体的化学特性。

（3）物理特性的确定需要用到 PVT 分析测试，密度以及折射率测试。这些测试分析可为沉积发生条件预测模型的研发提供数据。

（4）第 4 章中将用到本章介绍的许多测试和研究方法所得数据来阐明垢形成的动力学和机理。

4 有机垢的特征和形成机制

第 2 章论述了有机垢对生产设备造成的危害。第 3 章介绍了表征井筒流体特征的一些研究方法。本章将进一步介绍各种类型有机垢的形成和沉积过程。各种垢测试方法将在 4.1 节至 4.5 节介绍，沉淀物量化方法将在 4.7 节介绍。来自原油的有机垢通常分为石蜡、沥青质和环烷酸盐。气（特别是甲烷气体）与水反应可以形成笼形水合物沉淀。

当温度下降时，石油中的正构烷烃会结晶形成石蜡。当压力下降时，油气混合物中较轻的烃类相对体积会增大，沥青质就会从原油中沉淀出来。在存在水的条件下，低分子量烃类（尤其是甲烷）和少数其他气体会形成笼形水合物。一些富含有机酸的原油与地层水中的钙发生反应会形成环烷酸钙沉淀。总之，在各种生产作业过程中，这些不同的类型垢（沉淀物）的形成是由于平衡条件改变所致。在大多数情况下，有机垢的形成可视为类似于方解石或重晶石等无机垢的沉淀。

原油加工成成品油的各个过程中，由于原油组分的反应也会形成有机垢。这类有机垢的形成过程涉及复杂的化学反应，同时经常导致聚合物的沉积。在本节中没有明确提及水相，但在下面的一些文献引用中认为水以及溶解盐和气体将会影响有机垢的形成，并且是有机垢形成机理的组成部分。天然气水合物只有在有水的情况下才能形成。另外，无机垢也可成为有机垢的成核点。

在石油生产系统中，很多地方都存在不同类型的无机和有机垢的混合物。作者指出，从井中获取的大部分污垢沉积样本可用于分析污垢中垢的种类。

垢的形成和沉积是两个独立过程。形成是沉积的必要条件，但不是充分条件。形成了有机垢但不沉积的这种平衡条件是存在的。这种概念类似于作者更早的一本书中详细描述过的饱和现象（Frenier 和 Ziauddin，2008）。本章将介绍基于近年来文献的有机垢形成和沉积理论（已知）。这些理论是第 5 章和第 6 章介绍的各种各样除垢和控垢技术的依据。

在油田中的水合物、蜡和沥青质等固体沉积与其他系统中观察到固体沉积相似。众所周知，温度较低的物体表面上会结霜（Lee 等，1997）；同理，在热交换器的表面会出现结晶垢（无机垢）（Bott，1997）。医学上动脉粥样硬化这种病的形成也是类似的，它是由于血小板和胆固醇在动脉内壁上沉积所引起的（Ross，1999）。

生产层的近井筒区域产生的垢会对油井产量造成极大的影响，所以它必须纳入全面的流动保障对策中。Houchin 和 Hudson（1986）介绍了有机垢对储层伤害的评估方法和处理有机垢的方法，其中也包括有机垢对储层和近井筒区域造成伤害的机理。他们指出，有许多分析测试方法都可以有效评估有机垢的伤害，并且已开发出了针对识别蜡沉积（定义为从 C_{18} 到 C_{42} 的石油馏分物）的一些新技术。当然，伤害也包括来自沥青质、水和其他成分的伤害。在一口井的钻井、固井、完井和生产等不同工序中，有机垢伤害的机理也不同。在钻井过程中，钻井液中的聚合物会对储层造成伤害。在完井过程中注入酸或酸化过程都可能使沥青质沉淀。任何外来流体介入地层，包括有机液体的加入都可能使地层中原有的流体平衡状态发生改变，从而生成沉淀物。同时，不恰当的处理也会导致过多的沉淀产生。

在生产过程中，平衡状态的改变可导致原油中蜡和沥青质的沉积。

图 4.1 中介绍了在水下环境中形成有机垢的几个因素，包括不相容流体的混合、较大的压降、低温和深水。

不同类型垢的形成和沉积会在下文中介绍。然而，工程师必须清楚认识到油田真正的垢往往是不同类型无机物和有机垢构成的混合垢。本文重点介绍和讨论各种各样的化学分析方法和工艺试验方法，这些方法是研究垢的沉淀、沉积过程以及与这些过程相关流体特征的基本手段。下文将在每一小节的开始具体介绍这些方法。

图 4.1 水下环境中形成有机垢的相关因素图

4.1 蜡（烷烃）

蜡类通常是高分子量的烷烃（分子质量大于 300D）（图 2.3 至图 2.5），低温时，它们可以从原油中结晶出来。沉淀的蜡能使石油凝胶化，从而可能导致输油管线停输后重启困难或无法重启。甚至还有一些证据表明，当原油具有相对较高的倾点时，注水井中会有蜡堵现象。尤其是当管壁温度低于析蜡点（WAT）和油温时，蜡会在输油管线干线形成沉积。当有质量分数为 1.5%～2% 的蜡沉淀时的温度为倾点。当有质量分数为 0.05% 的蜡沉淀时的温度为析蜡点。测定浊点（CP）（又称析蜡点）和倾点或凝胶点的方法，以及前面提到的蜡形成和沉积的机理都会在下面几节中介绍。

4.1.1 浊点/析蜡点（CP/WAT）

浊点是美国材料试验学会最初采用的术语，是指透明液体冷却时出现浑浊时的温度。应该注意到，通常条件下，浊点和蜡溶解能力的热力学平衡极限是不相同的。浊点也可以称作析蜡点或蜡沉淀温度。Deepstar 公司运用了许多方法对浊点进行了全面的研究，包括运用十字偏光显微镜、差式扫描量热法、傅里叶变换红外光谱法（FT-IR）、黏度测量法和所谓的过滤技术，并建议采用两种不同的方法核实析蜡点，因为它们发现对于给定原油不同测定方法获得的浊点结果有 ±5℉的差值。

浊点是一个初步设计的参数，它应该与给定油产生沉淀的相关信息一致。标准工作规程要求保持储油罐温度高于析蜡点,储油罐中没有蜡沉积。

正交极化显微镜(CPM)可测得储罐油析蜡点。基于所有的晶体材料都能够使透射的偏振光的偏正面发生旋转这一事实,可用正交极化显微镜研究蜡结晶。因此,可在油样的两侧安放棱镜,初期透过棱镜去看,整个视野是黑的,光线无法通过。当冷却油样,结晶物出现后,在黑色视野背景下可见结晶物呈现的亮点。由于正交极化显微镜可检测到蜡结晶初期的微小结晶体,所以这项技术对研究原油析蜡点做出了难以估量(最高)的贡献。用该方法,当发现大约有质量分数为 0.05% 的蜡沉积时(Kulkarni 等,2008),就能获得析蜡点。图 4.2 展示了两种不同原油的析蜡百分比与温度的关系曲线,析蜡点通过正交极化显微镜测得。图中这些数据是使用全组分石油和原油的正构烷烃组分(由高温气相色谱法确定),通过热力学模型获得。以大约有质量分数为 0.05% 的蜡析出作为析蜡点标准,在每种条件下,由正交极化显微镜测出的样品析蜡点与模型预测的误差在 1°F 范围以内。

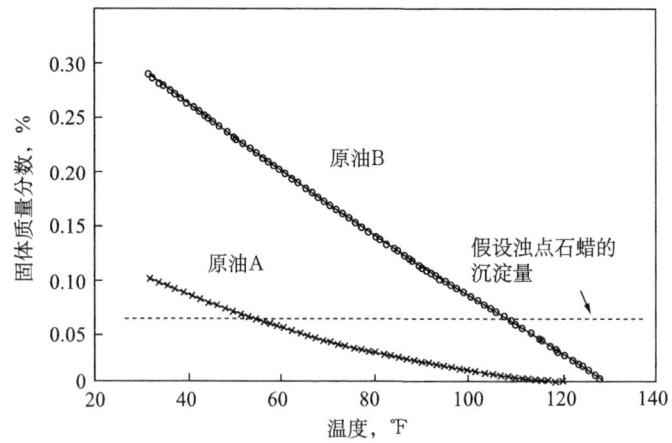

图 4.2 原油的析蜡百分比与温度的关系曲线(雪佛龙公司)

在实验过程中将凝固原油样本用 15℃(此温度超过估计的析蜡点)水浴预热 30min 使蜡溶解,再将容器里的原油样本搅拌,然后将溶解的油样滴一滴在带有可滑动玻璃盖片的特殊载玻片上,并插入预热好的正交极化显微镜加载台上,加载台的温度会慢慢地降低,当温度降至析蜡点时,开始出现蜡晶体,随着温度进一步降低,蜡析出的数量逐渐增加,如图 4.3 所示。

(1)差示扫描量热法(DSC)。差示扫描量热法是在程序控制温度下,测量输入试样和参比物的功率差(以热的形式)与温度的关系。测试时被测样品和参比物处于同一温度,温控程序是设计好的,以使样品存储器温度随着时间呈线性增加,参比物在加热温度范围内必须具有良好的热容量,差示扫描量热法实验结果可以用一条热流率与温度或时间曲线来表示。注意,样品的放热反应可以用曲线的正峰表示,也可用负峰表示,这个约定完全取决于做实验所用的仪器。通过积分曲线所包含的面积可计算对应过程的热焓。相态的改变表征蜡晶体的形成或消失。

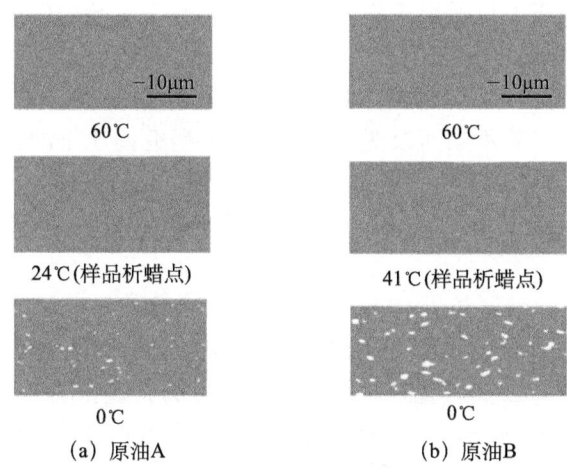

图 4.3 在 CPM 下观察的蜡晶

因为石蜡的结晶焓很高,所以差示扫描量热法等热分析法会被经常用来测定石油流体的析蜡点。然而,Coutinho 和 Daridon(2005 年)指出,由于差示扫描量热法中要求热力学平衡的温度扫描速率通常太快而无法实现,因此会发生样本过冷现象。

Deepstar 公司的技术包括在 160°F 温度条件下,用热的注射器将样品转移到差示扫描量热仪样品杯中,在测量析蜡点前,将加载样品杯冷却至室温。在启动冷却操作前,迅速加热样品到 180°F,而不是 160°F,因为在获得稳定基线之前,在较快速冷却速率下,散热大约 20°F 是必然的。浊点值的测定是将装有 30mg 或 90mg 样品的密封或敞开样杯,在 0.4~18°F /min 的冷却速率范围内进行测定。因为过冷现象所引起的位移对于抉择一个微小的 DSC 峰值是由蜡还是基线噪声引起的来说非常有用,所以作者优选的操作条件是在冷却速率小于 10°F /min 下,使用 90mg 的密封样杯进行实验。当在上述条件下没有产生可辨认的蜡结晶峰值时,则可增加冷却速率直到出现一个峰值为止。Deepstar 公司通常是在 4°F /min 的冷却速率下做初始筛选试验。笔者发现许多案例允许正交极化显微镜和差示扫描量热仪测试结果有 1~2°F 的差异,也有一些测试案例允许的差异会高达 5°F 或更高。

(2) 其他测定析蜡点的方法。

这些测定方法包括黏度测定法、过滤法和红外光谱法。

①黏度测定法。本书的几位作者(Rønningsen 等,1991;Erickson 等,1993)使用黏度测定法测定了析蜡点。当含蜡原油样品被冷却时,样品黏度会增加,样品温度低于析蜡点时,样品会处于非牛顿流体状态。因此,当样品温度低于 WAT 时,黏温曲线会偏离 Arrhenius-type 线,从而能够确定析蜡点。然而,这种方法相对于正交极化显微镜和差示扫描量热法来说会不够灵敏。特别是当测定蜡含量低的原油时,这种方法的低灵敏度会导致析蜡点的测量值出现明显的错误。

②过滤法。这种方法是基于在温度控制流动环路里连续监测油流通过过滤器的压降。该方法有一些令人关注的特点,因为它能同时适用于高压或低压下的含气原油和脱气原

油，不像其他方法在低压下只适用于脱气原油。为了减少实验中使用的流体量，通常使用0.5μm的过滤器，在非常低的流速下（小于 0.5cm³/min）进行测试。

③傅里叶变换红外光谱法。析蜡点是通过检测蜡凝固导致的能量散射的增加而获得。使用的波长可能会随方法的不同而改变，用该方法能研究高压下的含气原油。尽管在析蜡点测量方法的对比中，傅里叶变换红外光谱法测试的值一贯保守（Monger-McClure 等，1999），尤其是相对于正交极化显微镜来说更是如此。但要说它是测量析蜡点最灵敏的方法还为时尚早。

Kulkarni 等（2008）在阿拉斯加州北坡油田（Alaska North Slope）对不同测试方法进行了检测，观察发现，用正交极化显微镜法测得的析蜡点通常比黏度测定法测得的要高。他们给出的结论是：正交极化显微镜法是一个更加灵敏和准确的方法。Deepstar 公司（Tackett，1996）也对各种方法进行了测试对比，发现了各种方法测试结果间的偏差，因此该文章的作者（同时也是本书的作者）建议用两种不同的方法（CPM 和 DSC 或 FT-IR）测试析蜡点以补偿每个方法的固有误差。此外，Coutinho 和 Daridon（2005）也对其他方法进行了介绍。

4.1.2 倾点/凝胶点

倾点是指油品在规定的实验条件下，被冷却的试样能够流动的最低温度（用 3℃ 的倍数表示），它是某些应用条件下实用的最低温度指标。倾点可以用 ASTM D97-06（2006）提到的仪器测量，该仪器是一个手动测试仪，在测试中流体要在规定条件下冷却，当冷却温度使样品杯中的样品不能流动时此温度即为倾点。ASTM D5949-01e1（2001）是另一个测试仪器，在测试中通过自动仪器来确定石油产品的倾点，该仪器通过控制喷发氮气到试样表面冷却样品，通过光学仪器观察被冷却试样的表面运动来确定倾点。原油中蜡凝胶物的形成使混合物转变为非牛顿流体，这是一个主要流动保障问题。含蜡原油的凝胶点取决于原油的化学组分、剪切过程和受热历史。因此，输送管线的冷却速度、原油的剪切历史和管线的关闭期都会影响含蜡原油的凝胶点。

流动保障问题越来越到受到人们关注，石油行业会继续在更深的冷水环境下开采石油。处于储层或井口压力和温度条件下的原油中的石蜡是可溶的，但在原油流过海底管道等冷管道时，其温度会降低。如果温度降低到析蜡点以下时，由于溶解条件的改变会使蜡晶沉淀出来。当温度进一步降低时，会有更多的蜡结晶沉淀出来，而沉淀出来的蜡晶体会形成网状结构将液体包裹其中。在现场会使用 ASTM D97-06（2006）方法来测量液体不流动的大概温度，这一温度被称为倾点（Venkatesan 和 Creek，2007）。通过流变测定法确定的凝胶点可以获得对凝胶更好的认识（Venkatesan 等，2002）。

蜡沉积会使石油变为非牛顿流体，并会影响油液流动性。蜡含量相对较高的原油，其黏度与温度之间的关系与典型的 Arrhenius 方程（Arrhenius 黏度与温度关系方程）相比表现出明显的偏离。通常情况下，原油会被剪切稀释（黏度随剪切速率的增加而减小）。沉淀有时会被误称为沉积。必须注意的是，在生产过程中相对沉淀来说沉积过程是一个更为复杂的现象。沉积的机理会在下节介绍。在 6.3.3 小节中会讲到用于降低原油倾点和表面沉积的抑制剂。

4.1.3 冷凝管试验

冷凝管试验和圆盘试验主要适用于对抑制剂的评估，在 6.4.1 小节会进行介绍。Kruka 等（1995）声称实验中最初的沉积温度相当于烃类流体的真实析蜡点，因此试验可以预测到固体蜡晶体在流体中出现的温度以及可能对原油的影响。他们已经开发出了一种多面冷凝管装置，如图 4.4 所示。这种装置有 3 个面，可以保持不同的温度。在试验结束后，用甲基乙基酮去清洗装置的表面以去除被蜡结晶包裹的油，之后便可将蜡结晶从装置上清理下来并进行称量。作者表示这种利用蜡沉积方法测析蜡点能够很方便地给出多组结果，而且所得到的析蜡点高于之前所讨论方法的测试结果。另外，这种方法完全不受油的透明度影响，并且极少量的蜡结晶也能被检测出来。

Weispfennig（2001）介绍了改良的冷凝管装置，即搅拌式冷凝管检测器，该检测器能观察到流动对蜡结晶的影响。作者表示，环路实验装置沉积研究和搅拌式冷凝管检测器测试结果有很好的一致性。另一种改良是由 Jennings 和 Weispfennig（2006）提出的，该变化是在冷凝管下方有两个配有磁力搅拌器的槽室，磁力搅拌器产生的剪切力可对形成中的蜡层产生作用。作者认为通过调节搅拌棒的速率可得到 1～2Pa 的剪切力。

该装置是由连接有两个冷凝管的循环水浴器构成。标准设计允许交替使用两种不同形状的冷凝管，管子的尺寸有大有小。大的冷凝管直径为 3.34cm，小的冷凝管直径为 1.59cm。循环水浴器控制着每个冷凝管的温度。每个冷凝管都居中在充满原油的玻璃罐内。每个冷凝管或冷凝罐会被放置在第 2 个水浴内，该水浴控制原油的温度。

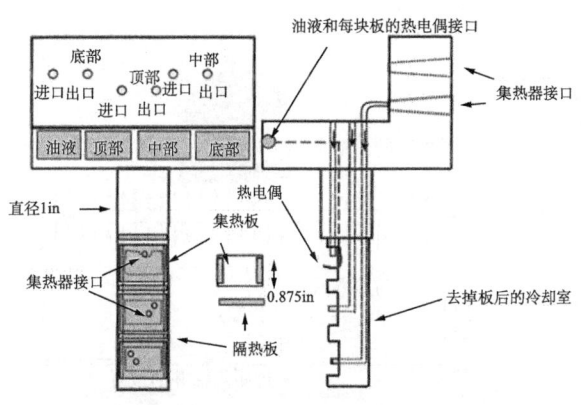

图 4.4　多面冷凝器（Kruka 等，1995）

4.1.4 影响蜡的沉积因素

蜡沉积的概念类似于工程和医学领域的沉积。例如，析晶污垢、结霜（Lee 等，1997）和动脉粥样硬化（Ethier，2002）。沉积与管道内流体相关，在某些情况下沉积也会发生在生产管道内，有杆泵抽油井也会容易受到蜡沉积的影响。最重要的热力学参数是析蜡点（WAT）。回顾前面部分介绍的各种测定析蜡点的方法，可以看出，产生蜡沉积，必须满足以下条件：

(1) 靠近管壁的流体温度必须低于析蜡点（$T_{oil} < T_{WAT}$）。

(2) 管壁温度必须低于流体温度（$T_{wall} < T_{oil}$）。

设定实验管路没有径向热通量（$T_{wall} = T_{oil}$）或有"向内"热通量（$T_{wall} > T_{oil}$）进行实验，结果表明都没有蜡沉积产生（Singh 等，2000；Bern 等，1980）。

从这些条件可以看出，蜡结晶不会自动变为蜡沉积。如果管内流体温度已经达到环境温度（如果没有径向温度梯度），蜡结晶即使可以形成，但也不会形成蜡沉积。

蜡沉积的程度和位置取决于许多因素，包括：

(1) 原油组分（见 3.2 节）。

(2) 温度和冷却速率，如图 4.5 和图 4.6 所示。

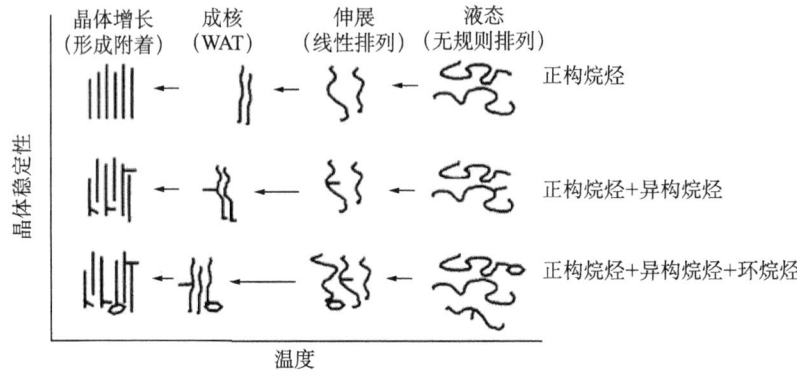

图 4.5 蜡的沉淀

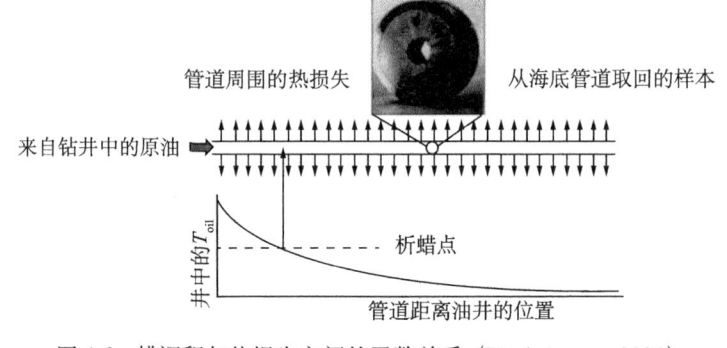

图 4.6 蜡沉积与热损失之间的函数关系（Venkatesan，2004）

(3) 压力。

(4) 石蜡的成分和含量。

(5) 有成核物质或抑制物质，如沥青质、地层微粒和腐蚀产物等。

(6) 油水比。

(7) 剪切环境。

蜡沉积的首要因素是原油成分中要含蜡。因此，了解蜡的性质和相对含量是非常重要的。原油主要的 4 种馏分分别是石蜡、环烷烃、芳香烃和极性物质。举例来说，正构烷烃和异构烷烃分子灵活，因此，它们往往会聚集在一起并在原油中形成蜡晶沉淀出来。但是，异构烷烃因为它们的分支结构，不能像正构烷烃那样能容易沉淀出来。芳香烃是石蜡的良好溶剂。环烷烃具有刚性大和体积大的特点，往往会干扰或破坏蜡的成核和生长过程。如果原油中有杂质或其他非晶质固体（如沥青质）的存在，也会对蜡沉积形成产生影响（Tinsley 等，2009）。

在输油管道或油管内蜡的沉积过程如图 4.6 和图 4.7 所示。热流体进入输油管道或管线，由于周围环境的热损失开始冷却，因此，在流体继续远离井口的同时，其温度也会随之下降。通常情况下，刚从井口进入输油管线时的流体温度要高于析蜡点。当油流温度降到析蜡点之下时，蜡结晶开始形成。由于管壁面上的流体温度是最低的，因此蜡沉积最先在近管壁区域形成。

蜡沉积现象（图 4.7）可以概括如下：
（1）由于管壁温度低于流体温度，在管道径向存在温度梯度。
（2）如果管壁温度低于析蜡点，那么蜡沉积会在管壁处形成。蜡沉积早期会有含蜡凝胶油在管壁处形成。
（3）管壁附近蜡沉积的形成会使液相中的溶解蜡随之减少，因此在管道径向存在蜡分子（在液相中）浓度梯度。
（4）径向浓度梯度会引起蜡分子向管壁方向发生运移。
（5）凝胶沉淀物内的浓度梯度会导致蜡分子在凝胶沉淀物内扩散，引起老化（随着时间的推移，凝胶沉淀物的固体蜡含量会逐渐增多）。

初期的蜡沉淀物是一种凝胶，这种凝胶含少量的固体蜡（质量分数为 5%～10%）和大量的被蜡晶体网状包裹着的滞留油。初期的凝胶相对较弱，具有较低的屈服应力。随着时间的推移，老化过程会使得沉淀物中固体蜡含量逐渐增加，凝胶会变硬。实验室流动环路实验表明，经过几天的沉积，老化的沉淀物可以含 60% 的固体蜡。老化的凝胶是非常坚硬的，具有较高的屈服应力。因此，随着时间的延续，机械法除蜡会越来越困难。

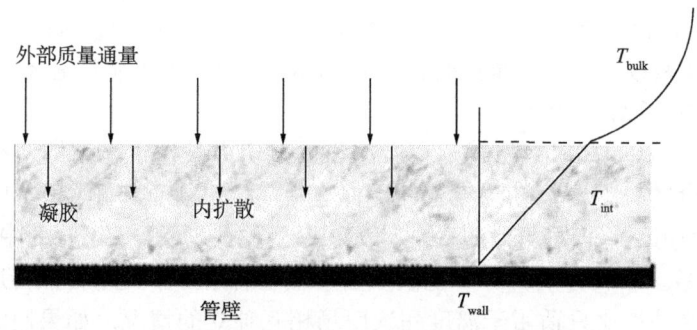

图 4.7 蜡沉积过程（Venkatesan，2004）

4.1.5 沉积模型

有关蜡析出和沉积模型的文献很多。Holder 和 Winkler（1965）用蒸馏油对析蜡点和倾点的现象进行了描述，同时表明只要流体中含有 2% 的析出蜡，就可以形成凝胶。值得注意的是，蜡沉淀物不是固体蜡，而是凝胶，该凝胶由固体蜡晶体和滞留液组成。凝胶垢也会随着时间老化变硬（Singh等，2000）。目前已经研发了多种描述蜡沉积的热力学模型（Won，1986；Hansen，1988；Hansen等，1991；Coutinho等，1995；Coutinho，1999；Singh等，2001）。在研究某一个特定的流体时，不同的模型预测结果不同；但在一些情况下，不同模型带来的差异不太明显。当模型预测结果存在明显差异时，可选择适当的模型或对给定模型在特定流体蜡沉积实验数据的基础上进行修正。换句话来说，如果原油和正烷烃组成的流体是给定的，那么其析蜡点和蜡沉淀形成趋势可以通过实验验证，这为模型预测提供了必要的可行度。本书作者认为，从实践的角度来看，不断完善现有模型才能更合理模拟沉淀的形成过程。要对蜡沉积建模，还需不断研究，尤其是针对多相流动的研究还需不断深入。

目前，有关管壁上蜡沉积的形成机理已有一定的认识。这些机理包括分子扩散、剪切分散、布朗扩散、索雷扩散和重力沉降。人们也研发了许多模型来描述沉积现象。早先所有模型建立的前提条件是蜡—油凝胶沉积物具有恒定的含蜡量（Bern等，1980；Burger等，1981；Majeed等，1998；Brown等，1993；Svendsen，1993；Ribeiro等，1997）。而新型模型可以预测到凝胶垢的生长和老化过程（Singh等，2000；Singh等，2001b）。假设管路中径向发生质量传递，通过建模可以模拟凝胶垢的生长过程。老化过程可以通过沉积物内扩散模型进行模拟（图4.7）。这些新模型的基本方程是：

[全部沉积速度] = [全部径向质量流量]

$$\frac{d}{dt}\left[\left(R^2 - r_i^2\right)F_w\right] = 2r_i k_M \left(C_b - C_i\right) \tag{4.1}$$

[沉积老化速度] = [进入沉积物的蜡扩散通量]

$$\left(R^2 - r_i^2\right)\frac{dF_w}{dt} = -2r_i D_{eff} \frac{dC}{dr} \tag{4.2}$$

式中，C_b为液体中蜡溶解浓度；C_i为界面处的蜡溶解浓度；F_w为沉积物中固体蜡含量，%；k_M为传质系数；R为干净管道的内径，cm；r_i为沉积发生后流体流动的有效半径，cm；D_{eff}为有效扩散系数，m²/s。

如Singh等（2000，2001）所述，在层流和低剪切力条件下，该模型和预测沉积物厚度扩展模型是适合的。但是，在湍流条件下，这些模型不能直接预测沉积。图4.8就是一个在湍流条件下使用这些模型导致过高估计沉积厚度的典型例子。图4.8中，δ/R表示沉积厚度，Re是雷诺数。不相符的部分可能涉及由于在湍流条件下使用传热传质类比对流传质造成的误差。而这种类比只适用于温度和浓度场相互独立的情况。如果假定溶解蜡的浓度为温度边界层的平衡浓度，那么基于扩散的方法是比较合适的。实验证实，实际情况很可能是介于两种方法（传热传质类比和基于扩散的方法）之间。

Lee等（2009）开发的沉积模型中考虑了蜡沉积动力学的影响。将沉积动力学影响引入模型，这种模型预测的沉积速率的大小介于类比法和扩散法之间。扩散法和类比法分别代表了无限快沉积（扩散法）和缓慢沉积（类比法）。因此，如果能够适度地探知沉积动力学，那么这种新型的动力学模型就可以对蜡沉积进行很好的评估。

导致误差的另外一个原因是存在剪切效应。通常来说，沉积厚度会随着流动速率的增加而减少。图 4.9 显示了实验室里管路中沉积厚度与流速、时间之间的关系。在实验室中，如果油温高于析蜡点（WAT），在较高流速下，管壁上的油层表面温度会更快地达到析蜡点（Singh 等，2000）。然而，即使油温低于析蜡点，沉积厚度依然会随着流速的增加而减小（Lund，1998）。这种情况不能用上文的传热理论来解释。如果油温低于析蜡点，在高流速下，当前模型预测出的沉积速率较高。

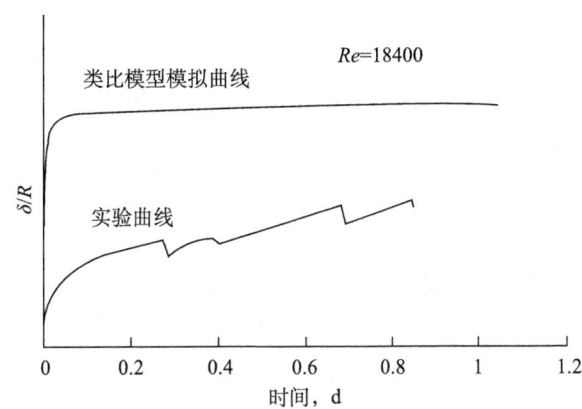

图 4.8　基于传质传热类比模型的模拟曲线（Venkatesan，2004）

因此，可以认为在高流速下，附着在管壁表面的油由于受高剪切力的作用，导致沉积厚度减少。使用剪切装置，Tinsley 等（2007）发现，当剪切应力从 5～7Pa 增加到 60～90Pa 时，蜡混合物沉积厚度增长速度会明显减小。另外，在高剪切力下形成的蜡垢中较高碳数的烷烃（石蜡）含量会增加。

（1）一些建模方法存在的问题。人们试图将蜡沉积现象看作一个移动边界相变的问题，针对蜡沉积模型的建立来说，是在假定热量传递是最重要的驱动力，而忽略了质量传递的条件下建立的。此假设是指冷的管壁上形成一层"冻结"油层并会继续增厚，管壁上沉积物与油气界面上的温度始终保持为混合物的析蜡点。假定老化是一个纯粹的机械过程，在这个过程中油液会从胶凝沉积中"挤出来"。但这种建模方法存在一些问题。尤其是假设沉积物与油之间界面上的温度始终保持为混合物的析蜡点是存在问题的。

例如，考虑这样一种情况，即液流中心线温度低于原始流体的析蜡点。由于流体被蜡所饱和，"实际的"析蜡温度是流体本身的温度。如果沉积物与油之间假设界面温度始终保持在析蜡温度，那么在界面和中心线之间将不会有径向温度梯度，如果这样，唯一的可能是蜡垢只在管线中心沉积并且完全堵塞管道。这显然不符合事实，因为当流体温度刚降至析蜡点时，管线就被蜡完全堵塞这是不可能的。此外，考虑到在流体流动条件下，垢是一种屈服应力远超过所施加的壁面剪应力的稳定凝胶，有关老化"挤压"的说法似乎也并不正确。

另外一种建模方法是模拟质量传递[热扩散（Soret）]。这种模型再次假设管壁有初始的凝固层，并且又假定蜡垢生长过程可以用 Soret 扩散解释。这违背了 Kaminsky（1999）提出的 Soret 扩散对沉积所起的作用通常最多只能占 1/6 的比例。不幸的是，这个模型的假设和结果并不能反映真实性情况。这种模型预测的蜡垢几乎是 100% 的固体蜡，但现场实际上并不是这样。此外，当固体颗粒达到一个临界体积（如硬球极限）后，蜡垢内部就不会发生进一步的扩散。因此，蜡垢不可能是100%的固体蜡。这个模型也没有适当区分垢与热或浓度边界层之间的特性。

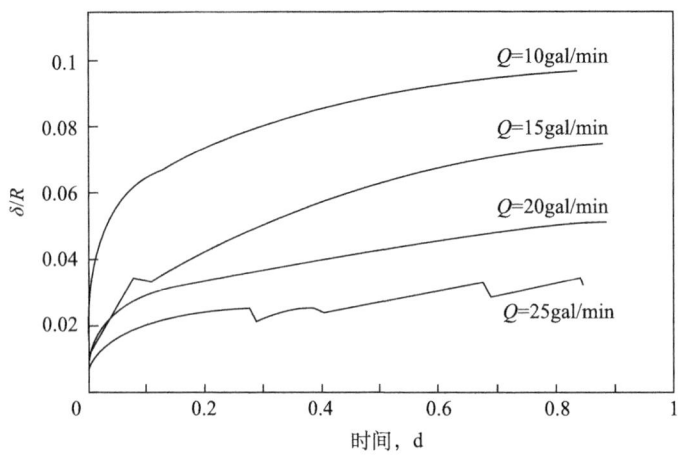

图4.9 实验测试的蜡厚度与流量的关系曲线（Venkatesan，2004）

人们已经尝试用微粒形成过程来模拟沉积（如布朗扩散）。然而，笔者获得的所有的有力数据表明，微粒沉积不能很好地模拟蜡沉积，最早得出此结论的是Burger等（1981）。

Edmonds等（2008）也发现一些有代表性的常用模型，对照流动环路实验装置测试结果发现，模型会过高地估计沉积物厚度。他们声称，经过他们的调查，建议管道蜡沉积剖面预测用组分处理方法，这比那些用非合成或只是用有限数量虚拟正构烷烃组分的方法更符合实际。新模型会考虑到剪切作用会减少蜡沉积，它符合环路实验装置研究所观察到的情况。蜡的剪切作用也许是实际管道蜡沉积机理的重要组成部分。然而，这些结果还只是经验之谈，还需要更深地了解剪切对沉积的影响。

很明显，除了扩散和径向传质方法外，其他方法并不能解释观察到的现象或者只是提供错误的预测。因此，扩散和传质的方法仍然是解决问题的正确方法；正如上一节的讨论，对当前模型的改进是非常必要的。

(2) 现场数据。验证模型最好的方法是获得现场管线中蜡沉积的数据。理想情况下，蜡沉积的多少和生成位置是已知的。不幸的是，可用的有效数据非常少，并且通常是基于清管器运行情况所得。表4.1中的典型有效数据取自非洲一个油田清管器操作，是典型的现场作业获得的可靠数据，同时对清管器回收的蜡进行了定量和定性的描述。然而，想尝试利用这些数据来验证模型还是存在问题的，因为清管器回收的蜡垢未必能代表运行管线中蜡沉积的量或类型。提议从这些数据得到任何结论前，必须考虑所用清管器的类型、清管器刮掉管壁上沉积蜡的效率以及是否存在旁路。另外，蜡的化学性能也未必可以通过测量清管器回收的蜡垢进行量化。目前有一些化学药品可以降低蜡整体的沉积厚度，但却可以增加沉积蜡的硬度。如果管线中已使用这样的化学药品，那么清管器就不会像之前不使用化学药品那样轻易地刮掉形成的蜡垢。清管器只能把油凝胶表面上的软性物质除去，留下硬性药质，导致人们错误评估蜡垢的化学性质。由表4.1可见，7d里只回收了14gal的蜡，沉积厚度相当于0.01mm，而此沉积厚度是压降监测所监测不到的。像定性值"中等"是无参考价值的。本书的一些作者们定量地描述了从清管器收集的样品（组分、正构烷烃含量等），然而，根本问题依然存在，那就是清管器作业获得的蜡垢不一定就能代表运行管线中的蜡垢。

表4.1　现场清蜡数据（Venkatesan和Creek，2007）

清管器间隔时间，d	使用的化学剂	清蜡量，gal	清出的蜡特点
7	N	14	中等
11	N	55	硬
5	Y	13	柔软
10	Y	15	柔软
6	Y	9	中等

（3）其他的机理研究。目前提出的模型包括冷却速率模型以及油和沥青质组分模型。Venkatesan等（2002）介绍了建模过程。含蜡原油的凝胶化和蜡—油凝胶的性能与所受剪切力和加热史有很强的函数关系。蜡—油体系的建模研究表明，在蜡—油凝胶化过程中，蜡—油凝胶的屈服应力受冷却速率和剪切应力相互影响。添加沥青质会降低蜡—油混合物凝胶化温度，加入沥青质越多，凝胶化温度越低。

Tinsley等（2009）表明，在极低的沥青质浓度和较高的蜡浓度下，沥青质对含蜡凝胶的屈服应力影响不显著。但是在较高的沥青质浓度下，沥青质会使蜡网的微观结构明显缩小，并显著降低蜡凝胶屈服应力。

当沥青质量的增加超过一定量时，会导致混合物的相分离。相分离点的确定可以通过控制冷却速率获得。在较低的冷却速率下，较少量的沥青质就会导致相分离，沥青质的极性决定了凝胶化的程度。沥青质的极性部分越少，越能降低含蜡原油凝胶化温度。这样的结果可能是由于大多数石蜡极性较低造成的。笔者发现在蜡—油体系中添加沥青质会降低蜡—油凝胶的屈服应力。

Youyen等（2000）研究了海底管道中的石蜡堵塞。他们认为，原油是一种复杂的碳氢混合物，由石蜡、芳族化合物、萘类、胶质和沥青质组成。当原油流经海底管线时，高分子量的石蜡会从油中析出并以凝胶的形式沉积在管壁上（图4.7）导致管道堵塞。这种沉积的发生是由于在海底低温环境下，原油中蜡的溶解度低造成的。随着温度的降低，高分子量的石蜡溶解度会急剧下降，并在低温条件下形成稳定的晶体。石蜡的结晶化导致形成形态非常复杂的凝胶。凝胶作用是由于流体降温，溶液中正交晶的蜡微晶絮凝造成的。在偏光显微镜下观察发现，晶体是互相重叠联锁的片晶结构。对馏分油研究表明，只需要2%的析出蜡就能使燃料油胶化，如图4.10所示。

沉积条件决定了凝胶的组成及其发生率。随着温度的降低，蜡和油混合会凝结在一起，这种凝胶的性质很大程度上取决于冷却速度。

图 4.10 凝胶层垢初期的显微图像 (Singh, 2000)

John Wiley 和 Sons 允许转载

凝胶老化后具有更高的屈服应力,并且更难被机械法清除。蜡油凝胶的物理老化是一个逆扩散过程,在此过程中存在一个临界碳数 (CCN) (Singh 等,2001)。当蜡分子的碳数比 CCN 高时,蜡分子会扩散到凝胶基质中,而那些比 CCN 低的蜡分子不会扩散到凝胶基质中。一些凝胶沉积实验是将不同类型的蜡加入模型溶剂中,在冷凝管中进行实验。笔者发现,随着沉积时间的增加,这些凝胶中的固相部分会增多。

(4) 影响蜡形成的其他因素。原油的相稳定性取决于多种因素,包括温度、压力、剪切速率和组分,尤其是高分子量的石蜡和极性沥青质的含量。据报道,原油中凝聚的沥青质有利于 $n-C_{24+}$ 石蜡的结晶,这一点被该原油析蜡点的增高所证实。因此,可以预计,沥青质的存在也会影响石蜡的成胶机理。为了准确表征这种影响,实验中会使用应力流变仪研究模拟液状石蜡体系的凝胶点。据观察,较小比例沥青质的加入 (质量分数 0.1%) 会引起模拟的液状石蜡体系凝胶点的降低,这表明沥青质的存在会阻碍凝胶形成。更多沥青质的加入会引起相分离;从液体中分离出沥青质和石蜡,这就意味着该体系不完全是凝胶了。为了更好地了解沥青质的影响,根据沥青质的基本极性把它分成 4 个组分,利用之前在实验室开发的技术研究每一组分对蜡—油凝胶形成的影响,通过增加原油中沥青质的含量,测试不同实验条件下蜡—油凝胶的屈服应力 (作为蜡—油凝胶强度的流变标志),研究发现,蜡—油凝胶屈服应力的减少与少量沥青质的加入有关。

Coutinho (1998) 介绍了目前石油工业使用的一些用于黑油的蜡模型,这些模型基于用经验确定的参数来匹配现有的数据。在他看来,这些数据往往不是很精确。Coutinho 等 (2002) 基于高精度热力学数据开发了一种模型。文中介绍了 Coutinho 模型如何结合传统的状态方程进行黑油的蜡平衡计算。实例说明该模型在很大程度上能预测不同温度条件下原油的析蜡点和蜡沉积量，同时，这些实例考虑了压力对含气原油的影响。对于流动保障来说，修正后的蜡形成热力学模型反过来能更好地预测蜡沉积速率。

（5）沉积模型的发展方向。实验室的管线和现场管线中蜡沉积过程的重要差别是两种情况下的热通量不同。即使两种情况下的雷诺数相同，现场管线中产生的热通量比标准的实验室管线要低一点。这是因为在现场管线中流体和管道内壁之间的温度差异非常低，而在实验室中这种差异通常是非常大的。因此，在能保持油流和管壁之间温差不大的情况下，有必要在实验室进行低热通量的沉积测试。但通常情况下，因为低热通量条件下沉积过程需要消耗很长的时间，同时要在较长时间内很好地控制回流参数也非常困难，因此实验室通常不开展低热通量实验。然而，为了更进一步丰富蜡沉积方面的知识，还是有必要进行长时间的沉积动力学实验。

图 4.11 中举例说明了当前蜡沉积模型的另一个缺陷。模型预测 24h 内的沉积厚度相当不错，但是，在较长沉积时间条件下，预测的沉积厚度偏大。Venkatesan 和 Creek（2007）介绍的这个例子涉及湍流下的沉积。今后，希望长时间的沉积实验能够使人们更好地了解垢随着时间的延续如何发展变化。在长时间的沉积条件下，"剪切效应"被认为是第一基础理论。如前面所讨论的，当前蜡沉积模型中不包含蜡沉积动力学的量化处理。之前的实验（Venkatesan，2004）表明，沉积动力对蜡—油体系建模来说可能并不重要，但这对于所有的原油建模来说就不一定了。如果析出动力学的作用足够缓慢，那么油与垢的界面就不会处于热力学平衡状态。假设油与垢的界面处于热力学平衡时，由传统的传质方法计算出质量流量将会减少。考虑动力作用以及对传质理论的不断完善，可以为沉积模型的改进提供理论基础。密歇根大学（the University of Michigan）和美国塔尔萨大学（the University of Tulsa）做出了一些研究能更好地解释上述的一些观点。最好的模型可由合理的现场数据验证。如之前所讨论的，清管器测试不能很好地描述蜡沉积了多少和在哪沉积。Labes-Carrier 等（2002）对一个凝析气系统进行沉积模拟时遇到了类似的问题，虽然模拟工具预测是基于输入典型数据进行沉积模拟的，但模拟的结果数据与实际现场试验测试数据不相符。

（6）蜡沉积模型总结。在过去的几年里，关于生产管线中蜡沉积的研究取得许多进展。目前，现有的模型可以很好地提供蜡沉积速率的上、下边界；但不同的模型在上、下边界预测上有明显的差异。因此，有必要对沉积过程，特别是在高流速或湍流条件下做更深的研究，特别要强调的是沉积中"剪切效应"是第一性原理，室内实验测试条件必须不断地改进，从而接近现场条件。现场以适当形式提供的沉积数据是非常珍贵的，它们是验证开发的预测模型准确性的判据。

（7）蜡沉积的总结。当油从井产出后，由于温度下降，在输油管道径向会产生温度梯度。

①在管壁处油的温度达到析蜡点时，在管壁表面会形成蜡沉积，从而在管道径向形成浓度梯度。

②对流质量通量会导致蜡沉积增多。冷却速率和剪切应力会影响凝胶强度。

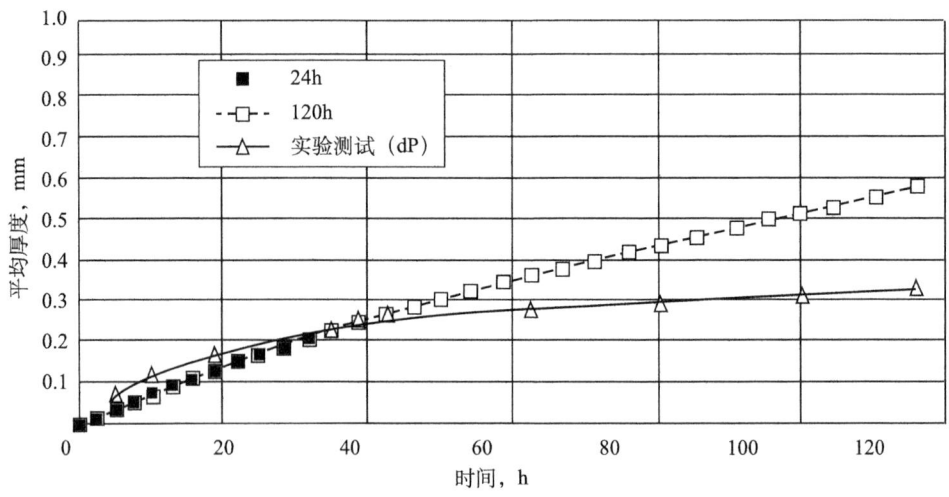

图 4.11 长时间沉积条件下预测模型的失效图（Venkatesan 和 Creek，2007）

③凝胶沉积内部的扩散作用会引起老化，导致原油中大部分沉积组分沉积。在燃油模型测试中，凝胶中蜡仅占 2%。老化的凝胶相比新生的凝胶具有更强的屈服应力，也更难用机械法清除。

④沥青质会降低石蜡体系的凝胶点，高浓度沥青质会降低蜡—油凝胶屈服应力。

4.1.6 蜡凝胶及相关的问题

如前面所说，蜡沉积通常会在输油管道中产生。油的凝胶化温度取决于油的化学组分、剪切应力和热演化过程，所以凝胶化温度不像析蜡点那样是热力学性质。因此，管线的冷却速率、管道停输前和停输过程的剪切历史都会影响凝胶化温度，凝胶的强度也取决于这些参数。凝胶强度通常用屈服应力来表示。要破坏凝胶，所施加的压力必须超过屈服应力。如果凝胶的屈服应力足够大，那么在有效的安全压力下可能无法重启管线。

认为破胶压力与凝胶的屈服应力成正比关系是计算所需破胶压力常规的方法：

$$\Delta p = \left(\frac{4L}{D}\right)\tau_y \tag{4.3}$$

式中，Δp 为破胶所需的压降；L 为管道长度；D 为管道内径（ID）；τ_y 为凝胶的屈服应力。

这种方法太过于谨慎，即预测的破胶压力太高。实验表明（Venkatesan，2004），在压力远小于预测的破胶压力的条件下，凝胶可以被破坏并且流动。凝胶的屈服性是管线能否重启的关键因素。如 Chang 等（1998）所描述，原油的屈服性由弹性响应、蠕变和断裂 3 部分构成。外加应力值低于特定值时，凝胶不会屈服。这个特定应力值是极限弹性屈服应力。断裂点上的剪切应力被定义为静态屈服应力，它通常具有实际重要价值。然而，处于极限弹性应力和静态屈服应力之间时，会发生蠕变。在蠕变过程中，断裂的延迟时间取决于外加应力的水平（Magda 等，2009）。这种现象表明，当压力低于式（4.3）所定义的压力时，凝胶会发生破裂。另外，油中含有气泡能显著地减少管道重启压力。

4.2 沥青质

沥青质是含芳香烃最多的原油组分，在油藏中这些分子与其他的流体组分保持平衡。然而，如果稳定的平衡条件发生改变，在采油过程中就会随时有沉淀生成。在采油过程（图4.1）中温度、压力和石油化学组分的改变以及在提高采收率过程中的CO_2气驱、酸化增产以及原油与稀释剂和其他油的混合，都会引起沥青质失稳（Islam，1994；Andersen，1999）。然而，在采油过程中引起沉淀的最初原因往往是压力下降。一旦沉淀发生，那么沉积便会在地层、管道管线以及地面设备中产生。图4.12显示了可能产生沉积的区域。沥青质也可能会影响油水乳状液的稳定性（Sjöblom等，2006）。

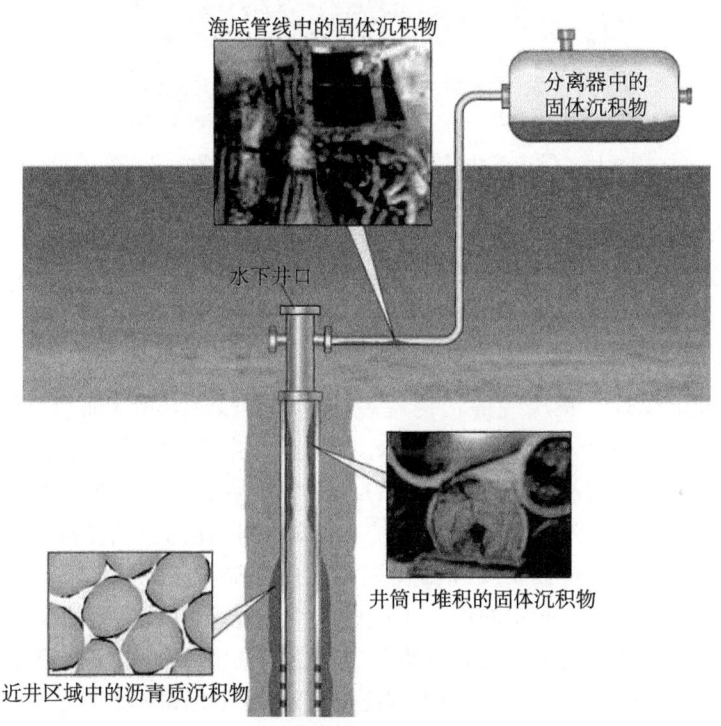

图4.12 沥青质的沉积区域（Akbarzadeh等，2007）
版权归斯伦贝谢公司所有，经允许使用

现有的有关沥青质导致的问题的其他观点如下：

（1）沉积在哪里发生？

干线垢：细小的亚微米级颗粒通常沿着油管在边界层积聚。然而，沿输油管线的情况如何，我们是不知道的。

（2）沉淀和积聚可能发生的区域。可能会发生在任何流动盲区，例如分离器和储罐中、盲区中的阀门和油嘴以及生产下游任何能产生重力沉降的位置。

管道中产生大量沥青质垢的案例见图4.13。本节回顾了目前生产管道和输油管线以及近井区域中沥青质形成和沉积机理。本节重点分析确定生产主干线上可能开始出现沥青质沉淀的不稳定的压力、组分和温度区域的实用方法。4.5节会对地面设施中的沥青质沉积进行简短的介绍。

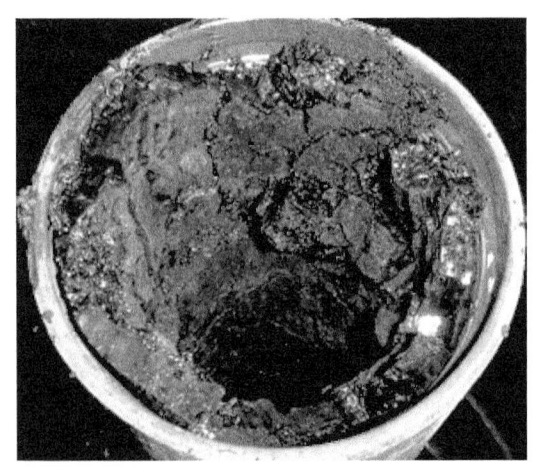

图4.13 管中的沥青质垢（Frenier和Ziauddin，2008）

4.2.1 沥青质的特征和形成机理

与原油中的其他组分一样，原油中沥青质的物理和化学性质决定这类垢的稳定性和沉淀特性。

4.2.1.1 沥青质的化学性质

在实验室中将正戊烷、正庚烷等正构烷烃溶剂以至少1∶40（油与沉淀剂的体积比）的比例加入原油中，沥青质会从原油中沉淀出来。通过这种方法产生的沥青质沉淀物密度大约为 1.2g/cm³，是没有确定熔点的从深褐色到黑色的易碎非结晶固体，这些化学物质主要是原油中芳香烃组分。除了这一定义外，沥青质还可以根据所用的沉淀它们的特定烷烃进行分类，因此，有戊烷沥青质、正已烷沥青质和正庚烷沥青质等类型。图2.7显示了由不同烷烃沉淀出来的不同质量的沥青质的滴定曲线。不同的沉淀方法和不同的原油类型可以产生各种不同的化合物。注意，这也是生产道路沥青的方法之一。很多其他实验测试对于研究原油中沥青质的物理化学组分都很有帮助，这些内容在第3章中已讲到。

沥青质溶解的化学过程是非常复杂的，并且已经成为几本书（Mullins等，2007；Altgelt和Boduszynski，1994；Wiehe，2008）的研究主题。Creek（2009）总结了这类分子的重要溶解特征：(1) 分子大小不同，可导致它们不混溶；(2) 许多不同的沥青质分子化学性质的差异也导致它们不混溶。

这种化学性质的具体内容超出了本书的范围。但是，近期文献的简要论述对了解一些沉淀和沉积机理很有帮助。基于Mullins（2005）的考证，已知存在的沥青质分子有数百（可能数千），但它们是由相对小的分子组成的，并不是聚合物。另外，Porte等（2003）认为胶质和沥青质是不同的芳香族分子的连续统一体，这些芳香族分子由于它们的属性重叠，因此不容易区分。读者可以参考第2章中对原油中不同类型化学物质的讨论。

Akbarzadeh等（2007）汇总的数据显示，沥青质的平均分子量大约为750，分子量范围是400~1200。沥青质分类的一般结构图是由一系列的多环芳香烃组成，其中一些多环芳香烃包含了基本的杂原子（N、O和S），并且还带有若干个烷基侧链。图2.6展示了一些与最新研究相一致的结构。图2.3中也展示了一个胶质的结构以及一个假定的沥青质分子结构。分子化学的差异会影响其溶解性，但是，目前从这些细节几乎无法获得预测性的信息。虽然Akbarzadeh等（2007）和Mullins等（2007）评述的一些方法为了解沥青质的化学细节提供了可能性，但是这些方法还处于实验室研究阶段，并不能用于日常的筛选。

烃类流体中沥青质浓度足够高时［这个浓度被称为临界纳米颗粒聚合浓度（CNAC）］，个体沥青质分子被认为可形成大约8个分子的纳米"聚集体"（图2.8）。基于在甲苯中的测试，临界纳米颗粒聚合浓度的值可能低于60mg/L（Akbarzadeh等，2007；Mullins，2005）。在原油中，沥青质临界纳米颗粒聚合浓度的高低取决于原油组分。Friberg（2007）把原油中沥青质分子形成的聚集体与复合型表面活性剂水溶液形成的胶束进行了对比，他也注意到沥青质的聚合与沥青质分子在油中的溶解性差有关，不同的芳香族在油中具有不同的溶解度。例如苯（单芳香族）和多环芳香烃（如萘和含蒽的分子）在油中的溶解度都不相同。

4.2.1.2 固体沉淀的形成机理

在生产过程中，往往是由于压力的变化造成沥青质开始沉淀。一般沥青质沉淀物包络线跨越泡点线，如图2.14所示。这种情况是因为在泡点（p_{ob}）线上，原油中的溶解气含量最高。气相中的轻烷烃对于沥青来说是不良溶剂，因此沥青才会变得不稳定。当压力低于泡点时，一些气体会从液相中逸出，液相中的气体浓度将会降低。剩余液体的密度会变大。这样使得剩余液体成为沥青质更好的溶剂，随着压力的进一步降低，沥青质相可以重新溶解到液体中去。这种沥青质溶解性的改变也会增大纳米颗粒聚集体的浓度。

针对由于压降（以及各种油类混合）造成的沥青质沉淀，人们认为适合用烷烃沉淀沥青质（如上所述）来解释。因为当压力降低时，较轻烷烃组分的摩尔体积会增加（Hammami和Ratulowski，2007），如图4.14所示，较轻烷烃相对体积分数的增加是由于不饱和原油的轻质馏分和高沸点组分（如胶质和沥青质）的压缩性不同造成的。当不饱和储层流体的压力达到泡点时，液相中轻质烃组分的相对体积分数会增加。这样的效果类似于向原油中添加低分子量的烃类，使沥青质沉淀。

随着纳米颗粒聚集体浓度的进一步增大，将产生絮凝产物。人们已经收集到了大量有关沥青质分子如何从高度分散的单体分子发展成有沥青质垢的研究资料。Akbarzadeh等（2007）认为超声波技术最早揭示了纳米颗粒聚集体形成浓度，最近这个观点也已经被核磁共振（NMR）、扩散测量和电导率测试结果（Andreatta等，2007）等所证实。图4.15是随浓度增加，沥青质聚积过程的示意图。根据Akbarzadeh的评论（Akbarzadeh等，2007），沥青质所表现出的不同的聚积特性取决于它是溶解于原油中还是甲苯中。只有低浓度（低于100mg/L或质量分数低于10^{-4}）的情况下，才能观察到个体分子。随着浓度增加，分子会黏合在一起，首先分子集合成双成对，之后就会是很多分子黏合在一起。一旦浓度上升至大约100mg/L或质量分数不小于10^{-4}时，8~10个分子会叠合在一起，组成近似球形的纳米颗粒聚集体，如图2.8所示。

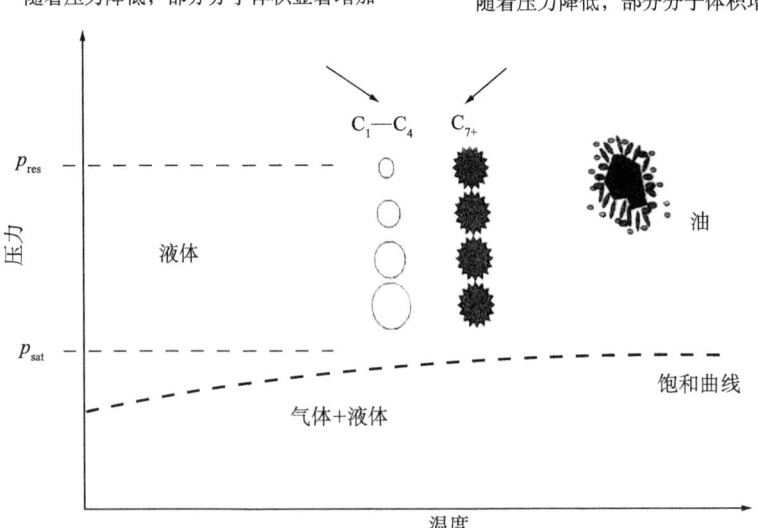

图 4.14　压力、温度对部分分子体积影响示意图（与添加烷烃类似）（Ratulowski 等，1999）

版权归斯伦贝谢公司所有

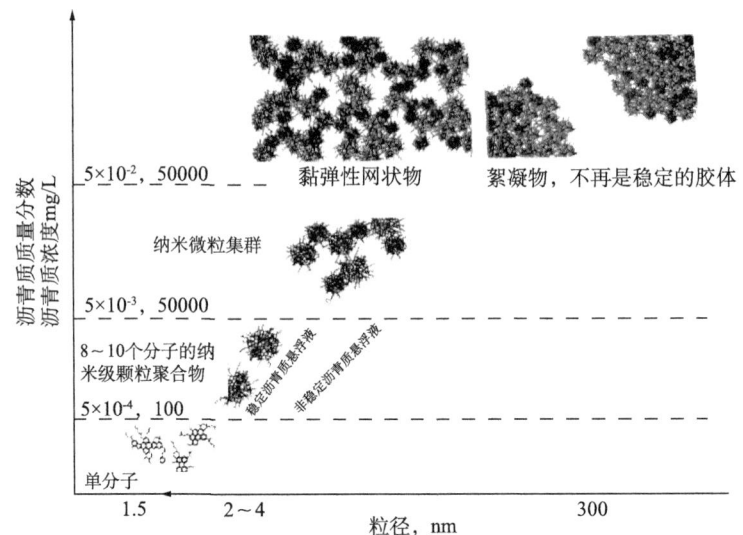

图 4.15　沥青质聚集体的生长示意图（Akbarzadeh 等，2007）

版权归斯伦贝谢公司所有

当原油中沥青质处于较高浓度水平（浓度超过 5000mg/L 或质量分数不低于 5×10^{-3}）时，纳米颗粒聚集体会形成集群，在集群中纳米颗粒聚集体不会重叠在一起，但是邻近集群的烷烃链可能会和集群相互作用。这些集群在浓度达到 10^{-2} 的质量分数之前都可以悬浮在稳定的胶状悬浮液中。在原油中即使是较高的浓度，这种稳定性也可以持续，集群可以形成一个黏弹性网状物。但是，在甲苯中，高浓度会使沥青质聚集体絮凝。在原油中，由于种种原因，絮凝的情况就更不清楚了，大多数实验方法很难说明沥青质聚集体絮凝。此外，原油中其他组分也会影响沥青质的溶解性。最近一项研究表明，井筒原油样品中，沥青质是纳米聚集体（Mullins 等，2007）。这些作者认为，详细的井下沥青质重力梯度分析和实验室里对沥青质重力梯度的分析都表明，沥青质以聚集体的形式分散在原油中。这一结论与最近报道的通过高品质声波和核磁共振（NMR）扩散测量得到的数据保持一致。相关研究（Mullins 等，2007b）认为，胶质与沥青质纳米颗粒聚集体没有明确的联系。他们声称，沥青质胶束模型没有可靠的数据支持，用此模型处理沥青质胶状结构可能会造成误导。

原油中沥青质的结构及其对沥青质沉积的影响总结：

（1）沥青质是一类可溶的多环芳香烃物质，通常含有脂肪族碳氢化合物。

（2）沥青质的溶解特性要比沥青质的稳定性更重要，原油中沥青质最终造成的伤害比原油中所含沥青质的数量更重要。

（3）决定沥青质聚积趋势和稳定性的决定因素是原油中沥青质的极性。

（4）杂原子和金属离子在确定沥青质和酸类的极性方面起到重要作用，而且会使混合液变得不稳定。

（5）沥青质溶解度的改变是由于当压力降低时，低碳烷烃的体积分数会增加。溶解度的改变是造成沥青质不稳定的一个主要因素。

（6）纳米颗粒聚集体是由相对小的分子联合形成的，这些纳米颗粒聚集体聚集可以导致絮凝和沉淀。

（7）沥青质是胶体状分散物，介于纳米颗粒聚集体和微米粒子之间的粒子会形成沉淀。

（8）凝聚有利于沉降和沉淀。

4.2.2 沥青质稳定性模型

本小节简要回顾了过去和当前的沥青质稳定性和沥青质沉积的模型，而这些沉积模型是用于预测油气井中沥青质变得不稳定和在流动系统关键部位产生积垢条件的手段。保持沥青质在油相中稳定的化学和物理作用力已经成为许多各种各样研究项目的主题。Sheu（2002）和 Porte 等（2003）回顾了近年来关于沥青质特性的知识，报告中包含的内容远比本小节中介绍的要多。因此，这里只是提供一些很短的摘要。Sheu（2002）注意到人们已经对沥青质的微观和宏观特性进行了研究，并且用各种各样的测试手段可以确定沥青质的化学成分。但是，在上游环境中（本书的主题），宏观特性更为重要。4.2.3 节中介绍的大部分测试实验是用来确定沥青质的宏观特性，这些宏观特性可能会影响原油的生产。

在生产初期，原油中出现沥青质沉淀和沉积，说明原油是典型的不饱和原油。这就意味着油藏压力高于泡点压力。这些原油中往往沥青质含量低（这种特征看起来似乎有反常理），同时溶解气含量高。在恒温条件下开采油藏，一旦压力下降与沥青质沉淀包络线相交，交点成为沥青质沉淀开始形成的压力，随后沥青质可能会在油层和输油管线中形成沉积，如图 4.12 所示。通常，随压力下降沥青质沉淀量会逐渐增多，当压力降至泡点压力时沉淀量达到最大值。沉淀条件在泡点压力之上的压力和温度线称为沥青质沉淀包络线的上边界。低于泡点压力沥青质可能会再溶解于油中（Akbarzadeh 等，2007）。这个研究结果是，在开采初期，沥青质含量较高和溶解气含量较低的重油通常更稳定。

原油组分、压力和温度的变化是导致沥青质沉淀的主要原因。因此，一个成功的模型应该能够获取到系统的热动力学变化，而系统的热动力学变化可用于预测沥青质的沉淀和沉积。文献中推荐了4类模型：胶体模型、溶解度模型、胶束化模型和固相模型。

石油工业长期以来，利用胶体模型解释各种现象，例如在含气原油中，胶质对稳定沥青质所起的作用等。Porte等（2003）称这种胶体模型是一种"疏液"模型，即认为沥青质在原油中是不溶的。在胶质可以使沥青质稳定成立的基础上，认为沥青质絮凝过程是不可逆的。要注意的是，在这种模型中，Andersen和Speight（2001）定义胶质是从各种固体吸附剂中洗脱出来的物质，而软沥青质（或软沥青）是从沥青质沉淀物滤液中获得的油和胶质的混合物。因此，在沥青质沉淀出来后，将固体吸附剂添加到胶质和油的溶液中，胶质会被固体吸附剂吸附，随后被极性更高的溶液回收，油保留在溶液中。

因此，"胶质"一词是指原油沥青质沉淀后可溶解并且更容易溶解于油相中的具有表面活性的芳香族分子。(Spiecker等，2003)。图2.3为一种胶质分子的模型。

这种模型的另一个假设是胶质分子之间的短程分子间的排斥力阻止沥青质絮凝(Leontaritis和Mansoori，1987)。用低排斥力分子（如正构链烷）取代胶质分子可以克服这些分子间的排斥力。然而，由最新观察表明，沥青质固体可以重新溶解在含气原油中。可以看出，在接近泡点压力时沥青质聚集体长大，会变得不稳定。压力低于泡点压力之下时，观察到沥青质固体尺寸变小，数量变少，表明沥青质固体是可以再溶解的。这种现象的发生是由于气体组分的逸散提高了沥青质在油中的溶解性。如上所述，胶质使得胶体和聚积体稳定的理念已经被质疑。关于胶体模型，Wattana等（2002）阐明，胶质分子是围绕极性沥青质颗粒的，为了使沥青质变得稳定，胶质分子的极性头基朝向着沥青质颗粒的表面，围绕沥青质颗粒表面形成空间层，沥青质多环芳香烃的高极性核和胶质的略带极性壳使得沥青质颗粒分散在原油中。

然而，因为沥青质极易溶于甲苯（室内实验研究沥青质选择的溶剂），这意味着在原油中，其他芳香类物质能稳定沥青质。Mullins（2005）声称，吸引力是由芳香环中的 π 电子所产生的，排斥力与烷基链有关。在一个稳定的溶液体系中，吸引力和排斥力是相互平衡的。随着沥青质浓度的增加（或者当不稳定情况出现时），纳米颗粒的进一步聚集开始形成，杂原子也可能会引起排斥力或吸引力，这取决于沥青质的组分。当沥青质开始发生絮凝时，会产生沉淀。不考虑稳定机理，这些体系被认为是分散体系，并不是真正的溶液，但必须要考虑整个混合液的溶解特性。沥青质再溶解的实验观察，为溶解度模型提供了可靠依据。Porte等（2003）称这些溶解度模型为"亲液"模型。Hirschberg等（1984）介绍了运用Flory—Huggins理论（Huggins，1941；Flory，1942），对大的沥青质分子溶解于比其分子小得多的溶剂类中的热力学模型进行的扩展研究［式（4.4）］，运用这种适合于各种不同类型溶质和溶剂的常规溶解理论到沥青质溶液中，是对沥青质稳定性描述的重要改进(Buckley等，2006)。Flory—Huggins相互作用参数 χ 与混合焓成正比。

$$\chi = \frac{V_m}{RT}(\delta_a - \delta_m)^2 \tag{4.4}$$

式中，下标a和m分别代表了沥青质和混合液（包括所有其他原油组分）；δ_a 为油相的

Hildebrand 溶解度参数；V_m 是混合液的摩尔体积，m³/mol；T 是热力学温度；R 是气体常数。当 δ_a 和 δ_m（Hildebrand 溶解度参数，在下面介绍）的差异或 V_m 值达到最小时，有利于沥青质和混合液混合。

Kraiwattanawong 等（2007）也介绍了用热溶解模型预测油气藏条件下含气原油中沥青质的稳定性。该模型使用储罐油（STO）的 Hildebrand 溶解度参数（Hildebrand 和 Scott，1950，1964），通过调配溶解气组分与含气原油 PVT 特征预测在油藏条件下含气原油溶解度参数。

如式（4.6）所示，液体的 Hildebrand 溶解度参数可以从液体的汽化摩尔蒸发热中估算出来。Barton（1983）提出了一种通过常压下的摩尔体积和汽化焓（ΔU）来得到 Hildebrand 溶解度参数的计算法[式（4.5）]，这里 V_m 是摩尔体积：

$$\delta = \left(\frac{\Delta U}{V_m}\right)^{1/2} \tag{4.5}$$

要理解下文将要讨论的针对计算液体和混合物稳定性的模型及其他方法，溶解度参数概念非常关键。

Wattana 等（2002）研究了各种沥青质在混合溶剂中的溶解度。该研究内容的一部分是试图利用沥青质的溶解数据来估算沥青质的分子量。因为沥青质是一种溶解类物质而不是纯化合物，所以很难对沥青质的特性做出精细的描述（Mannistu 等，1997）。表征沥青质溶解性最普遍的热力学方法是利用溶解度参数和内聚力能量密度（Andersen 和 Speight，1999）。溶解度参数代表总的分子相互作用能，包括分散能、极性能和氢键相互作用能。当分散力起主导作用时，单一组分的溶解度参数能很好地发挥作用，但是在极性力和氢键作用明显时，单一组分的溶解度参数并不能准确地表征极性溶剂的溶解性。用来解释分散能和极性能的一种双组分溶解度参数早先就已经被用来评估沥青质了（Andersen 和 Speight，1999）。

已开发出来的三组分溶解度参数（Hansen，2000）可用于表征各种相互作用能的贡献比例（Mannistu 等，1997；Frost 等，2008）。

$$\delta^2 = \delta_D^2 + \delta_P^2 + \delta_H^2 \tag{4.6}$$

式（4.6）表示了分子间3个基本的相互作用：（1）导致内聚能分散的弥散相互作用（非极性间相互作用），δ_D；（2）提供极内聚能的永久偶极子间的相互作用（极性相互作用），δ_P；（3）导致氢键的内聚能的氢键间的相互作用，δ_H。

缺乏合适的特征参数是表征含沥青质体系相特性的困难之一。对于石油这样的多组分体系来说，为了简化计算，热力学建模的第一步就是要把很多相似组分看成一个假组分。体系越简单，模型越好用。沥青质组分的复杂性和非确定性导致在许多情况下，只能假定沥青质是一个纯假组分（Andersen 和 Speight，1999）。在很多模型中，都是假定溶液中可溶沥青质与不可溶沥青质相互平衡，因此，溶液体系被认为是饱和的。实验表明，对于任何给定的沥青质，溶剂混合物中甲苯、1-甲基萘和十氢化萘的体积分数都有临界值。

Andersen 和 Speight（1999）注意到，尽管之前，Hildebrand 溶解度参数概念已经能够被用来确定储罐油中沥青质产生沉淀的初始点，但它不能描述溶解气对初始溶解度参数的影响。初始溶解度参数与沉淀剂的摩尔体积之间的经验关系式已经被用来评价溶解气对含气原油初始溶解度参数的影响。但是，此关系式在高压和高温条件下，只在非常有限的范围内适用。因此，基于热力学吉布斯自由能，开发出了一种用来预测含气原油初始溶解度参数的模型。将确定的储罐油溶解度参数与基于含气原油 PVT 数据的状态方程（EOS）模型相结合，可用来预测含气原油体系中沥青质的不稳定性。为了验证该模型，用含气原油和易混相注入气体的混合物进行了高温、高压条件下实验，确定了沥青质发生沉淀的初始点。这种模型能在宽泛的温度、压力范围内预测含气原油中沥青质的不稳定性。

$$\Delta\mu_a = V_a \phi_m^2 (\delta_a - \delta_m)^2 + RT\left[\ln\phi_a + \phi_m\left(1 - \frac{V_a}{V_m}\right)\right] = 0 \quad (4.7)$$

式中，$\Delta\mu_a$ 为沥青质混合液的吉布斯（Gibbs）自由能，J/mol；V 为摩尔体积，mL/mol；ϕ 为体积分数；δ 为溶解度参数，$MPa^{1/2}$；R 为气体常数，8.314J/(K·mol)；T 为温度，K；下标 a 代表原油中的沥青质相；下标 m 代表混合液中除了沥青质以外的其他组分。

在沥青质产生沉淀的初始点上，混合液的吉布斯（Gibbs）自由能为零。对式（4.6）匹配环境条件下的实验数据，就可得到 V_a 和 δ_a。通过模型预测出的沥青质摩尔体积为 1800mL/mol，沥青质的溶解度参数为 20.5$MPa^{1/2}$。

Porte 等（2003）认为，只要溶剂的品质足够好，在平衡条件下，聚集体就会保持分散。添加一种轻的脂肪族化合物会降低介电常数，因此降低了溶剂的溶解度参数，聚集体相互吸引，产生沉淀。沉淀的产生不仅取决于聚集体之间的相互吸引力，还取决于沉淀物本身的结构。Porte 等人声称沥青质沉淀具有多层结构，这种结构中的层状分子或多或少会相互平行地层叠起来。他们通过定义层叠参数（K_o）来解释沥青质沉淀的内部结构。

Victorov 和 Firoozabadi（1996）以及 Pan 和 Firoozabadi（1996，1997）提出了胶束模型。这些模型假设沥青胶体粒子有一个核，该核由胶质分子包围着的聚集的沥青质分子组成。胶束化模型的所有具体特征参数可以通过胶束形成的最小化吉布斯自由能估算出来。状态方程被用于描述压力、温度和组分对沥青质的影响。

固相模型由 Nghiem 等（1993）提出，该模型中沉淀的沥青质是纯的稠密相。使用三次函数状态方程计算三相气、液、沥青质的闪点。通过沥青质在液相和固相中逸度相等获得沥青质产生沉淀的量。这种模型易于实施，通过匹配的实验数据可以得到合理的结果（Qin 等，2000）。至于其他模型，也必须需要实验数据。固体模型也将沉淀的沥青质处理成流体中的单一固相组分，用三次状态方程表示流体中不同的相。固体模型中，可能需要很多的经验参数和优化匹配实验数据。Hammami 和 Ratulowski（2007）介绍了其他模型的开发情况。

当前沥青质稳定性认识总结。目前，石油行业似乎是把胶体和溶解度模型混合在一起，认为所有组分的溶解性似乎都有助于保持沥青质溶于液相。胶质粒子堪称是存在于许多石油中的纳米颗粒聚集体，当平衡条件发生改变时，纳米颗粒聚集体会形成较大的集群。集群会引起沥青质沉淀。值得注意的是，这些平衡模型不涉及诱发或沉积的动力学因素。而在测试实验中必须考虑这些因素，以确保在进行测量之前平衡已建立。

Mullins (2005) 回顾了近几年的研究成果，声称对于沥青质界面活性特性方面的研究已经取得了很大的进步。沥青质聚集体是由小分子构建的。分层聚集是在 Yen (Yen 等, 1961; Dickie 和 Yen, 1967) 模型中提出的。纳米颗粒聚集体形成后，这些结构聚集体会在范德华力的作用下进一步聚集长大。他声称牛顿散射检查表明，最小结构体不受温度影响。不管怎样，纳米颗粒聚集体在低温条件下是"黏性的"，但是在较高温度下黏性很小。该模型已向预测开始沉淀和开始沉积的条件这个目标迈进了一步。

沉淀动力学。沥青质稳定或不稳定的热力学条件可以通过相图、状态方程（见第 2 章）或通过前面介绍的几种预测方法来描述（见 4.2.3 节）。然而，最近的文献中揭示了一个与沥青质沉淀相关的动力学现象（Angle 等, 2006）。Angle 等人的工作是将富含沥青质的稠油溶解在甲苯中，然后通过加入庚烷使混合液变得不稳定。他们指出，在沥青质发生沉淀前存在一个诱导期，这个时间取决于稠油的质量和油与庚烷的比例。在这项研究工作中，油越稀动力学效应越明显。

在其他研究中，Maqbool 和 Fogler (2007) 已经证明，沥青质沉淀需要的时间（如诱导期 t_i）取决于正构烷烃沉淀剂的加入量，沉淀需要的时间可以从几分钟到几天各不相同。他们还表明，沉淀剂浓度较低的测试样品根本就不能产生沉淀。因此，沉淀剂的浓度和时间是影响沥青质产生沉淀的主要因素。目前已经研发出了沥青质沉淀量与时间和沉淀剂浓度间的量化技术。通过光学显微镜已经观察到沥青质聚集体的生长过程。基于显微镜和分离技术，作者们提出沥青质沉淀过程中存在动力学效应。他们声称这种效应在使用折射率（RI）和自动滴定方法的实验中很大程度被忽略。因此，他们很想研究这种沥青质沉淀的动力学效应，并把他们融入现有的热力学模型中来确定沥青质的稳定性。Mullins (2005) 声称纳米颗粒聚集体聚集的动力学效应受扩散限制凝聚模型控制，絮凝取决于狭义的反应动力学。这个看法与 Yen (1961)、Dickie 和 Yen (1967) 的分层聚集理论相一致。

de Boer 等 (1995) 讨论了更深层次沥青质沉淀动力学方面的问题。他们指出沥青质可以在油相中充分地饱和而不发生沉淀。他们定义沥青的溶解度为 S，不同压力下的溶解度差为 ΔS。他们认为在产生沉淀前，过饱和的最大可能量（$\Delta S/S$）主要受时间、温度、湍流以及沉淀发生的表面性质控制。对于沥青质溶解度，模型预测为

$$S = \exp\left\{-1 + V_a\left[\frac{1}{V_o} - \frac{(\delta_a - \delta_o)^2}{RT}\right]\right\}C \tag{4.8}$$

式中，V_a 和 V_o 为沥青质与油的摩尔体积；δ_a 和 δ_o 为沥青质与油相的 Hildebrand 溶解度参数（Hildebrand 和 Scott, 1964）；C 为受沥青质聚合化和胶质相互作用影响的修正参数。

在大多数情况下，在油层压力和泡点压力之间，过饱和程度对沉淀产生的驱动力是不同的。过饱和比例类似于控制无机垢形成前的诱导期的饱和比 [更多详细内容见 Frenier 和 Ziauddin (2008)]，它也类似于表征天然气水合物形成的热力学值（见 4.3 节）。

4.2.3 预测沥青质不稳定性的方法和模型的应用

因为在流动边界，沥青质沉积过程受控于沥青质的沉淀，沥青质先要沉淀才可能沉积。有许多方法可以研究沥青质沉积。本小节中介绍的方法是上文中已经介绍的机理和模型的应用。

一些测试实验被设计用于做储罐油（脱气原油）测试，而有些测试实验要求用含气原油。Stankiewicz 等（2002）、de Boer 等（1995）和本书作者认为，各种不同的测试实验是互补的。因为这些测试实验可为含沥青质流体的稳定性提供不同的信息。前文介绍过的储罐油测试实验通常操作简单、花费少，是对含沥青质流体稳定性研究的基本方法。可以回顾一下第 3 章中关于含气原油和储罐油（脱气原油）的讨论。

储罐原油（脱气原油）进行测试通常采用的方法：

（1）斑点测试。Oliensis（1933）最简单的稳定性测试法是斑点测试法。测试中，将少量的原油放在滤纸上。图 4.16（a）中点均匀，代表油中沥青质是稳定的，而图 4.16（b）中有深色集中点，则表示沥青质是不稳定的。这个测试并不能预示有利于沥青质沉淀产生的压力条件，只能预示不稳定的沥青质可能要出现。

（2）饱和烃—芳香烃—胶质—沥青质（SARA）的数据筛选方法。在 3.2 节中论述过的饱和烃、芳香烃、胶质和沥青质数据可以被用来指示储罐油中沥青质的不稳定性。Hammami 和 Ratulowski（2007）已经介绍了几种不同的筛选方法。其中一种饱和烃、芳香烃、胶质和沥青质筛选过程是通过使用饱和烃 / 芳族化合物（S/A）与沥青质 / 胶质（A/R）的交会图来完成的。Stankiewicz 等（2002）在 S/A 与石油的溶解度有关，A/R 与沥青稳定性有关的理念基础上拓展了该筛选方法。

 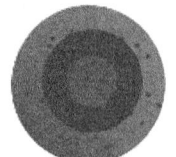

(a) 沥青质稳定　　　　(b) 沥青质不稳定

图 4.16　沥青质分子的斑点测试

Hammami 和 Ratulowski（2007）指出 S/A 可间接度量沥青质溶于流体中的能力，而 A/R 可度量沥青质的胶体稳定性。在交会图（图 4.17）中，原油稳定与不稳定的分界线是笔者通过选取各种油藏 200 多个油样确定的。很明显，这种方法并不是 100% 正确，但它能预测大多数原油的稳定性。Asomaning 和 Watkinson（1990，2000）声称，他们开发了一种被称为胶体不稳定指数（CII）测量的方法，CII= [（饱和烃）+（沥青质）] / [（芳香烃）+（胶质）]，CII 与溶解度相关，CII 值的大小用 3.2 节中讲过的饱和烃、芳香烃、胶质和沥青质（SARA）分析来确定。在研究报告中，基于热油混合液在管路流动的实验，当 CII 大于 1 时，在热交换器的表面会出现垢。必须指出，这样的筛选方法可以用作沥青质是否会从原油中沉淀出来的初步预测；但是，显然这些方法可能会给出假阳性或假阴性的误报。因此，更具体的分析方法，如沥青质溶解法（ASM）或沥青质不稳定趋势法（ASIST）将在下文中介绍，为了较好地预测沥青质相关问题，必须运用这些更具体的分析方法。

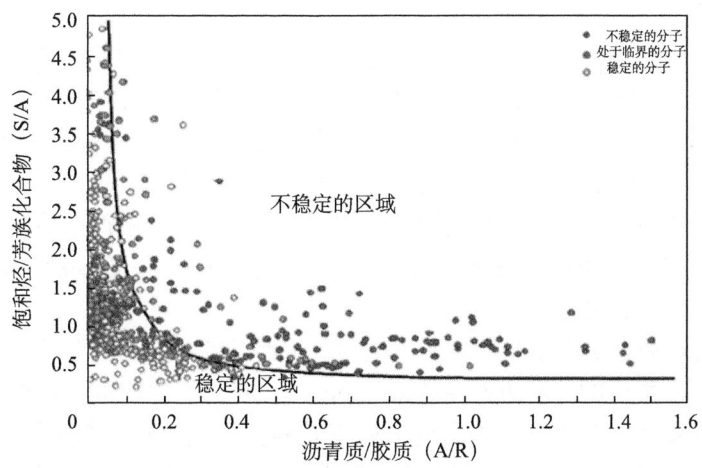

图 4.17　Shell SARA 溶解能力交会图（Stankiewicz 等，2002）

（3）过滤实验。ASTM D4055（2004）中介绍了一种将正戊烷与油按 30∶1 的比例混合，测定戊烷不溶物含量的过滤方法。实验中，用过滤器过滤出油中比滤孔（通常为 0.2μm）大的固体来量化固体沉淀的量。Pearson 等（1968）介绍的方法则是先使用正己烷将沥青质沉淀出来，之后用 NO.1 号华特曼纸过滤，再通过 0.2μm 的过滤器再次过滤液体，将沥青质沉淀分离出来，然后用己烷洗涤沉淀物样品后再干燥、称重。沉淀物的质量可用于一些计算中，但此沉淀物的质量通常与潜在伤害没有对应关系。

（4）滴定实验。Hammami 和 Ratulowski（2007）在实验报告中介绍了各种直接的确定储罐油中沥青质稳定性的烷烃滴定实验。他们还对连续和不连续滴定实验进行了讨论。在连续滴定实验中，用自动滴定器将烷烃添加到样品中，测定透光率，如果样品的透光率突然改变，表明絮凝物开始出现（沥青质开始沉淀条件）。因为絮体必须要达到临界体积才能使样品的透光率突然改变，所以他们认为这个实验过高地估计了使沥青质形成沉淀所需的烷烃量。

另外，这些实验没有考虑沥青质开始产生（诱导期）的动力学问题。报告的作者们也讨论了不连续测试，该实验将一组数量的滴定标准液量添加到油的混合液中（频繁地用甲苯稀释溶解任何沉淀物），保持样品稳定平衡 24h，然后通过显微镜或者折射仪检测，确定开始出现沥青质沉淀时滴定剂的体积量。实验过程中用不同量的沉淀剂重复该实验，直到沥青质开始产生沉淀为止。Buckley（2006）、Hammami 和 Ratulowski 等（2007）认为，与连续滴定法相比，这种不连续测试方法能提供更为准确的沥青质开始沉淀时沉淀剂体积量。因为不连续测试已考虑了动力学问题。不连续测试法获得的滴定剂体积量能够用在随后将要介绍的一些模型中。

毫无疑问，含有沥青质的溶液中加入烷烃会导致溶液不稳定。对于预测生产环境中沥青质不稳定性来说，这些信息的价值并不大。为了更好地预测生产环境中沥青质不稳定性问题，必须建立由于添加烷烃而导致的流体压力改变（很少情况下是温度）所引起流体溶解度变化的关系。通过添加烷烃使沥青质沉淀的过程模型适合于模拟由压降（也会由于不同原油的混合）所引起的沥青质沉淀过程。因为当压力降低时，轻烷烃组分的摩尔体积会增加（Hammami 和 Ratulowski，2007），如图 4.14 所示。轻烷烃的相对体积分数的增加可以归因于不饱和原油中轻组分和重组分（如胶质和沥青质）不同的压缩性。液相中轻组分的相对体积分数会随着不饱和油藏流体压力逐渐接近泡点而慢慢增加。这种效果类似于向原油中加入低分子量的烃类（沉淀剂）而引起沥青质沉淀。在这样的模型中，在等温条件下，当系统压力降低时，与戊烷相比，部分易压缩分子（如甲烷）的摩尔体积会显著地发生变化。对于 C_7—C_{12} 组分来说，这种变化就没有那么明显了。因此，在等温条件下，随着压力的降低，原油中大量的重质石油馏分（如胶质和沥青质）的摩尔体积改变相对最小。关键理念是向油中添加烷烃可以估测不同压力条件下油相的溶解度参数，而且使研究者能够估测沥青质溶解度的变化。

各种用添加烷烃的方法来预测沥青质发生初始沉淀条件的方法将在下面的段落中介绍。

烷烃添加法中最常用的一种方法是由 de Boer 等（1995）提出的。在这个筛选过程中，对比大量原油在油藏压力与饱和压力之间的密度差异，发现了密度差异与沥青质稳定性的关系（图4.18）。在试验中，使用 IP-143/90 仪器（1993）确定沥青质含量，用正庚烷滴定法来测定原油开始不稳定时的滴定液用量。更多详细的介绍可见 de Boer 等人实验报告的附录。

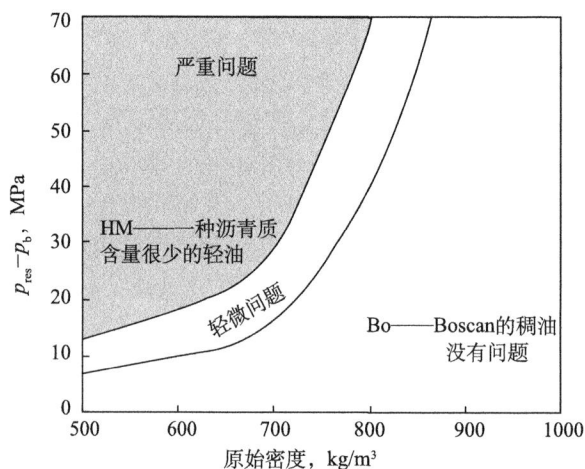

图 4.18 沥青质稳定性的关系图（de Boer 等，1995）

这些研究人员发现，在压力低于 1500psi 的情况下，不饱和流体不会产生沉淀。此外，当流体 API 度 ≤ 20°API 时，由于这些油藏流体密度大于 0.85g/mL，石油流体中不易于产生问题。Mansoori（2001）的网站（http：//tigger.uic.edu/~mansoori/TRL_html）上宣称，沥青质问题与样品中沥青质含量无关。

de Boer 等（1995）注意到，当降低轻质原油（即使含有少量的沥青质）的压力时，过饱和因数（$\Delta S/S$）是最高的，所以会导致沥青质快速沉淀，很可能造成危害。研究者对动力学因素（如诱导期）没有做定量描述。他们得出计算饱和度比公式为：

$$\Delta S / S = \left(\frac{\partial S}{S \partial p}\right)_T (p_r - P_{ob}) \tag{4.9}$$

de Boer 等（1995）在庚烷添加法以及估计摩尔体积和溶解度参数的饱和度计算方法的基础上，得出了一种计算方法，该方法和计算细节见论文附录 B。论文作者们也注意到，完全确定油是否是被沥青质过饱和，必须用下面介绍的减压力法（用含气原油）和显微镜观察技术，这些技术在后面章节中介绍。Hammami 和 Ratulowski（2007）称 de Boer 提出的方法保守，但此方法对于研究非问题原油来说非常有用。

（5）折射率（RI）法和预测模型。Wang 和 Buckley（2001b）介绍了直接用石油混合物的 RI-n 估量溶解度参数。他们声称，储罐油样品测试表明，沥青质开始不稳定时样品的折射率与沉淀剂分子大小正相关。该观察现象可帮助人们在较为宽泛的条件下预测沥青质不稳定性。该方法用已知分子大小的沉淀剂（正构烷烃）确定沥青质开始沉淀的条件。折射率函数（F_{RT}）通过使用一系列烷烃和芳香族化学品（图 4.19）测量获得，式（4.10）和式（4.11）给出了折射率函数与不同化学物溶解度参数的关系。

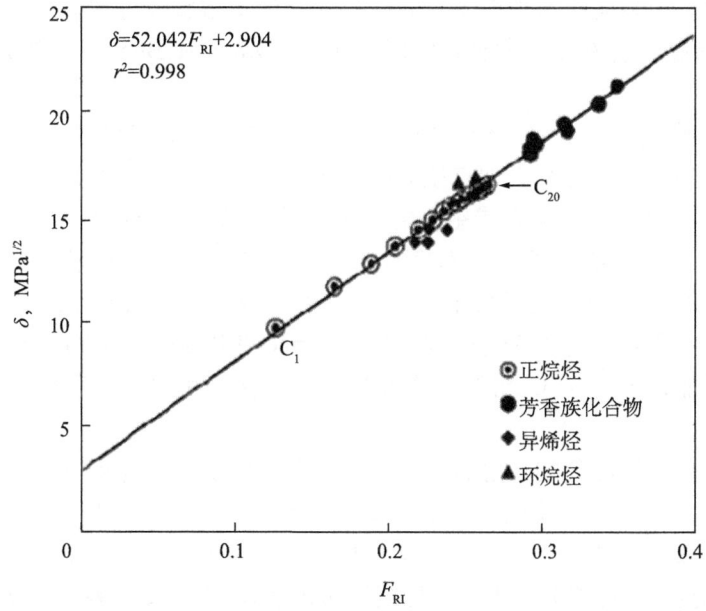

图 4.19　溶解度参数图（Buckley 和 Wang，2002）

$$\delta = 52.042 F_{RI} + 2.904 \tag{4.10}$$

和

$$F_{RI} = (n^2 - 1)/(n^2 + 2) \tag{4.11}$$

Buckley 等（2006）介绍了折射率关系式的物理意义。他们注意到，在可见频率的范围内，n^2 近似相等于介电常数 ε。α_0 表示电子极化率，它是分子的固有特性，代表了外电子场取代分子的电子云所产生偶极矩的大小程度。在式（4.12）中，N_0 是阿伏伽德罗常数，ρ 是密度，M 是平均分子量。

$$\frac{n^2 - 1}{n^2 + 2} = \frac{\alpha_0 \rho N_0}{3 M \varepsilon_0} \tag{4.12}$$

使用这些方法，Wang 和 Buckley（2001a，2001b）研究了压力变化对沥青质开始发生絮凝时的物理性质（折射率和密度）的影响。该研究非常重要，它本质上是用间接测量方法来评估沥青质不稳定性对储层的影响。通过测量环境条件下沥青质凝絮初始点来预测储层条件下的沥青质稳定性需要以下 3 个步骤：

①评价不同温度和压力条件下原油的性能；

②在获取沥青质开始絮凝时折射率函数（F_{RI}）时，对油、溶剂和沉淀剂等的混合物的折射率要进行温度修正计算；

③计算沉淀剂的摩尔体积（V_p）。

原油特性可以直接从 PVT 数据的计算结果上得出，如 Wang 和 Buckley（2001）报告的附录所示。他们认为对不同温度下 F_{RI} 的修正，就必须假定整个 F_{RI} 与 $V_p^{1/2}$ 关系曲线要进行 −0.0008RI/℃ 移动，最终的 V_p 值才是我们需要的。Wang 和 Buckley（2001a）假设在压力高于泡点，并且可以忽略其他液状石蜡组分的条件下溶解气种类对沉淀起主要作用；V_p 可以通过 PVT 数据计算获得，如报告的附录所示（Wang 和 Buckley，2001a；Buckley 等，2006）。

通过使用这些数据，研究者们发现实验的结果取决于系统的压力是否高于或低于流体的泡点压力。当系统压力高于泡点压力时，当压力降低后，流体密度和折射率（RI）减小，而沥青质中不稳定的最轻石蜡组分的体积分数会增加。当系统压力低于泡点压力时，原油组分的改变也会影响沥青质的不稳定性。由于轻质馏分会分离出来进入气相，含有沥青质的重质相会提高流体的折射率（RI）。温度的改变不仅会改变溶液性质（如 RI、V_p 和 f_p），而且也会影响沥青质分子的聚集（Espinat 和 Ravey，1993）。在 30 ~ 60℃ 的范围，在原油中添加 n-C_5—n-C_7 沉淀剂的条件下，已经估测出的温度变化对 F_{RI} 的影响大约是 −0.0008RI/℃。

（6）用烷烃作为沉淀剂的其他测试方法，其中包括沥青质溶解法（ASM）和沥青质不稳定趋势法（ASIST）。近年来的许多技术着重于预测石油生产过程中什么时间、什么地方会发生沥青质絮凝。在油田，这些技术成为能否成功预防和减缓现场发生的沥青质问题的关键。这些预测技术已经充分运用了早先模型的各个方面。Creek 等（2008）认为，没有沉淀就不会发生沉积。因此，有必要绘制温度、压力和组分条件变化范围较大的沥青质稳定性图版。图版中有当温度或压力发生改变以及油气相的组分发生变化时，沥青质发生沉淀的主要区域。

不相容烃类流体的混合、CO_2 驱油或酸化压裂等都会引起原油组分改变。Hammami 和 Ratulowski（2007）声称，添加与沥青质和胶质在大小和溶解度参数上有很大差异的分子，会改变原油中非极性组分的平衡。如果添加了足够量的不相容烃类，就会引起沥青质分子聚集和沉淀。

Wang 和 Buckley（2001）介绍了一种预测原油中沥青质相特征的双组分沥青质溶解法。他们声称，先前的沥青质溶解法都依赖于简化假设（例如，纯沥青质或纯溶剂相成核）和用近似方法确定原油溶解度参数。他们认为，如果可以获得简单的相关性，那么这些简化假设和近似方法是不需要的。该方法要求混合液的性能随添加沉淀剂的加入而变化，所以原油和沉淀剂的特征必须已知。标准混合规则可用来计算混合液特征［式（4.13）至式（4.15）］：

$$\frac{1}{V} = \sum_i \frac{\phi_i}{V_i} \tag{4.13}$$

$$\delta = \sum_i \phi_i \delta_i \tag{4.14}$$

$$F_{RI} = \sum_i \phi_i F_{RI,i} \tag{4.15}$$

沥青质溶解法（ASM）的数值解法可以获得沥青质稳定性的3个关键点：(1) 亚稳定边界，在该边界位置上可能存在潜在的沥青质絮凝；(2) 显微镜刚能观察可见沥青质的起始点；(3) 絮凝肯定会发生的绝对不稳定点起始点。如果溶液条件超出了亚稳定边界，沥青质不会发生絮凝。这些值的计算程序如图4.20所示。

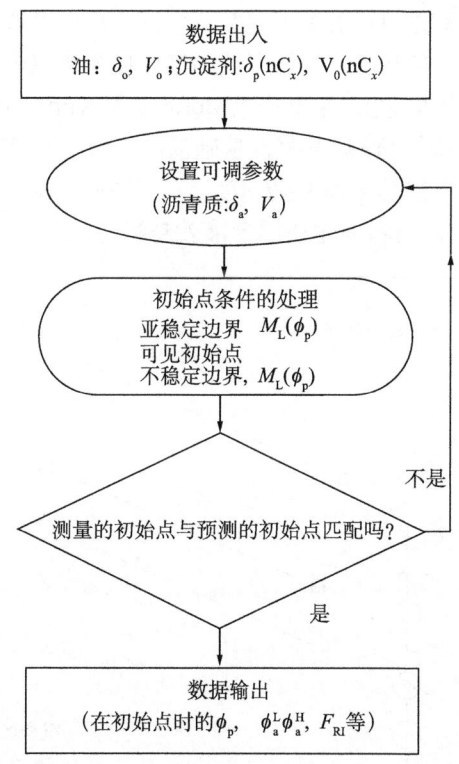

图4.20 沥青质溶解法（ASM）算法流程图（Wang 和 Buckley，2001）
版权归美国化学学会所有

在该方法中（Wang 和 Buckley，2001），实验数据包括用显微镜观察到沥青质分子首次出现聚集时添加的烃类沉淀剂（碳链长度变化范围在正戊烷和正十五烷之间）的最小用量，观察到沥青质分子首次出现聚集时的条件既不符合预测的油—沉淀剂混合液开始出现亚稳定的条件，也不符合混合液中沥青质完全不稳定的初始条件。在这两个极端条件之间的沥青质分子聚集条件推荐使用"肉眼观察"法。根据作者们的研究，提议的"肉眼观察"已经成功地用于各种类型的原油、沉淀剂和溶剂的检测。

Buckley 等（2006）和 Wang 等（2006）介绍了一种沥青质不稳定趋势法（ASIST），它是基于沥青质组分的化学特性来确定含沥青质原油的稳定性。作者指出，油的稳定性与油的溶解特性有关。

该方法要求在不同的温度和压力条件下，用几种烷烃来滴定油样。图 4.21 是沥青质不稳定趋势法操作原理示意图（Buckley 等，2006）。在温度 T_1 下使用 $n-C_7$、$n-C_{11}$ 和 $n-C_{15}$ 做储罐油滴定测试，建立初始溶解参数（δ_{onset}）与沉淀剂摩尔体积平方根（$V_p^{1/2}$）的关系曲线（沥青质不稳定趋势线 l_1）。第二条沥青质不稳定趋势线（l_2）是在另一个温度（T_2）下，通过滴定测试得到的。沥青质不稳定趋势法倾向于在油藏温度（T_{res}）下测试。根据实验测试观察，初始溶解参数（δ_{onset}）与温度呈线性关系。如果油藏温度不同于 T_1、T_2，T_{res} 下的沥青质不稳定趋势线（l_3）可以通过 l_1 和 l_2 估测出来。轻馏分（或轻馏分和注入气或气举气）的偏摩尔体积 V_{light} 可以通过气油比和地层油体积系数（FVF）估测出来（Wang 等，2004）。因此，含气原油潜在的初始溶解度参数（$\delta_{instability}$）可以通过外推 ASIST 趋势线 l_3 到 $V_{light}^{1/2}$ 交于点 a（图 4.21）估测出来。含气原油的溶解度参数（$\delta_{live-oil}$）可通过储罐油溶解度参数、FVF、GOR 和气组分可以估算出来（McLean 和 Kilpatrick，1997），如图 4.21 中 b 点和 c 点所示。通过对大量原油研究表明，基础油的组分情况控制着混合液中沥青质的稳定性。Buckley 等（2006）将初始溶解参数（δ_{onset}）与油的 Hildebrand 溶解度参数（δ_{oil}）做了比较，断定两者差值越大，油和沥青质混合液就越稳定。

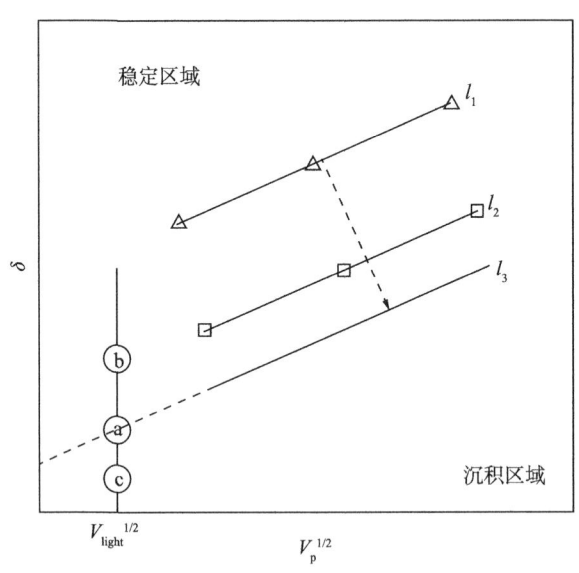

图 4.21 ASIST 预测储层压力条件下原油不稳定初始点图（Buckley 等，2006）
Springer Science 和 Business Media 允许转载

一种简化的筛选系统（Wang 等，2006）已被推荐使用，该筛选法包括常规 PVT 数据分析、组分分析以及用一种轻质烷烃沉淀剂（如正庚烷）对储罐油的单一滴定分析。该方法将预估的泡点压力下初始溶解度参数与计算的原油溶解度参数做比较,从而确定沥青质是否会变得不稳定而产生沉淀。他们将这种筛选法与 de Boer 的方法做过比较(de Boer 等,1995)。de Boer 的图(图 4.18)是原始原油密度和储层压力(p_{res})与泡点压力(p_{ob})差与沥青质沉淀的关系图。一些稠油(如 Boscan 的)具有较高的沥青质含量,但在压降过程中不会产生沥青质沉淀,而 Hassi Massoud(HM)是一种沥青质含量很少的轻油,却产生了严重的沥青质沉淀问题。标注的"轻微问题"区可通过计算的最大过饱和值来界定。作者们声称,即使 de Boer 图能清楚地将非常稳定原油(如 Boscan 的)和非常不稳定原油(如 HM 的)区分出来,但过去十年的实验研究表明,他的预测有点保守,预测显示有沥青质沉淀发生,但在油田现场却没有发现问题。预测的"假阳性"可能是由以下原因造成的:(1)垢出现,但没有导致任何生产区域出现问题;(2)建立 de Boer 图时存在某些不准确性和对某因素的影响表征过度。第一种状况可能在现场的分离器中存在,可以观察到分离器中沥青质絮凝,但在生产管线中却没有发生此现象。这里介绍的沥青质不稳定趋势法可能有利于减少这些差异。

Wang 等(2006)认为,大多数情况下,在泡点压力下使用一种烷烃($n-C_7$)进行单一滴定可以提供稳定的预测。该预测比 de Boer 法(图 4.18)更为准确,这种滴定法和完整的三烷烃滴定一样精确。因为处于泡点压力下的原油体系与处于其他压力下相比通常更不稳定。因此,针对快速筛选在降压过程有潜在沥青质沉淀隐患原油的来说,这种筛选方法的准确度可和 de Boer 图筛选法相媲美。通过只关注泡点压力下原油的稳定性来简化沥青质不稳定趋势预测方法是可行的。

在探讨此观点前,模型和理论的研究都集中到预测沥青质产生沉淀的初始点上了,而不是真实的沉积。Wang 等(2004)研究了储罐油用正烷烃稀释分离出的沥青质量的情况。研究的目的是通过测定一系列分离条件下沥青质的量,为沉积预测模型提供所必需的基础数据。通过对 3 种不同的原油混合不同量的正烷烃(包括正戊烷、正己烷和正庚烷)来提取沥青质。正烷烃与原油的比例范围为(1 ~ 1000):1。

应用沥青质溶解法(ASM),Wang 和 Buckley(2001)用模型预测沉淀出的沥青质量;模型要求沥青质分子量分布可用下式描述:

$$w_i = a + \exp\left(-b\frac{M_i - M_L}{M_H - M_L}\right) \tag{4.16}$$

假设沥青质是多分散的,分子量按指数分布,这里 w_i 是分子量为 M_i 的沥青质占总沥青的质量分数;M_L 和 M_H 分别是沥青质分子量的上、下界;a 和 b 是参数。假定溶解度参数与分子量呈线性关系,即沥青质的溶解度参数 δ_i 与分子量 M_i 呈线性关系,δ_o 是分子质量下界(M_L)的溶解度参数,c 是斜率:

$$\delta_i = \delta_o + c\frac{M_i - M_L}{M_H - M_L} \tag{4.17}$$

Wang 等(2004)进一步假设整个分布范围内的沥青密度为常数,其值为 1.15g/mL,对沥青质溶解模型进行修正,计算析出的沥青质量。随着正烷烃/原油比例的增高,沥青质的析出量会开始增加，直至达到一个最大值，随着进一步稀释，沥青质析出量又会逐渐减少。当析出量出现最大值时，正烷烃/原油的比例对于正己烷和正庚烷来说接近（30～40）∶1；对于正戊烷来说接近80∶1。

Creek 等（2009）已经直接证实了在原油减压过程中沥青质析出和沥青质不稳定性与添加常规烷烃之间的关系。这些实验中使用的油样是储罐油以及在储罐油中添加轻质组分的再造油。实验的目的是测量添加从甲烷到十五烷等一系列常规烷烃开始产生沥青质沉淀的初始条件，并且与沥青质不稳定趋势法（ASIST）预测结果进行对比。将正烷烃液体和储罐油混合，在60℃下放置，分别在5min、5h和24h后通过显微镜观察检测。注意：在室温下混合液中的烷烃通常是气体，所以要在高压、60℃下进行实验。通过近红外线透射来确定沥青质沉淀初始压力，用耐高压显微镜观察样品中相的组成成分。当使用 Hammami 和 Raines（1999）推荐的固体探测系统（SDS）测定的每个实验的沥青质絮凝时间具有可比性时，对比基于沥青质不稳定趋势法预测的沥青质沉淀初始条件与添加气态沉淀剂——正构烷烃稀释确定的初始条件有很好的一致性。作者的结论是：就气体沉淀剂（仿真压降）来说，沥青质不稳定趋势法预测沥青质沉淀的初始条件已经通过实验验证。

Wang 等（2004）报道，最初开发用来观察蜡晶体形成过程（Hammami 和 Raines，1999）的固体探测系统（SDS）现在被用来研究在降压条件下沥青质的不稳定性问题（Hammami 和 Raines，1999）。与其他几种方法相比，这种方法效果比较好。根据作者的介绍，固体探测系统可测的压力、温度和组分数量情况是有限的；预测模型需要像利用滴定实验的数据一样，充分利用这些数据。在操作上固体探测系统和滴定测试有一些区别。例如，固体探测系统完成测试的速度可以差别很大，但由于沥青质沉淀的形成往往非常缓慢，这可能会成为一个问题。为此，Wang 等（2004）主张对滴定实验预测结果和SDS观察结果进行比较。在滴定实验中，沥青质絮凝发生的初始点是通过使用 $n-C_7$、$n-C_{11}$ 和 $n-C_{15}$ 进行批处理滴定来确定。对于每一对油与烷烃组合来说，在玻璃小瓶中按体积分数1%增量准备好系列油和絮凝剂的混合液，并用带有聚四氟乙烯密封圈的铝盖密封玻璃瓶。在现场可能引起沥青质沉淀的工程案例包括注气保持地层压力和气举。这两种情况都足以改变原油组分，导致沥青质沉淀产生。

（7）用计算机模型估测沥青质沉淀产生的初始条件。SAFT状态方程已经被用来建立沥青质相特征模型。这种模型方法的相关内容参见2.3节。输入数据包括PVT测量数据（见3.3节）和原油组分数据（见3.2节）。

Ting 等（2007）介绍了PC-SAFT状态方程在解释实验室和现场观察到的沥青质相特征上的应用。例如，他们发现在接近泡点压力处沥青质产生沉淀时，模型预测在高压和远低于泡点压力时沥青质是稳定的。在用不同的正烷烃做滴定油实验时，他们发现沥青质沉淀时，沉淀剂的体积分数是烷烃沉淀剂（最大约为壬烷）碳数的函数。这个模型还可以估测温度降低或升高时沥青质的稳定性，这取决于原油组分和温度。他们声称已经证实了这种模型可以测定出注入气（氮气和甲烷）和 α-甲基萘对沥青质稳定性的影响。针对该模型，他们还研究了多分散性和胶质对沥青质相特征的影响。

Ting 等（2007）发现，胶质可以延缓沥青质沉淀的产生，但不能影响沉淀的总量。统计缔合流体理论计算公式表明，低分子量的沥青质和胶质对原油中高分子量沥青质的稳定起很大作用。在沥青质不稳定的初期区域里，胶质对多分散性沥青质稳定作用是最大的；在添加足够多量的烷烃沉淀剂时，无论原油中有没有胶质，都会生成相应量的沥青质沉淀。分析细分的沉淀相中沥青质馏分质量分布表明，开始沉淀的是最大分子量的沥青质，随后，随着原油不断稀释，分子量较小的沥青质沉淀。在此研究中，细分的最重沥青质馏分首先沉淀。在不考虑极性基团或缔合作用影响的条件下，目前，沥青质初始沉淀数据及类型可以运用适当模型进行模拟。对于这些影响因素，作者的结论是，尽管扩展的 PC-SAFT 状态方程能够解释分析这些因素的影响，但目前现有数据还不足以证明需要附加参数表征这些影响因素。

预测沥青质不稳定性的一些测试方法也可以应用于含气原油，只是要求在单相条件下收集的样品或要将样品重建成单相（见 3.1 节）。

（8）APE。APE 被定义为沥青质发生沉淀的 P&T 区域。该区域的包络线可以帮助预测沥青质沉淀的 P&T。图 4.22 为一种典型的 APE 图（Jamaluddin 等，2001）。高于泡点压力的 P&T 区域被定义为沥青沉淀的上边界，而低于泡点压力时被定义为下边界。APE 提供了一种简便的描述沥青质相行为的方法。但是，它并不能描述沉淀动力学或描述沉淀到沉积的趋势。

沥青发生沉淀的 P&T 区域是通过连续测量含气原油等温压降过程沥青质初始沉淀压力获得的。该研究的测量温度或许以油层温度为起点，随后连续测量的温度是井筒和生产系统中可能遇到的各种不同温度。作者指出，通常沥青质发生沉淀的 P&T 区域不可能由几个点就可以确定，因此，测试的沥青质发生沉淀的 P&T 区域并不完整。

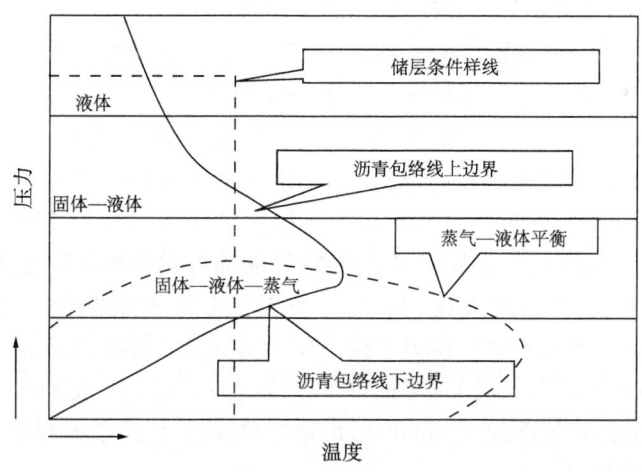

图 4.22 沥青质发生沉淀的 P&T 区域（APE）图（Jamaluddin 等，2001）

（9）质量分析法。质量分析法是一种测定沥青质初始沉淀压力上、下边界的方法。Kabir 和 Jamaluddin（2002）以及 Jamaluddin 等（2001）介绍了使用这种方法确定沥青质沉淀初始点压力上、下边界的具体过程。该技术基于沥青质颗粒从流体中分离出来并形成沉淀的数据绘制沥青质沉淀包络线，因此，通过对流体的仔细测量能够获得沥青质产生沉淀的初始点压力。在典型的质量测量中，将 100～150mL 的样品液装入 PVT 仪器中，在压力接近或高于油层压力条件下恒压，在实验室温度下，要求样品液要稳定 24h，之后要对样品液（含气原油）进行分阶段降压，每次降压之后，都要保持24h稳定。在每个降压阶段中，在恒压下条件下有少量体积流体从PVT仪中排出，通过适当的技术，可以测该流体中沥青质含量，例如，用正庚烷或正戊烷对样品进行滴定。流体中沥青质含量与压力的函数曲线图可以用来确定沥青质初始沉淀的上、下边界压力，如图4.23所示（Jamaluddin等，2001）。

质量分析法的准确性受限于沥青质沉淀含量测定和压降步长。如果沥青质沉淀含量曲线斜率明显改变可能没有被观察到，那么会导致沉淀初始压力确定出现误差。与其他方法相比，这种方法也非常费时，同时也需要使用大量的流体。

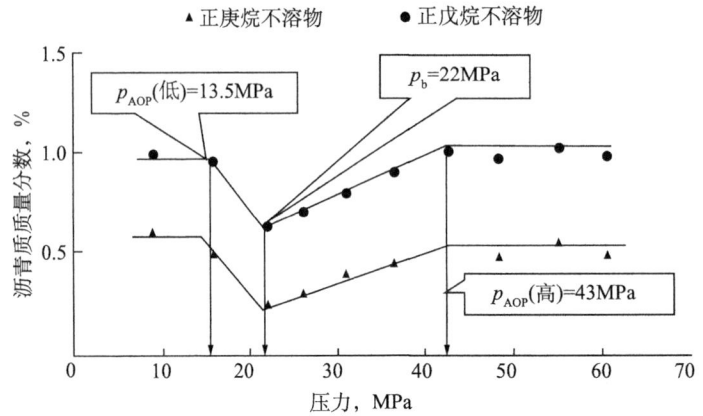

图4.23　质量测量法测定的沥青质沉淀初始点压力（Jamaluddin等，2001）

（10）声共振技术。声共振技术（ART）是测量圆柱形谐振腔内的一种或多种流体对声波刺激的响应。声波刺激是由圆柱形谐振腔一端的电压发射器产生的，在外加电压作用下，该发射器产生振动，从而引起流体的振动。在圆柱形谐振腔的另一端安装一个接收器，可以将受刺激流体的振动转化为可测电压。在某些特定的刺激频率中，驻波（共振态）会在圆柱形谐振腔内形成。驻波的形态取决于谐振腔的几何形状和流体的状态。因此，流体中沥青质沉淀的产生或流体中任何其他相的改变都可敏感地反映在流体的声波响应上（Jamaluddin等，1998）。典型的ART操作中，首先要将流体加热到要求的温度，然后将大约10mL的流体样品（含气原油）在等于或高于油藏压力下恒压装入谐振腔，然后，以小步长一步一步地降低样品压力，同时测量每个压降阶段流体的声波响应。图4.24显示了在压降过程中典型的流体声波响应（Jamaluddin等，2001）。在某些重要的石油测量实验室中可用到这种特殊的技术。

（11）近红外光谱散射技术（Hammami和Raines，1999）。800~2200nm波长的近红外光系统可用于检测深色原油沥青质沉淀的生成条件。配备有光纤维透射率探头的PVT测试室可测量沥青质产生沉淀的初始条件。这些探头穿过容器观察窗口安装在容器内。测量原理基于近红外光谱波长（接近1600nm）透过不同温度、压力或不同组分的测试流体样品，测量最佳的激光透射强度。使用该系统进行沥青质沉淀研究时，由计算机控制恒温降压或恒压注入沉淀剂，过程变量（温度、压力、时间和光的透射强度）由探测器显示和记录。这种光纤透射法可以测定沥青质沉淀初始点的条件。

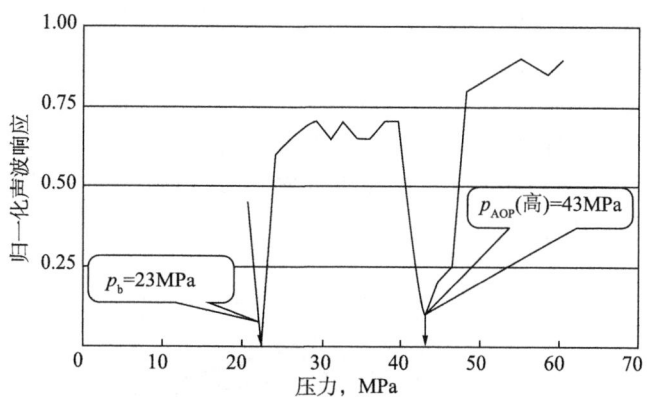

图 4.24　压降过程中典型流体的声波响应（Jamaluddin 等，2001）

　　Jamaluddin 等（2001）对几种方法进行了比较，结论是用近红外光谱（NIR）的质量分析光散射技术（LST）和过滤法对于确定沥青质沉淀相的上、下边界来说非常有用。换句话来说，当前声共振技术（ART）只能确定上边界。他们还注意到声共振技术和光散射技术法与质量分析法和过滤法相比测试时间短，而过滤法又比质量分析法测试时间短。

　　（12）固体探测系统（SDS）。固体探测系统测量沥青质初始沉淀点的方法是基于流体透射光强度改变的原理（图 4.25）。关于设备更详细的介绍见图 3.6。该设备也应用于蜡的研究。在没有悬浮沥青质的均质流体中，即流体压力高于沥青质初始沉淀压力（AOP）时，光以最小散射透过测试流体，而透射光强度的变化应该遵循比尔定律。当压力低于 AOP 时，透射光强度会降低，因为部分光被散射不能直接穿过流体。该方法获得的初始沥青质沉淀条件与 Pan 和 Firoozabadi（1997）所给的模型预测结果相似。沥青质快速沉淀会导致透射光强度大幅度下降。典型的例子如图 4.26 所示，随着压力降低，流体密度会降低，所以光透射强度开始逐渐增高。透射光强度的斜率发生改变表明开始形成沥青质沉淀（Muhammad 等，2003）。

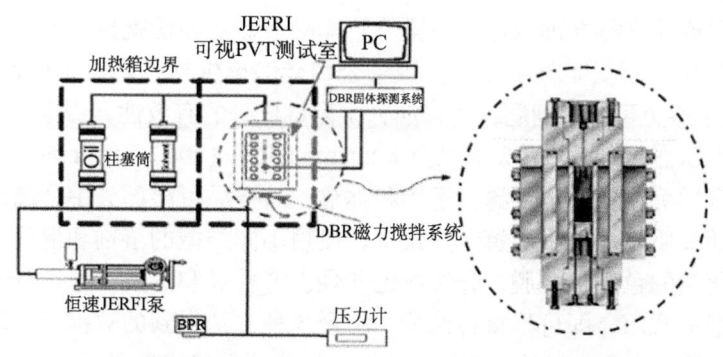

图 4.25　带固体探测系统（SDS）的 PVT 装置示意图

　　除了沥青质沉淀外，其他原因也会导致光的散射。当压力低于泡点压力时，光的散射也会由蜡或气泡所引起。

　　（13）高压显微镜。高压显微镜（HPM）（Karan 等，2002）能够直接在高温、高压条件下观察多相流体。该技术实现了微观可视化,能观察到压力降低沥青质颗粒聚集的过程。HPM 图像也用来验证光散射技术得到的结果。透射光强度曲线的改变意味着流体发生了变化。在选择的压力下拍摄的高压显微镜(HPM)显微照片能够帮助我们证实由光散射技术(LST)所测定的沥青质沉淀初始条件的正确性。尽管高压显微镜是一种直接的有效的技术,但是它只能提供沥青质颗粒大小和数量上的定性指标,要量化这些参数,必须用颗粒尺寸分析(PSA)图像软件来分析 HPM 照片。

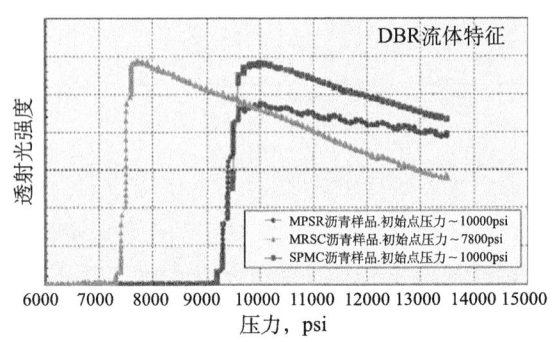

图 4.26 沥青质沉淀初始点典型的透射光强度响应(Muhammad 等,2003)

用于研究沥青质的 Visual PSA 是一种成像软件,该软件可和高压显微镜(HPM)系统同步运行。该系统已用微尺度的各种浓度和尺寸(1~50μm)的聚物微粒标样进行校准。PSA 软件以高采样率实时扫描 HPM,数字化显微镜照片,并逐像素地在锁定的视野范围内显示照片。根据这些资料,可以连续获得样品在 HPM 载物台期间的颗粒尺寸分布直方图。因此,能够提供相对丰富的形态学变化和沥青质沉淀初始点条件信息。图 4.16 显示了储层温度下,不稳定含气原油在非连续降压下形成的试样 PSA 报告图。报告图中的颗粒直径用等效于照片上沥青质颗粒面积的圆环的直径来表示,是通过分析给定压力下 20 张图片获得的。

这种技术也可用来估测沥青质颗粒的大小(Jamaluddin 等,2002)。对于沥青质分析来说,必须对储层流体进行合理取样。获得原始样品最好的办法就是使用压力补偿,确保在取样过程中样品压力不低于储层压力。服务公司能够提供这种高压采样设备(Jamaluddin 等,2001),为了避免可逆性问题,确保沥青质测试样品的有效性,最令人满意的样品是单相储层样品;相关的讨论见 3.1.2 节以及 Muhammad 等(2003)和 Irani(2007)的参考文献。获得的沥青质沉淀要经过过滤、干燥和称重。从样品可溶部分中分离出的溶剂被称为软沥青质。软沥青质然后再次溶解于戊烷中,使用不同类型的溶剂和混合溶剂,用一系列填充了活性氧化铝的色谱柱洗脱,分离成饱和烃、芳香烃和胶质(极性分子)馏分,将各馏分溶液中的溶剂脱除,即可称重各馏分。结合 3 种方法得到的数据,可以确定原始样品中每类组分的数量。为了确保数据准确,该过程始终要保持质量守恒。

储层流体样品的宏观性质可能是相似的,但沥青质的沉淀和絮凝特征会有明显的不同。除了通过单波长近红外光谱(NIR)扫描确定沥青质开始沉淀的条件以外,多波长扫描技术能更进一步洞察微观上原油样品中沥青质的絮凝特性。

(14)高温高压过滤法。Negahban 等(2005)介绍了量化沥青质体积的高温高压过滤法。该过滤系统和 PVT 仪相连接。泡点压力下过滤时，要维持配有 0.22μm 滤纸的高压过滤器的背压平衡。背压可以由氦气提供。对于特定的原油样品来说，研究人员可以确定样品中 77% 的沥青质量（在泡点压力下），这些沥青质保持溶解在原油样品中，直到向原油样品中添加庚烷使沥青质不稳定为止。通过这种方法也可测量含有不同量溶解气体的各种各样其他流体。

（15）石英晶体微量天平法。Rudrake（2008）解释说这种石英晶体微量天平（QCM）是一个可以测量质量微小变化（以微克为量级）的仪器（Czandema 和 Lu, 1984）。该仪器的工作原理是利用了逆压电效应。逆压电效应是指一些材料（尤其是晶体和某些陶瓷）加上电场使晶体极化，可产生机械应力。在石英晶体微量天平（QCM）中，当给晶体两端施加电压时，就会引起相应的机械应变。作者将 QCM（由 Maxtek 提供）连接到岩心夹仪器上来研究沥青质沉淀。这种实验系统被用来研究微量沥青质沉淀的吸附作用，从而测定不同表面上的吸附力。在实验中结合使用 X 射线光电子谱来测定吸附沥青质的化学成分。通过这些实验作者发现，沥青质初期吸附非常迅速，随后经历一段长时间吸附才能达到平衡。

本书作者调研文献达成的共识：含气原油沥青质初始沉淀压力（AOP）测试最精确测量方法是通过压降（要有足够长的平衡时间，确保体系达到平衡），使用显微镜检测流体。如果要使用其他方法进行测试，作者建议最好使用一种以上的方法。另外，这些数据应该与统计缔合流体理论状态方程（SAFT 方程）或其他好的测试方法获得的数据相比较。

4.2.4 油管中的沥青质沉积：实验和模型

Akbarzadeh 等（2007）指出，沥青质的析出主要与温度、压力、流体组分和微粒浓度有关。但是沥青质沉积是一个极为复杂的过程，它还取决于流体剪切速率、管道表面类型和特征、微粒大小和微粒表面相互作用等。值得注意的是，尽管一些研究工作正在开展，但是沥青质的沉积不像蜡沉积，目前还没有建立起一个能预测沥青质沉积的模型。下文将介绍几种实验研究沥青质沉积的方法。另外，本书作者注意到这些方法充其量只能提供定性描述沥青质沉积。Zougari 等（2006）通过使用剪切沉淀装置研究沥青质的沉淀过程（其他各种沉积测试技术的详细说明见 4.7 节）。经油田和现场条件测试，他们发现：

（1）在 3 种不同的实验条件下可测量到沥青质沉淀形成。
（2）与预测的一样，较高的壁面剪切应力会形成较少的沥青质沉淀。
（3）沥青质的沉淀速率相当低。

他们声称，这些发现与现场观察和经验似乎一致（Stankiewicz 等，2002）。同时，他们还称这是首次在井筒压力、温度和控制流体组分及剪切条件下，在实验仓内产生沥青质沉淀。

de Boer 等（1995）介绍了测定毛细管中形成的沥青质沉淀（内径为 1mm、长度 1m 的管子）的毛细管实验。在实验中用高压液体色谱泵循环油和甲苯的混合液。在特定位置，将庚烷喷入混合液中。通过改变测试管段压降，控制沥青质沉积物的形成，从而测定沉积速率。

Broseta 等（2000）使用毛细管系统对沥青质沉积进行了研究。该测量是在特定的温度、压力和流体组分条件下，通过测量流体以恒定流速注入毛细管过程中的压降数据来推断沥青质沉积。当满足沉积条件时，流体通过毛细管时的压降不再是恒定的，随后，随着时间的增加，在管壁上就会形成一层沉积物。

在实验中，流体要流过一个长15m、内径0.25mm的316不锈钢管。通过利用不同的泵，向流体中注入不同的组分来控制流体的成分。这个装置已经被用来测定给定温度和压力下原油、溶剂（二甲苯）和沉淀剂所组成体系的沉积包络线。测量的沉积点与通过传统光透法测量的絮凝临界点是一致的。对于沥青质含量极低的流体，光透法就不适用了。而对于沥青质含量只有0.04%（质量分数）的流体来说，使用上述提出的毛细管实验方法是有效的。

Broseta等（2000）发现，从沉积初始条件开始，距沉积初始条件越远，垢的沉积速率就越大。只有当含沥青质流体恢复到远离沉积初始条件时，沉积的可逆性才较为明显。

对于测量如方解石和重晶石等无机垢的沉积速率来说，用毛细管或压降测量被认为是恰当的方法。Frenier和Ziauddin（2008）所介绍的实验装置在设计上和功能上与上面介绍的实验装置非常相似。

Rudrake（2008）做了一些研究沥青质与固体表面相互作用的实验。作者指出，这是一个未充分研究的领域，只有少量的文献。研究人员发现，对于吸附在黄金上的2种不同沥青质来说，X射线光电子谱学（XPS）分析获得的部分数据和石英晶体微量天平（QCM）法的试验结果都服从Langmuir（Ⅰ类型）等温线方程。但是，就这两种沥青质相比，其中一种沥青质吸附量较高。这种差异与沥青质较高的缔合状态有关，也就是说，可能与黄金表面沥青质松散的吸附有关，也有可能与黏弹性的损耗或与表面覆盖度或相互作用有关。2005年，Mullins提出了沥青质纳米粒子聚集模型，认为这种差异与沥青质在吸附时的垂直取向有关。可是研究人员在不锈钢上反复试验，发现这与溶液中沥青质无系统关联性。这项研究强调了开发沥青质沉积预测模型的困难性。

Ting等（2007）认为要成功预测沉积，除了平衡模型（包括PC-SAFT）外，还必须考虑3个特性：

（1）沥青质的黏性特征。

（2）析出沥青质的数量（Akbarzadeh等，2008）。

（3）生产系统（包括管路和上面的设备）的流态。

尽管上文介绍的这些信息非常有用，但本书作者还没有了解到任何能完全成功预测管线和管件中沉积的模型。

4.2.5 储层中的沥青质沉积

二次采油或提高采收率方法引起的储层流体组分变化能导致在储层基质或近井地带中沥青质沉淀和沉积。当化学物质或混相溶剂注入储层时，沥青质固体沉积会伤害或堵塞多孔介质。许多混相溶剂能引起沥青质絮凝。然而，实际上目前还没有令人信服的方法确定有多少絮凝物将就地沉积，也无法确定结垢所带来的后果。絮凝和就地沉积是两种不同的现象，如果絮凝颗粒能被流动流体带走，即使絮凝可能已经发生，但沉积却不发生。应该注意的是，絮凝物中含有大量被裹携的油，而这些油在赋予絮凝物流动性的同时还起到了抑制沉淀的作用。但是，如果这些油与沥青质沉积在孔隙中，它们就无法采出。作者发现，在低驱动力下，原油中形成的沥青质沉淀具有韧性，易于从孔隙中挤出。用于分析砂粒的七分之一法则也不适合于分析堵塞孔隙的微粒。还有，如果沉淀物沉积在孔隙中而不是孔喉中，有些人称为就地叠积。本节综述了一些关于储层中沥青质沉积的文章，这些都说明了该问题的复杂性。

Newberry 和 Barker（2000）介绍了生产井中的有机物造成的表皮伤害。该伤害是降低油井生产能力和收益的主要因素。有机物造成的伤害可以是自然发生的也可以是各种井下作业造成的。有机物造成的伤害的潜在来源、鉴定检测技术、化学药品的选择和应用方法都在之前讨论过。很多各种各样的问题案例也在前面介绍过。为了修复这种伤害，首先必须确定问题的来源。这个过程的第一步是要做全面的系统分析。分析的关键资料包括：油井的生产历史，当前油、气、水的产量，油藏驱动类型，井深、温度和压力分布，井结构，液位，提高采收率技术，油井增产和维护历史等。该过程的第二步是实验室测试原油、水、垢等样品。通过湿式化学法和仪器分析获得原油中石蜡、沥青质、沥青胶质、芳香烃和饱和烃的质量分数，同时确定原油的析蜡点、倾点、气相色谱和黏度。

Newberry 和 Barker（2000）详细介绍了特殊的垢系列以及不稳定测试方法。这些测试方法可用来研究流体的结垢潜能。对于石蜡基原油，结垢实验装置中还包括冷凝管或其他散热装置。对于沥青质垢沉积的潜在可能性预测是通过对含气原油进行降压，测定沥青絮凝临界点来实现的。针对脱气原油样本，进行不同条件下的沥青质不稳定性测试，包括用各种各样的沉淀剂测定和计量技术测定絮凝点；固体试样分析用相似的湿式法和测试技术。分析水样的元素成分，确定结垢趋势。研究人员研究用多方面的测试资料确定问题的来源和大小。这样，储层伤害的第一、第二，甚至第三因素的来源都能被确定。研究过程的第三步是对先前收集的油井生产历史进行分析。一般来说，如果怀疑一口井中存在结垢问题，那么该井的产能递减率要比油田平均水平高得多。对问题井进行压力恢复测试，可排除油藏能量消耗造成的产量递减，也为未来评估该井垢伤害建立了一条伤害基线。通常，对于边际井，压力恢复研究无法使用或太昂贵，因此，油井生产历史分析法可以作为主要方法。同时井结构的复杂性和地层改造情况也要考虑在内。

Leontaritis（1998）建立了由沥青质导致的地层伤害模型。在文献中讨论了沥青质引起地层伤害的 3 种可能机理，它通过以下 3 个方面减少原油的有效流动性：

（1）沥青质堵塞孔道，从而降低了岩石的渗透率。

（2）沥青质吸附到岩石表面并将润湿性从亲水性变为亲油性，从而减少了油的有效渗透率。

（3）油包水乳状液的成核过程，增大了储层流体的黏度和表面张力。在不产水的未饱和油藏中最容易产生沥青质诱发的地层伤害，最主要的伤害机理是沥青质颗粒堵塞孔喉，导致岩石渗透率降低。

Kariznovi 等（2008）声称，沥青质沉积问题是原油生产中要解决的最困难的问题之一。目前还不完全清楚沥青质沉淀和沉积的机理。油藏中的沥青质沉积是一个复杂的问题。这主要是由于油藏深处地下，不可能进行现场试验，而实验室测试既耗钱又耗时。为了研究沥青质沉积造成的影响，有必要依靠已经开发的各种沥青质吸附和沉积模型进行分析研究。这些模型由各自的匹配参数组成，使用迭代法可以得到与实验数据较为匹配的参数值。

沉积方程是高度协同的，因此，沉积参数不能被独立优化。由于参数的相关性，一般的优化方法不能用于研究沉积参数。

Boek 等（2008）研究了储层中胶质沥青质的聚集和沉积。为了获得对此现象的基本认识，他们用随机旋转动力学方法，通过实验和模拟，对胶质沥青质在毛细管中流动时的沉淀和沉积进行研究。研究中，溶剂颗粒的相互碰撞显示出溶剂水动力学，而布朗运动自然地出现在胶质沥青质颗粒和溶剂间的相互作用中，沥青质胶体通过库仑势相互作用。作者观察到当沥青质颗粒变得更"黏"时，溶剂流速会短暂降低。他们将模拟结果与毛细管实验得出的结果进行了比较，在实验中他们将沥青质萃取出来放到甲苯中，再用正庚烷将沥青质再次沉淀。在这些实验中，在流动条件下（与模拟流动条件相似），通过光学显微镜监测的毛细管中沥青质发生沉淀的动力学过程。保持 5μL/min 的稳定流速，他们发现，流过毛细管的压降开始会慢慢增加，接着当毛细管局部完全堵塞后就会形成一个突然的压降增大。流速加倍，调整为 10μL/min，他们观察到最初的沥青质垢产生更快，但紧接着沥青质垢被流体流动带走。

Yi 等（2009）使用一种沥青质模拟设备进行组分模拟，研究分析了沥青质对 Marrat 油田开发的影响。他们声称，这种方法可以模拟沥青质沉淀、絮凝和沉积过程，包括沥青质的吸附、堵塞和携带，以及由此导致的储层孔隙度、渗透率的降低和原油黏度、岩石润湿性的改变。

在这项研究中，用一系列溶解在原油中但能从原油中沉淀出来沉积在岩层表面的烃类组分来表征沥青质，通过这些烃类组的变换改变流体和地层的属性（图 4.21）。沥青质在原油中的溶解度被认为是压力或温度（Hirschberg 等，1984）、给定组分的摩尔分数（Z）（Novosad 和 Costain，1990）或上述两者变量结合的函数。通过改变压力、温度、组分或三者中的多个因素就会触发沥青质沉淀。如果触发沥青质沉淀的变量改变是可逆的，那么这个过程也是可逆的。该过程可用类似溶解过程建模，在给定变量值的条件下，原油中沉淀出来的沥青质量表征了原油溶解沥青质组分的能力。沉淀出的沥青质量对应于超出模型确定的油相中确定组分溶解极限量（基于实验室数据），而该溶解极限量是 p、T、Z（或是 p、T、Z 两者结合的变量）函数。Yi 等（2009）声称，该方法提供了一个简单而灵活的方式，可直接在模拟器上使用实验室数据。在图 4.27 中，润湿性的变化见插入的曲线。

该模型被用来分析各种开发方式下沥青质垢对开发的影响，其中包括衰竭式开发方式和注水开发方式。对于每一种开发方式要计算和分析以下内容：油田生产动态，包括油、气和水的生产；沥青质特性，包括沉淀、絮凝、吸附、堵塞、流体携带、沉积和地层伤害。

Yi 等（2009）的研究结果表明，生产井的近井地带由于低压（低于沥青质初始沉淀压力）和长时间大量的原油开采，沥青质可能会沉淀造成严重的近井地带储层伤害。如果沥青质造成的堵塞不严重，通过提高流速冲走沥青质垢，能够减轻储层伤害。在注水开发过程中，注水量较高，油井产量较高（井底压力超过 6000psi）的情况下，沥青质吸附量可能会较少，流体携带沥青质较多，因此会出现较少的垢沉积。这样引起的渗透率损害可能较低，原油产量可能较高。

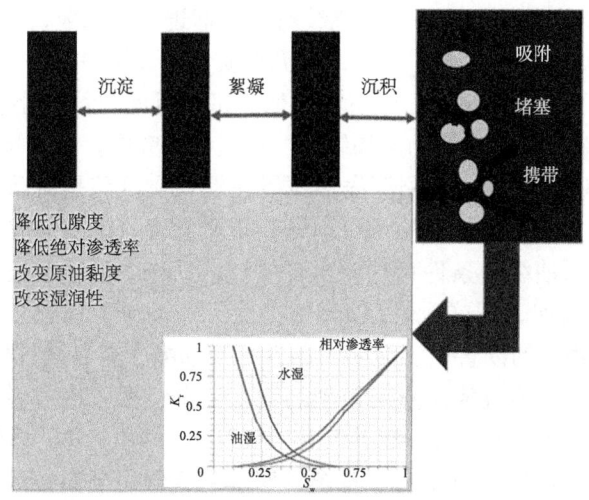

图 4.27 沥青质垢形成过程模型（Yi 等，2009）

这篇文章在 7.4 节中已经作为一个案例被部分转载。在这个案例中能够找到文章（Yi 等，2009）中用来计算的方程和结果图表。

本书作者了解一些未公开发表的、有意义的近井地带伤害实验研究工作。但实验装置的规模以及在几英寸的管长建立数千磅的压降是一项很艰巨的工作，尤其是当考虑到泵、岩心夹持器和需要的流体体积时更是如此。

4.2.6　CO_2 引起的沥青质沉淀和酸处理引起的地层伤害

这种类型的伤害主要发生在地层中，但由于在高压下 CO_2 的作用很像溶解的碳氢化合物，因此当压力降低时，管线中可能产生沥青质沉淀。Monger 和 Fu（1987）介绍了一种标准的高温高压仪器装置，这种仪器能确定重烃开始絮凝的时间和持续时间、有机物沉淀的程度和多孔介质润湿性的改变情况。CO_2 的作用可与作为沉淀剂的戊烷形成对比。不锈钢过滤器被用来探查混相的作用和检验油的组分效应。用原生和处理过的 Berea 岩心研究岩石湿润性、盐水和黏土对 CO_2 引起的沥青质沉积的影响。结果表明，CO_2 诱发的有机垢与正构烷烃引起的沥青质沉淀物类似。它们显著的区别包括：由 CO_2 导致的有机垢更普遍，具有机垢与液—液相平衡有关，而不是与泡点压力有关。富气（C_2—C_4）在一定程度上充当了 CO_2 引起的有机垢的抑制剂。CO_2 导致有机物沉积程度与温度和压力有关，而温度和压力又与相进程有关。富气会对 CO_2 诱发的沉积稍微有一点抑制作用。不管原始岩心的润湿性如何，足够量的 CO_2 诱发的有机垢沉积通常会使 Berea 岩心的水湿性减弱而油湿性增强，人造中性岩心变成强油湿。在强水湿性岩心中，盐水会减少 CO_2 所引起的有机垢沉积，但不会彻底消除。黏土是垢沉积的重要场所。CO_2 在 Berea 砂岩中所引起的有机垢沉积对孔隙的形态或岩石表面有效性限定不敏感。

Monger 和 Trujillo（1991）提供了 17－储罐油（17－STO）的实验数据，该实验的目的是研究油组分对 CO_2 引起的有机垢的影响。文中还将 CO_2 与石蜡沉淀剂做了对比实验，并呈现了有机垢的形态。研究结果对评估 CO_2 和富气驱过程中有机垢沉积提供了依据。这篇论文详细地描述了由 CO_2 引起的有机垢如何受油组分影响。文中也提供了更多黏土表面

(作为沉淀区)的重要信息。此外，文中继续对沉淀剂进行了比较，提供了对CO_2、富气和低分子量的戊烷和丙烷的研究结果。沉积量与沥青质含量和垢中包含的其他重质有机物质有关。有机物沉淀类似于低分子量的石蜡沉淀，但有机物沉淀的粒度分布和范围可能会更大。低分子量的石蜡会影响有机物沉淀的量和组分。在这些研究中，黏土是主要的沉淀场所。

Gonzalez等（2005）声明，预测深海油藏潜在沥青质沉淀是流动保障的难题。原因有两个方面：一方面，如果发生沥青质沉积问题，干预沥青质沉积的成本高；另一方面，深海油藏压力、温度和原油组分条件苛刻。当轻质油、气作为混相驱注剂注入地层时，沥青质沉淀产生的概率会增加。在这项研究工作中，用PC-SAFT状态方程建立的简单模型和重组的含气原油模型预测的沥青质沉淀初始条件已被油藏压力衰减过程和注气(二氧化碳、氮气、甲烷和乙烷)过程所证实。重组模型的输入数据包括：饱和烃、芳香烃、胶质和沥青质（SARA）特征参数、油的组分和油气比（GOR）。纯组分PC-SAFT模型参数拟合饱和液体密度和蒸汽压力数据；基于分子量统计对油或气假组分参数进行估算。状态方程中沥青质参数与环境条件下用烷烃类进行油样滴定的数据相拟合。当沥青质实验数据无法使用时，必须把沥青质的状态参数转换成油藏条件下的数据，然后进行模型预测。在此研究中，就沉淀剂或原油来说，PC-SAFT模型预测结果与实验数据在定性上是一致的。使用含气原油模型进行沥青质沉淀初始条件预测，结果表明，在相同压力下，要产生沥青质沉淀，要求乙烷和CO_2质量分数要高于甲烷。使用重组模型的模拟结果表明，即使在低浓度条件下，添加氮气也能对沥青质沉淀效果产生很大的影响。液—液沥青质相分离的模拟相包络线表明，沥青质的稳定性受上限临界溶解温度和下限临界溶解温度线约束。这些研究说明，只有分子大小和范德华作用可以解释实验室和现场观察到的沥青质相态特征。

Gonzalez等（2008）也引用了前面所述的将CO_2注入原油中诱发或阻止沥青质沉淀的案例；换句话来说，CO_2既可以作为沥青质沉淀的抑制剂，也可以作为诱导剂，这取决于定压和定组分含气原油的温度。研究者已经观察到，当温度低于转换点温度时，CO_2起抑制剂的作用，而当温度超过这个点时，CO_2会是一种很强的沥青质沉淀剂。CO_2的这种双重作用在其他气体（如氮气或甲烷中）没有发现。

研究表明，原油生产操作过程中沥青质垢的形成与轻质石蜡（烷烃）流体或其他不相溶流体（如CO_2）的不溶性有关。沥青质垢能够引起储层伤害和井筒堵塞，处理和清理工作非常昂贵。在轻质气体（如甲烷、乙烷、丙烷和氮气等）存在的情况下，当温度和压力上升时，沥青质通常会变得更稳定；然而，实验测量表明，注入CO_2时，随着温度的降低，沥青质会变得更稳定。该项研究中，用的是美国南部的饱和油藏和非饱和油藏中的流体，使用PC-SAFT状态方程研究存在CO_2的情况下，不同压力和温度下沥青质相特征。热力学模型已经被应用于不同原油体系下的沥青质沉淀研究中，体系中涉及甲烷、乙烷或氮气。从PC-SAFT状态方程得到的模拟结果与实验测量的结果比较相符。通过模型对含气原油热力学分析，可证实和解释注入CO_2时，CO_2既是沥青质沉淀剂，又是抑制剂的转换现象（模拟预测沥青质沉淀初始条件时观察到的）。模拟结果表明，CO_2对沥青质沉淀起抑制剂作用还是起促进作用取决于温度、压力和流体的组分范围。在一定的压力和含气原油组分条件下，当低于转换点温度时注入CO_2，能提高沥青质的稳定性，而温度高于这个点时，随着CO_2浓度的增加，沥青质会变得较不稳定。

Jacobs 和 Thorne（1986）研究了酸处理过程中沥青质沉淀的问题。Miller（2002）对此问题进行了回顾总结。他们发现，对某些含油区酸化时，铁杂质会促进沥青质沉淀，而这种沉淀物能引起严重的储层伤害。然而，常用的预防此类储层伤害的标准阻垢剂，在铁存在的情况下没有效果（见 5.3.5 节中的讨论）。常用的铁螯合剂不能预防沥青质沉淀的产生。研究者提出了相应的机理来解释这些观察到的现象，并提出在使用传统阻垢剂的同时，要添加一种新的铁抑制剂可以有效预防沉淀产生。多年来，人们已经认识到，对含沥青质原油的储层进行酸化可能会造成储层伤害，而在全世界范围内，含沥青质原油的油田的数量又占主导地位，而且在井眼或井眼附近区域这种伤害清理困难，甚至会使油井完全停产。在酸化作业时，向沥青质原油中加 HCl 会形成泥状沉淀物和刚性膜乳液已被充分验证。试验结果表明，不仅这种"油析"现象会造成垢沉积的形成，而且被铁污染的酸也可导致沉淀物形成，即使当预处理测试酸中无溶解铁存在，也不能代表沉淀不发生。换句话来说，正常的阻垢剂在没有二价和三价铁离子的情况下才会有效。

4.2.7 控制沥青质沉淀和沉积的总结

应该牢记以下要点：

（1）没有沉淀，就没有沉积。

（2）直接用显微镜确定的沥青质沉淀初始条件是最可靠的（de Boer 等，1995）。

（3）溶解度参数可直接通过折射率（RI）测量结果或间接通过配位滴定法获得（de Boer 等，1995；Buckley 等，2006）。

（4）要注意实际情况和实验室实验条件的匹配（注意动能学因素）。

（5）沥青质属于分散的胶状物，因此，沥青质垢的微粒介于纳米聚合物和微米级微粒间。

（6）凝聚有利于沉降和沉淀。

前面章节已经总结了当前的一些做法。一旦确定了沥青质的沉淀条件，就可以很好地控制生产，避免沥青质沉淀条件的发生。回顾 4.2 节中介绍的如何确定沥青质初始沉淀压力（AOP）和避免进入沥青沉淀区域的方法。Leontaritis 等（1994）建议，避免沉淀发生的最好方法如下：

（1）控制。

① 保持油层压力高于临界压力。早期注水已经被 Wang 和 Civan（2005）推荐作为一种保持地层压力高于沥青质初始沉淀压力（AOP）的方法。泵的使用也有助于预防垢在油管和管线中产生。

② 4.2.2 节中介绍的几种方法可用于确定含沥青质原油沥青质沉淀的初始点条件。如果条件允许，应尽量避免沥青质不稳定条件出现。

③ 避免不相容的不匹配流体混合。

a. 不混合不相容的流体，例如不添加正己烷或庚烷。

b. 控制流体中携带的杂质。

c. 调整举升或注入气体的组分。

d. 避免酸化。

④使用化学药品［如抑制剂或分散剂（见6.6节）］来控制沉淀形成。

（2）修井作业。

①使用化学溶剂、分散剂、渗透剂（见5.3节）。

②使用机械方法如切削、清管器、喷射（见5.1节）清除垢。

Mansoori（2001，2008）推荐的几种针对含重质有机物原油的特殊生产技术，包括：

（1）减少剪切。

（2）消除沥青质原油中不相容物质。

（3）最小化生产设备中的压降。

（4）最小化混入沥青质原油中的轻质油量。

在7.5节中Yi等（2009）给出了特定油田使用油藏模型预测和预防沥青质垢形成问题的案例。

4.3 笼形天然气水合物

笼形水合物（包括天然气水合物）是水和碳氢化合物分子形成的结晶状水合物。水分子借氢键结合形成笼形结晶，在水合物晶格的水分子节点之间的孔穴中，水分子依靠范德华力维持着平衡。有关天然气水合物（Jagera等，2002）的问题经常在天然气管道中出现，这会引起严重的堵塞。水合物的形成直接取决于压力、温度和气流的组分。各种图版（Carroll，2003）或者说方法（在以后的章节会介绍）可以预测水合物形成的条件。作者认为，目前生产环境下很多深水管道流动保障问题主要是天然气水合物的形成问题。

水合物的形成不一定需要液态水，只要有水蒸气就足够了。因此，在高于露点的干气井生产中不存在水合物的问题。然而，在大多数含气油藏中几乎都含有水蒸气，并且在油藏条件下通常都处于饱和状态。由于气井井筒从地下到地表的温度和压力变化可能会引起天然气中部分水蒸气冷凝，另外，地面装置中，管线节流或膨胀也会导致温度下降，同样也会导致天然气中部分水蒸气冷凝。

形成水合物最常见的区域通常是节流器、控制阀、节流孔板和作为取样点的针形阀的下游。在这些位置上突然的压降或温降，会引起平衡水的冷凝。温度和压力不同，天然气中的水含量也会不同，天然气中含水量的大小可依据图版进行估算（Carroll，2003）。

水合物形成的次要原因是当地表温度相对低时，水进入管路系统。这种情况发生在最初清理操作中和用水对电缆防喷管测试过程中。气体自由膨胀压力降低到5000psi以下（在这压力点以上膨胀对温度的影响甚微）会导致气体温度下降。

虽然自由水和水蒸气是水合物形成的必要条件。但是，只有在给定温度下，压力足够高时水合物才会形成。深海天然气生产设施和海底的集输管线已经成为水合物堵塞的重灾区。在很多情况下，海底温度在4℃左右，但压力较高，如图2.9和图2.10所示，Koh（2002）展示了一幅海底完井的图，图中天然气的状态可能会进入水合物形成区域，除非用大量的甲醇进行处理。她解释说，图4.28中的黑线表示相边界线，随着甲醇浓度的增加相边界线向左移动，甲醇浓度为零的相边界线的右边区域表示没有水合物晶体形成的区域。预防水合物形成的甲醇等抑制剂的使用将会在第6章详细介绍。

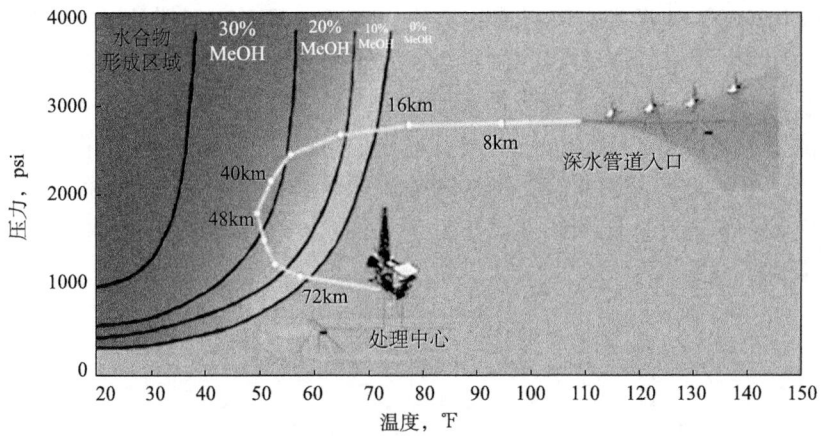

图 4.28　甲烷水合物的温度和压力相边界（Koh，2002）
英国皇家化学学会许可转载

本章节的其余部分将介绍研究水合物形成的方法、天然气水合物的化学组分、形成的机理以及预测油和气生产过程水合物沉积的初步模型。

4.3.1　研究水合物的方法和设备

实验室中用来研究水合物特性的主要设备包括高压观察装置和制冷壳，如图 4.29 所示（Ng 和 Robinson，1994）。在实验中当水合物晶体形成或消失时，采用精密铂电阻温度检测装置（RTD）测量水合物晶体开始出现和消失时的温度，作为水合物形成的温度。实验流程以逐渐冷却实验装置开始。许多研究机构已经开发了不同类型研究水合物的装置。赫瑞瓦特大学（Heriot-Watt University）（Hydrafact，2008）的网站上公布了很多搅拌式水合物装置和晃动式水合物装置的照片，人们可以通过这些装置观察到水合物结晶化过程。Levik（2007）的网页链接了很多高校主导研究的水合物研究课题，在这个网页上也介绍了其他的附加设备。

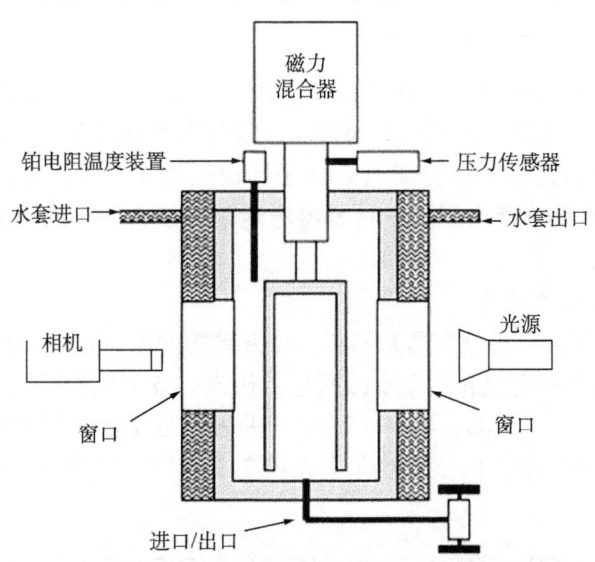

图 4.29　耐高压的研究水合物的装置（Ng 和 Robinson，1994）
John Wiley 和 Sons 许可转载

Tohidi 等（2000）使用带有可视窗的晃动式高压容器研究了搅拌以及温度变化对水合物形成温度的影响。他们研究发现，确定形成水合物温度最准确的方法是通过逐步降低温度形成水合物，然后以几个温度台阶重新加热水合物。在这个过程中，容器的压力随着天然气水合物的形成而降低。他们发现，测试过程的每一步，保持体系平衡非常重要，只有保持体系平衡，方可准确画出水合物形成和分解的曲线。他们声称曲线的交叉点是最准确的水合物形成和分解温度。图 4.30 是该方法获得的水合物形成和分解的曲线。图中压力单位是 MPa，温度单位是 K。

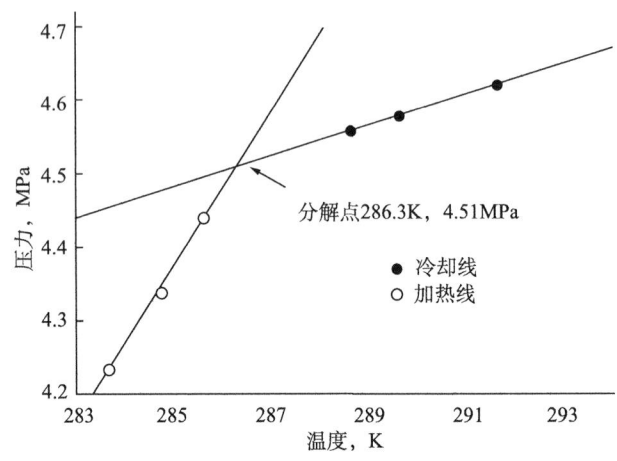

图 4.30　水合物分解温度测定曲线（Tohidi 等，2000）

由 John Wiley Sons 许可转载

在许多实验室中，使用流动环路实验装置模拟管道条件来研究水合物的沉积和堵塞。许多不同类型流动环路实验装置和其他大型测试设备在 4.7 节中进行介绍。

4.3.2　天然气水合物的结构和形成机理

Gbarukoa 等（2007）指出，水合物形成过程不同于冰的形成过程，因为水合物的结构以大的有规律的网状结构、开放孔穴为特点，因此本身就不稳定。他们注意到，随着温度降低，如果有尺寸合适的外来分子（客分子）进入结构并填充孔穴，则可形成水合物（Cox，1983），否则水最终都会形成正常紧凑稳定的冰结构。在烃类生产中，甲烷（CH_4）是最为丰富的客分子。

4.3.2.1　水合物形成的化学原理

甲烷水合物的结构是一种立方晶系形态（立方结构的晶体），称为 I 型（或 sI）。这种结构是由两个正十二面体空腔和六个十四面空腔构成。按 I 型的结构来说，甲烷水合物的一种理论组成是 $CH_4 \cdot 5.75H_2O$。数字 5.75 对应的是水分子数量与甲烷分子数量之比，被称为水化数。在这种结构中，1g 的水中包含大约 220mL 的甲烷气体。应用这个比例，可以得到 I 型的反应式：

$$8CH_4 + 46H_2O = 8[(CH_4) \cdot (H_2O)_{5.75}] \tag{4.18}$$

这是一个放热反应。Makogon（1997，第40页）列出水形成水合物的生成热为5.3kJ/mol。这个反应对于水合物的形成有很重要的意义，因为水合物形成会引起压降并释放热量，这两者都可以在水合物形成过程中被检测到，并可用于跟踪反应。由于水合物中水分子组成的孔穴尺寸的限制，只有小的气体分子（例如甲烷、氮气和氢气）可以被容纳在sI晶体中。注意，氮气水合物的形成条件相对于甲烷水合物来说更苛刻。例如，在50℉时氮气水合物的形成压力大约为6500psi，甲烷则是1050psi。不同类型水合物的结构可见图2.9、图2.10和图4.31。

第二类水合物的晶体结构称为Ⅱ型水合物（sⅡ），它的一个经验式 $136(H_2O)16(CH_4)8(C_2H_6)$ 表示的是菱形晶体结构（图2.9）。Mooijervan Heuvel 和 Peters（2008）认为，可以通过孔穴尺寸和不同孔穴尺寸比例来区分水合物晶体结构。sI 和 sⅡ 结构都包含着两种类型的孔穴，一种孔穴较大，另一种空穴较小。sⅡ型中的大孔穴会略大于sI型的大孔穴，水合物结构都可以通过小孔穴和大孔穴的比例来区分。sⅡ结构水合物晶体具有较大的孔穴，能容纳大量的气体和液体分子，包括乙烷、丙烷和四氢呋喃（THF）。Koh 等（2002）指出，当气体混合物进入天然气水合物的稳定区域时，许多天然气体（其包含的混合气组分见表4.2）中将优先形成 sⅡ 水合物。当大的烃类分子（如环己烷）和小分子（如甲烷）存在于相同流体中时，可形成 H 型（sH）水合物结构。H 型水合物对生产环境中流动保障的影响目前还不太清楚。

表4.2 天然气的组分（继 Ng 和 Robinson 之后，在1984年）①

气体	含量，%（摩尔分数）
N_2	5.3
CO_2	13.4
甲烷	73.9
乙烷	3.85
丙烷	2.02
正丁烷	0.80
正戊烷	0.80

①由天然气行业联合会许可转载。

Gbarukoa 等（2007）也注意到，这些水合物不像无机盐水合物，诸如石膏（$CaSO_4 \cdot 2H_2O$）或 $Al_2O_3 \cdot 3H_2O$ 能写出明确的分子式。所有的甲烷水合物都不能写出一个类似的分子式。甲烷水合物最恰当的表达式是 $XCH_4 \cdot 46H_2O$，X 最多可达8，但一般出现8的情况比较少。因为也许笼形水合物中存在其他气体"客分子"，所以上述表达式并不总是正确的。把天然气水合物归类在称为笼形包合物的非化学计量化合物中比较准确。这些作者还声称，这些化合物是由主分子固有的不稳定网构成，以开放孔穴为特征。"宿主"物质（比如水）有孔穴，"客体"物质在空间力作用下进入孔穴。空间力是原子和分子之间电子云的排斥力。恰当尺寸的客体分子无键合地充填在孔穴中依靠范德华力保持固定。当有足够数量的孔穴被占据时，一个稳定的固体结构就会形成，如图4.31所示。

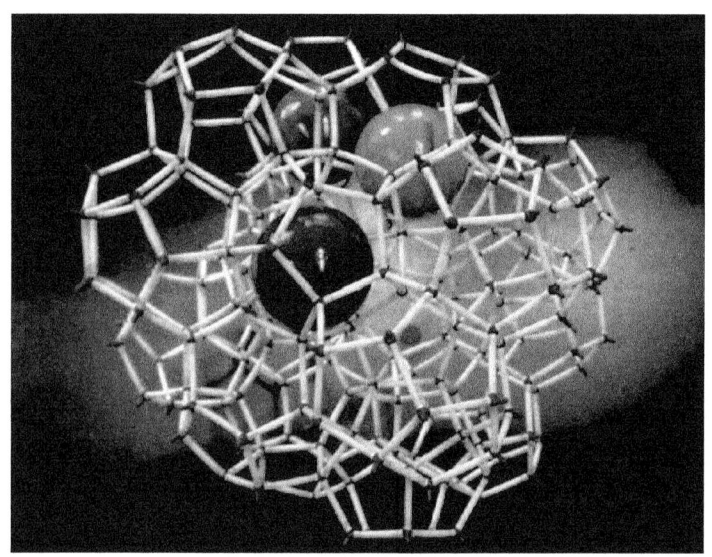

图 4.31 带有客分子的水合物模型（Mooijer-van den Heuvel 和 Peters，2009）

要更深入研究水冰和甲烷水合物的晶体结构，该图非常有用。水冰可以形成六方晶系的双六方双锥晶体，空间组合类型是 $P6_3/mmc$。这种类型晶体的晶包参数：$a=4.51Å$❶，$c=7.35$，$Z=4$；$V=129.47$，Den（Calc）=0.92。这里 V 是晶包体积，单位为 $Å^3$。然而，Ⅱ型甲烷水合物形态是等距构架八面体（等距离多面体），空间群类型为 Fd3m 晶体，晶包参数为 $a=17.3$，$Z=1$；$V=5177.72$；Den（Calc）=0.92（Barthelmy，2009），因此，Ⅱ型甲烷水合物的晶胞要比水冰或方解石等矿石的晶胞大，方解石是三方晶系，空间群类型为 R3c，晶包参数为 $a=4.989$，$b=17.062$，$c=6Å$。读者应该注意到一些参考文献列表的晶包参数单位用纳米（nm），而不是 Å。

Dutch（2007）对水合物晶体做了更详细的介绍："有 3 种类型的甲烷水合物结构，它们都含有水分子包裹甲烷气的五边十二面体结构。这种几何形状的形成是因为水分子间键角非常接近五角形的 108°。一般来说，十二面体会稍微扭曲，以使 3 个十二面体共享一个边。这就需要一个 120°的二面角（内部面），而真实的十二面体的二面角为 116.5°。在十二面体之间是其他形态的水分子笼。实际上，并非所有的孔穴都会被碳氢化合物占据，但是占据率可超过 90%。"图 2.10 来自 Dutch（2007）的网页。这些结构因素、晶体和"客分子"的化学过程将会影响水合物抑制剂的选择和效率。如果用如四氢呋喃（THF）这样的模型化合物代替甲烷来研究水合物，那么抑制剂的化学抑制过程可能也会受到影响（见 6.4 节）。

Koh（2002）指出 sⅠ型和 sⅡ型水合物结构的研究对于天然气工业来说特别重要。因为这些结构可以捕获天然气中小的气体分子。一种 sⅠ型水合物包含着两种不同类型的孔穴：一种是五边十二面孔穴（12 多面体），记为 5^{12}（12 个五角形组成），另一种是较大的六个十四面体孔穴，记为 $6^{12}6^2$（包括 12 个五边形和两个六边形）。sⅠ型水合物的空穴可以被描

---

❶ $1Å=0.1nm=10^{-10}m$。

述成为具有共享顶点的 5^{12} 型孔穴（这些十二面体之间不存在直接共享面）。十四面体的顶（角）点是纵向排列的，其中十二面体占据了每两对十四面体之间的空间。sⅡ型水合物的晶胞包含着两种不同类型的孔穴：一种是小的 5^{12} 孔穴和一种大的孔穴（16 个面体），记为 $5^{12}6^4$（包括 12 个五边形和 4 个六边形），它比在 sⅠ型水合物中的 $5^{12}6^2$ 孔穴要略大。随着空隙的空间被 16 面体占据，sⅡ型水合物 5^{12} 孔穴在三维空间共享表面。

Creek（2009）注意到水合物可能呈现不同的晶体形态，但它们都是由 sⅠ 型、sⅡ 型和 sH 型构成的。虽然大多数体系是 sⅡ 型水合物，但是水合物的平衡形态结构可能与最初形成的结构不同。通常情况下，最初会形成 sⅠ 和 sⅡ 型的混合物，随着时间的推移，体系逐渐达到稳定状态。

Paez 等（2001）总结了一些天然气水合物的重要性质，见表 4.3。

表 4.3 水合物特征

结构和形态	晶胞占位空间数	水分子数量	理想晶包分子式（所有多面体空间充填时的化学式）
结构Ⅰ型：小分子如甲烷、乙烷、二氧化碳和硫化氢占位晶胞大孔穴	孔穴数 8：2 大，6 小	46	$8X.46H_2O$ 或 $X.5\ 3/4 H_2O$，这里 X 为客分子
结构Ⅱ型：大分子如丙烷和异丁烷占位大晶胞	孔穴数 24：8 大，16 小	136	$24X.136H_2O$ 或 $X.5\ 2/3\ H_2O$ 和 $8X.136H_2O$ 或 $X.17H_2O$
结构 H 型：有小分子（如甲烷等）参与，大分子占位晶胞孔穴	孔穴数 6：1 大，3 中等，21 小	34	$X.5\ Y.34H_2O$，这里 X 是大分子，Y 是小分子

Sloan 等（1998）使用激光拉曼光谱技术研究了甲烷水合物的形成过程。该实验属于传统设计实验。高压可视容器能在 40MPa 下使用，它是由 3 个带有 0.66cm 厚的蓝宝石视窗的黄铜盘组成。2 个蓝宝石视窗之间的样品体积约为 $1.25cm^3$。容器黄铜盘底部和顶部的槽能使 20X 显微镜光纤探针物镜固定在蓝宝石视窗封闭样品室上。冷却液在容器内循环流动，随着容器温度冷却到低于水合物形成温度时，拉曼光谱与时间的关系图会发生变化，这可以帮助研究 sⅠ 型水合物结构的形成过程。这是通过测量 $2905cm^{-1}$ 大孔穴顶点和 $2915cm^{-1}$ 小孔穴顶点（Sum 等，1997）的强度获得。使用搅拌容器进行实验，他们还测量了水合物形成和分解时表观黏度的变化，为残留水合物结构提供证据。作者建议管线中水合物分解所形成的水应该快速清除，以防重新形成水合物堵塞。

4.3.2.2 水合物形成预测

由于只有当溶液过饱和达到一定程度时，水合物才会形成。因此，必须确定晶体形成的热力学条件。只有在特定的压力、温度和气体浓度以及水存在的条件下才会形成水合物。2.2 节中的热力学相图是在 Parrish 和 Prausnitz（1972）、Ng 和 Robinson（1976）及 Hammerschmidt（1939）等研究成果基础上获得的。它是预测水合物稳定性的最基础的相图。Harun 等（2008）使用了真实复合气体（甲烷 85%、乙烷 6%、丙烷 4%）以及含盐水，运用热力学模型预测了水合物的分解曲线。图 4.32 以及图 2.17 就是墨西哥湾（GOM）的一口气井的水合物分解图。水合物形成预测也可参见 2.3 节中对几种常见状态方程的讨论。

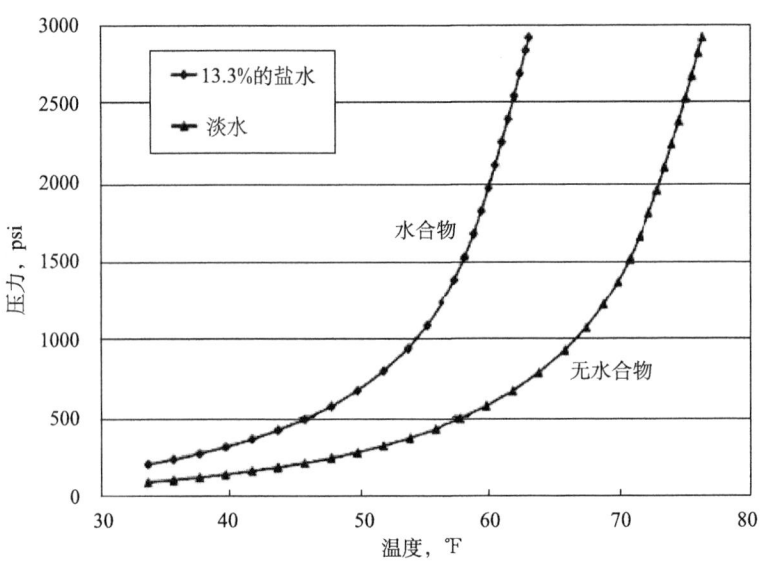

图 4.32 深层气藏气井的水合物形成曲线 (Harun 等，2008)

这组曲线非常重要，因为它能显示水质对水合物的影响。压力和温度条件处在曲线右侧不会有水合物形成，而左侧则会形成水合物。由于该井产出水含盐度为 13.3%，因此含盐度为 13.3% 的曲线相对于淡水曲线水平移位大约 15℉，这对于流动保障分析有很大的作用。由此可见，盐起了热力学水合物抑制剂 (THIs) 的作用。更多关于含盐混合物的讨论见 6.4 节。这些讨论说明，精确的水化学分析对绘制曲线非常重要。根据盐水绘制的水合物曲线，在最大关井井口压力约 3000 psi 的条件下，该井必须保持整个油管温度在 60℉ 以上，才能避免水合物形成风险。

Carroll (2003) 介绍了各种各样计算水合物平衡条件的方法。作者对一些方法 (Carroll, 2004) 的精准度进行了对比，并总结出图表 (建立在物理测量的基础上) 来预测形成水合物的温度，预测温度误差在 3℉ 以内的概率大约 80%。相比手工计算方法来说，他声称上述的方法更好。更多详细的介绍参见 Sloan (1990) 出版的书。在 4.3 节中介绍了不同的物理实验，其中包括摇摆装置和循环管道实验，这些实验可以估测各种各样流体混合物的水合物形成界限点。Creek (2009) 介绍说，这些实验通常会得到水合物的平衡温度，这些温度的误差在 ±2℉ 之内。他也注意到必须考虑水中的盐浓度，尤其是针对水合物形成界限点模糊的高盐浓度。

除了图表和物理实验以外，许多计算程序可用于估测水合物的初始形成条件。许多程序都是建立在 van der Waals 和 Platteeuw (1959) 的研究模型基础上。在大多数情况下，这些程序预测的温度误差都在 ±2℉ 以内。关于水合物形成条件的热力学计算的最新研究见 Giraldo 等 (2009) 的论述。

在一篇综述文章中，Sloan 等 (2009) 对涉及单、双、三相和天然气体系的各种热力学预测模型准确度进行了研究。作者们声称，预测压力在压力基准线的 1% ~ 10% 以内变动，因此这些模型可用于大多数研究场合。作者们注意到在使用抑制剂的情况下，预测模型需要改进，尤其是在浓度高（大于50%）的情况下，这一点更为重要。

4.3.3 油气生产中天然气水合物的沉淀和沉积

一旦达到热力学条件，水合物晶体就会开始形成。研究人员应把精力放在研究水合物晶体沉积形成的动力学、机理以及水合物沉积形成的后果上。加热和使用不同类型抑制剂是避免水合物危害的主要方法，这会在6.2节和6.4节中进行介绍。该章节的其余部分会介绍确定和预防水合物堵塞的方法，这些方法都是在对水合物形成动力学的认识基础上获得的。Turner等（2005）认为，只有掌握水合物形成的动态，集输管道操作才能更好地应对可能的水合物堵塞情况的发生。

天然气水化合物的结晶和无机盐一样，受热力学作用力驱动。这个过程在无机垢的相关文献（Crabtree等，1999；Frenier和Ziauddin，2008）中有详细的介绍。使用的模型包括过饱和模型、离子对形成模型、核和簇形成模型、微晶体模型以及大晶体模型。这就是所谓的发生在流体中的"均相"成核期。异相成核可以同时发生在金属表面或其他固体表面，或者发生在均相成核开始之后。建立在Crabtree等（1999）及Frenier和Ziauddin（2008）的研究基础上的$BaSO_4$晶体图如图4.33所示。

虽然该模型并不是一个完美的水合物沉淀和沉积模型。但是，目前使用的模型中，许多步骤都出自该模型。在无机盐（如上述提到的$BaSO_4$）成核情况下，过饱和的程度被称为饱和比（SR），并被定义为：

$$SR = \frac{\{M^{z+}\}^m \{X^{z-}\}^x}{K_{sp}} \quad (4.19)$$

这是热力学驱动力，它控制着沉淀析出。这里的$\{M^{z+}\}$和$\{X^{z-}\}$分别是阳离子和阴离子，K_{sp}是沉淀盐的溶度积。

Koh（2002）阐述了天然气水合物的成核过程。过饱和溶液中（通常在气水界面上）的水和气体分子可以重新组合形成一种临界分子簇尺寸大小的晶核，晶核是稳定的，由此水合物晶体可以在晶核上生长。水合物颗粒的临界分子簇是在成核诱导期内形成的。该诱导期等同于无机盐沉淀形成的诱导期，是温度、压力和化学势的状态函数（Tantayakom等，2005）。Lederhos等（1996）开发出了天然气水合物成核机理模型，该模型与温压相图有关。当发现液体水与气体分子相互作用会形成小的和大的类似于笼形水合物的不稳定分子簇时，天然气水合物结晶过程开始演化。这些分子簇可以转变成水合物晶胞或水合物晶胞聚集体，或者可以缩小和消失。由于分子簇的尺寸小于水合物生长的临界分子簇尺寸，因此它们是亚稳态的。当核的半径达到一个临界半径时，随着水合物的迅速增长，水合物晶体会变得稳定，二次成核便会发生。这种机理和Crabtree等（1999）介绍的无机垢的形成机理比较相似，如图4.33所示。

Paez等（2001）详细总结了Lederhos和Sloan（1996）提出的水合物形成机制的初步理论。该理论认为，当天然气分子周围的水分子在结构上与图4.34中的那些结构比较相似时，天然气水合物会通过自动催化反应机理形成。相邻客分子之间的吸引力被称为"疏水键合",也可以定义为分子簇内部极性分子间的吸引力[图4.34（b）]。大型分子簇群和小型分子簇群形成的Ⅰ型和Ⅱ型结构被称为"不稳定"类型,因为这些结构很容易被分解,但相对稳定。不稳定类分子簇群能分解或生长变成水合物晶胞或晶胞集群,形成所谓的"亚稳定核"[图4.34（c）],水合物才会继续增长,直到晶体变得稳定,表明开始二次成核[图4.34（d）]。

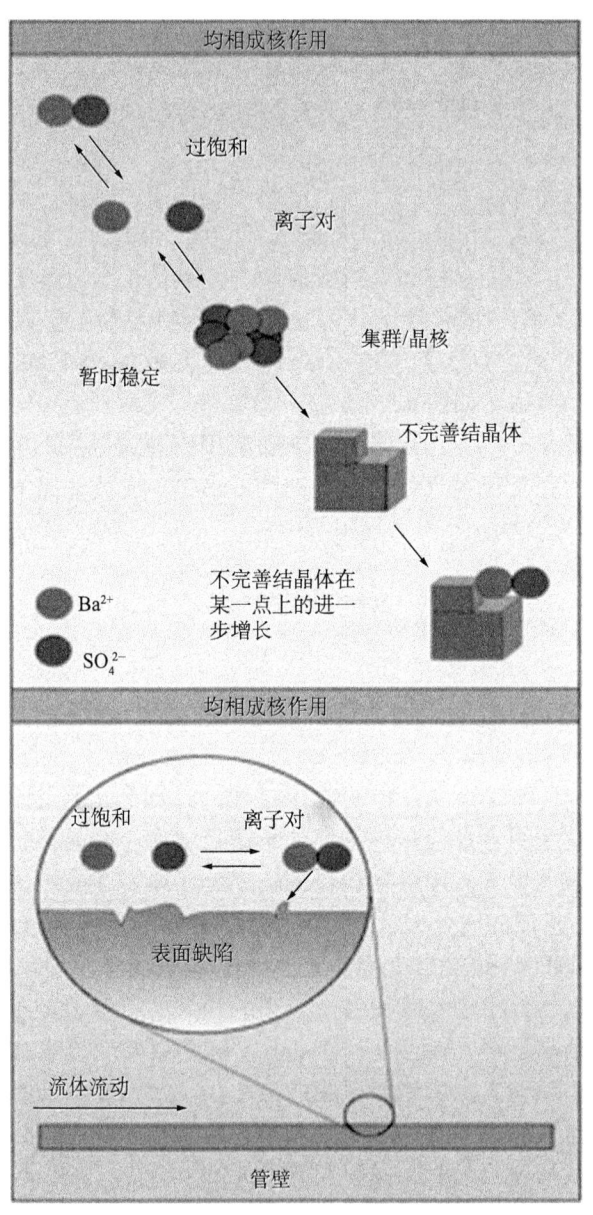

图4.33 硫酸钡的成核过程（Crabtree等,1999；Frenier和Ziauddin,2008）

版权归斯伦贝谢公司所有,经允许使用

采油采气中的有机沉积物 109

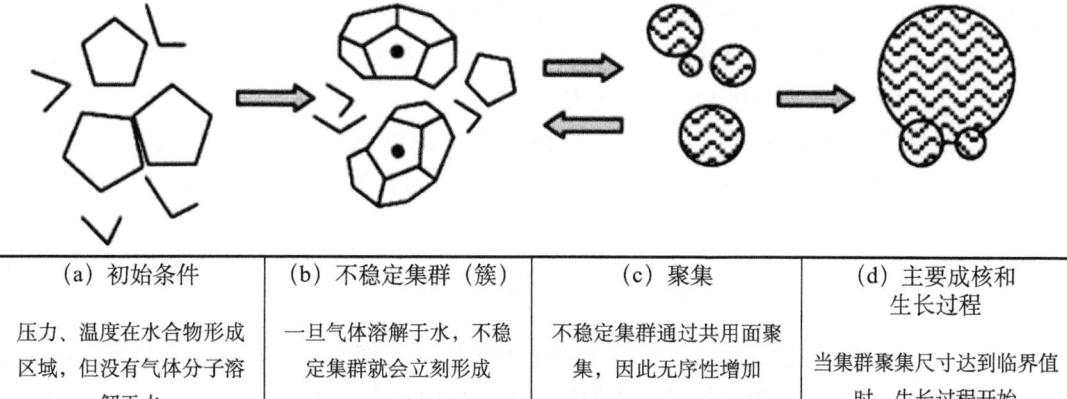

（a）初始条件	（b）不稳定集群（簇）	（c）聚集	（d）主要成核和生长过程
压力、温度在水合物形成区域，但没有气体分子溶解于水	一旦气体溶解于水，不稳定集群就会立刻形成	不稳定集群通过共用面聚集，因此无序性增加	当集群聚集尺寸达到临界值时，生长过程开始

图 4.34 水合物催化反应机理（Lederhos 和 Sloan，1996）

Koh（2002）对水合物结晶机理的细节进行了补充。她指出，水合物生成过程的随机性和对实验设备依赖性是造成水合物动力学数据有限、模型不准确的主要原因。在低驱动力条件下，结晶过程的随机性具有著名的异相成核特征，成核的诱导期有很大的差异，变化范围从几秒到 167min 或更久。成核过程是天然气水合物形成第一步，这个过程中过饱和溶液（通常在气水界面）中的水和气体分子会形成临界分子簇大小的水合物核，这种核是稳定的，水合物晶体可以在该水合物核上继续生长。而水合物颗粒的临界分子簇是在成核诱导期内形成的。

在高压容器中装入高纯度的甲烷和双重蒸馏水，Sloan 等（1998）通过在低于气—水界面大约 1mm 处聚焦激光，收集了温度变化下实时的拉曼光谱。Ⅰ型水合物首先会在气液界面上形成，随着时间的推移，水合物—水界面逐渐生长越过激光，收集该状况的光谱。这种光谱表示的是水合物晶体的生长，而不是成核。在 0.1℃/min 的冷却速率下，研究人员能够通过观察在 2905cm^{-1} 波数下 sⅠ 型水合物的峰值，确定水合物生成速率。使用配有蓝宝石窗口的多管摆球装置，可以观察水合物晶体生长的宏观结构，该宏观结构甚至在温度升高超过初始溶解温度以后还能持续。这就预示着一旦管线中已经形成的水合物堵塞物被清除，如果不把管线中的水清除掉，再次形成水合物将变得更加容易。

几种不同的技术和方法已经在开发天然气水合物生长和沉积的动力学模型中得到应用。在预测重要管线可能的堵塞危害时，必须用到这些模型。这些方法已经使用了基于化学势（如气体逸度的差异或如"低温冷却"温度梯度这些可直接测量的特性参数）的热力学驱动力的测量和计算。

Bishnoi 等（1994）和 Englezos 等（1987）提出了针对甲烷水合物和乙烷水合物晶体生长的单一可调参数的本征动力学模型。由于天然气在水相或在气水界面区域溶解，因此这种模拟过程要求溶液过饱和。在经典的结晶化过程中包括了成核过程和生成过程。

晶体生长要经历两个主要步骤。第一步包括溶解气体分子的扩散，用速率系数 k_d 表示。溶解气体分子的扩散是通过水合物晶体周围的"层流扩散层"扩散到晶体—液体界面上。第二步包括气体分子吸附到交界面笼形结晶水中和水晶格的稳定。液相中天然气水合物晶体生长过程是一个带有速度系数 k_r 的一阶不可逆（路径）均相反应。在这个模型中，假定水合物颗粒为球形。尽管实验反应器中是非均相的，但是就气体吸附来说，因为水合物颗粒通常比扩散层小 3 个数量级，所以模型假设反应器中是均相的（Bishnoi，2003）。因此，该模型运用了混合动力机制，如图 4.35 所示。

在此模型中（Englezos 等，1987），溶液中气体逸度差异是驱动力。在三相平衡点（气—液—水合物）水合物开始形成。因此，$\Delta f = f - f_{eq}$。水合物晶体形成的动力学方程是：

$$\frac{dn}{dt} = \sum_{1}^{N_h} \frac{dn_j}{dt} = \sum_{1}^{N_h} k_j^* A_p \Delta f_j \tag{4.20}$$

式中，N_h 为水合物颗粒的数量；k_j^* 为水合物形成的固有速度常数；A_p 为水合物颗粒的表面积；Δf 表示气体逸度与三相平衡时气体的逸度差。扩散和表面反应之间的关系由下式表示：

$$\frac{1}{k^*} = \frac{1}{k_d} + \frac{1}{k_r} \tag{4.21}$$

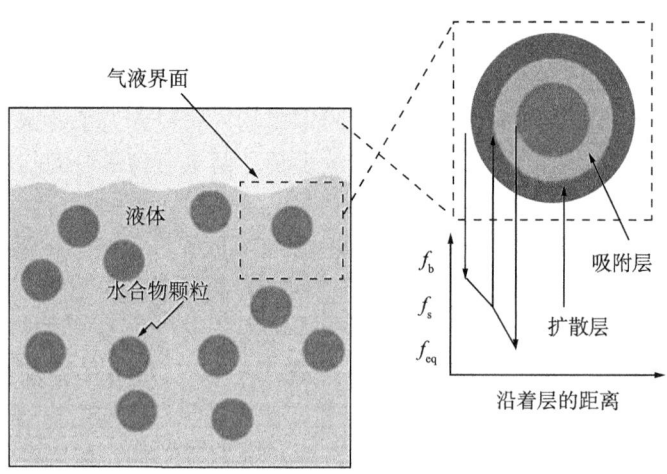

图 4.35 水合物形成和动力方程示意图（Englezos 等，1987）

在 Englezos 等（1987）的研究基础之上，卡尔加里大学（University Calgary）的 Bishnoi（2003）总结了水合物动力学的研究成果。他提出水合物的形成过程与无机晶体形成过程在以下 5 个方面比较相似：

（1）水合物成核是一个随机过程，这个过程可能会被大的驱动力或非均质性掩盖。

（2）在水合物表面温度下，过饱和或欠饱和是根据水合物形成的平衡压力（分压、逸度或化学势）来确定。

（3）水合物的生长和分解受水合物颗粒表面积和驱动力的影响。

（4）水合物分解的内在过程包括一系列的晶格破坏和气体解吸过程。

（5）水合物分解中的热传递与泡核沸腾类似。

Englezos 等（1987）在实验中运用了搅拌系统，该搅拌系统的旋转速度是变化的。他们记录了低转速下的水合物形成的诱导期的改变，但是在大约 400r/min（这个系统中）的转速下，开始结晶的诱导期不会继续减少，这表明式（4.21）中的表面反应速率（k_r）在总反应速率系数中是主导因子。

Christianson 等（1994）在吉布斯自由能变化的基础上提出了一种动力学机理。他们推导出了以下表达式：

$$\Delta G^{\exp} \cong v_w \left(p^{\text{equ}} - p^{\exp} \right) + \frac{n_{\text{ethane}}}{n_w} RT \ln \left(\frac{f_{\text{ethane}}^{\text{equ}}}{f_{\text{ethane}}^{\exp}} \right) + v_h \left(p^{\exp} - p^{\text{equ}} \right) \tag{4.22}$$

这个方程能近似计算乙烷水合物晶体形成的驱动力。本质上，式中第二项与 Bishnoi 等（1994）提出的驱动力项一样。运用实验数据，这些作者计算了热力学驱动力并得到了一个类似于式（4.21）的速度方程。

这些类型的表达式与惯于以化学势为基础的适合于表示无机垢的形成和抑制动力学表达式（Tomson 等，2004）是平行关系。然而，在形成天然气水合物沉淀时，实际的驱动能测量非常困难。开发的模型可以完成此项工作，模型通过实验容易测量或容易计算的参数值来模拟计算，从而获得驱动能。例如，低温冷却温度参数 ΔT，就被定义为：

$$\Delta T = T_{\text{eq}} - T_{\text{sys}} \tag{4.23}$$

式中，T_{eq} 为水合物平衡温度；T_{sys} 为在系统压力下系统的当前温度，用图表表示，该温度被称为"贯入水合物包络线"温度（偶尔也被称作过冷温度）。

当驱动力为正时，水合物形成。水合物形成过程中气体的消耗量可以用常规的反应速率表达式计算（Turner 等，2005）：

$$-r_{\text{gas}} = \frac{\text{d}m_{\text{gas}}}{\text{d}t} = A_s k_1 \exp\left(\frac{k_2}{T}\right) \Delta T \tag{4.24}$$

式中，A_s 为富烃相和水相之间的表面积；r_{gas} 为每秒气体消耗的质量；k_1 和 k_2 为速率常数；T 为温度，K。

结合物理常数式（4.24）可转化成一个简单的速度公式：

$$-\frac{\text{d}m_{\text{gas}}}{\text{d}t} = A_s k_f (\Delta T) \tag{4.25}$$

式中，k_f 为反应速率常数。

式（4.25）类似于式（4.20），但其独立变量 ΔT 比 Δf 更容易测量获得。

为了确定生产管线中天然气水合物造成的影响，针对水合物晶体，Turner 等（2005）将动力学模型（称为 CSMHyK）与 OLGA（2000）多相流模拟器进行了耦合。该模型假定水合物形成就会立刻产生 40μm 的 II 型水合物晶体，生成的晶体只会聚积在液态烃相中（并悬浮）。根据式（4.25）计算出的固体颗粒的产出量将会影响悬浮液的黏度。Camargo 和 Palermo（2002）给出了颗粒间的相互作用对黏度的影响关系式：

$$\mu_{\mathrm{r}} = \frac{1-\phi_{\mathrm{eff}}}{\left(1-\dfrac{\phi_{\mathrm{eff}}}{\phi_{\mathrm{max}}}\right)^{2}} \tag{4.26}$$

$$\phi_{\mathrm{eff}} \approx \left(\frac{d_{\mathrm{A}}}{d_{\mathrm{p}}}\right)^{(3-f)} \tag{4.27}$$

式中，ϕ_{eff} 为有效体积分数，其中包括原始颗粒体积分数和聚集颗粒内部包裹流体时的体积分数；d_{p} 和 d_{A} 分别代表单体颗粒和聚集颗粒的直径。

为了确定含有水合物的流动体系对各种变量的敏感性，Turner 等（2005）把流动环路实验进行了多次比较。使用的流体是 Conroe 原油：含气体 50%，含水率 35%。控制相对黏度的两个参数是颗粒之间的吸引（吸引力，F_{a}）以及颗粒尺寸（参数 d_{p}，微粒越小，微粒间相互作用程度越大，流体黏度就越高）。另外，流速对流体黏度的影响之大出乎意料，流速可导致流体剪切稀释。这些模拟是在水合物颗粒大小在 10～100μm 范围内完成的。

Turner 和 Talley（2008）也注意到，不同的形成条件下会形成不同类型的水合物悬浮液。这些水合物悬浮液中，有些类型比其他类型来说更具有自由流动性。更多"冷流"输送方法将在 6.3 节中讨论。本章节只介绍悬浮液形成过程。在油、气、水体系中形成水合物悬浮液有多种机理。如图 4.36 所示，水可以液滴的形式夹带在油相中。水合物开始形成是以壳的形式出现，该壳穿入液滴一定距离，如果这些液滴足够大，那么液滴内部可能不容易转化为水合物。水合物壳可产生一个可以减少更多的水转化成水合物的扩散边界。已观察到的初始边界厚度大约为 5mm。如果在水合物颗粒中有水，一些水会从水合物壳的小孔隙和裂缝中渗透出来，在相互碰撞的微粒间产生毛细管架桥作用。水合物的密度小于水，所以当它形成时就会膨胀，引起核压，进一步促使水渗透。此外，粒子的碰撞还会使壳破裂，并使水暴露出来，导致毛细作用。根据作者的论述，这样的聚集体能构建出网格结构，会很大程度地提高液体黏度。依次类推，流动压降增大，流速降低，导致管线中的水合物堵塞。湿气水合物形成的更多细节如图 4.37 所示。在这个模型中，Davies 等（2009）介绍了水合物颗粒的形成过程。如图 4.37 所示，初期水合物壳形成后，壳的进一步生长会受到周围介质质量和热传递的控制，随着水合物壳的进一步增长，它会越来越受到质量传递的控制。这些研究人员注意到，这个模型假定随着水合物壳厚度的增加，壳的完整性保持不变。这个理论与 Englezos 等（1987）提出的比较相似。

Turner 和 Talley（2008）介绍了存在气泡时水合物悬浮液的形成过程。在水合物组分较少的情况下，聚集的气泡能导致堵塞，这是因为在同样水合物组分条件下，气泡中的气体能引起大规模有效的水合物聚集。而分散的气泡流有利于形成可流动水合物，这是因为包有水合物外壳的气泡不能形成网状结构。因此在游离气能积聚的区域或泡沫已形成情况下，携带有水合物外壳的气泡聚集似乎是一个主要的问题。由于这些原因，产生泡沫网的流动可能会不利于可流动水合物的产生，而分散的气泡流动却相反。Lee 等（2002）使用了内径为 1.575cm、长 400cm 的回流管（其中有 20cm 长透明管）开展了水合物实验研究。大多数实验是在压力为 4.90MPa、5.90MPa 和 6.87MPa，流速范围为 0.28～0.78m/s 下进行不同流速下的实验。回流管的温度从初始温度 290.15K 开始，以 2.2 K/h 的速度下降，直至管道中出现水合物堵塞。在不同的流动条件下，甲烷水合物的平衡条件是可以测定的。他们发现，在最高流速下出现了最低过冷度值。他们的结论是，在高流速下的湍流会导致热传递增加，流体混合加速，使气体扩散到正在生成的水合物颗粒中。这个观察报告和 Englezos 等（1987）的结论是一致的。

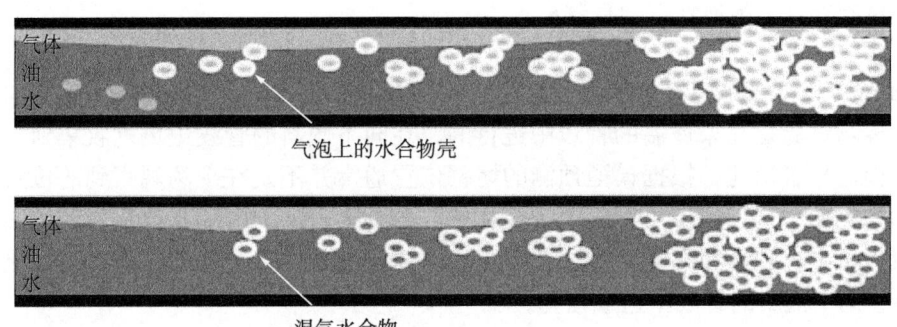

图 4.36　油起主导作用体系中水合物形成的示意图（Turner，2006；Sloan，2009）

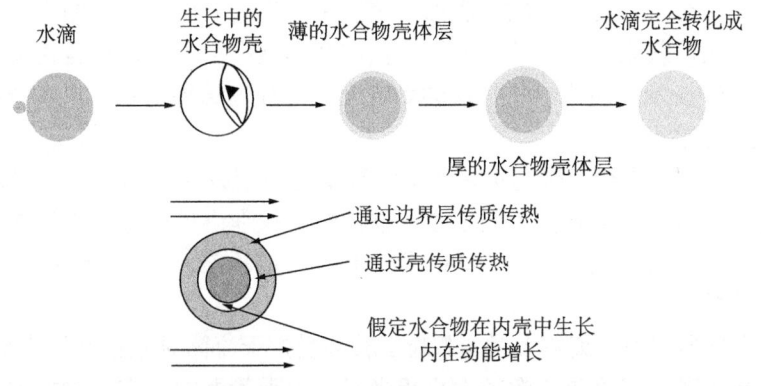

图 4.37　水合物形成和质量传递机理的示意图（Davies 等，2009）

Nicholas 等（2009）通过热力学微平衡技术（Yiantsios 和 Karabelas，1995）研究了金属表面对水合物沉积的影响。其目的是确定在不同环境下，水合物形成时水合物颗粒与碳钢（CS）之间的黏附力。研究者用环戊烷 II 型水合物进行测试，原因是环戊烷 II 型水合物具有较低的蒸汽压，所以他们认为环戊烷水合物更适合替代四氢呋喃（THF）水合物进行管线中的甲烷水合物研究。环戊烷水合物在大气压条件下 7℃ 时就会发生溶解。研究人员在碳钢（CS）表面形成环戊烷水合物，测试了把环戊烷水合物从碳钢表面分离所需要的力，以及将环戊烷水合物颗粒分离所需要的力。从这些实验数据来看，相对于水合物颗粒子间黏附来说，水合物会更倾向附着在碳钢上。这暗示着运移的水合物是指没有附着于钢铁表面的干的水合物颗粒。当有钢铁存在的情况下，湿的水合物离子会较强地附着于钢铁上。他们声称，这些研究工作的重点是研究不同管材流动系统中水合物沉积特征和管壁上水合物沉淀物生长特征。

Davies 等（2009b）用 StatoilHydro 公司的 Tommeliten 凝析气项目中水合物堵塞的现场数据，针对 4 种典型操作场景，将现场数据与水合物生长预测模型（CSMHyK-OLGA）预测结果进行了对比，4 种典型操作如下：

（1）稳定状态下注入抑制剂失败；

（2）重启未经过抑制剂处理的管线；

（3）重启经过抑制剂处理的管线；

（4）重启减压管线。

CSMHyK 模型可用来设计原油流动管线，也能预报凝析气回接装置中水合物堵塞的准确时间。现场试验是在未保温的管线中进行的，在向下倾斜的管线中可以收集到大量块状水合物。根据作者论述，根据模型预测的堵塞位置通常并不是在现场观察到的位置，而是位于更远的上游。这种现象可以归因于模型中"水合物—油的滑移系数"为零的假设造成的，在该假设中，水合物在初始形成位置积聚，而事实上，水合物团块被携带到更远的下游，最终在向下倾斜的管线中造成堵塞。

Davies 等（2009）基于图 4.36 和图 4.37 所示的模型得出了关于水合物沉积导致管道堵塞的机理。该机理中包含了基于水合物颗粒之间黏附力的水合物聚积和堵塞。作者声称，该机理模型已经在流动环路模拟实验和水合物生长模型（CSMHyK-OLGA）中进行了测试。得出的重要结论是：在典型的海底回接装置中，在长时间尺度范围内，水合物形成的速率受限于管线热扩散速率。此外，他们还在这个模型中增加了水相含盐度（一种热力学抑制剂，如图 4.33 所示）对水合物形成的影响模块，预测结果是在少量水合物形成后，水合物形成的量出现自限性。

Jassim 等（2008）推荐了研究水合物沉积和确定可能发生水合物堵塞区域的方法，该方法以计算流体动力学为基础。他们主张，颗粒的沉积理论可以应用于气体或蒸汽流动形成的水合物中。他们的研究是基于 Yanga 等（1998）的方法之上进行的。Yanga 等人提出了 4 阶段沉积过程：

（1）当水合物颗粒间距离较大时，颗粒运移会受控于流体对流和外部的作用力。

（2）当水合物颗粒间距离与颗粒大小相当时，由于管壁的存在，附加力开始作用于颗粒，这些力被认为是颗粒—管壁流体动力学的相互作用，能降低颗粒的移动性。

（3）当水合物颗粒间距离在 1～100nm 之间时，由于颗粒和管壁表面之间的电势作用，范德华力和双重电子层力开始影响颗粒的运移。一般来说，胶体力的大小取决于 Hammacher 常数、颗粒的粒径、悬浮介质的离子强度和相互作用面的表面电势。

（4）当水合物颗粒间距离变得更小，在 1nm 之内，在这个分子大小范围内，传统的连续机制就不能用来描述这种颗粒特征。因此，当范德华力起主导作用时，通常认为颗粒是附着到管壁表面的。

Jassim 等（2008）应用计算流体动力学（CFD），通过求解湍流 [Claude-Louis Navier（1785—1836）和 George Gabriel Stokes（1819—1903）命名] 条件下的 Navier-Stokes 流体动力方程描述了载体气（甲烷）的特征。用这种方法，可获得不同区域气体速度和其他特性。总之，作者认为，根据颗粒大小用两种机理可以解释水合物颗粒的沉积过程，直径小于1μm的很小微粒会由于布朗效应形成沉积,而相对较大颗粒的沉积会受控于重力和惯性沉降。在受布朗效应影响的区域,对于非常小的颗粒而言,水合物颗粒的聚积和沉积效率高,但随着微粒长大,颗粒聚集和沉积的效率会慢慢降低。通过对比,在惯性沉降区域,颗粒聚积效率随着粒径的变大而增加。从这些分析中得出的另一个结论是:水合物颗粒的运移速度剖面与携带液速度剖面相似;但是,随着粒径的增加,颗粒的平均速度比携带液的要慢。

4.3.4 水合物形成和沉积的总结

(1) 用一系列分析工具目前已经建立了对石油和天然气生产非常有意义的Ⅰ型和Ⅱ型水合物的结构。

(2) 水合物成核是一个内在的随机过程,这可能会被大的驱动力或不均一性所掩盖;然而,它遵循常规的过饱和结晶形成过程—成核过程—生长过程和沉积过程。目前使用的水合物生长经验方程模型是适用的,该方程的参数是基于回归原油流动循环系统数据获得的。

(3) 在水合物表面温度下,过饱和或欠饱和是根据水合物形成的平衡压力(分压、逸度或化学势)来确定。平衡也可以依据"过冷"温度来定义。

(4) 水合物生长或分解受到水合物颗粒表面积和驱动力的影响。

(5) 水合物堵塞。

①没有自由水和自由气的存在就不可能形成水合物。

②水相中水合物组分通常不到25%。

③原油生产系统中的堵塞物往往是分散有气体的气溶胶,而气体冷凝系统的堵塞物往往是水合物、水和冷凝物的混合物。

(6) 更精细的沉积模型正在开发中。

(7) Sloan等认为在不久的将来,针对流动保障,控制水合物来说,不仅仅依靠规避水合物,这样可能更经济有效。他们主张的一些"冷流"方法和在第6章介绍的其他方法目前可能对油田是有效的。

其详细的建议包括:

①从新开发油田获取未被污染的样本。

②完成实验室规模的水合物测试,测试乳化倾向与化学过程和剪切之间的函数关系。

③用化学过程和流量资料预测堵塞形成,并结合多相流程序进行预测。

④要采取措施来预防和管理水合物形成和沉积。

4.4 环烷酸盐

这一类化学物质的名字来自原油的环烷烃组分(见图2.3的模型结构)。当环烷烃部分被分解或者氧化时会产生环烷酸(Petrov和Ivanov, 1932);当和碱性或碱土金属阳离子(Na^+、Ca^{2+}和Mg^{2+})反应时,产生的盐会在生产区域形成污垢沉积或者乳状液,这种情况尤其在分离器中特别明显。原油中的环烷酸或精炼加工过程形成的环烷酸也会导致炼油厂设备腐蚀（Slavcheva 等，1999）。正是因为如此，研究环烷酸腐蚀是很好的研究课题。目前对环烷酸盐固体污垢研究很少，但是环烷酸盐固体污垢正在成为生产环境许多部门不可忽视的问题。

Maxoil Solutions 高级顾问、石油工程师学会先进技术研讨会委员会委员 Colin Smith 在管理环烷酸盐的先进技术研讨会（ATW）（环烷酸盐沉积，2008）中说："在北海原油生产过程中存在环烷酸盐沉积的至少占10%，而东南亚和西非原油生产过程中存在脂肪酸盐乳液或阻塞问题的也分别占30%和20%"。Smith 指出，在 20 世纪 60 年代，石油领域首次明确鉴定出环烷酸，但是对环烷酸盐研究工作是在 20 世纪 90 年代中期才开始。Vindstad 等（2003）也注意到环烷酸钙垢沉积污染了北海的海德伦平台系统所有的流体接触部分。对一些运营商来说，尽管环烷酸盐垢对经济效益的影响不如水合物和蜡垢，但其影响已经变得非常重要了。技术难题就涉及了乳状液的形成问题，该乳状液被认为是由可形成沉淀和污垢沉积的钠和钙盐引起的。图 4.38 是一个油田管道中环烷酸钙沉积的图片。此节讨论这类垢的化学结构和形成机制（这和化学结构的分析紧密相关）。

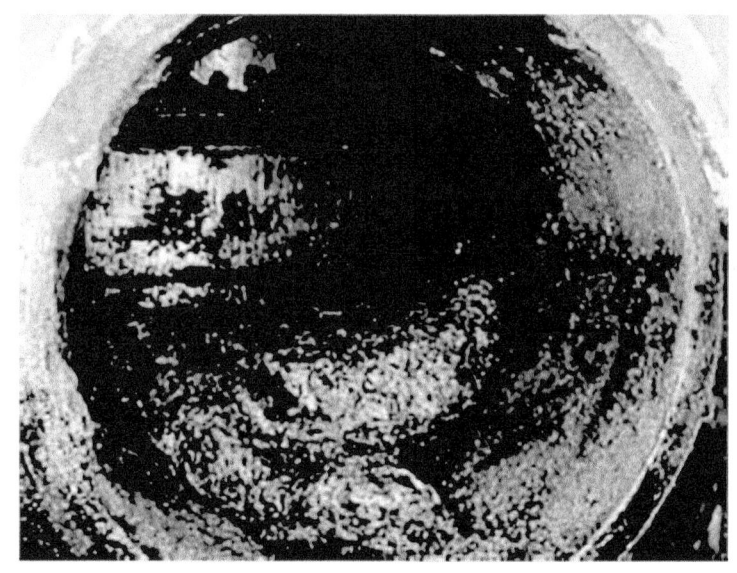

图 4.38　管道中的环烷酸钙垢（Turner 和 Smith，2005）

下面是 Runham 和 Smith（2009）分析总结出的环烷酸盐对生产系统的影响：

（1）垢可以迅速积聚，体积迅速增大。它们会堵塞分离器内部构件、阀门、加热器、冷凝器、泵和流体入口，并引起生产系统快速失控和工厂停产。

（2）固体冷却后变硬。

①垢会堵塞液位变送器和阀门，使常规的安全操作过程存在危险。

②垢有可能以复合垢的形式出现，例如，砂子、粉砂、黏土、无机垢颗粒［包括天然放射性物质（NORM）、沥青质和蜡］。

③垢会进入分离器的集水槽，并快速堵塞水处理装置，比如水力旋流器。

④垢可能含有重金属，并具有较高的天然放射性物质。另外，环烷酸本身就有毒性。

⑤外输油通过预热器和交换器将有较大的热积垢趋势,这些设备将面临更大的积垢风险。

4.4.1 化学结构

术语"环烷酸"指的是一种不明确的混合物,该混合物是由分子量在 120~700 范围内的大量的环戊基和环己基羧酸组成。其主要由 9~20 个 C 的碳链结构的羧酸组成。然而,环烷酸中也发现过 80 个 C 的大分子。Shepherd 等 (2005) 的实验工作是完善环烷酸盐垢形成机制图。使用静态测试瓶,研究人员用一些合成环烷酸类似物测试了很多种盐溶液,环烷酸类似物的结构如图 4.39 所示。盐的成分通过使用 X 射线衍射 (XRD) 来表征,也可以用 X 射线技术中的电子能谱 (EDS) 来表征。

这些作者认为,形成的环烷酸盐沉淀物只有在 pH 值大于 10 时才能被观察到,但是这也依赖于油中羧酸的酸度系数值 (pK_a)。油中存在阳离子和确切的酸也会影响到乳状液或固体垢的形成。钠离子有利于乳状液的形成,而钙离子有利于沉淀的形成。钡离子不会促进沉淀形成,其实际上可做抑制剂。环烷酸盐的形成也会影响到油水混合物的物理性质。

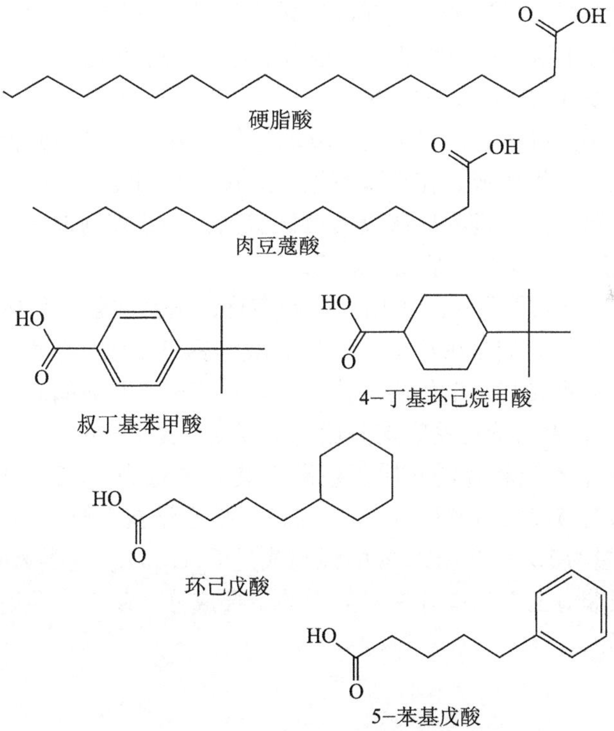

图 4.39 环烷酸类似物

Sjöblom 等 (2006) 介绍了含有 NaCl 和棕榈酸 (作为更复杂环烷酸的模型) 的水的相图 (Skurtveit 等, 1989),并且发现在某些区域出现了双分子层和层状液晶结构,这些出现在特殊 NaCl 与酸配比下的结构可使油水乳化液稳定。另外,作者证实了沥青质分子可以存在这些结构中,并且可以进一步稳定乳化液。

Shepherd 等（2006）认为，有机垢的形成要么依赖于实际的形成条件，要么是由于化学处理引起的。用上述分析技术研究油田有机垢的结论是：

（1）在脂肪酸盐样品中，要么富含钙要么富含钠，这体现了两种独特的极端情况，即环烷酸钙皂垢和羧酸钠皂化乳液。这些垢要么是较为坚硬的垢，要么是较为柔软的悬浮液。对脂肪酸盐样品衍射图谱的分析表明，脂肪酸盐中都倾向于含有不同种类 ARN（挪威术语，指在北海原油中发现的一种特殊类型的酸）环烷酸。后面章节中将对 ARN 酸进行更加深入的介绍（Baugh 等，2005；Vindstad 等，2007）。

（2）对环烷酸皂含量分析表明，其中存在脂环族，在环烷酸钙中观察到了 m/z-1230 种类的 ARN。然而，也观察到了样品中含有大量分子量较低的环烷酸，具有低分子量优势（脂肪酸），这与富含钠的脂肪酸盐样品截然不同。

（3）脂肪酸盐样品分析表明，样品中存在特定的脂肪酸盐成分（最有可能是环烷酸）导致了特殊的热行为。富含钙以及富含 ARN 的垢样对热更稳定。所有含有 ARN 的样品在 470℃ 时可观察到独有的吸热现象发生，这也许表明，在这些垢样中环烷酸的联合族发生降解。

（4）在特定的化学作用下也可以发现两种"新型"的环烷酸盐，它们含有较高比例的 ARN 成分，但不含阳离子。Shepherd（2006）指出，基于在这项工作中使用的分析技术，这种化学反应产生的垢不像是脂肪酸盐，而是由于化学作用产生的一种环烷酸酯的副产物。该类型的化学作用该报告的作者没有描述。

Shepherd 等（2006）对富含钙和钠的现场垢进行了其他更多的分析。目的是确定一些化学处理是否会促成这些垢生成。在实验室里，通过一系列复杂分析和尝试，生成了脂肪酸盐和难分解的垢。这一试验过程使研究人员认识到，一些抑制剂的使用（见第 6 章）可改变垢的性质并可能产生"新"化学成分的垢。

Baugh 等（2005）研究了环烷酸钙垢。他们声称，虽然文献中虽然介绍这类垢中轻质酸的比例稍微过高，但是它们是由原油中的环烷酸的钙皂组成。然而，Baugh 等通过综合多种分析技术，其中最重要的是电位滴定技术，证实了事实并非如此。用液相色谱和质谱（LC/MS）分析法以及核磁共振可鉴定这些垢的主要成分是 ARN。这些作者认为，ARN 酸是骨架上含有 4～8 个不饱和环的 4 质子羧酸，其分子量为 1227～1235。同系 ARN 酸系列的分子量是 1227、1229、1231、1233、1235（基本结构）$+n \times 14$（$n=$ 烃骨架中额外的 CH_2 组数）。分子量为 1231 的 ARN 酸的经验式是 $C_{80}H_{142}O_8$。这类 ARN 酸已被证明是挪威、英国、中国和西非海上石油中环烷酸盐垢的主要成分。基于对环烷酸沉淀分析，ARN 酸酯的最佳结构如下：

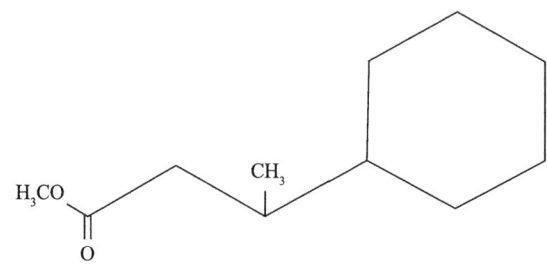

注意：此图只是完整复杂 ARN 分子族群组成的 1/4。Vindstad（2007）发现了一种更加复杂的包含了一个分支结构以及 5～6 个环的结构，如图 4.40 所示。

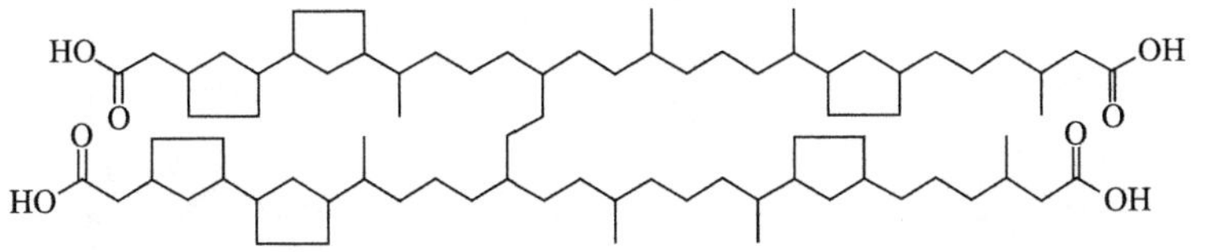

图 4.40　ARN 酸的结构（Lutnais 等，2006）
由英国皇家化学学会许可转载。该图是在原图基础上稍作修改所得

Baugh 等（2005）认为，如果环烷酸钙垢中的 ARN 酸是独立的，只有一个家族，这可以使得垢的控制过程更精确和有效。他们还声称，ARN 酸家族是大多数环烷酸钙垢的重要组成部分。

4.4.2　乳状液和固体微粒的形成机理

环烷酸（如 RCOOH）存在于许多天然原油中，羧酸基团的亲水性意味着这些酸聚集在油水界面。生产压降和二氧化碳从溶液中散失（Rousseau 等，2001）、盐水 pH 值的增加都会导致环烷酸分解（$RCOOH \longrightarrow RCO_2^-$）。酸的分解表达式为：

$$K_{diss} = \frac{[RCOO^-][H^+]}{[RCOOH]} \tag{4.28}$$

平衡取决于每个羧酸盐基团的酸度系数（pK_a）和分子的整体结构，而流体的 pH 值和流体缓冲能力控制分解的总量。

油田卤水中有盐，羧酸将会与金属离子相结合：

$$zRCOO^- + M^{z+} \Longleftrightarrow (RCOO^-)_z M^{z+} \tag{4.29}$$

对于钠盐来说，结合形成 R-COONa，对于钙盐来说，结合形成（R-COO⁻）$_2$Ca^{2+}。对于液体是否会形成固体沉淀，可用溶度积 K_{sp} 表示：

$$K_{sp} = [M^{z+}][RCOO^-]^- \tag{4.30}$$

要有固体沉淀形成，盐必须是过饱和的，而且还取决于有机酸的结构、阳离子的结构及液体的 pH 值。先前对不同原油中环烷酸化学结构和组成的讨论是非常重要的。环烷酸钙垢的形成，类似于碳酸钙"瞬间生水垢"，其形成也是由压力的变化和流体 pH 值上升所引起的。关于盐垢热力学变化的更多信息，可以参考 Frenier 和 Ziauddin（2008）的著作。

原油中的环烷酸盐可充当天然的表面活性剂，其借助水相中存在的阳离子形成络合物，要么稳定乳液要么稳定固体垢。环烷酸盐垢主要是在油水分离器和脱盐设备中聚集。但是，在生产过程中它们也可以沉积在地层、油管和管道中的油相和水相之间。一旦环烷酸盐在水相中沉积，酸将会像正常的平衡反应那样离解。简化的环烷酸盐垢形成和沉积机理如图 4.41 所示（Vindstad 等，2007）。

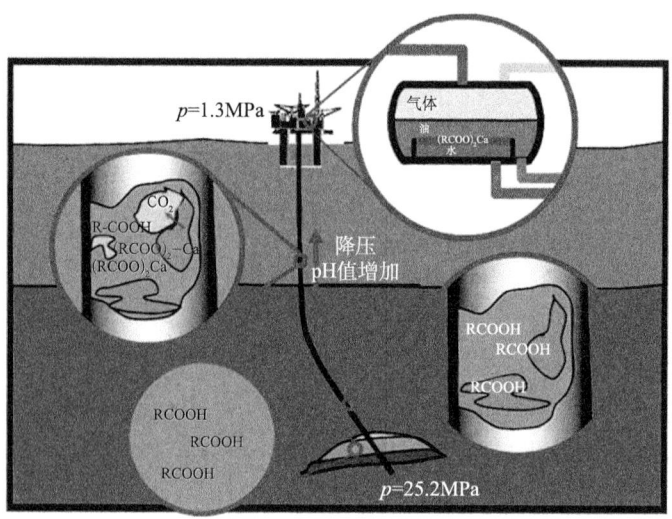

图 4.41　简化的环烷酸钙沉淀机理图（Vindstad 等，2007）

垢形成的研究将继续推进。Dyer 等曾先后在 2003 年和 2006 年提出了一种改进的流动系统，该系统包含一个高压釜用于模拟井下条件。该论文讨论了形成环烷酸钙、环烷酸垢和垢泥以及稳定环烷酸盐乳液的复杂反应过程，其中包括：

（1）乳状液的形态、稳定性（因为在石油或者天然气生产过程中会遇到多种多样的剪切力）和它们对界面表面积的影响，从而确定环烷酸盐垢形成潜能。

（2）体系的 pH 值和碳酸氢盐的浓度。

（3）油相中环烷酸的分布。

（4）盐水成分。

（5）系统温度和压力。

由于反应体系的复杂性和不同条件下产生的不同类型的环烷酸盐问题（例如，环烷酸钙垢、脂肪酸盐垢、稳定乳化液）。Dyer 等（2006）介绍了传统瓶内试验的有用性和局限性。总之，即使是简单的瓶内试验，也要优化试验条件，以保证实验条件可以再现油田生产条件。例如，在瓶内试验中，如果简单的"摇动"不足以产生环烷酸盐垢，而过度的搅拌（长期均化作用）却可以生成环烷酸盐垢，这和油田现场正常生产没有发生积垢情况相反。目前，更精细的实验方法有高压釜环烷酸盐垢测试实验和流动实验台环烷酸盐垢测试。

Mohammed 等（2009）介绍了一个在假设一定初始条件下（即环烷酸盐在油中的初始浓度、油水的 pH 值、Ca^{2+} 等），不相容的油、卤水体系中环烷酸盐分解和沉积的热力学平衡模型。该模型以及假设条件，已经被应用到真实的环烷酸盐体系研究中。

该模型介绍了两种环烷酸盐试验：

（1）完整的环烷酸盐沉淀试验。

（2）在没有沉淀发生的情况下，简单的"pH 值变化"实验。

为了预测环烷酸盐沉淀，理论上需要知道：

（1）油、水两相之间环烷酸（HA）的分配系数 K_{ow}。

（2）环烷酸在水中的酸度系数 pK_a。

(3) 环烷酸盐垢的溶度积 K_{CaA2}（或其他类似的溶解度参数）。

在简单的 pH 值变化实验中，只有需要前两个参数（即 K_{ow} 和 pK_a）。除了分配参数 K_{ow} 以外，这些参数的计算方程见式（4.28）至式（4.30）。在这些实验中，混合环烷酸是从油田垢中提取的；但是，环烷酸（HA）是只有唯一的 pK_a 值的一种单一的假酸。为了确定各种值，将含钙盐卤水混合物、钠盐或两者的混合物与现场溶有环烷酸的甲苯以及各种量的酸混合。通过对样品进行 24h 摇动和保温监控，然后分层进行分析。同时也可以对沉淀的固体颗粒进行分析。该实验的细节可见 Mohammed 等（2009）著作的附录 A。

使用无沉淀的环烷酸模型，Mohammed 等人已经研究预测了油、环烷酸、盐水平衡体系中 pH 值变化程度对参数变化的影响。此外，该模型被用于检验各种参数对最终 pH 值的敏感性。该报告的作者们（Mohammed 等，2009）对比了在盐水 pH 值较高的条件下模型预测和实验值，结果令人满意。该建模方法类似作者早年所著书中（Frenier 和 Ziauddin, 2008）所介绍的方法，只是考虑了相之间有机相和环烷酸（HA）的划分。作者早期的研究报告（Mohammed 等，2009）也注意到，环烷酸钙垢往往集中在油水界面，同时分配系数会影响盐水最终的 pH 值。

Runham 和 Smith（2009）声称，截至本书出版，环烷酸盐污泥和脂肪酸盐的沉积和累积量都不能被精确地模拟出来。但是，当含水率在 30%～50% 范围内时，真的环烷酸盐垢倾向于达到顶峰；当含水率大于 55%～70% 时，环烷酸盐垢会逐渐减少。

4.4.3 环烷酸盐对地层的伤害

前面对环烷酸盐垢的论述主要针对它对管线和地面设施的损害。此外，Sarac（2007）、Sarac 和 civan（2008）已经对环烷酸盐垢形成机制进行了研究，从不同方向开展了实验研究，了解和量化了环烷酸盐沉积问题。静态瓶内试验确定了不同 pH 值和温度条件下环烷酸盐的沉淀率。通过在实验室规模下的实验和理论分析，验证了不同 pH 值条件下环烷酸盐颗粒的生长情况，从而最小化环烷酸盐对油层的伤害。岩心流动试验是为了产生环烷酸盐微粒，确定在不同流动条件和不同 pH 值下环烷酸盐微粒在多孔介质中沉积对油层渗透率的伤害情况。

环烷酸皂沉淀可以由 Civan 和 Weers（2001）提供的理论上的乳化液分解和生成反应幂律方程来表示：

$$\frac{dm}{dt} = k_d (m_f - m)^n \qquad (4.31)$$

式中，m_f 为沉淀量的上限，g；m 为在一个给定瞬间的沉淀量，g；k_d 为沉淀速率常数；n 为反应级数。

沉淀速率系数和温度的关系用阿伦尼乌斯型（Arrhenius-type）方程描述。环烷酸盐微粒的沉淀速率可用幂律方程来表达。速率方程的参数与 pH 值和温度相关。这也能够测定环烷酸盐沉淀开始出现时的临界 pH 值。Civan 和 Weers（2001）通过岩心流动实验，证明了环烷酸盐沉淀的产生和随后的沉积对地层造成伤害。地层中的反应如图 4.42 所示。

Civan 和 Weers（2001）的实验目的是通过油相中的环烷酸与水相中的钙离子反应生成环烷酸盐沉淀。他们认为采用甲苯作为油相比用含各种未知物质的原油样品 [Dyer（2006）

建议的]要好。肉豆蔻酸（MA）作为实验中的环烷酸。将1%（质量分数）的环烷酸加入油相中，来模拟酸性原油条件。在研究中还用到直径为1.5in和长度为3in的贝雷岩心。为了测量渗透率的变化情况，测试初始岩样渗透率后每隔10s测量岩心渗透率的降低情况。岩心被放置在岩心夹持器中，施加1500psi的围压。

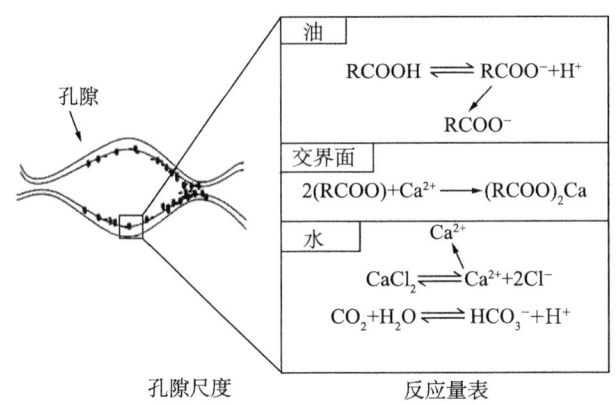

图4.42 在孔隙中的环烷酸钙（Sarac 和 Civan，2008）

为了建立束缚水饱和度，在岩心出口施加200psi的背压，用含有$CaCl_2$的盐水以4cm³/min的速度注入岩心，随着盐水的流动，测量并记录岩心两端的压力差。由于岩心中含有黏土，这会使得盐水的pH值明显降低。因此，盐水流过岩心的时间要足够长，直到出口端盐水的pH值与注入端水的pH值达到平衡。盐水充分饱和岩心之后，在注入酸处理过的甲苯（作为油相）之前，将蓄电池切换到泵送纯甲苯，该步骤是用来防止酸处理过的甲苯（作为油相）注入所造成的水的前缘突进和岩心损害。甲苯泵入岩心的速度是4cm³/min。测量和记录岩心夹持器间的压力梯度。就盐水来说，背压是200psi。甲苯通过岩心时岩心的渗透率将会被记录作为岩心初始的渗透率。在从岩心中驱替过量水和建立岩心初始渗透率之后，酸处理过的甲苯（作为油相）将会注入岩心。随着油相流动，固体颗粒开始形成并开始伤害地层。每隔10s测量和记录岩心的压力梯度。

在Civan 和Weers（2001）发表的文献中，用差分模型描述了岩心流动实验过程渗透率损失。其主要的结论是环烷酸盐沉淀形成的临界最小初始pH值为5.91。作者声称，该值与Dyer等（2006）报道的值符合。粒径实验证明，颗粒的生长归根结底服从扩散限制凝聚机制。针对给定的实验系统，表示特征的扩散时间t_D和初始粒子半径R_0是确定的。在较低的pH值情况下，岩心渗透率几乎下降了50%，而在较高的pH值下，环烷酸盐将发生电离时，岩心渗透率只下降了15%。

4.4.4 环烷酸盐形成的结论

2008年3月10—13日，在法国波城举行的石油工程师学会先进技术研讨会（SPE ATW）"环烷酸盐和脂肪酸乳液的管理"专题会上，70多名与会者谈论了环烷酸盐垢出现所带来的流动保障挑战以及缓解它们在石油生产系统形成的方法。该会议概况刊登在《环烷酸盐垢》（2008）中，其主要观点如下：

(1) Maxoil Solutions 公司的 Colin Smith 和一位先进技术研讨会（ATW）委员会成员声称：如果不加以控制，环烷酸盐析出可能造成生产设备积垢或者堵塞（如在管道和分离器等）；稳定乳状液的形成可以有效地阻止油水分离，增加了流体在分离器中的停留时间。据 Smith 的观点，10% 以上的北海原油存在环烷酸盐垢。同时，30% 的东南亚原油和 20% 的西非原油出现了脂肪酸盐乳液或阻塞问题。

(2) 挪威科技大学的 Johan Sjöblo 对原油中可能导致环烷酸盐形成以及垢泥问题或乳化液问题的不同类型酸的最新认识进行了调查。他证实，一元酸（拥有一个羧基基团）有稳定乳化液的倾向，并且可以集中在油相或垢中，而四元酸（拥有 4 个羧基基团）可以稳定油水乳化液，并且往往倾向于与金属离子如钙离子（Ca^{2+}）反应形成不可逆沉积。

(3) 道达尔公司的 Christian Hurtevent 介绍了公司基于原油密度和酸类型的乳化液形成的研究。总之，已经观察到低 API 度（≪ 30°API）难处理原油中易出现生物降解和沉淀问题，然而，较高 API 度难处理原油易出现乳液稳定性的挑战。

(4) 阿克苏诺贝尔公司的 Ingemar Uneback 提出了一个从原油中提取环烷一元酸衍生物的方法，该方法在化学合成上是一个良好的开始。

(5) 欧洲雪佛龙公司的 Norman Macleod 讨论了在安哥拉近海雪佛龙公司的库依托油田（Chevron's Kuito）中的环烷酸盐垢问题。该油田原油具有 2mg（KOH）/g 的总酸值、4.5%（摩尔分数）的二氧化碳、浓度为 900mg/L 的碳酸氢盐，钙和钠含量分别为 440mg/L 和 13000mg/L。当在 70℃ 以上温度处理原油时，在容器、加热器、控制阀中可以明显观察到污垢。这些污垢清理需要停机 2 周或者更长时间。油田公司已实施了检测和除垢技术，进行现场试验，分析生产过程中温度和压力的变化对环烷酸盐沉淀的影响。从这些试验中可知，工作最佳温度是 65℃，并建议用冰醋酸处理，通过降低流体的 pH 值来减缓结垢。自 2003 年起实施这种方案以来，库依托工作系统再也没有经历过任何停工或除垢工作。

(6) 英国的塔利斯曼能源公司（Talisman Energy）的 Craig Cummine 提出了环烷酸盐沉积问题，并在北海的 Blake 油田进行了一系列环烷酸盐沉积缓解试验。在 2002 年，现场的流体是混合的，首次观察到环烷酸钙垢，它们引起分离器、水力旋流器和水脱气器积垢。在接下来的几年里，对各种冰醋酸环烷酸盐抑制剂配方进行了试验。结果表明，注入伴有冰醋酸的油溶性抑制剂可以很好地保持垢在生产系统中是松散的，它们最终能被收集。为了避免完整性问题（如冰醋酸蒸气引起腐蚀开支），在加工设备中 pH 值最好控制在 6 以内。

(7) 康菲石油中国有限公司（ConocoPhillips China）的 Bjoern Helland 讨论了公司开发渤海湾油田遇到的垢和乳化液问题。高环烷酸浓度（0.37%）和高浓度钙、镁的采出水导致三级分离过程产生环烷酸盐垢和稳定的乳化液。该三级分离器乳化液控制采用的是静电器。Helland 认为，唯一成功的处理方法是将冰醋酸注入系统中，保持系统的 pH 值在 6.2 左右；为了克服生产流体中的高浓度碳酸氢盐（0.1% ~ 1%）天然的缓冲效应需要大量注入冰醋酸。

(8) 研究人员表示，冰醋酸虽然似乎对抑制环烷酸盐的沉积效果最好，但并不是控制 pH 值的唯一选择。对于抑制那些导致油水分离差和形成稳定乳状液的环烷酸盐和稳定的残余乳液来说，使用乙醇或甲酸可能更有效。在下游加工方面，环烷基原油（炼油厂称为"机会原油")正变得越来越常见,其高含酸量增加了设备腐蚀的风险。研究者建议上游和下游之间要进行大量的运营协作,以便炼油厂了解原油特性,并为之做相应的准备。

(9)挪威国家能源公司的 Jens Emil Vindstad 提供了环烷酸钙沉积建模需要考虑的因素。四元酸的浓度是环烷酸钙沉积的主要控制因素。任何预测技术都将需要识别和量化这个因素。此外,任何有效的预测模型都需要知道水的成分(尤其是 Ca^{2+} 浓度和缓冲容量)、任何天然抑制剂的特性、系统压力、温度和水的含量。

(10)道达尔公司(Total)的 Benjamin Brocart 介绍了环烷油乳化预测方法。控制稳定乳状液形成的主要系统参数包括油的密度和水的组成(拥有高 pH 值的低密度油,缓冲液形成稳定乳液)。当油中含有线性酸和蜡时,在乳液界面倾向形成沉淀物。为了探讨乳化倾向,道达尔公司(Total)进行了初始油的质量审查和超声波扫描实验。

(11)Nick Aldis 展示了英国石油公司在今后安哥拉开发项目中避免环烷酸盐结垢的设计方案,该方案是公司生产储油轮项目权威的工艺技术设计方案。设计的措施包括选择优质材料;针对油处理系统设计了两个高压分离器和原油加热器,针对采出水处理系统设计了紧凑型气浮装置。为了使乳化液的稳定性降低到最小,采用两级静电聚结破乳,同时保证流体在破乳装置中有适当的停留时间,确保油水分离充分。

(12)Christian Hurtevent 总结了研讨会的内容,凸显了针对环烷酸盐控制的无限稀释和水洗概念。"四元酸为核心物质"是环烷酸钙沉积中最重要的假设,其在一类聚合反应中与 Ca^{2+} 发生相互作用。Hurtevent 提议的洗罐稀释法是基于用高比例含量的一元酸(可以预防含钙—四元酸网状结构形成)稀释四元酸含量高的原油的原理,用水稀释(总油中30%~40%的含水率)以降低乳化液的稳定性,并保持低操作温度,以便降低沉淀物形成的动能。

已达成共识的环烷酸盐垢形成机理是:当原油的 pH 值发生变化时,原油中不同类型的酸可导致环烷酸盐形成和沉淀或形成乳化液。而这些问题通常是由压降导致 CO_2 逸出所引起的。一元酸趋向稳定乳化液和聚集于油相或沉淀物中;然而像 ARN 这样的四元酸,可以与金属离子如钙离子(Ca^{2+})反应形成不可逆沉淀物。这种现象类似于碳酸钙这样无机垢的沉淀和沉积。建模技术可以用来预测和研究这些反应。这些垢在分离设备中沉积,造成分离设备损伤,具有普遍性;然而它们对地层伤害也是一个问题。现在人们对环烷酸盐垢的形成和环烷酸盐垢分析越来越感兴趣。可是,这种类型垢增加是因改变生产方式造成的还是其他因素造成的,目前尚无定论。在第6章中将详细介绍预防和抑制环烷酸盐垢的方案。

4.5 聚合物垢及其他反应生成物和研究沉积的地面设施

本节将讨论在前面的章节中没有介绍的地面设备中的聚合物垢及其他垢的形成和沉积过程,其中包括地面设备中的沥青质垢。

4.5.1 聚合物垢的形成和沉积

在原油进行化学或热处理过程之前,有机垢的形成主要与原油或天然气中固有的各种化学物质相变有关。但是，化学加工通常发生在将液体转换为可用产品的综合炼油厂或化工厂。

陆上或近海处理油、水及分离气体的加工处理厂（油进入输送管道前的）可被视为上游系统的一部分。如果与炼油厂的工作条件类似的话，这些处理厂也可能产生有机垢。因此，本书对加工处理反应产物进行一个简短的讨论。表4.4展示了与温度和反应条件有关的一些反应产品类型变化情况。表中的F1表示最轻微的情况，F8表示最严重的情况。Frenier（2001）详细地介绍了炼油厂形成的垢类型。第6章中以及Simanzhenkov和Idem发表文献中，也对重质有机垢和焦炭的形成进行了更加详细的介绍。在一般情况下，随着温度的升高和反应时间的延续，垢会变得更聚合或成为焦炭状（基本上是碳化）。

精炼操作前端典型的设备布局情况和垢分布情况如图4.43所示。该布局和与生产运行相关的一些地面设备布局类似。这些单元经常有换热器和蒸汽发生器，而这些设备经常被有机垢和无机垢污染。

醇胺脱硫化氢装置也许是形成特殊沉积物非常重要的场所。虽然从气流中除去H_2S和CO_2有许多方法，但是使用最广泛的还是胺系统。这些单元依赖于H_2S或CO_2与氨基氮的反应。现如今最常用的反应物是单乙醇胺（MEA）、乙醇胺、二甘醇胺和二异丙胺。其中二甘醇胺（Diglycolamine）成了杰弗逊化学公司的商标，其他反应物是适合于化合物结构的准确化学名称。

下面反应式是反应物与H_2S的反应：

$$2RNH_2 + H_2S \rightleftharpoons (RNH_3)_2 S + H_2S \rightleftharpoons 2(RNH_3HS) \qquad (4.32)$$

在低温和高H_2S分压情况下反应向右进行。为此，反应通常是在压力为300 psi或更高压力情况和接近环境温度下进行。

反应物与CO_2的反应为：

$$2RNH_2 + CO_2 + H_2O \rightleftharpoons (RNH_3)_2 CO_2 + H_2O - CO_2 \rightleftharpoons 2(RNH_3HCO_3) \qquad (4.33)$$

表4.4 有机的反应产物

垢的类型	沉淀物类型
F1	轻烃，C_1—C_5
F2	汽油、柴油和燃料油 C_4—C_5
F3	发动机润滑油、润滑脂、重质燃料油和原油
F4	焦油和沥青质沉淀物
F5	含有聚合母的黑色坚硬固体
F6	含有焦炭基质的黑色坚硬固体
F7	线型聚烯烃
F8	交联聚合物

沉淀物		去除方法
F1	轻烃：C_1—C_5	通过洗涤剂脱气和去除轻质油
F2	汽油、柴油和燃料油：C_4—C_{15}	使用洗涤剂除去油脂
F3	发动机润滑油、润滑脂、重质燃料油和原油	使用碱和洗涤剂除去油脂

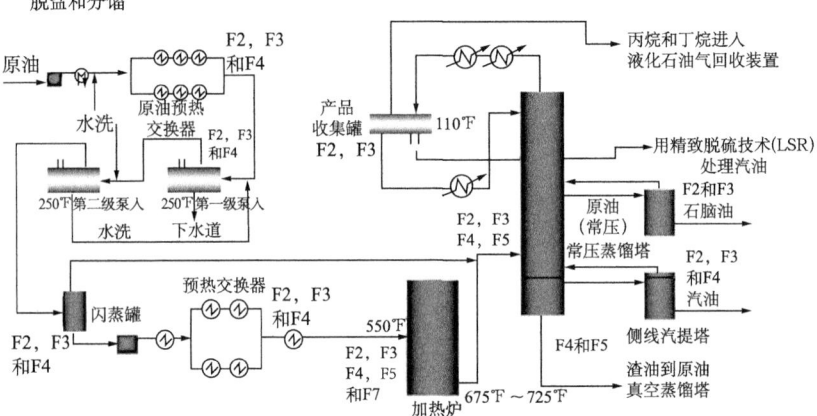

图 4.43 精炼厂前端操作设备和沉淀物分布情况（Frenier，2001）

迄今为止使用最广泛的是单乙醇胺（MEA）。单乙醇胺是一种透明的无色液体，在大气压下的沸点为 338°F（170℃），在所有使用的有机胺类里面，其性能最强，因此极易与酸性气体发生反应。

这些加工处理流程基本都是相同的，只是在炼油厂流程中会有小的变化。含有 H_2S、CO_2 或两者都含的酸性气体通过洗涤塔进入车间，在洗涤塔去除游离液体或携带的固体。酸性气体进入吸收塔底部，并与从上向下来的胺水溶液逆流接触。脱了硫化氢的天然气从吸收塔顶部流入脱水装置，继而脱去来自胺水溶液里面的饱和水。

胺处理单元中的垢和需要的清理工作。因为这些单元都是循环的，所以可以使用系统泵进行清理。而这些装置是在压差下启动，所以需要加入一些惰性气体。在使用前应该对装置进行清理。油、油脂和颗粒会通过影响表面张力，进而引起胺的发泡，泡沫会损失一部分汽提塔中的胺。尽管在设备运行中会形成一些硫化铁，但光滑、惰性的表面可以减少硫化铁的形成量。去除氧化铁通常意味着可在启动过程中较少的更换过滤器，这样在低流量区域微粒沉降机会也较小。在运行过程中溶液中的氧化铁颗粒可能会与硫化物形成氧化亚铁，进而会使胺变黑，会导致有机或无机垢的形成。

由于装置运行过程中会产生包括很多复杂聚合物在内的沉淀物，因此这些设备单元也需要清理。由于胺是溶于水的，因此这些系统可能不需要脱脂过程。然而，一些将进入设备系统的某些产品是否应该被清理，应视具体情况而定。一旦有机垢被清除，酸与醛的混合物会被视为溶剂（Frenier，2001）。在现场，应该清洗整个装置单元避免新鲜的胺被污染，但用户可能不觉得有必要这样做。最低的要求是应该清洗汽提塔塔顶、胺—胺交换器和塔与塔之间的水冷式交换器。

汽提塔分离胺体系中的酸性气体，因此它的效率决定了系统工作效率。由污垢引起的压降增大意味着重沸器加热温度更高。这种情况可能会导致腐蚀和流体携带，引起胺额外的损失。汽提塔上的冷却器控制着从塔顶流出液中回收的水和胺的量。这种冷却器可能是气冷或水冷或是两者的组合。如果不想让胺损失过量，这些冷却器必须有效地冷却物料流。由于在较高温度下这些酸性气体腐蚀性肯定会增加，因此这些交换器的工作效率也会对下游设备的腐蚀情况造成影响。

胺—胺交换器和水冷交换器对系统的运行影响很大。因为吸收塔是冷运行，而汽提塔是热运行，这些交换器需要高效地进行热量转换。胺—胺交换器在汽提塔和重沸器的腐蚀问题上发挥着很大的作用。任何以陆地为基地的或近海的石油加工处理厂里的热交换器或加热炉里产生的垢要比在生产经营干线部分的更重、更复杂。这些垢样是无机的和聚合物的（和沥青质的）固体混合物。

4.5.2 地面设施中的沥青质伤害

地面分离设备和管道中的沥青质沉淀会引起很严重的问题，因为絮凝物几乎沉淀在所有与原油接触的地方，如图 4.16 所示。这个问题对安全和设备运行影响最大。沥青质沉淀可能会引起高压保护装置无法启动，如果安全泄流阀也是堵塞的和无法打开的话，那将会带来灾难性的结果。因此，在生产和工艺设备的设计和构建之前，对原油中潜在沥青质絮凝物的鉴定和预测是必不可少的。

为了预测如分离器这样的地面设备中的结垢情况，Gharfeh 等（2007）使用了 4.2.2 节所介绍的改进溶解度参数模型（Buckley，1996；Buckley 等，2006），该模型准确预测和解释了北海原油和凝析液混合期间沥青质沉淀过程。该模型使用的吉布斯自由能混合规则如下：

$$\delta_{\text{live-oil}} = \phi_{\text{STO}} \delta_{\text{STO}} + \phi_{\text{DG}} \delta_{\text{DG}} \tag{4.34}$$

式中各项分别是地面储罐油（STO）和凝析液中溶解的轻馏分的体积分数、溶解度参数。该方法能预测和解释北海油田分离器里凝析液与原油混合时沥青质沉积的问题。在分离器中仅仅是地面储罐油（STO）和凝析液（体积分数 70%）的混合，模型预测结果是没有沉淀发生。然而，当分离器里有溶解气时，模型预测的结果表明有沉淀发生。事实上在现场也的确发现沥青质沉淀方面的问题。通过调整凝析液的加入量，可以避免沥青质沉淀的产生。

除了沥青质能够造成伤害外，Sjöblom 等（2006）认为沥青质能够通过环烷酸或其他天然产生的表面活性剂使乳状液变得稳定。他们声称，沥青质的聚集状态对乳化液稳定性起着决定性的作用。他们引用文献（Førdedal 等，1995）阐述说，与非常小的簇合物相比，聚集的沥青质更容易使乳状液稳定。他们还研究了分离器的工作特征对乳液稳定性的影响，发现影响乳液稳定性的 3 个因素：

(1) 当压力低于 p_{ob} 时，增加压降（Δp）会引起乳状液分离量增加。
(2) 当压力高于 p_{ob} 时，增加 Δp 会增加乳状液的稳定性。
(3) 添加甲苯会导致乳状液不稳定。

要注意的是，这些因素也与原油中沥青质的稳定性有关。不管怎样，这些研究人员认为，在低于 p_{ob} 条件下，气体的逸出将引起乳液表面膜破裂，使乳液变得不稳定。

4.6 混合垢

由于油、气、固体表面和水相同时发生接触,在许多生产环节中将会形成无机和有机垢的结合物或混合物。因为大多数被污染的表面都是由黑色金属组成的,混合垢中通常包含着铁腐蚀产物,如$Fe(OOH)$、Fe_3O_4、$FeCO_3$或FeS。由于在气体管线(Enhanced Pipeline Cleaning,2006)中的混合垢通常是黑色的,因此这种腐蚀产生的物质通常被称为"黑粉"(Sherik,2008)。文章指出,混合垢通常是很多类残渣共存物或是与碳氢化合物的混合物,这会使清洗和清除工艺变得复杂。本节引入的文献介绍了各种各样的化学分析法可用于分析含有磁铁矿(Fe_3O_4)和各种各样的硫化铁的混合垢。

此外,生产系统中也可能出现碳酸钙和硫酸盐垢。图1.4所示的是假设在毗连的管线或管壁腐蚀导致氧化铁和硫化亚铁(FeS)无机垢形成,并且有机垢沉积在无机垢之上的情况。在这种情况下,如硫酸钡等无机盐似乎不太可能沉积在憎水的有机垢(如蜡等)表面之上。但是,由于系统其他地方碎屑的运移,高度混合的固体颗粒最终可能会出现在过滤网、管线和地面设备里。

Bilden等(1990)报道了加利福尼亚油田为了提高稠油采收率采用蒸汽驱所带来的问题。产生的垢导致油井产量降低,他们认为这主要是由于有机和无机化合物在衬管的割缝处沉积导致的。清理堵塞时,发现割缝里的垢又黑又硬。对垢的分析表明,垢中包括沥青质、软沥青、$CaCO_3$、$FeCO_3$、Fe_3O_4和地层微粒。作者认为垢的形成是由于以下原因造成的:

(1)蒸汽驱散了地层矿物颗粒和砾石填充砂;
(2)微粒运移;
(3)无机垢的沉淀;
(4)原油中沥青质组分的不稳定性(沥青质和软沥青质);
(5)极性有机物的吸附作用很可能改变湿润性;
(6)钢管件的腐蚀。

所有的这些伤害机理都与向井中注入蒸汽和随后在同一井筒生产原油有关(这一过程被称为蒸汽吞吐提高采收率)。生产过程中由腐蚀产生的铁离子可能会使沥青质变得不稳定。

当一条管线堵塞时,经常会有大量的无机垢与蜡或沥青质一起被清除出来。图4.44是一张从海底管线中清除出的垢照片,该照片来自Bell等(2008)报告,照片显示,垢中含有蜡和黑色粉末。如上述报告中所说,在许多大的管线中,可能要清除数百磅(在一些情况下,数吨)的混合垢。Wylde和Slayer(2009)指出,管线能被多种类型的有机垢和常见的腐蚀产物堵塞。Wylde和Slayer(2009)也介绍了更多特殊的无机垢,包括汞(Hg)、砷(As)、锌(Zn)和铅(Pb)盐,这些盐可能存在于特殊原油中。管道和其他设施的除垢方法将会在第5章介绍。

集输管线中的混合垢的另一个来源是微生物诱导腐蚀(MIC)。当管线中流体流速很低或存在不流动死点时(Stoecker,2001),这可能是一个问题。Jenneman(2006)提出证据表明,实际上微生物产生的酸是引起腐蚀的原因。微生物诱导腐蚀也是垢下腐蚀的一个主要原因。Seagraves和Wu(1996)表示,微生物也能使硫酸盐转换成H_2S。于是,垢中包含腐蚀产物和有机生物膜。

图 4.44 海底管线中的混合垢（Bell 等，2008）

照片来自 Rick Armstrong

有机垢和无机垢的相互作用可能会引起垢的增长，然而，在目前的文献中并没有详细地讨论这些相互作用机理。这些相互作用机理非常复杂，这里仅介绍一些垢的形成理论。

在 4.1 节和 4.5 节中已经详细介绍了特殊有机垢的形成。Frenier 和 Ziauddin（2008）介绍了无机垢的形成过程。如上所述，氧化铁残渣通常会存在于生产油管和集输管线内部。Byars（1999）对氧化铁、碳酸盐和硫化铁的产生机理进行了研究。这些垢通常是由于井中流体含有 CO_2 和 H_2S 所引起的。除非及时清除管道中的垢，保持管道清洁，不然这些垢将会成为有机垢和其他无机垢的沉淀场所。从关于无机垢的文献中得知（Collins，2002），低能量表面（如聚四氟乙烯或类金刚石炭）会缩短无机垢沉积的诱导期，而如碳钢（CS）等高能量表面则不会延迟垢的附着。腐蚀产物能增加有效表面积，并可为蜡和沥青质提供成核场所（Hammami 和 Raines，1999）。通过使用原子力显微镜，Dotto 等（2008）发现，固体石蜡的黏附力取决于表面形态，而结垢层的存在对表面形态的影响极大。大量腐蚀产物的产生与 H_2S 和 CO_2 等酸性气体相关；这可以参考之前关于黑色粉末的讨论。

由于原油中的一些有机成分含有氮配体，氮配体与这些垢中铁离子络合，形成的络合物很可能成为其他有机垢的额外沉积场所（Wattana 等，2001）。

Becker（1998）声称，无机垢与有机垢的相互作用涉及了阴离子配体（如氮碱）与沥青质结合位点的交换。这可能会使无机垢附着于管壁表面。Cosultchi 等（2006）在油管壁表面形成的沥青质垢中检测到了磁性和非磁性铁化合物。通过使用不同的分析方法，他们发现有机相中 C═C 和 C—O 键的数量是增加的，并得出结论：有机相热稳定性的增加表明了 Fe 和 FeOOH 离子带氧的官能团形成了复合物。这些测试运用了模拟实验，并且是在温度为 170℃ 条件下进行的。

Becker（1998）也注意到有机垢的存在能够引起一种称为"垢下"类型的腐蚀（也可见 Byars，1999），这种类型的腐蚀会给许多管道和输油管道带来麻烦，因为阴极和阳极可能是分开的，并且形成的腐蚀坑很难被检测出来。

许多原油中都含有如环烷酸盐等天然表面活性剂,这会影响固体表面的油湿与水湿平衡(即接触角)(Abdallah 等,2007),由此,有机物质和无机物质沉积。

在酸化处理过程中,酸接触一些类型的原油时,酸渣(沉淀物)的形成会是一个反复出现的问题(见 4.2.4 节和 4.5.2 节)。在酸化处理时,盐酸(HCl)与含沥青质原油接触可能会突然产生一些沥青质沉淀物,开始引起地层伤害和在一些地层中形成混合垢。

Gao(2008)使用摇摆试验舱和冷凝管的测试表明,不同类型的无机垢和有机垢可能会相互作用。特别需要指出的是,这位研究者已经证明,在天然气水合物存在的情况下,沥青质沉淀物能引起灾难性的集聚并导致堵塞。因此,若生产系统中同时存在沥青质和水合物时,生产系统存在风险,沥青质处理方案的失败会对水合物防范策略的成功造成潜在威胁。天然气水合物微粒能使蜡从溶液中结晶出来。反过来,蜡沉积能潜在地引起水合物颗粒的聚集。此外,无机垢晶体(在这种情况下:硫酸钡)能成为天然气水合物的结晶核,从而使水合物颗粒长大。

对于在砂岩储层和生产管中碳酸钙的形成而言,最常见的机理之一是由于压降引发"闪蒸结垢"。在低 pH 值、高 CO_2 分压条件下,碳酸钙不会形成,除非压力迅速降低。如果这种情况真的发生了,那么"闪蒸结垢"能快速产生。图 4.45 展示了一个由于溶液中 CO_2 逸出导致 pH 值下降所引起的"闪蒸结垢"的例子。压降也可能引起沥青质沉淀(Hammami 和 Ratulowski,2007),最终结果是形成沥青质和碳酸钙的混合垢。

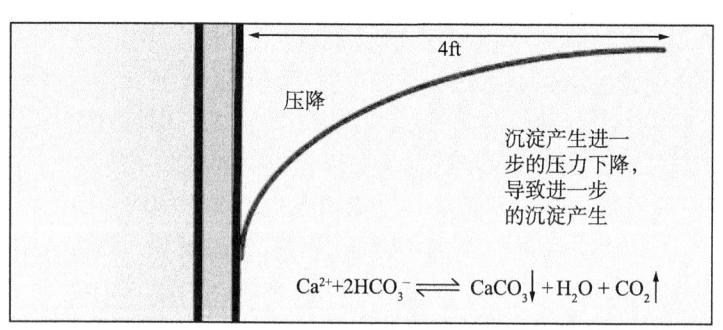

二氧化碳逸出导致压力下降,从而导致碳酸钙沉淀产生

图 4.45 闪蒸碳酸钙垢

Nicholas 等(2009)用热力学微天平技术研究了金属表面对水合物沉积的影响(Yiantsios 和 Karabelas,1995)。研究的目的是测定当水合物在不同环境中形成时,水合物微粒和碳钢之间的黏附力。由于环戊烷具有较低的蒸气压,研究人员认为环戊烷 II 型水合物比四氢呋喃(THF)水合物更适宜作为甲烷水合物的替代品。在大气压下,环戊烷 II 型水合物在接近 7℃时就会融化。另外,还分别测试了碳钢(CS)与水冰分离,环戊烷从水合物中分离以及碳钢与环戊烷水合物分离所需要的力(在碳钢上形成)。从这些实验数据中可以看出,相对于水合物微粒间的黏附来说,冰和水合物会更易于附着在碳钢上。这表明水合物运移时,干的水合物颗粒不会附着在钢表面,但湿的水合物(和在钢存在的情况下形成的水合物)会更强烈附着于钢表面。他们认为,这项研究强调了检测各种材料管道流动系统中水合物沉积和管壁垢生长特性的必要性。

因为管线或油管中的混合垢的最外层通常是有机垢，所以用溶剂除垢将会变得复杂，因为必须先清除有机垢层才能用水溶性溶剂清除无机垢。5.3 节、5.4 节和 6.4 节分别介绍了测试、清除和抑制混合垢的方法。

4.7 研究沉积的设备

在油田中诱发有机垢的流动环境条件很难在实验室里重现。已经有很多测试设备被建议用来进行流动保障研究。但这些设备中没有一个可以演示所有可能的结垢情况。相反，每一个装置只能满足一种特定的需求或模仿特定的过程。测试设备在重现现场环境条件时遇到的一些挑战包括：

（1）现场操作的规模大；
（2）液体和气体的容量大；
（3）极端的温度和压力；
（4）原油类似物的数量有限；
（5）多相流；
（6）腐蚀；
（7）使用易燃物和危险品的安全和处理。

设计缩尺模型实验所用的传统比例定律很难应用在流动保障研究上。因为能与缩尺模型匹配上的现场参数非常有限。例如，对于管线里的垢来说，流态和管壁处的剪切速率都是非常重要的。然而，在大多数缩尺模型里很可能只能匹配到这些参数中的一个。对于管中单相牛顿流体的流动来说，流态是由雷诺数来确定的：

$$Re = \frac{\rho u D}{\mu} \tag{4.35}$$

这里管壁上的剪切速率由下式给出：

$$-\left(\frac{dv}{dr}\right)_w = \frac{8u}{D} \tag{4.36}$$

在式（4.35）和式（4.36）中，D 为管道直径；ρ 为流体密度；u 为平均流速；μ 为流体黏度；v 为管道径向半径为 r 处流体的流速。注意：雷诺数与 uD 成正比，而管壁上的剪切速率和 u/D 成正比。因此，这些参数相匹配，就必须调整流体黏度、密度或两者。然而，这样做是不行的，因为这样调整流体参数会不可避免地使流体的组分或温度发生改变，这样可能会改变流体中沉淀物的化学性质。在油田中遇到的大多数流动保障问题都会涉及多相流，这意味着创建一个有代表性的实验模型具有更大的挑战。因为多相流与上述的单相流相比，多相流必须匹配一大套参数。

现在行业中有几个大型的流动环路实验装置可以用来规避缩模型中所涉及的这些问题。Faclone 等（2008）评估了全球研究机构中使用的多相流动环路实验装置（图 4.46，图中显示了在不同设备中流动环路的长度）。其中，只有少数环路实验装置用于流动保障研究。然而，大型流动环路实验装置不是万能的，它也有自己一系列的问题。首先，建造大型流动管路的成本非常大。因此，设计的大多数流动环路实验装置是在相对低压环境下操作。这些低压流动环路实验装置不适合于研究轻质油的沥青质沉淀和水合物的形成。因为这些现象通常在高压下才发生。其次，在大型的流动环路实验装置中需要的流体体积量大，对实用性来讲，只有储罐油或混合油才能满足这种情况。但是，储罐油或混合油中的大多数的沥青质可能已经被分离出来了。因此，用地面储罐原油作为流动介质可能不会令人信服。此外，含沥青质的原油中的虽然沉淀的沥青质只占沥青质含量的一小部分，但是在现场环境中，这种小量沉淀物仍然会随时间的推移而在管线中大量积聚。不管怎样，在大型流动环路实验装置模拟中需要用到大量的现场井下含气流体，费用可能会非常昂贵。

在许多实验模型中，在匹配现场参数时会做一定的让步修改。为了确保实验不错过临界参数的测定，研究人员需要对沉淀过程有一定的了解。例如，可以使用一个大型低压流动环路实验装置来研究蜡沉淀特征，该低压流动环路实验装置对温度比对压力更为敏感。而这个流动环路实验装置可能就不适合水合物或沥青质沉积的研究。由于压力对这些垢影响更大，因此大部分用于流动保障研究的流动环路实验装置是用来研究蜡沉积的。由于高压流动环路实验装置操作成本很高，因此用来研究水合物沉积的流动环路实验装置更少。用来研究在高压下从轻质油产生沥青质沉淀的大型流动环路实验装置目前还没有看到。由于具有代表性的研究需要高压操作和井底含气油样，因此一些小型实验室中用来研究剪切沉积容器已经被推荐用于沥青质研究（见4.7.3节）。这些设备可在高温、高压下用井底含气流体进行实验操作。虽然这与现场环境的相匹性配并不是非常好，但是这些容器为研究沥青质沉积提供了接近现场条件的实用手段。

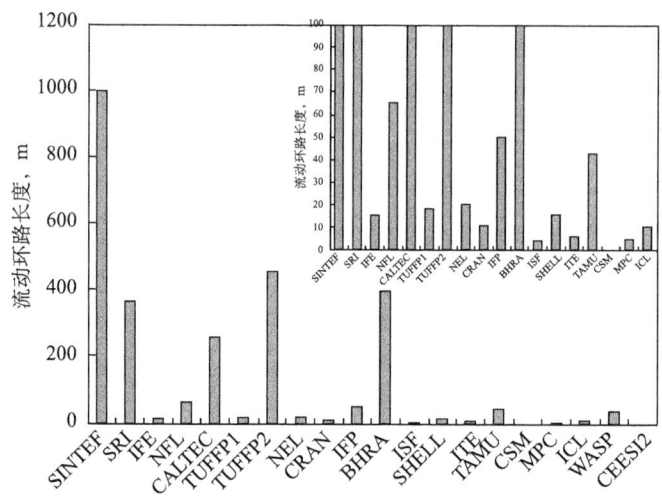

图4.46 各研究机构的设备中流动环路长度图（Faclone等，2008）

4.7.1 研究蜡的流动环路

Creek 等（1999）介绍了一种单相蜡沉积流动环路实验装置。该装置最初由加拿大石油公司设计和安装，随后由艾伯塔研究理事会经营。这个流动环路实验装置于1995年捐给了塔尔萨大学，用于蜡沉积联合工业项目（JIP）研究（Volk 和 Sarica，2003）。该流动环路大约有 48.8m（160ft）长，内径为 0.04m（1.7in），流动环路实验装置的工作原理如图 4.47 所示。在流动环路上大约每隔 4.8m 都有温度和压力测量点,整个流动环路被充满乙二醇—水的温度控制护套包裹。这个大型的流动环路是由两个可移动测试管段组成,呈水平 U 形管形态。第一个测试管段位于距入口 19.8m（65ft）的位置,第二个测试管段位于距系统尾端 4.8m（16ft）的位置。该系统操作温度和压力分别是 40 ～ 140°F 和 0 ～ 100psi。

Creek 等（1999）使用这种流动环路实验装置研究了墨西哥湾（GOM）原油（析蜡点为 120°F,API 度为 35°API）中蜡沉积问题,测量了在沉淀过程中温度和流速对沉淀速率和原油馏分的影响。蜡垢厚度随着流体和管壁间的温度梯度呈线性增加。沉积速率的变化是原油温度的弱函数（相对于析蜡点）。在层流和湍流区,蜡的生长速度有明显的不同,在 120h 的流动中,层流区的蜡垢厚度会随着时间一直增加,而在湍流区蜡垢厚度会在大约 24h 之后保持稳定。

蜡沉积联合工业项目部也开发了一种多相的蜡沉积流动环路实验装置。测试部分由耐高压（1000psi）全包裹的直径为 2in（0.05m）的不锈钢管组成；流动管长度 75ft（22.86m）,可倾斜角度为 0°～ 90°（结垢进展报告,2004）。

几家公司（包括雪佛龙）也有用于估测各种原油蜡沉积趋势的小型流动环路实验系统。Hsu 等（1994）用他们的流动回路系统进行了在湍流条件下蜡沉积测试。

Benallal 等（2008）介绍了一种用于研究蜡沉积的流动环路实验装置。流动环路 460ft（140.2m）长,最高运行压力为 1450psi,并且完全可以温控（图 4.48）。流动环路的内径大约为 2in（0.05m）,有 5 个彼此独立的可控温度的热区。热区的控温范围是 32 ～ 122°F。蜡沉积段 23ft（7m）长,该段管道上的 3ft（0.9m）的短管可以用来观察沉积情况和提取垢样本。

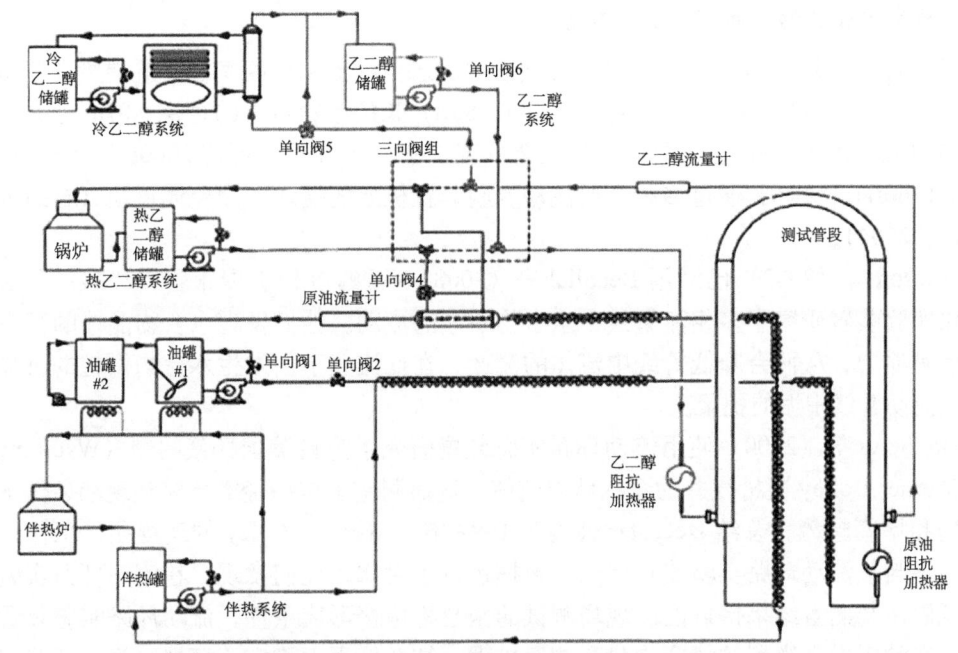

图 4.47　研究蜡沉积流动环路实验装置原理图（Creek 等,1999）

图 4.48 研究蜡沉积的流动环路实验装置（Benallal 等，2008）

Couto 等（2008）把冷凝管法测试得到的结果与流动环路实验装置得到的结果进行了对比。这项研究的目的是探究不同油水条件下石蜡沉积特性。测试使用了冷凝管装置和来自墨西哥湾油田的原油，乳液是用淡水和盐水两者配制而成的。通过改造目前塔尔萨大学研究混合物溶解度和物理特性的（作为水含量函数）单相沉积实验装置，开发出了一种油水混合物的蜡沉积实验装置。通过使用 TUWAX 和 Weispfennig（2001）研发的实验装置，他们发现，冷凝管内的蜡沉积量与基于环路模拟基础之上的预测结果有很好的相关性。在第 6 章中将会介绍其他的流动环路实验装置。

4.7.2 研究水合物的流动环路实验装置

2001 年，Marathon 石油公司把该公司研究的水合物流动环路实验装置捐给了塔尔萨大学。这个流动环路装置由一个安装在 24.4m（80ft）长的倾斜台上的直径 0.07m（3in）的流动环路组成，流动环路是 U 形的，并且全程装护套。运行压力可达 2000psi，流动路线长48.7m（160ft）。该环路通过多相泵或流动实验装置机架的摆动实现流体流动（石蜡沉积进展报告，2004）。

Peysson 等（2003）已经用 Benallal 等（2008）（石蜡沉积进展报告，2004）介绍的流动环路实验装置研究了多相流管线中水合物浆液的流动。他们发现水合物晶体的存在会增加管壁黏滞力，从而会降低管线中流体的流速。在低流速下会发生水合物微粒的沉降，这会导致流动管线中垢的积聚。

Matthews 等（2000）使用流动环路实验装置研究了源自美国怀俄明州（Wyoming）南部的 Werner Bolley 凝析气井的含气储层流体，进而测定了这些烃类流体在现场条件下形成水合物和堵塞趋势。总结 Deepstar 公司于 1997 年在 Werner Bolley 的现场测试工作，将得到的结果与从流动环路实验装置得到的数据进行了对比，他们发现，在流动环路实验装置中的低温冷却测量结果接近油田现场测试的水合物堵塞形成条件。流动环路实验装置结果证实了在油田中观察到的堵塞趋势和堵塞机理。结合使用不稳定流模拟，流动环路实验装置的实验结果能够确定形成堵塞最可能的位置。Bishnoi（2003）的一张照片见图 4.49，展示了一种用于水合物研究的流动环路实验装置。

一种微型流动环路实验装置已经由 Colle 等（1996）开发出来。它是由大约 0.01m（½in）内径和大约 3m（10ft）长的不锈钢环路管组成。这种环路也有透明段用来观察环路中的流体和水合物形成的初始点。被测试流体中含有体积分数大约为 40% 的人造海水和碳氢化合物，其中的海水溶液中有大约 3.5% 完全电离的盐。在恒压下，测试流体与烃类气体一起循环流动。流体以大约 0.762m/s（2.5ft/s）的恒定流速循环流动。环路和泵装在一个控温水浴中，这个水浴能控制循环流体的温度。水浴中的水是循环的，这是为了确保水浴的温度是均匀的并且保证水浴与环路之间的快速传热。随着环路温度的变化或水合物的形成，环路中气体的体积也会相应变化，因此，为了保持环路中压力不变，这就需要一种压力补偿装置。这种装置包含一个气室和由浮动活塞隔开的液压油室。当环路中的气体体积发生改变时，液压油容器中的油可以增加或减少，从而给环路一个相同量的气体添加量或减少量。微型流动环路有代表性的测试是在大约 1000psi 的压力条件下运行；但是也可以选择 0～3000psi 之间任何压力评估有或没有抑制剂情况下水合物的形成情况。

图 4.49　卡尔加里大学研究管线中水合物形成的环路实验装置（Bishnoi，2003）

进行实验时，水浴从约 70°F 的初始温度开始，并以 6°F/h 的恒定速率降低。在一定温度下，笼形水合物开始迅速形成。随着笼形水合物形成，溶解气体的消耗，环路中流体的气体体积会相应地突然降低。在该温度下，观察到溶解气体体积突然减少时的温度被称为水合物形成的初始温度。

Sloan 和 Koh（2006）介绍了包括大型和小型在内的许多同类型的流动环路实验装置。他们引用的实验数据表明，不同类型的流动环路实验装置可以提供类似的水合物形成初始时间和温度。但他们声称这些数据与晃动式水合物形成装置中得到的水合物形成初始时间并不一样。本书中介绍的许多实验条件都受物理模型的影响（见 4.7 节中所讨论的内容）。

专门用于水合物抑制剂研究的方法将在第 6 章介绍。

4.7.3 剪切沉积装置

尽管流动环路实验装置可以测量一些可称量类型的数据，但其需要流体的体积量大和在许多情况下需要使用更紧凑的设备（在前面描述过）。剪切沉积装置可使用小液量，并能用含气流体在较高的压力和温度下操作，能在剪切控制环境下观察沉积，该装置可以提供比冷凝器实验或 PVT 装置更接近现场条件的环境。可是与现场环境的匹配没有大型流动环路实验装置接近。

Zougari 等（2006）介绍了一种在模拟管线或井筒中能产生蜡、沥青质沉积的装置。这种装置的原理是建立在经典的 Taylor-Couette (TC) 几何学的基础上，可用来模拟典型石油生产线中遇到的流体动力学（如压力、湍流和剪切应力）和热力学特征（温度和传热）。装置中心的内部磁耦合主轴的转动会使流体处于需要的流动状态（层流或湍流）。沉积发生在冷却的管壁上。管壁材料可以选择有代表性的现场材料。管壁处的剪切应力可以看成是一条有流体流动的管线或井筒管壁的剪切应力。装置可以承受的最大压力和温度分别为 15000psi 和 150℃。因此，适用于含气井底油样的实验。如果样品所使用的沉淀剂的量是有限的，流体直通的形式也可用来减少消耗的影响。Akbarzadeh 等（2007）介绍了典型沉积装置的原理，如图 4.50 所示（Zougari 等，2006；Akbarzadeh 等，2008）。低剪切冷凝管、剪切容器及在内径 0.05m（2in）流动环路实验得到的蜡沉积结果比较如图 4.51 所示。

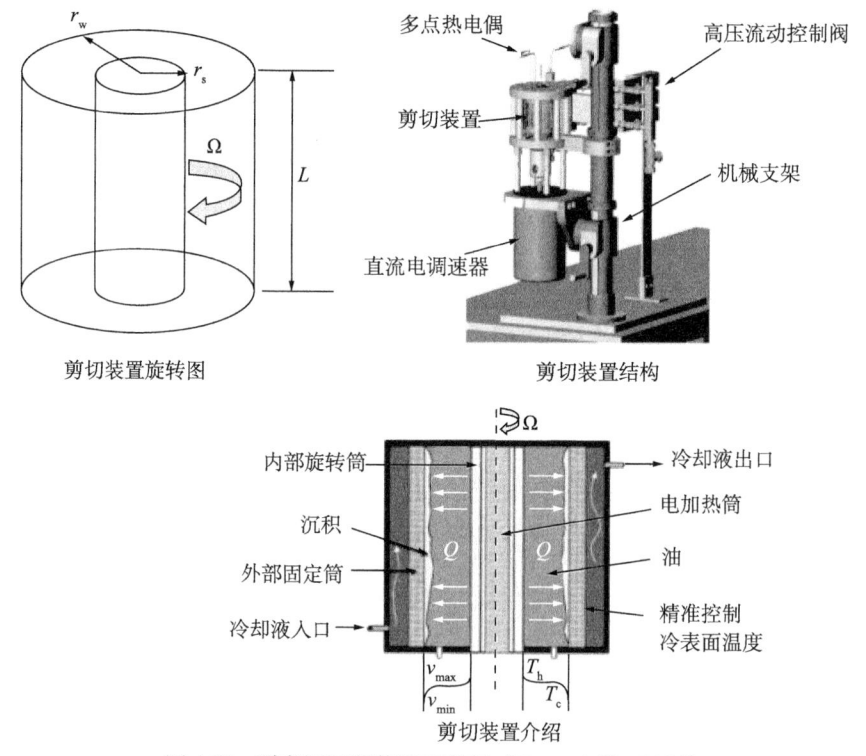

图 4.50 耐高压沉积装置示意图（Zougari 等，2005）

"剪切装置结构"Akbarzadeh 等（2007）得到允许使用权，版权归斯伦贝谢公司。"剪切装置介绍"允许 Zougari 等（2006）转载，版权归美国化学学会所有

采油采气中的有机沉积物 137

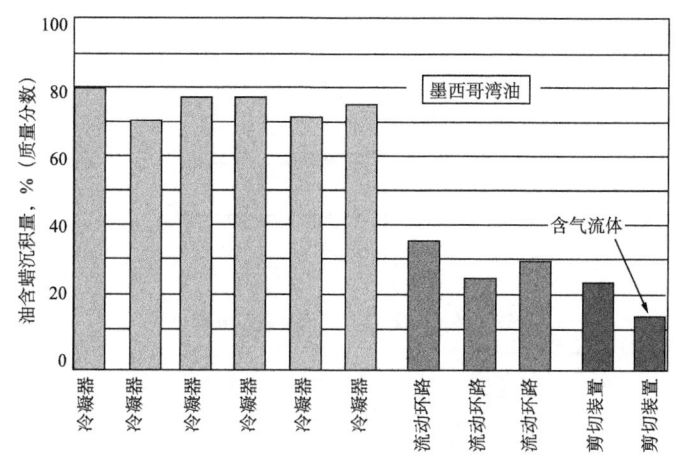

图 4.51 剪切装置、流动环路装置和冷凝器蜡沉积数据对比图（Hammami 和 Ratulowski，2007）
施普林格科学+商业媒体许可转载

Tinsley 等（2007）介绍了一种平行板剪切沉积装置。这种装置［与 Zougari 等（2006）的 Taylor-Couette 设计相比］有一个平行板设计。沉积表面由一块厚度为 7cm/20cm/2.5cm 的铜板组成，铜板上面镀有 0.0127mm（0.0005in）化学镀镍层，上板的材料是聚甲基丙烯酸甲酯（图 4.52），水冷却沉积板到测试温度。外围环路由一个再热蜡溶液（液化所有的沉积蜡）装置、一个泵和一个热交换器（使含蜡原油在特定的温度下进入装置）组成。溶液通过在油浴中的一个内径为 1/8in（0.03175m）的长 5ft（1.8595m）、直径 4in（0.1016m）的不锈钢输油管，接着通过 500mL 的热反应釜重新加热。作者报道，剪切沉积装置可以在不同的剪切应力和温度下操作，进而测量蜡沉积情况和抑制剂的实效性。他们认为，装置可以获得 5～90Pa 范围内的剪切应力值。但是该装置不能提供更高的温度或压力等级。设计的该装置适用于在层流条件下使用。本书作者认为，这种沉积装置能很好地研究诸如抑制剂功效这样的厘定因素。但由于低的雷诺数（Re）和其他比例因素，这种设备不适合为建模量化沉积速率。

Wu 等（2002）开发了一种"冷圆盘"蜡沉积装置（图 4.53），该装置已经被用来测量蜡的沉积速率。此装置是一个壁面上嵌有抛光不锈钢盘的圆形容器，容器中有一个连接到液压转子上的回转叶轮。回转叶轮使液体沿着它的轴线循环，在不同的速率下切向通过附近的冷却盘。用正庚烷从冷却盘中提取沉淀物，接着用 HP 5880A 气相色谱仪，在不分流模式下，用 60m×0.25mm、内涂 0.25μm 固定相的 HP-5 熔融石英色谱柱和氢火焰离子化检测器对组分进行检测，流体的流速用回转叶轮叶尖的速率来表示。

实验室/蜡沉积（2005）出版物中介绍了一种同轴石蜡沉积装置。该装置"可以在静态的样品中获取动态蜡沉积数据。在控制冷表面上剪切速率和精准控制油与冷表面之间温度差的情况下，通过降低温度从而获得沉积速率剖面图，并被应用于实际尺寸管线中。"此外，该出版物中还介绍了一种用来更准确模拟加压条件下沉积的耐高压实验装置。

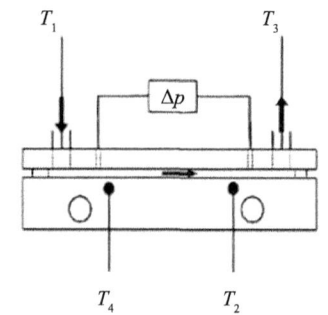

(a) 组装的沉积装置，箭头表示流动方向

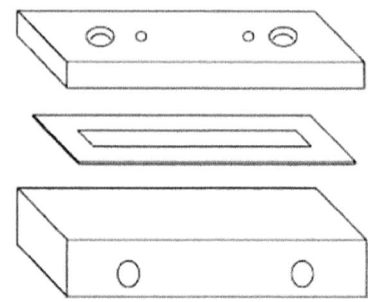

(b) 上层板、垫板和下层板（从上到下）组成沉积通道

图 4.52 平行盘沉积实验装置

T_1—T_4 表示温控热敏电阻装置。Tinsley 等（2007）许可转载。版权归美国化学学会所有

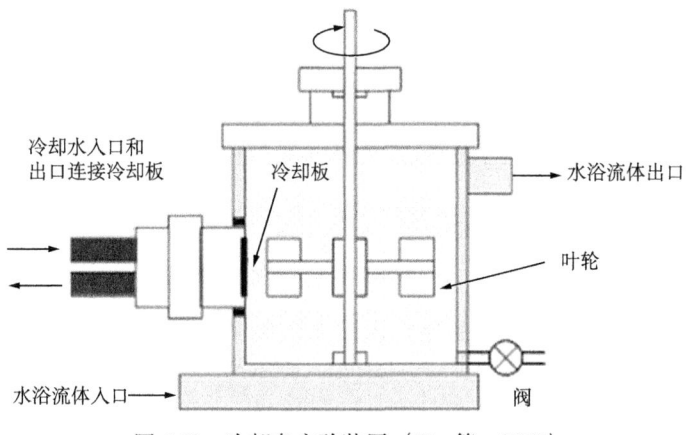

图 4.53 冷却盘实验装置（Wu 等，2002）

John Wiley 和 Sons 许可转载

4.8 总结与思考

（1）平衡条件的改变可导致流体开始产生沉淀，这可能导致有机垢的形成和沉积。不管怎样，压力和温度的变化通常是沉淀产生的主要诱发因素。

（2）针对蜡沉积，其包括以下3个过程：

①一旦流体温度低于析蜡点，随着蜡在冷表面上沉淀，在管道径向会形成温度梯度；

②对流的质量流量会导致蜡聚积；

③凝胶沉淀物内部的扩散引起老化，导致需要增加清蜡的剪切应力。

（3）沥青质的不稳定性与沥青质的溶解性和该流体的其他组分有关。对原油中沥青质的稳定性来说，这些特性比原油中沥青质的含量更重要。随着沥青质浓度的增大，纳米聚集体和最终的絮凝体会开始形成。

（4）储层变化过程中沥青质最不稳定的点是当压力达到饱和压力的时候。虽然已经开发出了多种分析方法可用于测定沥青质不稳定区域，但是沥青质沉淀模型的研究还处于开发阶段。

（5）天然气水合物堵塞是引起含气输油管线流动中断的主要因素，尤其是在海底管线中。天然气水合物堵塞物形成的机理建立在结晶理论的基础上，目前只能估算天然气水合物开始形成的条件，但水合物沉积的确切条件还在研究当中。

（6）在有钙源和水相pH值高达约6.1的条件下可形成环烷酸盐沉淀。环烷酸钠也能导致乳化液的形成。

（7）有机和无机混合垢也会经常出现在油气生产系统中，必须通过使用一种多功效方法来抑制或除去混合垢。

（8）在本书后续的章节里将讨论清除有机垢和混合垢的溶剂以及各种除垢方法的优缺点。单一方法和组合方法的实例可参阅第5章，尤其是5.3.5节中针对混合垢溶解技术的讨论。

5 清除有机垢的方法

一旦在生产流程或地面设施中有机垢或混合垢形成，就可以采用机械或者化学方法来清除。机械方法包括：用喷射器、清管器、高温高压工具和刮蜡器或者是各种工具组合的方法。化学清除法通常用溶剂和分散剂来减少生产设备中垢的形成。为了达到最佳效果，通常采用不同组合的机械和化学方法。

化学法和工程防垢技术一样，给我们提供了另外一套选择。它包括通过使用各种抑制剂（第 6 章）来有效降低有机固体沉积速率。如果在沉淀物形成之前启动了有效抑制或进行了其他方法的干预，那么就有可能不产生有机垢，清除工作也就可能不需要了。但是垢通常是在生产周期发生变化后开始形成（见 1.3 节），所以，首选的实施计划是首先使用化学抑制剂抑制沉淀生成，然后用除垢的方法。本书的章节顺序就反映了这种思想。在第 6 章的后面部分还将介绍一些降低固体附着力的表面处理方法。

5.1 机械清除方法

通常，机械法清除垢是定期维护计划的一部分，或者用于堵塞发生后的清除工作。这些技术在有或无溶剂的条件下都可以使用。常用的机械清除技术有研磨、研磨和水力组合、水力、清管器和刮蜡器技术。热力和声波的方法将在其他章节讨论。空气或气体爆燃在清除井下水垢或有机垢时并不常用，但在清除地面设备中的垢可以使用，Frenier 和 Ziauddin (2008) 对此做过论述。

图 5.1　对热交换器进行水力喷射

水力方法是用高压水（或添加微粒）来清除垢。图 5.1 是使用水枪清洗热交换器管壁上垢的场景。当管道部分或完全堵塞，必须使用某些机械方法建立循环通道，使溶剂循环经过垢。图 5.1 展示了热交换器的清洗过程，要说明的是，高压水力法也可在井下使用（必须注意避免人类接触喷嘴）。Frenier 和 Ziauddin（2008）对喷射方法进行了详细的介绍，这些方法可用于清除有机垢和无机垢。如果垢非常牢固，在书中介绍的一些在清管介质中加入微粒的方法可以使用。较软或密度较低的垢，大多是有机的，可以通过高压设备，使用各种溶剂和乳剂（5.3 节）去除。

5.1.1 连续油管

在地面清除垢可直接使用手提式喷射器或自动化刀具。在井下清除垢，则需要某些传输工具。连续油管（CT）作业机是常用的将喷射工具下放到井下清洗油管、射孔眼和筛管的传输送工具。根据井身结构，连续油管设备还可用于清洗海底管线。连续油管是连续的长管线卷绕在卷筒上。连续油管在下入井筒前，要将其校直，施工结束后再将其重新绕在运输卷轴上。图 5.2 是一种将油管放入井下的装置。根据套管的直径（1 ~ 4.5in）和卷轴尺寸（图 5.3），连续油管的长度可为 2000 ~ 15000ft（610 ~ 4570m）或更长［关于连续油管工艺措施更完整的讨论可参见 Kumar 等（2008）和 Afghoul 等（2004）］。这些作者还论述了化学溶解器、钢丝工具和螺杆钻具清除垢的方法。这些方法已成功地用于清除各类有机垢和无机垢。有许多种工具可以和连续油管配套，包括一些爆燃型装置。这些装置使用高压水、溶剂或研磨剂清除垢，而不会对油管造成损害［关于微粒爆燃服务的更多的细节介绍，可参见 Frenier 和 Ziauddin（2008）］。

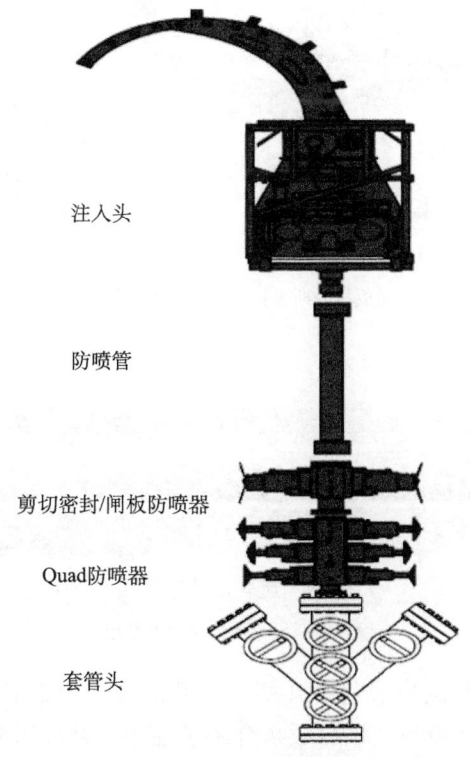

图 5.2　连续油管注入头
版权经斯伦伦贝谢公司允许使用

连续油管装置和旋转清洗工具组合清除石蜡是井下工具清除垢的一个范例。该组合工具（旋转+清洗工具）如图 5.4 所示，该工具利用连续油管喷射冲洗油管、套管和管线等的内壁。这个旋转清洗工具设计有 4 个端口，用来引起清洗瓦片的旋转，底部的一个端口沿着油管方向喷射。

清洗工具的旋转由补偿喷嘴端口所产生的推力驱动。随着泵速增大，清洗瓦片的旋转速度也会增加。侧端口会将管壁冲洗干净，下端口将清理砂桥和其他松散的填充物。清洗工具上端的扶正器保障清洗工具在整个管道表面上完成稳定和更均匀的清洗工作。除此之外，为了提高清洗质量，钢丝绳刮泥器也可以在清洗工具之上工作。高压水以及水与固体的混合物也可以用来清除垢。连续油管工具也被广泛应用于注入和循环各种化学清洗液中（5.3 节有相关介绍）。

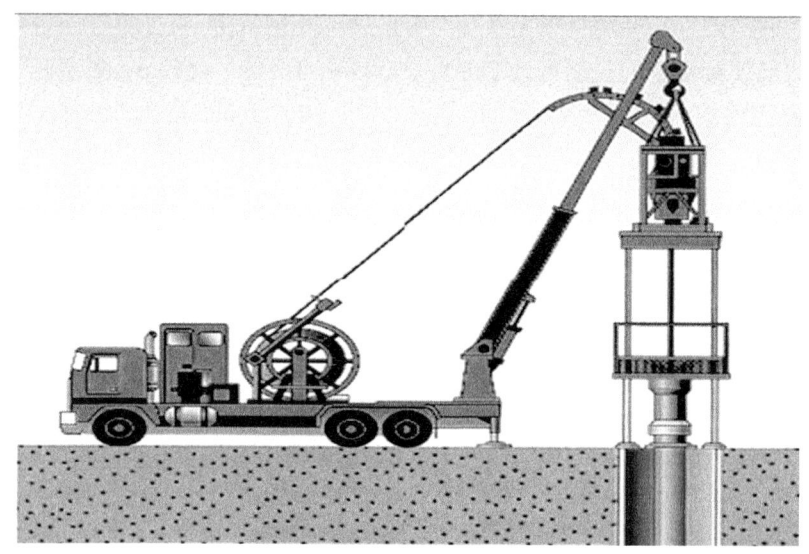

图 5.3　连续油管装置（Afghoul 等，2004）

版权经斯伦贝谢公司允许使用

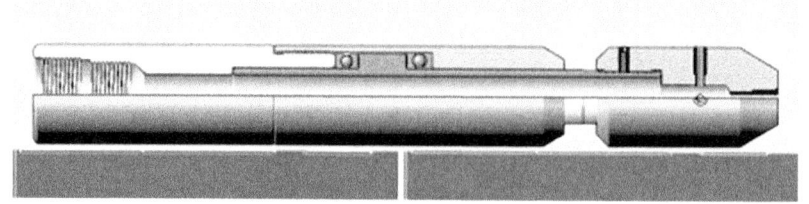

图 5.4　旋转清洗工具头

版权经斯伦贝谢公司允许使用

Baker-Hughes（2003）的出版物中介绍了连续油管在除垢工作中的各种应用，同时也介绍了各种工具和机械清洗设备。该出版物介绍了使用各种高压喷射工具清洗井筒中砂粒、石蜡、沥青质垢或其他垢的方法。高压喷射清洗工具可以有效地清洗机械方法受限的完井附件（如喷嘴、气举阀和筛管）。Halliburton（2005）提供了将流体喷射技术和连续油管相结合的喷射服务,以解决多种井筒清洗问题。有关的更多案例也可参见 Ali 等(2002)连续油管除垢技术的个案研究。

Torres 等(2005)介绍了用连续油管清除沥青质垢的情况。在委内瑞拉东部的北莫纳加斯州,生产的原油沥青质含量高,它们可在井筒和输送管线中从油中析出,这可能会导致管道堵塞。同时,由于需要定期清除有机垢而增加了生产的维护成本。Torres 等(2005)注意到一个特殊案例,该案例是用 2in 外径的连续油管成功清理干净了长 9 km、外径 $8^5/_8$in 的生产管线,恢复了管道生产。运营商和服务公司成立联合团队,完成了该工程可行性研究及组织实施。其中,设计喷射器头部支架、确定其沿管道的入口点、井底钻具组合(BHA)的选择、所用清洗液的选择是该项工程一些关键技术。此外,还测定了连续油管所承受的重力(下入/提升),以保证连续油管在不损害自身和管道的情况下,尽可能深地进入管道工作。连续油管从管道上 5 个不同的切入点进入管道运行了 7 次,成功地清洗干净了管道。该除垢作业选择柴油和二甲苯的混合流体以及稠化水作为清洗液,这有助于清除杂物。施工 22d,管线被清洗干净。这给运营商节约了大量的资本,也为恢复正常生产节约了大量时间。

5.1.2 清管器以及其他机械设备

管道检查测量仪器,或称"清管器",该设备被称为"鼹鼠(Moles)"的设备,其在行业中通常用来评价管道的条件和清除各种类型的杂物或无机垢以及松软的有机垢。清管器通常以生产流体(《清管器介绍》,2008)或者其他流体作为驱动力,被携带进入管线并经过整个管线装置。这些设备的名称是专有名称,"鼹鼠(Mole)"一词通常描述的是被一条线拉着或者自行运动的部件。更多介绍可见 Cowan 和 Weintritt(2004)。因为在生产环境中清管器更为常用,本书将着重讨论这些设备。《清管器介绍》(2008)介绍了 3 类常用的清管器:

(1)实用清管器,具有清洗、分隔和排水功能。图 5.5 展示了包括清洗器、刮刀和隔离装置的常用的几种清管器。Davidson(2002)同样展示了多种清管器的设计图,其中包括泡沫清管器,固体球投掷和收球装置。

(2)管线检测工具,本书不做介绍。

(3)凝胶清管器,在本章稍后部分介绍。

Davidson(2002)介绍了清管器基础力学原理:

(1)设计清管器,以便它们的密封元件能够很好地贴近管壁。

(2)清管器下入管线后,通过施加加载在目标方向的压力来驱动其在管线中移动。流体介质经过清管器时产生压差,使得清管器在压降方向前进。在实际操作过程中,管道中流体的压力就是驱动清管器的动力。

(3)当推动清管器的力大于摩擦阻力时,清管器会朝着该作用力(压力)的方向移动。这个压力值称为垢的解体压力。

(4)清管器和管壁之间的界面对管壁产生清理作用。可以通过给清管器配备刷子、刮刀甚至更强有力的工具来增加其功能。

如果管线严重堵塞,很有必要评估垢的厚度、硬度以及清管器安全穿过堵塞物的能力。

同样，确定清管器是否能从管线始端运行到终段、清管器是否适合管线的直径以及确定管线中是否有阀或探测器类的器械也非常重要。Leontaritis（2007）讨论了使用清蜡器清管时出现的一些问题。在石油行业中，清管器在生产管线和输出管线的常规作业方面用途很广，其中包括清蜡。Leontaritis 认为在充满流体的管线中清除蜡泥比清除流体，甚至蜡垢风险更大。管线中除了蜡"泥"或泥浆，还存在水，这会导致蜡乳状液的形成，导致清管器清管出现一些问题。

图 5.5　各种清管器（Pirtle，2007）

由 T.D.Williamson 公司提供

本书作者认为，许多海底管线的完全堵塞是被卡清管器造成的。因此，应该注意清管工作的设计。Wasden（2003）指出，许多运营商都喜欢用日常定期清管这种非常保守的方法来预防蜡垢形成（在海底系统中要求设计有循环管线或具备海底清管器发射能力），同时喜欢运用高度专业化的监测手段对刚开始发生垢沉积就发出预警。

为了更好地了解清管技术，Wang 等（2001）开展了清管器清蜡的力学实验。他们让不同种类的清管器通过结蜡管道，研究结蜡厚度、蜡中含油量、清管器类型以及清管效率等。研究发现，清管力可分为 3 部分：基准力、清蜡力和蜡屑的运移力。基准力是清管器在干净的管道中移动的力，它随清管器类型和清管器尺寸与管线尺寸的过盈程度而变化。清蜡力类似于剪切强度，造成蜡层的塑性变形，它取决于结蜡厚度、蜡的性质和清管器类型。蜡屑的运移力是将从管壁清洗掉的蜡屑输送出管道的力。本书作者认为，重启管线时，这些力都存在，尤其是在重启含蜡原油的管线时，这 3 个力则更为显现。可参见 Magda 等的介绍（2009）。

Tordal（2006）介绍了高含蜡原油管道清蜡设计必须注意的问题：

（1）在清除有重质蜡垢的管线前，必须确定需要的清管器类型及数量。用不合适的清管器,有可能会导致管线完全堵塞。

(2) 清管器进入管线后,会将管壁上的蜡垢清除,进而推动其前方堆积的蜡垢。随着清管距离的增加,清管器前堆积的蜡垢体积也会增加。

(3) 根据管线尺寸、长度和蜡的体积,蜡垢会形成几百米长的段塞。

(4) 在清管过程中,蜡垢会不断地在清管器前堆积,直到驱动清管器的压差和清管泵压相等为止,清管器将无法运动,管线将完全堵塞。

为了减少清管器被卡事故的发生,Tordal (2006) 推荐使用带有旁通孔的清管器,而旁通孔能使油通过。为了说明这一概念,图 5.6 展示了旁通清管器的简图及照片。Lindner (2006) 建议使用旁通清管器清除含有黑色粉末在内的混合垢(可参见 4.6 节关于混合垢的讨论)。

"改进的清管技术"可以降低清管器被卡事故发生。在此方法中,首先将软质泡沫清管器通过管线,再放入更强有力的清管器清管。使用更强有力清管器的前提条件是要能回收软质清管器。可参见 Fretwell (2007) 的相关讨论。

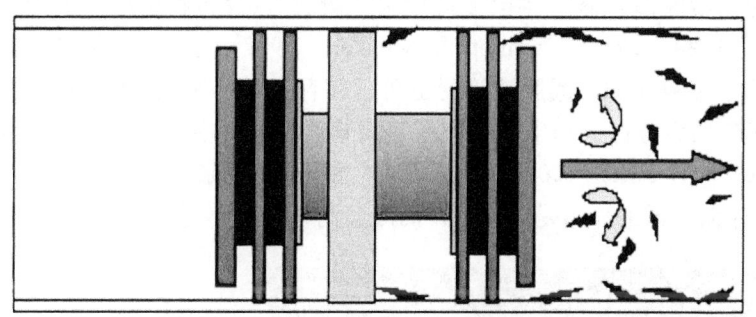
旁通清管器的清洗部件持续清除杂物示意图

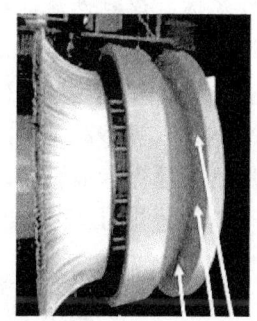
旁通孔

图 5.6 旁通清管器

Kinnari 等 (2007) 提出了一种基于"推进式清管器"的水合物清除方法。该方法是将嵌入了推进式清管器的回流管道连接到管线上。管线和回流管之间形成一个环形回路,利用泵驱动环形回路内的流体推动清管器前进,清管器前进过程中可连续或间歇地清除垢。管线内的液体可从清管器的前面通过回流管返回。对垢进行充分清除后,回流管和清管器分离,取下回流管。一旦管线内流体恢复流动,管线内的流体可以将与回流管分离了的清管器运输到清管器的接收位置。但本书作者并不知道这种方法是否得到了广泛的应用。

Pirtle (2007)、Cowan 和 Weintritt (2004) 发表了另外一些清管器的文章;请参阅石蜡沉积进展报告 (2004),报告对清管技术进行了综述。

清管器波列是清管作业的另一种选择,它是机械清除法和化学清除法的结合。Frenier (2001) 探讨了各种各样的化学清管器和清管器波列,在化学清管器和清管器波列中的化学溶剂段清除无机垢(图 5.7)。清管器波列同样可用来清除有机垢。Bell 等 (2008) 介绍了用清管器波列清洗一条长 17.3mile❶ 的海底管线的情况。这条管线从 Elly 平台到 Long Beach 海港,建于 1980 年。管线中充满蜡质、沥青质以及无机垢。在多次尝试后,他们使用强力

---

❶ 1mile=1.61km。

清管器，阶段性地配合使用溶剂以及钢刷清管器清除了一个长 30ft，被描述为"蜡烛"的垢。他们总结到，在清除垢过程中，单纯用机械法是不充分的，还需要配合使用化学法。Abney 和 Browne（2006）展示了应用多种清管器波列清除蜡质、黑色粉末（可参见 4.6 节）以及有乳剂覆盖的垢的例子。这份报告的结论是，对于不同种类的垢，需要应用不同的清管器以及各种溶剂和清洁剂，尤其是存在混合垢时更是如此。

图 5.7　清管器波列（Frenier，2001）
©NACE International

当很多杂质进入管线或管线很长时，机械清管可能就不实用了。这时，可以选择黏性流体，该黏性流体被称为"凝胶清管器"。图 5.8 展示了"凝胶"（聚合物溶液）清管器清除杂质的过程（Purinton，1984，1985；Purinton 和 Mitchell，1987）。这些聚合物和含有稠化水和稠化柴油的黏稠压裂液相似。凝胶清管器也可以储存各种抑制剂（Kennard 和 McNulty，1992）。英国清管产品服务协会指出，由于凝胶清管器的灵活性，这些材料还可用于解除被卡清管器。Abney 和 Browne（2006）介绍了固体清管器和凝胶清管器联合使用来清除杂质的过程，这时固体清管器的作用是清除垢，而凝胶清管器的作用是悬浮微粒。

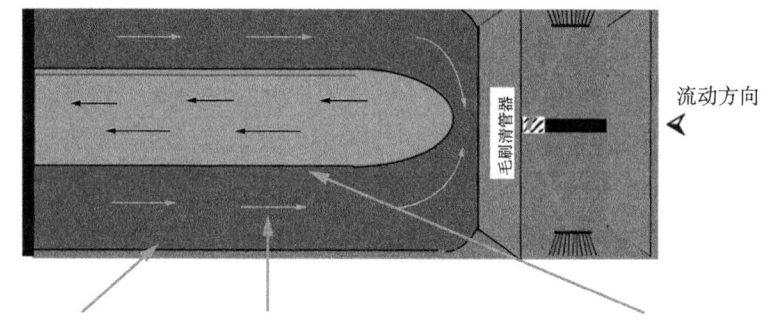

图 5.8　凝胶清管器清除杂质示意图（Frenier，2001）

Leontaritis（2007）介绍了一种被称为"浸泡和喷出（咳出）"的机械/化学清蜡方法。该方法是将包含分散剂和溶剂的化学药品泵入堵塞的管线，增压浸泡管线（建议 24h）。压力释放，管线流体会迅速重新流动，致使垢段塞从管路中清除出来。

Shahreyar（2000）介绍了其他各种机械清蜡设备，包括抽油杆刮蜡器、钢丝绳刮蜡器和管道刮蜡器（Allen 和 Roberts，1982；McCalflin 和 Whitfill，1983；Woo 等，1984）。根据这些作者的介绍，抽油杆刮蜡器是一个切削装置，它连接在抽油机井的抽油管柱上。抽油杆刮蜡器通过抽油杆的往复运动，将生产油管内壁沉积的蜡刮除，被刮掉的蜡质掉入产出流体中，并随着产出流体携带到地面。根据 Allen 和 Roberts（1982）的介绍，钢丝绳刮蜡器是另一种刮蜡工具。它广泛地应用于自喷井或气举井中蜡垢的清除。钢丝绳刮蜡器连接在钢丝绳起下绞车上。这些钢丝绞车可以手动操控或通过定时装置自动操控。

通井规（NOV，2008）是一种与钢丝绳刮蜡器相似的可以清除油管上有机垢的常用机械工具，它可以装在测井电缆上来清蜡。这些工具的重要组成部分是它们的底端，这个底端是一个锋利的金属环，能精确测定油管尺寸。通井规通过上下往复的锋利切削运动，金属环可以穿透在井筒中已形成的蜡垢。通井规通常在堵塞段塞和其他工具前面使用，以确保它们与油管内径相吻合。

5.1.3 清除水合物堵塞的其他机械方法和替代方法

这节将讨论清除有机垢的一些其他机械方法，特别是水合物堵塞。Yousif 等（1997）评估了一些清除深海钻井作业中节流管线和压井管线中水合物堵塞的方案。Yousif 等（1997）建议将机械方法分成以下几类：

（1）增压。这个方法需要一个大于井底压力的压力源，以力图驱动堵塞（通常向下）。但这很少起效，因为在水合物形成区域压力的增加有利于水合物栓塞凝结。

（2）降压。降压可使得水合物分解，再次变成气体和水。油管泄压必须在一个可控方式下执行，因为水合物栓塞在分解过程中会变成飞射物，可能导致下游设备损坏。

Davies 等（2006）已经证明流动管线中水合物栓塞的分解呈径向而非水平方向。这个发现对整治水合物栓塞有着重大影响。这些作者用各种方法研究和模拟水合物栓塞物的分解。他们模拟了3种栓塞分解场景：单侧降压、双侧降压和径向电加热。模型可在不定参数下重复实验结果。他们的一些结论如下：

（1）径向热流对水合物栓塞的分解是一个速控过程。实验证实，当水合物栓塞直径远远低于轴向长度时，如果从两端减压，水合物会呈放射状分解。

（2）模型预测出 II（sII）型笼形水合物（图 2.9）比 I（sI）型（图 2.10）的分解速度更慢，因为其有更高的潜伏热。这已被实验反复证实。水合物结构的更多细节参见 4.3.1 节。

（3）模型预测水合物栓塞分解对水合物栓塞的多孔性敏感，而在单侧降压模型下，水合物栓塞分解对水合物栓塞的渗透性敏感。遗憾的是，知道这些数据精确值的人很少。

（4）单侧压降分解模型的计算量最大，同时，实验验证受到限制（由于在实验室制取低透水性水合物栓样品存在问题）。用该模型预测的实验室条件下水合物的分解时间过长，对工业生产中水合物的分解时间预测却过短。

Cochran（2003）讨论了降压技术。他认为这种技术似乎是最常见的用于解除水合物堵塞的技术。从安全和技术两方面考虑，分解水合物堵塞的首选方法是对堵塞物进行双侧降压。他建议操作者应避免快速降压，因为这可能产生焦耳—汤姆逊冷却效应，从而加剧水合物堵塞问题，形成冰堵。如果对堵塞物只进行单侧降压，堵塞物两边将产生很大压差，这将很有可能将堵塞物变为射弹。尽管对堵塞物单侧降压不推荐使用，但有时还不得不用。他还指出，由于生产系统几何结构和产出流体性质的不同，降压法可能不一定有效。然而，如果立管或油管有充足的液体压头，降压操作又能避开水合物形成条件，在这种情况下，可能需要一些方法降低液体压头,如果可能,可在海底生产系统中接入临时立管或辅助船,这些方法一般来说都可以降低液体压头。

管外加热对水合物堵塞解除是一个非常有效的方法。这个方法需要通过机械装置加热或者热流体外部循环对堵塞物进行外部加热。当已知堵塞位置,同时水合物分解是可以控制时,可以使用此方法。对管线外部加热,可以使堵塞物从外向内溶解。对水合物栓塞的中部加热会引起超压,压力驱使堵塞物移动,变成射弹。Davies 等（2005）推荐的方法和计算机预测程序,可用于优化管道径向加热量,从而减少管道部位的压力过盈量,当栓塞融化时气体可通过栓塞。这些作者声称,其关键因素在于栓塞的孔隙性,该孔隙性应该用实验方法测得。研究发现 sI 型水合物比 sII 型水合物分解更快。这与它们的结构对应的潜伏热不同有关。这些结果表明,管外加热分解水合物受限于热传递。井筒和管线保温和加热的各种方法在 6.2 节中介绍。

Yousif 等（1997）同样也提出一个针对水合物融化过程能量平衡估算的数学模型。研究了管道的热通量、管道中堵塞物之上的流体静压力、管道绝热厚度和绝热品质、管道热水循环速率以及进水温度对水合物溶解过程的影响。研究发现,其中可控的参数包括热通量、绝热材料的品质和水循环速率。同时认为,伴热是一种可行的技术,它可以融化水合物堵塞以及防止水合物在节流器处或压井管线中形成。如果连续油管作业可以应用,热水循环技术就可以应用。为了使伴热和热水循环技术可以成功地融化水合物堵塞,作者们建议隔热处理节流器处或压井管线,以保存热量,避免热量消散在环境中。

Barker 和 Gomez（1989）介绍了 2 口深海井在钻井作业中井下设备发生水合物堵塞的情况。第一种情况是由于天然气从地层中涌出,穿过水泥浆液柱运移到套管环空。此外,井口密封装置的泄漏,使得气体进入海底井口的淡水钻井液中。

压井作业阻止气侵后,发现节流器和压井管线都存在堵塞。多次尝试用地面加压的方法来解除堵塞,但都不成功。在固井作业保护井筒后,防喷器（BOPs）终于恢复工作。

第二种情况,Barker 和 Gomez（1989）发现在流量检查时,油井自喷,说明发生气涌（气侵）,确定是水合物形成的栓塞堵塞了压井管线。多次尝试地面加压来解除堵塞,但都不成功。中子密度测井显示在防喷器之下的钻柱与钻柱环空或立管环空中有天然气。用空心钻柱注入水泥将裸眼井段与下套管井段进行封隔,用 $2^3/_8$in 的油管将加热的淡水钻井液在钻柱环空或立管环空中循环。但是,节流器和压井管线仍然是堵塞的。根据 Barker 和 Gomez（1989）的表述,最终的解决方法是排除防喷器之下的天然气,并且在环空中气液接触点以上的钻柱上打孔,然后在钻柱内下入连续油管循环热钻井液,在确保油井安全后,取出立管和防喷器,节流器和压井管线中的水合物被清除。作者们建议的改进措施包括：更完善的井预测分析和设计；对可能出现的天然气水合物应有应急预案；钻井过程使用高矿化度钻井液等。

5.3 节介绍了用不同放热反应产生"化学热"融化蜡质堵塞或增加溶剂反应速率的各种方法。Makogon（1997）同样也提出应用放热反应来清除水合物栓塞。Nguyen 等（2001）介绍了应用延迟铵—亚硝酸盐反应的方法。Evangelista 等（2009）声称一种放热工作液——自生氮气（SGN）液体（这涉及 5.3 节介绍的一些化学过程）已经成功地用于加热和分解水合物堵塞。这些堵塞物已经完全堵住了采油树上主控阀。通过多批次向采油树上泵送自生氮气流体进行热敷。应用此方法，水合物彻底的分解（融化），主控阀重新恢复工作。

Shahreyar（2000）查阅了 SPE 文献以及西南石油短训班（每年举办一次，在得克萨斯州卢博克市的得州理工大学，已举办超过 46 年）档案。使用计算机在有关清除石蜡和沥青质的论文中搜索关键词，他所写论文中涉及 90 篇参考文献以及会上讨论的关于机械法、热法、化学法和生物处理方法。这篇文章是值得注意的，因为在社会工作者专业标准委员会（SWPSC）中的许多会谈不是公开发表的文献。本书作者将在适当处引用这个文件。

控制垢生成的其他机械方法，包括使用溶剂以及使用超声波和电磁设备等方法将在下一节介绍。化学剂注入通常需要泵注入热力抑制剂（如甲醇和乙二醇）的注入管线或注入端口。这将在 6.6 节做介绍。

5.2 超声波方法和其他非化学方法

已有几篇论文研究了超声波清除沥青质和其他有机垢的方法。通常这些超声波方法和溶剂或分散剂协同使用，但论文中重点强调的是机械处理方面的作用。Roberts 等（1996）做过一些实验，这些实验包括评估使用高强度声波解除由有机垢（石蜡和沥青质）和聚合物（如羟乙基纤维素）造成的近井地带储层伤害的可行性。结果表明，声波造成的机械振动有效地悬浮了石蜡，并且在相对较短的时间内将岩心中油的有效渗透率恢复到未受损害的情况。处理的深度为 12～15cm。

这表明，不管使用溶剂与否，声波都提供了一种有效的清除井筒和近井地带石蜡垢的方法。但是，没有发现声波可以有效恢复由聚合物（如羟乙基纤维素）造成的岩心渗透率的损害。一系列频率范围和声强度的实验研究，使得针对油田使用的换能器的设计成为可能。8 个换能器被组装到通管工具中，最近已经通过了现场测试。结果表明，用声波清洗井筒和近井地带的石蜡垢可能是一个可行的方法。此方法对处理长段生产层（水平井）特别有效，因为，在此处应用化学法可能非常贵。

Islam（1995）对超声波发射器清除有机垢的潜能进行了评估。超声波发射器可以在存在沥青质沉积问题的油井和管道中使用。超声波发射器也可用来阻止以沥青质为基本成分的污垢形成进程。目前使用的商业超声波发生器的频率为 10kHz，总功率为 250W。高强度超声波处理器将高频电能传输给有转换器的压电换能器，将电能转换为机械振动。转换器探头的剧烈震动，在溶液中产生压力波。根据 Islam（1995）的描述，这种作用会形成数百万的微小气泡（空洞），这些气泡在高压下收缩，低压下膨胀。这种现象称为"气穴现象"，它会在气泡顶端产生劲的剪切作用，导致溶液中分子的强烈震动。

初步试验表明，在水或者煤油介质中，声波振荡可以用来清除沥青质。尤其是在有煤油的介质中，清洗效果更好。在声波振荡过程中，由于功耗，所以样品被加热。作者认为，就温度升高并不能解释沥青黏度的变化。因为先前的研究表明，需要非常高的温度才能使沥青或其他沥青质黏度发生少许可测变化。在水介质中，振荡时间对沥青质清除的作用比控制设备工作参数的作用更强。这些测试都是在大气压力条件下完成的。但作者承认，高压将削弱超声波工具的大部分优势。

Zekri等（2001）讨论了一些减少有机垢的方法。其中包括应用生产工艺（Leontaritis和Mansoori，1988）来控制垢沉积或者使用热油循环技术（Newberry和Barker，1985；Allen和Roberts，1982；Bernadiner，1993）来减少蜡和沥青质沉积。在大多数情况下，紊流可以减少沥青质的沉积速率，但是在生产作业中，这种因素很难控制。此外，许多沥青质沉积问题需要综合使用两种或两种以上先前介绍的方法来解决（例如，加热法和化学法联作的热化学剂的使用）。

Zekri等（2001）同样介绍了使用激光能量清洗沥青质垢的方法。用实验室激光二极管模块做实验。在岩心夹持筒中，将2in高的由沥青质和石灰岩粉混合而成的柱子放在石灰岩粉柱子顶部，测量在激光处理前后的过流流体的流量。在没有沥青质存在的情况下，过流流体的流量与石灰岩粉柱的渗透率有关。在第二组实验中，将沥青质原油流过真实的固结石灰岩岩心，以模拟地层伤害（即渗透率降低）。受伤害的岩心在不同激光强度和处理时间间隔接受激光处理。

5.1节介绍的许多机械工具可以和溶剂及分散剂一块使用。机械工具是将这些溶剂及分散剂输送到存在有机垢堵塞位置的手段。接下来这一节介绍清除这些类型的垢常用的化学溶剂和表面活性剂。要注意的是，对任何处理方案都要用机械工具，因为最起码溶剂必须被泵送至存在垢的地方，最终还得返出地面，这都需要依靠机械工具来完成。

有关循环技术的详细介绍超出了本书范围，但一些应用方法，例如连续油管的使用在前面已经提及，读者可以直接查看Frenier和Ziauddin（2008）出版的专著，在5.14节中有详细的介绍。

5.3 有机垢的化学溶解方法

5.1节和5.2节介绍的许多机械方法通常需要与化学溶剂（不只是水）一起联合，才能成功清除垢。这节将介绍多种清除有机垢的化学溶剂。这些溶剂有的已经正在使用，有的已经在文献中建议使用。

有机垢的溶解和无机垢的溶解在许多地方有相似之处，其包括：
（1）必须识别垢的成分、沉积量和沉积位置。
（2）如果可以获得充足的垢样品，可测试垢在不同溶剂中的溶解度。
（3）决定最佳的施用方法。
（4）循环或注入适当体积的溶剂以获得良好处理效果。

然而，使用溶剂清除无机垢与有机垢的主要差别是溶解（这是可能和必要的）程度不同。使用适当量和恰当种类的溶剂，大多数无机垢可以彻底清除；可以参阅著作中（Cowan和Weintritt，2004；Frenier和Ziauddin，2008）各种关于无机垢的讨论。由于现场有机垢的异构性质，要彻底溶解和清除它们，不可能只用一种溶剂或者只在某几个阶段注入。况且，还有一部分垢是无机的。因此，清除含有机物的垢通常必须使用乳剂、分散剂和助溶剂。此外，由于垢完全溶解的热力学条件无法检验。因此，在无机垢的文献（Frenier和Ziauddin，2008）中通常介绍使用的稳定常数和溶度积这些术语，不能用于表征有机物的分解过程。无论如何，一些系统中存在准热力学函数，这些函数将在本节后面介绍。最终，定制配方在现场的测试及进一步研发对除垢成功来说非常重要。本节讨论目前用于清除生产区有机垢的化学过程和各种类型商业溶剂及其他液体。

由于精炼厂设备和石油化工设备中产生的有机垢与生产过程产生的有机垢的化学成分相似，因此，成熟的清洗精炼厂设备和石油化工设备方法可指导开发溶剂来清除生产过程产生的有机垢。在这些工厂中（Frenier，2001）溶解各种类型有机垢的一般方法列于表5.1中。通常这些类型的垢存在于精炼厂前端设备以及生产流程中。表5.1中前4种有机垢通常出现在碳氢化合物供应链的生产部分（井底）。通常在管道或生产油管中发现的蜡质是比精炼厂的碳氢化合物有更高碳数的烷烃，但是可以使用和精炼厂同类的溶剂来溶解或分解它们（图4.43）。因此，洗涤剂或有机溶剂应能清除大部分与生产有关的有机垢。在陆上炼油厂或任何海上设施中，那些应用加热产生分离作用的地方会产生更高分子量的垢，它们可定义为一种类别。这类垢需要高温溶剂或机械方法来清除。

表5.1 一般的有机沉积类型及其对应的溶剂类型

垢的类型	一般的清洗溶剂
F1：轻烃，C_1—C_5	脱气以及洗涤剂清除轻油
F2：汽油、柴油和燃料油，C_4—C_5	脱气以及洗涤剂清除轻油
F3：机油、润滑脂、重质燃料油、原油	使用碱性洗涤剂和轻溶剂
F4：焦油和沥青沉淀	使用芳香族溶剂，随后使用碱性洗涤剂
F5：黑色、坚固的聚合物基固体	使用碱性洗涤剂、有机溶剂，伴随使用促进剂
F6：黑色、坚固的焦炭固体	机械方法
F7：线型聚烯烃	使用高温油或溶剂，随后使用洗涤剂
F9：交联聚合物	机械方法

5.3.1 化学溶剂的研发

因为在蜡和沥青质垢中通常混有其他复杂混合物，所以很难用特定的化学原理来研发新溶剂。Craddock等（2007）注意到，蜡和其他有机垢广泛地存在于生产过程中，它们的形成通常被认为是和无机垢的形成是同等的。他们声称，这种解释具有误导性，轻视了问题的复杂性。这种定义也可能意味着将无机垢和有机垢等价。Craddock等（2007）反驳这种过于简单化的认识。他们认为，有机垢和石油蜡，它们的基本化学成分有相当大的差别，尤其是在化学键和影响它们沉积的因素的数量差别很大。他们认为，清除蜡质垢或沥青质垢不可能像溶解固体那样简单。要想有效地清除垢，至少要了解溶剂与蜡或沥青质固体之间的相互作用。

Samuelson（1992）尝试通过参照理论的溶解参数来筛选改良的溶剂。这个方法与4.2节中介绍的沥青质的溶解和析出（Kraiwattanawong等，2007）的原理相似。此方法建立在Hildebrand和Scott（1950，1964）的工作基础之上，提出了表征聚集物分子之间相互作用的内聚力参数。值得一提的是，Samuelson（1992）试图寻找更多能替代甲苯和二甲苯来清除沥青质的环保材料。他建议使用具有高氢键能的化合物来清除沥青质垢。

该筛选技术使用基于溶剂与将被溶解的"胶质"间相互作用方程：

$$(i-j)_R = \left[(i_D - j_D)^2 + (i_P - j_P)^2 + (i_H - j_H)^2 \right]^{1/2} \tag{5.1}$$

式中，i 和 j 分别为溶剂和胶质；R 为斥力；D 为非极性引力；P 为极性引力；H 为氢键力。

式（5.1）的建立来源于文献（Hansen，1967，2000），同时借鉴了涂料工业技术发展成果。以溶解度参数为指南，Hansen 研发了用非芳香族溶剂清除部分蜡质和沥青质垢的方法。Samuelson（1992）发现，乙二醇醚助溶剂不能提高甲苯或二甲苯的溶解能力，但是十二烷基苯磺酸这种表面活性剂确实能提高非芳香族溶剂的溶解能力。事实上，他发现有效溶剂应该具有标准芳香族溶剂的氢键和极性特性。研发化学溶剂的目的是开发出和芳香族化合物溶剂具有同等效力的低毒性、低生态污染的溶剂。

Frost 等（2008）也根据 Hildebrand 和 Hansen 的思想，开发了环保型水基乳剂或分散剂来清除沥青质垢。他们的研究工作运用式（5.1）的思路（形式略有不同），而且还详细介绍了应用这些思路如何开发新溶剂的细节。他们指出，这 3 个 Hansen 溶解度参数可以设想定义为一个三维溶解度球（Hansen，1967，2000；Hansen 和 Beerbower，1971），在三维空间中每个 Hansen 溶解度参数都定义有一个轴，球的中心对应溶质的 Hansen 溶解度参数，溶解度球半径决定了溶质在特定溶剂或混合物中的溶解度。换言之，如果溶剂或溶剂混合物的 Hansen 溶解度参数在溶质的 Hansen 溶解度参数范围以内，那么这种特定的溶剂或溶剂混合物被认为是溶解度球中心对应溶质的良好溶剂。

在这些原则的基础上，Frost 等（2008）声称，在解决沥青质问题上他们研发出了技术优越的解决方案。他们的乳化溶剂体系具有多个有利于健康、安全和环保的特征。这些乳化溶剂体系的组分一般比传统的沥青质垢清除溶剂具有更高的闪点。此外，乳化溶剂体系不包含苯、乙苯、甲苯和二甲苯（BTEX）组分。有关化学药品的具体情况没有透露，但实验测试显示，其清除沥青质垢的量等于或大于芳香族溶剂的量。这篇论文中还列举出了大量有机溶剂以及研发方法。

溶剂对沥青质或蜡质清除效果的测试，通常包括测试垢样品在各种溶剂中溶解情况。然而，Piro 等（1996）声称，当沥青质吸附在岩石表面时，它们就表现出不同于一"块"垢的性质，如果忽略了对沥青质吸附的评估，就可能会导致溶剂选择错误。这意味着测试溶剂过程中，除了"烧杯"测试外，岩心测试（使用井壁岩心）更为重要。如果样品是取自管线或油管的垢，这些样品应该用来做分析实验。总之，垢的分析对研发溶剂非常重要，因为要有好的清除效果，含脂肪族的和芳香族组分的垢通常需要使用不同的溶剂类型。Frenier 和 Ziauddin（2008）所著书中的图 5.8 展示了岩心驱替测试流程，在 5.4 节对测试流程也进行了讨论。

5.3.2 一般的商业溶剂

采用理论研究或大量的实践经验，在清除特定类型的垢方面，已研发出大量的配方和单个分子材料。具有代表性的产品是强溶剂和表面活性剂的组合或同时具有溶解油和油脂特性的产品。本节将讨论一般的溶剂，而 5.3.3 节至 5.3.5 节将分别介绍针对蜡质、沥青质和酸渣所研发的溶剂。

二硫化碳（CS_2）有非常强的溶解能力，但是，其在日常使用中极易燃并且有毒性。目前来说，基于芳香族化学药品的溶剂在大多数商业溶剂中占主导地位。尽管芳香族溶剂非常有效，但是考虑到其有毒，这就促进了研发替代该技术清除工艺设备和井下设备中的有机垢工作的开展。基于超临界CO_2特性，可以开发一种非常"绿色"的溶剂体系。最近，这种溶剂以及特殊的表面活性剂的使用（DeSimone，1997；Kirchhoff，2000）获得了总统绿色化学奖。McClain 等（1996）开发了这样一种表面活性剂，他提出使用聚苯乙烯 −b− 聚（1，1-2H 全氟辛醇丙烯酸酯）共聚物。由于在超临界CO_2流体中不同的垢的溶解特性不同，导致这些共聚物将自由组合成多分散型的核—壳型胶团。Samuelson（1991）也研究超临界CO_2流体，目的是确定这种超临界流体成为良好溶剂的可能性，但这种努力还没有突破研究阶段，因为他发现，这种物质不具有和其他有机溶剂一样的溶解力。对 Samuelson 来说，上述的表面活性剂是不可利用的。

清除碳氢化合物垢可以使用 Matta（1985）的专利配方，该配方中含有萜烯溶剂（如香芹烯）。它的组分包括萜烯溶剂、丙烯乙二醇醚和水基的表面活性剂。它是可以溶解油、沥青质和重油的硬表面清洗剂。Mehta 和 Krajieck（1995）以及 Krajieck 等（1995）的专利介绍了使用萜烯和表面活性剂清洗炼油容器以及消除苯维护设备的工艺工程。Mestetsky（1995）声称，在污水处理过程中加入含有酶和氧化物型非离子表面活性剂可使油水分离更加容易，提高分离速度和污水处理的效果。上面提到的文献表明，当前正在开发清洗炼油设备的更安全和更环保的方法（与芳香族溶剂和氯代烃类相比）。图 5.9 展示了这些低毒性化学物质的结构图。

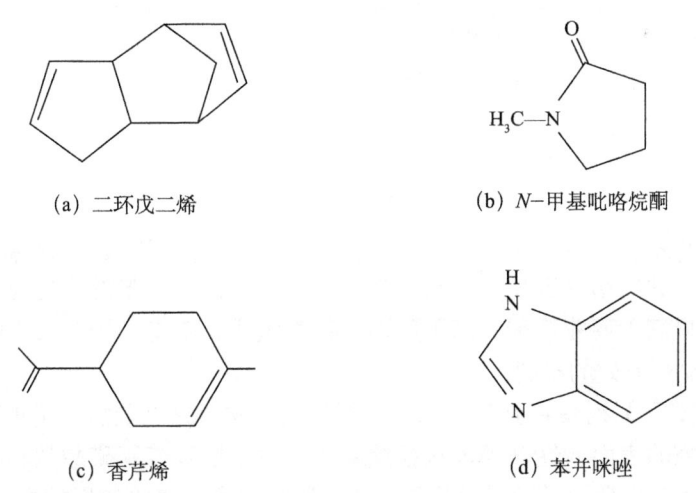

（a）二环戊二烯　　　（b）N-甲基吡咯烷酮

（c）香芹烯　　　（d）苯并咪唑

图 5.9　环保型溶剂分子

上面回顾了一些追加的溶剂和配方。Penney（1986）的专利方法是用渗透性溶剂和阳离子全氟化合物清除和预防有机垢。据说这些材料可以通过碳烃化合物预防或降低表面湿润。针对清除和预防蜡质和沥青质垢，目前已经有很多增溶配方可以推荐。McClaflin 和 Yang（1987）认为，清洗井筒可以用水溶性乙氧基烷基酚和短链醇。其他常用的配方是表面活性剂（油溶的）和轻烃（芳香族）。Kruka（1987）同样也推荐这样的配方。

可以生产各种有机的乳剂和微乳剂，它们可用来减少用于清除垢所需的有机溶剂量。Collins 和 Vervoort（2001）建议的微乳剂中包含有：（1）油相；（2）能溶解到油气田流体中的水溶性化学药品或能分散在油气田流体中的化学药品；（3）至少一种表面活性剂。液相以液滴状（直径1～1000nm）或微畴结构（长、宽、高中至少一个尺寸在1～1000nm之间）分布在油相中。他们声称这种微乳液能有效清除井中各种有机垢。应用了酸剂，使用了酸和螯合剂的乳剂同样可以用来清除有机和无机的混合垢。更多详细的描述见5.3.5节。

接下来这一节将介绍特定类型垢所适用的溶剂和技术。所讨论的许多体系可用于清除不同类型的垢。

5.3.3 石蜡垢的溶剂和分散剂

因为化学药剂通常应用很广，所以本节与6.3.2节有一些重复。

由于石蜡可以形成具有确定化学结构的结晶状垢，所以可以用一些研究清除无机垢的方法来研究石蜡垢的清除技术，其中包括反应速率、表面接触面积、溶剂浓度和使用量。

Fan 和 Llave（1996）应用搅动和非搅动的溶解实验研究石蜡的溶解速率。实验用的石蜡是一种用化学方法未能鉴别的商业石蜡。他们对比了石蜡在商业溶剂中以及在甲苯和二甲苯混合物中的溶解试验结果。该论文作者建立了一种描述溶解过程的动力学模型。方程为：

$$-\frac{V}{A}\mathrm{d}(C_\infty - C)/\mathrm{d}t = H(C_\infty - C)^n \qquad (5.2)$$

式中，V 为表面积为 A 的圆柱状石蜡中被溶解的体积；C 为在 t 时刻的浓度；C_∞ 为饱和时的浓度；H 为反应系数，用于检查数据。

当 $n=1$ 时（一级动力学），积分形式为：

$$-\ln\left(\frac{C_\infty - C}{C}\right) = Ht \qquad (5.3)$$

因此，绘制的 $\ln[(C_\infty - C)/C_\infty]$ 与时间的关系图，将会得到以 H 为斜率的直线。用3种商业溶剂溶解蜡得到的结果表现一级动力学特征。甲苯、二甲苯混合物对石蜡总溶解能力以及溶解速率明显高于商业溶剂。基于所述的化学组成，带有"烃"头衔的商用溶剂是溶解"聚酯蜡"样品最有效的材料。

Bernadiner（1993）对使用几种表面活性剂和混合物清蜡以及防止蜡重新沉积进行了全面评估。他所研究的表面活性剂类型包括烷基磺酸盐、烷基芳基磺酸盐和聚乙二醇醚二叔丁基苯酚。具体研究化学剂类型以及流量这两个影响因素，实验使用的是涂有蜡的旋转盘。Bernadiner（1993）绘制的旋转盘角速度平方根与溶解速率的关系图表明，洗涤剂流动速率对溶解过程影响显著，这与 Levich（1962）关系一致。作者称，用0.4%～1.25%浓度的这些表面活性剂的混合物，已经清除和预防了 Kazakhstan 井中蜡垢。这两篇文章（Fan 和 Llave，1996；Bernadiner，1993）与众不同，因为他们使用了表面（矿物）溶解动力学方法来研究有机物的溶解机理。他们暗示至少在测试条件下，溶解速率受扩散控制。

Jordon 和 Mackin（1998）研发了一种将"蜡分解液"挤入地层，使有机溶剂溶解蜡的技术。给蜡或溶剂加热可使清除速率急剧增加。针对"聚"蜡物已研发出了另一种商业溶剂。一种稍有不同的有机垢被称为"Schmoo"，它被定为黑色有臭味的"黏性物"（在普鲁德霍湾的采油污水管线中发现）。它是细菌生长产物和硫化亚铁的混合物。Blumer 等（1998）描述，溶解了两种表面活性剂（脂肪醇聚氧乙烯醚和烷基糖苷）的氢氧化钠水溶液是"Schmoo"有效的溶剂。

石蜡分散剂的研发已经从不太可能的困境中走了出来。Dralle-Voss 等（1998）介绍了一种极性化合物混合试剂，这种混合物以前是印刷油墨的溶剂，现在提出其可以作为石蜡的分散剂。他们相信这种配方可以降低石蜡的凝固点。

McCalflin 和 Whitfill（1983）研究了清除石蜡的溶剂以及蜡抑制剂。根据作者的介绍，选择出的两种特定的表面活性剂已被证明和石蜡分散剂一样非常有效。这两种表面活性剂，一种是油溶的，另一种是水溶的。这些分散剂可以连续注入井内或者以特定的时间间隔以大一些的量间歇注入。间歇注入或连续注入方式的选择取决于需要处理的井的类型及数量。

本章介绍的化学防治方法，可以分为以下两种：

（1）一旦垢形成，用溶剂溶解；

（2）抑制蜡晶生长或抑制蜡晶黏附在油管壁上。

值得注意的是，用于溶解石蜡垢的溶剂，通常芳香烃含量高。使用时，各种溶剂（包括原油）都要进行预热。蜡晶形成抑制剂是可以抑制或改变蜡晶生长的聚合物。这些材料将在 6.3.2 节详细介绍。它们似乎在无水或低含水原油中效果最好。它们具有选择性，对于特殊原油需要特制的溶剂。这些作者介绍了一组表面活性剂，它们在水的作用下通过水湿石蜡微粒来防止微粒黏附或沉积在油管壁上，它们同样可以水湿油管和管线。现场许多问题需要综合这些方法来控制石蜡沉积和维护生产。

Craddock 等（2007）通过介绍清蜡体系的案例，说明成功的清蜡施工需进行溶剂评价、施工设计、溶剂的应用、效果评价。

生产公司首次发现蜡垢是在 1999 年，在连接 Gannet D 管道与 Gannet G 管道操作中，操作员在把管口 32 上的部件移走时，在 Gannet D 管道中发现大量的石蜡垢。一项估计 Gannet D 管道系统中蜡沉积范围的研究表明，该管道系统中石蜡垢的体积有 21m³，石蜡垢从北海区域钻井平台一直在管道系统中延伸了 8km。

在此管道系统运行期间和停运之后，Craddock 等（2007）报道了针对溶解大量石蜡而进行的采样和分析工作。测试方法参见其论文，在本书第 7 章也复述这些方法。清除石蜡垢措施的效果评价表明：

（1）Gannet D 区井重新恢复生产后，该油田每天额外多产出了 480m³ 的油。这表明蜡溶解处理已经清除了制约生产的大量蜡垢。

（2）预处理期间的"渡越时间"测量值表明，Gannet D 管道中存在大约 81m³ 的蜡；然而，处理后的"渡越时间"没有测量，因此不能精确估计清蜡量。

（3）蒸馏法比黏度法能更精确地测量原油中的蜡含量。

专利中所述的几种特殊配方摘录如下：

Zhang 等（2003）推荐的一种脱脂流体，该流体由以下几部分组成：（1）从芳香烃、萜烯以及异构烷烃中选择至少一种石蜡增溶有机溶剂,其在该脱脂流体中占25%～75%的体积;(2) 至少一种可溶于水的极性有机溶剂,其在该脱脂流体中占25%～75%的体积;(3) 至少一种可溶于水的表面活性剂,其在该脱脂流体中质量分数为0.5%～20%。有机溶剂包括柠檬烯和异构烷烃以及烷基苯或二烷基苯。极性有机化合物包括甲醇、乙醇、异丙醇、丁醇、丙酮、乙二醇和丙二醇。可以使用多种多样的水溶性表面活性剂,包括阳离子型、非离子型或阴离子型。配方师在优选所有材料的基础上提供了一个稳定乳剂配方。该专利是油田清蜡配方的范例。

Dyer(2007)总结了清蜡常用的酸液、洗涤剂、乳剂:(1) 除垢剂中阴离子表面活性剂包括脂肪酸盐、α-烯基磺酸钠、磺酸盐、脂肪胺聚氧乙烯醚、铵盐或线型烷基苯磺酸、含异丙苯的芳香族磺酸盐、二甲苯和甲苯磺酸盐、土金属盐(烯烃磺酸盐和脂肪醇硫酸盐以及磺酸盐)以及这些阴离子表面活性剂的混合物。(2) 适用的非离子型表面活性剂由乙氧基非离子表面活性剂组成,而乙氧基非离子表面活性剂可以从直链或支链配置有8～22个碳原子的链构型脂肪醇环氧乙烷的缩合物中选择,也可从壬基酚环氧乙烷、苯酚、丁基苯酚、壬基苯酚、辛基酚或其他酚类的缩合物中选择,也可以是这些非离子型表面活性剂的混合物。(3) 乳剂中酸的质量分数是0.1%～15%,最好是在0.1%～5%的范围内。适用的酸包括盐酸、磷酸、硫酸、氢氟酸、硝酸、柠檬酸、草酸、马来酸、乙酸、富马酸、苹果酸、戊二酸或谷氨酸以及这些酸的混合物。其中,首选酸是盐酸。(4) 乳剂中烃类溶剂的质量分数是0.1%～20.0%,最好是在0.1%～10%的范围内。与本发明匹配的适用烃类溶剂包括煤油、汽油、柴油、航空煤油、二甲苯和它们的混合物。其中,首选煤油。

Dyer(2008)的专利申请书中提出一种方法,此方法是通过使用一种由水、烃类溶剂和洗涤剂组成的独特的水相清洗乳剂来清洗油井,以增加油的产量。这种一站式方法可以同时清洗和清除沥青质、蜡和无机垢。此方法可以单独使用或者与带有喷嘴的高压清洗工具联合使用。在喷嘴装置部分配有旁通端口,旁通端口上有分流杯。在此清洗工具上装配有许多高压冲洗杯。高压冲洗孔介于高压冲洗杯之间,组装泵与底部压力冲洗杯相连。值得注意的是,含有水、表面活性剂和烃的稳定乳剂的配方可用于清除蜡和沥青质以及"无机垢"。性能规范中提到在乳剂中还可以添加无机酸。

在许多报告和专利中披露了被称为"保存剂"的新技术(Dowell Schlumberger, Tulsa, 1986)(Settineri 等, 1982, 1984; Bohlen 和 Settineri, 1988)。这些作者的专利称,使用液态 SO_3 的方法可以清除井中的石蜡和沥青质,并且可以使管道表面水湿来抑制有机垢的形成。虽然这种技术可以清蜡和使管道表面水湿。但是,在处理液态 SO_3 过程中还存在一些重大安全问题,这将在6.5节中详细讨论。

5.3.4 清除沥青质垢和水合物堵塞的溶剂

有许多溶剂可以清除沥青质垢和水合物堵塞。

清除沥青质垢的方法。由于沥青质比蜡垢含有更多的芳香族和不饱和基团,其通常含有大量不同的化学物质,所以用于清除沥青质垢的溶剂更趋向于芳香族,也更复杂。这里所记述的大部分信息来自专利文献。

Thomas 等(1995)研究了油层中的沥青质垢。在过去,化学抑制剂的选择仅局限于研究它们溶解生产系统中沥青质垢样的能力，直到最近，处理沥青质垢的公认方法是使用二甲苯、甲苯或其他芳香族溶剂，但这些方法需要的溶剂量大，并且处理频率要高。

Thomas 等（1995）对抑制剂的分散和溶解力进行了初步研究。研究测试是在己烷中加入沥青质分散剂，研究它们在非溶剂己烷介质中溶解和分散沥青质的能力，从而优选出适合现场应用的溶剂。试验包括制作沥青质小球和记录加入分散剂时棕色沥青质小球消散于己烷中的速度。或者进行除垢的岩心驱替实验加以补充。岩心驱替试验仪器可提供一种使沥青质垢进入岩心的方法，进而可以研究各种化学剂对沥青质垢的清除能力。

用现场获得的岩心样品以及沥青质可以优选出最好的化学处理剂。Frenier 和 Ziauddin（2008）在图 5.8 中展示了岩心驱替设备的照片。该试验可测量出在使用各种溶剂清洗岩心后其渗透率恢复情况。许多专用溶剂清洗能力比二甲苯好，这些专用溶剂已在许多油田进行了现场试验。现场试验的一个重要结论是：用溶剂清洗掉地层中的沥青质垢以后，还需要继续使用"抑制剂"抑制沥青质垢的再度形成。

Del Bianco 和 Stroppa（1995）介绍的一种合成配方，其含有饱和脂肪类以及烷基苯和多环芳香烃。其中，多环芳香烃对溶解油井中沥青质残留物是非常有用的。作者提供的图版，可用于配制合成配方。根据包含各种多环芳香烃、烷基苯和其他烃类的三元图来选择该配方中的组分。

在有些情况下，人们认为溶剂处理原油是有益的（Mansoori，2001，2008），因为这样稀释了原油，同时降低了重质有机物的沉淀趋势。溶剂处理可能不成功的主要原因是使用的溶剂往往只局限于芳香族溶剂。二甲苯常用于增产措施、修井以及重质有机垢的抑制和清洗。在一些情况下，通过非生产管柱注入二甲苯可以使重质有机物沉淀问题降到最小。Garcia-Hernandez（1989）指出，如果油田需要频繁进行芳香剂清洗处理，就有必要对遇到的特定垢设计一种更高效、更经济的芳香族溶剂。对于一个特定的油田，从效果、经济和环保方面考虑，需要在实验室测试优选出最合适的芳香族溶剂或分散剂。

Del Bianco 和 Stroppa（1997）提出了一个溶解油井中沥青质垢的流程，其中包括用于油井的沥青质增溶配方，其组成如下：

（1）芳香族以及烷基芳香烃（烷基从 C_1—C_4）这些主要烃组分的质量分数至少为 70%（80% 最佳）；（2）主要组分包括喹啉和异喹啉本身或者其烷基取代物（最好是其本身）（烷基从 C_1—C_4）。(1) 和 (2) 的质量比介于 97.5/2.5 ～ 75/25（97/3 ～ 90/10 最佳）。例如，从煤焦油中蒸馏出的"洗出油"（WO），因其本身就有一定的喹啉含量（通常为质量的 5% ～ 10%），其已被证明是非常有效的沥青质溶解液。"洗出油"的初始蒸馏点（ASTM D2887）在 198 ～ 210℃，最终蒸馏点在 294 ～ 310℃，有 50% 的"洗出油"是在温度低于 230 ～ 250℃ 时蒸馏出来的（CAS number 为 309-985-4；EINEX number 为 101896-27-9）。蒸馏出的"洗出油"可以直接使用，或者根据需要添加喹啉或异喹啉。

Thorssen 和 Loree（1998）提出了一种溶解油气井中蜡质和沥青质的溶解液。它来源于一种原料的残渣液，这种原料与癸烷相比三甲苯质量分数更高，并且最好是酸性的。残渣液中芳香烃和沥青质的质量分数在 30% ～ 70%，两者复杂混合物的介绍请参阅 Loree（2000）。

一些作者提出使用各种油田流体清除沥青质垢。Jamaluddin 和 Nazarko（1996）研发出一种方法,该方法由 3 个步骤组成:向近井地带注入脱沥青油,接着是浸泡期和生产期。

此发明方法的最大优势在于不用其他昂贵的处理(例如,使用二甲苯和甲苯溶剂)就可溶解井中沉淀的沥青质。而且,该方法不需要在脱沥青油中加入任何添加剂。本发明要求脱沥青油在 20 ~ 100℃注入,以增加对沥青质颗粒的溶解能力。脱沥青油可以是任何脱除了沥青质组分的油。脱沥青油也可直接从将要处理的井中获得。原油脱沥青是用正戊烷沉淀沥青质分子来获得。脱沥青油也可以从油的精炼或重油改质过程中获得。

Cimino 等(1995)指出,单环芳香族溶剂,如甲苯或二甲苯对许多沥青质的溶解能力小于 50%。因此,他们建议使用廉价的蒸馏精炼油混合物来溶解沥青质垢。首选的试验混合物可能含有 1- 甲基萘、正十六烷、甲苯等。

Becker 和 Wolf(1996)开发了一系列的溶剂,用少量的沥青质溶剂就能解胶或溶解沥青质,降低微粒的平均尺寸,使沥青质微粒可以稳定地悬浮,使垢可以较为容易地清除。

根据 Becker 和 Wolf(1996)的发明,该配方由 A、B 组分和适当量的载液混合而成。其中 A 组分中包含有效量的亚烷基脂肪酸的缩合物(AACP);B 组分是有效量的高介电常数的极性非质子溶剂。载液是能有效携带配方与沥青质垢接触的携带液。该配方的组分 A 中包含有效量的 C_8—C_{32} 脂肪酸与多亚烷基多胺的 $N-$ 取代咪唑啉(NSI)反应产物。组分 B 中包含有效量的叔胺,该叔胺中的氮与羰基或磷酰基相邻。组分 B 同样也包含液体体积分数为 1% ~ 5% 的 AACP 或 NSI 和液体体积分数为 0.2% ~ 2%(相当于液体体积分数 50%)的 $N-$ 甲基吡咯烷酮(NMP)以及液体体积分数 1% ~ 5%(相当于质量分数为 50%)的二甲基酰胺(DMF)。

Minssieux(1998)研发的针对沥青质垢的溶剂,可以挤注到地层,清除地层中有机垢造成的储层伤害。作者用这些溶剂测试已被含沥青原油伤害的岩心测试这些溶剂,他们运用了变换的 Samuelson [溶度参数法(Samuelson,1992)] 方法以及傅里叶变换红外光谱(FT-IR)来辨认沥青质的主要官能团。结果发现,一种含酒精的溶剂和 $N-$ 甲基吡咯烷酮溶剂溶解沥青质的效果很好,并且比芳香族溶剂更环保。使用傅里叶变换红外光谱法选择溶剂的论述见 5.3.5 节。

Lawson 和 Snyder(1978)开发了一种清除重质沥青质的溶剂,其成分包含重质芳香烃溶剂和稠杂环化合物,通过有机溶剂改善清洗能力。现场已使用的苯并咪唑就是一种稠环化合物。

Nagar 等(2006)描述了沥青质沉淀的形成过程与清除方法。根据作者的描述,Mumbai High 油田位于印度孟买西北偏西 160km,属于西印度阿拉伯海大陆架,是印度最大的油田。油藏中的沥青质沉淀使得储层润湿性成为油湿,因而降低了油的相对渗透率。由于沥青质不溶于如煤油、柴油和凝析油等直链烃,因此研发的一种新化学配方已用于现场清除沥青质垢,使许多油井的生产能力得到提高。此技术最大的优点在于它能维持地层持续生产。

Lightford 等(2008)介绍了水—芳香族溶剂乳液体系的实验室研发过程和现场应用情况。该体系已成功应用于清洗和溶解裂缝性碳酸盐岩地层中沉积的沥青质垢,保持了地层亲水状态,延缓了生产递减。在清理沥青质垢方面,该乳液体系与其他溶剂相比,具有节省成本和效率高的优势,尤其是对那些需要泵入大量清洗液的井尤为明显。使用相对高闪点的芳香溶剂可以降低危险的发生。在处理长的裸眼段或近井区带裂缝深处时，乳剂需连续搅拌混合泵入，以便减少浪费和提高效率。虽然这篇文章没有明确介绍该配方的组成，但是介绍了一些溶解测试试验，在这些试验中使用了许多芳香族溶剂，例如：部分二甲苯+乙苯、萜烯混合物、带有萜烯—柠檬苦素的萜类化合物和重质芳香族石脑油。所有这些溶剂基本上可以100%溶解沥青质垢。

这篇文章也提供了现场用于混合乳剂的装备简图。该装备简图非常关键，它可以指导我们设计现场施工装备，确保在现场施工过程中分散介质具有良好的工作状态。

Dalmazzone等（2005）介绍了一些表面清洗剂。这些表面清洗剂通常用来清洗被碳氢化合物污染的表面。其应用目前已延伸到当发生意外污染（石油泄漏）的情况下，将油从基质上清除。要溶解黏附于硬面上的重质烃，即使最有效的溶剂，其用量也很大。这会导致需要大量的污物处理设备。含有表面活性剂的乳化清洁用品也可当作乳化剂使用，但是它们容易形成稳定的乳状液，妨碍烃回收。

在此研究中，Dalmazzone等（2005）建议优化表面活性剂。该表面活性剂可以被当作水性清洁剂，用于海洋环境中的清罐作业和烃类回收，可将污水的体积减少到最小。其最主要的环境目标是取代那些基于禁用化学品如烷基酚化合物或烷基苯磺酸盐的常规产品。此外，产品配方必须与冷海水配伍性要好，并要使烃类易于从水相中分离出来。这类似于上述Samuelson（1992）的新产品。

Trimble等（2008）提出一种从固体表面清除含有沥青质垢的方法。该方法是将质量分数为5%~90%的至少一种C_4—C_{30}的烯烃或它的氧化产物和质量分数为10%~95%的含有16个碳原子的煤油或一种芳香族溶剂与这些垢相接触，从而溶解垢。

Moricca和Trabucchi（1996）特别强调了已经开发用来预防和清除VillafortunaTrecate油田炼油厂地面设备有机垢和无机垢的方法，并且介绍了评估其清除效果的方法。Villafortuna–Trecate油田是欧洲西南部最大和最深（5500~6500 m）的陆上油田。维持该油田最大生产能力受频繁清除沉积在井中（沥青质）和地面设备（沥青质和硫酸钙）中垢的制约。同时，这些作者介绍了一些常规的处理作业，例如：从油中分离出气；气体脱硫、脱水和压缩；汽油回收；油的脱水、脱盐和稳定；油的储存和输送到炼油厂。

Trecate石油中心配备有两个独立的炼油厂，它们总的原油处理能力为14000（10000 + 4000）m^3/d。

Moricca和Trabucchi（1996）声称尽管油中的沥青质成分和水中的碳酸盐成分相对较低，但在油输送到炼油厂过程中，油井、生产油管、集输系统、工艺设备、储油罐和管线中的这些化合物的沉积会造成相当大的问题，如井生产能力的降低、管线的局部堵塞、处理厂设备结垢等。这些将会严重影响经济效益（例如，烃回收速率的大幅度下降会增加生产成本）。

Moricca和Trabucchi（1996）介绍的清除混合垢方法如下：

机械清除法。机械清除法主要使用一些工具，如高压水枪、切削头、膨胀刷、膨胀刮蜡器等。当机械清除工具起下通道没有问题时，相对于化学清除法来说，毫无疑问地首选机械清除法，而且清除作业时间相对较短。然而，应用此方法也有一些缺点，例如用工具清理分离器、脱盐设备、稳定塔等设备部件时，先要拆卸这些部件。至于其他设备，也必须面对拆卸和组装部件（例如管束、除雾器等）工作，这使得清除作业时间变得会更长。对我们而言，机械清除技术已经成为清理分离器、脱盐设备和空气冷却器的标准做法。在过去，机械清除技术也用来清理重沸器。后来，考虑到成本效益比，化学清除技术被应用于重沸热交换器清理，并且将会很快应用于稳定塔的清理和空气冷却器中沥青质垢的清除。附件 A 总结了在 Trecate 石油中心用机械方法清理石油处理厂设备的过程。

化学清除法。化学清除法是通过使用适当的溶剂来溶解垢。不久前，这项技术专门用来清除沉积在近井地带、油管和地面管线中的沥青质。现在，它也广泛应用于清除炼油厂设备中的垢。

在不同地方用来除垢的常规工作液主要有 3 种：芳香族溶剂（甲苯或石油馏分）、乙二胺四乙酸四钠盐、氢氧化钠（NaOH）。

芳香族溶剂用来清除沥青质。30% 的乙二胺四乙酸四钠（$EDTANa_4$）或者 30% 的氢氧化钠（NaOH）水溶液通常用来清除硬石膏垢。在市场上现有的芳香族溶剂中，常用于去除沥青质垢的有苯、甲苯、轻质石油馏分油，OLG（从煤焦油中蒸馏出柴油）已被证实对于沥青质垢的清除最有效。OLG 是意大利石油公司（AGIP）的专利产品。它是由独特的烃类（烷基苯、多环芳香烃和饱和脂肪类）混合而成，其具有非常独特的特性：对沥青质垢具有高溶解能力（可以溶解沥青质质量的 95%，而甲苯为 40%）；高闪点（120℃）；低黏度（在 38℃ 时黏度为 2.5mPa·s）；高质量分数（温度 15℃ 时的质量分数为 1.04kg/L）；低倾点（−10℃）；成本相对低（大概 0.3 美元/L）。

因此，OLG 对沥青质垢有很高的溶解能力。同时该产品的使用不会产生其他特殊问题。由于其质量分数高，不需要高液压力就能注入地层，而且相对便宜。定期使用此产品清除井中的沥青质垢以及地面管线和油处理厂的沥青质垢。至于硬石膏垢的清除，根据实用性，30% 的乙二胺四乙酸四钠或者氢氧化钠的水溶液已经使用，事实证明这两种溶液都有效，并且乙二胺四乙酸四钠和氢氧化钠的溶解力没有太大差别。在特定条件下，石蜡垢最有可能出现的地方，不仅在管线中，而且存在于储存稳定原油的储油罐中。在储油罐中，由于与外部的热量交换造成温度降低，石蜡析出，成为沥青质聚集的优先场所，加速了沥青质的沉积，致使形成高黏度的碱性垢。根据当前仍在进行的室内实验研究的初步成果，如果分散剂溶液是经济上是可行的，此问题可以使用分散剂来解决。

水合物溶剂及其应用。Lee 等（2009）开发了将甲醇（一种抑制和天然水合物的溶剂）注入海底管线水合物堵塞位置的方法，其管道工艺流程如图 5.10 所示。

该技术包括将甲醇泵送入井，将井口附近环空滞留的液体冲进井中，保证甲醇顺利通过 AMON XO 管线注入井中。此时，地面控制井底安全阀（SCSSV）应打开，以便任何流体流入井底，随后关闭 SCSSV。油管上部的气柱可以通过平台上的中央管线回流到平台。建议当有背压传回到平台时，可将甲醇从井口注入，以便尽量减少中央控制管线中形成水合物的风险。井中的气体压力必须低于一定的值，此值要保证避免打开阀时，由于高压差造成阀的损坏。生产翼阀（PWV）或者生产控制阀（PCV）然后打开，出油管和井连通，当出油管压力和井口压力平衡后，关闭阀门。在油嘴后的出油管就可监测到压力的一些变化。压力的增加可归因于堵塞物中的水合物被分解，这有助于确定堵塞物中含有水合物。通过收集该系统的有关信息，根据估算堵塞物和井口之间管线中的液体和气体体积，以及监测的出油管压力和井口压力平衡过程中的压力变化,就可以估算堵塞的位置。注醇结束,打开生产翼阀(PWV),出油管和井连通,依靠气体的膨胀能可使液体流动(即出油管压力低,气体会膨胀;井中压力高,气体处于压缩状态)。

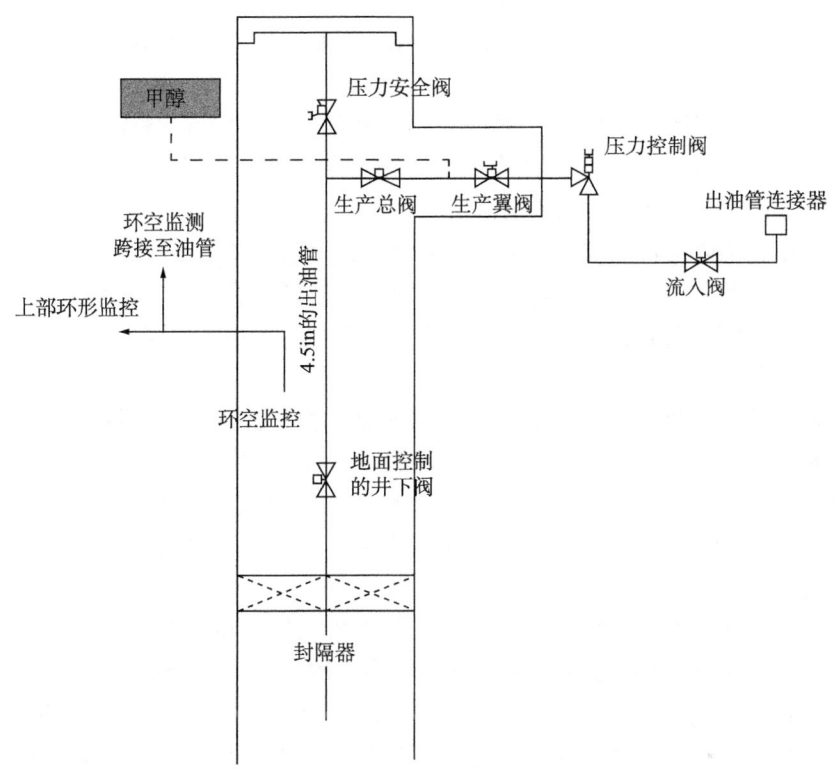

图 5.10　注入甲醇清除水合物堵塞的处理管线(Lee 等,2009)

5.3.5　混合垢的分解以及酸渣的清除和预防

在大多数生产环境中普遍存在形成有机垢和无机垢混合物的条件,因此,这种类型的垢会频繁出现,见 4.6 节。另外,增产措施中酸与某种原油接触形成沉淀物也是频繁出现的问题。当盐酸与含沥青质的原油接触可以造成沥青质的迅速沉淀,因此造成地层伤害。CO_2 和酸与含沥青质的原油接触形成沥青质垢的更多细节见 4.2.4 和 4.5.2 节。

本节对酸处理地层过程所用方法和溶剂进行了综述。酸处理溶剂中的一些液体也可以应用于清除混合垢。Frenier 和 Ziauddin(2008)以及 Ali 和 Hinkel(2000)介绍了用于溶解无机垢(如氧化铁、方解石、重晶石和石膏)的溶剂。按溶剂类型的大类来分,可分为无机酸(主要是盐酸)、有机酸(乙酸、甲酸)和基于乙二胺四乙酸、$N-\beta-$ 羟基乙基乙二胺三乙酸和二乙烯三胺五乙酸的螯合剂配方溶剂。针对清除不同(以及混合)有机垢的常规溶剂的介绍见 5.3.3 节和 5.3.4 节。

这些溶剂包括:芳香族溶剂(甲苯、二甲苯和芳香石脑油)、萜烯("绿色"溶剂)以及水基或脂肪族、芳香族溶剂为主要成分的各种分散剂(图 5.9)。Javora 等(2009)和 Qu 等(2007)编制了有机溶剂清单,包括:芳香族石油馏分;萜烯;单、双、三甘油酯的饱和或不饱和脂肪酸；酯；矿物油；氯代烃；脱臭煤油；石脑油；石蜡；异构烷烃；烯烃；脂族烃；芳香族烃；长链醇；酮类；亚硝酸盐；酰胺；胺；环醚；支醚；线型醚；乙二醇脂肪醚；吡咯烷酮；$N-$烷基哌啶酮；$N,N-$二烷基烷醇酰胺；$N,N,N',N'-$四烷基脲；二烷基亚砜；吡啶；六烷基磷三胺；1,3-二甲基-2-咪唑啉酮；硝基烷烃；芳香烃的硝基化合物；环丁砜；丁内酯；碳酸亚烷基酯；烷基碳酸盐；四氢呋喃；二氧杂环己烷；二氧戊烷；甲基四氢呋喃；二甲基砜；环丁砜；噻吩；聚乙二醇；聚乙二醇醚。

Wylde 和 Slayer（2009）发表的一些言论对选择清除管道中沉积物的溶剂非常有用。他们指出，要清除管道垢中高度混合的有机垢，一些化学因素应予以考虑，包括润湿作用、增溶作用、乳化作用、分散作用和去垢作用。

文章中提出，清除垢可能需要许多不同的化学药品（通常是 5~7 种），但这些化学药品必须根据所要清除垢的成分来定制混合。溶剂选择的更多细节见 5.4 节。

清除混合垢和酸渣会面临特殊问题。因为清除过程需要更多不同的化学反应同时并举。清除混合垢有 3 种方法：

（1）溶剂段塞。一种常用的方法是泵送或喷射一种芳香族溶剂清除有机垢，接着用酸和螯合剂溶剂溶解无机垢。通常情况下，要彻底清除垢可能需要用好几个溶剂段塞进行循环处理。Montgomery 等（1996）介绍了使用各种各样的溶剂段塞清除垢的情况。如果设计是针对清除近井地带的垢，就必须使用封隔器或连续油管，否则这些不同的溶剂就可能无法渗入同一目标区域。

（2）乳剂或有机分散剂水溶液。可根据需要生成油外相和油内相乳剂。不同的有机溶剂、酸、螯合剂的结合可以形成乳剂（Coffey 等，1974；Lyons 和 Plisga，2005），目前，也已经能生产许多单相微乳液（Collins 和 Vervoort，2001）。从注入溶剂的角度来看，单级溶剂与多级溶剂相比，其优点在于易于控制。在作业使用这些液体时，还必须使用经过测试的缓蚀剂，以防止溶剂中的一些成分腐蚀油管和管道金属（Frenier 和 Ziauddin，2008）。因为如果溶剂配方没有进行相应检测和配制，溶剂中的有机部分可能会溶解管道的缓蚀膜。

（3）含有助溶剂的水溶液。这类混合物的水溶液可以混合有大量的醇类（甲醇、乙醇或异丙醇），也可以混合有醚醇类（乙二醇单丁醚、二丙二醇甲醚）（图 5.11）。如果存在高浓度重质有机垢（如沥青质垢），这些类型的液体可以溶解一些有机垢和无机垢的混合物，但是不像乳剂那样剧烈。Frenier 和 Brady（2008）推荐一种混合溶液，它是多种类型的甘油醇与螯合剂、其他溶剂、表面活性剂（可以有效清除近井地带中的有机垢和无机垢）的混合溶液。这些混合溶液是单相，并且可以在高温和高含盐溶液中与各种各样的缓蚀剂一起使用。

垢的组成成分决定了除垢方法以及溶剂成分的选择。选择和优选最终配方的方法介绍见 5.4 节垢和溶剂。用溶剂处理酸渣和混合垢的各种具体的例子将会在下文中介绍。

McLaughlin 和 Richardson（1978）提出一种针对含沥青质储层的酸化处理液。该液体可以清除沥青质垢，同时不会形成铁—沥青质化合物造成储层渗透率降低。所述改进包括：给注入的第一批盐酸水溶液相中加入足够量的水溶液或水杨酸均质分散体，以螯合溶解在酸中的三价铁离子，预防形成铁—沥青质垢。有许多其他的铁螯合剂也可以用来控制三价铁离子（Frenier 等，2001）。但尚不明确水杨酸是否还有溶解有机垢的能力。

Thompson（1974）发明专利介绍了一种乳化液。这种乳化液可以成功清除被有机垢包裹或混合的硫酸钙垢。该乳化液可以由柠檬酸钠、可溶于水的乙二胺四乙酸盐或乙醇酸钾（有一种芳香族溶剂分散其中）和至少一种酸式磷酸酯水溶液组成。例如，含有直链醇乙氧基磷酸酯（含有 4mol 环氧乙烷）或十三醇乙氧基（含有 6mol 环氧乙烷）磷酸酯的乳化剂。

(a) 乙二醇

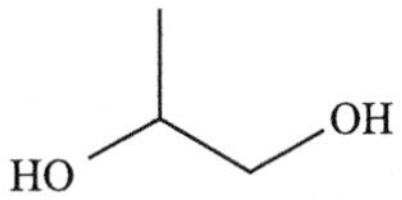

(b) 丙二醇

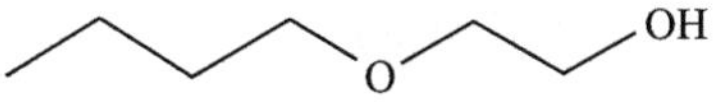

(c) 乙二醇单丁醚

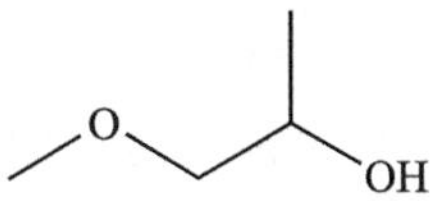

(d) 丙二醇甲醚

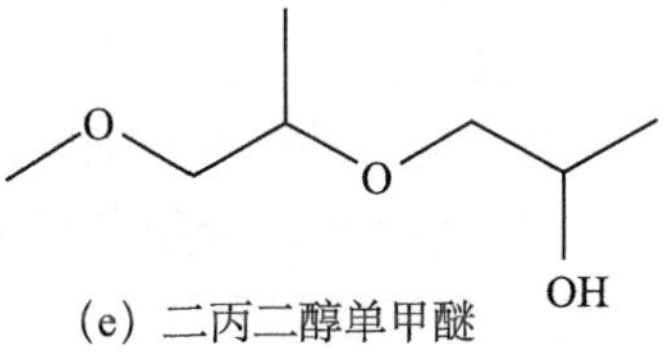

(e) 二丙二醇单甲醚

图 5.11　助溶剂

　　Ford 和 Hollenbeak（1987）介绍了二环戊二烯和松树上天然形成萜烯混合物。将这种混合物通过脂肪族乙氧基醇乳化可分散到处理酸液中，它可以用来溶解淤渣、有机垢和无机垢。Crowe（1993）开发了一种酸液体系可通过控制铁离子达到防治淤渣的目的。含有非离子和阴离子表面活性剂的除垢剂也可用于酸化过程中淤渣和乳化液的控制。该酸液体系中使用了还原剂（异抗坏血酸）和硫代乙醇酸铵。Wong 等（1997）研究了一些二叠盆地原油，这些原油在酸化处理过程能形成酸渣。他们比较了 9 种不同阻垢剂配方，研究发现，控制三价铁离子是必要的，并推荐了"催化还原剂"。用傅里叶变换光谱（FT-IR）分析发现，具有含氧官能团的沥青质能使酸渣稳定。他们还强调，试验前必须消除原油与空气的接触。Curtis 和 Weaver（1998）已经证实，在选择溶剂之前可利用 FT-IR 有效识别有机垢。Paulis 和 Sharma（1997）对一些壬基酚甲醛树脂（作为原油破乳剂，来源于 Witco）与盐水或 HCl/Fe^{3+} 接触进行了测试，据说这些材料非常有效，但没有提供与铁离子或 HCl 接触的测试数据。

　　Lysandrou 和 Dulaney（1987）提出一种针对含石蜡或沥青质储层的酸化处理配方。该配方中含有甲醇、乙醇、丙醇、叔丁醇或它们的任意组合和 C_6—C_{10} 的醇类的混合物。这些液体混合并分散在酸液（盐酸、氢氟酸）中，用于溶解可溶于酸的沉积物以及有机垢。这些作者们认为在质量分数为 25% 盐酸中，这些混合物易于混相。

Knopp（2007）介绍了一种用于油井酸化增产过程中抑制和预防乳状液形成的混合物。该混合物是由烷基醇溶剂中加入烷基芳基磺酸或烷基芳基磺酸盐、炔属醇和烷基二苯基氧化物磺酸或其衍生物混合而成。披露的该混合物成分对原油性质没有特殊要求，可在酸处理溶液（如质量分数为 15% 盐酸）中使用，可以预防和分解活性酸乳液和残酸乳液。

Metcalf（2007）讨论了泡沫状液体注入低压气井中用于清除固体杂质和垢的使用情况。低压气井中包括非常规井，例如煤层气井。根据作者介绍，该泡沫液体具有以下优点：化学品用量低、顶替液用量很少或不需要、使用的是溶解剂和抑制剂、可能不需要返排。

Uchendu 等（2004）介绍了一种单段注入方法，这种方法可同时清除造成储层伤害的酸溶性物质和有机物。这种方法也能一站式去除和抑制垢。作者们声称，此处理过程不能取代氢氟酸对地层的处理。事实上，该处理过程如果能与以氢氟酸为基础的酸液体系（如果主要的伤害机理是微粒运移）和其他酸（用于消除特殊的表皮伤害）混合使用，会获得独特的协同作用。

酸—溶剂混合使用（Uchendu 等，2004）的主要区域包括：近井地带的蜡结晶区、沥青质絮凝区或两者都存在的区；管外壁涂料造成的储层伤害区；乳剂或流体不配伍造成的储层伤害区；储层中可溶于盐酸的微粒堵塞区；完井管件结蜡；上述问题的组合区域。

该泡沫液体系（Uchendu 等，2004）是盐酸、芳香族溶剂、互溶剂、发泡剂、分散剂、腐蚀抑制剂和表面活性剂的混合体。酸的浓度取决于桥接在地层表面上的可溶于酸的化合物量。通常浓度在 7.5% ~ 15% 之间。同理，芳香族溶剂相对于总的体积分数取决于伤害的严重性。Uchendu 等（2004）声称，该泡沫液体系可以联合所有不同添加剂的协同作用，对造成储层伤害的乳剂、有机或无机物进行分散，使储层和金属表面水湿，利于原油生产。微粒运移添加剂虽然对于油管清洗来说是不必要的，但是其可以防止酸化后地层中微粒的运移。铁螯合剂可以消除由于原油中存在铁化合物而造成沥青质絮凝。据称，无论在静态还是动态实验，该混合物与原油和其他酸体系都有相容性。但报道中没有给出该混合物详细的化学成分。

根据这些作者的介绍，在尼日尔三角洲的几个油田开展的现场试验效果很好。

无机垢与有机垢的混合是一个重要的问题，5.4 节介绍了清除混合垢的各种试验。另外，石油服务行业提出可通过使用大量的酸乳剂和分散剂以及互溶剂清除造成地层伤害的混合垢，如 Uchendu 等（2004）所述。Ali 和 Hinkel（2000）也探讨了酸处理添加剂。这些化学药品，如各种烃，尤其是芳族的化学药品，也是下面部分将要介绍的制剂配方的基础化学药品。

5.3.6 其他溶剂及综述

皮肤清洗合成溶剂（Viscovitz，2001）适合于清除手臂上沾染的油墨和其他污物。其含有有效量的 1 ~ 12 个碳原子的低分子量醇和有效量过氧化物释放剂（例如，过碳酸盐，最好是过碳酸钠），醇与过碳酸盐产生协同反应，有效地清除人体皮肤上的油墨。而该溶剂中的其他添加剂，如填充剂、研磨剂和洗涤剂可以进一步清除其他污垢。尤其是皮肤清洗合成溶剂中含有脂肪族、最好是烷烃的酒精和过碳酸盐，其效果会更好。下面介绍的是 Viscovitz（2001）介绍的一个实例。

该发明提供了一种皮肤清洗合成溶剂。其含有质量分数为40%～80%的碳原子为1～12个的低分子量醇（最好选烷醇）；质量分数为10%～20%的过氧化氢释放剂（最好选过碳酸盐）；至少有一种研磨剂，其质量分数为10%～40%；质量分数为1%～3%的惰性填料。低分子量醇与过氧化氢释放剂一起提供协同反应，可有效去除皮肤上的油墨。

Dyer（2007）发明了一种一站式清除被沥青质、石蜡和无机垢堵塞的射孔孔眼的方法，这种方法包括以下几个步骤：

（1）准备水基清洗乳剂，主要包括：

①质量分数为50%～98%的水；

②质量分数为0.1%～15%的洗涤剂；

③质量分数为0.1%～20.0%的烃溶剂；

④质量分数为0.1%～15%的酸。另外，要求在很宽的温度范围内该乳剂都处于稳定状态，同时①—④ 4种材料都处于溶解状态。

（2）将该乳液与油井接触一段时间，使其足以分散射孔孔眼中的沥青质、石蜡和无机垢。所述洗涤剂由表面活性剂部分、有机溶剂部分和酸组成，其中表面活性剂部分可以是表面活性剂及其混合物，表面活性剂可以是两性离子的、两性的、非离子的、阴离子的和阳离子的。有机溶剂部分可以是汽油、柴油、喷气燃料、煤油、二甲苯和溶剂油。酸可以是盐酸、硫酸、硝酸、氢氟酸、柠檬酸、草酸、马来酸、乙酸、苹果酸、戊二酸以及上述酸的混合物。

Berry等（2007）对用可生物降解溶剂混合物取代传统溶剂清除井筒和储层中有机垢进行了讨论。所述的可生物降解溶剂混合物是由两种农业派生材料混合而成。其中，第一组分来源于大豆，其具有清洁性同时又环保。该成分具有优良的渗透特性、低挥发性和非常高的闪点。第二个组分来源于发酵碳水化合物，并且贝壳松脂丁醇值（KB）大于1000。由这两种成分组成的可生物降解的溶剂混合物的贝壳松脂丁醇值约为500。这种溶剂与其他材料溶解性能的对比见表5.2。需要注意的是，KB值被用于度量烃类溶剂的溶解能力[ASTM D1133-04（2004）]。高KB值表示溶解能力相对较强。

表5.2 性能对比

溶剂	KB值	Hilderbrand 溶解度	驱散	极性	氢	水溶性
生物基的	500	31.1	7.8	3.7	6.1	可溶
甲苯	105	18.2	8.8	0.7	1.0	不可溶
二甲苯	98	18.0	9.8	0.9	1.2	不可溶
二氯甲烷	136	20.3	8.9	3.1	3.0	微溶

从环境和遵从法规上来看，可生物降解溶剂有很多益处：100%的生物降解性只生成二氧化碳和水；它是美国食品及药物管理局（FDA）获批准的香料添加剂；由可再生资源，例如由玉米和其他碳水化合物产生；其成分不含饱和烃—芳香烃—胶质—沥青；成分不含

313—可报告的名录；其符合低挥发性有机化合物排放标准；是非消耗臭氧配方；无有害的空气污染物；是非致癌溶剂。Berry 和 Cawiezel（2007）的专利产品中还添加了乳酸酯（如乳酸乙酯）和脂肪酸酯（如大豆油甲酯）的混合物。可生物降解的溶剂混合物也可以是由一种或多种乳化剂、醇以及水所形成的微乳液。

Berry 等（2007）针对几个关键溶解因素，把可生物降解的混合溶剂与二甲苯、甲苯和其他广泛使用的工业溶剂体系进行了详细比较。数据表明，该溶剂体系和甲苯一样，可有效用于溶解沥青质，但对石蜡的溶解不像芳香族溶剂那样有效。报告指出，这些溶剂对清除井筒中管壁涂料和油基钻井液的残留液也是有效的。作者声称，他们已经测试了可生物降解的混合溶剂与油田广泛使用各种施工材料的兼容性（表5.3）。

表5.3 生物基溶剂与一些材料的反应

24h 后有明显的化学侵蚀	8h 后有明显的化学侵蚀	1h 内有明显的化学侵蚀
聚酰胺纤维（Nylon）	丁钠橡胶 B（BunaB）	聚氯乙烯（PVC）
聚四氟乙烯（Teflon）	氟橡胶（Viton）	聚碳酸酯（Polycarbonate）
聚偏二氟乙烯（PVDF）	硅树脂（Silicone）	丙烯腈—丁二烯—苯乙烯三聚物（ABS）
四丙氟橡胶（Aflas）	氯丁二烯橡胶（Chloroprene rubber）	聚乙烯（Tygon）
全氟醚橡胶（Kalrez）	环氧酰胺（Epoxy amide）	C—松紧带（C-flex）
聚四氟乙烯（PTFE）	—	Pharmed 软管（Pharmed）
聚乙烯（Polyethylene）	—	氯丁橡胶（Neoprene）
聚丙烯（Polypropylene）	—	聚苯乙烯（Polystyrene）
无油三元乙丙橡胶（Oil-free EPDM）	—	戊聚糖钠（Polysulfate）
乳胶橡胶手套（Latex natural-rubber gloves）		橡胶手套（Neoprene gloves）
—	—	聚酰胺（尼龙）（Polyamide）
—	—	聚氨酯部件（Polyurethane parts）
—	—	乙烯基手套（Vinyl gloves）
—	—	丙烯酸盐（Acrylate）

应用该理念还研发了含有脂肪酸酯（如含有一种非离子表面活性剂的大豆油甲酯）的可生物降解的流体体系（Berry 和 Cawiezel，2006）。Berry 和 Beall（2007）提出一种方法将可生物降解的油基乳化液注入井筒，该乳液的基液是油，乳化液滴的外相是表面活性剂溶液，而基础油由质量分数为 75%～99% 的正构烷烃组成。

该章节已经介绍了人量溶解各种垢的有机溶剂。大多数有机溶剂具有一定程度的不饱和性和溶解能力（与苯、二甲苯或重芳香烃石脑油的溶解能力相仿），同时具有更低的毒性。对于现场的许多垢来说，完全或大量清除，则需要用到脂肪族和芳香族溶剂的混合溶剂。许多溶剂的配方都尝试使用能分散垢的材料。这一举措也应用于抑制沥青质沉淀当中。许多文章也介绍了各种溶剂在水中形成的乳化剂或者分散剂，目的是试图减少溶剂使用量。尽管所使用的许多物质的毒性似乎比标准芳香剂要低，但大多数文献和专利都没有提供毒性的比较数据。表5.4总结了一些上文引用的文献中提到的有机溶剂。

表 5.4 商业溶剂汇总

化学溶剂	文献
三甲基苯和癸烷	Thorssen 和 Loree（1998）
1-甲基萘、正十六烷和甲烷	Cimino 等（1995）
烯属烃基脂肪酸缩合反应产物和氮化合物	Becker 和 Wolf（1996）
萜烯（柠檬烯）	Matta（1985）
萜烯，表面活性剂	Krajieck 等（1995）
萜烯	Mehat 和 Krajieck（1995）
二环戊二烯和环萜烯	Ford 和 Hollenbeak（1987）
酶	Mestetsky（1995）
N-氧化物表面活性剂	Mestetsky（1995）
芳香族溶剂和苯并咪唑	Lawson 和 Snyder（1978）
芳香族溶剂 + 含氟表面活性剂	Penney（1986）
烃油和表面活性剂	Kruka（1987）
乙氧基壬基苯酚 + 乙醇	McClaflin 和 Yang（1987）
非芳香剂 + 十二烷基苯磺酸	Samuelson（1992）
甲苯、二甲苯和助溶剂的混合物	Minssieux（1998）
烷基乙氧基酸酯 + 烷基聚糖苷	Samuelson（1992）
乙醇 +N-甲基吡咯烷酮	Samuelson（s1992）
酒精 + 过碳酸盐	Breen（2000）
混合的芳香烃/脂肪族化合物	Mannistu 等（1997）
HAN 的混合物 + 表面活性剂	Many
柴油的微乳液，煤油	Collins 和 Vervoort（2001）
乳酸酯，例如乳酸乙酯和一种脂肪酸脂	Berry 和 Cawiezel（2007）

5.3.7 热溶剂

热的应用可以很大程度上增加溶剂的溶解能力，同时加热本身就是防止或溶解水合物和石蜡垢的主要方法（见5.1.3节）。

预防水合物在出油管线、管道和生产设施中形成的最佳方法是控制可能有水合物形成区域的温度和压力。通常可通过控制温度，让水合物可能形成区域温度高于"水合物形成的温度"来实现。加入抑制剂降低流体"水合物形成温度"也是非常常用的做法，也可通过清除水蒸气（气体脱水）来防止水合物生成。加热生产流体是防止水合物形成的另一个方法。在试井中，加热器的主要功能就是预防水合物形成。通过在第一级和第二级加热器之间安装节流器，产生需要的压降，可最小化水合物形成的可能性。如果水合物问题严重，可以考虑在节流管汇上游加热源。

从清除炼油厂设备（Frenier，2001）中有机垢的经验中也看出，溶剂通常在加热后比在常温下使用更加有效。对于溶剂的使用者来说，存在的主要问题是，在生产环境中它们缺乏将溶剂加热到高于井和地层温度的能力。实际上，许多垢是由于流体温度的变化形成的。当现场没有热源时（清洗炼油厂垢的技术取决于加热清洗液的蒸汽供给），"热油器"的使用在油田就非常普遍。即使当热油器能有效地加热清洗液，其热量也会散失到周围地层。Spitzer（1987）建议使用一个专用堵头，使热油进入油套环空，融化抽油杆和油管表面的蜡。

Straub等（1989）进行了现场研究，评估了热油清除和防止井底结蜡的效果。结果表明，单独使用加热的原油未能将井底温度升高到足以使蜡溶解。因为井底温度上升非常有限。这些研究人员对大量的溶剂和水基分散剂进行了测试。结果发现，使用如二甲苯和甲苯的芳香族溶剂溶解了超过82%的石蜡，汽油和煤油对溶解石蜡也有效，尤其是混合有二甲苯时效果更明显。含有大量二甲苯的商业石蜡溶剂比水基分散剂更有效。实验结果表明，热溶剂的使用具有较大的潜在效益，溶剂的温度必须超过100°F才有效。作者介绍了几个井下加热方法，其中包括热交换器加热和电加热器加热。化学加热方法在一个油田进行了现场试验，化学加热方法的花费是机械或电加热方法的2倍，但Straub等（1989）认为此方法有潜力。

King（1997）指出，升高井中管道、抽油杆和流体的温度到能保证井中蜡和沥青质可随流体一起流动的温度范围是一个预防蜡和沥青质沉积最基本的方法。通过热交换器加热流体，热流体在井中循环（泵提供循环动力），使井中部件加热，泵提供循环动力。此方法的最佳实施方式要求井的油套环空通畅，液体可反复再循环，直到流入井的流体温度和管道外表面温度以及流出井的流体的温差没有超出设计要求的温差范围为止。而后，部分流体被转移并储存，而其余的流体可根据需要重复循环并加热，使整个井维持在较高的温度。另一个优选的实施方式中，液体通过热交换器加热，该热交换器是充满水和乙二醇混合物的绝缘罐，通过罐内部的管道系统，液体被加热循环。泵提供输送液体的动力；自动调温装置控制加热；电加热器提供热量。根据控制箱反馈状态信号，系统阀（带有手动操控）开启。热油通过喷嘴流入井中，该喷嘴使热油以一定的角度顺着管道表面向下流动。

Harun等（2007）报道，在墨西哥湾的两口干式采油树井的泥线以上发现水合物堵塞。这两口井由于飓风疏散而关井，当工作人员试图打开井下安全阀开井生产时，形成了水合物堵塞。工作人员多次尝试用溶剂溶解水合物堵塞，但都失败了，其中就包括通过化学药剂注入管路泵送甲醇到堵塞物下方和在堵塞物上方用乙二醇润滑。造成油井在泥线以上形成水合物堵塞的原因可能是在长期关井之前给井中注入的水合物抑制剂（LDHI）量不足。结论如下：

（1）将热油注入油套环空，可成功清除水合物堵塞。

（2）井筒的热工水力瞬态模拟对评估热油注入的可行性有帮助，尤其在估计所需的注入温度和速度方面。

(3) 用热油注入油套环空清除油管内的水合物堵塞，关键要考核热油与注入通道中的弹性材料以及潜在的固体沉淀物之间的兼容性。

(4) 对水合物堵塞大概位置的认知，可以帮助评估热油注入油套环空融化油管中水合物堵塞成功的可能性。

(5) 已经改进的井重新启动规程可以降低未来水合物堵塞形成的可能性。改进内容包括：关井时前，将井口泄压到尽可能低，同时将 AA LDHI 以推荐量泵入井中，要求 AA LDHI 注入时间长达 8h；开井前，以推荐速率重新向井中注入 AA LDHI，同时将冷油尽可能地加热（135℉）后，并以 1.5bbl/min 的流量泵入油管，以确保井下安全阀打开。然后，根据油井标准启动程序重新恢复生产。

Nenniger（1995）开发了一种注水井增注的方法。该方法包括在井底或靠近井底处放置加热器，通电加热需处理区域，注入溶剂流过加热器到达处理区域与蜡垢接触并使其松动，返排出处理区松动的蜡和溶剂，返排结束后再注水。在一个实施案例中，更完善的预处理步骤是选择合适的防漏失剂注入井中防止溶剂漏失。在另外一个实施案例中，更完善的预处理步骤是选择合适的油层堵剂，在注入防漏失剂之前注入井中保护油层。

已有几个"化学加热"体系被推荐替代外部加热源。这些方法是利用各种放热化学反应产生热作为热源。由于有碳氢化合物存在时使用强氧化剂非常危险，所以选择该方法一定要非常谨慎。Ibrahim 和 Ali（2005）开发的双组分化学反应热体系是去除有机垢（如在井筒和生产油管里或周围）和增加油井产量的一种手段。将双组分化学体系（化学药品未查明）通过生产油管注入井筒，反应物反应产生热量可以分离和融化垢，反应产物可作为分散剂和一种有效的表面活性剂。他们的文章中展示了马来西亚近海的 Temana 油田两口井的现场实施结果。在两口试验井中，一口是关闭井，另一口是气举生产井。经过处理，两口井都表现出表皮系数降低和产水量下降以及比前一年额外增加 190～320bbl/d 产油量的效果。处理成本回收期为 11d 和 19d。井在处理一年后仍在生产。该双组分化学体系中的相关化学药品及和反应产物都与原油、岩层、钢管和生产系统的橡胶部件相配伍。

Shahreyar（2000）讨论了"化学加热"体系的主要化学加热反应（Mitchell 等，1984；Ashton 等，1989；Collesi 等，1988）[见式（5.4）]，并指出当前最常使用的化学自生热方法需要将硝酸钠（亚硝酸钠）水溶液和氯化铵水溶液（氯化铵）混合。这些水溶液的混合通常是在地表进行。这些溶液发生化学反应会在溶液中产生氮气、热和无害的副产物（水和氯化钠）。虽然两种水溶液之间的化学反应开始于地表，但在井预定深度反应速率可以通过在溶液中添加计算好量的甲醇或乙酸溶液和控制泵速来控制，以获得最大反应热。同时通过控制化学反应的速度可使热损失最小化。

密歇根大学产业关联项目的主题就是研究蜡和沥青质的形成、清除和抑制。Kaminski（2001）研究了沥青质的分类和杂原子对沥青质溶解动力学因素的影响。Wattana 和 Fogler（2001）以及 Wojciechowski 等（2001）研究了在低温条件下沥青质的溶解以及使用折射率测量值来研究沥青质垢的情况。Fogler（2001）也开展了化学放热反应融化管道中的蜡状物的研究（Nguyen 和 Fogler，2001），探讨了此类化学反应的应用前景。

一种类型的熔合—化学反应是通过催化剂的突然释放引发反应，它可能解决在海底管线中的有机垢问题，具有巨大的经济效益（Singh 和 Fogler，1998）。氯化铵和亚硝酸钠的反应，由柠檬酸催化，可作为一个化学自生热体系，其中酸被封装在聚合物胶囊中。酸催化剂的定时释放可通过胶囊上附加一层聚合物包衣来实现。可用绝热的间歇式反应器来研究反应动力学和聚合物溶解动力学。模拟的结果与在间歇反应器中的实验结果之间具有良好的一致性。循环反应器的实验结果表明，在现场化学自生热反应能提供大量热量，产生的热量足以克服周围环境的热量散失，并可将流体的温度提高到可以软化和熔化蜡垢的有效温度以上。放热延迟取决于聚合物包衣的厚度，而热的释放量和速率取决于现场反应物和酸的浓度。用于降低水溶液 pH 值以及加速放热反应的试剂可以是任何水溶性的可水解材料，例如柠檬酸、戊二酸、抗坏血酸、磷酸二氢钠和类似的化合物等。放热反应有：

$$NaNO_2 + NH_4Cl \longrightarrow N_2 \uparrow + NaCl + 2H_2O$$

该反应在 25℃下的参数值如下：

$$\left.\begin{array}{l} \Delta H_{rx} = -79.95 \text{kcal/mol} \\ \Delta Cp = 0.0472 \text{kcal/(mol} \cdot \text{K)} \\ Cp_s = 0.334 \text{kcal/(mol} \cdot \text{K)} \\ K_{eq} = 3.92E^{63} \dfrac{\text{bar} \cdot \text{mol}}{l} \end{array}\right\} \tag{5.4}$$

在这些氧化还原反应中，氯化铵中的氮原子从 –3 价氧化到 0 价，而亚硝酸钠中的氮原子在反应产生氮气的过程中从 +3 价减少到 0 价。为了效益最大化，化学药品装入胶囊，以便使它们可以到达合适的位置释放。Ashton 等（1989）提出了一个类似反应体系，该体系使用亚硝酸盐反应产生热。

Marques 等（2004）介绍了一系列解除被水合物封堵的海底油井采油树罩的措施，而这种海底采油树罩的水合物堵塞用常用工具是无法解除的。采用巴西石油公司的化学自生热 SGN 方法（很可能基于上述的亚硝酸盐反应）给采油树加热可以分解结晶水合物。该化学反应由 Singh 和 Fogler（1998）提出，化学反应和式（5.4）基本相同。用 3mol SGN 溶液，能够将温度升高到约 200℉。该井水合物堵塞了采油树罩防松栓的滑阀腔，一旦滑阀腔内水合物堵塞物被融化，就可以通过常规工具打开采油树罩。作者强调在使用前要保持反应的两种流体隔离的重要性以及使用安全方法让流体作用于采油树的重要性。更多详情见图 5.12。

Hart 和 Brown（1996）介绍了一种在原油生产过程中清除油田生产设备表面石蜡垢的化学自生热法。该方法通过融化和分散垢来清除石蜡垢。此方法使用一种酸性化合物和一种中和剂化合物，反应放热融化垢，并形成分散剂以去除融化的垢碎片。优选的酸是烷基芳基磺酸化合物，如支链的或直链的十二烷基苯磺酸、二壬基或异丙基萘磺酸和这些化合物的混合物。在该技术的说明中要求先将酸性化合物注入油管的结垢部位，再将基液（如异丙胺）、烃类以及溶剂（如甲醇）混合注入。

Als（2006）也介绍了使用酸碱反应产生热量除去沥青质和蜡垢的方法：

一种组合物可用于去除原油传输系统表面（如井下管、管道或储油罐）的石蜡、蜡、沥青质和其他垢。该组合物包括：氢氧化钠水溶液，其中氢氧化钠占氢氧化钠水溶液的 18%～25%（质量分数）。该组合物还包含一种乙酸溶液，其质量是氢氧化钠的 30%～55%。乙酸溶液中乙酸的质量分数至少 90%，最佳质量分数约 99%。该组合物还包括具有 6～10 个碳原子的液态芳香烃，其质量是氢氧化钠质量的 15%～40%。

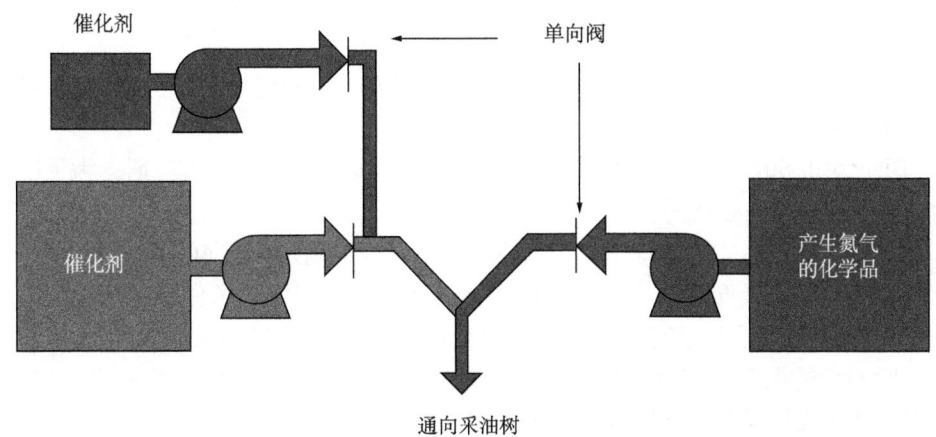

图 5.12　SGN 的应用（Marques 等，2004）

根据该方法，将上面所讨论组合物混合可以产生热量。当垢与所述能产热的混合溶液接触时，产生的热量可去除垢。分别将氢氧化钠水溶液和乙酸溶液注入到井内管道和输油管线中，两种物质的混合物会在井下或输油管道内产生热量。特别值得注意的是，在处理过程中氢氧化钠水溶液可以和液态芳香烃在地面混合后再泵入井下管道或输油管道，然后将乙酸溶液泵入。

Brown 和 Dobbs（1998）介绍了该方法的一个现场试验案例，在该案例中蜡沉积区在井口以下大约 2000ft 的位置。大约 1100ft 的油管被选为目标区进行处理。化工泵系统组装好并设定了适当的注入速度。绝缘温度探针安装在井口阀门上，以监控温度的上升。化学药品注入过程分为混合、泵送和反应结束 3 个阶段（Hart 和 Brown，1996），整个施工过程要监测温度，直到温度恢复正常状态。当井恢复生产后，用测井电缆评估处理效果，发现大部分管段完全清洁，不干净的管段残余的石蜡是柔软的，因此，用钢丝绳很容易清除管上的软石蜡。3 个阶段的处理后，热电偶显示油管柱中的温度上升了 125℉。

Settineri 等（1982，1984）以及 Bohlen 和 Settineri（1988）的专利中介绍了使用液态三氧化硫去除井中石蜡和沥青质并使管道表面水湿防止更多有机垢形成的方法。SO_3 的水解作用也产生大量的热。这种技术的更多细节在 6.5 节中介绍；然而，安全问题限制了该化学药品的使用。

5.4　垢和溶剂的测试技术

在获取到疑似含有大量有机化合物的污垢样品时，必须先进行垢类型的分析，然后才能去研发溶解污垢最经济有效的溶剂。Cowan 和 Weintritt（2004）所著著作《除垢》的第 9 章论述了垢的取样、分析和测试这些重要工作，对我们非常有用。作者们建议：

(1) 要获取具有代表性的样本。许多垢是非均质的，因此采样过程必须考虑到这一点，需要精确描述取样位置，确保取样具有代表性。

(2) 运用化学和物理方法鉴定垢。

(3) 化学测试流程见图 9.5（Cowan 和 Weintritt，2004），该流程由美国材料试验学会 1969 年提出。

这一章节还详细介绍了样品识别和溶剂评估过程，其中几种不同的溶剂和垢测试方法已经被推荐使用。

Del Bianco 和 Stroppa（1995）用下面的方法来测试和配制沥青质溶剂。为了确保操作的准确性，以下操作是必要的：

(1) 配制含有已知含量沥青质材料的溶液系列，分别测定其在 400nm、600nm、800nm 下的吸光度，建立吸光度与浓度的关系曲线，以此获得不同波长条件下的标定直线。这些溶液基于饱和沥青质母液配制，该母液是通过过滤 100mL 溶液中大约 100mg 沥青质垢获取。由于所测量的沥青质组分连续，因此，可以通过紫外光谱对溶解物质进行定量测定。在测定溶解度曲线过程中，与溶解产物浓度有关的数据可以通过测量 3 个波长下的吸光度，计算其平均值来获得。

在仪器容许范围内，扣除 400nm 以下可能被溶剂吸收的波长，应尽可能选取宽的波长测量范围。大多数情况下，标准曲线在检测浓度范围内都会展现出较好的线性关系。通过线性回归计算，能够获得不同波长对应的消光系数，可以用于后续溶解度曲线测定时组分浓度的计算。

(2) 将垢与溶剂以不同的量之比混合，并由此获得系列混合物的溶解度曲线，从而评价溶剂的溶解能力。实验中的系列混合物由含有已知量垢的体积递增的溶剂配制而成。将上述体系超声处理（原文如此）20min 后机械搅拌过夜；经配备有 0.5μm 聚四氟乙烯滤膜的注射器后进行吸光度测量，从而获得体系中所溶解的有机物的浓度。

在这些例子中，室温条件下，用紫外可见吸收光波（400nm、600nm 和 800nm），获得测试样本中沥青质材料溶解浓度与浸泡时间之间的函数关系。将按精确称重的 100mg 的样本用 10000kgf/cm²❶ 的压力（珀金·埃尔默压力法）压制成直径 13mm、厚度 0.7mm 的样品块，然后把制好的样品块固定在试样容器中由三脚架支撑的两个金属线网上，浸泡在 1L 溶剂中。在充分浸泡后，可获得每种溶剂最大的溶垢水平：溶剂比率 [g（垢）/L]（溶解度级别）。在测试期间，用磁力搅拌器轻轻搅拌溶液，保持溶液的均质性，同时要以免试样破碎。

Ivanova 和 Shitz（2008）开发出评估含添加剂的溶剂清除俄罗斯油气田混合有机垢工作效率的方法。该方法将垢样加热到软化温度并充分混合，呈 12mm×20mm 的圆筒状。然后，将其冷却并置于预先称过质量的孔尺寸为 1.5mm×1.5mm 的黄铜（钢）纱布筐。筐的尺寸为 70mm×15mm×15mm。对盛有样品的筐进行称重并置于一个密封玻璃器皿中，注入 100mL 研究溶剂。实验温度为 10℃。在 4h 后，将所述筐中残余未溶解掉的垢取出，并干燥到恒重。对从筐中掉入器皿中未溶解的垢碎片进行过滤、干燥到恒重，并称重，从而计算出溶剂的溶解效率。

---

❶ 1kgf/cm²=98.0665kPa。

Wylde 和 Slayer（2009）通过使用从西得克萨斯州管道清管工作中得到样品（称为"清管垃圾"），研发了溶剂鉴定和评估方法。该方法包含了将样品灰化[烧失量（LOI），如图 5.13 所示]后对固体进行能量色散 X 射线分析，以确定样品中的无机物。样品显示出含有 50%以上的有机物；作者们通过对大量溶剂配方的溶解能力进行观察和溶解质量测试，研发出了管道温度条件下最佳的清管溶剂。

5.4.1 有机垢的评估和处理流程

图 5.13 展示了化学测试法确定无机垢和有机垢成分的流程图（由箭头示出）。垢样品在一个高温炉灰化，除去任何含烃化学物质。样品灼烧后失去的质量分数就是烧失量（LOI）。烧剩下的固体用高浓度的盐酸（至少 28%）在 200℉溶解，确定固体在盐酸中的最大可能溶解度（MPS）。对盐酸溶液中金属的分析给出样品中金属的总量。用土酸溶解剩余的固体得到硅的含量。对盐酸溶液中溶解的金属进行分析可以帮助确定垢的组成。使用各种化学方法进行无机分析，包括原子吸收光谱、电感耦合等离子体光学发射光谱法或湿化学测试。如果烧失量为 10%或更少，进行固体酸化，根据形成的气体，可以定性评估固体中碳酸盐或硫化物。对垢的 X 射线分析也同样可以对元素组成进行定量评估（X 射线荧光）或对晶体化合物（X 射线衍射）进行半定量评估。这种分析也可以识别无机垢中的结晶矿物。

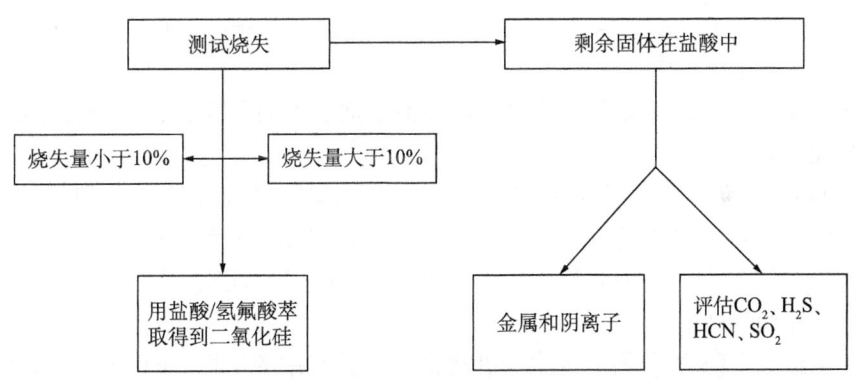

$$MPS + LOI + SIO_2 = 100\%$$

图 5.13 沉积物分析流程（Frenier 和 Ziauddin，2008）

如果烧失量（LOI）大于 10%，则需要用有机溶剂萃取样品中的有机质，并制定相应的萃取工艺。如果有机垢的质量非常高，交替使用大量的甲苯和己烷进行单独热萃取，可对有机垢化学组成进行定性评估。如果垢样品在 HCl 中最大可能溶解度（MPS）大于 20%，可能需要采用多段有机—无机溶剂处理或用乳化酸或有机分散剂才能完全清除垢。

确定垢成分的化学方法对选择适当的溶剂非常有用。本节将介绍傅里叶变换红外光谱（FT-IR）分析技术，该技术可帮助鉴定有机垢的化学成分。这些信息可用于研发化学溶剂和确定清除垢的方法。Curtis 和 Weaver（1998）介绍了这项技术的应用。该方法最初是用于确定炼油厂设备和其他地面设施的垢的化学成分。现在该技术还可用于确定井下垢的组分。

傅里叶变换红外光谱分析技术识别有机化合物的种类。识别过程首先要从混合样品中分离出各种组分（Curtis 和 Weaver，1998）。然后，就可以用 FT-IR 来识别各组分的官能团或类别。组分分离可以通过物理或化学方法来实现。

物理分离方法。 Curtis 和 Weaver（1998）介绍了一种常用于炼油厂或石油化工污垢中有机物组分分离的物理方法。此方法基于材料挥发性与温度的关系，当使用红外线灯、加热枪或其他热源升高温度，低沸点材料将从样品中挥发出来。在温度接近或低于水的凝固点，较高沸点的物质将"凝胶化"或"固化"。一旦固化，可以通过过滤或其他合适的方法分离出这些物质。通过分析从这些物理分离方法中得到的物质，可以更好地认识样品内有机物质的性质。从复合的频谱中减去各个成分的 FT-IR，可以获得整个样本的光谱分析。

化学分离法。 化学分离法是炼油厂或石油化工污垢常用的分离方法。该方法利用有机质在溶剂中的溶解度差异（Curtis 和 Weaver，1998）进行分离。一些组分将优先溶入极性溶剂中，而其他成分将溶于非极性溶剂。根据分子结构，溶剂可分为极性或非极性。水是最常用的极性溶剂，其他极性溶剂是直链醇（如甲醇或乙醇）。用传统台式方法鉴定有机污垢耗时且存在偶尔无效的情况。使用傅里叶变换红外光谱分析技术研究从物理和化学法分离获得的物质，不仅可以减少分析时间，而且可以提供其他方法无法获得的更多信息。

在 Curtis 和 Weaver（1998）的研究中，污垢样本似乎是黑色的金属屑。用二甲苯和氟里昂对样本进行溶剂萃取，再将溶剂蒸发，其残余物用傅里叶变换红外光谱分析技术（FT-IR）进行分析。因为氯代化溶剂会腐蚀环氧树脂，而环氧树脂是固定硒化锌晶体到水平衰减全反射蒸发皿的物质，因此，要把氟里昂从残余物中分离。为了进一步地分析研究，可将残余物再溶解于丙酮中。

指纹图谱明显显示每种提取物的残留物为消泡剂；并且识别出消泡剂是溶于烃油的聚甲基丙烯酸酯共聚物。

丙酮萃取的残留物与氟里昂和二甲苯的萃取残留物之间有细微差别，在 $1852cm^{-1}$、$1774cm^{-1}$ 和 $1104cm^{-1}$ 出现的峰表示高分子量羧酸酐，它和丙酮萃取材料的成分相同。光谱数据库搜索识别该化合物种类为双位和四位取代的羧酸酐也证实了这一点。这些材料通常存在于乳化剂和润滑剂中。

后续对垢进行 FT-IR 分析，为生产者提供了一些有用的信息。FT-IR 分析证实，垢中有机物以表面活性剂和消泡剂添加剂的形式存在。这些添加剂正是问题的根源所在。

根据上一节介绍的垢的分析结果，可研发最终可用的溶剂。因为不是所有的溶剂都能溶解某个类型的垢，所以前面对垢成分分析步骤是必要的。可根据垢的类型、井的温度和金相学以及后勤和经济上的考虑，选择一组合适的溶剂。然后在实验室进行测试，以确定其溶解垢的能力。

7.5.1 节中详细介绍了另一种鉴定有机垢成分的步骤（Garcia 等，2001），同时概述了低温和高温条件下鉴定有机垢成分的步骤。

5.4.2 溶剂的评价

目前，对溶剂的评价，可以用低温方法，也可用高温方法。

5.4.2.1 有机溶剂的低温评价

以下步骤可用于测量各种石蜡溶剂的有效性，也可用于测量沥青质溶剂的有效性。

需要的设备：4oz❶的瓶子、天平、热水浴和手腕式振荡器。

步骤如下：

（1）为每个要进行测试的石蜡溶剂或处理溶液准备 1 个预先称重的干净的 4oz 玻璃瓶，将约 10g 粗石蜡放置其中。

（2）将含有 10g 石蜡的瓶子放置于沸水中加热，完全熔化石蜡。

（3）从热水浴中小心地取出瓶子，当石蜡开始固化时水平晃动瓶子。

（4）重复加热、冷却和晃动步骤，直到均匀，这时石蜡的固体涂层沉积在每个测试瓶的内部。

（5）将石蜡瓶冷却到室温，称量每个瓶子。

（6）在每个瓶子中注入 100mL 相应的石蜡溶剂，密封每个瓶子。

（7）将石蜡瓶放置于手腕式振荡器中，在整个测试期间一直摇动（长达 24h）。

（8）记录视觉观察结果。

（9）小心地从瓶中倒出石蜡溶剂。用水和丙酮轻轻冲洗石蜡瓶，然后干燥石蜡瓶。

（10）重新对石蜡瓶进行称重。

（11）计算去除掉的石蜡百分数。

$$去除的石蜡 = \frac{([P+B]_2 - B_1) - ([P+B]_3 - B_1)}{[P+B]_2 - B_1} \times 100 \quad (5.5)$$

式中，$[P+B]_2$ 为步骤 5 中石蜡和瓶子的原始质量；B_1 为瓶子的原始质量；$[P+B]_3$ 为步骤 10 中石蜡和瓶子的最终质量。

（12）记录所测试的每种溶剂体系的相对效率。

5.4.2.2　高温和高压下有机溶剂的评价步骤

一般的测试步骤见 Frenier 和 Ziauddin（2008）所著的无机垢文献。但对于主要的有机垢的测试，已对该步骤进行了改进。测试时应将测试仓加压到约 600psi。这种设备可用于模拟高温和高压。

用于实验室测试的步骤如下：

（1）准备好垢溶解剂。

（2）将 100mL 的垢溶解剂放入测试仓中。

（3）称取约 12g 的垢样品，并把它放入样品筐中（记录准确质量）。

（4）将样品筐放入测试仓中。

（5）将测试仓加压至 500psi。

（6）将测试仓放入恒温池中（2～24h）。

（7）取出测试仓并释放压力。

（8）将其中所含的东西过滤到一个预先称重的滤纸上。

（9）用水冲洗固体颗粒，然后用丙酮去除有机物，将含有固体的滤纸放入干燥炉中。

（10）对干燥的固体和滤纸进行称重。

---

❶　1oz=28.34952g。

（11）测试干固体中的酸（盐酸）溶物质，研发该部分的溶剂。有机溶解剂去除垢的量由步骤3到步骤10确定。

需要的参数如下：

(1) 处理的油管区间 h，ft；
(2) 油管的内半径 R_{tubing}，in；
(3) 结垢油管的内半径 R_{scale}，in；
(4) 垢的密度 ρ_s，lb❶/ft³；
(5) 溶剂的溶解能力 G，lb/gal。

计算：

(1) 垢的体积（ft³）。

$$V_s = 3.1416h\left[\left(\frac{R_{tubing}}{12}\right)^2 - \left(\frac{R_{scale}}{12}\right)^2\right]$$

(2) 去除所有垢需要的化学溶剂的体积（gal）。

$$V_c = \frac{V_s \rho_s}{G}$$

(3) 结垢后油管内的有效体积（ft³）。

$$V_i = 3.1416h\left(\frac{R_{scale}}{12}\right)^2 \tag{5.6}$$

(4) 需要注入的溶剂段塞数量估算。

$$溶剂段塞数量 = \frac{V_s \rho_s}{176.715hG\left(\frac{\frac{R_{tubing}}{12} + \frac{R_{scale}}{12}}{2}\right)^2}$$

评价各种溶剂可用岩心驱替试验，可参见 Frenier 和 Ziauddin（2008）的讨论。这些岩心驱替试验有效并且比上述其他的评价方法更易于接近现场条件。但是，由于难以获得足够数量的现场伤害岩心，进行对比试验非常困难。

5.5 细菌法清除蜡和沥青质

有很多的文献（SPE文献和专利文件）介绍了使用细菌能促进烃类流体在地层中流动。下文所引用的参考文献仅限于细菌制剂溶解或去除蜡、石蜡或者沥青质垢。本书作者主要关注的有机垢是在近井和主要生产干线区域的，而不是在地层深部的。因此，缓慢作用的细菌制剂在这一领域的应用是有限的。

---

❶ 1lb=0.4536kg。

Brown（1992）介绍了用于防蜡的微生物培养方法。该微生物群具有天然、非致病性和非基因改造的特点。根据报道，所介绍的产品是含有几种不同主要菌株（可以根据原油的属性进行适当的变化）的兼性厌氧菌的混合物。尝试了使用冻干细菌产品，并取得了一定的成功。用干燥的产品存在以下几个问题：激活率的变化、细菌载体不能在地层水中分散或溶解、产品掺假和缺乏质量管理。Brown（1992）使用的细菌一般长度为 $1 \sim 4\mu m$，宽度为 $0.1 \sim 0.3\mu m$。该产品由不同菌株的 3 个组群组成或是它们的混合物。根据它们的分子碳顺序，每个组群有选择性地生物降解烷烃。

Sadeghazad 和 Ghaemi（2003）讨论了细菌生物降解蜡的机理。微生物防蜡除蜡机理分为生物降解机理和微生物代谢产物作用机理 [如有机（脂肪）酸、生物表面活性剂、醇、丙酮、醚和气体]。利用菌株可降低石蜡（溶质）的质量分数相反地增加了溶剂的质量分数（即石蜡的分子量会降低，溶剂的分子量将增加）。因此，原油的析蜡点可以通过生物降解机制被降低（长链烷烃变为短链）。Parekh 等（1977）提出的氧化机制是：

$$烷烃 \longrightarrow 乙醇 \longrightarrow 乙醛 \longrightarrow 脂肪酸 \left\langle \frac{乙酸盐}{丙酸盐} \right\rangle \longrightarrow +CO_2 + H_2O \tag{5.7}$$

Sadeghazad 和 Ghaemi（2003）对 3 种不同的铜绿假单胞菌、枯草芽孢杆菌和地衣芽孢杆菌进行了实验室研究。准备了以上细菌的 7 种不同组合样品。设计了两组实验，原油和液体石蜡分别作为各组实验中的碳源。在温度为 86℉、有氧条件下用旋转振荡器（在 500mL 锥形烧瓶中）以 120r/min 的转速工作 $10 \sim 15d$ 来研究烃降解性能，研究发现：

（1）样品中的乳液表明，细菌已经产生了一种生物表面活性剂。此外，作者声称生物表面活性剂降低界面张力，从而提高石蜡的溶解度。

（2）地衣芽孢杆菌降低原油密度和黏度的效果超过枯草杆菌。用细菌组合样品处理原油和液状石蜡样品后，它们的密度比未处理的原始样品低。这表示长链烷烃转化为短链。

（3）比较细菌与原油相互作用所产生的酸量发现，铜绿假单胞菌的大于其他菌体，枯草芽孢杆菌的最小。这一结果表明，针对原油的生物降解，选择枯草芽孢杆菌效果不理想。

Bailey 等（2001）声称，他们研究的微生物产品（MCP）在油田生产作业中的应用越来越普及。作者声称微生物产品处理蜡垢问题是一个真正的对环境无害的处理技术，它可以用来替代和扩充许多常规技术，其中就包括用其替代许多油田化学药品。在微生物产品的防蜡历史介绍中提到，1986 年在得州的 Austin 白垩系首次使用 MCP 控制石蜡沉积。

根据这些作者（Bailey 等，2001）的介绍，这些产品能控制石蜡沉积的理论是：微生物可被分离和组合成新的混合物，产生的生化药剂类似于传统油田化学药剂，如倾点下降剂、晶形控制剂和蜡分散剂。使用这样的生物制品的优点是：该微生物将连续地产生这些生化药剂，且附着于石蜡沉积发生表面，并直接作用于沉积点。

微生物降低原油黏度情况见图 5.14。作者指出，原油黏度的降低可能是由于微生物种群产生少量溶剂分子造成的。这些溶剂分子包括醇、酮和醛以及功能上类似于蜡分散剂和倾点下降剂的油田化学药品分子。这种"稀释"作用可以通过气相色谱分析法检测由微生物代谢作用导致的高分子量石蜡降解所引起的油的烃剖面变化所印证。随着烃类成分平均分子量降低，经常会看到原油的 API 度增加和黏度降低。这种黏度的降低可能导致相对渗透率提高和油井产量的增加。

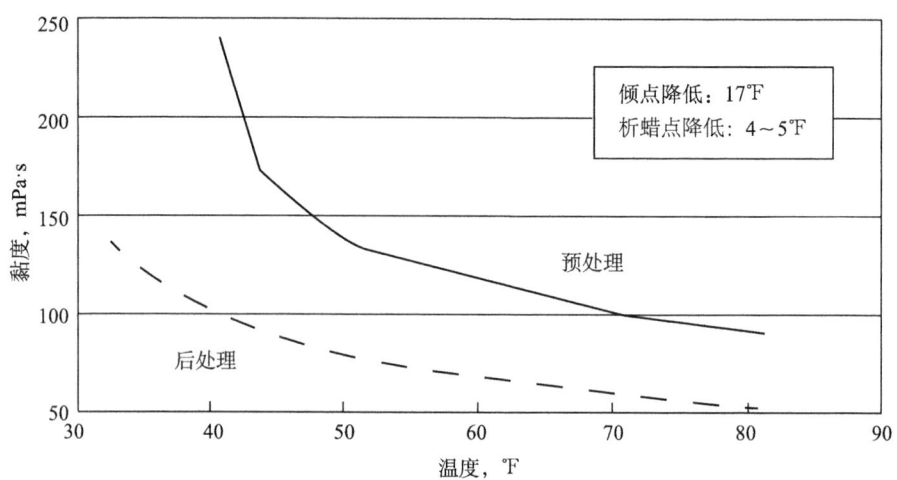

图 5.14　微生物降低原油黏度图（Bailey 等，2001）

Pelger（1992）报道，石蜡造成的表皮伤害可以是自然形成，也可以人为造成的（由于反复的热油或热水处理油套环形空间）。地层温度低于流体的析蜡点时，地层中就会存在天然石蜡。由于热油或热液处理地层时，由于热液带走了原油中的轻烃组分，使得原油中重烃组分比例增加，产生的石蜡会对储层造成大面积的表皮伤害。这两种伤害会降低井筒附近地层的有效渗透率和孔隙度，也可导致井筒管柱堵塞和受限。

Pelger（1992）声称电中性海洋生物在盐营养液中可自然繁殖，并且有非致病、无毒、非致癌和非可燃物的特点。他声称，通过使用各种电中性海洋细菌处理的 91 口井油井每月平均增加油 2664bbl、气 $16045 \times 10^3 ft^3$。该处理措施适用的油井应满足以下条件：流体温度在 90～150°F 范围内，H_2S 和氯离子含量分别小于 0.1% 和 15%，以及微量产水。根据作者的介绍，可根据不同的碳链数，选择不同的细菌种群。

Hlatki 等（2006）提出一种通过特殊液体与井底到井口以及出油管和管道中的原油接触，达到预防、减少以及去除沥青质石蜡蜡垢的方法。

此方法所使用的生物凝胶悬浮液，该悬浮液的制作原料和过程如下：（1）能与原油组分发生反应或作用的微生物；（2）有机或无机添加剂；（3）将它们混合送入管道，使包含有微生物的悬浮液有一个合适的形成时间。该悬浮液可用于分解、清洗和去除固体烃和长链烃的混合物也可作为预防沉淀物形成的防垢剂。用于增加生物凝胶悬浮液黏度的物质主要是可生物降解的高分子材料，这些材料有 Supramil、黄胞胶或水溶性高分子材料（如淀粉、纤维素衍生物），其中可优选黄胞胶。使用的微生物菌株属于枯草芽孢杆菌种类、蜡样芽孢杆菌种类、假单胞菌种类或黄单胞菌种类，最好是兼性厌氧的微生物菌株。

Paitakhti Oskouei 等（2005）对从伊朗油井中分离出的嗜温细菌物种和另一种可用的菌株联合解决众所周知的蜡沉积问题进行了评估。当有无机盐、磷和氮时，这两种菌株被证实可以生长在作为唯一碳源原油中。生长阶段的滞后时间小于 1d，并且需 1 周以上才能进入稳定生长期。细菌需求的最佳氧量并不大。分离出的细菌体都成功地将原油的 pH 值从 7

降低到 5.5，初始表面张力从 65dyn[1]/cm 降低至 55dyn/cm，并分别将蜡和沥青质含量降低多达 27.8% 和 10.6%。可以预期，这些降低将对原油的析蜡点（CP）和倾点的降低、原油的结垢趋势的减弱以及蜡垢在驱替介质（如注入水）中的乳化都会产生正面影响。

Soni 和 Lal（2009）介绍了用微生物降低蜡在油管中沉积的方法。该生物悬浮液中至少含有一种在 20～45℃ 条件下能降解石蜡的微生物，微生物培养基中含有一种或多种碳源，同时含有氧源。油井停产一段时间，让生物悬浮液在油管上蜡沉积区域（至少是易沉积区）培养足够时间，允许微生物繁殖并且形成生物膜。当油井生产时，该生物悬浮液就能降低蜡在油管中的沉积。目前已经开发了某些嗜常温和嗜高温的石蜡溶解菌株，并用于消除或减少特殊组分原油、工艺流程和系统中油管内表面石蜡沉积问题。

关于使用细菌清除蜡的简短案例见 7.4.6 节。

5.6　思考与讨论

（1）除垢技术中包含的机械工具，如清管器、连续油管、钢丝绳刮刀和清管球，它们可以到达生产环境中的各个位置，可以在高压下操作，可用于清除垢，还可输送化学溶剂和洗涤废液，以便更好地清除有机垢。

（2）清除水合物堵塞的主要方法是减压和加热，使环境条件脱离水合物形成包络线。减压是一个复杂操作过程，为了避免减压过程形成"水合物射弹"，操作过程必须格外小心。

（3）目前，已经研发出许多各种各样的化学溶剂，它们用于溶解或分散蜡、沥青质和其他有机垢。这些溶剂包括了从重质芳香烃溶剂（如石脑油）到各种萜烯型的"绿色"溶剂以及油溶性和水溶性洗涤剂。热应用极大地提高了大部分溶剂的使用效果。推荐的各种不同的商业溶剂见表 5.4。为了保证溶剂有效性，施工时溶剂必须循环经过垢或充足地"浸泡"垢。

（4）在加热和加压容器中测试各种溶剂性能，为优选出配伍性好、有效性高的溶剂提供了手段。因为有机和无机混合垢有可能存在于生产环境中的某些区域（如管道、筛管、近井地带和某些管线），可能需要多级处理或溶剂中需要添加乳剂和分散剂（Bilden 和 Jones，1997；Uchendu 等，2004）。在使用连续油管除垢时，有机垢清除后跟着进行无机垢溶解，这样可以很好地解决混合垢问题。

（5）许多垢都具用多样性和非均质性。因此，测试确定其成分并选择溶剂至关重要。

（6）基于人工培养的细菌溶剂和处理液也可用于某些类型垢的预防和清除。

（7）几种可以提高除垢反应速率的井底加热技术也可应用于某些垢的清除工艺中。

---

[1] 1dyn=10^{-5}N。

6 预防有机垢形成和沉积的方法

本章将介绍很多种预防有机垢形成和沉积的方法，其中包括气体脱水法、加热保温法、冷流法运输水合物、化学剂抑制法和抗黏附处理法等。在流动保障（FA）工程的准备阶段，这些方法中的大多数应考虑到（图3.1）。本章中还将分析和解释一些成功抑制有机垢的案例。

6.4节中介绍的许多化学抑制剂用于清洁管道系统时，为了提高其实效性，应提前预清洁注入系统。对新设备来说，此过程叫作"运行前的清洁"，目的是清除注入系统中的铁锈、碱土垢和轻质有机垢，以便降低垢微粒的初始沉积速度。Willmon和Edwards（2006）强调了化学药品（见6.4节）注入系统（CIS）工作前清洁作业的重要性，此清洁作业能大大提高系统的可靠性。如第5章中所述，预防和清除垢的方法间的界限十分模糊，许多在现场中用来抑制垢生成（或实验证明能抑制垢）的化学剂也能用于清除垢。再如，热力方法既能解决水合物或蜡质的堵塞，也能预防它们生成，加入某些溶剂和热力学水合物抑制剂（THI）既可以抑制，也可以清除垢。

6.1 天然气脱水

天然气从生产井到用户的输送过程中经常会受水合物问题的困扰。近年来，由于从生产井到用户，产出气体的体积、生产压力、运输压力和输送距离的迅速增加，人们愈加重视水合物的问题。对于海上气田来说，海底温度较低，如果气井产的是湿气，这会给油气生产带来新的问题。在井口温度和压力条件下，气井或凝析气井中产出的天然气通常含有饱和的水蒸气，如果气体中的含水量被降低到它的平衡值（即在气相和水合物相中的含水量）以下时，将不会形成水合物（即使压力和温度条件都有利于水合物的产生）。这意味着解决水合物问题的关键在于一个基本的流程——脱水。如果天然气中水含量充分降低，将会使天然气的水露点降低到其从生产井到用户运输过程中最低温度以下。当然，完全脱水可能不切实际，尤其是在海上气井，但是，任何含水量的降低都是有益的，这可以减少抑制剂的使用。

下文简短回顾了几种脱水过程。作者指出对烃类流体进行脱水可以减少甚至避免腐蚀和某些类型无机垢（如碳酸铁）的形成。但是，其他类型垢（包括岩盐或碱性硫酸盐）的形成有可能会加剧，除非这些盐类也能被去除掉。

过去和现在常使用的脱水方法包括：降温、液体吸收（反应）、固体吸附和薄膜处理。

Records和Seely（1951）介绍了一种利用焦耳—汤姆逊效应的天然气低温脱水方法。在此过程中，焦耳—汤姆逊系数描述了温度随压力变化的情况：

$$\mu_{JT} = \left(\frac{\partial T}{\partial p}\right)_H \tag{6.1}$$

式中，μ_{JT}的单位为℃/bar或K/Pa，它的大小取决于气体种类以及膨胀前的温度和压力。

Records 和 Seely（1951）介绍了 4 种当时可行的天然气脱水处理方法：吸附处理、吸收处理、化学反应处理和制冷处理。

根据这些作者的观点，前 3 个处理方法是间接的，因为它们在实施过程中需要使用吸附剂、吸收剂和化学反应剂。这些反应试剂需要再生利用，而且在再生过程中会消耗掉一部分天然气。虽然间接的处理方式在作业压力和温度一定的情况下具有较大的灵活性，但其中的大多数处理方式不再适用于现今的自动化操作。Records 和 Seely（1951）介绍了安装在生产井井口的制冷处理装置，该装置不需要再生循环，而且能在正常井口温度下工作，不需要外部热源。此外，他们还提到，此方法的灵活性很强，仅受限于井口与输送管线之间所允许的压降。

下面介绍几种低温脱水方法：

(1) 气体通过限流孔节流膨胀，降低含饱和水的气态混合物的温度（即焦耳—汤姆逊效应）；

(2) 降低气态混合物中作为温度直接函数的平衡水含量；

(3) 通过重力分异作用促使水合物颗粒形成，并从气态混合物中分离。

本书的作者指出，如果天然气压力足够高，通过焦耳—汤姆逊膨胀，冷却的气流也会导致水合物形成。注射乙二醇（防止水合物形成）和使用焦耳—汤姆逊膨胀或其他设备（外部气体膨胀式冷凝器）进行冷却脱水的方法还一直在用（Huffmaster，2004）。

Hubbard 和 Campbell（1991）回顾了商业天然气脱水处理方法，同时介绍了影响这些设备安装和运行效果的因素及其最新研究进展，文章的内容主要分为以下 3 部分：

(1) 天然气脱水工艺历史的回顾；

(2) 水—烃平衡过程和水—烃平衡特性的讨论；

(3) 天然气脱水工艺最新成果介绍。

Hubbard 和 Campbell（1991）指出，天然气脱水可利用的方法很多，现如今商业中大量使用的方法有吸收（甘醇脱水）、吸附（干燥剂）和冷凝（乙二醇或甲醇注剂）。

吸收和吸附方法是将水分子转移到液体溶剂（丙二醇溶液）或晶体结构（干燥剂）中。冷凝方法则是用冷却法将水分子凝结成液相，随后注入抑制剂（乙二醇或甲醇）来预防水合物的形成。研究者们介绍了早期的天然气生产系统，该系统使用管线加热以保持气体温度高于水露点，由于水没有发生凝结，从而避免了水合物和腐蚀的产生。当时，由于大部分的管线较短，加热的燃气消耗非常有限，所以这种方法是可行的。到了 20 世纪 30 年代，随着长距离管道的出现，高压管路逐渐成为主体，因而需要更为经济实用的天然气脱水方案。早期的脱水装置通常使用氧化铝（矾土）做干燥剂。第二次世界大战结束后，Hubbard 和 Campbell（1991）注意到，随着天然气输送和气体的加工工业发展迅速，虽然典型的脱水设备仍在使用固体干燥剂进行脱水，但是由于硅胶的吸水能力更好，而且能去除天然气中的重烃，因此，硅胶作为最受欢迎的干燥剂取代了活化氧化铝。

乙二醇吸收脱水涉及用液体干燥剂吸收天然气中的水蒸气。尽管有很多液体都具有吸收气体中水分的能力，但用于商业脱水最理想的液体需要具有以下特性：

(1) 高吸收效率；

(2) 经济实用且可重复利用；
(3) 无毒、无腐蚀性；
(4) 高浓度使用时不会出现操作问题；
(5) 不与气体中烃类组分发生反应，不会被酸性气体污染。

甘油醇，特别是乙二醇（MEG）、二甘醇（DEG）、三甘醇（TEG）和四甘醇能够不同程度地满足以上要求。由于氢—氧键的结合和水蒸气压很低，使得液相中水和甘油醇能完全互溶。最常用于脱水的是三甘醇（TEG）。湿气在吸收装置中脱水，在汽提塔中再生无水甘醇。在此过程中要不断向吸收装置中补充甘醇，因为吸收剂可能会发生化学反应形成重分子，而这些分子应该被过滤器除去。本书的作者还指出，上述甘醇也可用来抑制水合物生成（参见6.3节）。

根据Hubbard和Campbell（1991）的报告，几乎所有商业天然气脱水工艺中都注入了乙二醇和使用了固体干燥剂。近年来，阿拉斯加北坡和北海等很多区域的作业区中使用三甘醇（TEG）能将水露点降低到20℉（−29℃）以下。他们还收集了另外一些可行的脱水方法，其中最值得评价研究的3个方法是氯化钙（$CaCl_2$）方法、膜处理方法和专有处理方法。有些人认为应把氯化钙归类为干燥剂，但是它和吸收剂之间存在着明显的差异，因为在商业应用中氯化钙水合作用是不能再生的，事实上，水合作用过程中生成的是一种氯化钙水溶液。氯化钙处理装置通常是间歇工作，因而，在人工监测缺乏的偏远区域中应用。氯化钙处理装置在20世纪50年代初期，用在一些地区的偏远气井中，并且一直沿用至今，而如今它们已经在很大程度上被其他处理方法所取代。近年来，膜处理方法受到了高度关注，提升了其在气体脱水方面的应用潜力。

膜处理方法能有效地用于去除天然气中的CO_2，也可用于空气分离，也可用于氮肥厂中氢气的回收。膜对水的选择性（相对于甲烷）很高，滤渣流中废水的浓度必须低于管道技术参数的要求（$7lb/10^6ft^3$，相当于摩尔分数为0.00015）。由于流体中各组分通过滤膜时，它们在滤渣流和渗透流中的分压不同，导致驱动力不同，穿过膜的渗透液中水肯定会极少。这就需要大量的伴有水的载体气穿过滤膜，并以低压渗透流状态从膜处理系统排出。在设计天然气脱CO_2膜系统时，要考虑含水规范，在这种情况下，水会和CO_2一起被清除，使得渗滤流中水含量非常小。

从Hubbard和Campbell（1991）的文章中了解到，膜处理技术目前还没有应用于天然气脱水。气体脱水通常使用专有溶剂处理。法国石油研究院（IFP）提出了一种新型处理方法IFPEXOL，这种方法采用甲醇作为液体干燥剂。在吸收器中气体和甲醇接触，气体中的水就通过常规的物理吸收被脱除。为了回收烃，含有大量甲醇蒸气的天然气要进行冷凝。气相的甲醇在制冷车间冷凝和收集，在制冷车间液态甲醇本质上是不和液态烃混合的，随后对甲醇进行再生利用。天然气脱水时还可以利用另一种专有溶剂，Selexol（UOP, Des Plaines Illinois, 2002），其通常用于选择性气体的净化，此方法的优点在于所使用的溶剂是聚乙二醇（聚乙二醇二甲醚），对水的亲和力极好，该处理工艺像膜处理工艺一样，还没有应用于天然气脱水，但是如果用于天然气脱水，水将会和酸性气体与重烃组分一起被吸收。Vavro（1966）提出了另一种观点。他认为，从历史的经验来看，天然气脱水的方法多种多样，文章中主要论述了以下4种方法：

(1) 甘醇；
(2) 再生吸附系统；
(3) 膜过滤器；
(4) 潮解（通常被称为干床干燥剂）。

Vavro（1966）建议的方法是在一体化综合系统中使用干床干燥剂（碱土卤化物），在该处理系统中考虑了管道、气体流量、干燥器设计以及干燥剂性能。Vavro 声称，新技术实现了以 2ft/s（线性）的速度干燥气体，与传统速度 0.5～0.75ft/s 相比，在同一时间大大增加每磅干燥剂的脱水量（称为"稀释率"）。

天然气脱水和天然气处理是一个庞大而复杂的产业，包含除 CO_2 和 H_2S，更多的细节讨论已超出本书的范围，细节讨论请参看 Kidnay 和 Parrish（2006）的著作中有关气体处理的技术。

6.2 井筒或管道的热力维护

用于防止有机垢（包括蜡和水合物）沉积的几种机械方法中就包括加热流入完井干线的流体或保持地层流体温度。本章节主要讨论以维持流体温度在析蜡点（WAT）以上或者保持温度在水合物形成包络线以外的热力维护方法。

Kopps 等（2007）重点讨论了海底天然气开发流动保障计划的两个方面——管理水合物和蜡沉积对策。水合物管理策略的重点应放在防止堵塞，而不是防止水合物形成。为此，除温度和压力条件外，工程师还必须评估流动条件、系统的几何结构和生产状况。尤其是需要知道现场实际产水概况，以便制定出可行的水合物治理策略。虽然连续注入水合物抑制剂是传统的解决方案，但在某些油田，用热液管理或许有效。热液管理可以降低基本支出和运营成本。另外，生产系统重启的可操作性也必须评估，该评估应再次重点关注于防止水合物堵塞，而不是水合物的形成。

Kopps 等（2007）也注意到，主动加热是维持管线温度的一种方法。主动加热通过保持流体温度在析蜡点和水合物形成温度之上，可预防蜡沉积和水合物堵塞，但是，主动加热与资本支出和运营成本有较大联系（详细资料暂缺）。目前，有两种形式的主动加热方法：电力加热和双层管热介质加热。主动加热可以维持管温始终在水合物形成温度之上（通常为 15～25℃）。双层电加热管如图 6.1 所示。

Mokhatab 等（2007）介绍了加热装置，特别讨论了预防海底管线水合物形成的加热方法。用热方法要么是保温，要么维持混合物流体的温度在水合物形成温度范围之外。保温是常用做法，该方法通过使用隔热材料来实现。海底应用这种方法的可行性取决于输送的流体特性、回接距离和平台上主机的能力。不过，他们也指出，海底输送管线系统在长期关闭的情况下，这种方法可能并不能阻止系统中有水合物形成。但是，通常它能防止在正常工作条件下水合物的形成。

Hansen 等（1999）指出，最直接的加热方法是用外部热水循环的双层管系统。也可以用电加热或感应加热（Lervik 等，1998）。电阻加热系统适合于缺乏保温的长支管系统或者在关井条件下使用（Oram，1995）。加热系统在运行过程中的加热能力取决于电加热装置的特性。这种加热系统不用点火燃烧,是环保的流体温度控制系统。另外,因为电阻加热后就不需要花费时间去降压、清管、加热介质循环或清除水合物堵塞,因此可增加井的有效生产时间。

Singh 等(2006)介绍了在北极区用双层真空隔热管(VIT)进行温度管理的研究,开发了一种经济评价模型用来评估使用双层真空隔热管的效益。该模型把能够提高产量同时降低清蜡作业生产停工时间的聚氨酯耦合保温管与双层真空隔热管的成本做了比较,结果表明,双层真空隔热管至少在永久冻土层有较高的效益,在永久冻土层以下的双层真空隔热管长度段带来的效益有限。

Purdy 和 Cheyne(1991)介绍了在靠近北极圈油井中用双层真空隔热管解决生产油管结蜡问题的实例。该油藏的井在 82℉ 的井底静态温度下结蜡问题非常严重。通过计算机模拟,他们预测双层真空隔热管能够使井口油管中流体高于原油浊点(55~57℉)。安装双层真空隔热管也证明该方法是成功的,但是价格昂贵。另外,虽然隔热管用于井筒保温是一种有效的办法,但实际的热损失仍然不可忽视。发生在管接头和其他内部结构体(如扶正器和阀门等)的热损失会显著降低双层真空隔热管系统的使用效果。20 世纪 90 年代早期,双层真空隔热管就被评估和用于深水完井,以抑制天然气水合物和石蜡垢的形成。另一项由 Von Flatern(2001)提出的与流动保障相关的技术包括使用带有电加热的双层管管线,用于避免管线中水合物堵塞和降低热量损失。

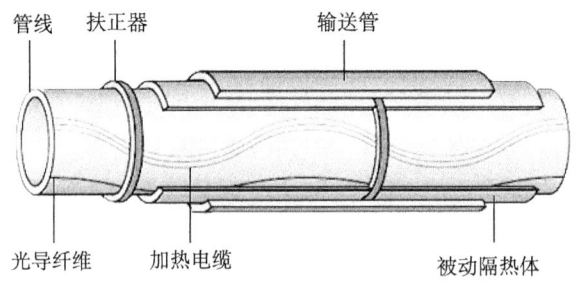

图 6.1 双层管管线(Amin 等,2005)

斯伦贝谢公司授权使用

Wang 等(2006b)讨论了保持井筒热量,以抑制或预防蜡和水合物沉积方法。他们指出,可通过蒸汽注入、应用硅酸盐泡沫、用惰性气体密封、用凝胶油作为隔热封隔液和使用双层真空隔热管来控制油套环空热损失。根据他们的观点,每一种方法都存在缺陷,要么因为工作机制,要么因为成本太高。在许多化学品加工行业,也常用电力加热器或蒸汽伴热,但这已超出本书的研究范围,对此本书不做介绍。目前,新型井筒流体液的应用将是关注的焦点,因为它代表了最近的发展方向。

Wang 等(2006b)强调了各种隔热液体系的研究进展情况和每个体系在现场应用的经验,讨论了油田流动保障相关的测试方法,并对测试结果进行了详细说明。通过对墨西哥湾(GOM)的现场案例的总结,证明了这些隔热液体系的有效性。把隔热液充满整个环空替代环空中的气体,也可预防井筒回流。原油相对低的热导率 [0.08Btu❶/(h·ft·℉)],

---

❶ 1Btu=1055.06J。

使得原油似乎是相配的隔热液。但是，用非稠化原油作为隔热液，由于环空的自然对流导致其热损失高于预期。自然对流是热量损失的重要组成部分，可以使原油的传热增加，高出分子传导 10～20 倍。

Wang 等（2006b）也介绍了在蒸汽注入过程中，使用具有低热传导率 [0.18～0.27Btu/（h·ft·℉）] 的含水硅酸盐泡沫防止井筒热量损失的情况。在井场操作中，首先将硅酸钠注入油套环空，然后再将蒸汽从油管注入，热的油管使硅酸盐溶液煮沸，在热的油管表面形成隔热涂层（硅酸盐泡沫）。经过几个小时注蒸汽加热后，残留在环空的硅酸盐溶液被水从环空中驱替出来，而这些水随后被气举或者抽吸排出。所得泡沫是极好的绝热体，具有较低的热传导率 [大约 0.017Btu/（h·ft·℉）]。但是，将溶液加热至沸腾形成泡沫很困难。另外，研发相应的隔热液体系已经成为研究"热点"，Wang 等（2006b）回顾了新型隔热液的发展状况。

Wang 和 Javora（2007）也介绍了美国专利中这些隔热液的细节，他们介绍的专利流体是当下最先进的水基非交联隔热液，其专利号是 No.6489270（Vollmer 和 Horton，2002）。

该专利是一种用于增强井筒工作液（包括多糖工作液）热稳定性的方法，它提供无固相井筒工作液，其含有一种加重剂，质量分数占 0.5%～5% 的多糖，一种多元醇 [聚乙二醇、聚（1，3-丙二醇）、聚（1，2-丙二醇）、聚（1，2-丁二醇）、聚（1，3-丁二醇）、聚（1，4-丁二醇）、聚（2，3-丁二醇）] 和它们的混合物，其中多元醇平均分子量范围为 190～10000，井筒中加入工作液，并保持井筒工作液中多元醇质量分数大于 15%。根据专利所述，这样的水基隔热液已被证明是无固相、无伤害、环保的隔热液，且隔热效果良好。该隔热液的黏度使它容易混合和泵入环形空间，其密度由溶解盐的量和种类控制，通过控制该流体的密度来控制井筒压力，且没有固相沉积风险。Wang 和 Javora（2007）的专利有好几项，这里列举两项进行说明：

在油管或输油管上至少要有一层包裹环空带，这是提高油管或输油管绝热性的方法之一，该环空带中注入流体，该流体含有水或盐水、可交联的增黏聚合物、交联剂和一系列可选择的缓凝剂。保持流体和环空接触足够时间，使可交联增黏聚合物与交联剂充分发挥作用，避免环形空间热量传递，从而使产出的油保持温度。

Wang 等（2006b）称这种环空隔热液已经用于 10 口井关井维护期间的保温，避免了蜡和沥青质的析出。他们还声称，如果这些流体被注入环空 10000ft 的泥线下，那么井的温度会增加 18℉。

溶剂和热量有助于垢的清除，这在 5.3.4 节和 5.3.7 节中有介绍。

6.3 冷流法运输水合物

在这部分介绍保持或者帮助没使用化学抑制剂（或者使用少量化学抑制剂）的天然气水合物（可能有少量蜡浆）浆液的运输方法。研究这些方法的目的是保证在流动过程中水合物浆液不活泼且易流动。迄今为止，这些方法仍在开发阶段，但是这项工作是几个研究中心的工作重点。

Azarenezhad 等（2008）介绍了"流动水合物"的概念，这一概念是在允许天然气水合物形成，但是阻止它们凝聚成块，堵塞管道的基础之上提出的。这个想法是将大部分或全部的天然气转换到水合物中，然后以水合物浆液的形式在管线里输送。针对水合物生成来说，采出水是限制因素，额外水（例如海水）可以被加入，而且还可以通过调节水量来调节水合物浆液的黏度。有必要在该系统中添加抗凝聚型抑制剂（AAs）和其他添加剂来控制水合物晶体粒度和防止其堵塞管道。Azarenezhad 提出使用"循环"的概念，使得液相（全部或部分）和相关添加剂的循环成为可能。回收的流体可作为载体流体输送生产的烃类到目的地（例如平台）。在这种情况下，所有或部分添加剂包括抗凝聚型抑制剂在内都能够回收利用，因此减少了运营成本和潜在的对环境的影响。

  Turner 和 Talley（2008）也介绍了一个现场比例的流动环路的"冷流"工艺过程。在特定的条件下，该"冷流"过程形成的水合物浆液表现出低黏度的特性。他们解释说，不同流动型态下水合物的特性不同。水合物形态上可分为类似浆液、类似雪泥和类似粉末（Aalvik，1987）。形态上类似浆液和类似粉末的水合物比类似雪泥的水合物更易流动，类似雪泥水合物有聚集的趋势。形成浆液形态水合物的机制如图 6.2 所示。水以液滴的形式夹带在油相里。水合物最初在液滴上形成，是以一定厚度的壳的形式包裹在液滴上。如果液滴足够大，其内部可能不容易转化成水合物。水合物外壳上因此建立了可扩散边界，该扩散边界降低了补给水的转换。

(a) 气泡上的水合物外壳

(b) 湿水合物

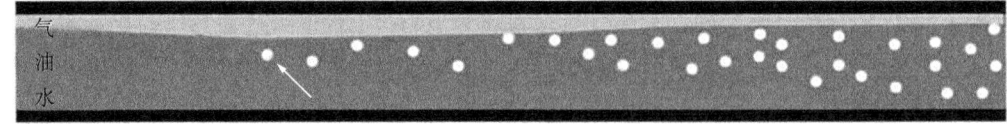

(c) 干水合物

图 6.2 水合物浆液（Turner，2006）

  已经观察到水合物外壳上的初始边界厚度大约 5mm（Ito 等，2003）。实际厚度由水合物中客分子在水中的溶解度决定。因此，边界的实际厚度是气体组分和压力的函数。有利于形成低黏水合物浆液的因素包括：高雷诺数和毛细管数以及高传质和传热速率。研究发现，液体压力和表观流体速度高也有利于形成低黏水合物浆液。目前已经发现分散气泡流可以促进可流动水合物浆液的生产。在水合物形成位置的上游安装静态混合器，在中等表观速度条件下也可能形成无黏合力的水合物。Turner和Talley（2008）提出，对于某些油田，低黏度水合物浆液技术能够取代保温技术和水合物抑制剂的使用。

Turner等（2007）已经在加拿大拥有了运输流程的一项专利。这个专利的摘要是：

针对含水的烃类气液流，一种不需要添加化学物质就能降低由于水合物和蜡在管道中沉积造成流量损失的系统，该系统由主管道和连接在主要管道的冷流反应器或含有冷流反应器的管道构成，并且在系统中至少有一部分井内流体可供给冷流反应器。这也为我们提供了一种避免水合物在管道中成核变大，防止水合物结块和蜡沉积的方法。该方法可省去使用电力设备融化水合物或从管道内部刮削水合物垢的工艺。专利也介绍了干的水合物垢和井内液气流的混合流程。

该流程使用静态混合器直接生成可流动的水合物浆液或提供干水合物微粒。

静态混合器具有以下功能：

(1) 增加与管壁的热交换，加快水合物的形成速度和使水转化为水合物更彻底。

(2) 通过增加进入水中的天然气流量，使反应速率更快。

(3) 降低小水珠和气泡的尺寸，从而增加反应表面积和反应速率，同时缩减水合物外壳的厚度（目的是转化全部小水珠）。

(4) 使具有水核的水合物颗粒破裂，从而使水核暴露于气体中实现彻底转化。

(5) 在转化过程中聚集体分散是由水合物间的水分子桥所导致的。

Turner等（2007）的另一项发明是在开井前，置小直径干燥水合物微粒于反应器管道或者适合于与井中采出流体进行流固耦合的管道中。干燥水合物颗粒被分散在整个井内气液流中（图6.3）。井内采出流体的一小部分单程供给冷流发生器。干燥水合物可以在管道施工过程中或之后载入，可以在运营湿的井内气液流之前或者井内气液流开始产水之前载入。在这一个实施方案中使用的干燥水合物微粒可以通过适当的方法生成。在一个或多个实施方案中，干燥水合物微粒可通过小直径管、静态混合器或两者共同作用产生。

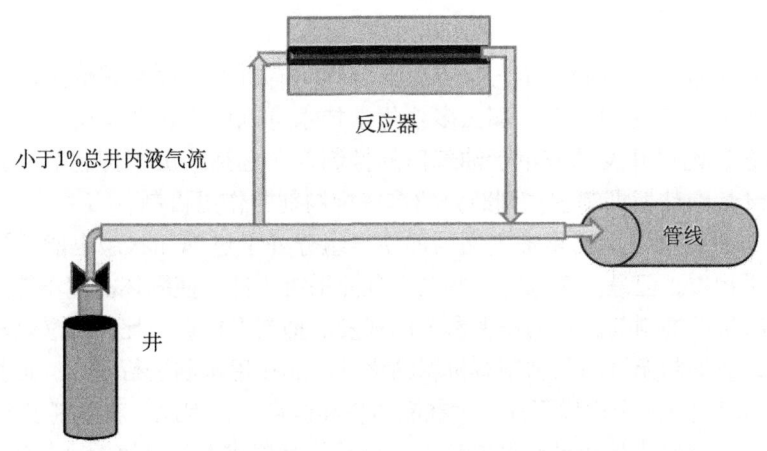

图6.3 可流动水合物浆液的生产过程

Turner和Talley（2008）也称，在长达26d关井后，可流动浆液可以重新流动，同时如果含蜡原油中已经混有干燥水合物微粒也可流动。

Nicholas 等（2008）介绍了他们测笼形水合物（环戊二烯）在碳钢上的黏合力的方法。该方法假设在没有自由水存在的条件下，利用清除管道壁上水合物颗粒的平衡力预测黏合力。运用力平衡预测法预测在近海石油和天然气管道中，标准的作业流速可将携入的直径为 3mm 或更大的水合物颗粒带走。这些预测也表明，在稳定冷流条件下水合物沉积不会产生（图 6.4）。

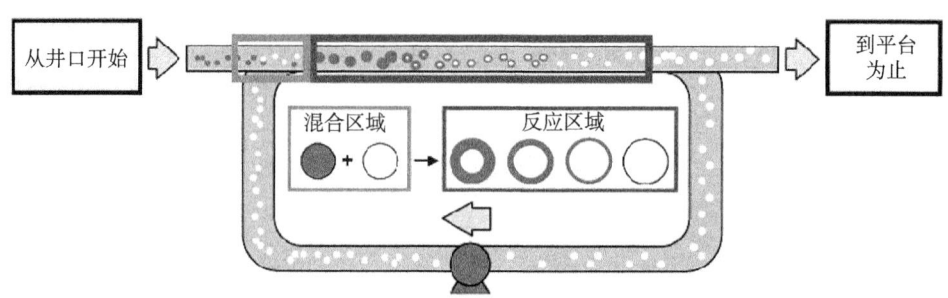

图 6.4　稳定流动概念图（Nicholas 等，2008）

Lund 等（2004）提出了一种含水烃类流体输送方法，该系统包括处理系统和运输系统，其中也包括管道。根据该专利，烃类流体流入反应器和预先流入的天然气水合物颗粒混合，然后从反应器中流出，在交换器中冷却，确保天然气中所有的水以水合物的形式存在。流体在分离器中处理，在分离器中流体被分离为第一流体和第二流体，第一流体含有天然气水合物，被回收给反应器，为反应器提供天然气体水合物颗粒；第二流体通过管道运输到目的地。烃类流体通常来自生产井，其温度和压力相对较高。烃类流体在流入反应器之前通常会在初级热交换器里冷却。在该论文发布期间，Lund 等还没有意识到冷却技术的商业用途。

6.4　有机垢的抑制

如果采用加热或者气体脱水工艺都不能充分预防有机垢，而且其他生产工艺也不能把有机垢沉积降低到可接受的水平，那么多项化学技术可以作为整个有机垢防治对策的一部分。该章节内容讨论已开发并应用于油气田的抑制剂，包括蜡沉积抑制剂、沥青质垢抑制剂、水合物和环烷酸盐垢抑制剂。同时介绍这些抑制剂的作用机制。

无机垢或有机垢抑制剂通常被定义为即使当组分处于过饱和状态也能延迟（抑制）固体垢形成的化学物质。但是，实际上一些改变沉淀平衡条件，使固体沉淀不能形成的化学物质，也被称为有机垢抑制剂。本书作者参考已开发的抑制无机垢（比如碳酸钙和硫酸钡）形成的化学药品，对抑制无机垢和抑制有机垢的化学药品作用机制进行对比。最基本的机理理念是：无机垢抑制剂以一定规模形式吸附在晶体临界位点上，因此，就限制了大晶体的形成，避免了结垢。分散型的化学药品也可能会阻止小晶体凝聚成大集群沉淀到物体表面（Frenier 和 Ziauddin，2008）。Frenier 和 Ziauddin 将应用这些观点从各个方面介绍有机垢抑制剂。

本节将介绍用来延缓和预防 4 种不同类别有机垢沉积的方法：石蜡（蜡）、沥青质、天然气水合物、环烷酸盐。

每种类型垢的化学特性和结构特征是不相同的。因此，单一抑制机理的抑制剂不能起到很好的作用。本章将讨论抑制剂的几种机理和理论，并进行比较和对比，还将讨论混合抑制剂处理几种不同类型有机垢和无机垢的应用情况。

与无机垢抑制相比，延缓或防止有机垢生成试验更加难以实现。预防碳酸钙和硫酸钡这类无机垢的初级实验可以在工作台上用混合流体（实验室筛查测试，2001）完成。而大多数有机垢的生成起因于物理条件的改变，比如温度或者压力，所以测试需要准备复杂的设备（高压）和冷却设备。在实验室测试一些天然气笼形水合物的形成条件时，不同的化学物质，比如四氢呋喃（THF）常作为甲烷的替代品。四氢呋喃可在低压条件下形成类似于甲烷水合物晶体结构的水合物。由于当前使用的试验方法很多，研究者确定的试验方法要么在预测抑制剂效果方面有用，要么在初期简单筛查抑制剂时有用。本节相应部分将介绍各种试验方法，同时也介绍能降低有机垢沉积速率的抑制剂。重点介绍测试抑制剂降低有机垢沉积速率和沉积量的试验方法，因为这些测试方法可能会严重影响测试结果和评估。

在流动状态和不同压力条件下，几种不同有机垢沉淀趋势试验用了几种常规的方法，这些研究方法包括4.7节中详细介绍的装置（剪切—沉积装置单元）和Zougari等（2006）建造的装置。Betancourt等（2007）介绍了如何运用该装置研究含气原油蜡沉积和沥青质沉积，如图4.50所示。

这些方法中的一部分也可以被用于评估抑制剂的效力。评价固体沉积的其他通用方法（如冷指法和流动环路实验法）在4.1节和4.7节中已有介绍。

接下来的章节将介绍各种化学药品以及它们对石蜡（蜡）、沥青质、天然气笼形水合物和环烷酸盐垢的抑制机制情况。从6.4.1节的第一部分到6.4.4节将对每一种垢抑制剂特定的测试方法进行介绍。注意，本书作者没有听说过任何通用的标准化的抑制剂评估测试方法。但是美国材料试验学会（ASTM）和美国石油学会（API）的一些测试方法可以用来评判某些有用的化学药品和测试体系的物理性能。

6.4.1 蜡（石蜡）抑制剂

本节主要介绍了蜡抑制剂的测试方法和油田主要产区使用的不同类型的化学抑制剂。

蜡（石蜡）抑制剂的测试方法。根据Tung等（2001）、Jennings和Newberry（2008）所述，使用蜡抑制剂的原因主要包含以下两个方面：

（1）化学剂能减少或阻碍管线中蜡沉淀和蜡凝胶沉淀的积聚；

（2）对于高倾点的含蜡原油，蜡抑制剂（本书中常称其为降凝剂或分散剂）能改善原油的流动状态。

为达到以上目标，要使用大量不同的化学药剂。讨论抑制剂的性能测试方法比描述抑制剂的成分更为重要。本章中的许多方法来源于对4.1节所述常规方法的改进。需要注意的是，由于测试是在实验室中进行的，固有的实验系统的相对比例会影响管道沉积的各种参数的准确度。因此，下文所述的方法只能定性说明化学剂在抑制蜡沉淀方面的作用，不能进行定量说明。

必须注意，没有哪种化学剂能100%预防蜡沉积。蜡抑制剂也许能降低蜡沉积速率，但是不能完全阻止蜡沉积。因此，蜡抑制剂要和其他方法（如刮蜡）联合处理管道。也就是说，化学抑制剂不是解决蜡沉积的唯一方法。

与实验室模型比例测试数据相关的其他问题在 4.7 节已有所论述。评价蜡抑制剂效果或说明其机理需要测量的几个不同性能参数如下：

(1) 析蜡点、倾点或凝胶点。

(2) 流体的流变特性，例如凝胶的黏度（μ）和剪切应力（τ_y），它们影响含蜡原油的流动特性。

(3) 垢的质量或厚度。

(4) 管线中压降的变化情况（Δp）。

蜡和蜡抑制剂对原油倾点的影响在生产过程中是一个重要问题。因此，对蜡抑制剂研究的必要性不言而喻。Lindeman 和 Allenson（2005）提出一个基于 ASTM D97-06（2006）标准的改进的倾点测试方法来评价高分子型蜡抑制剂。具体做法是将液体样本放入美国材料试验协会标准试管中，并放入预定温度的冷水浴中，初始水温设定为 20℃，该温度在原油的析蜡点或化学药品预期的倾点之上。

将水温降低的间隔设为 3℃，在每个温度间隔，试管将在水中静置 30min 进行温度平衡，30min 后轻轻地倾斜试管，观察试样是否依然为液体。当试管水平放置 15s，试样依然没有流动时的最低温度就是倾点。

Lindeman 和 Allenson（2005）运用 X 射线分析方法（见 3.2.3 节）测量了聚合物的结晶度：

收集配备了 cobalt X 射线管的 Rigaku Miniflex 衍射仪的实验数据，在不含硅的托架上使聚合物从二氯甲烷中再结晶。将样本以 5°/min 的速度从 5°~90° 的范围内进行扫描，每扫过 0.1° 就进行采样。用凝胶渗透色谱系统确定凝胶的平均分子量，凝胶渗透色谱系统由恒定流速为 1mL/min 的 LDC/Milton Roy ConstraMetric Ⅲ 计量泵、HR4、HR3 三栏式储存器和 500A 塔以及 Hewlett-Packard 1037A 反射率检测器组成。多元聚合物常使用的分子量的标准有：900000，400000，200000，90000，50000，25000，13000，8000，4000、1681，800，391 和 278。数据的收集和分析由 Waters Millennium 色谱分析数据收集系统来完成。

采用 TA Instruments AR 1000 流变仪采集流变学数据，测量在恒定的剪切速率下（50Hz）进行，首先在温度为 60℃ 条件下，以 100Hz 剪切速率预剪切样品 30min，然后将剪切速率重新调整到恒定剪切速率（50Hz），记录温度冷却速度为 1℃/min，冷却范围为 50~5℃ 样本黏度随温度的变化情况。

确定原油析蜡点有几个标准的方法，可参见 ASTM D2500-02（2002）和 ASTM D5772-04（2004）以及本书 4.1 节。

Gentili 等（2005）利用流变学方法和量热法评价了蜡抑制剂。他们将 Brookfield LVDV-Ⅲ 黏度计连接在加热/冷却装置上，以测试出不同温度下（从 40℃ 到 10℃）蜡抑制剂的流变特质。用连有恒温浴的 Setaram Micro DSC Ⅲ 量热计装置（Stearam 设备，Caluire，France，2008）测原油的析蜡点。实验步骤如下：第一步，将试样加热到 60℃；第二步，以 1℃/min 的速率进行降温；第三步，记录分析相关数据并绘制曲线。

在冷却过程中，黏度与温度的关系曲线开始出现峰值时的转折点所对应的温度即为原油析蜡点。另外，显微镜法也能用来评价模拟体系中是否有聚合体添加物（石蜡），实验时将样本溶液均匀加热后用玻璃毛细管滴在显微镜载玻片上，加热（5℃/min）每个试样使石蜡晶体完全溶解，随后以一定速率降温（0.5℃/min），观察显微镜，得出结果。

据 Gentili 等（2005）所述，使用偏光显微镜和 Axioskop–Zeiss 模型，使光学显微镜（OM）分析法得到实现，照片由 20 倍（20×）变焦镜头获取。利用光学显微镜（OM）能观察接近析蜡点时石蜡的沉淀情况，同时通过碳原子数分析蜡的分布状态。所用气相色谱法的装置配有：火焰电离探测器，模型 HP 5890，带有甲基硅胶固定相的尺寸规格为 30m×0.25mm×0.10mm 的毛细管柱。在 30℃、27℃ 和 23℃（析蜡点以下所取的 3 个不同值）下，在使用聚合物添加剂和不使用聚合物添加剂的情况下，通过过滤分离，分析模型体系液体中是否有沉淀的石蜡。

研究沉积的方法很多，这其中就包括 Robinson 等（2002）发明的冷指实验方法，标准的冷指实验装置如图 6.5 所示。而图 4.4 是 Kruka 等（1995）推荐的双冷指装置及说明。冷指实验法由于其可批量操作而成为最常用的方法之一。实验时，原油在不同冷指探头中循环，模拟原油在井中剪切条件。在原油中加入添加剂并将其温度稳定在原油析蜡点附近。浴槽是用来保证冷指探头 [铜管：长 =5.5ft，内径（ID）=5mm，外径（OD）=8mm] 周围的温度在井口温度（预计 35℃）。

图 6.5　冷指实验装置（Robinson 等，2002）

测试持续 3h，3h 后，用柴油冲洗探指并静置干燥一晚，然用丙酮将探指上的剩余原油洗掉。这些方法通常用于测量垢的质量。因为在实验室中可用多个冷头，所以该方法是抑制剂筛选的主要方法。Ahn 等（2005）介绍了由冷指仪器改良后的冷碟装置。此装置能使沉淀测试实验在搅动水动力条件下进行，而且与流动环路实验法（Wang 等，2002）相比其所需样本量更少（图 4.53）。

Shmakova–Lindeman（2005）设计了低剪切的蜡沉积冷指实验系统。此实验装置可为蜡质原油筛选蜡抑制剂。该冷指实验装置包括两部分：第一部分是水浴室——用于保证原油处于规定的温度（通常高于原油的析蜡点）；第二部分是金属管（冷指）——用于循环低温流体，以保证其温度低于周围原油的温度。冷指金属表面和油样间的热通量诱导蜡沉积。

比较已处理原油和未处理原油蜡垢的量，从这两值比率就可以算出蜡抑制剂的抑制百分数。4.7节也讨论了沉积测试中的相关问题。

研发的具有代表性的聚合物型蜡抑制剂用下面方法进行测试。基于聚合物活性，其投药剂量一般为0.1%，聚合物在甲苯溶液中占40%（质量分数）。Jennings 和 Weispfennig（2006）提出了一种双室的冷指装置，此种装置在冷指下方配备了用来模拟不同剪切应力的磁性搅拌器，模拟剪切应力作用下蜡沉积。他们声称调节搅拌桨的速率，可以获得1~2Pa的剪切应力，实验装置的详细情况如下：

每个装置有两个冷指，并且与循环水浴相连。两个冷指设计的大小不同，但可以互换。大冷指直径为3.34cm，小冷指直径为1.59cm。循环水浴控制着每个冷指的温度，冷指放置在装有原油的玻璃容器的中央。冷指和玻璃容器一同被放入第二个控制原油温度的水浴中。

另一个改进方法称为"冷板"实验法（Leontaritis 和 Leontaritis，2003）。该装置将一个金属板与两个冷指探头相连（图6.6）。由于冷板有效增大了沉积表面积，因此收集到的垢的数量会增加。

在冷指类实验法中很少介绍用于测试的金属材料的成分。根据目测，冷指好像是不锈钢（因为表面没有生锈）。Mendell 和 Jessen（1970）称，冷指表面的粗糙度会在一定程度上影响结蜡量，但表面化学现象并不明显，因为冷指上一旦形成油膜，其表面能就会变得非常高。在地表温度下，只要流体是过饱和的，就会在冷指上形成沉积。通常情况下，冷指法和其他实验测试方法中最常使用的是储罐原油。但是，为了满足实验要求，有时也会使用人造原油和人造石蜡。大多数改变晶形的聚合物抑制剂测试研究中，不能加入水或者盐水（尤其是在静态测试时）。Ahnet 等（2005）运用冷盘法在不同剪切和混合状态下对乳状液进行了实验研究。使用高度混合液测试非常有意义，因为在《石蜡沉积研究报告》中提到，水浸能减少石蜡垢的厚度。

Tinsley 等（2007）发明了剪切流动室，如图4.52所示的双板剪切室能在不同的剪切应力条件下测试评价蜡抑制剂。

图6.6 冷板静置沉积实验（Leontaritis 和 Leontaritis，2003）

流动环路实验装置可以测量很多参数。Towler 和 Rebbapragada（2004）利用管流设备在不同水动力条件下对蜡抑制剂进行了实验评价。实验利用了两种从 Dakota 地区原油中提取出的蜡抑制剂来抑制石蜡沉积。实验测试时，需要采用不同的样本浓度，并在每个浓度值测得对应的蜡沉积速度。有关流动环路实验装置测试的详情会在下文介绍（也可查看 4.7 节）。

建立实验室规模的石蜡沉积流动系统是为了模拟油井中石蜡沉积，该系统的工作原理如图 6.7 所示。设备由两个同心管组成，同心管的内管两端安装有测压装置，用于测量压降。这就是所谓的实验管段。实验所用的原油装在容积为 10gal（0.0378m³）的容器中，原油从容器泵入实验段后重新返回到容器中。

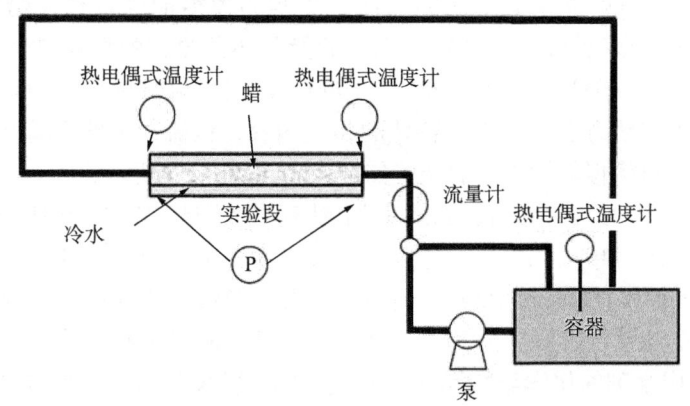

图 6.7　研究蜡抑制剂的环路实验装置（Towler 和 Rebbapragada，2004）

使用流量计和旁通阀来调整流体的流动速度，压降由倾斜的压力计（水平倾斜角度为 35°，测压的流体为水）来测量。由于油与水的密度过于相近，压力计读数取最大值。安装在实验管段和容器中的热电偶式温度计监测流体的温度。由于实验过程要进行 72h，因此需要风扇来给泵降温避免过热。

冷却装置中的水浴用来为内管外壁制冷。实验过程中，水温要维持实验要求的温度，水泵入外管随后回流进水浴，这就保证了在实验的整个过程测试段管壁的温度为实验要求的温度。实验开始时，首先将压力计读数清零，并利用旁通阀调节流速，实验中要以固定时间间隔记录压力计读数，每次实验结束后，关闭所有的泵和冷却装置并将测试管段拆卸，用刮刀取下测试管段中的固体石蜡，确定石蜡的质量。

计算：首要任务是通过斜管压力计计算压降，压力计的倾斜角度为 35°，测压流体为水，由压力计中的数据所计算出压降可以表示为：

$$\Delta p = \Delta h g \rho \sin 35° \tag{6.2}$$

式中，Δh 为倾斜压力计中流体高度差，m；Δp 为压降，Pa；g 是重力加速度，计算时取值 9.81m/s²；ρ 是测压流体的密度，在实验温度下为 1008kg/m³。

测试段的直径为 2.54cm，油的流速为 0.000221m³/s。测试段中原油的平均速度（Vel）由下式来计算：

$$\text{Vel} = \frac{4Q}{\pi D^2} \tag{6.3}$$

随着实验次数的增加,原油黏度会略微增大。因此,要使用平均速度和平均压力降来计算。测试段中原油的雷诺数小于2100,可以看作层流。压力降可由Hagen–Poiseuille方程求得[式(1.2)]。

$$V = \frac{\pi}{4}\left(D_i^2 - D_n^2\right)\Delta L \tag{6.4}$$

测试段的长度和初始直径已知,结合测量出的数据就能得到平均速度[式(6.3)]和初始压力降[式(6.2)],原油黏度可以由式(3.4)确定。得到黏度后由Hagen–Poiseuille方程就能推算出石蜡在管壁上沉积后实验段的净直径。当以固定间隔记录下压降数据后就能绘出管道净直径与时间的变化曲线。净直径可用于计算石蜡垢的体积。

式(6.4)能用来计算管道上垢的厚度。该实验模型能确定注入蜡抑制剂前后的沉积速率曲线。实验结束后可以将计算得出的垢量与实际收集的垢量进行对比。

Volk和Sarica(2003)以及Creek等(1999)介绍了用蜡沉积流动环路实验装置(图4.47)测试蜡形成的动力学和热力学特性的相关内容。该流动环路实验装置也能用来研究蜡抑制剂的特性。可模拟剪切作用的装置如图4.50至图4.52所示。

Kelland(2009)列出了其他测试中所用到的仪器,其中包括正交偏振显微镜(Hammami和Raines,1999);各种固体—探测装置(Ferworn等,1997);傅里叶转换红外光谱仪(Roehner和Hanson,2001);高压、制冷载物台显微镜(Brown等,1994)以及配有视频显微镜的流动池(观察蜡的形成过程)(Kelland,2009)。

蜡(石蜡)抑制剂的化学结构和作用机理。 蜡沉淀发生时,其形成晶体结构,因而石蜡抑制剂的作用机理或许与第4章中Frenier和Ziauddin(2008)提出的无机垢抑制剂的作用机理相似。图6.8是Becker(1997)绘制的直线型石蜡结构图。图2.4是显微镜下观察到的蜡晶体。图6.9是常见的石蜡照片。

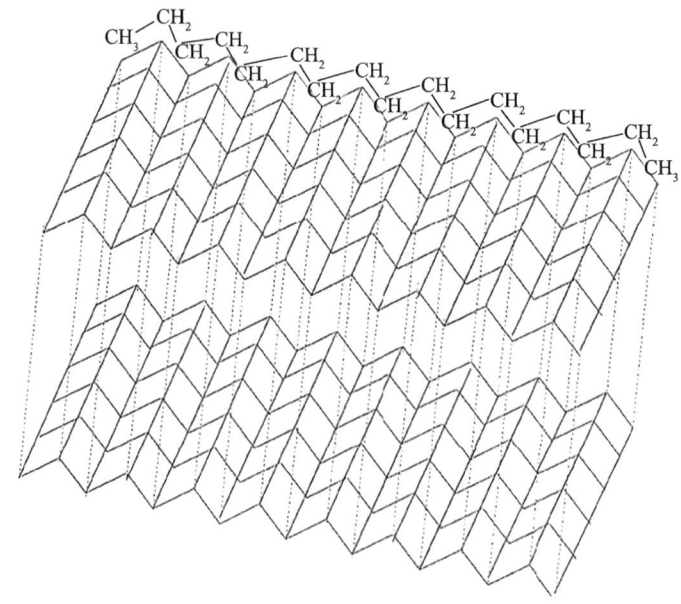

图6.8 石蜡结构图(Becker,1997)
由PennWell提供

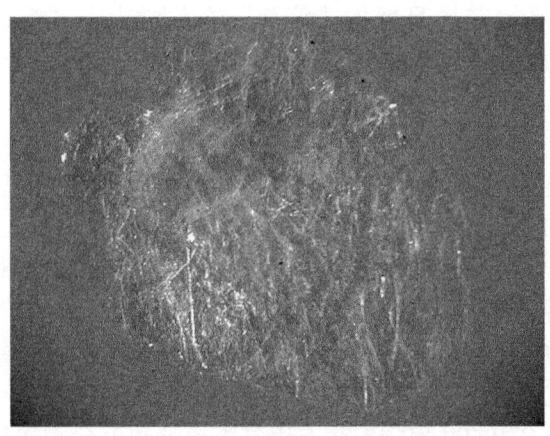

图 6.9 正廿四烷蜡晶体（Witzke，2007）

对比蜡晶体和无机垢晶体的结构有助于了解蜡晶体的化学结构。正廿四烷（$n-C_{24}H_{50}$）能形成单斜棱晶，空间群为 $P2_1/a$，晶胞参数为：$a=7.59$Å，$b=4.98$Å，$c=33.8$Å，$Z=2$；beta=92.25°，$V=1276.59$，Den（Calc）=0.88（http：//webmineral.com/）。

Dorset（2000 年）报道了一种人造直线型固体石蜡三维晶体结构，其链长近乎高斯分布且多分散性，分散系数 M_w/M_n（其中 M_w 为重均分子量，M_n 为数均分子量）为 1.003。由电子衍射强度数据分析得出：其平均结构类似于石蜡 $n-C_{35}H_{72}$，在它的正交晶的 B- 多形体上，空间群为 $A2_1$，晶格参数：$a=7.42$Å，$b=4.96$Å，$c=92.86$Å。

据 Likewise、Rademeyer 和 Dorset（2001）报道，多组分石蜡能构建原油中剩余蜡（$M_w/M_n=1.009$）模型，它的结构特征可以由电子结晶学确定，符合单层间隙，在差示扫描量热法下，两个吸收峰显示为典型的石蜡链固溶体特征，预示着已经达到了即将溶解的过渡相，也就是"rotator"相。晶体结构中的平均链堆砌就构成石蜡 $n-C_{32}H_{66}$，空间群为 $Pca2_1$，晶格参数：$a=7.42$Å，$b=4.96$Å，$c=85.0$Å。

相比之下，方解石的晶体结构是三角形的，空间群 $R3c$，晶胞参数：$a=4.989$Å，$b=17.062$Å，$c=6$Å。而重晶石空间群 Bpnm 也是正交晶的，晶胞参数为：$a=8.878$Å，$b=5.45$Å，$c=7.152$Å，主要差异是蜡晶体的晶胞格参数 c 很大。

石蜡可能形成晶体，但是它们也可能形成小的聚合物形态。因此，降低蜡沉积速度和沉积量的化学药品必须适合这种结构，通常会选择低分子量型的聚合物。低分子量聚合物（例如聚丙烯酸酯）也可用来抑制无机矿物垢。但是蜡抑制剂通常具有较长的碳氢侧链。值得注意的是，这些聚合物通过抑制蜡晶体间的相互作用，从而可能影响原油的倾点。

蜡抑制剂与无机垢抑制剂的另一个主要的区别在于连续相的差异。油相组分通常会比水相更复杂，而且在一系列温度之上，可能会有大量不同的石蜡混合物沉淀。另外，最终的蜡—油"凝胶"影响原油流动性。为了维持原油生产，它们需要被"抑制"和改性。此外，水合无机垢体系和含蜡原油中沉淀物的浓度差异很大。当一些不溶性盐（如硫酸钡）的离子浓度高于 0.0025% 时就会在溶液中生成沉淀，而当原油中的石蜡含量超过 5% 并且冷却时才可能会生成沉淀和沉积。

两者的另一个重要的差异是蜡的"溶剂"在化学上与"溶质"相似。Pedersen 和 Ronningsen（2003）称化学抑制剂能担当的功能有：

（1）蜡晶改性剂。

（2）蜡分散剂。

（3）清洁剂［表面活性剂—清洁剂（表面活性剂）型抑制剂需要和水共同作用，发挥其效果（Tung 等，2001）］。

参考文献中还公布了许多不同的聚合物，这些聚合物可用于抑制蜡以及降低原油倾点和改变流体流变性。蜡晶改性剂包括：乙烯—醋酸乙烯酯（EVA）聚合物、α-烯烃马来酸酐（OMAC）聚合物、乙烯—丁烯共聚物（PEB）以及酯类蜡抑制剂［例如聚丙烯酸酯和聚甲基丙烯酸酯，包括聚乙烯（十八烷基丙烯酸酯）］。改性剂包括带有聚乙烯基吡咯烷酮（PVP）和烷基丙烯酸酯的共聚物或带有甲基丙烯酯和聚合磷酸酯的共聚物。很多文献对蜡晶改性剂的作用机理进行了阐述，这些机理将在后面的章节中详细介绍。

至今为止，很难知道有多少种类型油溶性蜡分散剂。Collins（2008）列出了一些聚酰胺类的蜡分散剂；Peyton 和 Wang（2001）称聚乙烯酯化酸酐和酯化的 α-烯烃马来酸酐（MAA）共聚物也可以作为蜡分散剂；Dralle-Voss 等（1998）提出利用烯属不饱和二羟基酸的共聚物或二羟酸衍生物和双烯酮作为分散剂。

在有水的条件下，表面活性剂（Bernadiner，1993）也可以用来降低蜡和沥青质沉积，有水时还可起降凝剂的作用。这些表面活性剂包括混有聚乙二醇乙醚或双叔丁基苯酚、非离子表面活性剂（乙氧基苯酚）及 Tween（山梨聚糖）型表面活性剂的烷基芳基磺酸盐（Ahn 等，2005）。

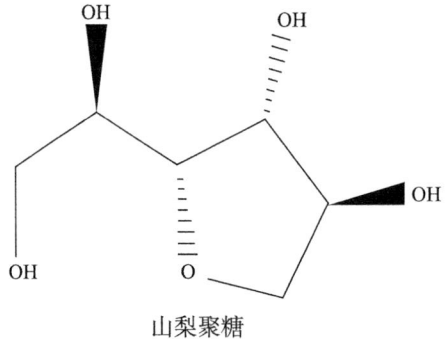

山梨聚糖

文献中可找到大量介绍有关蜡抑制实验和理论的文章。Fink（2003）对蜡抑制剂也有过简单的介绍，本章的末尾简要介绍了几种化学药品专利。Price（1971）提出了 3 种已得到广泛认可的蜡晶改性剂的作用机理，这些机理与无机垢抑制剂的作用机理类似，其中包括：

（1）蜡晶生长过程中的成核作用（如改性）增加了小晶体形成的数量，而不是大晶体形成的数量。

（2）表面吸附降低了晶体之间的附着力。

（3）与生长中的蜡晶共结晶，可导致晶粒生长方向发生改变，并且降低晶体间的交互生长。这种机制与 Venkatesan 等（2003）提出的机制一致。

Price（1971）报道的基于冷指实验的最终结果——抑制剂的抑制百分数约为 50%。另外，从基于实验绘制出的剪切速率与剪切应力的关系图中可以看出：蜡结晶抑制剂可有效地将原油从非牛顿流体转化成牛顿流体。未经处理的流体为宾汉流体，而处理后的流体屈服值接近于零，是典型的牛顿流体。对于输油管线来说，油中加入添加剂比没有加添加剂的更容易重启流动。

Towler 和 Rebbapragada（2004）使用如图 6.7 所示的流动环路实验装置对 Dakota 油田缓解石蜡沉积的商业化学抑制剂进行了实验评价。实验时，将这两种蜡抑制剂溶液标为溶剂 A 和溶剂 B，溶剂 A 是由蜡晶改性剂、石蜡分散剂等多种溶剂按配方混合制成，并且与 Dakota 油田的原油相匹配。溶剂 B 是一个类似的混合物，该溶剂与 Dakota 原油不匹配。此地区原油的析蜡点大约为 15.5℃，输油管线中的最低温度能达到 5℃。因此，实验时将水浴的温度维持在 5℃，用测试段模拟输油管线，实验结果显示：使用溶剂 A 能使蜡的沉积量减少 35%，溶剂 B 没有抑制蜡的效果，在清蜡方面没有发现其所起的作用。Towler 和 Rebbapragad 没有提供所用分散剂的化学特性的其他细节。

采用冷指实验，Newberry（1986）分析了大量静态沉积实验数据。实验所用原油含蜡量为 10%，密度为 0.8g/cm^3（45°API），析蜡点为 21℃（81℉）。实验中，探指由初始温度冷却到 10℃（50℉），温度总共降低了 17℃（31℉）。由于存在温度梯度，在金属探指和热油接触面上迅速沉积了石蜡。实验总共进行了 4h，在此期间，除了测试多种标准规范的蜡抑制剂外，还对 4 种专用于 Niagaran 油田的蜡抑制剂进行了评价。在少量加入化学剂的情况下，沉积量平均减少 50%。实验所用化学剂的化学特性作者没有详细介绍，但从 Matlach 等（1986）的一项专利配方中可以了解到，其中至少包含 10%～15% 的水（不再额外加入水），在非水溶剂中有效量的表面活性剂形成水包油型乳状液。这种非水溶剂的组分中至少含有一种烷基酚。因此，能形成黏性烷烃和水组成的水包油型乳状液。有关此内容见 7.4.1 节。

基于冷指实验，Leontaritis 和 Leontaritis（2003）测试了 5 种商业抑制剂。这些抑制剂要么是蜡晶改性剂，要么是蜡分散剂，但是它们都不是具有特效的聚合物，仅仅材料确定为分散剂，它们能积极地抑制石蜡沉积（抑制百分数最大约为 50%）。

Venkatesan 等（2003）在前人的基础上总结了蜡抑制剂的作用机理。提出蜡抑制剂和降凝剂通过制约石蜡晶网的形成而起作用（图 6.8），他们观察到沥青质的加入能降低胶凝温度和屈服应力。因此，沥青质与降凝剂及蜡抑制剂有相同的作用。Tinsley 等（2009）也研究了沥青质对蜡的形成和凝胶作用的影响，得出了以下结论：

（1）沥青质能同时降低蜡沉淀温度和胶凝析出的温度。

（2）在蜡浓度恒定的情况下，沥青质浓度越高，其降低屈服应力和分解晶体结构的效果就越明显。

（3）对于添加了较多沥青质 [在本例中为 0.1%～0.2%（质量分数）] 的含蜡量为 8%（质量分数）和 10%（质量分数）的蜡溶液，屈服现象有两种：一种较硬但易碎，另一种较软但有弹性。

（4）在析蜡点之上，沥青质聚合物是可见的，但在凝胶样品的蜡晶体间却难以观察到沥青质聚合物。

（5）通过降低芳香烃溶剂含量来增加沥青质的聚集程度会导致屈服应力的急剧降低。

（6）沥青质"抑制剂"的效力取决于沥青质的结构。

Venkatesan 等（2003）也注意到在静态条件下测量的倾点接近于胶凝温度。因此，评价降凝剂的效果为研究沥青质降凝作用提供了新的思路。共聚物型晶形改性剂会与蜡一起共同沉淀。因此，改变了晶体结构并阻碍蜡晶网的形成。而表面活性剂则能覆盖在蜡晶体表面。因此，蜡晶体不能聚结在一起形成晶网。总而言之，共同沉淀作用能更改蜡晶结构，表面活性剂能覆盖晶体表面并分散蜡晶。

Duffy 和 Rodger（2002）用分子动力学（MD）技术分析了已知的蜡抑制剂的八聚物单元体——聚十八烷基丙烯酸酯（PODA）与二十八烷（$C_{28}H_{56}$）石蜡晶体表面间的相互作用。

得出的结论是：

任何一个面上聚十八烷基丙烯酸酯八聚物的吸附作用都会导致形成抑制面（图6.10）。但是，当暴露的表面与抑制剂相邻时，一个低能量结构的最佳配合面（010）会被二十八烷分子充填。由于十八烷烃分子遭受侧向位移，以至于在八聚物上形成薄层，能有效中断新增晶层的形成。

Duffy 和 Rodger（2002）通过加入烷烃层到抑制剂表层之上，测试了复合抑制剂分子对随后沉积生长的影响，并在分子动力学模拟过程中研究了晶层性质。他们发现：抑制剂是导致晶体断裂或形成缺陷的因素，因为覆盖在八聚物上的分子相对于底层晶体结构产生了横向滑移，滑移使得加入的抑制剂分子薄层覆盖到整个八聚物之上，覆盖在八聚物之上的烷烃与下面的晶体不相称，在晶层之间产生裂缝，这种晶层破损增加了覆盖层的能量和变形，从而使晶体的生长速度降低。

化学降凝剂主要包括以下两种类型（Dong 等，2001；Tung 等，2001）：

（1）共聚物晶形控制剂——它能与蜡共同沉淀，阻碍蜡晶网的形成；

（2）表面活性剂——它能覆盖在沉淀的蜡上，从而降低蜡晶体的聚结程度。

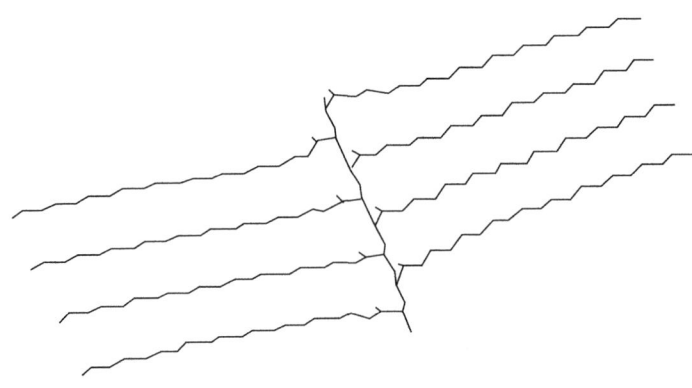

图 6.10　聚十八烷基丙烯酸酯八聚物单元体（Duffy 和 Rodger，2002）

修改时得到 PCCP OwnerSocieties 的许可

图 6.11 是两种类型蜡抑制剂作用原理示意图。Price（1971）提出了蜡抑制剂的第 3 种作用机理：晶形改性剂成为蜡晶体生长的成核点，从而增大了成核速率，形成了大量的小结晶体。Machado 和 Lucas（1999）认为，能改变蜡晶结构的共聚物应具有长的石蜡链，石蜡链可以与发生结晶那部分石蜡和极性基团相互作用，从而改变结晶体的生长。Fernandez-Lozano 和 Rodriguez（1984）对原油的黏度和电阻率研究后认为：共聚物是良好的原油降凝剂，而且溶解性好。

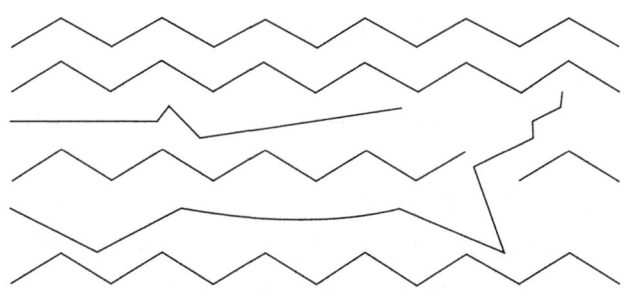

(a) 共同沉淀改变蜡晶结构

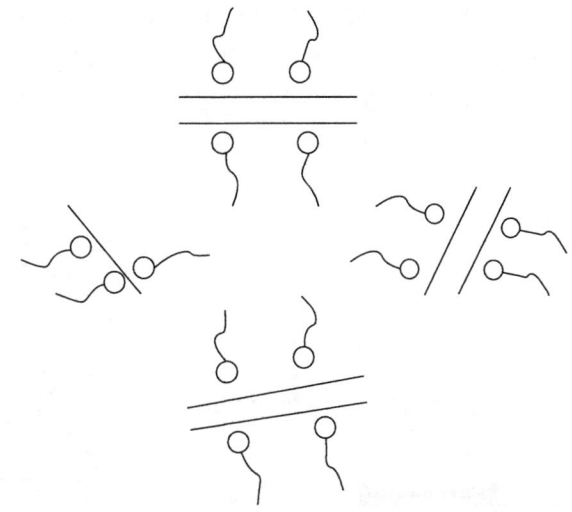

(b) 表面活性剂的覆盖及分散作用

图 6.11　蜡抑制剂的作用机理（Venkatesan，2004）

Prasad（1987）也研发出了易溶于油的高分子共聚物型降凝剂，据观察，这些共聚物能延缓蜡晶的生长，导致蜡晶体变小和蜡凝胶强度变低。

带有梳齿形、二嵌段、随机架构的聚合物已经成为商业蜡晶改性剂。Ashbaugh 等（2002）认为，这些聚合物所具有的共同特点是：在油中能形成自组装结构。作者用结晶—非结晶嵌段共聚物（乙烯—丁烯共聚物）改变模型油的流变学特性，研究了蜡晶改性剂在原油或其他燃料中控制蜡沉淀的机理。屈服强度由平行板可控应力流变仪来测量。实验样品使用的是依据 PEB-n 浓度配制的含有 4%（质量分数）石蜡的癸烷液体混合物，温度控制在凝胶点之上。实验测量的关键参数为屈服应力 τ_y，其定义为流体没有产生流动时的最大应力。Ashbaugh 将屈服应力定义为流体开始蠕变和流动时所对应的剪切应力。

使用小角度中子散射（SANS）仪研究加入 PEB-n 随机共聚物的稀释癸烷溶液中石蜡分子聚集的微观情况，在显微镜下能观察到加入乙烯—丁烯共聚物后，其改变石蜡晶体结构的过程。详细理论和试验技术见 Ashbaugh 等（2002）。

PEB-n 共聚物在对石蜡和蜡的改性能力上具有选择性，其选择性取决于主链上的乙烯含量。不同聚乙烯含量的共聚物对改变蜡晶具有很高的选择性。这表明，具有最高结晶趋势的共聚物对大分子蜡更有效，而结晶趋势弱的共聚物对低分子量的蜡更有效。研究人员给出的建议是：含有分等级乙烯含量的 PEB-n 原油添加剂才能有效地抑制石蜡结晶。

由于聚醋酸乙烯酯聚合物已经被广泛应用于降低含蜡原油的黏度。Ashbaugh 等（2005）研究了几种商业等级的乙烯—醋酸乙烯树脂（EVA）共聚物（作为模拟原油与蜡混合物的降凝剂）。实验所用的原油样品中蜡含量为 4%（质量分数），实验测试中包括测量屈服应力（τ_y）。τ_y 是乙烯—醋酸乙烯树脂（EVA）共聚物浓度和组分以及蜡成分的函数，用配有相位和微分干涉相差光学器件的尼康 TE200 型倒置显微镜微观研究石蜡晶体，也应用了小角度中子散射（SANS）显微镜，详细内容参照 Ashbaugh 等（2002）。

实验结果表明：在析蜡点以下，癸烷中的固体石蜡沉淀物为片状结构。在蜡浓度足够高时，这些样品的石蜡片晶能形成横跨的"纸牌屋"结构，这种结构能携带癸烷，并能形成高屈服强度的凝胶，如图 6.12 所示。

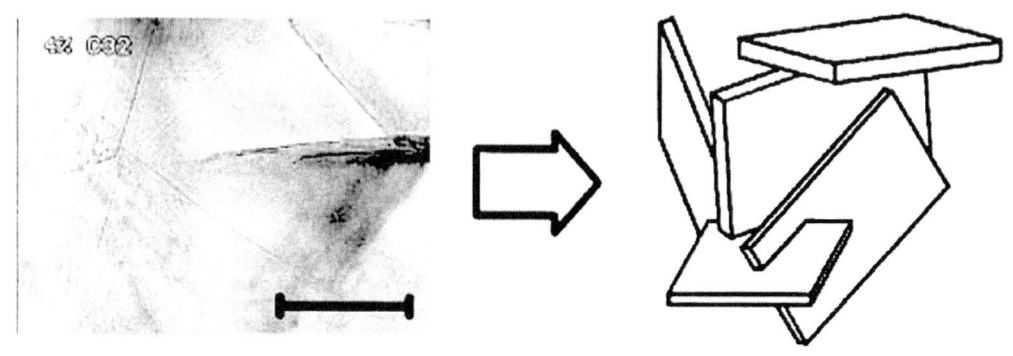

图 6.12　显微镜下的照片和蜡晶的"纸牌屋"结构

出版时得到了 Ashbaugh 等（2002）的许可，版权为美国化学协会所有

研究者们声称，加入抑制剂可以阻碍凝胶的形成。其作用机理要么是促进了蜡在多重成核位点析出（因此降低了片晶的外形尺寸），要么是聚合物吸附在片晶之上，阻碍蜡的聚集并破坏"纸牌屋"结构。

Ashbaugh 等（2005）研究表明，防蜡成功的关键是搞清楚蜡和聚合物的组分。当乙烯—醋酸乙烯酯（EVA）共聚物加量为 0.02% 时，可降低 C_{36} 石蜡屈服应力 3 个数量级，可降低 C_{28} 石蜡屈服应力一个数量级。随着蜡含碳量降低，蜡抑制剂的功效也降低。这表明，在管线输送过程中，EVA 共聚物质不能充分降低原油的屈服应力，不能确保无凝胶生成。显微镜观察显示，聚合物型蜡抑制剂能减小蜡晶尺寸并改变蜡晶形态。纯的 C_{36} 蜡晶为薄片状结构，单个晶体的尺寸大于 100mm，加入 0.007% 的乙烯—醋酸乙烯酯（EVA）型蜡抑制剂能使晶体尺寸降低到 30mm 左右。

用中子散射技术研究乙烯—醋酸乙烯酯（EVA）共聚物的自聚能力与温度之间的关系，结果表明，加入 EVA 共聚物的癸烷溶液中存在大量不同的聚集结构。最低乙烯含量的 EVA 蜡抑制剂，散射以大约 1.6 的幂律指数增加。这种散射现象是弱聚集共聚物凝胶的特点。与此相反，乙烯含量较高的 EVA 表现出从表面扩散（形成强隔离物质）到高度稳定的特征，而此过程进行的激烈程度由温度决定。由显微镜下得到的蜡晶形态照片可以看出，在高浓度下，乙烯含量较少的 EVA 比高乙烯含量的 EVA 改变蜡晶形态更有效。反之，在低浓度条件下，后者 EVA 级别的似乎形成更多的石蜡晶体。作者称："显然将 EVA 的商业名称定为生长抑制剂和成核剂是值得商榷的。因为这种商业名称没有说明这些聚合物在改变蜡晶结构或相互作用中所起的作用。我们应该认识到，还需要在分子水平上进行深入研究，以便充分阐明聚合物的防蜡机理。"

Lindeman 和 Allenson（2005）建立了理论上的蜡抑制剂分子力学模型，确定出了聚合物蜡抑制剂的三级结构与它们的熔融、非晶相变温度、结晶度、黏度以及性能之间的关系。他们声称，研究的结果能为定向合成新型蜡抑制剂提供帮助。商业蜡抑制剂通常含有分支的或有庞大体积、强极性的官能团。这些官能团可以干扰正构烷烃成核作用并破坏晶体的完整性。当原油中存在这样的聚合物蜡抑制剂时，固体石蜡从原油中结晶，形成的蜡晶较小，不易于进一步凝聚。在这些研究中，原油的倾点降低 8℃，甚至 25℃ 以上，这完全取决于聚合物的结构和原油的组分。

聚合物链的结构决定了抑制剂的性能（Coutinho，1998；Coutinho 等，2002）。目前已经建立了包括不同官能团以及主链和侧链的长度对抑制剂性能影响的理论。研究者称，了解聚合物的空间结构及它们分子链中能与原油中的正构烷烃发生相互作用的碳氢链的构造是十分重要的。正构烷烃是由高活性的碳氢分子组成的，它们在低温状态下会聚集在一起，并从原油中析出，形成"稳定"的石蜡垢。正构烷烃与蜡抑制剂碳氢链之间的相互作用机理与此相似，但蜡抑制剂中极性部分和大体积的功能基团在改变蜡晶结构时起关键作用。在原油中，这些作用对抑制凝聚和控制正构烷烃来说是必要的。

在实验中所遇到的挑战是确定聚合物分子的精确结构。由于聚合物的组分复杂，且每个组分的特性不同，要想将当前的蜡抑制剂的详细结构都识别清楚是不现实的。因此，实验目的是获得基本的聚合物结构理论模型。

实验选用了常见的 3 种主要类型的蜡抑制剂：乙烯—醋酸乙烯酯（EVA）聚合物、α-烯烃马来酸酐（OMAC）聚合物和酯类蜡抑制剂（如聚丙烯酸酯和聚甲基丙烯酸酯）。理论建模时，考虑了每种聚合物中最简单而且典型的单元，依据分子力学进行计算。

这些蜡抑制剂的理论计算中应用到了 Spartan Plus 计算机程序（Wavefunction，2008）。在描述聚合物分子结构时使用的是标准的键距和键角。对理想的几何结构，利用分子力学模型描述了聚合物链的能量偏差。实验做出了以下假设：标准的分子几何结构是分子间键距扭曲、键角、二面角以及"非键"（范德华力和库仑力）相互作用能量最小时所对应的结构。

Tinsley等（2006）报道了聚合物添加剂对模型油中软蜡凝胶形成的影响。实验是通过屈服应力测试确定软蜡凝胶的强度，用显微镜和小角度中子散射仪观察软蜡凝胶的结构，用室内流动环路实验装置评价蜡抑制剂对蜡沉积的影响。模型油是由烷烃溶剂中加入单组分石蜡或多组分的石蜡配制而成。在某些情况下，实验中也使用现场的原油样品。聚合物添加剂包括多聚（乙烯—丁烯）、聚（乙烯-b-丙烯）、乙烯—醋酸乙烯共聚物和马来酸酐（MAA）的共聚物，并且已知这些聚合物的晶体含量和微观结构。研究单组分原油样品的软蜡凝胶时发现，聚合物能改变蜡晶的晶体结构，从而使其屈服强度下降3~4个数量级。但当蜡的组分较为复杂时，屈服强度只能下降1~2个数量级。马来酸酐共聚物只有在烷基含碳量不小于18时作用效果才比较理想。如果马来酸酐的浓度较高，能使屈服应力降低3个数量级。但实验结果也会随着原油组分的变化而变化。平行板沉积装置中的流动环路实验证明：聚合物的确能影响蜡的沉积速度并改变蜡的成分。

Tinsley等（2007）运用剪切沉淀装置进行实验（4.7节、图4.52），研究了聚合物型抑制剂的功能。这些聚合物主要有：随机的乙烯—丁烯共聚物（PEB）、马来酸酐聚合物、由十八烷基胺改性得到的十八烯、MAA与乙基乙烯基醚的共聚物。酰胺化聚合物（用二甲胺酰胺化，使C_{22}烷基尾链增补到聚合分子主链中）。为了研究作用机制，研究者也用了气相色谱、显微镜、析蜡点测量仪。他们发现乙烯—丁烯共聚物不能提供沉积的热力学抑制作用，但是，马来酸酐聚合物能抑制析蜡点，表明其能抑制晶体成核。流量对沉积的影响更为复杂，即使发生了沉积，流量增加也会破坏凝胶沉积。聚合物影响晶体生长习性，因此，要更深入地研究聚合物和流量对垢沉积的影响。

Tinsley等（2009b）运用差示扫描量热仪（DSC）（测量析蜡点）、流变性测量仪及显微镜等设备研究了沥青质和聚合物对垢和凝胶形成的影响。他们在研究不含沥青质的蜡溶液模拟体系｛Norpar12［由正构烷烃（石蜡）类溶剂和白矿油按质量比1:1混合］和两个Aldrich公司蜡混合物｝时发现：较高的蜡浓度通常会削弱聚合物降低沉淀温度、降低胶凝温度和降低屈服应力的能力。他们还发现，在此情况下，只有加入0.1%的特定的沥青质与特定的聚合物协同作用，才能使防蜡效果得到一些改善。这些研究证实，针对遇到的特定蜡、沥青质、油的混合物，需要制定相应的抑制沉积对策。

参考文献中所述的蜡抑制剂的作用机理与无机垢抑制理论相似。图6.13所示的是Chen等（2004）提出的广义的抑制剂作用机制示意图。但是，抑制程度上两者存在很大差异（无机垢抑制程度通常大于90%），并且两者所需的抑制剂浓度也明显不同。另一个主要的差异是蜡抑制是通过破坏凝胶形成来降低原油黏度，从而维持原油的流动性。垢的"质量"中可能还包含原油的质量。

Fernandez-Lozano和Rodriguez（1984）对原油的黏度和电阻率进行了测量。研究后发现，聚合物能有效改变蜡晶结构的条件如下：（1）在低温原油中必须加入蜡晶改性剂来抑制石蜡沉积；（2）如果条件不能满足蜡晶改性剂完全溶解，那么改性剂与蜡晶相互作用就受到影响可能就没有抑制效果。Prasad（1987）也研发了能易溶于油的共聚物型原油降凝剂，观察到这些共聚物能延缓蜡晶的生长，从而使蜡晶体积变小。

Garca等（1998）也研究了蜡抑制剂的作用与原油特性之间的关系。当原油含蜡量高时，通过使用生物化学分析（倾点、析蜡点和密度）和烃类性质分析（蜡含量分析、石蜡等级类型分选分析、凝胶渗透色谱法分析和高温模拟蒸馏分析）表征高石蜡原油特征。尽管实验中的样品都是常见的轻质油（32～43°API），但它们的含蜡量却很高，并且在室温状态（33～48℃）下都就会有蜡析出。用这些原油评估了几种商业蜡抑制剂，用倾点降低作为蜡抑制剂活性筛选准则，在三种原油样品中分别加入蜡抑制剂，结果显示，一部分蜡抑制剂有良好的活性，而在相似剂量下，另一部分的蜡抑制剂的活性不明显（倾点没有降低）。

Garca 等（1998）评估了原油组分与蜡抑制剂活性之间的相关性。不受蜡抑制剂影响的原油常规组分/环状+异构烷烃的比例较高，对蜡抑制剂较为敏感的原油应用凝胶渗透色谱法所得出的分子量分布呈现双峰特征。而且，由模拟蒸馏法测出其含碳量大于24的组分小于39%（质量分数）。从另一方面来说，这些研究者注意到，那些对蜡抑制剂不敏感的原油，随着重质组分含量的增大 [大于52%（质量分数）]，分子量分布呈现单峰分布。用 C_{13}—C_{20} 和 C_{20}—C_{44} 石蜡萃取物所做的添加剂实验和用偏光显微镜确定出的原油浊点数据都支持先前的发现，这使得评定商业蜡抑制剂对富含 C_{24+} 烷烃原油无效成为可能。

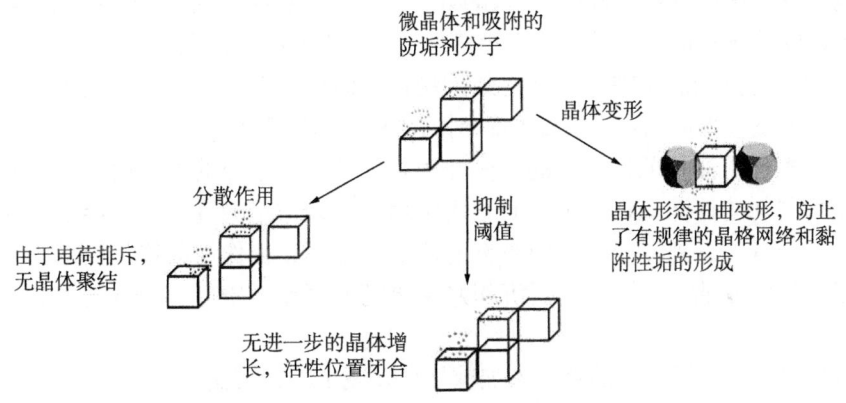

图 6.13　无机垢抑制剂的作用机理（Chen 等，2004）

Pedersen 和 Ronningsen（2003）测试了北海地区含蜡原油经过 12 种商业蜡晶改性剂处理过后黏度、倾点以及析蜡点的变化情况，在此过程中蜡晶改性剂同时具有防蜡和原油降凝的双重作用。黏度数据的测量是在温度 5～40℃进行的。研究发现，这些化学剂对原油析蜡点影响较小，更多的是影响原油的倾点和表观黏度。两位作者声称，实验得出的黏度数据显示蜡抑制剂很可能通过各种位阻，阻止了一定分子量范围内的"不活泼的"蜡组分形成网状结构。他们还指出，实验数据显示，在低温状态下抑制剂的效果会或多或少降低。根据作者的观点，通过假设抑制剂能降低蜡分子的熔融温度来模拟抑制剂的作用是合理的。抑制剂都能降低蜡分子的熔融温度，从而抑制蜡的固化过程。事实上，蜡抑制剂的作用机理是抑制了有利于热力学蜡晶结构形成的条件，阻碍了蜡晶的聚结，直到不受抑制剂影响的不同晶型形成，最终达到热力学更有利的状态。但是，它们并没有直接建立原油黏度或倾点变化与沉积量或沉积速度之间的关系。

Fusheng 和 Biao（1995）研究了抑制剂化学结构与越南原油倾点下降之间的关系。使用红外线光谱分析技术分析了包括乙烯—醋酸乙烯树脂（EVA）和甲基丙烯酸酯—醋酸乙烯酯聚合物抑制剂的抑制机理。他们发现，乙烯—醋酸乙烯树脂能与原油中特殊的蜡分子发生共结晶，阻碍蜡晶之间的相互作用。Tung 等（2001）也研究了倾点以及沉积物与抑制剂间的关系。这些研究人员也用红外线、扫描电子显微镜（SEM）以及 Raman 散射分析仪器分析了 EVA 共聚物。测量原油倾点用的是 ASTM D-97 方法。他们还利用冷指实验研究了包括阴离子型和非离子型表面活性剂两种化学分散剂的混合试剂对沉积作用的影响。研究结果发现，当聚合物的结构与越南原油中的蜡晶结构相似时，其对倾点的抑制效果最好。

Jennings 和 Weispfennig（2006）发现，抑制效果和剪切强度之间存在一定关系。作用效果好的蜡抑制剂会使沉淀物结构变得脆弱，从而很容易在流动剪切作用下被分散去除掉。因此，在特定的原油流中，蜡抑制剂的抑制效果与剪切强度有关。Jennings 和 Weispfennig 使用墨西哥湾（GOM）原油进行的冷指实验，所得结果也印证了两者之间的关系。Trends 由数据分析得出：剪切应力的增加会提高蜡抑制剂的作用效果。不同实验的观察结果都显现出剪切力作用增大时，蜡沉积的抑制百分数都不同程度地增加了（针对蜡抑制剂处理过的原油与没处理的做比较）。抑制百分数的计算可以由冷指实验对比经过抑制处理与未经抑制处理的沉淀物总量获得，当然，沉淀物总量中包含夹带的原油量。

研究者们所用方法能反映出不同的蜡抑制剂（组分未知）之间作用效果的差异，在加量相同且搅拌速度较低的情况下，蜡抑制剂的清蜡效率在 71%～91% 之间变化。清除的蜡占蜡总质量（裹携原油的沉积蜡）的比例并不总随着剪切应力的增加而增加，有时还会减少。这与蜡抑制剂的性能降低无关，而是由于随着剪切作用的进行，未经处理的蜡垢发生变异造成的。作者注意到，由于垢中裹携的原油量随着剪切作用的增加而减少，针对沉积蜡种类数量一定的原油，总沉积物（沉积蜡＋裹携的原油）质量比例将随着蜡抑制剂的效力而变化。

增加剪切可以减少垢中蜡的量；增加剪切可以减少冷指表面的垢量。

实验室研究（Ahn 等，2005），考虑了乳状液（由加入的表面活性剂形成）对固体蜡形成和沉积的影响。这项研究将添加的表面活性剂性质和乳状液的性质与原油的蜡沉积趋势联系起来。计算的参数有表面活性剂亲水亲油平衡值（HLB）、平均分子量（MW）以及表面活性剂浓度。实验研究了两种不同系列商业非离子型表面活性剂：Triton-X（乙氧基酚类化合物）和 Tween（山梨聚糖），其结构如图 6.14 所示。原油样本是含碳量从 C_{21}—C_{48} 的碳氢化合物的正癸烷（C_{10}）溶液。通过界面张力黏度测量仪和光学显微镜（OM）研究乳状液特性。图 4.8 是蜡沉积测量时使用过的新型沉积装置，该装置配备有搅拌棒，用于控制流体动力学特性和流体的混合动能。

Ahn 等（2005）的研究结果表明，表面活性剂能促进乳化作用，从而降低蜡沉积趋势。例如，较低的界面张力（IFT）和较高的剪切速率能产生致密的乳状液，从而减少蜡沉积。在水油比为 50∶50 的混合物中使用高亲水亲油平衡值的表面活性剂，防蜡效果能达到 90%，与没有任何化学剂处理过的原油相比，乳状液中沉积出的是软蜡（平均分子量低）。与此相反，原油加入商业聚合物型蜡抑制剂，沉积蜡还更加坚固（平均分子量高）。将商业抑制剂和表面活性剂（Tween 40）共同使用时，在特定实验条件下，蜡沉积量降到了 0.3mg（抑制了 8.4mg）。这些实验室获得的蜡抑制量为当下文献中的最高值。

产品	HLB
Tween 20	16.7
Tween 21	13.3
Tween 40	15.6
Tween 80	15.0
Tween 81	10.0
Tween 85	11.0

产品	平均HLB
Triton-X 15	4.9
Triton-X 35	7.8
Triton-X 45	9.8
Triton-X 114	12.3
Triton-X 100	13.4
Triton-X 165	15.5

图 6.14　表面活性剂型蜡抑制剂（Ahn 等，2005）

Tung 等（2001）针对越南的含蜡原油，在沉积实验中测试了两种表面活性剂对蜡垢的抑制情况，阴离子和非离子型表面活性剂都能使垢分散，并使蜡颗粒水湿，预防它们絮凝和在油管、出油管线及输油管线上沉积。实验结果显示，表面活性剂浓度为 0.015% 时，防护作用能达到 57%。用扫描电子显微镜可以观察到加表面活性剂的原油样品的蜡晶体的表面包裹了一层水膜，如图 6.15 所示。

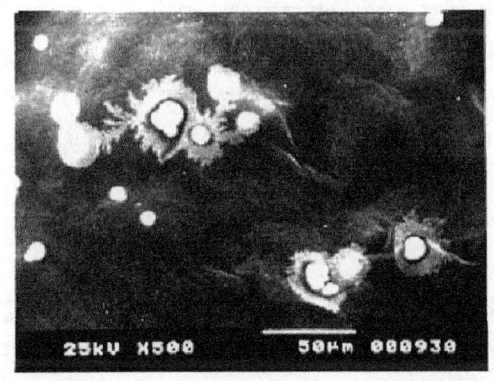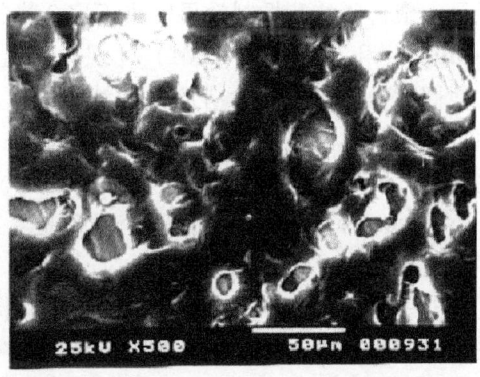

图 6.15　非离子和阴离子型表面活性剂处理后的石蜡晶体颗粒（Tung 等，2001）

Bernadiner（1993）讨论了一种最佳的干预垢沉积的方法，这种方法是周期加入除垢剂。目的是去除垢，同时破坏油包水乳状液。另外，除垢剂能吸附在设备表面，从而防止沥青质和蜡进一步沉积。

值得关注的是，缓蚀剂可能会使蜡沉积增加，因为它们会吸附在金属或氧化物或碳酸盐的表面，而且通常有疏水尾链（Chokshi 等，2005）。然而，现今对不同抑制剂和沉积过程之间相互作用的研究相对较少。Rodger（2006）使用计算机平台上的分子动力学模型研究了铁氧化物表面上缓蚀剂与蜡沉积的相互影响。研究表明，它们之间不总是协同作用，协同和竞争作用之间的平衡很难预测。缓蚀剂与蜡沉积的相互依存就是协同和竞争作用的典型案例。研究发现，蜡能形成一层附加的保护层（Harrob，2005），能提升缓蚀剂的作用效果。因此，蜡抑制剂的使用可能会降低纳米膜缓蚀剂的功效。从另一方面来说，普通缓蚀剂的石蜡族的特性能有效地促进烃类沉积在缓蚀剂膜表面。

使用油酸咪唑啉作为缓蚀剂模型，Rodger（2006）得出的结论是：运用分子动力学方法研究蜡形成与缓蚀剂间的相互作用是可行的，并且进一步证实了保护性的缓蚀抑制膜的存在。例如，油酸咪唑啉形成的保护性的缓蚀抑制膜，产生了结构类近似于大部分烷烃晶体的有序长链烷烃分子层。根据作者的观点，尽管这样的烷烃层将提高缓蚀剂效率，但也可能成为蜡沉积的成核位点。

油酸咪唑啉

下面列出了几种蜡抑制剂专利的内容摘要。

Gentili 等（2005）介绍了聚合磷酸酯抑制蜡形成的研究进展情况。该聚合物是由长链磷酸酯和钠铝酸盐反应生成，具有高分量和双亲性。模拟油是石油石蜡（P140）溶解于石蜡溶剂中形成的流体体系。流变性分析、热量分析、色谱光学和电子显微镜方法得出的结果显示，聚合磷酸酯抑制效果取决于聚合物的分子量，其充当了石蜡结晶的改性剂。

Brunelli 和 Fouquay（2001）发现，丙烯酸共聚物可以作为抑制原油中石蜡沉淀的添加剂。他们建议在原油或含有原油的油中使用聚合物型添加剂抑制石蜡沉积和改善流体的流动性。这些化学剂基本上是具有独特的 10～50 碳链分布的乙醇—丙烯酸共聚物以及 2-乙烯吡啶/4-乙烯吡啶三元共聚物。

Robinson 等（2002）的另一个发现是含有脂肪族乙二醇醚的聚合物型蜡抑制剂能明显减少或预防原油中的蜡沉积。

现如今，工业用聚合物在生物可降解和环境友好方面已有了长足的进步。适用的乙二醇醚溶剂含有至少 3 个碳原子的烷氧基，且分子量较低。典型的乙二醇醚包括 2-丁氧基乙醇（乙二醇单丁醚）、丙二醇丁基醚、（二甘醇）单丁基醚、2-异丙氧基乙醇、2-丁氧基乙醇（BEG）（优先选择）。常用配方中各组分的含量为：质量分数为 5%～35% 的聚合物型蜡抑制剂、5%～90% 脂肪族乙二醇醚、0～75% 芳香族助溶剂、适量的 40%～80% 乙二醇醚、10%～30% 芳香族助溶剂。此类典型的聚合物有马来酸酐（MAA）、烷基乙烯基醚共聚物，例如十八烷基乙烯基醚、α-烯烃或烷基（甲基）丙烯酸盐。这些聚合物能被酯化、酰胺化或溶解，或者直接形成 α-烯烃乙烯基吡咯烷酮。

由 N-乙烯基吡咯烷酮、烷基丙烯酸酯、甲基丙烯酯构成的聚合物（该聚合物含有 10～50 个碳原子的独特链分布），可以抑制石蜡沉积和改善原油的流动性。Gateau 等（2004）介绍的包括原油组分以及这些化学剂组分的内容值得关注。

Martin 等（2007）的发明，提供了能改善液态烃（例如，原油和原油系燃料）倾点，防止或减少液态烃中石蜡沉积的混合物以及使用方法。该混合物含有一种咪唑啉和含有一种可选择的蜡抑制剂。他们声称，这些化学剂能减少原油中蜡沉积。

与咪唑啉类相关的蜡抑制剂包括乙烯醋酸乙烯酯，马来酸酐酯，联苯基、甲基丙烯酸酯和乙烯基吡啶的共聚物以及马来酸酐与烯烃酯的共聚物。咪唑啉类是二乙烯三胺与妥尔油脂肪酸的反应产物。蜡抑制剂（Shmakova-Lindeman，2005）包含的聚合物由以下 3 种物质组成：（1）一种或多种质量分数为 1% ~ 98% 的 C_1—C_{30} 丙烯酸烷基酯；（2）质量分数为 1% ~ 98% 的一种或多种 C_1—C_{30} 甲基丙烯酸烷基酯；（3）质量分数为 1% ~ 30% 的一种或多种烯族单体 [从由（甲安菲他明）丙烯酰胺单体、乙烯基芳香族单体、乙烯基环烷基单体、杂环乙烯基单体、脂肪酸乙烯酯、芳香酸乙烯酯、杂环酸乙烯酯、顺丁烯二酸酐和马来酰亚胺组成的族群中选取]。其中，（1）或（2）的烷基酯部分是 C_1—C_{30} 烷基。蜡抑制剂成分中含有的聚合物用于抑制油中的蜡沉积。

Jennings（2004）公布的蜡抑制剂是由聚合物（具有抑制蜡晶在油、气井流体中生长特性）与第一溶液和第二溶液的混合物，其中第一溶液选用弱—中等强度的溶蜡剂，第二溶液选择强的溶蜡剂。举例如下：

强度弱—中的溶蜡剂有苯、甲苯、二甲苯、乙苯、丙基苯、三甲基苯以及这几种溶剂的混合物。典型的强溶解剂包括环戊烷、环己烷、二硫化碳、萘烷以及这几种溶剂的混合物。即使是在低温条件下，公布的含有聚合物的溶剂的效果也比单一的溶剂好。聚合物包括烯烃/马来酸酐酯、烯烃/马来酰亚胺、乙烯醋酸乙烯酯、改性乙烯醋酸乙烯酯、烷基酚醛树脂、烷基丙烯酸酯及这几种聚合物的混合物。

Makova-Lindeman（2005）称蜡抑制剂中所包含的聚合物包括：（1）一种或多种质量分数为 1% ~ 98% 的 C_1—C_{30} 丙烯酸烷基酯；（2）一种或多种质量分数为 1% ~ 98% 的 C_1—C_{30} 甲基丙烯酸烷基酯；（3）质量分数为 1% ~ 30% 的甲基丙烯酸铵单体、芳香族乙烯基单体、乙烯环烷烃单体、杂环乙烯单体、脂肪酸乙烯酯、顺丁烯二酸酐及一种或多种烯烃单体组分（从马来酸酐中选出的）。（1）或（2）中的烷基酯是 C_1—C_{30} 烷基，其组分中含有抑制油中的蜡生成的聚合物。用低剪切蜡沉积（冷指）法筛选出的针对含蜡原油的蜡抑制剂能减少 72% 的蜡垢沉积（与不加蜡抑制剂相比）。

Shmakova-Lindeman（2008）也宣称，三元共聚物与共聚物相比更易溶于原油中。这种蜡抑制剂中的聚合物组分包括：（1）一种或多种质量分数为 1% ~ 98% 的 C_1—C_{30} 丙烯酸烷基酯；（2）质量分数为 1% ~ 98% 的一种或多种 C_1—C_{30} 甲基丙烯酸烷基酯；（3）从质量分数为 1% ~ 30% 的甲基丙烯酰胺单体、芳香族乙烯基单体、乙烯环烷烃单体、杂环乙烯单体、脂肪酸乙烯酯、顺丁烯二酸酐和马来酸酐中选择出的一种或多种不饱和单体。其中，（1）或（2）至少有一个烷基酯部分是 C_1—C_{30} 烷基。

Dralle-Voss 等（1998）介绍了能从矿物油中间馏分中获取的可作为蜡分散剂的接枝共聚物的制备过程与使用情况。研究者将某些共聚物与胺反应来制备此类改性共聚物，其中常用的共聚物为烯属不饱和二羧酸、二羧酸衍生物和双烯酮的共聚物中的一种或两者的混合物。

总结：文献中建议用各种各样聚合物和共聚物以及具有分散作用的表面活性剂来预防

蜡的形成。这些化学剂能与初期形成的晶体发生反应，由于其"无定形的特性"，会使蜡的结晶度降低并破坏"纸牌屋"结构。这种作用也可能会降低原油倾点。

聚合物对原油倾点的改变作用大于抑制沉积作用。聚合物型化学剂的优势在于它们能降低原油倾点，并改变原油的流变性。虽然目前对聚合物型化学剂分子的细节认识还不够准确。但是可以确定，聚合物的碳链长度及其在原油中的溶解度是判断聚合物型蜡抑制剂有效性的重要特征。众多的研究显示，大多数高效蜡抑制剂的作用机理都是聚合物能与原油中的蜡相匹配，形成共同沉淀，从而阻碍了蜡结晶网的形成。

文献中很少研究抑制百分数的计算。由于无机垢抑制剂和缓蚀剂它们的抑制百分数通常远远大于95%，因此，在对比蜡抑制剂与无机垢抑制剂和缓蚀剂的作用效果时有点困难。据报道聚合物型蜡抑制剂的防蜡效率只有50%，只有一次测试可形成乳状液的表面活性型抑制剂时，防蜡效率达到了90%（Ahn等，2005）。Jennings和Newberry（2008）也提到高效抑制剂的性能，但没有公布其化学结构。Tung等（2001）声称，表面活性剂能将沉积表面变为水湿。如果在计算时，将垢中裹携的原油包括在内，记录的抑制垢的总量就会偏大。Settineri等（1984）介绍在管道中形成疏油表面，起到抑制蜡沉积作用时，也阐述了水湿的概念。Frenier所出版的书中的一位作者指出，冷指实验反映出亲水表面会排斥蜡沉积（Growcock和Frenier，1984；Jasinski，1987）。剪切应力对蜡抑制剂作用的影响还有待进一步评估。在高剪切应力下，沉积的凝胶数量较少，而且某些聚合物型蜡抑制剂能改变垢的化学性质。

聚合物型蜡抑制剂与无机阻垢剂的另一个区别是加量不同。无机阻垢剂通常小于0.001%就有效（根据有效成分），而蜡抑制剂范围为0.05%～0.1%，但是，通常不提供活性浓度。包括乙二醇等补增溶剂有时会与聚合物型抑制剂一起使用从而提高防蜡效果。文献中也认为，蜡抑制剂的作用效果与原油的组分有很大关系。

蜡抑制剂要在原油的温度降到析蜡点之前加入，而且在加入蜡抑制剂之前要确定原油中的沥青质含量。因为沥青质的存在会降低蜡抑制剂的功效。在某些情况下，由于蜡抑制剂可以干扰胶状沥青质稳定性（沥青质是蜡的天然抑制剂），蜡抑制剂的加入反而会加快沉积速度。从6.4.1节所列的专利及文章可以看到：研究与开发蜡抑制剂仍然是主攻方向，其对原油的生产和运输有十分重要的影响。

6.4.2 沥青质抑制剂（AI）

本节介绍了生产区域（包括近井地带）中抑制沥青质沉积的化学药品及测试方法。注意，文献中沥青质抑制剂的缩写各不相同，本书使用Oschmann（2002）和Kelland（2009）的表示方法，即AI代表所有种类的沥青质抑制剂，*AI*代表子类沥青质抑制剂。

6.4.2.1 沥青质抑制剂的测试方法

在实验室条件下，只改变温度和压力很难使沥青质沉淀析出。因此，大多数抑制剂测试方法依靠添加正烷烃，生成人工沉积物（见2.2.3节和4.2.2节）。

评估沥青质抑制剂效果所需测量的参数包括：

(1) 沉积物的体积或质量；

(2) 混合物的浊度或透光率，尤其是添加烷烃后的；

(3) 蒸气压；

(4) 地层岩心渗透率的变化。

在下文中介绍了很多复杂的测试，然而，有几种简单的测试方法也在使用。Dunlop (2003) 建议用以下测试评估其研发的聚合物抑制剂。简化的沥青质沉积测试由以下步骤组成：

(1) 注入 100μL 稀释后的抑制剂于 100mL 刻度试管中；

(2) 向实验试管中加入已知量（0.5～5mL）的原油并混合；

(3) 向试管中继续加入已烷（戊烷或庚烷）并混合；

(4) 在 30℃ 下至少温育 3h；

(5) 记录试管底部的沉积物体积；

(6) 对照空白实验，对比不同处理浓度下抑制剂的抑制百分数；

(7) 空白实验重复 5 次，抑制剂测试重复 3 次。

Schantz 和 Stephenson (1991) 介绍了沥青质分散实验的应用情况。此项简易的实验是在沥青质不溶于正烷烃的基础上进行的。实验原理与 Dunlop (2003) 的实验相似。沥青质检测实验（ADT）的主要步骤如下：

(1) 向装有 10mL 正己烷的 100mL 刻度试管中加入少量的聚合物型分散剂（通常 0.0005%～0.1%）。再向其中加入 100μL 含有质量分数为 5%～15% 沥青质的地面脱气原油。将样本与只含有正己烷和沥青质的地面脱气原油进行对照。

(2) 将两个试管密封，摇匀并静置。定期记录沉积物体积分数。

(3) 分散度百分比能反映出其抑制效率：

分散度 %= [(Vol% PPT（空白）] − (Vol% PPT（实验混合物)] / [Vol% PPT（空白）] × 100。这里，Vol% PPT 是沉积物的体积分数。

当分散度接近 100% 时，分散剂的性能最强。当分散度为 0 时分散剂的抑制性能为零。

Bouts 等 (1995) 介绍了一种在实验室中运用声学方法评价沥青质抑制剂的方法。在此方法中，沥青质沉积物由加入的正己烷产生，通过声能的吸收和散射分析，得出沉淀物开始絮凝的特征。Kraiwattanawong 等 (2007) 使用动力学浊度测定装置和粒子大小分布测定装置测量了透光率，根据体系的稳定性评价沥青质抑制剂的效果。这些方法都记录了沉淀的沥青质保持分散的时间。

Breen (2000) 已经研制出一种立体成像法评估沥青质抑制剂，并申请了专利。

Barcenas 等 (2008) 提出了一种基于蒸气压渗透法（VPO）原理的方法（见 3.32 节）评估沥青质抑制剂。该方法是以在纯溶液中加入少量溶剂能引起蒸气压差异为原理。在蒸气压渗透压计中，将一小滴纯溶剂和一小滴溶质—溶剂放置在各自的被纯溶剂蒸气包围的热敏电阻上，两个液滴之间的蒸气压差异会导致各自的热敏电阻温度不同。温度的差异又会产生不同的电势差，电势差的大小与溶质的摩尔质量有关。此方法能使研究人员评估有抑制剂和无抑制剂条件下沥青质的絮凝量。

Kraiwattanawong 等 (2009) 用动态浊度分析、自动滴定分析、粒径分析等几种不同的方法研究了几种已投入商业应用的抑制剂样品。

6.4.2.2 沥青质抑制剂的化学组成和作用机理

由于沥青质垢为非结晶体，因此沥青质沉淀抑制剂与蜡抑制剂不同。抑制或清除沥青质垢要使用特殊类型的化学剂，这些化学剂包括油溶性分散剂，比如双十二烷基苯磺酸（DDBSA）以及各种油溶性聚合物，包括高分子量的多元酯或长链酰胺酸。Oschmann（2002）和 Kelland（2009）将这些化学剂命名为沥青质分散剂和沥青质抑制剂。之所以将前者称为沥青质分散剂是因为它们能使沥青质分散，而后者的名称来源于它们改变沥青质初始沉淀压力（AOP）。目前还不清楚这些化学剂是否改变了过饱和溶液的沉淀诱导期。以上对抑制剂的描述已达成共识。但是，分散无机垢、蜡和水合物的化学品也常被称作"抑制剂"。

本节介绍一些沥青质抑制剂作用机理的研究和几项专利摘要。值得注意的是，本节也给出了抑制或降低沥青质沉积的抑制剂配方。现场的配方通常能溶解或分散在各种各样的烃类流体中。本节中有些部分内容与 5.3 节中的沥青质垢的有关内容有交叉重叠之处。

6.4.2.3 分散型（单体的）沥青质抑制剂

目前针对作用机理的研究，只有该类抑制剂发表了大量的论文。Kelland（2009）列出了一长串已知或推荐的沥青质分散材料名单。其中，包括两亲化合物和磺酸基非聚合型表面活性剂。另外，他还介绍了主链带有多个酸性官能团的非聚合物、氨基化合物和酰亚胺表面活性剂，以及烷基苯酚和离子对表面活性剂。本节对这类材料介绍很少，详细介绍参阅 Kelland（2009）所著书的第 4 章。

Wiehe 等（2000）介绍了一种沥青质分散剂，该分散剂含有芳基和磺酸基，尾链基团碳原子个数至少为 16，且有一个以上甲基或更长的烷基支链。在专利的叙述中，其作者称，在分散剂中调配一定量的支化烷基芳族磺酸能有效增加沥青质在石油衍生油中的溶解性。专利的细节提供了一些有用的背景知识。

Wiehe 等（2000）称烷基苯磺酸是众所周知的良好的沥青质分散剂（Chang 和 Fogler，1994a；Chang 和 Fogler，1994b），且广泛应用于商业中。然而，Chang 和 Fogler（1994a）发现，烷基苯磺酸中直线型烷基链长超过 16 个碳时，因为其难溶于油中而不起分散作用。

Chang 和 Fogler（1994a）总结得出：在烷基苯磺酸中，最适宜的烷基链长是 12 个碳。他们发现烷基链上碳原子个数大于 16 时，烷基苯磺酸溶解度下降的原因是：烷基链形成了蜡状结晶，并且其更容易在油中沉积。另外，他们还发现，包含有甲基支链的烷烃链能阻碍结晶的形成，结果是，当烷基链长增加时，支链烷基芳香磺酸成为更好的沥青质分散剂，并且比直链烷基芳香磺酸效果更好。研究发现，芳香磺酸上有两条烷烃分支链时会进一步提高分散剂的效果。Wiehe 等（2000）在对比不同芳香环大小的烷基芳香磺酸时发现，拥有两个苯环比拥有 1 个或 3 个苯环的作用效果好。他们的结论是：针对沥青质，最优的烷基芳香磺酸分散剂应含有分支、两个烷基尾链、2 芳香烃稠环和磺酸支链。首选的分散剂是化合物的混合剂，而化合物的每个尾链的碳数 1～15 不等，而碳的总数或两个尾链的碳数不小于 30，并且在每个长度超过 12 个碳的尾链有一个甲基分支。

Chang 和 Fogler（1994a）注意到，使用傅里叶变换红外光谱（FT-IR）和小角 X 线散射（SAXS）技术可以研究沥青质与二烷基衍生的两亲化合物、双烷基苯酚、双烷基苯磺酸之间的相互作用。用傅里叶变换红外光谱表征和量化沥青质和两亲化合物之间的酸碱相互作用。研究发现，沥青质能以氢键与双烷基苯衍生的两亲物结合，沥青质中氢键的结合能力为 1.6～2.0mmol/g。傅里叶变换红外光谱研究表明：双十二烷基苯磺酸（DDBSA）与沥青质化学计量比为 1.8mmol/g 时，沥青质与十二烷基苯磺酸双亲物之间的酸碱作用十分复杂。紫外线或可见光谱学的研究认为，沥青质与双十二烷基苯磺酸能形成大的电子共轭复合物。小角 X 射线散射仪能获得沥青质和两亲化合物联合的物证。发现对壬基苯酚（NP）能分散烷烃溶液中的沥青质以及甲苯中的沥青质。由于对壬基苯酚弱的 X 射线散射和沥青质—对壬基苯酚联合较弱，对壬基苯酚—沥青质胶体的回转半径测量只是略大于沥青质。在有双十二烷基苯磺酸存在时，沥青质的 X 射线小角散射剖面的显著变化清楚地证实在非极性介质中沥青质与双十二烷基苯磺酸缔合。研究发现，双十二烷基苯磺酸可以自己胶结成反向胶束溶液，这表明，在非极性介质中，沥青质可能被多层双十二烷基苯磺酸分子环绕和稳定。然而，在沥青质与双十二烷基苯磺酸质量比较高的条件下，由于没有足够的双十二烷基苯磺酸为沥青质形成一个稳定的空间层，可能导致沥青质聚集成大的胶体。

Rogel 等（2001）确定了沥青质的特性对沥青质抑制剂作用效果的影响，评价了不同影响因素对原油中沥青质稳定性的影响。图 2.3 和图 2.6 是几种沥青质的结构模型。当沥青质浓度升高或溶液不稳定时，沥青质会形成各种各样复杂的胶状结构。通过对胶质和沥青质成分组成和结构特征研究，可寻找出这些特征和沥青质沉积之间的相互关系。实验所用的沥青质由正庚烷沉淀获得，并用元素分析和光谱技术表征其特征。不稳定原油沥青质的主要特征是低氢碳比（芳香族化合物含量高），含有高度缩合的苯环。由这些结果可以看出，沥青质的稳定性与其结构特征有很大关系。同时也发现，商业抑制剂的稳定性受原油的组分影响，尤其当原油的碱性较高时，十二烷基苯磺酸抑制剂的作用效果会下降。在最"配伍"的原油中，双十二烷基苯磺酸的抑制效率仅为 22%，而且原油碱性增加时，其抑制效率还会下降。这意味着在酸性油中 DDBSA 的作用与胶溶剂相似。在有关沥青质抑制剂的文献中，有很多是专门研究各种原油沥青质抑制剂的。

Mansoori（2001）主张，溶解沥青质的芳香烃溶剂要有足够高的芳香度，以保证其抑制率，并且证明，这些防垢剂在天然气加工厂的冷凝稳定装置中是有效的。为了研究沥青质的溶解或沉淀，一些研究人员（Borchardt，1989；de Boer 等，1995）试验测试了几种不同的抑制剂，其研究结果显示：抑制剂的活性不仅取决于抑制剂的酸性基，而且也取决于抑制剂的脂肪族或芳香族的尾链。当磺酸的脂肪基链长从 13 个碳原子增加至 24 个碳原子时，抑制剂的效率会增加 5 倍。例如苯、甲苯、邻二甲苯或对二甲苯这些芳香族化合物与含有 C_{18} 磺酸的碳氢化合物具有相同的活性。Garcia-Hernandez（1989）提议要注意，当沥青质沉淀与芳香族化合物接触，界面黏度达到 100Pa·s 时，会在很大程度上抑制两种溶剂的相互渗透。这些研究者还观察得出：当搅拌停止时，溶剂就不再能使沉淀物悬浮，从而造成沥青质颗粒沉降（Garcia-Hernandez，1989）。然而，Garcia-Hernandez 研发了命名为 IMP-DAS-301 的分散剂，并且声称使用该分散剂，将清理生产系统和增产措施组合，能 100% 增加原油产量。

Gochin 和 Smith（2001）声称，在胶体科学研究术语中，分散稳定性是指颗粒对聚集作用的抵抗能力。通过测量抵抗程度的大小就能获得颗粒稳定性。如果物理性质无变化，油层中的沥青质胶态分散体通常是稳定的。原油中沥青质的状态取决于相邻沥青质颗粒之间的吸引力和排斥力。这些相互作用包括范德华力、位阻效应以及在界面上两带电体之间的双电层力。

  Gochin 和 Smith（2001）指出，在正常开采情况下，由于油藏压力、流体温度及原油组分的变化可导致沥青质凝结和沉积。表面活性剂的介入对分散剂要么起稳定作用，要么起絮凝作用。当试剂吸附在沉淀颗粒表面和减少电荷量、使颗粒间产生桥联作用或引起相互的疏水作用时，就可发生絮凝作用。表面活性剂也能引起沥青质颗粒分散或维持其悬浮稳定性，在此情况下其作用机理要么增加表面电荷，要么贡献位阻（熵能）。为了产生有效分散作用，表面活性剂必须吸附在沉淀颗粒表面。对于全部分或部分表面活性剂分子，分散介质必须是"优良的溶剂"，以便所有的碳链是延伸的，并能自由移动。而这两种情况在一定程度上存在相互矛盾。近来的研究发现，同时具有分散和稳定作用的表面活性剂分子常常含有吸附基和独立的溶解基（例如，AB 或 ABA 类型嵌段共聚物）。当相似的颗粒接触时，自由的溶解链会相互排斥。重叠区域溶解链的浓度更高，因而会产生渗透排斥，如 2-十六烷基萘。

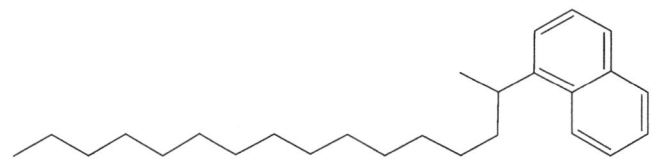

  Gochin 和 Smith（2001）也阐述了作用机理。他们认为，以分散形式存在于原油中的沥青质颗粒，在一定程度上通过胶质（充当胶溶剂）形成稳定胶体。胶质分子包裹着沥青质颗粒，并能形成保护层。如果这层防护罩消失（被胶质溶解到液相中），沥青质颗粒就会开始聚成更大的颗粒（凝结），导致沥青质沉积在表面上（本书作者注意到"胶质"稳定沥青质不再被视为是一个有效的理论，见第 4 章）。Gochin 和 Smith（2001）称，模拟胶质在如石油的脂肪族溶剂中的有效性可以看出，2-十六烷基萘在如原油这样的脂肪溶液中最大限度地效仿胶质功能，使得沥青质的不稳定性降低。当 2-十六烷基萘分子的萘基头与沥青质表面接触，脂肪链伸展到原油中形成空间稳定层时就能稳定沥青质微粒。尽管这种作用只对十六烷基链（例如石油）是优良溶剂的芳香族液体中发挥出最大功效，但是，这种作用在甲苯等溶剂中也能发挥一定的功效。

  Kraiwattanawong 等（2009）证实单一类型分散剂没有效果。他们使用了动态浊度测量装置和粒径分布测量装置测量了透光率和体系的稳定性。只有专利（聚合物）化学剂能稳定粒径在 0.1~1mm 范围内的胶体颗粒，但是这些化学剂不能作为结晶抑制剂。图 6.16 展示出了商业的和专利的抑制剂的测试结果及透光率随时间的变化图。只有加入专利抑制剂的流体，其透光率不随时间增长。当沥青质沉淀时，流体会变清澈。普通的分散剂癸基间苯二酚（DR）、癸基苯酚（DP）和十二烷基苯磺酸（DBSA）使流体变清，表示沥青质已经沉淀。

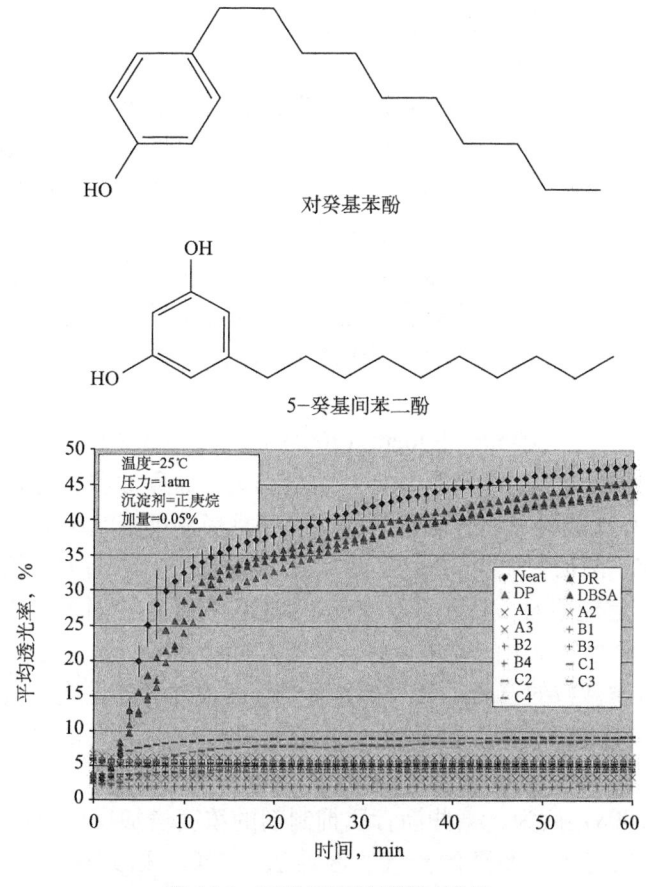

图 6.16 沥青质抑制剂测试结果

版权得到 Kraiwattanawong 等（2009）的许可

研究得出的其他结论如下：

（1）自然界的沥青质（稳定状态）以直径小于 0.1μm 的微粒存在，絮凝的沥青质的直径范围为 1～30μm；

（2）稳定沥青质的化学药品能稳定直径为 0.1～1μm 的沥青质微粒，使它们以"胶质沥青质"的形式存在；

（3）沥青质抑制剂能稳定沥青质的数量取决于化学剂的效力和加入量；

（4）在研究沥青质分散剂的效力时，浊度测试方法比自动电位滴定法更好；

（5）在浊度和粒径分布测试的基础上，就能选择出最佳的沥青质分散剂，从而能抑制不稳定体系中的沥青质，将它们保持在胶质状态。

针对萨斯喀彻温（Saskatchewan）地区 3 种原油，研究人员测试了抑制沥青质沉淀的化学剂（如双十二烷基苯磺酸、对壬基苯酚和甲苯）的抑制效果，评估这些抑制剂的效力、沥青质沉淀特性（就动力学和平衡方面而言）与原油和沥青质性质之间可能存在的相互关系。试验（Ibrahim 和 Idem，2004）结果表明，沥青质沉淀量取决于沥青质含量（m），而沥青质含量又取决于原油和沥青质中杂原子［氮（N）、硫（S）和氧（O）］的含量以及芳香族的碳组分和沥青质分子烷基链的分支程度。

另外,他们发现沥青质沉积速度取决于加入的正庚烷的数量(n)、频率因子(k_0)和沥青质沉淀物的活化能(E_a)。而E_a与沥青质的石蜡组分和沥青质分子的聚结习性有很大的关系。此外,平衡参数会随沥青质分子中的石蜡组分增加而增加,随原油中的铁含量增加而减小。依据动力参数m和n,双十二烷基苯磺酸(DDBSA)在含少量芳香族原油介质中抑制沥青质沉积更为有效。然而,从平衡参数来看,其在含大量芳香族原油介质中更为有效。使用对壬基酚(NP)和甲苯的最大好处在于能大幅度减小速率常数(k),从而降低沥青质沉积的综合速率。在原油最稳定且其中的铁含量最少,沥青质分子每个烷基侧链(例如石蜡组分)的平均含碳量最少时,依据初始析出点,对壬基酚表现出最好的抑制百分数(约10%)。

在进一步的研究中,Ibrahim 和 Idem(2004b)同样发现CO_2会影响之前章节提到的沥青质抑制剂的作用效果。沉积速率与CO_2的量有关,而原油和沥青质中杂原子(氮、硫和氧)的含量、芳香族碳以及沥青质分子的支化度是影响沉淀速率的重要因素。平衡参数(沥青质析出初始点)随沥青质中石蜡组分的增多而增加。对于动力参数来说,当对壬基酚的分子中含有—OH 官能团时,在芳香度较高的短烷基链原油中对沥青质沉积的抑制效果最好。而甲苯在低芳香度原油中的效果最好。对于初始点来说,3 种化学剂在低稳定性原油(铁含量最低,沥青质微粒的石蜡组分最少,凝结程度最高,芳香族碳质含量最高)中的效果都很好。此书的作者注意到 Kraiwattanawong 等(2009)用不同的原油也进行了抑制剂测试实验,但结果显示,抑制剂的抑制效率很低。

Barcenas 等(2008)认为,某些沥青质抑制剂的浓度增加反而会使其功效降低。为了证实此理论,他们实施了一系列的蒸气压渗透法(VPO)研究在甲苯和含氧二氯苯中加入商业的(例如对壬基酚)和新型的抑制剂(聚烷基或 N-羟烷基聚烯基噁唑啉衍生物)(Mena Cervantes 等,2007)抑制沥青质凝聚的效果。在假设沥青质抑制剂的效果只与其在沥青质表面的吸附程度有关条件下,蒙特卡洛(Monte Carlo)计算机模拟技术可以解释在不同抑制剂浓度下 Puerto Ceiba 沥青质聚集体平均分子量一些预想不到的变化趋势。实验显示出:溶剂分子相对亲液或疏液基相互作用诱导了抑制剂分子的自组装或许是抑制剂效率下降的原因之一。

如 4.2 节所述,根据胶体模型(Leontaritis 和 Mansoori,1987),原油胶质(油溶沥青质的"前体")可以稳定沥青质。Carnahan 等(2007)从几种不同原油中提取出了胶质后将它们加入其他原油尝试稳定原油中的沥青质,其实就是用它们作为沥青质抑制剂。研究者使用"点滴过滤扩散"方法确定了在添加或不加胶质的情况下原油的胶质沥青质絮凝点。研究结果显示,某些胶质能稳定其中一部分原油,但不是所有的原油。这与文献中所提出的原油中存在沥青质抑制剂的观点一致。

在"疏液的"或胶体模型中已经假设单体分散型沥青质抑制剂的作用与在溶液中能稳定沥青质的"胶质"类似。事实上,由于许多分散型沥青质抑制剂是单环芳烃表面活性剂。因此它们的作用与胶质相似。现如今的研究者们已经不再用胶质理论解释沥青质的稳定性(查看 4.3 节的详细讨论)。胶质类的化学剂会改变沥青质的溶解性。文中摘要中指出(Barcenas 等,2008;Kraiwattanawong 和 Fogler,2009;Gochin 和 Smith,2001):分散型沥青质抑制材料是非常特殊的石油或沥青质。

AI 型抑制剂。虽然在不同情况下，抑制的精确模式可能没有被确定，但本书的作者使用了此名称。为了深入研究油和沥青质特性与各种抑制剂之间的相互作用。Smith 等（2008）研究了由同一供应商提供的两种不同沥青质抑制剂的化学性能。抑制剂 A 是具有质子极性基和脂肪族尾链的聚合物型抑制剂。抑制剂 B 是具有质子极性基和脂肪族尾链的非聚合胺。在实验室和现场测试了抑制剂在两种特殊地区原油中的表现。用总酸值元素分析、傅里叶变换红外光谱（FT-IR）等方法获得原油及其对应沥青质的特征。室内和室外的实验结果显示，两种原油和两种沥青质中杂原子含量的相对丰度具有差异。鉴定出的酸、碱物质可能对抑制剂的化学性质有一定影响。Smith 等（2008）称，原油或沥青质馏分中的极性分子和抑制剂之间酸碱型的相互作用能分析解释沥青质抑制剂的特性。此项研究（依据作者）首次为抑制剂效力与衍生自极性化学成分的杂原子之间存在一定关联性提供了依据。抑制效率范围为 55%～65%。这些研究成果与 Ibrahim 和 Idem 的报道（2004a）相似。

Kelland（2009）介绍了大量具有抑制效果的试剂（沥青质抑制材料）。这些试剂可能影响沥青质初始沉淀压力和沥青质颗粒半径。作者称这类抑制剂为低聚（树脂质的）和聚合的沥青质抑制剂。其中，包括多元酯和聚酰胺或酰亚胺、烷基酚—醛树脂、木质素磺酸盐和几种其他类型的油溶性聚合物。本节中将给出一些例子。

Kraiwattanawong 和 Fogler（2009）的观察发现以及上文的论述表明，单一油溶性分散剂的作用效果不好。为了研制更加有效和"绿色"的配方，需要将井底沥青质治理技术与工业工程相结合，合成和生产聚合体的沥青质抑制剂。为此，Dunlop（2003）制定了沥青质抑制剂的基本要求：

（1）对沥青质抑制效果要良好；
（2）具有广谱功效；
（3）操作流程简单；
（4）对环境影响小；
（5）化学药品登记在册；
（6）可在当地生产；
（7）成本低廉。

Dunlop（2003）称，有效的聚合物配方（这种复杂聚合物化学合成的先决条件）的合成可以被描述成 3 步合成法。首先要解决的是基础聚合物材料的生产。表 6.1 列出了已经生产出的聚合物对环境的毒性。具体详情可以参照 Frenier（1996）对聚合物生态毒性的测试。

下面要介绍另外几项专利，这些专利都是能抑制沥青质沉积的各种材料。近年来，这方面的专利大多数是介绍聚合物配方。

Handa 等（1999）介绍了一种由聚合物结构单元组成的沥青质抑制剂，该抑制剂结构单元体是至少由以下一种单体衍生的：（1）至少一种烯属不饱和乙醇、羧酸或酯；（2）脂中含有极性基团的烯属不饱和羧酸酯；（3）烯属不饱和羧酸胺中至少有一种结构单元中包含一个以上吊坠环组。吊坠环组可以通过酯基转移作用加入聚合物中。这种结构的典型例子是对壬基酚甲基丙烯酸酯和双十二烷基苯甲基丙烯酸盐。

表 6.1 聚合物毒性测试（Dunlop，2003）

测试类型	种类/方法	结果
毒性	Acartia tonsa EC_{50} (48h)	1131mg/L
	Skeletonema costatum EC_{50} (72h)	>1000mg/L
	Scophthalmus maximus LC_{50} (96h)	>1000mg/L
	Corophium volutator LC_{50} (10d)	>10000mg/kg
生物累积	OECD 117 聚合物—$\lg p_{o/w}$	3.6～5.1
	OECD 117 溶剂—测试 $\lg p_{o/w}$	3.6～5.2
生物降解	OECD 306 聚合物	24.6%
	OECD 306 溶剂	52.9%

Karydas（1988）介绍了一种能降低沥青质原油黏度的方法。该方法是将一定数量的能有效降低原油黏度的有机混合物与原油混合，该有机混合物中含至少一种疏水和疏油的氟代脂肪族以及可选的低黏度的稀释剂或它们的混合物。

在 80℃ 条件下，在含沥青质原油中加入质量分数至少为 0.001% 的氟代酯族油溶性有机化合物，它们表现出了对沥青质的溶解性。用氟代酯族混合物处理的铁板能具备足够的疏油性，且与十六烷产生接触角至少为 15°，在氟代酯族混合物组分中氟含量的质量分数通常在 1%～70% 之间。下文将介绍实验室筛选能降低沥青质原油黏度的氟代酯族混合物的方法，该方法可指导现场选择出最优的氟代酯族混合物。在管线或井筒中使用上述氟代酯族混合物，沥青质原油的黏度至少能降低 15%，多数情况下能降低 25% 左右。原油中使用的含氟化学剂的量为总量的 0.001%～0.05%。如果作业产生了效果，在必要的情况下会加入更多的含氟化学剂。

Sung 等（1991）提出的几种表面活性剂型沥青质抑制剂混合物的配方如下所示：
(1) 聚［di（氧化丙烯亚磷酸盐 -400）］-g-聚（氧化丙烯 -400）乙醇
(2) 聚［di（氧化丙烯亚磷酸盐 -1000）］-g-聚（氧化丙烯 -400）乙醇
(3) 聚［di（氧化丙烯亚磷酸盐 -400）］-g-聚（氧化丙烯 -1000）乙醇
(4) 聚［di（氧化丙烯亚磷酸盐 -1000）］-g-聚（氧化丙烯 -1000）乙醇
(5) 聚［di（氧化丙烯亚磷酸盐 -400）］-g-聚（氧化丙烯 -400）乙醇
(6) 聚［di（氧化丙烯亚磷酸盐 -1000）］-g-聚（氧化丙烯 -400）乙醇
(7) 聚［di（氧化丙烯亚磷酸盐 -400）］-g-聚（氧化丙烯 -1000）乙醇
(8) 聚［di（氧化丙烯亚磷酸盐 -1000）］-g-聚（氧化丙烯 -1000）乙醇

Stephenson 和 Kaplan（1991）介绍了一种沥青/沥青质分散剂，该分散剂包含了聚合物 A 和聚合物 B。A 的质量分数为 10%～100%，B 的质量分数为 10%～100%。聚合物 A 为烷基取代的苯酚甲醛树脂溶液，平均分子量为 1000～20000，烷基取代物的碳原子含量为 4～24，这些取代物可能是直线型的或支状烷基组型。聚合物 B 是亲水—亲油的乙烯基聚合物。烷基酚大多数是 C_8—C_{12} 的烷基酚。

Miller 等（1999）的专利涉及用二代仲烷基磺酸作为石油和石油衍生产品的沥青质分

散剂。石油和石油的衍生产品具有 8～22 个碳原子的链长。二代仲烷基磺酸的使用体积含量为 0.0001%～1%，仲烷基磺酸在配制过程中为溶液或胶束溶液，而且能将烷基甲醛树脂、烷氧基胺或蜡分散剂很好地溶在其中。

仲烷基磺酸能减少沉淀物的数量，减缓沉淀形成的速度，形成更加分散细小的沉淀物和减弱沉淀物的表面沉积趋势；我们已经了解了大量的沥青质分散剂，Stephenson 和 Kaplan（2002）以及 Stephenson 等（2004）就介绍了沥青质分散剂—烷基酚甲醛树脂与亲水亲油的乙烯基聚合物的混合物。作为沥青质分散剂的十二烷基苯磺酸的性质在美国专利 No.4414035 中，以及 Newberry 和 Barker（1983）、Chang 和 Fogler（1994）、Bouts 等（1995）中已有介绍。烷基氧化胺在美国专利 No.5421993（Hille 等，1995）也有介绍。据目前所知，分散剂只能解决由沥青质产生的沉淀问题。由于不同原油组分不尽相同，因此一种沥青质分散剂的效果有限。有时即使原油组分变化很小，但对沥青质分散剂的效果影响极大。在有些情况下，如果已有的分散剂效果不尽如人意，就有必要针对特定的情况研制相应类型的分散剂。

Breen（2000）发现，各种各样的酯和醚的反应生成物是烃类（如石油）的沥青质抑制剂或分散剂。

沥青质抑制剂可能是由多羟基醇和羧酸反应生成的酯类，缩水甘油酯或环氧衍生物与多羟基醇反应生成的醚类，缩水甘油醚或环氧衍生物与羧酸生成的酯类。近来的研究发明提供了能抑制或预防沥青质沉淀的酯和醚的反应产物以及它们的使用方法。沥青质抑制剂也可能是多羟基醇和羧酸反应生成的产物；醚类是由多酯缩水甘油醚或多酯环氧衍生物与多羟基醇反应生成；酯是由多酯缩水甘油醚或多酯环氧衍生物与羧酸反应获得。这些聚合物的效果好于双十二烷基苯磺酸（DDBSA）。失水山梨醇油酸酯是在实验中唯一有效果的单体沥青质抑制剂，其抑制效果达到 72%（Breen，2000）。

失水山梨醇油酸酯

Breen（2000）提出的另一项专利摘要中也提到不同酯和醚反应生成的产物能作为烃类（如原油）的沥青质沉淀抑制剂或分散剂。沥青质抑制剂可能是多羟基醇和羟基酸反应生成的脂类；缩水甘油酯或环氧衍生物与多羟基醇反应生成的醚类，或者是由缩水甘油醚或环氧衍生物与羟基酸反应生成的酯类。

Bilden 和 Jones（1997）发明了一项处理储层，抑制油中沥青质吸附在地层的化学方法。

胶质物可能由含有沥青质和软沥青质的胶束构成。沥青质可能包含有芳香族和烷基族与杂原子如氮、硫或氧等杂原子的结合物。在油藏中,可能是由于化学、电性以及物理增产措施等导致了胶质和胶束的不稳定和随后的聚集、吸附以及极性原油组分大量沉淀。这些因素包括外来流体的影响、温度和压力的改变、油藏流体组分的变化以及流体通过可渗透油藏基质的流动等。而这些因素通常产生于钻井、完井和修井过程中,或者可能发生在地层流体通过基质流向井筒的生产过程中。

最近的专利文献中经常有沥青质抑制剂的专利。这些专利中有各种各样的聚酯或聚酰胺以及各种各样的混合物。Wilkes 和 Davies(2008)专利中介绍了蓖麻酸和聚乙烯亚胺(PEI)的聚合物,PEI 占比为 13:1。用碳烃化合物流体配制聚合分散剂后,可将聚合分散剂加入原油中或挤入地层中。

蓖麻酸

下文摘要了几种可减少沥青质沉淀的其他方法。

Skibinski 和 Smith(2006)介绍了在各种增产(压裂、酸化)用流体中加入沥青质抑制剂注入生产层中减少沥青质沉淀的专利。抑制剂的配方也是此专利的一部分,配方中包含了一种或多种聚烯烃酯(尤其是高分子量的 C_{28}—C_{250} 聚合物)、马来酸酐(MAA)共聚物、三元共聚物;或者是脂肪族或烷基芳基磺酸。

Wang 和 Civan(2005)提出了一种预防沥青质沉淀的方法。他们对油藏中的沥青质沉淀和沉积进行了综合建模和仿真。证实了沥青质沉淀在一次采油中对油层性质以及垂直井和水平井产量的影响。提出了抑制沥青质沉淀的早期注水开发方案,并通过模拟,研究了其可行性,对比了早期注水的开发方案与直接衰减式开采方案,结果显示,早期注水方法不仅能明显增加采收率,而且能在很大程度上延长油藏的经济开采寿命。

Jones 和 Povey(2006)提出了一种利用声学信号测量油中沥青质聚集状态的方法。该方法通过检测散射的声波能量信号来确定油中沥青质颗粒的相对粒径分布和聚集状态。这也是一种基于声学测量技术验证沥青质凝聚状态的方法。

如前所述,去除有机垢的溶剂和处理完成后预防后续垢继续沉积的抑制剂有叠合之处。在下文中将阐述这种处理和预防结合的效果。同时,也介绍设施处理措施后的生产效果。

Campbell 和 Griffin(2003)提出了一种用溶剂和烃类聚合物的混合液(称为 HIS 聚合物)提高遭受高黏度或管道和岩石基质中石蜡和沥青质沉淀这些不利因素影响的油井流体流动能力的方法。

在他们的专利(Campbell,2006,2007)和专利应用中介绍的技术可能与这种技术有关。该专利介绍了一种配方,该配方由双戊烯、乙氧基化的线性醇、挥发油溶剂、α-烯烃与甲基丙烯酸反应形成的产物和表面活性剂组成。在注入该配方后,再在井中加入第二种增产剂，这第二种增产剂由以下物质组成：$\alpha-$烯烃与甲基丙烯酸反应产物；一种由聚醚与马来酸酐（MAA）反应产物；一种$\alpha-$烯烃和马来酸酐与长链乙醇进一步反应的产物，其中长链乙醇是RCH_2CH_2O和$R(CHCH_3)CHO$及它们的混合物；一种双十二烷基苯磺酸（DDBSA）与戊烯反应形成的产物；2-乙基己醇；4-异丙烯基-1-甲基环乙烷；含有氧化丙烯、乙烯嵌段聚合物或两者的混合物的表面活性剂。在油田条件下，应用HIS（溶剂的商业名）聚合物增加流体流动性的理论机理如下：

（1）HIS聚合物能优先润湿基质表面；
（2）能降低水相对渗透率，提高油相对渗透率；
（3）稳定的界面张力；
（4）产生热量能将石蜡和沥青质分散到液流中；
（5）能抑制石蜡沉积；
（6）能通过溶剂作用对重油脱沥青质；
（7）能分散沥青质，同时抑制沥青质沉淀的发生。

措施的长期获益（9个月以上）可以通过聚合的烃类混合溶剂倾向于优先水湿基质来解释。验证这一现象的方法已有报道，该报道中使用了双滴定、双晶体技术。在HIS聚合物浓度为0.05%条件下，能将水湿性的石英和水湿性的方解石表面转化成聚合的烃类混合溶液润湿表面。现场实施时是用柴油或原油作为驱替剂，通过油管将HIS聚合物挤入地层。这种措施用于委内瑞拉东部地区，该区原油API度为15°API，措施的实施使原油日产量从104bbl提高了3倍；生产持续超过60d。据记载，西得克萨斯低产井中使用该措施使产量提高了3倍。

这些作者认为，HIS聚合物可替代能降低稠油管线载荷压力的稀释剂而获得效益的。

因为Campbell和Griffin（2003）测试方法提供了参照背景资料，所以论文的更多细节被转载在7.4.4节。

文献中很少提供聚合物类沥青质抑制剂作用机理的细节。Karan等（2002）使用基于激光的固体检测系统（图4.25）和高压显微镜，再加上一个内部的成像软件包进行了流体粒度分析，同时测量和比较了沥青质从含气原油中沉淀的初始条件以及相关的形态和粒度分布变化情况。定性信息（如颗粒形态）和定量数据（如粒度分布等）用于评估沥青质抑制剂的效力。这些作者发现，虽然一些商业抑制剂不影响沥青质初始沉淀压力（AOP）或颗粒的尺寸，但是却减少了累积的沉淀物颗粒数量。这种作用对沉积的影响尚不清楚。Kelland（2009）总结了自己对作用机理的见解，其中提到沥青质和抑制剂间的牢固捆绑作用（Soldan等，1995）。这一论点的细节包括：

（1）沥青质与不饱和或其他芳族基团单体间的相互作用或与聚合物间的$\pi-\pi$键相互作用；
（2）酸碱相互作用或排斥；
（3）偶极—偶极相互作用；
（4）金属离子络合。

Kelland（2009）宣称，研发特定的聚合物抑制剂，就是利用这些类型的相互作用，从而能够预防沥青质沉淀。

总结：与蜡抑制剂相比，沥青质沉淀抑制剂的作用机理相关的有效信息较少。论文的总体结论认为分散剂的化学作用像"胶质"溶化沥青质，保持沥青质以非常小的微粒分散。主要的化学结构是那些油溶的分散剂的化学结构。然而，由于沥青质的胶质稳定理论存在争议，因此其他的分散或溶解能力机制可能在起作用。使用单体抑制剂最有效的浓度至少为 500mg/L，并且单体抑制剂中含有一个有机芳香族的"溶剂"分子。基于专利的数量，本书作者观察到行业趋向于使用油溶性聚合物抑制剂。专利披露的一些抑制剂信息都是基于高分子量的聚酯类或聚酰胺类。文章中介绍了大量的沥青质抑制剂和它们可能起的作用（改变 AOP）。但要确定沥青质抑制剂起的作用是否属实还缺乏数据支持。

由于沥青质异构的本质，没有结晶级别的抑制材料。从论文和专利来看，展示的化学成分是油溶性表面活性剂或分散剂，并且要求原油化学特性、沥青质与抑制剂必须匹配。一些学者声称，杂原子（N、P 和金属）影响抑制剂的效力。在许多的配方里也包含了有机溶剂。从专利数量来看，研究人员仍在试图改良沥青质沉淀抑制剂。

在油田，人们很难判断沥青质抑制剂使用的有效性。Stankiewicz 等（2002）声称，连续注入沥青质抑制剂（类型未披露），可以使一些深水井的年运营成本节省 2000～500000 美元。判断抑制剂是起分散作用还是溶解作用也存在困难。因为其中很多材料中包含有沥青质的溶剂以及"抑制剂"。通常情况下，生产企业注意到油井产量损失是因为沥青质污染所致时，就采用抑制剂包（通常还包含溶剂）进行处理；当产量下降到临界产量时，再次用抑制剂包进行处理。Di Lullo 等（1998）根据挤入沥青质沉淀抑制剂后油井产量递减情况，确定了能保持油井目标产量的临界抑制剂浓度，但不是传统的"抑制效率"。关于注入抑制剂措施的更多细节见 6.6.3 节。

6.4.3 笼形天然气水合物抑制剂

本节将介绍水合物抑制测试方法以及抑制生产主干线笼形天然气水合物形成所用的化学抑制剂。注意，大部分商业抑制剂（如甲醇或乙二醇）能改变热力学水合物形成条件包络线。目前有 3 种类型的天然气水合物抑制剂：

（1）基于溶液依数性的热力学水合物抑制剂；
（2）低剂量动力学水合物抑制剂；
（3）低剂量的抗凝聚型抑制剂。

另外，也推荐了含有热力学和动力学水合物抑制材料的"混合物"配方。

天然气水合物抑制剂测试方法。水合物测试有许多不同的方法，其中包括使用四氢呋喃（THF）代替甲烷或天然气进行测试。4.3 节对于水合物的测试有详尽的介绍。这些测试测量了大量不同的参数，其中包括：

（1）当天然气形成水合物时，温度和压力的变化；
（2）水合物晶体结晶或熔解温度；
（3）钢球最后停止运动的时间（表明堵塞发生）；
（4）ΔT（低温冷却）的变化；
（5）开始沉淀前，诱导期 t_{ind} 的变化；
（6）其他变化，例如搅拌器扭矩增加时，预示着有晶体形成。

下文是 Kelland 等（1994）和 Kelland（2008）推荐的合成天然气测试规程，这类测试也曾经被其他研究者使用过。

钛合金测试舱安装在塑料的圆形冷却池中，测试舱是由一个钛合金管和封闭它的两个钛合金尾端部件以及夹持器组成。测试舱的内径为 20mm，高 100mm，壁厚 20mm。上尾端部件和下尾端部件分别向测试舱中伸出 15mm 和 13mm，上尾端部件和下尾端部件之间的总体积为 22mL。钛合金测试舱装配有搅拌装置。搅动叶片通过轴与下尾端部件的磁性装置体连接。搅拌器的速度由实验搅拌棒产生的旋转磁场控制。搅拌器马达能在 0～1700r/min 区间范围内保持一个恒定转速（与马达负载无关）。调节器/放大器单元有扭矩和转速的输出口。搅拌器转速由频闪观测器测量。

测试舱外部的塑料冷水浴控制钛合金测试舱的温度，水浴循环水通过冷却/加热装置与温度控制单元连接。整个系统装配有两个温度传感器来测量测试舱内（气相）和水浴中的温度。压力测量是由连接在测试舱上尾端部件上入口管的压力传感器测量。温度测量的精确度为 ±0.1℃，压力的精确度为 ±0.2bar。所有的数据都收集在数据记录器中。所有实验的准备工作都相同。所有的测试都是在新配制的质量分数为 3.6% 的 NaCl 溶液和合成天然气中完成。在所有实验中，癸烷作为油相加入。常规的实验流程如下：

（1）测试的抑制剂要溶解或分散在质量分数为 3.6% 的 NaCl 溶液中，配制成所需的浓度；

（2）将钛合金测试舱的磁性壳中充满待测的抑制剂的水溶液，随后将磁性壳装配在连接有钛管和夹持器的底板上；

（3）用移液管将设计量的溶解了抑制剂和癸烷的水溶液注入测试舱内（超过测试舱底），安装好上尾端部件，将测试舱放置在冷水浴（塑料圆筒）中；

（4）冷水浴的温度调整到实验压力条件下水合物形成温度区域以外 2～3℃；

（5）在向测试舱内装入烃类气体之前，要用实验用的合成天然气清洗两次钛合金测试舱。

（6）数据记录开始时，当搅动速度在 700r/min 时，钛合金测试舱要用烃类流体加载到所需压力。通常，碳烃流体使用的是合成天然气（SNG）。

钛合金舱中的温度、压力稳定后，实验就可以开始了。称作"动力学抑制"的所有成核实验都在恒定的温度下进行。一旦装有流体的测试舱温度和压力稳定，停止搅拌，密闭的测试舱随后冷却到实验测试温度，与此同时，伴随测试舱压力下降，当温度和压力再次平衡时，搅拌棒开始以 700r/min 的速度转动。在实验测试温度下，水合物形成的诱导期 t_{ind} 从搅拌开始的时间测量，诱导期由搅动开始后的初次压降信号来确定。

Delion 等（1998）推荐的评价聚合型水合物抑制剂的方法如下：针对添加剂选择，简化了实验流程，首先进行四氢呋喃（THF）水合物的测试。在大气压力、4℃条件下，溶液中含有质量分数为 20% 的四氢呋喃笼形水合物。值得注意的是，四氢呋喃是一种环状酯，且能完全溶于水，这有助于实验的进行。

该实验是用放置于四氢呋喃水溶液（8mL 质量分数为 20%，可能含有被测试的添加剂）中的外径为 16mm 的管段进行测试。在每个管段中放入半径为 8mm 的不锈钢球来抑制水合物的形成。

测试管被放在温度为 1℃ 的配有转速为 20r/min 的测试管旋转的冷却箱中。此实验的原理是确定水合物形成的时间以及形成的水合物能阻碍管中钢球移动的时间，模拟水合物段塞的形成过程。水合物诱导期与测试管放进冷却箱后观察到有水合物生成（试管变浑浊）的时间相对应。每个系列的实验中都设计了不含任何添加剂的对照混合物，而且针对每种添加剂，水合物的诱导期和堵塞时间的测量要做 6 次，最后取平均值。

Swanson 等（2005）研发了针对评估水合物生成和动力学型水合物抑制剂效果的室内测试装置，该装置配有 8 个高压釜。

测试设备单元包括底部带具有蓝宝石可视窗的 316 不锈钢压力容器。该设备可以将现场的凝析油或原油（参数已知）与现场合成的盐水（或蒸馏水）和合成气（组分已知）混合。

测试室都具有单独的进气口和排气口。使用数字压力传感器和温差电偶测量测试室内流体的压力和温度。温度的调节由数控循环冷水浴完成。为了重复流动测试，使用了磁性搅拌器以所需速度搅拌混合流体。实验中要全程记录温度和压力的读数并绘制成图。

为了在实验室中模拟现场生产系统条件，Swanson 等（2005）在特定的水合物测试装置中进行了实验。所有测试都在气液比为 60∶40 的条件下进行，液体中合成盐水与现场原油的比为 35∶65。准备的盐水中含有的溶解的固体总量（TDS）为 122345mg/L。盐水和原油需在 73.4℉（23℃）、大气压力条件下加入测试舱。随后将测试舱内的压力升至测试压力，搅拌速度设为 500r/min，搅拌 2～20h 后停止 30～108h（4.5d）。为了模拟现场生产系统启动，重启搅拌 16～24h 或者直至水合物产生为止。

在整个实验过程中，全程监测记录温度和压力，以便记录水合物开始形成的条件。水合物动力学测试中绘制的温度和压力图显示出了实验全程温度和压力以及这些参数的任何变化。如果水合物形成，压力会出现明显降低，同时温度通常会相应升高。此点就是水合物形成的自动催化点。压力的降低是由于气体被纳入水合物晶体中所致。温度的增加是由于水合物生成的反应是一个放热过程所致。当压力明显下降时，测试的点是水合物形成点。由于偶尔会出现水合物形成时只有压力降低，没有相应的温度增加，因此 Swanson（2005）使用压力的变化而不是温度的变化来表示水合物形成点，这也就是所谓的水合物开始形成点。

静态实验中，启动阶段经常会出现轻微的压力降和微弱的温度增加，轻微的压力降是由于烃相中吸收了天然气，微弱的温度增加是由于搅拌机制引起的。这些都不代表水合物的形成。搅动开始后，当出现连续压力降低和连续温度增加，这才表明水合物开始形成。如果所绘制的图中温度和压力的走向一直很平滑，没有发生转折就意味着实验中没有水合物的生成。

York 和 Firoozabadi（2008）介绍了一种使用多重筛管摇动系统来测试各种流体和 AA 型水合物抑制剂（抗凝聚型水合物抑制剂）性能的装置（图 6.17）。当需要测试结晶或溶解数据时，插在试管中的温差电偶（或连在试管外部）可测量温度。在试管中有不锈钢球时，晃动试管（硼硅玻璃）就能观察到实验流体黏附或凝聚情况。在此情况下，使用四氢呋喃代替甲烷或天然气，用模拟油（异辛烷）代替原油或冷凝液。

Klug 和 Feustel（2003）推荐使用水合物形成时的压力变化来筛选抑制剂。为了研究产品的抑制效果，使用了带有温度控制装置、压力传感器、扭矩传感器的内部容积为 450mL 的搅拌式钢性反应釜。该反应釜中装满了体积比为 20∶80 的蒸馏水和天然气，随后压入 90bar 天然气。此实验方法适用于 KHI 型水合物和 AA 型水合物抑制剂的筛选。

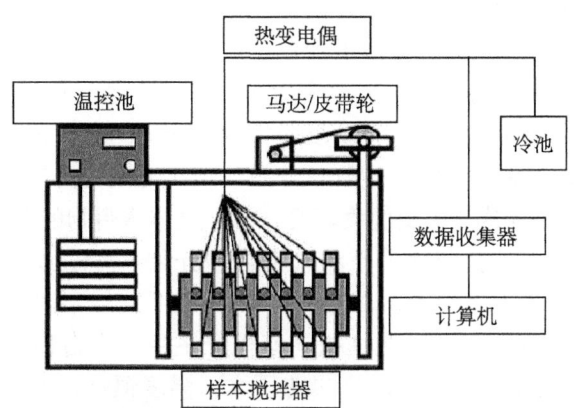

图 6.17　多管摇晃测试仪器（York 和 Firoozabadi，2008）

实验开始时反应混合物的温度为 17.5℃，冷却 2h 后温度降为 2℃，随后，在此状态下搅拌 18h，并将温度升到 17.5℃。如果在冷却过程中天然气水合物核形成，则会测量到压力降低、扭矩的增加。在没有抑制剂存在的情况下，这些水合物核会迅速长大和凝聚，导致测量的扭矩进一步增加。加热反应混合物，天然气水合物会再一次分解，以便在实验结束时再次达到初始状态。

用混合物温度达到最低温度 2℃ 到气体发生吸附（t_{ind}）或混合物扭矩增大（t_{agg}）的时间间隔来评估产品的抑制效果。诱导或聚凝时间的长短表征着动力学水合物抑制剂（KHI）的效力。从另一方面来说，实验测量反应釜中混合物的扭矩可作为水合物晶体的凝结参数。对于效果好的抗凝聚型水合物抑制剂，水合物形成后的扭矩实质上相对于空白样本来说减少了。理想状况下，现场发生的凝析液相中形成的雪花状细小水合物晶体如果没有聚结，则不会堵塞气体输送和流体运输装置。

Toyama 和 Seya（2004）提出了一种评价天然气水合物抑制剂的方法以及一种控制水合物形成和分解的方法。该方法不仅能抑制天然气水合物形成，而且能使天然气水合物平衡和动力学稳定。这项专利的不寻常之处在于提出了 3 种不同的方法评估抑制剂。这些方法是基于作者对于水合物抑制剂的理论功能的认知所制定的。

在此实验装置中，高压反应室的内部容量为 100m，设计标准承受的最大压力可达 20MPa。反应室连接有一条进气管线、一条进液管线、一条清洗管线、一个内部温度计、一个内部压力计以及一个搅拌器。整个反应室被封装在可调温度的恒温器中。高压反应室在 3 个位置有直径为 3cm 的观察孔，以观察反应室中的状况。

抑制性能评价方法。评价天然气水合物抑制剂的抑制性能可用如下的方法：具体来说，将浓度为 0.5%（质量分数）天然气水合物水溶液和溶解剂由进液管线 2 注入实验装置中，甲烷由进气管线 1 注入压力为 10MPa 的内反应室中，内室的温度设定到 20℃，此温度明显高于 10MPa 压力下甲烷水合物形成的平衡温度。搅拌反应室内流体，同时将其温度以 4℃/h

缓慢降低，观察规定温度下反应室内甲烷水合物形成的状态。当甲烷水合物形成后，反应室中的压力随之降低。由于水合物的形成会放热，因此反应室中的温度有了小幅度的增加。当压力显著降低时，反应室内流体的温度转低，也就是说，甲烷水合物的形成温度较低，说明水合物抑制剂的作用越好。

平衡稳定性能评价方法。评价流体平衡稳定性能可用如下方法：具体来说，当用前面介绍的性能评价法测量了水合物的形成温度后，恒温器的温度降至2℃，低于水合物形成的初始温度，实验中保持气体注入，直到反应室内的压力、温度恒定下来。当反应室内的温度以4℃/h增加时，甲烷水合物开始逐渐分解，最终完全变为甲烷和水。反应室内温度越高，也就是甲烷水合物完成分解的温度较高，那么气体水合物的平衡稳定性越好。

动力学稳定性评价方法。与评价天然气水合物分解速率一致，动力学稳定性以延长天然气水合物分解时间情况来评价。具体评价方法如下：用前面所述的水合物形成抑制剂性能评价时测量甲烷水合物形成温度相同流程产生甲烷水合物后，将恒温箱温度设为2℃，实验中保持注入气体以保持反应室内的压力、温度恒定。而后，抽出反应室内甲烷气体，将压力维持在2MPa，在此状态下，反应室是密封的，测量出反应室内压力达到恒定的时间。时间（以下指"动力学分解延迟时间"）越长，甲烷水合物的动力学稳定性越好。

Frostman 和 Przybylinski（2001）使用了一套测试天然气水合物的仪器，该仪器包括配有不锈钢球的可视高压反应室。在典型实验中，反应室中加入盐水和凝析液，然后用气体混合物加压到设计压力，随后在控温池中摇晃反应室（模拟流动条件）或静置（模拟关井）。此方法用来筛选低剂量水合抑制剂（LDHI）。定时观察反应室是否有水合物的形成；这其中包括压力监测和通过可视玻璃窗进行的肉眼观察。若实验结束时无水合物的生成，则视为"通过"。此外，当水合物生成，但不凝聚、水合物没有黏附在玻璃窗或不锈钢球上和没有在容器的任何位置产生堵塞也视为"通过"。

如果水合物黏附在玻璃窗或不锈钢球、形成堵塞或使钢球冻结在某位置，都被视为"不合格"。低剂量水合物抑制剂在现场进行试验之前，只有井A的原油可用于水合物的测试。这种原油含有大约11%的乳状水。由于此项测试的流程中需要肉眼观察，因此，通常要求在测试黑油时，通常要求含水率要在50%左右。当含水率较低时很难看到水合物。正因如此，在实验时要补充水以保证含水率达到50%。由于在室内温度下这些测试室的压力仅限到1400psi，因此可获得过冷度也是有限的。

Oskarsson 等（2005）着重介绍了新型抗凝聚型抑制剂的发展情况。几种装置已经用于评价抗凝聚型抑制剂，例如摇摆式反应室、搅拌高压反应釜以及不同类型的管线流动装置，直接或间接评价了油/水/气混合物的流变性，其中最令人关注的是转动装置。在过去，抑制剂评价使用了很多不同的方法。尤其是抗凝聚型抑制剂的评价已经用了摇摆式反应室、搅拌高压反应釜以及不同类型的管线流动装置（例如，旋转转动装置以及传统的管线流变测试装置）。在此文章中，对于新型抗凝聚型抑制剂的研究使用了新技术。该技术能同步测试47个样品，可直接测量温度和浊度，而对于混合物黏度要通过独特的旋转搅拌装置间接测得。

Kelland（2006）综述了各种水合物抑制剂测试方法和设备，它们包括：

(1) 四氢呋喃（THF）的单晶检测。

(2) 使用摇摆钢球，当钢球停止移动意味着反应室内已经发生了水合物堵塞。

(3) 经常使用的装置是高压搅拌室或反应釜（Arjmandi 等，2002）。实验时反应室被置于冷却池中，测量压力、温度和搅拌棒上的扭矩。一些反应室上配有可视窗或可能整个反应室都是由蓝宝石做的。

(4) 微型反应釜已经被用于快速筛选低剂量水合物抑制剂（LDHI）（Lee 等，2005）。

(5) 在进行复杂测试时使用的是垂直安放的管线或环状管线。管线的内径通常为 1~3in，管线上有可视窗口，在冷却室中管线流体加压并循环。测量温度、压力和搅拌器轮上的扭矩（Urdahl 等，1995）。

(6) 最后一种测试装置是水平流动环路实验装置。

天然气水合物抑制剂（GHI）的化学成分和作用机制。如图 2.16 所指出的，在压力为 450psi 和 1000psi 的条件下，甲烷水合物开始稳定形成的温度分别为 50℉和 60℉。4.3 节对水合物的结构进行了综述。甲烷水合物具有立方晶体结构，称为Ⅰ型（也称为sⅠ）。这种结构由 2 个十二面体和 6 个十四面体的笼形结构组成。Ⅰ型甲烷水合物的理论结构为 $CH_4 \cdot 5.75H_2O$。其中，5.75 是水分子的数目与甲烷气体分子数目的比值，称为水合数。也就是说，在这种情况下大约 220mL 的甲烷气体中含有 1g 水。由于水合物笼的尺寸限制，只有小气体分子（例如甲烷）可被容纳，参见图 2.9 和图 2.10 描述的Ⅰ型水合物结构（sⅠ）。Ⅱ型水合物（sⅡ）的经验结构式为 136（H_2O）16（CH_4）8（C_2H_6），其具有菱形晶体结构，如图 2.9 所示。Mooijer-van den Heuvel 和 Peters（2008）指出，这些结构可以通过其空穴的大小和不同尺寸空穴的所占的比例来区分。sⅠ型和sⅡ型结构包含两种空穴，一种空穴较大，另一种空穴较小。sⅡ型的大空穴比sⅠ型的稍大，并且这两种结构可以通过小空穴与大空穴的比来区分。因为sⅡ型水合物空穴较大，所以可以容纳包括乙烷、丙烷和四氢呋喃（THF）分子在内的较大气体或液体分子。Koh 等（2002）称，当气混合物进入天然气水合物稳定区，典型的天然气混合物（表 4.2）将优先形成 sⅡ型水合物。

如果"压降控制"、适当地应用"加热工艺系统"或天然气脱水这些措施无法实施，或措施不足以预防水合物的形成（如 6.1 节和 6.2 节所述），那就需要使用化学抑制剂来处理烃类流体。"水合物抑制剂"（HI）通常是如甲醇或乙二醇等的化学药品。尽管这些材料不影响水合物形成的"速度"，但可以在给定的压力下降低水合物的形成温度。注意，抑制剂的定义中通常还包含降低水合物形成速率部分。

检测水冰和甲烷水合物的晶体结构有助于了解水合物抑制剂，并能把它们与蜡或矿物垢抑制剂进行比较。水冰由六边形、复六方的双锥晶体组成，具有空间群：$P6_3/mmc$。这种晶格的晶胞参数有 a=4.51Å；c=7.35，Z=4；V=129.47；相对密度（计算）=0.92。这里"V"为晶胞体积，单位为 Å^3。等距六面体晶体形式的Ⅱ型甲烷水合物的空间群：Fd3m，晶胞参数为：a=17.3Å，Z=1；V=5177.72；相对密度（计算）=0.92。更多细节见 Barthelmy（2010）。由此可见，该晶胞比水冰或矿物（例如碳酸钙）的大得多，碳酸钙成三角形状晶体，其空间群为 R3c，晶胞参数为：a=4.989，b=17.062，与 c=6Å。更多信息见 6.3.2 节。读者应注意到，一些参考文献的晶胞参数单位是纳米（nm），而不是埃（Å）。

同样需要注意的是，笼形气体水合物是非化学计量的，上述的经验结构式是典型结构式。此外，科罗拉多矿业大学的研究表明，一些动力学水合物抑制剂对sⅡ型水合物的抑制效果最好（Ballard，2002），而对sⅠ型水合物效果并不好。Koh（2002）描述了天然气水合物的成核过程：水和气体分子在过饱和溶液（通常在气水界面）中重组形成临界团簇大小的水合物核，变得稳定，水合物晶体在水合物核上继续生长。水合物微粒的临界团簇在成核诱导期内形成。目前，已有天然气水合物成核是由于液态水存在造成的机理模型。该模型与 $p \& T$ 相图有关（Lederhos等，1996）。气体水合物晶体的演变，开始于液态水与气体分子相互作用形成类似于水合物笼的大大小小不稳定团簇。这些团簇要么可能会长大成为水合物晶胞，要么成为水合物晶胞聚集体，要么缩小和消失。由于它们尺寸小于水合物生长的临界团簇，因此它们是亚稳定的。当核的半径达到临界半径时，水合物晶体变得稳定，并且可能发生二次成核，随后水合物晶体快速生长。这些机制非常类似于Crabtree等（1999，图4.33）所描述的无机垢的形成。晶体的形成和凝聚可能提供了一种低剂量水合物抑制剂的作用机制。因为水合物晶体的形成将会受到抑制剂的影响，所以这些信息被复述。

将那些存在于水合物、水、冰和液体结构中可以打破热力学平衡条件的化学物质称为热力学水合物抑制剂（THIs）。它们的作用方式与用在汽车及其他行业中的"防冻剂"材料相似。它们的作用基于依数性，并且它们的效果与浓度成正比。影响水合物沉积速度或防止小晶体凝聚的动力学水合物抑制剂和抗凝聚型抑制剂将在本节后面介绍。由于热力学水合物抑制剂必须在高浓度下使用（5%以上），因此，KHI型和AA型材料通常被称为低剂量水合物抑制剂。这些抑制剂必须相抗衡，和水合物晶体与在水合物形成温度和压力条件下形成的复杂结构相对抗。Fink（2003）介绍了天然气水合物抑制剂相关内容，在其所著书中的13章和14章介绍了基于依数性的防冻材料。

通常使用的热力学水合物抑制剂包括甲醇、乙醇、甘油醇（包括乙二醇、二甘醇和三甘醇）和水相盐类（氯化钠和氯化钙）。

有机化合物的结构见表6.2。这些材料通过改变溶液相的化学势起作用。如果 x 是溶质浓度，那么由于增加溶质而导致熔化温度（T）的变化为：

$$-\frac{\mathrm{d}x}{\mathrm{d}T} = \frac{\Delta H}{RT^2} \tag{6.5}$$

式中，ΔH 为纯溶剂的熔化热（Fink，2003）。

Hammerschmidt（1934，1939）提出了以下公式来计算由于添加热力学水合物抑制剂（THI）（结构参看表6.2）而导致的水合物形成温度变化量：

$$\Delta T = \frac{K_s}{(M_i / M_w)(100 - C_i)} \tag{6.6}$$

式中，ΔT 为添加溶质造成的温度下降，℃；K_s 为抑制剂属性的常量；C_i 为抑制剂在水相中的浓度；M_i 为抑制剂的摩尔质量；M_w 为水的摩尔质量。

对于组合抑制剂（如无机盐），式（6.6）中的 M_i 必须替换为 M_0（Mohammadi 和 Tohidi，2005）。这里 α 为电离度，n 是每种盐的离子数量：

$$M_\text{o} = \frac{M_\text{i}}{\alpha(n-1)+1} \tag{6.7}$$

给水相添加热力学水合物抑制剂（如盐、甲醇或乙二醇）曲线将转向较低的温度（或较高的压力）（图 4.28 和图 4.32）。这会将水合物包络线向左侧移动。正如 Ng 和 Robinson（1984）已证明，加入甲醇可以降低气体形成水合物的温度（表 4.2）。

表 6.2　常用的热力学水合物抑制剂

抑制剂	化学结构	K_s
甲醇	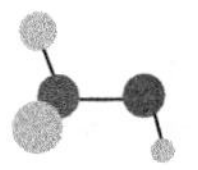	2335
乙醇	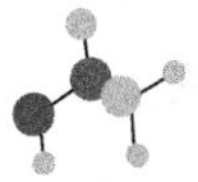	2335
乙二醇	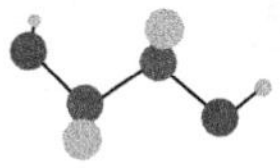	2700
二甘醇	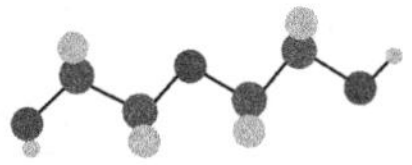	4000
三甘醇	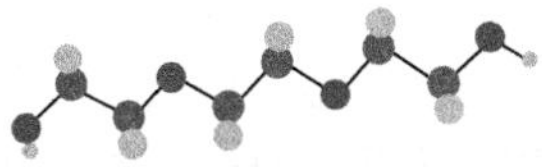	5400

该类移动在图 6.18 ［基于 Notz 等（1996）的工作基础之上获得的］中也有说明，也可参见图 2.16 和图 2.17。需要注意的是，给水中添加甲醇或乙二醇时，在相图上，水合物形成线向左侧移动。Christianson 等（1994）解释说，大多数避免水合物形成的方法依赖于热力学。控制压力、温度或改良烃或水相的组分，来远离相图中的水合物形成区域可预防水合物形成。在北海的一些操作中，在液相中加入 10%～20% 的甲醇从而避免水合物的形成。使用 CSMHYDRATE 程序（Sloan，1990）可计算在液相中加入水合物抑制剂引起的热力学的移位值。然而，使用这么多甲醇可能非常昂贵，同时还要考虑处理含有这种抑制剂水的环保问题。

Hammerschmidt（1934，1939）预测了在相同流体混合物中，只有单一抑制剂（不包含多组分，如有机抑制剂和盐的影响）加入情况下，其对水合物形成温度的影响。由于地层水通常含有无机盐，这种单一的相关性不能提供有关盐水的准确信息。Mohammadi 和 Tohidi（2005a，2005b）提出了一个包含多组分情况下抑制剂对水合物形成温度影响的新公式。这些作者在其论文中回顾了溶解盐与水合物形成温度相关性的研究进展，并且基于纯水中的有机抑制剂对水合物形成温度影响情况，对多组分抑制剂对水合物形成温度影响进行了校正。研发的新公式为：

$$\Delta T = a\left[\ln(1-x)bx^2 + \left(c_1 M + c_2 M^2 + c_3 M^3\right)\right] \tag{6.8}$$

式中，a、b 和 c_1-c_3 为常数；M 为各种抑制剂的质量分数；x 为抑制剂的摩尔分数。式（6.8）可用于预测盐、有机抑制剂或二者的混合物对水合物的抑制程度。常数 c_1-c_3 和 b 分别受到盐和有机抑制剂的影响。对于盐和有机溶剂的混合物，b 和 c_1-c_3 都要使用。常数 a 取值自 Nielsen 和 Bucklin（1983）的相关性系数。Mohammadi 和 Tohidi（2005）声明，式（6.8）中的常量可通过 Tohidi 等（1995）、Mohammadi 和 Tohidi（2005b）的状态方程进行调整。本报告中提供了各种盐和有机抑制剂的相关常数表。Creek（2009）已经注意到，如果物理测试（上述或在 4.3 节中的介绍）在高盐浓度和大量甲醇（50%）存在下进行，要准确确定临界点（结晶温度）可能非常困难。

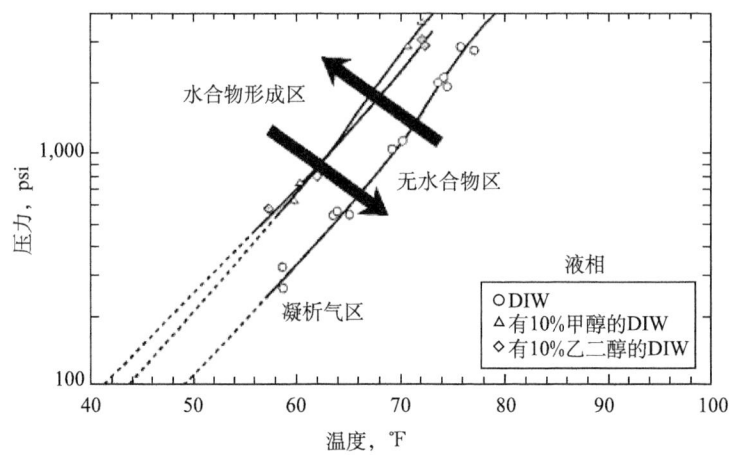

图 6.18 去离子水（DIW）和甲烷的水合物抑制曲线（Notz 等，1996）

Najibi 等（2009）报道的在压力范围为 6.89～9MPa 内各种四元体系（甲烷/水/热力学水合物抑制剂/盐）的实验分解数据。所研究的体系包括醇［甲醇和乙二醇（MEG）］和常见的盐（如氯化钠、氯化钾和氯化钙）。体系中加入盐和醇，测定所有水溶液的凝固点，以检查先前开发预测的水合物平衡条件模型的有效性。通过使用摇摆反应室和装置进行实验（Haghighi 等，2008），研究人员发现，四元体系凝固点预测结果和实验测试的凝固点之间有良好的一致性。

尽管甲醇可能是许多操作者最经常使用的材料，但这种材料的使用也存在一些问题，其中包括挥发性和毒性，尤其是大量使用时这些问题不可忽视。而盐类可能会导致腐蚀（Fink，2003）或形成盐垢，所以通常不使用盐类预防水合物形成。

要适量地使用甲醇，甲醇必须在水相中充当抑制剂。因此，最关键的是要预测甲醇的需要量及甲醇在气相和液相间的精确分配。Bullin（2004）提出，在集气管线，温度和压力变化对控制形成水合物所需的甲醇量有很大的影响。温度还控制着甲醇分配到气相的量。Bruinsmaa 等（2004）声称开发出一种新颖的实验方法，用于测量压力在 0.1～69MPa、温度在 0～50℃ 范围内、甲醇在水和两种烃相（气和液体）之间的分配。他们的技术中使用一个高压平衡釜，该平衡釜能提取馏分并通过气相色谱仪（GC）进行分析。将此方法的数据和 Chen 等（1988，使用正己烷）报告的数据相比较，可以看出，该方法是可靠的。他们发现该方法测试结果与气相测试有极好的相关性，但甲醇分配到液态烃相的相关性稍逊色一点。

McIntyre 等（2004）声称，甲醇最大的缺点是它的蒸气压高，比乙二醇的蒸气压高很多，从而导致在某些情况下潜在的高损耗。甲醇从水相中损失，也可以导致抑制水合物效力降低。McIntyre 等（2004）指出，不同的模拟软件模拟出的水合物出现温度不同，这些温度差异是由于程序对多相平衡的预测准确度造成的。最准确的程序应考虑添加甲醇的相分配问题。

Sloan（2003）也讨论了使用甲醇所产生的问题。对比两种主要热力学水合物抑制剂，以质量标准衡量，甲醇更有效，并且甲醇在石油和天然气生产系统中抑制水合物占主导地位。甲醇在高盐度体系中有良好的抑制效果，并且常用于墨西哥湾油区。乙二醇是可回收利用的，但却很少用于石油生产系统，因为在主平台上，由于流体含盐量高，导致乙二醇蒸发器和再沸器的操作都会受到结垢的影响。因此，乙二醇通常用于气体生产系统（由于气田的产出水很少或无产出水，因此盐度低）。他同样指出，使用甲醇有以下几个缺点：

（1）对于炼油厂来说，甲醇是难对付的污染物，它可以杀死废物处理系统中的微生物，使分子筛中毒，导致分离困难。因此，一些炼油厂已经对液态烃中甲醇浓度高于 0.005% 的油或凝析油施加多达 5 美元 /bbl 的惩罚。

（2）甲醇与许多被用作管道和阀门密封的塑料（例如，氟橡胶弹性体）不兼容。

（3）甲醇具有毒性，北海工程师考虑到甲醇会进入食物链，所以已经在气体生产系统占主导地位的地区使用乙二醇。

（4）甲醇很难回收，特别是在浮式生产平台。因此，甲醇抑制具有高的操作成本。尽管如此，也有甲醇回收的例子。

（5）甲醇易挥发，其溶入烃相的份额可能很多。

当前条件下如果加入甲醇[和乙二醇（MEG）]的量不足还可能会产生其他问题。对 1%～5%（质量分数）的甲醇的抑制效果进行测试发现，甲醇在这个数量水平上会促进水合物的形成（Yousif, 1998；Bobev 和 Tait, 2004）。这些结果表明，足量加入试剂时，这些化学物质是有效的天然气水合物抑制剂，但是在水中加入的浓度较低时，试剂的加入实际上提高了水合物形成的速率。而且，这些化学药品的存在似乎会影响水合物微粒。这些研究人员还发现，加入的乙二醇量不足时也发现了类似问题。他们声称，水中存在一种氢键溶质可进一步提高水中氢键的强度。此外，醇分子（甲基）的非极性部分的存在将诱使水分子在其附近形成笼状结构。Lee 等（2002）对含有 2.4%（质量分数）的甲醇水溶液进行了测试，与纯水相比，甲醇水溶液表现出较高的水合物形成速率和较多的水合物量。虽然含有 2.4%（质量分数）的甲醇水溶液能造成 1.9～2.4℃ 的过冷度。但是，在水合物开始形成后，实际上它们仍充当着水合物形成的促进剂。因此，这些结果表明，尽管加入甲醇通过增加过冷度可抑制水合物的形成，但在水中加入低浓度的甲醇时，会提高水合物形成的速率和数量。还有证据表明，加入的热力学抑制量不足时，会增加水合物在固体表面的黏附。

Kopps 等（2007）讨论了乙二醇（MEG）抑制剂的用法。油嘴开启之前，水合物堵塞的最大风险来自油嘴下游未加抑制剂的流体，如果这些流体充满了流动管线或跨接管的整个横截面，水合物堵塞的风险将会特别高。通过给井口油嘴的上游连续注入乙二醇，以及在关井时改造系统的结构形态以减少液体在油嘴附近的聚集，这种风险可基本消除。井在正常运行期间连续注入乙二醇，在船舶水上部分回收乙二醇，最后以80%~90%的纯度重新注入井中。重新开井时，以前在油管中冷凝的任何水都流回到油藏中了，井口流体相对较冷和"干燥"。因此，在生产油嘴下游的小体积流动的冷凝水不足以导致水合物堵塞。需要注意的一点是，乙二醇主要存在于水相中，在冷系统重新启动时，乙二醇不能防范气体中的任何水滴，而甲醇可同时存在于气相和冷凝水中。但是，由于甲醇的毒性和易燃性问题，相对甲醇来说，这些作者更喜欢乙二醇。

Nazzer和Keogh（2006）介绍了一种回收利用乙二醇的技术。更换水合物抑制剂的成本、抑制剂散失到气体和液态烃中的量已成为目前选择抑制剂考虑的主要因素。甲醇在气体和液态烃中的溶解度比乙二醇高出两个或更多个数量级。这些作者声称，尽管水合物形成温度每降低1℃，都需要大量的乙二醇，但是，乙二醇可回收利用还是给使用乙二醇提供了一个强大的经济驱动力。作者声明，他们已经开发专有技术，该技术基于研究乙二醇、水和盐的相互作用，从而提高这些生产流程的设计和性能。以下是开发专有技术对基本工艺流程的改进：

（1）重新设计了主要的分离器，从而使再循环回路中总体腐蚀量和盐垢量减少了90%以上。

（2）使用非常高的流动速度和热传导速率，使生产系统更紧凑，并使结垢和乙二醇（MEG）热降解的风险大大降低。

（3）不需要大的储罐、压滤机、离心分离机等，在线从废盐分离乙二醇（MEG），实现废盐无须进一步处理，可安全入海。

新技术已内置于企业合作伙伴LP公司的独立Hub平台的乙二醇回收系统中，该平台将被部署在密西西比峡谷（Mississippi Canyon）海域。

Fan等（2006）介绍了乙二醇抑制天然气水合物的机理研究。这种材料也可用于溶解天然气水合物。天然气水合物分解实验在一个专门设计的装置中进行，该装置由高压反应容器、可视化系统、循环冷却装置、供气系统和数据采集系统组成。首先，在反应容器中合成天然气水合物，然后通过加入乙二醇（MEG）作为抑制剂进行分解实验。结果表明，该分解速率取决于乙二醇的浓度和流量。因为，乙二醇减少了水合物分解热，在较高乙二醇浓度条件下分解水合物所需要的热量较少。这些作者声称，伴随着乙二醇的注入，热效率是单独加热的3.5倍，这意味着热能可更有效地利用。乙二醇可以加速天然气水合物（NGH）的分解，主要是因为它可以减少分解所需热量。同时增加MEG浓度和流速可加快分解速率。因此，可以在实际应用中对其进行优化。乙二醇的注入不仅可以增加分解速率，而且还可以通过增加热效率节省能源。这项研究不仅对天然气水合物（NGH）研究非常重要，而且对天然气运输和生产也很重要。

Reyna和Stewart（2001）介绍了在英国大陆架西设得兰群岛的一个深海井（在水深2750ft）试井作业中，在泥线以上立管内的管柱形成了长800ft水合物堵塞，造成与海底测试采油树的连通受阻。

他们指出，该井在试井期间，化学抑制剂用量是针对预期的特定情况设计的，但气井的产水量大于预期，工作人员没考虑这些超出预期的过量水，还按预计流动条件设计的化学剂注入量施工导致立管内堵塞。因此，需要调整抑制剂用量。随后的估算表明，甲醇注入的量应该是测试中使用的注入速度——1.5L/min 的 5 倍以上。

进行诊断测试后，确定了堵塞（最初认定为石蜡或水合物）的来源。依据水合物抑制剂的效力选择了修井液。出于后勤方面的考虑，选择含 25%（体积分数）乙二醇和 75%（体积分数）盐水混合物作为抑制剂，为了尽量减少乙二醇的储存，以便管理甲板空间和易于操作，尝试使用连续油管注入热的乙二醇和盐水溶液来清除堵塞。依据 Hammerschmidt 方程（Hammerschmidt，1939），该混合物预期可以将水合物形成温度降低 12.5℉。经过多次诊断操作，使用连续油管喷射装置、铣刀和钻井泵，成功地解除了水合物堵塞。

Kelland（2009）认为，使用热力学水合物抑制剂（THIs）通常会产生另外一些问题，其中包括以下几个方面：

（1）乙醇和甲醇通过影响水活度从而增加垢以及蜡形成风险。
（2）在高浓度条件下，环保问题稍小于甲醇的乙醇和甲烷可以形成二元化合物。
（3）醇类和乙二醇具有高的生物耗氧量，可以影响水生种群。

各种热力学材料本质上充当助溶剂来抑制水合物沉积，并且需要大剂量使用才能起效。Masoudi 等（2006）测试了 3 种热力学水合物抑制剂对常见的气/油盐水（氯化钠、氯化钾和氯化钙）形成的水合物的溶解能力。结果表明，因为乙二醇是通过改变水活性而起作用，所以就对盐垢的抑制作用来说，乙二醇比甲醇和乙醇都小得多。但是，所有的抑制剂对其他矿物质垢都有一定的抑制作用（Sloan，2003；Kelland，2009）。

因为使用热力学水合物抑制剂会产生很多技术和经济问题，所以行业研发替代品的工作从未间断。Notz（1996）指出，众所周知，石油工业的钻井和生产系统经常在水合物形成条件区域下进行操作，但这些现场实际上没有水合物形成。这是因为时间或动力学因素也会影响液体石油或水相中气体形成水合物晶体。由于在水合物晶体结构中要求编排围绕在气体分子周围的水分子必须有高度的有序度（图 2.9 和图 2.10），即使热力学上青睐形成水合物，水合物形成过程也需要一些时间。控制动力学的驱动力主要由 ΔT（过冷度）来确定，更多详细地讨论见 4.3 节。

替代品为低剂量水合物抑制剂，接下来介绍出版物中的低剂量水合物抑制剂。Kelland（2006，2009）提供了一个非常宽泛的低剂量水合物抑制剂化学品列表。本书强调和总结该技术的作用机理和应用情况。

低剂量水合物抑制剂。当前使用的两类低剂量水合物抑制剂分别是动力学水合物抑制剂和抗凝聚型水合物抑制剂。

动力学水合物抑制剂通过延迟水合物晶体的成核和生长来抑制水合物形成，其工作浓度相对较低（与甲醇或乙二醇相比）。水合物开始形成前的时间随驱动力（进入水合物区域的距离）变大而变短。由于热力学驱动力是难以计算的，穿透水合物区的数值在文献中称为"过冷度"，并经常称为 ΔT [不要与使用 THIs 时水合物的形成温度的变化（ΔT）相混淆]。从式（4.25）可以看出，过冷度与水合物形成的热力学因素有关。这种过冷度类似饱和度或饱和指数 [式（4.19）]，而饱和度指数可以表征导致无机垢沉淀的驱动力。

Turner 等（2005）开发的模型指出，考虑到在实际管道中存在杂质和较高的驱动力，在充分过冷后,天然气水合物形成的诱导期是瞬时的。Matthews 等(2000)报道,该过冷度值大约为 6.5℉。因此,目前假定,在给定的系统压力下,成核除受水合物平衡温度影响以外,不受任何其他热力学性质支配。沉淀开始和形成沉积物之前的过冷量和时间延迟量会随着动力学水合物抑制剂的加入而增加。动力学水合物抑制剂的这种作用与无机垢抑制剂能在无机垢结晶开始之前增加诱导期的作用类似,见第 2 章和第 4 章 Frenier 和 Ziauddin (2008) 在这方面的讨论。在有关动力学水合物抑制剂材料的文献中也同样引用了诱导期 (t_{ind}) 的概念。

为了延缓水合物晶体成核和扰乱晶体生长,抑制剂可含有类似于气体分子的官能团。Talley 和 Oelfke (1999) 假设,这些动力学水合物抑制剂通过进入正在生长水合物晶体中,打乱了水合物晶体进一步的生长,从而预防水合物。正在生长的水合物晶体与包围在含类似气体族群的动力学水合物抑制剂基团的部分的类似水合物笼结合,形成笼形。无论液体中是否含有液态烃,这些抑制剂都是有效的,但是随着生产压力的增大,压力进入水合物包络线区域越深,抑制剂的效果就越差。其他理论在本节后面介绍。

动力学水合物抑制剂包括聚(N-甲基丙烯酰胺)、聚(N,N-二甲基丙烯酰胺)、聚(N-乙基丙烯酰胺)、聚(N,N-二乙基丙烯酰胺)、聚(N-甲基-N-乙基丙烯酰胺)、聚(2-乙基噁唑啉)、聚(N-乙烯基吡咯烷酮)和聚(N-乙烯基己内酰胺)。这些抑制剂也被称为第一代动力学水合物抑制剂,它们都是水溶性聚合物(Sloan, 1990; Kelland 等, 1995),并且可以在高含水情况下(高达 60%)使用。第一代动力学水合物抑制剂过冷度约 15℉。第二代将过冷度增加至约 20℉(Klomp 等, 1997)。根据 Mehta 等(2003)理论,后者的过冷度似乎已经接近极限。阅读文献的读者请注意命名,同时注意 ΔT 的单位是℉还是℃。

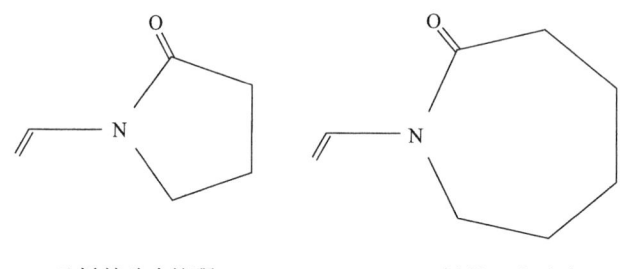

乙烯基吡咯烷酮　　　　　　　N-乙烯基己内酰胺

抗凝聚型抑制剂的作用是保持小晶体分散(与一些抑制剂一起在烃相或水相中分散)和不"发黏"。需要注意的是,这些抑制作用与图 6.13 所示的机制相似。而图 6.13 所示的机制已经用于解释无机垢抑制剂的作用机理。此外,其作用机制也与两种主要类型的蜡抑制剂——聚合物和表面活性剂很相似。使用动力学水合物抑制剂可能最经济划算。但是,一旦发生成核,它们也许不能抑制晶体的凝聚。由于这些原因,对于长时间关井的井来说,动力学水合物抑制剂可能不太理想。

Kelland (2006) 综述了低剂量水合物抑制剂发展状况,该综述令人印象深刻。综述中包括了低剂量水合物抑制剂的发展历史,包含了 242 个参考文献以及 33 抑制剂的化学结构。文章详细介绍了许多商业抑制剂公司开发的化合物。

动力学水合物抑制剂的更多细节和作用机制将在下面的段落中介绍。

在一项特殊的专利中披露，Talley 和 Oelfke（1999）介绍了一种用于预测动力学水合物抑制剂分子结构的方法。使用该方法可以用来选择动力学水合物抑制剂。该专利对深入研究抑制剂实际功能有很大的帮助。

该方法声称，动力学水合物抑制剂应该有一个客基团、聚合物主链和在客基团和聚合物主链之间的锚定基团。抑制剂的选择方法是：聚合物的主链应产生一个能充分水溶的聚合体，该聚合体能与锚定基团和客基团结合。锚定基团应含有 1 ~ 4 个氢键原子的亲水基。客基团要么是疏水的，要么是两亲的，其中碳原子和杂原子的比值大约大于或等于 2:1，平均范德华直径为 3.8 ~ 8.6Å。使用该方法（根据该专利，从 56 种预定的抑制剂）选出的一些能产生大约 30.0℉ 过冷度的抑制剂。在这项研究中，有 18 种抑制剂产生至少 24.0℉ 的过冷度，22 种抑制剂产生的过冷度为 15.0 ~ 24.0℉，16 种抑制剂产生的过冷度为 10.0 ~ 15.0℉。

在设计阶段，Talley 和 Oelfke（1999）注意到，在水合物形成温度或在水合物形成温度附近，抑制剂的水溶性对于确保客/锚定基团自由暴露于水—气体系是非常重要的。一些聚合物主链非常适用于这个用途，其中包括（但不限于）聚乙烯、聚丙烯、聚亚胺和聚乙二醇。

在一定程度上，抑制剂不溶于水，但抑制剂分子会自缔合。这种自缔合会降低客基团/锚定基团暴露在水—气体系中的水中。在该专利中有许多实例，并列举了一种材料，该材料将两个乙基连在 $N, N-$ 二乙基丙烯酰胺得到丙烯基吡咯烷酮。

Kelland（2009）指出，动力学水合物抑制剂有两个重要的结构性要素：(1) 有可以与酯分子形成氢键的官能团；(2) 通常会出现疏水基团与酰氨基结合或毗邻。

根据 Frostman 和 Przybylinski（2001）的报道，低剂量动力学水合物抑制剂（KHIs）已有一些成功的现场应用。Notz 等（1996）报道了最早的一系列现场试验。这篇文章指出，在水相中，动力学水合物抑制剂浓度小于 1%（质量分数）都起作用，而使用甲醇则需要 10% ~ 60%（质量分数）。

Sloan 及其同事（Cha 等，1988；Sloan，1990）介绍了在实验室运用恒定体积实验方法和高压混合舱对聚乙烯基吡咯烷酮（PVP）的测试过程。实验（Frostman 和 Przybylinski，2001）需要约 24h，可获得一个水合物形成点。这些实验数据可用于确定水合物形成区域，而水合物形成区域是确定抑制剂所需量的基础，也可用于调整和验证水合物模型。因此，在此进行讨论。在实验中，液体被装入反应舱内，并将起始压力和温度调整到预计的水合物形成区域之外。详细信息在下文中有介绍。

液体的混合是连续的，在温度逐渐变化时，整个实验过程都保持气液平衡。当温度缓慢降低到 B 点（此点水合物开始形成），压力急剧下降，气体分子被封入水合物晶体结构中。温度进一步降低到 C 点，此时水合物形成基本完成。然后当温度缓慢上升到 D 点，水合物开始分解，并在加热曲线与冷却曲线相交的 A 点结束分解。A 点是真实的热力学意义上的水合物形成点。由于在该实验中水合物形成点与时间相关，当温度降低较慢时（图 6.19），水合物将在较高的温度和压力点（曲线 r_2）形成。如果当温度降低得更慢，如曲线 r_3，以此类推，直到在极限情况终止于 A 点。但实际上，实验不可能如此缓慢，使水合物的形成接近 A 点。水合物分解没有相同的时间延迟的原因是水分子不必变得有序，而且这个过程更加自发。缓慢加热的最主要原因是为了维持气液和热的平衡，当水合物分解时，缓慢加热可以抵消由于熔化热造成的冷却。

可以用相同的实验评价动力学水合物抑制剂。在恒定冷却速度条件下，测量从 A 点移动到 B 点的时间，与没有加抑制剂液体的时间相比，是一个衡量动力学水合物抑制剂相对有效性的方法。Frostman 和 Przybylinski（2001）声称，德士古石油公司在怀俄明州西南部的 3 个气井和 1 条 0.5mile 长的天然气管线的现场试验中用聚乙烯基吡咯烷酮（动力学水合物抑制剂）成功地取代了甲醇。

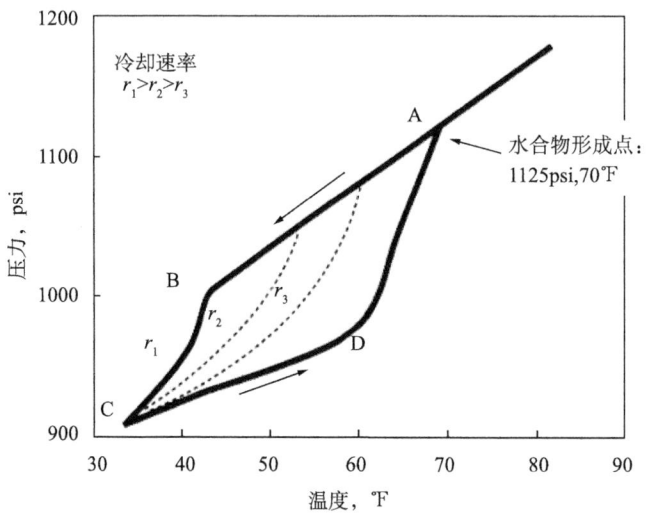

图 6.19 水合物形成曲线（Notz 等，1996）

Frostman 和 Przybylinski（2001）介绍了得克萨斯东部 5 个天然气管道中使用聚乙烯基吡咯烷酮大大减少堵塞的情况。在怀俄明州和得克萨斯州的 36d 试验测试表明，当"流体进入水合物形成区域（小于 5～10°F 的过冷度）不太深或如果停留时间少于几分钟"时，第一代动力学水合物抑制剂可以成功预防水合物形成。在怀俄明州现场条件下，聚乙烯基吡咯烷酮取代甲醇，减少了 50% 或更多处理费用。根据 Frostman 和 Przybylinski（2001）所述，在水相中聚乙烯基吡咯烷酮的浓度不到 0.1% 对预防水合物都是有效的；聚乙烯基吡咯烷酮替代甲醇只需要对现有的注入设备稍微进行改造，非常容易实施。

Corrigan 等（1996）报道了"水合物抑制剂临界值"的现场测试实验情况。该抑制剂指的是动力学水合物抑制剂。研究人员成功测试了这些抑制剂在水合物相平衡曲线内部 8～9°C（14～16°F）条件下对水合物的作用情况，测试工作进行了 17d。该测试表明，在没有注入抑制剂的情况下，30h 后流体中形成水合物，注入抑制剂 50h 后水合物消失。

Corrigan 等（1996）指出，这种化学药品可有高达 10°C（18°F）的过冷度，但对于更高的过冷度要求，应使用其他类型的抑制剂。他提及的第二种水合物分散剂，似乎就是现在的抗凝聚型抑制剂。Bloys 和 Lacey（1995）报道了动力学水合物抑制剂——Gaffix VC-713 [含聚乙烯己内酰胺和聚（乙烯基咪唑啉）] 现场试验。整个测试进行了 17d，其中 3～4d

过冷度为 4℃（7℉），4d 过冷度为 2℃（4℉），3d 过冷度为 1℃（2℉）。它们能够控制水合物的形成的最大过冷度为 9℃（16℉）。在过冷 12℃（22℉）的条件下，水合物稳定地形成。

其他现场测试显示，动力学水合物抑制剂也有类似的局限性。Argo 等（1997）报道了一个生产 17d、关井 13d 的试验，最大过冷度为 8℃（14℉），最小为 1℃（2℉）。Leporche 等（1998）报道，在过冷度条件要求达到 8℃（14℉）以下时，习惯于用动力学水合物抑制剂取代甲醇。大量的最近简报没有报道在更苛刻条件下的现场试验。Fu（2000）报道了一种动力学水合物抑制剂—聚酯类的 [乙烯基咪唑啉（VIMA）—乙烯基己内酰胺（VCAP）] 现场试验。在第一个管路系统中，没有加入抑制剂，在 8h 时发现了水合物，在 2d 内堵塞了管道。在数个月的总测试期间，上述过冷度的变化范围为 5～16℉。人们发现，控制水合物形成所需的抑制剂量的变化率大于过冷度增加的线性速率。在第二个管路系统中，每周对管道进行清管，最大过冷度为 10℉。在没有加入抑制剂的情况下，2d 内形成的水合物就足以导致清管器被卡。这次试验持续了至少两个月，其中包括一次 70h 的关井。

在整个测试中，动力学水合物抑制剂控制了水合物的形成。Mitchell 和 Talley（1999）报道了聚酯类抑制剂（VIMA-VCAP）（一种动力学水合物抑制剂）在黑油生产系统的油嘴出口成功抑制水合物的试验。因为停留时间短，使用了低浓度的抑制剂。在流动条件下的最大过冷度约为 7℉。在关井期间（并没有连续超过 6h），过冷度上升到 14℉。这些成功的现场试验报道建议，如果关井时间保持到最低限度，动力学水合物抑制剂可以用于高达至少 16℉ 的过冷度要求的管线。

Kelland（2006）声称，最近研发出了包含协同作用的混合型抑制剂。这种混合型抑制剂可以提高动力学水合物抑制剂的应用效果。研究人员将聚乙烯基己内酰胺（PVCap）与少量的季铵盐（如溴化四丁铵）组合，发现它们产生了协同的动力学水合物抑制剂效果（Duncum 等，1996）。Gaffix VC-713 和四戊基溴的混合物也有类似的效果。Kelland 认为这些都是目前一些可用的最有效的动力学水合物抑制剂配方。

他还介绍了混合型抑制剂的抑制机制。

人们认为四丙基溴化铵（TPAB）[或四丁基溴化铵（TBAB）] 与聚乙烯基己内酰胺协同作用是因为它们有特殊的几何结构。因此，四丙基溴化铵和聚乙烯基己内酰胺能附着在水合物晶体表面的不同部位。如此一来，在分子水平四丙基溴化铵会发生什么变化？20 世纪 90 年代中期，在雷丁大学进行的分子模拟表明，四丙基溴化铵进入了 1，1，1 结构 Ⅱ 型水合物表面 $5^{12}6^4$ 孔穴中。两个其他的戊烷基组积蓄在将形成新 $5^{12}6^4$ 笼的水合物表面经脉上。因此，可能成为水合物笼的一部分，在水合物表面捕获或嵌入戊烷基组。当核的大小低于临界核尺寸时，这对核的生长是不利的（ΔG 为正）。因此，四丙基溴化铵不会嵌入核的表面上，而是更容易分离。当核的大小高于临界核尺寸，四丙基溴化铵可以嵌入水合物表面，成为水合物笼的一部分，围绕在戊烷基组周围，但 Ⅱ 型水合物的进一步生长被其余的戊烷基组阻止。

使用动力学水合物抑制剂会产生几个问题。尤其是在停留时间较长的情况下，最明显的问题是 ΔT 提高相对较小。

为解决动力学水合物抑制剂的一些问题（如有限的 ΔT），Szymczak 等（2006）建议使用混合抑制剂。该混合抑制剂是热力学水合物抑制剂和动力学水合物抑制剂的混合物。实验室研究和先前的陆上现场经验表明，热力学水合物抑制剂和低剂量水合物抑制剂（Budd等，2004）组合可产生协同效应。这种组合被称为混合型水合物抑制剂。由于使用甲醇所带来的性能、后勤和成本等问题，因此任何替代方法必须考虑这3个因素。性能要素与在生产操作过程中形成的水合物的分解相关联。动力学水合物抑制剂可以防止水合物的形成，但它不能溶解已形成的水合物。抗凝聚型抑制剂允许水合物形成，但可将水合物颗粒分散在液体中。后勤需注意泵的大小（即注入常规低剂量水合物抑制剂需要新的泵和配置）。甲醇的成本远远高于低剂量水合物抑制剂。因此，这项研究的目的是用现有技术所有的优点改进混合型水合物抑制剂的性能，改善后勤条件，同时成本不超过甲醇。他们声称，当使用甲醇预防水合物形成时，所需注入量为120gal/d，而新产品的注入量低至12gal/d就能较好地控制管线压力。混合型水合物抑制剂（HHI）的剂量最终设定为22gal/d，以弥补潜在的流动变化和压力/温度波动。

Cohen等（1998）也提出了一种混合体系，并指出通过在水中或盐水相中加入低于1%（质量分数）的乙二醇醚，热力学水合物抑制剂的性能会大大提高。这些热力学水合物抑制剂其中就包括VC-713［乙烯基己内酰胺，乙烯基吡咯烷酮（VP）和（二甲基氨基）乙基甲基丙烯酸酯的三元共聚物及其与VCAP/VP共聚物］。例如，在海水中添加0.75%（质量分数）的2-丁氧基乙醇和0.5%（质量分数）的VC-713，可使水合物诱导期从40min增加到超过1200min。所述测试是在抑制剂为聚合物干重的0.5%的条件下进行的。测试中最有效的乙二醇醚（用0.75%）在烷氧基中含有3个或4个碳原子。此等抑制剂包括1-丁氧基-2-丙醇或1-丙氧基-2-丙醇。低级同系物似乎没有效果，较高级同系物不溶于海水。在没有聚合物参与条件下，乙二醇醚在此等低浓度下不能抑制水合物。

Cohen等（1998）推测了可能的作用机制。因为乙二醇醚，尤其是高级同系物，基本上是非离子表面活性剂，烷氧基的疏水性可能导致分子与溶解的聚合物联系在一起，这可能会改变溶液中聚合物的结构。扩展的聚合物可能会有足够的长度用于与水合物晶体相互作用，这可以解释天然气水合物抑制剂性能的改进。Toyama和Seya（2004）推荐了一些看似与目标矛盾的抑制剂化合物。他们声称，这些抑制剂化合物适合于管道输送井中含水气体（如甲烷）时抑制和延缓水合物形成；在航运和储存过程中，它也适合加速和稳定天然气水合物的合成；在从海底或地面清理出天然气水合物过程中，它也适合加速天然气水合物分解或抑制天然气水合物形成。当天然气水合物用作储存手段时，它也可稳定或延缓气体（如甲烷）的离解；药剂必须有令人满意的似乎相互矛盾的性能属性才能控制天然气水合物形成和分解，这些性能属性将在下面的段落中介绍。

根据Toyama和Seya（2004）所述，一方面，混合物必须抑制气体水合物的形成（平衡形成抑制）或降低其形成速率（动力学形成抑制或形成延迟）；另一方面，必须加速气体水合物的形成（稳定平衡或动力学形成加速）或降低的气体水合物的分解速率（动力学稳定或解离的延迟）。适用的试验方法将在6.3.1节中介绍。

Toyama和Seya（2004）声称，这种特性可以通过具有特定平均分子量和特种性能的两亲聚合物来获得。因为聚合物的聚合端像一些药剂一样具有控制气体水合物形成和分解的卓越功效。

专利申请详细介绍了一些聚合物合成体。例如异丙基甲基丙烯酰胺聚合物,它是一种白色粉末,平均分子质量为 4800Da。一些化合物的确能降低水合物形成温度,一旦水合物形成,它会延缓水合物分解。

四氢呋喃(THF)和天然气水合物(NGH)的混合物可能形成 sⅡ型水合物(Mak 和 McMullan,1965;Sloan,1990)。因此,四氢呋喃水合物已被用作模型化合物,用于研究天然气水合物的形成和动力学测量以及筛选可能的天然气水合物抑制剂(GHI)。这些测量包括了确定水/四氢呋喃/添加剂溶液形成的水合物使管道中的钢球难以通过时的时间。在各种机理研究中,也已经使用四氢呋喃作为水合物模型。从实际的观点来看,由于甲烷或天然气水合物必须在高压和冷却设备中研究,而四氢呋喃仅需要冷却设备,在大气压力下就能形成水合物,所以四氢呋喃经常被用作便捷分子。

Del Villano 等(2008)介绍了北海地区应用动力学水合物抑制剂时存在的一些问题。在北海地区,各种环境法规都限制可能流入海中的化学药品的使用。报告称,他们设计并合成了一类动力学水合物抑制剂,其表现出良好的生物降解性(在 28d 里,OECD306 大于 20%)。在搅拌高压釜(钛和蓝宝石)使用天然气和盐水的混合物获得 sⅡ型水合物,进行抑制剂的性能测试。所测试的是侧链 100% 为 N-异丙基丙烯酰氨基的聚天冬酰胺和不同量的异丁酰胺基团的聚合物。聚天冬氨酸酯(Fan 等,1999)已被用于抑制碳酸钙水垢的形成,它可由可生物降解的脊骨制成。这些作者声称,在溶剂存在的条件下,新的抑制剂具有较好的性能,但比当前的商业抑制剂(Luvicap55W)(1:1)差一点。作者称,通过使用多种可生物降解的聚合物,水合物形成的诱导期(t_{ind})从 18min 增加到 400min 以上。聚合物被溶解于 N-甲基吡咯烷酮,属无毒抑制剂,允许在北海近海使用。他们还使用 2-丁氧基乙醇生产了许多种聚天冬酰胺。

Kelland(2008)声称,可生物降解的水溶性聚合物包含一个或多个结构单元。

$$\left[\begin{array}{c} R_1 \\ | \\ C-X-C-NH \\ | \\ R_2 \end{array} \begin{array}{c} O \\ \| \\ \\ \end{array} \right]_n$$

其中,R_1 和 R_2 为 H 或 1~12 个碳原子的有机基,X 是间隔基团或一个键。作为在烃类生产和运输(包括生产、钻井、完井和压裂作业)中抑制气体水合物形成的添加剂,聚合物的分子量范围为 500~1000000。

Klomp 和 Mehta(2007)及 Kelland(2009)介绍了在 CO_2 以及 H_2S 存在条件下,使用动力学水合物抑制剂存在的问题。这些酸性气体会影响抑制剂极性部分的离子化程度,从而影响吸附。这些气体也使流体呈腐蚀性。因此,必须使用缓蚀剂,这些也都是表面活性物质,其具有对抗或协同效应。更多混合型抑制剂体系的细节将在本节后面介绍。

大量的机理研究已经为动力学水合物抑制剂(KHIs)的使用提供了理论基础。Sloan 等(1998)用 Raman 光谱和摇摆反应室对比研究了高纯度甲烷和蒸馏水在加入和不加入 0.02% 的动力学水合物抑制剂——乙烯基己内酰胺(VCAP)情况下形成 sⅠ型水合物的情况,抑制剂明显降低了 sⅠ型水合物出现的 2905cm^{-1} 峰的速度。然而,在较高的过冷条件下,水合物出现量会突然增加。这也证实了人们观察到动力学水合物抑制剂（KHI）能够提供的过冷度是有一定限度这一现象。

Carstensen 等（2004）已经针对四氢呋喃（THF）水合物形成进行了 Raman 光谱和差示扫描量热法（DSC）研究，从而确定了一系列抑制剂的动力学特性和作用方式。其中，研究对比了抑制剂对甲烷水合物与四氢呋喃水合物的抑制效果。

作者指出，聚乙烯吡咯烷酮（PVP）、N-乙烯基吡咯烷酮、N-乙烯基己内酰胺和甲基丙烯酸二甲胺乙酯（VC-713）的三元共聚物已经在先前的气体消耗与时间关系实验中使用过。已经证明，聚乙烯吡咯烷酮（PVP）对抑制甲烷水合物和天然气水合物的形成是有效的。VC-713 和某些乙二醇醚的组合也会产生协同效应，延迟甲烷水合物的形成（Young 等，1997）。使用二-（乙二醇）丁醚和 VC-713 的组合与单独使用 VC-713 的结果相比，水合物形成诱导期（由气体消耗测量确定）增加了 11 倍；VC-713 和乙二醇丁醚的混合物能使水合物形成诱导期增加了 30 倍（从 40min 至 1200min）。没有添加剂，诱导期为 0min（Young 等，1997）。

在这项研究中（Carstense 等，2004），Raman 光谱（Ferraro 等，2003）用来确定几种化合物对四氢呋喃（THF）水合物晶体生长周期的影响，而这些化合物已被证明是有效的天然气水合物抑制剂。所研究的抑制剂包括聚乙烯吡咯烷酮（PVP）、PVP/乙二醇丁基醚，PVP/二-（乙二醇）丁基醚和甲醇。在一定温度范围内，使用差示扫描量热法（DSC）进一步研究了这些抑制剂对四氢呋喃水合物成核周期的影响。使用 Raman 光谱和差示扫描量热法，可以确定从四氢呋喃水合物抑制研究中获得的结论是否可以用到气体水合物中，或确定四氢呋喃水合物和气体水合物的抑制机理是否不同。

把动力学测量所得结果与气体水合物研究获得结果进行对比。不出所料，发现了甲醇的热力学抑制性质。可是，在所有浓度抑制剂的研究中，也发现了一些成核延迟现象，较高浓度的甲醇会导致结冰（Carstense 等，2004）。

添加聚乙烯吡咯烷酮到四氢呋喃/水的混合物中导致成核时间增加和晶体生长减缓。用聚乙烯吡咯烷酮和两种乙二醇醚的任一种复配，用于抑制四氢呋喃水合物时，没有发现显著的协同效应，但发现其明显增加了天然气水合物（NGH）的成核周期。这些作者从差示扫描量热法（DSC）的测量结果中只发现了轻微的协同趋势，而 Raman 光谱数据没有说明组合物的协同效应。结果暗示，客分子的性质可能是水合物抑制机制中应该考虑的一个重要因素。

总体而言，在延缓成核作用方面，使用聚乙烯吡咯烷酮和任一种乙二醇醚的混合物与单独使用各成分相比，没有引起显著的协同效应。而且协同作用的程度远远小于先前报道的这些乙二醇醚对天然气水合物（NGH）形成的协同作用程度（Young 等，1997）。最近，Carstensen 等（2004）对 VC-713+二醇醚体系的研究获得了与 PVP/二醇醚体系类似的结果。

差示扫描量热法（DSC）测量值可以看出，1%（质量分数）和 5%（质量分数）的甲醇分别造成 34.1℃和 26.4℃的过冷度。因此，与未加抑制剂的系统相比，1%（质量分数）的甲醇能导致过冷度显著增加。加入 1%（质量分数）的甲醇不仅能降低熔点，而且似乎也增加了水合物成核的障碍。加入 1%（质量分数）的甲醇，四氢呋喃水合物形成的平均诱导期图显示出过冷度最大值为 24~22℃。把纯四氢呋喃/水/氯化钠的混合物和添加甲醇溶液的混合物进行对比，发现不同浓度的甲醇，水合物平均诱导期差异很小。

尽管甲醇能延缓水合物形成，并且大幅度降低四氢呋喃水合物的熔点，但甲醇浓度对水合物形成诱导期无显著影响。这与聚乙烯吡咯烷酮形成对照，不出所料，由于表征抑制性能的成核时间和过冷度随浓度增加而增加（尽管不是按比例），甲醇具有动力学抑制作用。显然，甲醇浓度决定了四氢呋喃水合物的结晶路径。在较高浓度条件下，甲醇的依数性使体系转移穿过相边界，进入样品溶液部分结晶成冰的区域，由于在低温条件下，晶体生长的驱动力已经很大了，因此晶体生长速度变化不明显。相比之下，在较低浓度条件下，水合物的形成温度较高，因此，甲醇更加显著地影响四氢呋喃水合物的成核动力学性质和晶体的生长，由于甲醇凝固温度较低，阻止了成冰作用。

对比甲醇浓度对水合物的抑制效果的影响情况，可以看出，低浓度的甲醇能促进水合物的形成（Yousif, 1998；Bobev 和 Tait, 2004），当足量加入甲醇时，这些化学物质是有效的天然气水合物抑制剂；在水中低浓度加入时，甲醇实际上提高了水合物形成速率。此外，这些化学药品的存在似乎会影响水合物颗粒的大小。

换句话说，当两种现象（凝固点下降和形成氢键）发生时，这些现象中的哪一个影响成核和生长动力学，很大程度上取决于体系在相图中的位置。这种现象不可能来自非氢键水合物。在这些情况下，唯一重要的因素是动力学水合物抑制剂的依数性。一般情况下，四氢呋喃水合物对添加剂的反应（包括这里研究的）不总是和天然气水合物表现相似。因此，客分子的性质可能是影响水合物抑制机制的一个重要因素。

这项研究对使用四氢呋喃水合物代替甲烷水合物来解释动力学水合物抑制剂和甲醇的抑制机理提出了质疑。

Makogon 和 Sloan（2001）总结了动力学水合物抑制剂的一些作用机理。根据他们的计算机模拟，低剂量水合物抑制剂抑制水合物生长情况取决于抑制剂对水合物的吸附作用以及抑制剂通过与客分子相互作用阻碍客分子进入开放的水合物笼的情况。抑制剂通过吸附于水合物晶体表面，聚合物迫使晶体在聚合物链周围和聚合物链之间以一个小的晶体曲率半径范围生长。Makogon 和 Sloan（2001）指出，这种效应已经被 Larsen（1997）和 Rider（1999）讨论过。影响动力学抑制的其他变量可能包括抑制剂共聚物比率和抑制剂浓度（Cingotti 等，2000）以及水合物的结构和绝对压力（Svartaas 等，2000）。Hutter 等（2000）的中子散射研究结果表明，所研究的动力学抑制聚合物吸附到水合物晶体表面（注意，这些是四氢呋喃水合物），这项研究也显示了其他的散射现象，这可能暗示，在结晶形成前，聚合物—丙烷间的相互作用。这些数据似乎支持动力学水合物抑制剂通过与客体分子相互作用，从而限制客分子扩散到水合物表面的假设。前面讨论的 Talley 和 Oelfke（1999）的研究，似乎符合 Makogon 和 Sloan（2001）提出的模型。

Koh（2002）介绍了 Monte Carlo 用 Cerius^2 软件（Accelrys 公司，San Diego, California, 2010）的吸附模块模拟研究聚乙烯吡咯烷酮（PVP）单体吸附于 sI 型水合物（111）晶体表面的研究成果。强调氢原子在晶体表面，如图 6.20 所示。研究表明，聚合物抑制剂（如PVP、PVCap 或 VC-713）能改变水合物晶体的生长习性，将其从八面体晶体结构变为二维六角形平板结构。

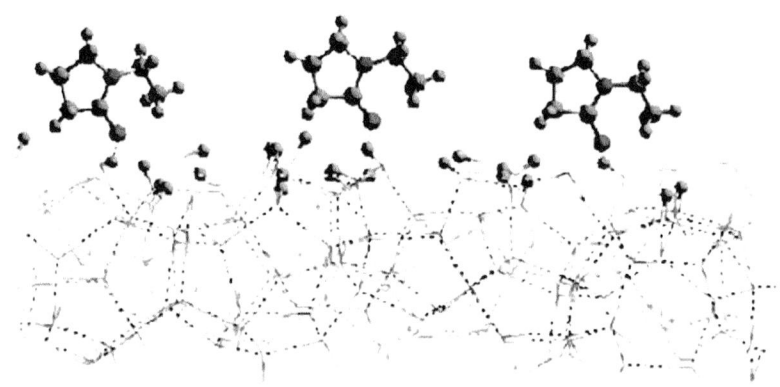

图 6.20 PVP 单体吸附于水合物晶体上的分子模型（Koh，2002）
经皇家化学学会许可转载

Mokhatab 等（2007）总结了动力学水合物抑制材料的作用，并声称其在足够长的时间内（与它们在管道中的滞留时间相比），可以防止晶体成核或生长。但是，生产系统工作条件位于水合物区域越深，动力学水合物抑制剂可延缓水合物形成的时间就越短。如果管道在低于 42℉ 的水合物区工作，可延迟生成水合物数周；如果管道在 50℉ 的水合物区工作，只可延迟生成水合物数小时。在他们看来，动力学水合物抑制剂对烃相相对不敏感，可能因此可广泛适用于烃类管道系统。它们的有效性取决于管道系统的过冷度。过冷度定义为在给定的系统压力下，系统工作温度和水合物结晶温度的差值。Clark 等（2005）报道，过冷度在 19.8 ~ 23.4℉ 范围内，能够保持动力学水合物抑制剂在数天至数周有效。

Anderson 等（2005）提出了针对各种各样动力学水合物抑制剂聚合物的两步机理，并通过分子动态模拟，估算了四种抑制剂分子［聚环氧乙烷（PEO）、PVP、VIMA 和 PVCap］在水合物表面的结合能。该机理的一个主要特点是抑制剂分子黏附在后续生长的水合物晶体表面上，破坏晶体生长，从而破坏结晶。这些作者通过分子动力学模拟发现，那些在实验中表现出较好抑制力的抑制剂分子，也有较高的自由结合能。这也间接证实他们提出的机理。按抑制剂效力渐增排序，顺序为 PEO<PVP<PVCap<VIMA。它们有渐增的负（放热）结合能 $-0.2\text{kcal/mol}<-20.6\text{kcal/mol}<-37.5\text{kcal/mol}<-45.8\text{kcal/mol}$ 和自由结合能（$+0.4\text{kcal/mol} \approx +0.5\text{kcal/mol}<-9.4\text{kcal/mol}<-15.1\text{kcal/mol}$）。此外，在形成水合物的条件下，测试了抑制剂分子对局部液态水结构的影响，找出了其与抑制剂抑制效力之间的对应关系，发现了导致抑制剂强烈黏附的两种分子特性：（1）抑制剂边缘的电荷分布和水合物表面上的水分子中电荷分布相似；（2）抑制剂分子的大小与水合物表面结合点的有效空间大小一致。

沃里克（Warwick）大学行业协会的一份报告对动力学水合物抑制剂的机制提出了不同的观点。Rodger（2006）使用了薄膜模型，该模型是将聚乙烯吡咯烷酮（PVP）的八聚体引入可能形成水合物的水相中（过冷度为 10℃），随后进行分子动力学模拟。在这些模拟中，聚乙烯吡咯烷酮只有在成核开始或在成核 10ms 之前在水中充当抑制剂。在更长的时间内，没有发现抑制作用。这与许多人认为如果晶体已经形成，这些材料就无效是一致的。该报告还称，该抑制剂实际上并没有离开水相，仍然在距表面 5Å 之内。基于此研究信息，该协会声明，依据实验室确定的水合物开始成核之前的时间，正在生产的新抑制剂（可能基于磺基）更有效（与 PVP 或 PVCap 相比，诱导期更长）。这个报告与动力学水合物抑制剂实际吸附到水合物表面或被纳入水合物空穴中的理论有点差异。

由于生产中使用了许多其他化学药品，它们可能会进入生产流体中，研究者一直在寻找不同化学物质之间可能的相互作用。

Swanson 等（2005）介绍了动力学水合物抑制剂与蜡抑制剂的应用情况。现场实施是在一个刚完成二次完井的井中进行，该井预测含水率在 20% 范围内，实际上含水率通常约 35%，在某些时候甚至超过 60%。Swanson 等（2005）指出，预防海底管线水合物和蜡堵塞问题所用的化学剂不同，相应的作用机制也不同，必须在实践中不断修订完善。当油井产量稳定后，注入了动力学水合物抑制剂。由于先前担心可能存在蜡堵塞问题，因此同时也注入了蜡抑制剂。

Swanson 等（2005）发现，在墨西哥湾深海，动力学水合物抑制剂以及 AA- 抑制剂（抗聚凝型）可以与蜡抑制剂一起连续注入。低剂量水合物抑制剂可以很好地与石蜡抑制剂一起使用，没有不兼容的问题。在降低石蜡沉积方面，蜡晶改性剂比蜡分散剂更加有效。另外，连续使用低剂量水合物抑制剂没有引起大的水质量问题。作者们还得出结论：先前典型的 KHI 主要应用于北海地区的井，而在墨西哥湾深海的井连续注入有点独特，并且添加防蜡剂使情况更为复杂。在这篇文章非常全面地列出了该地区井用的低剂量水合物抑制剂专利清单，以及一系列的蜡抑制剂清单。

Graham 等（2001）和 Fu（2007）已经注意到在酸性气井或管道中使用动力学水合物抑制剂抑制水合物存在的潜在问题。如果需要加入动力学水合物抑制剂，必须注入缓蚀剂以防止酸性气体对金属表面的腐蚀。因为动力学水合物抑制剂和缓蚀剂都是表面活性物质（Frenier 和 Ziauddin，2008），所以这两种抑制剂可能会相互影响。Fu（2007）的一项研究发现，缓蚀剂的加入可以显著降低动力学水合物抑制剂的性能，这两种类型的分子之间的干扰会产生不利的影响。在上述情况下，动力学水合物抑制剂原料是以聚乙烯基己内酰胺为主要原料的均聚物（Bakeev 等，2000；Fu 等，2001），但没有介绍缓蚀剂的化学成分。仅通过大范围测试动力学水合物抑制剂和缓蚀剂化学成分，作者研发出了可单次注入的既能抑制水合物也能防腐蚀的动力学水合物抑制剂/缓蚀剂配方。正如 Pit 等（2008）的一篇介绍高腐蚀性气田选择缓蚀剂和动力学水合物抑制剂的文章所述，单次注入抑制剂正在成为行业内一个公认的难题。Moloney 等（2008）讨论了缓蚀剂/动力学水合物抑制剂组合试剂的研究项目，研发的两种抑制剂组合试剂在腐蚀抑制性能（一般的腐蚀抑制以及更重要的点状腐蚀抑制）、水合物抑制性能和腐蚀井高温注入条件下的性能方面都表现出良好的相容性。Peytavy 等（2007）还发现，动力学水合物抑制剂的有效性对缓蚀剂以及井筒压力这两个因素敏感。作者发现，在高压井（130bar）中，由于缓蚀剂和高压的作用，为了确保关井（120h）不发生水合物堵塞，需要在使用高浓度的动力学水合物抑制剂的同时还需注入大量乙二醇。而在较低压力，没有注入缓蚀剂的条件下，仅用 KHI 就可以实现这一目标。

Moore 等（2009）对缓蚀剂和动力学水合物抑制剂相互作用的机理进行了研究，对两种不同的理论进行了探讨，如图 6.21 所示。第一种理论是动力学水合物抑制剂和缓蚀剂竞争表面界面。动力学水合物抑制剂和缓蚀剂分子都可以驻留在界面上；如果动力学水合物抑制剂和缓蚀剂分子之间不兼容，那么动力学水合物抑制剂、缓蚀剂两者排斥或可能相互影响性能。另外，如果只有动力学水合物抑制剂驻留在界面上一定的位置才能实现其最大活性的话，抑制剂和缓蚀剂分子之间的相互作用可能会影响填充系数，引起动力学水合物抑制剂性能的变化。第二种理论涉及在分子水平上动力学水合物抑制剂和缓蚀剂之间的化学作用。理论上动力学水合物抑制剂聚合物具有锚定点，锚定点通过扭曲水合物结构发挥作用，增加形成水合物所需的能量，从而减缓了动力学反应。

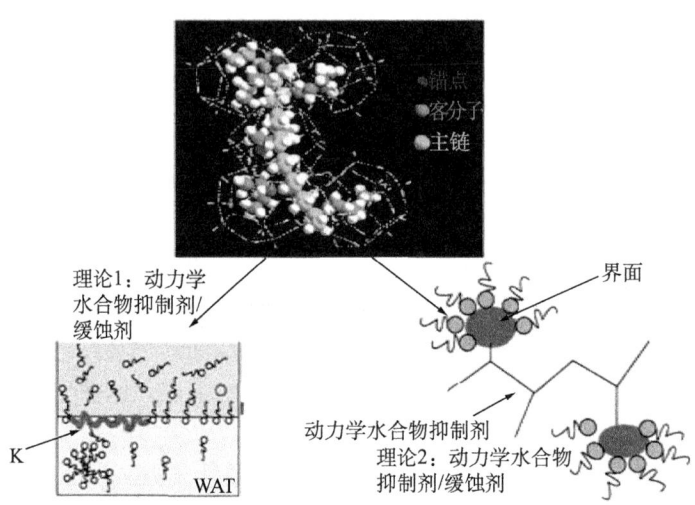

图 6.21　缓蚀剂/动力学水合物抑制剂相互作用的两种理论示意图（Moore 等，2009）

因此，如果腐蚀抑制剂分子具有吸附力，可以化学吸附到聚合物的这些锚点上，这可能会干扰聚合物预防水合物的能力。研究人员通过表面张力的测量和液相色谱/质谱（LC/MS）（Moore 等，2009）对上述两种机理进行了探究。通过表面张力的测量来观测动力学水合物抑制剂和缓蚀剂在表面的行为来研究第一种理论。在动力学水合物抑制剂存在或不存在的条件下，测定缓蚀剂的表面张力。保持恒定的动力学水合物抑制剂浓度，并在加入不同量缓蚀剂的条件下测定表面张力。研究人员研究了缓蚀剂、缓蚀剂+动力学水合物抑制剂或者两者在一起的表面行为。通过吸附技术对第二种相互作用理论进行了研究。在他们的文章中所使用的商业可用化学品见表 6.3。

表 6.3　相互作用试验中所使用的化学品

代码	化学品
CIA（C1）	椰油苄基氯化铵
CIB（C2）	氨乙基脂肪咪唑啉
CIC（C3）	环氧乙烷磷酸酯
KHI-1	聚氟乙烯共聚物

该腐蚀试验的结果表明，这些抑制剂和缓蚀剂分子之间的性能干扰非常小。在动力学水合物抑制剂存在的条件下，3 种缓蚀剂都表现出相同或更好的性能。从性能数据中获得

的信息，探寻了两种理念的相互作用情况。第一种相互作用理论涉及的动力学水合物抑制剂和缓蚀剂在表面界面的竞争问题，可通过表面张力测量进行研究。结果表明：C1、C2 和 C3 在非常低的剂量水平下与 KHI-I 聚合物有轻微的相互作用。总体而言，轻微的互动也许没有强大到足以干扰动力学水合物抑制剂性能。第二种相互作用理论的研究涉及使用 LC/MS 技术研究缓蚀剂在聚合物上的吸附。结果表明：所有测试的缓蚀剂都对聚合物的结构有影响。在加入 C1 情况下，C1 渗入聚合物的端基，干扰聚合物结构。在加入 C2 情况下也观察到类似的现象，但 C2 并没有像 C1 一样完全渗入聚合物中。C3 的测试结果表明存在相同的干扰（聚合物的结构受到缓蚀剂的影响），但是在这种情况下，C3 不能与聚合物端基结合。结果，改变了动力学水合物抑制剂聚合物的结构，致使聚合物预防水合物的能力下降。

Masoudi 和 Tohidi（2005）也研究了动力学水合物抑制剂与其他油田化学药品（如矿物阻垢剂）之间的干扰问题。他们运用具有混合能力的水合物动力学研究装备，研究了 3 种商业阻垢剂对 LUVICAP（在业内被称为 LDHI）性能的影响。这种材料含有 40%（质量分数）聚乙烯基己内酰胺和 60%（质量分数）的乙二醇（MEG）。可调旋转速度的磁力搅拌器用来搅动测试流体。测量搅拌器恒速转动时所需的扭矩，而扭矩的大小与体系的黏度有关。通过测定输入搅拌器的功率（或搅拌轴上的扭矩）来监测流体流变性的改变。

无机垢抑制剂是膦基羧酸聚合物（PCAP）、聚乙烯磺酸盐（PVS）和二乙烯三氨基五甲亚基膦酸。这些材料是一些最为广泛使用的阻垢剂，也是研究最多的无机垢抑制剂（Frenier 和 Ziauddin，2008）。

在有利于水合物形成的条件下，测试 200mg/L 和 1000mg/L 两个浓度的水垢抑制剂对恒定浓度为 1.25%（质量分数）的 LUVICAP 的影响情况，结果表明，有动力学水合物抑制剂的天然气和水管道系统，不同浓度的水垢抑制剂对 LUVICAP 的性能影响不同。总之，在研究条件下，研究所用的水垢抑制剂起到了协同作用，提高了 LUVICAP 的性能。Masoudi 和 Tohidi（2005）发现，膦基羧酸聚合物（PCAP）对水合物垢的抑制更有效，其比 PVS 或二乙烯三氨基五甲亚基膦酸具有更高的协同作用。研究者没有研究低剂量水合物抑制剂对无机垢抑制剂效力的影响。

抗凝聚型天然气水合物抑制剂（AA HIs）。另一种主要类型的天然气水合物抑制剂是抗凝聚型天然气水合物抑制剂。Mehta 等（2003）回顾了抗凝聚型天然气水合物抑制剂的发展历史。加入水合物分散剂（如磺基琥珀酸盐，Sugier 等，1990）已经成为控制水合物的另一种方法。Klomp 等（1995）开发了一类化学物质，可以将亚毫米级的水合物晶体分散在油或冷凝（液态烃）相中。这种分散剂有三丁基癸基铵、三苯基癸铵、三丁基油烯基铵和三丁基十六烷基铵阳离子。通用的 4 级结构是：

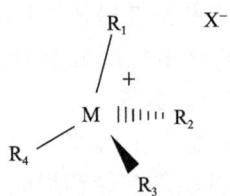

四元化合物的图解
（在大多数情况下 M = N 或 P，R 是变化的基团）

Klomp 等（1995）建议，应该将试图完全消除水合物成核的目标转移到防止大水合物晶体的形成上和转移到防止其积累成复合水合物堵塞物上。抗凝聚型低剂量水合物抑制剂（AA LDHI）的作用是基于一个"亲水合物"的头链掺入水合物晶体内，以及一个"憎水合物"（或"亲油性"）的尾链将水合物分散在液态烃相中（Mehta 等，2003）来实现抑制水合物的。根据这些作者的描述，带有一个或两个长亲油链的有机季铵盐和鏻盐是最有功效的化学物质。一些抗凝聚型低剂量水合物抑制剂可以提供一些动力学水合物抑制作用，有时也称为水合物生长抑制剂（HGIS）。然而，在其他情况下，抗凝聚型抑制剂实际上可以促进水合物形成。因为它们的抑制机制本身不是阻止水合物形成，而是防止其积累成堵塞物。

Mehta 等（2003）介绍了抗凝聚型抑制剂的一些其他特性：

（1）抗凝聚型抑制剂在烃类液体中起乳化水的作用。当水合物形成时，在烃相中抗凝聚型抑制剂为非聚集悬浮液，在含水率小于 50% 的条件下，其黏度不增加。

（2）抗凝聚型抑制剂要求的含水率极限约为 60%。

（3）现场案例研究发现，抗凝聚型抑制剂能有效地抑制水合物的形成，没有发现明显的堵塞问题。

（4）关闭管道之前，必须对管线用低剂量水合物抑制剂连续处理，以消除管道关闭时瞬间管线流动条件变化（如管线降压）引起的水合物堵塞。

（5）与甲醇相比，抗凝聚型抑制剂的注入体积可以减少 25 倍，有利于减少甲板上抑制剂的储存空间，有利于缩小抑制剂注入控制中心规模，并且更易于运输。

（6）使用抗凝聚型水合物抑制剂可避免甲醇排放到海水里和油气输出管线中。

迄今为止，开发的大部分抗凝聚型抑制剂充当了促使水合物晶体分散到液态烃相中，不形成水合物堵塞的分散剂。低剂量水合物抑制剂（LDHI）的抗凝聚属性是由一个可以渗入水合物晶体内的"亲水合物"链和一个能将水合物分散在液态烃相中的"憎水合物"链决定的（Mehta 等，2003）。Frostman（2000）首次报道了在墨西哥湾海底油井使用抗凝聚型低剂量水合物抑制剂的现场试验情况。

Kelland（2009）进一步将抗凝聚型抑制剂材料进行分类，方便其适用于"生产"（即在液态烃的存在下）中和只有少量液态烃和过量水的"气井"中。这些"气井抗凝聚型抑制剂"包括菲并二原胺（Pakulski，2001）和季铵化的聚氟乙烯（Pakulski，2000）。以下段落中介绍的大多数抗凝聚型抑制剂只有流体中含有液态烃，并且含水率不超过 50% 的条件下才起作用。

Kelland（2006）和 Duncum 等（1996）指出，还有一种"生产"抗凝聚型抑制剂的材料，这些材料出自法国石油研究院（IFP）专利申请书和许多不同的表面活性剂专利（Sugier 等，1989；Sugier 等，1990）。这些材料能形成水包油乳剂，该乳剂能将水合物分散在水相中，而不是油相中，这些作者并没有提及该乳液在任何领域的使用方法。York 和 Firoozabadi（2008）声称，乳剂可以与许多抗凝聚型抑制剂材料一起使用（这是机制的一部分），当流体到达生产流程中的分离点时乳液要变得不稳定是非常重要的。

几位作者已经详细介绍了抗凝聚型低剂量水合物抑制剂其他作用机制。Graham 和 Mackay（2004）指出，由于抗凝聚型抑制剂与最初形成的水合物表面结合，从而改变了水合物笼的结构，因此会出现生长抑制现象。其次，抗凝聚型抑制剂是作为分散剂实现其抑制作用。这些分子可以使先前形成的水合物分散在油相中，并可以通过管道输送气水混合物。

由于这种机制，抗凝聚型低剂量水合物抑制剂需要液态烃相的参与，以便将水合物晶体悬浮在液相中。另外，在较高的含水率条件下，分散的水合物晶体可以将液态烃相的黏度增加到可以阻碍悬浮液流动的程度。Mehta 等（2003）引证 50% 含水率为极限值。低于该值，流体黏度不会发生显著的增加。Clark 等（2005）指出，含水率极限为 50%～70%，气油比小于 $10\times10^4 ft^3/bbl$ 应作为实际准则，以维持抗凝聚型低剂量水合物抑制剂的有效性。

Frostman 和 Przybylinski（2001）介绍了抗凝聚型水合物抑制剂的应用。他们指出，当用新型化学药品处理时，分析研究每个生产系统是非常重要的。已经发现，抗凝聚型水合物抑制剂适合于控制近海石油生产中遇到的大多数水合物问题。抗凝聚型水合物抑制剂已经在数个油田的深水管道系统中得到应用，无论是在流动和还是在关井条件下，抗凝聚型水合物抑制剂在海底和在干式采油树井中都得到了应用。在这些应用中，没有发现水合物问题。抗凝聚型抑制剂没有造成甲板上的操作问题；没有乳状液的问题；没有起泡的问题；也没有水质问题。该产品通过现有的甲醇注入系统注入，加入速率明显低于使用甲醇时的注入速率。抗凝聚型水合物抑制剂与甲醇相比，潜在的优势包括规模更小的注入控制中心、更小的泵、更小的储存设备、低频率的补给。他们主张，由于低剂量水合物抑制剂的工作机制没有很好地建立。检查气体水合物形成的规程可能与检查无机垢抑制剂的规程类似，因为该模式更为人所熟知。迄今为止，现场抑制水合物形成所采用的大多数方法是连续注射甲醇或一些其他醇。

Harun 等（2008）介绍墨西哥湾的一口含水率大于 50% 的干式采油树井的处理情况。因为在长时间关井和冷重启期间，只有含水率小于 50% 的情况下，使用抗凝聚型低剂量水合物抑制剂才有效，所以这引起了人们的担忧。而研发一种新的抗凝聚型低剂量水合物抑制剂需要有更多的时间和资源，为此，在墨西哥湾地区研究人员依据操作流程，对管理水合物风险的可能性进行了更为详尽的分析评估。人们发现，在长期关井期间，可以先注入干气（来自乙二醇接触塔），紧随其后注入柴油或甲醇，将井筒流体推到泥线以下，这样可消除长期关井期间水合物形成的风险。冷重启模拟发现，重启不到 1h 井恢复正常生产，现场数据也证实了这些结果。实际的数据还显示，重启 1h 后，油井累计含水率小于 50%。更新的冷重启规程的策略是以尽快的速度重启，使井筒摆脱水和水合物形成的条件。自从更新冷重启规程后，使用现有的低剂量水合物抑制剂，即使在含水率接近 90% 时，也没有发生任何水合物问题。

虽然在高 ΔT 值下，抗凝聚型水合物抑制剂季铵盐似乎有效，但一个明显的难题是所有类型的季铵盐材料都有毒性，这在腐蚀抑制剂行业是众所周知的，开发"绿色"材料已经成为主要的研究目标（Frenier 和 Ziauddin，2008；Kelland，2009）。Kelland（2006）也介绍了开发毒性更低的抗凝聚型水合物抑制剂的工作。Milburn 和 Sitz（2002）的专利介绍了季铵盐表面活性剂（作为抗凝聚型水合物抑制剂），该季铵盐表面活性剂在 4 价氮原子和长烷基链之间带有一个乙醚连接基团。人们认为，基团中的氧在微生物降解这种分子中起关键作用。

上述的抗凝聚型抑制剂可以改善水在四烷基铵盐（如十六烷基三丁溴化铵）上的分散性（Milburn 和 Sitz，2002）。关于这些抗凝聚型水合物抑制剂是否已经商品化没有公开信息。Kelland（2006）列举了既可充当抗凝抑制剂也可充当 KHI 聚合物（如 PVCap）增效剂的单烷基氨基烷脂和二元酸酯。这些产品也具有良好的腐蚀抑制特性。在第二个例中，N，N'-二烷基氨基烷基醚羧酸盐即被称为缓蚀剂，又被称为动力学水合物抑制剂，它具有改善水溶性和生物降解性的双重特性。

York 和 Firoozabadi（2008）讨论了四元化合物的毒性和环境问题，同时研究水相盐度对抑制剂的影响。他们在四氢呋喃（THF）和模型油相（异辛烷）中，测试了四元化合物（十六烷基二甲基氯化铵）、生物聚合物和鼠李糖脂生物表面活性剂（图 6.22）对水合物的抑制效果。测试结果显示，在低盐浓度、高表面活性剂浓度或两者同时具备的条件下，体系发生了非均相凝聚行为。尤其是，他们发现溶解的 $MgCl_2$ 比溶解的 NaCl 更激励凝聚。测量还显示，季铵盐（通常被称为"quat"）与非离子鼠李糖脂生物表面活性剂相比，其对溶解的盐更敏感。在这项工作中，他们声称，鼠李糖脂生物表面活性剂在 0.05%（质量分数）的低浓度条件下都能抑制水合物。季铵盐表面活性剂的有效浓度可低至 0.01%（质量分数）。对一些水基流体进行抗凝聚处理时，用具有低毒性和高生物降解性的生物表面活性剂替代化学表面活性剂可能具有吸引力。

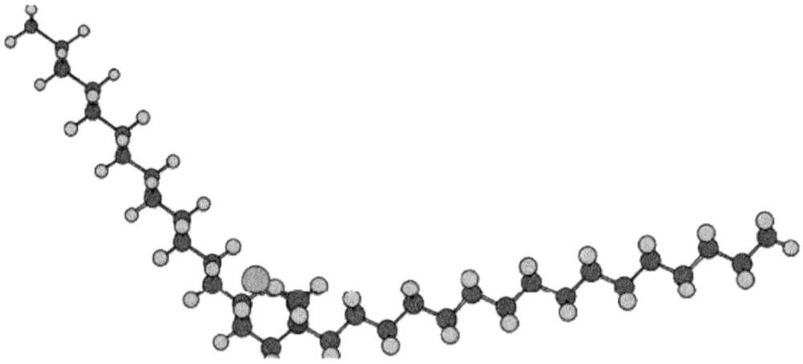

(a) 二甲基双十六烷基氯化铵

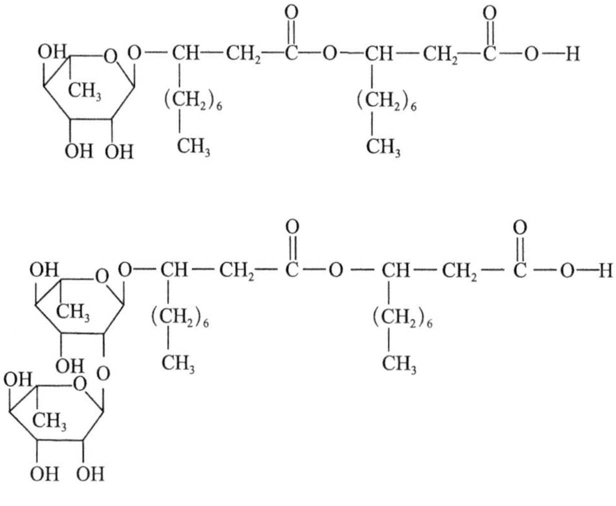

(b) 鼠李糖脂生物表面活性剂

图 6.22 水合物抑制剂（York 和 Firoozabadi，2008）

为了阐明几种不同类型天然气水合物抑制剂的抑制机制，使用了多种分析技术。Koh 等（2002）利用中子衍射（ND）、差示扫描量热法（DSC）和多单元光敏仪（MCPSI）研究了天然气水合物形成和抑制的机制。

使用这些方法，他们发现，仅当甲烷水合物形成时，液体中围绕甲烷的水合作用范围会发生显著变化，在结晶水合物中的水壳层比在液体中的水壳层大约厚了1Å。这些变化表明，一旦水合物开始形成，水合壳层的平均有序性稍微变差（与在水合物形成温度之上的甲烷—水体系相比）。此外，甲烷—甲烷相关性表明，甲烷分子可以接受一系列分离。因此，在甲烷—甲烷分子和甲烷—水分子之间有一些间距，这与甲烷—水分子之间排列的无序性相一致。因此，水分子能松散有序的围绕着甲烷，即使在液相中也是如此。

Koh 等（2002）在四氢呋喃（THF）水合物表面和本体溶液中加入3种低剂量水合物抑制剂PVP、VC-713和溴化季铵盐，研究了这些抑制剂对水合物的影响情况。Zhang 等（2001）使用了多样品室的光敏仪，该光敏仪由围绕在圆盘传送带周围的12个透明样品室组成，传送带以0.5r/min的转速旋转。各样品室的磁搅拌器搅动液体，在液体中形成涡流。激光束通过样品室的垂直轴传播。通过测量几个参数，来确定水合物晶体形成的延迟时间。测试显示，溴化季铵盐抑制剂对水合物晶体生长最有效，而VC-713对于抑制水合物成核作用最好。

这些研究人员用多样品室的光敏仪和差示扫描量热法（DSC）测量抗凝聚型抑制剂材料得出的结论是：相比于聚乙烯基吡咯烷酮（PVP）和VC-713（KHI化学药品），溴化季铵盐对控制水合物晶体生长最有效，而VC-713对成核过程的影响最大。溴化季铵盐抑制剂与双长链聚合物相比能更大程度地抑制水合物形成（尽管抑制剂的效力是驱动力的函数）。溴化季铵盐化学作用模式以四氢呋喃—溴化季铵盐（THF-QAB）间的相互作用为主，而聚乙烯基吡咯烷酮（PVP）和VC-713三元共聚物溶液是通过与水/四氢呋喃溶液和四氢呋喃簇两者同时相互作用而起作用。已经发现VC-713对四氢呋喃本体溶液和其水合物表面都有抑制效果，而且通过该双重作用延迟水合物成核作用。请注意，这些结论不可直接用于甲烷水合物，因为甲烷水合物比四氢呋喃水合物水溶性低。

Carstensen 等（2001）通过使用原位拉曼光谱仪研究了四氢呋喃和甲烷水合物的形成情况（Ferraro 等，2003）。对前面所述两类抑制剂（热力学型—甲醇和动力学型—聚乙烯基吡咯烷酮）中的几种不同的抑制剂进行了研究。在298～273.8K温度区间，分别记录了四氢呋喃和甲烷水合物在大气压和大约为5.5MPa压力下的原位拉曼光谱，测量时，激光通过光学窗口被聚焦在温控高压样品室上，并且使用相同的透镜收集散射光。

这些研究人员还发现，在1%（质量分数）的甲醇浓度下，四氢呋喃水合物（图6.23的模型）的生长速度未发生显著变化。加入5%（质量分数）的甲醇也获得同样结果。由此可以得出结论：甲醇只移动热力学平衡条件到较低的形成温度（或更高的压力）区域，而不改变晶体的生长过程。但是聚乙烯基吡咯烷酮能显著增加晶体的生长时间。对此，作者用聚乙烯基吡咯烷酮分子能吸附到晶体表面上（这会破坏四氢呋喃水合物吸附平衡）来解释。此外，研究人员发现聚乙烯基吡咯烷酮可以，改变了甲烷水合物晶体的生长过程。

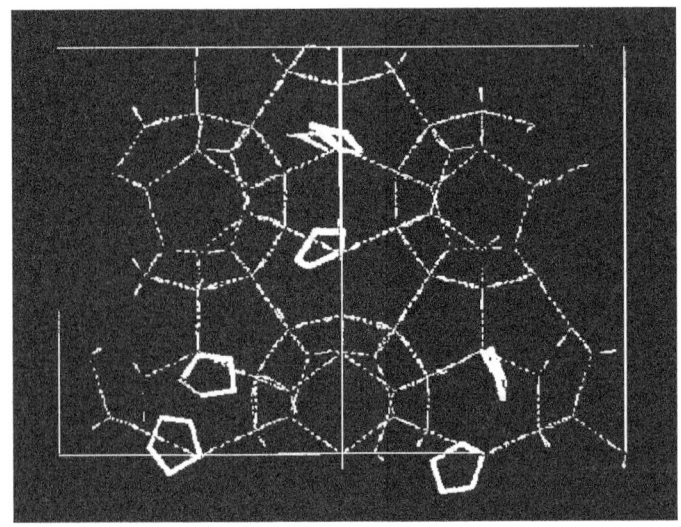

图 6.23 四氢呋喃水合物模型,其中四氢呋喃客体分子的位置被任意插入大的十六面体孔穴中
(Carstensen 等,2001)

正如 Gao(2008)所指出的那样,各种固体形态化学物质之间(即蜡与沥青质、水合物与环烷酸盐)以及各种处理和控制垢的化学药品之间都存在相互作用。此外,不同类型的测试还可能给出不同的且可能矛盾的数据。因此,必须使用整体的多管齐下的方法来开发最有效的一套化学药品或战略性控制方法。前文中和 Graham 等(2001)与 Fu(2007)对动力学水合物抑制剂及其他表面活性剂的组合交互作用的探讨值得关注。显然,在考查使用任何化学合剂时,都需要仔细考虑风险和收益。

有关低剂量水合物抑制剂,Kelland(2006)得出的一些结论是:

(1)在气井和油气管道中使用低剂量水合物抑制剂正在迅速成为防止水合物堵塞的一个可接受的方法。

(2)对于高过冷应用场合,抗凝聚型抑制剂似乎是唯一的商业小剂量水合物抑制剂的替代品。

(3)虽然有人已经对水溶性聚合物的动力学的水合物抑制机理(成核抑制)建立了模型,但是至少在公开文献中其抑制机理还没有完全弄清楚。通常认为,这些机理与聚合物吸附到水合晶胚或晶体结构之上有关(Makogon 和 Sloan,2002)。但是,目前的一些研究工作表明,水的扰动也很关键。

在最近的专利中,公开了一种适用于抑制含有水合物形成组分的流体中笼形水合物(Colle 等,1997)形成的方法。更具体地说,该方法可用于抑制油气管道中水合物的形成(如抑制输气管道中水合物的形成)。

用于现场的水合物抑制剂基本上是水溶性的聚合物,它们的丙烯酰氨基上的氢被 R^1R^2 取代。这些抑制剂包括(但不限于)聚(N-乙基丙烯酰胺)、聚(N,N-二乙基丙烯酰胺)、聚(N-甲基,N-丙烯酰胺)、聚(异丙基丙烯酰胺)、聚(正丙基丙烯酰胺)、聚(N-环戊基丙烯酰胺)、聚(N-环己基丙烯)、聚(丙烯酰哌啶)、聚(丙烯酰吗啉)和多种 N-取代的丙烯酰胺共聚物。它们可能充当了动力学水合物抑制剂。

Pakulski（2001）介绍了控制混合流体中天然气水合物形成的方法。该方法是通过加入有效量的聚乙二醇二胺来防止或抑制晶体生长。

天然气水合物抑制剂（Duncum 等，2001）其可由添加剂 1 与添加剂 2 和添加剂 3 复配获得，其中添加剂 1 是含有 6～8 个碳原子的氮杂环聚合物；添加剂 2 是一种缓蚀剂；添加剂 3 的分子式为 $[R^1(R^2)XR^3]^+Y^-$，其中每个 R^1、(R^2) 和 R^3 都直接与 X 键合；每个 R^1 和 (R^2)（它们是相同的或不同的）都是至少有 4 个碳原子的烷基；X 是 S、NR^4 或 PR^4，这里的每一个 R^3 和 R^4 可以相同或不同，代表一个氢基团或有机基团，其条件是 R^3 与 R^4 中的至少一种是含有 4 个以上碳原子的有机基团，最好是 5 个以上碳原子；Y 是阴离子配价 (v)，其中 v 是 1～4 之间的一个整数。

Pakulski（2000）介绍了新组分药品和使用方法。该药品能抑制天然气水合物的形成、生长或两者都抑制。这些药品一般是聚醚铵化合物，分子式为：$[R'R''R'''N-(CHRCH_2(OCH_2CHR)_nNR')_m \cdot R']^+ \cdot [X^-]$。阴离子 $[X]^-$ 可以被随机地替换。

Klug 和 Feustel（2003）公布了一项发明，该发明是使用改性乙二醇醚酰胺聚合物作为有效的气体水合物抑制剂，其分子结构式为：

$$R^1-O-(A-O)_2-\underset{O}{C}-NRR^2R^3$$

其中，R^1 为 C_1—C_{30} 烷基、C_2—C_{30} 烯基、—CH_2—CO—NR^2R^3 基团或 C_6—C_{18} 芳烃基（可以被 C_1—C_{12} 烷基取代）；R^2R^3 是相互独立的氢原子、C_1—C_6 烷基或 C_5—C_7 环烷基或 R^2 和 R^3 是含有氮原子，并通过与氮原子的相互键合形成 4～8 个原子环，该环中除碳原子外，还可以包含氧或氮原子；A 是 C_2—C_4 亚烷基自由基，n 是从 1～20 的整数，例如聚乙醇丁醚 $-N-$ 异丁酰胺聚合物。

这些化合物可以单独使用或与水溶性聚合物联合使用，其中水溶性聚合物有聚 $N-$ 异丙基丙烯酰胺、聚丙烯酰吡咯烷、聚乙烯基己内酰胺（PVCap）、聚乙烯吡咯烷酮（PVP）、乙烯基己内酰胺（VCAP）和乙烯基吡咯烷酮的共聚物或 $N-$ 乙烯基 $-N-$ 甲基乙酰胺和含有马来酸或其酸酐或酰胺衍生物结构单元的共聚物。

Rabeony 等（1996）介绍了可作为天然气水合物抑制剂（GHI）的表面活性物质，该表面活性物质有极性头部基团和疏水基团，疏水基团中碳原子个数不超过 12 个。

Rabeony 等（1996）在实例中提及戊酸钠、丁醇、硫酸丁酯、磺酸丁酯、烷基吡咯烷酮和配方为 $R_2N(CH_3)_2(CH_2)_4SO_3$ 的两性离子，描述了这些物质的混合物与水溶性共聚物的协同作用。Linote（1979）介绍了结构式为 $RO(CH_2CH_2O)_nCH_2CONR^1R^2$ 的 N，$N-$ 二烷基化低聚乙二醇单醚羧甲基酰胺，其中，R 是一个具有 8～20 个碳原子的脂族基团或一个被 C_8—C_{12} 烷基取代苯基的基团，R^1 和 R^2 为氢或至少有 3 个碳原子的烷基。作者介绍了它们作为燃料缓蚀剂、除垢添加剂或防垢添加剂方面的应用。

Delion 等（1998）在其专利（美国专利号为 No.5817898）中介绍了输送可形成天然气水合物的天然气或凝析气时所采用的一些处理方法，其中包括在液态烃馏分中使用溶解分散剂（可能带有成膜添加剂）。这种液态烃馏分与所产生的冷凝水和水合物作用形成乳液、悬浮液或两者都有。水合物通过管道运输后，分散剂可回收再利用。该专利介绍了结构式为 Hb—A—X—A—Hb 的聚合物，其中 X 是聚氧化烯链，A 是氨基甲酸酯基，Hb 是烷基、烷基芳基或环烷基。该聚合物可作为天然气水合物的抑制剂。

Velly 等（1998）报道了一种用于组分至少包含有水、气体和液体石蜡的流体降低水合物凝聚趋势的方法。该方法是在给定流体中加入至少两种有机可溶性添加剂的混合物，即至少一种聚异丁烯—聚乙二醇共聚物和一种含氮单体的烷基（甲基）丙烯酸酯共聚物。这些有机可溶性共聚物通常以总浓度为介质中水量的 0.05%～5%（质量分数）加入。

Panchalingam 等（2007）报道使用季铵或磷的合成物抑制、减轻、减少、控制或延缓烃类水合物的形成或水合物聚集的方法，该方法可用于预防、减少或缓解管线堵塞（包括在当前条件下可能形成烃类水合物垢的输送管线、阀门和其他地方或设备）。在生产流体中至少加入一种季铵或磷的化合物，化合物可能选择与其他化合物（氨基醇、酯、季铵、磷或锍鎓盐、甜菜碱、氧化胺、酰胺、简单的铵盐）组合。

Meier 等（2006）的发明物可在一定程度上取代胺、亚烷基二胺或聚胺以及它们的衍生物，其适合于预防、抑制或改变气体水合物晶体的生长匀性。

这些改变包括减慢、减少或消除成核作用和核的生长或气体水合物的凝聚。在本文中公开了一些用于此用途的化合物，下面将详细讨论其中的每一种化合物。在这里，气体水合物术语是指低级烃的结晶水合物。

Angel 等（2005）报道了接枝共聚物，该接枝共聚物由聚二醇亲水基聚合物、聚醚或者由主链中具有至少一个异质原子和一个 $N-$ 乙烯基内酰胺接枝的聚合物组成，前提是聚苯醚不能作为基础聚合物。该接枝共聚物能抑制水合物。

Henriot 等（2005）介绍了一种用于连续检测和预防石油管道中（多相流）水合物形成的方法。该方法可以模拟循环模式和管道中任意点的情况，考虑了管道流体混合物实质上是处于不断的平衡过程中，沿着管道多相混合物的组成是可变的，并且该混合物各组分的质量是通过质量守恒方程全局定义，不考虑其相态。将石油流体按虚拟组分分组后，检测热力学水合物形成条件，这个过程定义每一个质量分数和一定数量的特征物理量，以便区分形成水合物的成分，将这些与特定成分有关的数据应用到模块中，以便确定管道任意位置水合物分解温度。控制装置也可以用来比较水合物分解温度与石油流体的温度，并且通过控制装置，设计措施来控制水合物形成。该方法可应用于深海石油生产领域。

Crosby 等（2005）介绍了一种抑制天然气水合物在混合物（水和水合物客分子的混合物）中形成的方法。此方法包括将利于形成天然气水合物的混合物中加入适量的离子对来有效地抑制烃水合物的形成。在公开的发明中，所述的离子对包含了一个阳离子组分和一个非阳离子组分，其中阳离子组分可以是季铵化合物或鎓类化合物；非阳离子组分可以是阴离子化合物、非离子化合物、两性化合物或它们的组合物。两个具体的、相配的非阳离子组分为十二烷基硫酸钠和烷基醚硫酸铵。该专利申请书中包含了一个很长的具体的化合物的列表。因此，是一份极好的参考资料。

Rivers 和 Crosby（2007a）提出了一个抑制水与客分子的混合物形成天然气水合物的方法。此方法包括给有利于形成天然气水合物的混合物中加入适量的反应产物来有效地抑制天然气水合物的形成。该反应产物由第一反应剂与第二反应剂和第三反应剂反应获得，其中第一反应剂是胺或聚胺，或者是醇或多元醇；第二反应剂是醛；第三反应剂一种醇或多元醇，或者是酰胺或聚酰胺。如果第一反应剂和第三反应剂都是醇或都是多元醇且不相同，则更适宜。专利公开的相配的 3 种反应物实例是脂肪烷基胺、甲醛和聚丙烯酰胺。其他细节见 Rivers 和 Crosby（2007b）专利。

Rivers 等（2008）也声称树枝状化合物可作为低剂量水合物抑制剂，尤其是超支化聚酯酰胺。树枝状化合物实质上是三维的。高度支化低聚物的或聚合物的分子由一个核、多个分支世代和由端基组成的外表面组成。分支代由结构单元组成，结构单元径向结合到核心或结合到一个前代结构单元中，并且从核心向外延伸。结构单元可能具有至少两个反应性的单官能团，至少一个单官能团和一个多官能团，或两者兼而有之。术语"多功能的"应理解为功能约为 2 个或更多。给每个官能团可连接一个新的结构单元，一个高分支单元。结构单元的每一代可以是相同的，也可以是不同的。树枝状化合物的特殊代的分支程度被定义为目前的分支数与同代聚合物可能的最大分支数之间的比率。树枝状化合物的术语"官能端基"是指那些能组成一部分外表面的反应性基团。分支可能存在或多或少的规律性，并且表面的分支可能属于不同的世代，这取决于合成过程的控制水平。

天然气水合物抑制剂技术综述：在给定条件下，例如甲醇或乙二醇这些热力学水合物抑制剂（THI），如果加入流体中的浓度足够高，可使水合物包络线移到较低温度（或更高的压力），可以完全防止水合物的形成。然而，使用足够高的浓度也就意味着费用昂贵，并造成了一种生态风险。为了降低总成本，可以用一些大型装置回收这些添加剂（KCC，2008）。

低剂量水合物抑制剂的作用方式类似于无机垢抑制剂。低分子量聚合物（动力学水合物抑制剂材料）干扰晶体形成，它像表面活性剂的抗凝聚型抑制剂一样，能将晶体分散到油相或水相中。这些聚合物的使用浓度比热力学水合物抑制剂低得多，但它们必须在烃类和水的混合物中使用。许多抗凝聚型抑制剂材料需要有油相存在才有效。然而，Kelland（2009）声称，气井抗凝聚型抑制剂可以在过量水存在时使用，这些材料的作用机制和那些用于抑制无机垢形成的常规材料（有时在功能上和在化学过程）类似。气井抗凝聚型抑制剂与磷酸酯或聚丙烯酸酯（在浓度低至 5mg/L 还有效）相比，最大的不同是气井抗凝聚型抑制剂起抑制作用需要的量大。在上述文章中，动力学水合物抑制剂最有效的使用浓度要高于 100mg/L。然而，抑制水合物晶体潜在伤害所需的动力学水合物抑制剂浓度比抑制无机垢伤害所需的无机垢抑制剂浓度高得多。

Hutter 等（2000）研究了四氢呋喃水合物体系，他们使用小角度中子散射技术和对比度变化技术来表征两种非离子水溶性聚合物的结构：一种是聚环氧乙烷（PEO），一种是聚乙烯吡咯烷酮（PVP）。第二种结构能动力学抑制水合物结晶。这些研究的目的之一是了解这种抑制剂的抑制机制。他们发现，晶体表面只有 2% 被抑制剂有效地覆盖。在覆盖面内，聚合物浓度明显高于周围溶液。这表明，聚合物团块通过彼此广泛分离形成覆盖面。考虑到水合物表面这些聚合物团块的浓度和隐含的间距，认为它们能有效地抑制晶体生长。这些研究人员还推测聚合物的膜较厚，这与无机垢抑制剂相比是不同的。但是，研究表明，四氢呋喃水合物不是最完美甲烷型水合物模型（Carstensen 等，2004），这可能使目前研究所获得的机理受到怀疑。此外，最近的分子动力学（MD）研究（Rodger，2006a）声称，动力学水合物抑制剂材料会滞留在水相中。因此，需要更深入的机理研究。越来越多的研究人员开始注意到其他化学药品（例如缓蚀剂）对抑制剂的干扰，很显然，测试时必须包括尽可能多的附加变量。

目前，动力学水合物抑制剂和抗凝聚型抑制剂材料都有技术改进，但Lachet和Behar（2000）声称，即使甲醇使用时需要的量大，并且对哺乳动物和水生生物有毒，但是许多运营商仍然青睐选择它来抑制水合物形成。这些作者建议甲醇和动力学水合物抑制剂或抗凝聚型抑制剂混合使用，但是并没有提供任何现场的效能数据。前面已经讨论了几种其他混合型抑制剂的例子。在特大气田（其平均每天可以产生数亿立方英尺的气体）使用动力学水合物抑制剂的成本可能过高，使用低剂量水合物抑制剂可能是唯一可行的解决方法。

6.4.4 环烷酸抑制剂

在一些地区的石油生产环境中形成的环烷酸钙垢似乎越来越难处理。环烷酸钠盐还能引起乳化。因此，当前研究和开发的重点是找到阻止或抑制这种垢形成的方法（见4.4节）。

只有pH值大于6时，环烷酸盐或环烷酸钙固体才会形成。因此，给盐水中加各种酸已经成为主要的处理方法。通过保持压力来保存溶液中CO_2也是一种有效的预防方法。但是，在实践中这种方法可能更难以实现。可以通过添加破乳剂实现对环烷酸钙或钠垢（包括环烷酸盐）的抑制。添加破乳剂是预防特殊原油结垢的方法，而且使用量大，读者可以直接参考Fink（2003）和Kelland（2009）对于这类化学物质的讨论和Becher（1997）对破乳剂的讨论。

Tuener和Smith（2005）评价了使用酸性材料控制pH值来减少环烷酸钙垢形成的方法。添加冰醋酸（GAA）可以使水的pH值降低到羧酸盐基团质子化的程度，这可以减少大量固体的形成。使用磷酸以及如磺酸和（粗）盐酸（C_{14}酸）这些其他有机酸也有一些效果。环烷酸垢的研讨会提到了一些包括乙醇酸和甲酸等的其他酸（环烷酸沉淀，2008），这些酸比冰醋酸（较低的pK_a值）的酸性更强，可能更有效。然而，这些酸都易挥发，可能会造成蒸气空间或含铁设备的腐蚀。Vindstad等（2003）称，在Heidrun油田原油中以200～400mg/L的浓度添加盐酸，可以彻底消除环烷酸垢。但是，意想不到的，是与此同时也会增加产出油的含水量。因此，这些操作者也会使用分散剂和抑制剂（成分没有介绍）。这些作者并没有特别提到含铁设备的腐蚀问题。如果没有向酸中加缓蚀剂或者没有对pH值进行精确控制，腐蚀将是一个问题。

最近，在西非深海发现许多地方产出高浓度CO_2的酸性原油。在石油生产过程中，由于降压和CO_2的脱出可导致原油的pH值增加，可能会产生具有表面活性的环烷酸盐。Goldszal等（2002）发现，这些酸性物质可以稳定原油中的乳化水。他们的工作目的是评估酸性物质对环烷酸盐和垢的抑制效果，以及影响抑制效率的各种因素。在预防环烷酸盐垢方面，他们研究了垢与抑制剂的相互作用。在某些情况下，即使在较低pH值的情况下，也会产生环烷酸盐沉淀。这些特征的多样性可以用各种酸的性质差异来解释。可以参考Vindstad等（2007）对于ARN酸（挪威术语：一类环烷酸盐）结构的讨论以及Vindstad等（2003）对Heidrun盐水缓冲量的讨论。为了防止乳液稳定和环烷酸盐沉积，要对选择的破乳剂进行测试。目前已经发现了几种既能破乳，又能抑制环烷酸盐沉积的破乳剂（Goldszal

等，2002）。在某些情况下，破乳剂和阻垢剂的混合物能产生很好的效果。这归功于两种添加剂之间的协同效应。然而不幸的是，Goldszal 等发现，使用阻垢剂通常会增加油相中钙的含量。从本质上说，从含水率和金属含量的角度来讲，酸性原油中使用阻垢剂，会降低原油的品质。在预防乳化和环烷酸盐沉积方面，一些添加剂很有效（尤其是乙氧基化壬基酚树脂）。目前已经制定了这些添加剂的选择规则（尤其是根据亲水亲油平衡值和浓度优化）。在选择规则上体现了不同功能添加剂之间的协同效应。

最近，已经有人提出了控制环烷酸盐垢的其他材料。Hurtevent 和 Ubbels（2006）声称，可以使用小剂量环烷酸盐抑制剂代替醋酸。他们提供了实验室和一些现场数据来支持这种说法。这些小剂量环烷酸盐抑制剂是以化学破乳剂为基础的。但是，在此报道中没有提供相关细节。然而，最近美国的专利申请书也许提供了一些这些小剂量环烷酸盐抑制剂的化学性质。在 Ubbels（2005）的专利申请书中声称，一些表面活性剂与环烷酸抑制剂一样，能起抑制环烷酸盐垢的作用。这些表面活性剂选自磷酸盐、硫酸盐、磺酸盐、磺基丁二酸酯、聚磺基琥珀酸酯、酚类、甜菜碱、硫代氨基甲酸酯、黄原酸和这些物质的组合物。抑制剂添加浓度为 250 ~ 500mg/L。添加策略中包括将抑制剂注入井中、油水分离器中或在其他合适的位置。根据需要，抑制剂可添加到产自地层的油水混合物中。最适宜添加抑制剂的位置是在油嘴、管汇、塔以及组合单元之前。视需要，还可以在添加抑制剂之前或之后，降低流体压力使二氧化碳气体从油中分离出来。因此，抑制剂也可在油嘴、管汇、塔以及组合单元之后添加。

低剂量说法（Ubbels 等，2005；在原生水中为 100g/L）宣称，抑制剂中表面活性剂组分从磷酸盐、硫酸盐、磺酸盐、磺基琥珀酸酯、聚磺基琥珀酸酯、酚类、甜菜碱、硫代氨基甲酸酯、黄原酸盐以及这些物质的组合物中选择，并且抑制剂至少含有一种助水溶物，这些助水溶物包括单磷酸酯、磷酸二酯或它们的混合物。

其他几个作者一直致力于评估垢抑制剂，这些垢抑制剂的作用方式类似于无机盐垢抑制剂。Vindstad 等（2003）报道了用环烷酸钙抑制剂（CNI）与少量破乳剂的组合来控制环烷酸盐沉积。其中，破乳剂用于减少发泡和成品油的含水量。

Melvin 等（2008）介绍在处理这些复杂和现场经常出现的具体问题时，用不同的环烷酸盐抑制剂进一步优化现场处理方案的工作，同时还研究了不同的酸、抑制剂和破乳剂相互作用的情况。他们声称，过去两年，在油田使用经过选择和优化的环烷酸钙抑制剂与酸处理结合的方法有效地控制了环烷酸盐沉淀，并且使环烷酸盐对生产的影响降至最小。针对不同的、不易挥发的有机酸的选择，首先需要重点考虑的是尽量降低输气管道的腐蚀风险。当用不同性质的酸来控制现场 pH 值时，这些环烷酸盐抑制剂的性能和乳剂的稳定性会发生很大的改变。这说明，不同的环烷酸盐抑制剂的作用机制不同。除此之外，该论文还提供了测试使用的流动装置以及测试说明（图 6.24）。该装置含有一个混合筒以及一个能够测试压降的过滤器，通过透明的圆筒可以观察固体颗粒的形成和流体的乳化现象。

Melvin 等（2008）测试了 3 种抑制剂（称为 CNI 1-3）。他们注意到这 3 种抑制剂都能降低流体流到模拟分离器过程中的压力损失。用 Karl Fisher 滴定法确定油相中水的量。结论是，CNI 1 和 CNI 3 可以作为分散剂，CNI 2 可以作为固相抑制剂；CNI 2 被选为现场试验试剂。这些作者还测试了分散剂以及一种醋酸的替代品，该替代品的 pK_a 值较低。因此，比醋酸更有效。这些作者声称，水的 pH 值仍应保持低于 6.1，这可能是破乳剂和固相抑制剂要求的值。Kelland（2009）对其他抑制剂的结构进行了介绍。几项专利（Jones，2008；Gallagher 等，2007）中提及的一些化学物质都是可以作为破乳剂的表面活性剂。Gallagher等（2007）的实验注意到，可以使用混合物来防止环烷酸盐沉积。

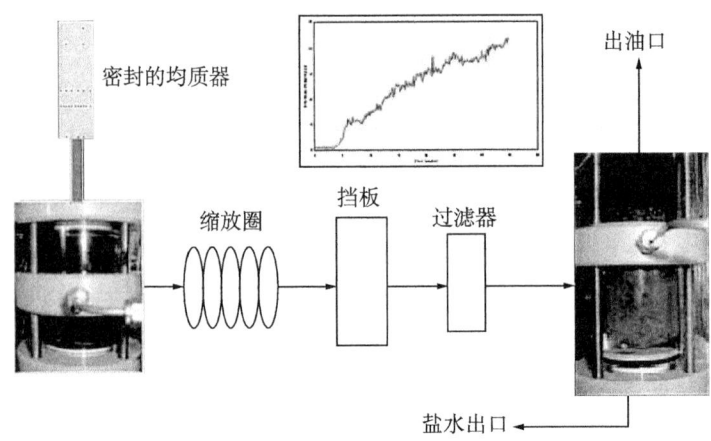

图 6.24　评价环烷酸盐抑制剂的流动装置（Melvin 等，2008）

Turner 和 Smith（2005）也强调，需要区分环烷酸钙垢和羧酸钠皂化乳液，因为，正如上所述，它们呈现出的问题非常不同。他们提供了几种减少环烷酸盐形成的方法。流体可能会通过一个或两个主要的分离器进行处理，随后可能进入第二个过程加热器，最后通过静电处理装置和油聚结器。水处理设备（包括水力旋流器、脱气器、气浮选装置）用来进行水处理。在每个阶段，液体都会经历压降和剪切（这都可以促进环烷酸盐形成），而温度的增加可能会生成环烷酸盐并对油水分离产生影响。静电处理可能有助于环烷酸盐聚集和进一步脱水。鉴于物理参数对环烷酸盐产生的影响，设计流程时应多加注意。任何流程的设计都必须经过深思熟虑，超越传统理念的设计可以减少环烷酸盐的生成，从而节省大量的成本。

Turner 和 Smith（2005）认为，可以对现有系统中的操作参数进行优化，以减少环烷酸盐的生成。这包括：

（1）保持设计和操作压力尽可能地高。这将会制约由于 CO_2 从流体中分离引起的 pH 值的变化。在过程早期应先除水，可能会减少环烷酸盐的生成，并且减少环烷酸盐形成所需的化学品的用量。

（2）能导致高剪切的工艺设备尽量少用（例如，在井中尽量减少电潜泵的使用、替换甲板上的高剪切泵、使用低剪切的控制阀）。静电处理装置可以聚集环烷酸盐和加剧既有的环烷酸盐问题。预计在未来的发展中，不相容的液体可能采用回接技术。基于垢的结构分析，已经提出了环烷酸盐垢的形成机制。

Runham 和 Smith（2009）已经对控制过程进行了分析和总结，包括监控、过程控制、化学药品的添加、补救处理（清洗）。

环烷酸盐控制方法综述：尽管用冰醋酸来控制 pH 值是最常用的控制环烷酸钙垢的方

法，但其他酸以及分散剂和垢形成抑制剂也在一些油田被推荐使用。事实上，也许可以认为低浓度抑制剂具有类似于无机垢抑制剂的阈值机制。Shepherd 等（2006）指出，分散剂型抑制剂的使用，可能会改变环烷酸钙垢的性质。因此，运营商必须对大量复杂的抑制剂化学药品进行评估。

6.5 有机垢的抗黏附处理技术

文献中有几个专题都是有关抑制剂技术发展的报道（Settineri 等，1982，1984）。Bohlen 和 Settineri（1988）发明专利中介绍了使用液态 SO_3 去除井中的石蜡和沥青质，并使得井筒表面亲水，阻止有机垢进一步发展的情况。SO_3 与水反应所产生的热可以溶解蜡，同时强氧化剂可能会钝化表面。这些技术不能抑制垢的形成，但可以抑制已形成的固体垢黏附于管道表面。虽然这项技术在现场的确起作用，但考虑到安全方面的因素，使用液态 SO_3 的方法无法使用。为解决使用 SO_3 所涉及的问题，Growcock 和 Frenier（1984）、Miller（1986）和 Jasinski（1987）提出了一系列的清洁技术（大部分采用了氧化方法），这些技术可以使管道表面亲水，并且可能使表面发生电化学钝化。在实验室测试中，该清洁技术能抑制石蜡在管道表面形成。当时这些技术都没有商业化。

Perez（2005）研究出了各种抗黏附技术。他指出，在钻井过程中（或之后），地下焦油侵入井筒可能会导致各种各样的问题。如果焦油是柔性且可变形的，它可以"再填充"井筒，这需要付出额外的钻井时间和套管操作。另一个问题是焦油可黏附或吸积在钻柱或井底钻具组合（BHA）上。这些直接黏附在钻柱或井底钻具组合上的焦油通常需要额外的起下钻来物理清除。另外，焦油造成的相关问题可能会最终导致井眼堵塞并弃用。正是由于这些原因，目前在模仿井筒吸积过程和在开发基于实验室的使沥青质黏附最小化或消除方面都已经研究出了方法。

通过调研合成钻井液钻井过程中墨西哥湾焦油吸积到钢管的情况，评估了整治的可能途径。在实验室中除了评估诱发焦油吸积的必要条件外，还更进一步研究了如何逆转吸积，这也同时有助于预防最初的吸积。该研究也包括研究诱发吸积的原因和研发试图用于减少焦油黏附的各种添加剂。

为了在实验室条件下产生吸积，有必要研发一种实验方法来仿真在油田观察到的焦油吸积范围。论文介绍该实验方法和优化的流体体系。该项研究中让人最感兴趣的是这种新颖的化学处理液是有助于减少焦油固有"黏性"的添加剂，有助于降低或预防焦油黏附到模拟钻柱上。所研发的流体处理液符合环保标准。在实验室的实验参数下，使用这种新的化学处理液可以成功逆转和预防焦油吸积。

Perez（2005）没有透露化学处理液的成分；然而，他在 2007 年的一项发明专利中介绍了这种处理液，它是由基液和包括一种或多种硅酸盐的焦油处理添加剂组成。基液是一种水溶液，该水溶液可能也含有与表面活性剂和有机溶剂相似的焦油溶解添加剂。

相配的硅酸盐（但是不限于）包括硅酸钠和硅酸钾。在一些实施方案中，焦油处理添加剂可以是由一种或多种硅酸盐的水基溶液组成。在这种类型添加剂的实施方案中，硅酸盐约占焦油处理添加剂水溶液质量的 40%。在其他实施方案中，焦油处理添加剂也可包括纯硅酸盐（固体或液体形式）。焦油处理添加剂也可包括其他的成分，以提高这些焦油处理添加剂在特定应用中的性能。例如，焦油处理添加剂中除其他成分外，还可以含有增黏剂来帮助焦油处理添加剂在钻井液中悬浮。合适的增黏剂可能包括（但不限于）胶体（如黏土、聚合物和瓜尔胶）、乳化剂、硅藻土、生物聚合物、合成聚合物、壳聚糖、淀粉、明胶或这些物质的混合物。

上面介绍的这些抗黏附处理已经被明确地推荐用于延缓有机物的沉积。在 Frenier 和 Ziauddin（2008）的 4.4 节中也介绍了更广义的抗无机垢黏附的涂层技术。Collins（2002）详细综述了抗黏附表面技术。

Shahreyar（2000）综述了研究各种塑料涂层阻止石蜡形成的论文。得到的结论是，有些材料可能是有效的（达到 85%）。决定石蜡黏附或排斥表面的主要评判标准是表面粗糙度（Jordan, 1967）。但是，在井筒环境下表面粗糙度往往是变化的。

6.6 抑制剂应用技术及成功处理案例

本节将介绍论文中那些已经被使用或推荐的有机垢抑制剂具体应用方法。针对管道处理，药剂配方可以通过小直径处理管柱（称为"通心"管）注入井中（图 6.25），也可以使用挤压处理（在后面介绍）。抑制剂也可以通过气举中心管（Fleming 等，2003）和尾管（Poggesi 等，2002）注入。为了确保生产流程管道的特定区域不出现问题，需要从地面注入大量的抑制剂。例如，如果一种抑制剂配方要注入泥线以下，注入点位置可以在 EZ-采油树（一种海底阀装置）、防喷管阀、地表测试管汇附近、节流管汇的数据头上游或在其他计划入口，也可以多个注入点组合注入。在此也介绍几个针对抑制剂应用的自动化系统。

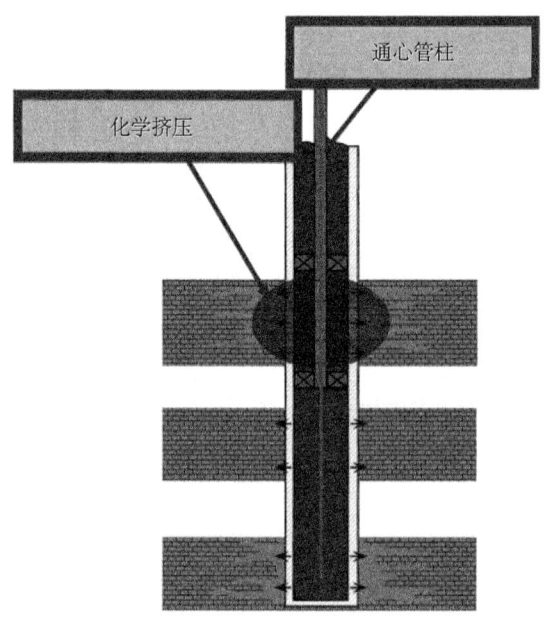

图 6.25 抑制剂应用的方法

Shaw 等（2007）的专利中介绍了在海底环境下注入各种处理药剂的一般方法。添加剂在系统监控和控制下通过水下油井注入要处理地层流体中。该系统包括药剂注入单元和远程水下定位控制单元。注入单元中，泵从海底或远程供给装置中泵送选定的一种或多种添加剂。

控制器通过传感器提供的目标参数信号对泵进行操作来控制添加剂流速，其中，要求传感器能测量沥青质、蜡或水合物的至少一个特性，以便可使用相应的干预药剂。但是，干预药剂所用的传感器却没有介绍。

这项发明提供了一种在海底油井操作中部署化学药品或添加剂的系统以及方法。这种化学药品用来防止或减少有害物质（如石蜡或垢）的生成，并防止或减少井筒和海底部件（包括管道）的腐蚀，而且有利于促进深水井产出的地层流体的分离和处理。

该系统包括一个或多个安装在海底的储药罐；注入或泵送药剂到一个或多个井筒或海底处理装置的一个或多个水下泵系统；海底储罐药剂补给系统，该补给系统可能是通过中央接口连接海底储存罐与地面药剂供给装置或远程控制装置或运载工具（这些装置要么取代海底储存罐，要么可以补充的海底储存罐的药剂）。

海底储罐也可能用其他常规方法取代。地面和海底储罐中有多个隔间或者是分隔罐，以保证不同化学药剂的单独储存，这些化学药剂可以在不同时间或同一时间注入井筒。水下化学剂注入装置可以用防水的外壳密封。在某些情况下，由于从地面泵站到海底注入点的距离有 20mile，因此，海底的化学剂储罐和注入系统避免了药剂从地面通过中央毛细管到海底注入位置时黏度方面的问题。

这个系统还包括与海底储罐连接的传感器、海底管道、井筒、管道和地面设施。地面到海底接口的管线状况可以使用光纤传感器来监控，并且提供如化学成分、压力、温度、黏度等的化学、物理、环境数据。光纤传感器与传统的传感器也可以用在井筒系统中。一些其他的适宜的传感器也可用于确定注入井筒的药剂和井筒流体的化学和物理特性。传感器可能会分布在整个系统中，以便提供药剂、井筒产液、海底处理装置和地面装置工作介质的属性数据以及各种海底和地面设备的安全工作数据。

地面供应装置包括平台、船或与海底井相连的浮标式储罐。地面的电力可能来自太阳能或传统发电机。液压动力装置给地面和海底化学剂注入装置提供动力。控制器可单独在地面或在海底或者两者结合来控制海底注入系统，控制操作响应来源于系统和程序指令，或与系统相关的一个或多个参数。双向遥测系统较好地提供了水下系统和表面设备之间的数据通信。从地表单元发出的指令被水下注入装置和设备以及位于井筒的控制器接收。信号和数据在传输设备、水下化学剂注入单元、流体处理单元及地表设备之间和之中传输，远程接收器，如地面设备也可以传输信号和数据，于是可实现远程控制药剂注入系统。

化学剂自动注入系统目前用于处理陆地上的井。Lee 等（2006）把化学处理作为智能生产系统的一部分，并进行了研究。他们指出，持续的监控和对可能带来的如产生水垢、沥青质垢、油水乳液等问题源进行适当的化学处理，才能使生产系统实现最佳运行状态。通过井干预或操作智能井设备可使油井达到最佳的工作状态。

Means and Green（2008）报道用于现场的添加剂注入和监控系统。该系统中的井场监控器监控添加剂从井筒注入地层流体中的情况和添加剂的供给情况。选定的添加剂从井场到井筒由相配的补给线供给。补给线上的流量计计量添加剂通过供给线的流量,并生成代表流量的信号。井场控制器根据流量计信号来确定流量,从而控制添加剂的注入流量。

井场控制器接口与相配的双向通信接口连接,传输信号、流量数据以及其他参数到第二远程控制器。远程控制器传递表示任何流量变化的指令信号到井场控制器(图 6.26)。

专利要求每个步骤至少要使用一个能测量表征地层流体特征的传感器,这些特征可以是本身固有特征或是形成了含有腐蚀产物、亚硫酸盐、硫化氢、石蜡、乳化液、垢、沥青质和水合物聚集体的特征。但传感器的类型没有公布。

根据 Einer(2008),监控天然气流中的含水量以及当含水量超过规定值开始注入甲醇是系统应具有的最起码功能。截至本书出版时,其他的例子暂缺。有关沥青质和蜡抑制剂以及天然气水合物抑制剂的专项技术将在下面进行讨论。

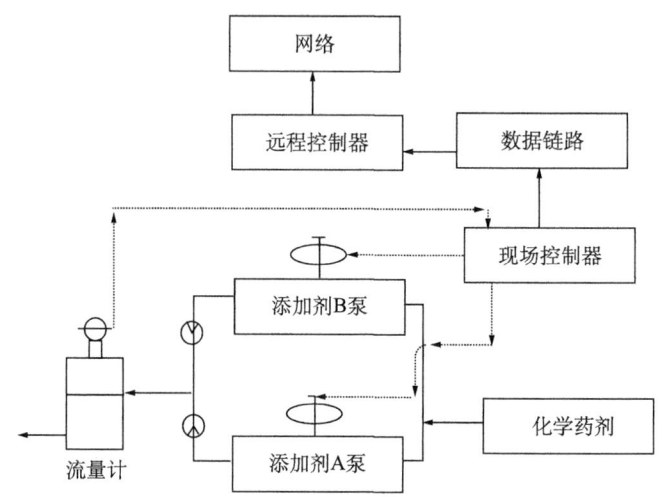

图 6.26 添加剂控制器(Means 和 Green,2008)

6.6.1 沥青质和蜡抑制剂的应用

由于清除沥青质和清除蜡的方法有一些是相同的,因此读者可参考 5.3.3 节的关于溶剂使用方法的介绍(其中包括连续油管的使用)。无机垢抑制剂一般采用挤注工艺(Frenier 和 Ziauddin,2008),在一些油田,沥青质抑制剂的注入也采用这种方法。

Allenson 和 Walsh(1997)介绍了这类处理方法。传统的沥青质絮凝抑制剂处理,要么是对井筒进行定期的溶剂浸泡,要么是连续地给井筒注入药剂。这些作者声称,这些方法可以有效地防止沥青质在管线和管件中结垢,但它们不能预防产层中沥青质沉积,因为药剂只与井筒中的油相互作用,这样储层中就存在沥青质沉积的潜在风险。这些作者推荐的方法是将化学物质直接挤注到储层中的原油中。这种方法需要在沥青质絮凝之前,将沥青质沉淀抑制剂(没有描述)挤注到储层,使沥青质稳定。然而,测试表明,单独挤注抑制剂不会产生长期收益。这是因为储层不能充分吸收抑制剂,抑制剂将很快地随着油流从储层中产出。用活化剂对储层进行预处理可以提高储层吸收抑制剂的能力,并且不会改变储层的润湿性。但文章中没有对所使用的活化剂进行介绍。

Haynes 和 Lenderman（1986）介绍了一种将缓释固体石蜡抑制剂挤注入地层的处理方法。石蜡抑制剂以液态形式被挤注到地层中，在催化剂的作用下变成固体。挤注处理前，两口研究井每年需要用热油处理 3～4 次。下面是西得克萨斯的一口井进行挤注处理的步骤：

（1）在挤注处理之前，将配有 1 桶（装化学试剂的桶）石蜡分散剂的热油从油套环空注入，油管排出，预冲洗井筒；

（2）在环空中注入 10bbl 混合了 6 桶（装化学试剂的桶）催化剂的原油；

（3）在环空中注入 10bbl 水，使催化剂和抑制剂隔离；

（4）将 6 桶（装化学试剂的桶）石蜡抑制剂与 60bbl 原油的混合物注入环空；

（5）270bbl 水作为顶替液注入环空，将前面注入的液体顶替到地层中；

（6）关井 24h。

Shahreyar（2000）对用挤注处理来减少用热油处理石蜡堵塞问题的必要性进行了探讨。1983 年 6 月，西得克萨斯的两口生产井进行了挤注处理方法测试（Brock，1989）。挤注处理前，对这两口井进行了热油处理来预防石蜡在地层中以及油管形成积聚。挤注处理时，向环空注入由 25bbl 原油和 1 桶（装化学试剂的桶）化学药品（分散剂）混合组成的处理剂，并控制泵速率在不超过 2.5bbl/min 的条件下工作，用 150bbl 生产水冲洗环空。据报道，挤注处理后一年多，没有一个试验井再用热油处理。

Cenegy（2001）讨论了挤注处理的基本流程。其包括循环清理井筒；泵入催化剂；间隔注入原油、抑制剂；然后注入更多的原油，关井 12～24h 后恢复生产。催化剂（不确定）预处理地层，与抑制剂反应形成一个复合体，该复合体当油井生产时能在地层中长期停留。这种方法和相关技术已经在一些沥青质垢问题最严重的地区使用，其中包括委内瑞拉、波斯湾、亚得里亚海和墨西哥湾（图 6.27）。

Groffe 等（1995）介绍了在拉格沃拉油田用连续加注表面活性剂型的分散剂的挤注处理经验。他们指出，针对特殊的原油和垢的类型，每一种沥青质处理需要研发独特的抑制剂。最重要的是将含有分散型沥青质抑制剂的芳香族溶剂挤注到近井地层中，可以使近井地带的渗透率恢复，并提高产量（增加产量近 26%）。挤注处理后不久，他们发现各种参数得到了改善并会持续 3 周左右的时间，然后产量急剧下降。

他们认为这种产量的减少是由于原油中沥青质和垢浓度高且变化大引起的，这与井的清理结果相一致。同时，为了观察和检测井底下的堵塞情况，不得不使用测井电缆进行作业。油井挤注后的 3 周，井产量突然增加，在剩下的观察期间内，每隔 3d 或 4d 使用了钢丝绳刮削来维护油井生产。随后，连续注入分散型沥青质抑制剂使生产参数维持在挤注之后的水平。虽然没有用钢丝绳刮削，生产参数也可保持非常稳定。连续注入处理后，油管检测确认了在整个作业过程中没有垢产生。

Sanada 和 Miyagawa（2006）介绍了日本在井场控制沥青质沉积的情况。该项目包括对各种化学药品（没有介绍）的测试。测试时，对含气油样减压，并用正庚烷处理，60min 后对沉淀物量进行测量。在此项测试中，加入了抑制剂的试样与不加抑制剂的相比，沉淀物量减少了 85% 以上。现场对一口油压和产量急剧下降的井进行了测试，将二甲苯和一种未命名的沥青质抑制剂挤注到井筒深 1.2m 处对井筒进行处理。在 6 个月之后，井口油压减小了,但产量却维持稳定在了刚处理后的水平上。

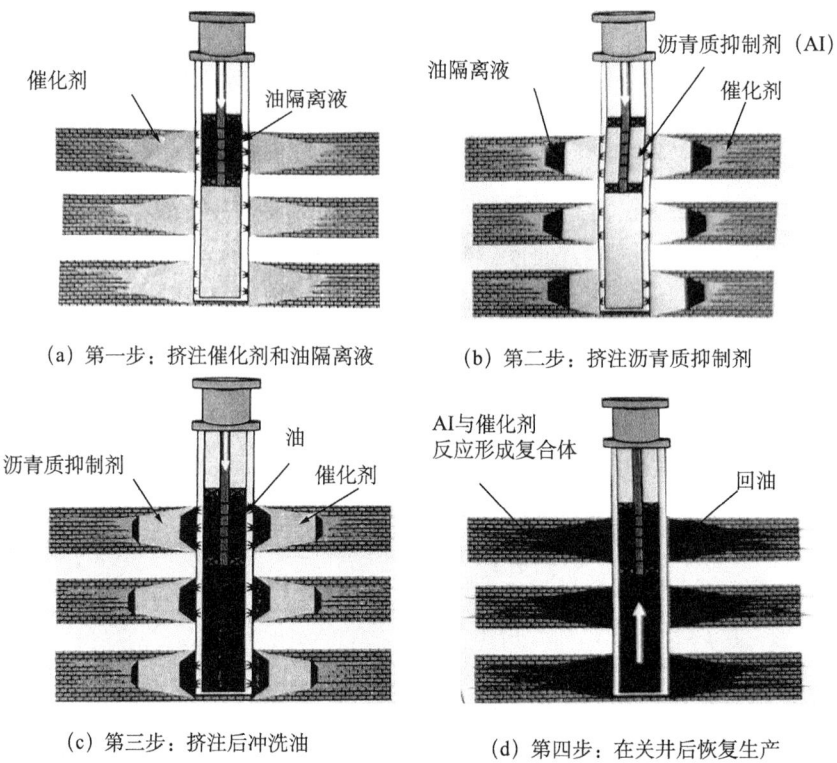

图 6.27　挤注处理沥青质示意图（Cenegy，2001）

Di Lullo 等（1998）使用了研究无机垢抑制剂注处理技术（Frenier 和 Ziauddin，2008）相同的方法研究了沥青质沉淀抑制剂的挤注处理技术。该研究工作的目的是评价降低沥青质沉淀抑制剂吸附挤注处理成本的可能性。这是因为,挤注处理技术很可能与优化溶剂冲洗技术形成竞争,而挤注处理的成功是基于添加剂、岩石和产液之间的相互作用。Di Lullo 等（1998）研究了油井管道和近井地带的沥青质伤害的历史记录。资料显示,这些油井周期性地用溶剂洗涤,可以使生产恢复到可接受的水平,但是,由于沥青质垢沉积过多,最终还是导致油井产能下降。他们研究发现,一些沥青质沉淀抑制剂能延长产量提高的持续时间,但经济效益取决于井的压力、总产量和抑制剂的临界添加剂浓度。

Kelland（2009）认为,含有羧基的沥青质沉淀抑制剂应该比其他沥青质沉淀抑制剂更有效。因为,含有羧基的沥青质沉淀抑制剂容易吸附在地层岩石矿物（如 Ca^{2+}）上或与矿物（如 Ca^{2+}）形成复合体。作者没有提供任何资料来支持这个观点,但在目前处理工艺中是用磷酸酯和聚丙烯酸酯化合物与无机垢抑制剂一起挤注。挤注方式的机理是溶解（或分散）在溶剂中的添加剂将被吸附在地层微粒上,然后慢慢解吸,在很长一段时间内能保护地层和管件。Di Lullo 等（1998）展示了一些证据来支持这一论断。该机理和挤注无机垢抑制剂机理相同。此外,应用注意事项也相同,即抑制剂处理必须进行测试,以确定是否会对油井造成进一步的伤害（甚至使得油井废弃）。本书作者建议使用机械方法（封隔器或连续油管）隔离需处理的区域，避免抑制剂伤害其他区域。Frenier 和 Ziauddin（2008）深入讨论了无机垢抑制剂挤注处理的利弊以及替代方案，包括添加剂压裂技术和化学药品分散技术。目前尚不清楚这些技术是否可以成功地应用于挤注沥青质或蜡抑制剂中。

在压裂液中加入添加剂的其他处理技术也有报道。Frenier 和 Ziauddin（2008）详细介绍了无机垢抑制剂在压裂处理中的应用。在很多这类处理方法中，可将抑制剂吸附于混合有支撑剂的物料中或将抑制剂胶囊和支撑剂混合注入。Shahreyar（2000）报道了蜡晶控制剂在压裂处理中的应用。为了最小化有潜在石蜡问题生产井的处理费用，在得克萨斯州道森县的 Ackerly Dean 单元用一个新颖的方法对一口生产井进行了测试（Woo 等，1984）。该技术包括了将晶体生长改性剂以固相和液体两种形式添加到压裂液中。油井成功压裂处理后，在接下来的 6 个月没有石蜡沉积问题的报道。已经证实，在油井生产初期的整个过程中，支撑剂中添加的长效固相石蜡沉淀抑制剂缓慢释放，可以延长石蜡抑制剂的作用时间。

Smith 等（2009）介绍了液体石蜡抑制剂（不确定）吸附到惰性固体基质的情况。Gupta 和 Kirk（2009）、Kaufman 等（2009）声称，石蜡抑制剂可以吸附到各种固体上，这些固体包括活性炭、二氧化硅硅微粒、白炭黑、沸石、硅藻土、胡桃壳、漂白土和不溶于水的有机合成高分子吸附剂等。Kaufman 和 Becker（2009）介绍了铝硅酸盐、碳化硅或铝钒土等多孔微粒吸附抑制剂的实验，测试了这类固体微粒用各种聚合型蜡晶抑制剂（包括乙烯/醋酸乙烯共聚物、丙烯酸酯的均聚物和共聚物酯、酚醛树脂和烯烃/马来酯共聚物）浸渍处理后抑制剂的吸附情况。Smith 等（2009）注意到，这类固体微粒适合于和粒度分布范围在 20/40 目的支撑剂相匹配，进行压裂作业。作为成品，该固体复合防蜡剂中具有足够的蜡抑制剂，其在目标井中抑制蜡垢的有效期超过 1 年。

抑制剂测试包括：
(1) 抑制剂对原油倾点的影响；
(2) 被吸附抑制剂的解吸；
(3) 抑制剂与压裂液的兼容性测试；
(4) 固体复合防蜡剂的破碎测试（当裂缝闭合时）；
(5) 测试裂缝的导流能力，确保固体复合防蜡剂颗粒不会降低压裂充填裂缝的渗透性。

作者声称，2007 年 11 月以来，在水力压裂过程中用固体复合防蜡剂与支撑剂的复合材料处理了 5 口井。这些井要么是抽油机采油，要么是电动潜油泵采油，产量在 50~300bbl/d 范围内。

Skibinski 和 Smith（2006）介绍了沥青质抑制剂（包括聚烯烃酯）在水和非水液体中的使用方法。现场应用包括在注入（或以其他的方式）到含油储层中的非水流体、水基液体和液态二氧化碳中添加抑制剂。尤其是在压裂液、处理液和钻井液中添加抑制剂，控制沥青质沉积。注入流体的基液可以是液态二氧化碳、含水流体、脂肪族液体或芳香族液体。例如，低芳香烃流体和压裂液的交联液。如果要把油溶性聚合物或有可能被乳化的以磺酸盐为基础的抑制剂添加到水基压裂液或酸化工作介质，作者推荐使用微胶囊技术（Newlove 等，1991）。需要注意的是，目前现场常用的做法是将无机垢抑制剂与增产措施相结合（Frenier 和 Ziauddin，2008）。

Kattsyn 和 Kogai（2004）提出了一种降低沥青质和石蜡在油井中积聚的方法。该方法将装有化学活性物质的胶囊加进油井中，胶囊在井筒下降过程中发生化学反应，减少沥青质和石蜡积累。专利声称，一些物质和方法能降低沥青质和石蜡在油井的沉积，并阻碍沥青质和石蜡的增长。放置在井中的胶囊（图 6.28）会源源不断地提供抑制剂。

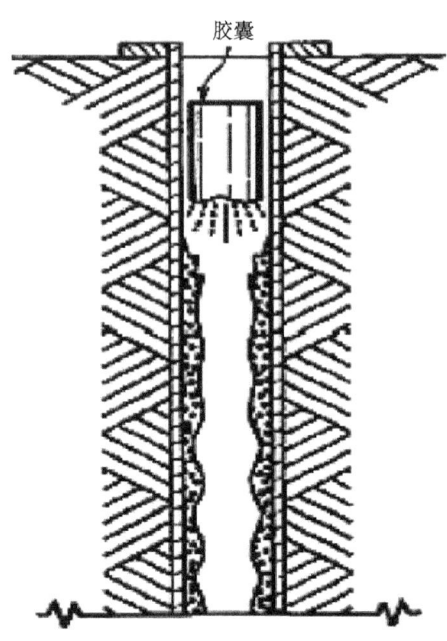

图 6.28　胶囊抑制剂作用原理示意图（Kattsyn 和 Kogai，2004）

Collins（2005）已经报道了油井防止水合物和沥青质垢常规的注入和处理方法。处理地层的方法包括：

（1）从井筒向地层注入掺合物，该掺合物由乳状液（内相是可溶于水或能在水中分散的化学药品水溶液，油外相是液态烃和油溶性表面活性剂）和破乳剂（表面活性剂溶液）组成。

（2）从井筒向地层注入乳状液和破乳剂。乳状液和破乳剂在地层中混合。其中，破乳剂中包含至少一种选自如下基团的表面活性剂：(1) 聚胺盐，如聚氨酯、聚 $N-$ 甲基丙烯酰胺、聚 $N,N-$ 二甲基甲基丙烯酰胺、聚二甲基氨基丙烯酸乙酯、聚乙烯亚胺、聚乙烯吡咯烷酮、聚己内丙烯酰胺及其季铵盐；(2) 多功能聚醚，如硫酸甘油三酯；(3) 聚醚，如环氧乙烷和环氧丙烷的共聚物和如共聚物与二价酸、环氧树脂二异氰酸酯、乙醛和二元胺的反应产物；(4) 对烷基酚甲醛树脂及其与环氧乙烷或氧化丙烷的衍生物。水溶性或水分散性化学药品（用于油气田）从阻垢剂、缓蚀剂、沥青质抑制剂、硫化氢清除剂、水合物抑制剂等物质中挑选。

水合物抑制剂包括两性脂肪酸或烷基琥珀酸盐。

含有油溶性组分的油井处理剂的复合物（Kaufman 和 Becker，2007）通过多孔微粒在井中起作用。该复合体是由多孔性的微粒和至少一种油溶性井处理剂组成。多孔性微粒的孔隙性和渗透性使得油溶性井处理剂可以被吸附到多孔颗粒材料的孔隙空间中。复合物的多孔微粒的孔隙度不超过30%。该复合物是可作为首选支撑剂。复合物可以被添加到载体和处理液中，将其泵入地层。优选的多孔性微粒有未处理的多孔陶瓷、无机氧化物或有机聚合物材料等。合适的多孔微粒包括铝硅酸盐、碳化硅、氧化铝及其他的硅基材料等。

Saini 和 Todd（2007）的专利中提及一个处理地层的方法。该方法涉及将固体化学药品包裹在黏性聚合物内，使固体化学药品微粒具有包裹层；处理工作液是含有包裹层微粒的悬浮液；将悬浮液注入地层某一部位中，微粒沉降，微粒上的黏性聚合物降解使得化学药品释放到地层。固体化学药品选自螯合剂、破胶剂、分散剂、消泡剂、防垢剂、交联剂、表面活性剂、石蜡抑制剂、蜡抑制剂、阻垢剂、缓蚀剂、破乳化剂、发泡剂、示踪剂以及它们的组合剂。

6.6.2 天然气水合物抑制剂的应用

抑制天然气水合物所需的甲醇和乙二醇的日注入量可以通过 Ng 和 Robinson（1984）发行的图表、前面章节介绍的状态方程以及各种商业软件程序进行预测。读者可参看 6.4.3 节，特别要注意的是，热力学水合物抑制剂在蒸气相或烃相中分配时甲醇的挥发性。

乙二醇和甲醇的图表是不同的，但它们都基于"需要降低水合物形成温度"制成的。推荐的图表导出的日注入量代表最低日注入量，方案预计日注入量是否要超过预测图表推荐的日注入量，由预期的水气比和评估的预防水合物形成需求的温度降低值来决定。需要注意的是，注入泵的流量应满足最大预期的日注入量要求和需要的注入压力。KCC（2008）对甲醇或乙二醇的应用和回收提出了以下建议：

（1）那些湿气冷却能达到水合物形成温度的地方必须有抑制剂存在。这意味着，只要有可能，就应注入抑制剂到节流阀或冷却器上游。抑制剂要良好地分散在气流中是至关重要的。

（2）分离回收液，并且通过预热热交换器（吸收贫乙二醇或甲醇流的余热）送入再生装置。预热的液体然后在闪蒸罐闪蒸，释放自由蒸气，同时分离出一些烃类液体。

（3）然后将液体过滤后再与再生甲醇或乙二醇进行进一步热交换，热液流入蒸馏塔中。

（4）在蒸馏塔中，液体经过必要的蒸馏，达到再沸器所需的产物浓度。控制回流，以实现适当的低损耗，残余蒸气从塔中排出。水蒸气通常是在用空气冷却的回流冷凝器中凝结，并作为回流液泵送回蒸馏塔，与剩余组分一起输送到除芳香烃的油水处置系统中。

（5）再沸器中的贫甲醇或乙二醇溢出，入缓冲罐，缓冲罐给流体循环提供缓冲区。在被抽走之前它会通过贫/富换热器，如果必要的话，经过最终的冷却器冷凝。在此位置最好用活性炭进行过滤，以除去它们中的降解产物。

把水合物抑制剂输送到海底的方法已申请专利。Yater（2007）介绍了一种将干预流体传输到海底干预流体注入装置的系统。从某种角度来看，该系统包括设备和水下管汇中心装置。在该系统的水下管汇中心装置上有若干个流体导管通过连接器与海底干预流体注入装置连接，中心管汇装置一端相连的连接器与流体管道接头装置相连，连接器上的控制装置可以控制液体的输送。

MacDonald 等（2006）详细介绍了北海南部（英国大陆架）产气区现场使用组合低剂

量水合物抑制剂和缓蚀剂的情况，并讨论了设计和应用理念以及安全、有效的化学反应条件。这 3 个油田都显示具有工作压力达 70bar、中度过冷度（4～8℃）和含水量变化大的特点，同时产出的气体 H_2S 含量超过 0.07%，并含有 1.1%（摩尔分数）的二氧化碳。该文中也介绍了应用该处理剂的成本和收益，在收益估算中考虑了包括提高的设备效率、由于只使用化学药品处理所节省的物流和更低的维护成本等因素。

根据作者的介绍，关键议题是天然气水合物抑制剂在抑制腐蚀方面的效果。使用线性极化试验方法对气泡浮选槽进行腐蚀测试（Webster 等，1996），作者发现，使用组合抑制剂腐蚀减少了 94%（与单独使用缓蚀剂相比）。另外，因为他们声称已经能停止使用乙二醇脱水方法。所以，与现任的化学药品相比，改进的水合物抑制剂和缓蚀剂具有良好的功效。这种组合方法可以节约成本，在其中的一个油田应用，第一年就节省了 300 万美元。因为减少了化学药品的使用和排放，也获得了环境效益。组合产品与原来选择单一用途化学品相比，提高了环境效益。需要注意的是，Rodger（2006）宣称，缓蚀剂可能会增加蜡的沉积量。

Patni 和 Davalath（2005）声称，使用单管线取代传统的双管线生产系统将使全世界的海底工程在技术上和商业上受益。但是，在紧急关井后，单管线、倾斜管流和高含水的存在会给水合物管理带来挑战。减压是防止水合物堵塞最常用的技术。然而，在环境条件下，当管道的几何构架造成管道立管的液体压头高于水合物形成压力时，在高含水条件下，减压可能不会成功。针对高含水条件下水合物管理的调查，研究用中央服务管线替代第二条管线的功能。研究内容包括：所用服务管线、连续气举、气的膨胀、紧急关井后注入乙二醇、水合物堵塞段的压力。这篇文章对每个设计理念的可行性、成本、可操作性和风险问题都进行了概述。

使用供给服务管线会带来以下相关挑战：
（1）在延伸扩展操作过程中水合物的管理；
（2）供给服务管线对海底采油树设计影响；
（3）主设备所需的后勤保障；
（4）可操作性和风险问题。

权衡分析的结果被用来为复杂工程选择设计理念。研究人员基于分析一个深水油田开发设计实例，举例说明了选择单管线生产系统的益处。

Zain 等（2005）指出，当前工业用于预防水合物的做法是在管线上游注入水合物抑制剂。该工作是基于计算或测量的水合物的相界线、含水率、最不利的压力和温度条件以及散失到非水相的抑制剂量的基础上进行的。通常，沿着管道顺流而下系统控制和监测抑制程度的方法非常有限。人们也知道，水合物的形成会导致水相发生变化。因此，有可能通过检测这些变化来检测初始水合物的形成情况。Zain 等（2005）工作的重点是通过检测微小的水合物颗粒和水结构的改变，开发针对初始水合物形成的预警系统。这样做的目的是在水合物大规模形成和积聚（这可能导致管道堵塞）之前，给运营商足够的时间启动补救措施。Zain 等（2005）针对水合物监测和预警系统，提出了一种新的监测和预警方法。该方法是利用测量如介电性能和超声波信号这些物理特性来检测流体。结果表明，微波频率介电特性有可能作为下游在线分析工具，用于检测初始水合物的形成、水合物颗粒或由于水合物形成造成水结构的改变。在压力监测系统没有任何迹象表明水合物形成之前，超声波信号（频率和振幅）能够检测出微小水合物晶体，甚至晶核。这些结果非常令人鼓舞，并有可能改变控制天然气水合物的工业方法。

这项工作是综合项目的一部分。综合项目还包括对水合物抑制程度的监测，以便进一步提高近海和深水作业的安全性，优化抑制剂注入量，以便尽量减少对环境的影响，提高开发经济效益。该项工作中开发的一些方法同样适用于降低蜡和盐垢的风险，从而进一步提高深水开发的流动保障。

Swanson 等（2005）介绍了一例现场新完井管道抑制剂的应用情况。预测该井管道的含水率在20%左右，但实际含水率约为35%，有时还会增大到60%以上。产量稳定后，注入动力学水合物抑制剂。考虑到可能出现的蜡垢堵塞问题，也使用了蜡抑制剂。选择的动力学水合物抑制剂是基于实验室测试和计算机模拟数据的基础上选出的。油井生产稳定是人们关注的议题，然而，关井和开井往往更值得关注。

根据 Swanson 等（2005）的介绍，在完井前使用动力学水合物抑制剂与甲醇相比，操作成本更低且环境友好。回顾动力学水合物抑制剂产品的优缺点，一些动力学水合物抑制剂的优点（相比于甲醇）包括：可简化后勤、可避免原油含有不受欢迎的甲醇和不存在油或水的质量问题。由于以前大多数连续注入的案例是在北海地区，在墨西哥湾地区以前还没有使用过动力学水合物抑制剂，因此，在墨西哥湾的深水生产系统连续注入动力学水合物抑制剂是不寻常的。此外，在墨西哥湾地区，蜡抑制剂与低剂量水合物抑制剂也一起协同使用。

Lavallie 等（2009）介绍了测量动力学型低剂量水合物抑制剂（KHI-LDHIs）在水/烃流体中浓度的测量系统。该测量系统是基于测量流体导电率和声速（EC／SV）来实现的。作者没有提供有关测量的细节。但是，人工神经网络技术可以将测试的导电率和声速数据转换成动力学水合物抑制剂浓度值。该测量系统工作的目的是实现对动力学水合物抑制剂化学药品更好的控制，在生产条件下可使动力学水合物抑制剂浓度控制在抑制水合物形成所需的最小浓度。除此之外，其他几种方法也可用来确定动力学水合物抑制剂的浓度。其中，Lavallie 等（2009）就介绍了一种基于抑制剂与三碘化钾（KI_3）比色反应的湿式化学方法。Tohidi 等（2007）报道的方法则是基于诱导形成水合物所需的制冷量，对比样品（在冷却之前已经过热处理溶解了水合物）中诱导水合物形成所需的制冷量，对流体中水合物形成的抑制程度进行监控，然后根据所需，对系统条件或流体组分进行调整。Tohidi 和 Yang（2008）提出用超声波脉冲来探测水合物颗粒的方法。他们注意到，超声波脉冲探测能观察动力学水合物抑制剂对成核时间的影响情况，这为测试水动力学水合物抑制剂和它们的性能提供了一个有效的工具。这种方法可用于筛选已推荐的抑制剂。

Lavallie 等（2009）报告中提供数据显示，EC／SV 设备提供动力学水合物抑制剂浓度数据可与费时费力的湿化学方法中获得的数据相媲美。他们声称，自动化方法的使用，使现场操作人员可以成功和经济地用动力学水合物抑制剂来代替热力学水合物抑制剂（甲醇、乙二醇）来控制水合物形成。

6.6.3 控制环烷酸盐的方法及应用

Turner 和 Smith（2005）介绍了环烷酸盐的形成机理和消除潜在环烷酸盐垢的工程方法。对于开发环烷酸盐形成风险高的新油田，常规的生产系统设计可能不适合。根据这些作者的介绍，常规设计通常包括：一个立管和进入主流程的管汇，接着是第一级加热器加热流体和分散乳液，然后流体可以通过一个或两个主要分离器进行处理，流体通过静电处理装置和聚结器之后可能进入第二个过程加热器，最后通过一个静电处理装置和油聚结器。水处理设备（包括水力旋流器、脱气器、气浮选装置）用来进行水处理。在每个阶段，液体都会经历压降和剪切（可以促进环烷酸盐的形成），而温度的增加可能会生成环烷酸盐，并对油水分离产生影响。静电处理可能有助于环烷酸盐聚集和原油进一步脱水。

一些关键的控制参数包括：

（1）保持设计和操作压力尽可能地高；

（2）对于已有环烷酸盐形成的流体，操作过程在最低温度（能满足油排出口底部杂质和含水率要求）下进行非常重要；

（3）在该过程中早期脱水，可以减少环烷酸盐的产生量；

（4）在评估化学替代品时，必须慎重考虑要使用的酸和表面活性剂为基础的化学品的优缺点。

更多最佳实践的细节将在 7.3 节讲述。

Vindstad 等（2007）介绍了在 1997—1998 年，Heidrun 油田用 pH 值控制环烷酸钙垢的相关信息。

（1）步骤：

①先注入盐酸，后注入甲酸；

②超级双重酸作用可使 pH 值低达 3.5；

③酸注入高含水井中有效地和水相混合。

（2）优点：

①抑制机制清晰易懂；

②抑制剂会一直起作用。

（3）缺点：

①会增加产水量；

②费用昂贵；

③后勤保障困难；

④腐蚀性介质；

⑤在酸注入期间，油中含水率高。

作者后来连续注入浓度为 10mg/L（基于总的水流量）的环烷酸钙抑制剂（CNI）和破乳剂的混合物，很好地控制了环烷酸钙垢的产生。

6.6.4 抑制剂控制有机垢的一些研究结论

在具体应用时，特定化学药品的选择非常重要。Jordan 和 Feasey（2008）总结了行业中化学药品的应用情况。他们认为，有机垢（蜡/沥青质/水合物）的控制必须注重对那些比目前使用的化学药品有更高活性但黏度较低的新化学品的开发，使它们可以部署在较寒冷地区和更长距离的管线中。图 6.29 展示了选择与无机垢、蜡相配的抑制剂时主要考虑的因素。

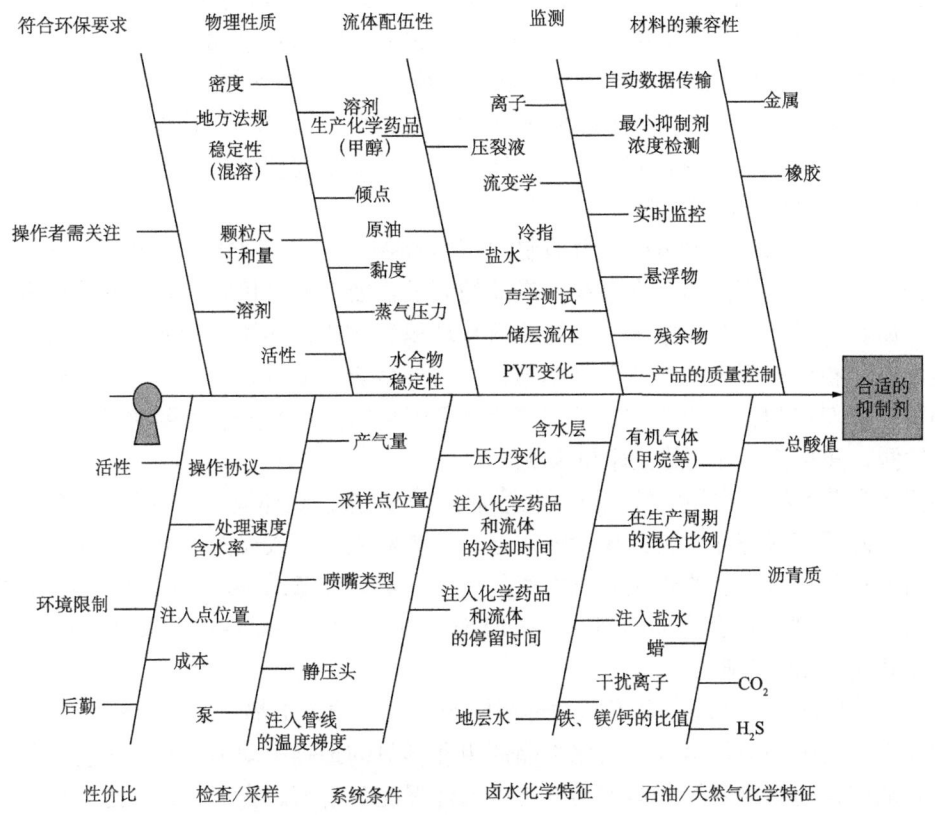

图 6.29　选择抑制剂时主要考虑的因素（Jordan 和 Feasey，2008）

这些因素包括一些重要的化学和物理性质：
(1) 流体的配伍性。
(2) 监控能力。
(3) 材料的兼容性，包括金属腐蚀。
(4) 费用和性能特点。
(5) 应用方法，包括注入和取样。
(6) 受系统条件的影响，包括温度和黏度。
(7) 与卤水和烃类流体的配伍性。

Willmon 和 Edwards（2006）总结了抑制剂注入时要考虑的关键因素。只有通过恰当的流体特性描述和风险评估；制定开发策略（包括方案设计、处理化学药品的专业筛选和实施计划）；专家和专业机构的参与实施；技术人员的培训和交流等流程；化学抑制剂注入才有可能安全和成功地应用于新的深水项目中。这些工作的职能包括：

(1) 探究。收集井底样品，用于流体特性描述和垢堵塞风险评估。从这些初始数据，开发预防和缓解措施（包括但不限于化学抑制）。在初步评估的基础上，根据有效性和适用性，开发或筛选化学药品。这包括：性能筛选、化学药品之间相容性、化学药品与材料的兼容性以及药品的稳定性测试。这些因素对抑制剂的应用特别重要。

(2) 设施设计。包括详细的处理系统和设备规格设计，根据化学药品和液体的相容性筛选施工材料，确定使用量和要求的供应能力，以及设计化学药剂注入系统。

(3) 设施构建。对整个构建过程进行监测和监督，以维持设计的完整性。

(4) 管理操作策略。制定初始返排、启动、稳定工况策略和关井技术。

(5) 后勤策略。制定可以解决后勤问题（如产品运输和移交）的策略。

(6) 设备的预启动检测和调试。必须保证系统的清洁度和可操作性。冲洗化学品储存罐和注入管线，使其符合技术标准。

Frenier 和 Ziauddin（2008）认为抑制剂符合环保要求极其重要。Hill 等（2003）也介绍了更符合环保标准产品的开发情况，产品的开发需要与监管机构、客户和化学药品供应商合作，以获得材料安全数据表、标签要求和环境测试协议的执行标准。该文件赞同将国际环境法规和指南与明确的企业目标相结合，使环境影响减少到最小，这是对环境有害化学药品的工业使用和排放的关键要求，更符合环保要求的产品开发需要对环境适应性进行彻底的检测，并且符合有关的法律和法规。

油田化学药品有基本的活性成分（和溶剂），如果排放到环境中可能有害。提高这些产品的特性，降低其对海洋生物的风险或伤害，需要对先前可接受的产品特征进行改进，如消除限用材料和加入具有改进生态毒性值的成分。需要注意的是，使用动力学水合物抑制剂和抗凝聚型低剂量水合物抑制剂（AA-LDHI）的主要问题是健康、安全与环境（HSE）问题，尤其是在北海作业区。

Hill 等（2003）在处理许多不同的环境问题的战略项目中都给出了 HSE 细节。国际环保法规和准则是限制对环境有害的化学品使用和排放的最强推动力。降低环境风险的主要手段是在战略性的产品开发方案中纳入更多的环保化学溶液。在产品开发过程的每一步骤中都考虑到 HSE，如图 6.30 所示。

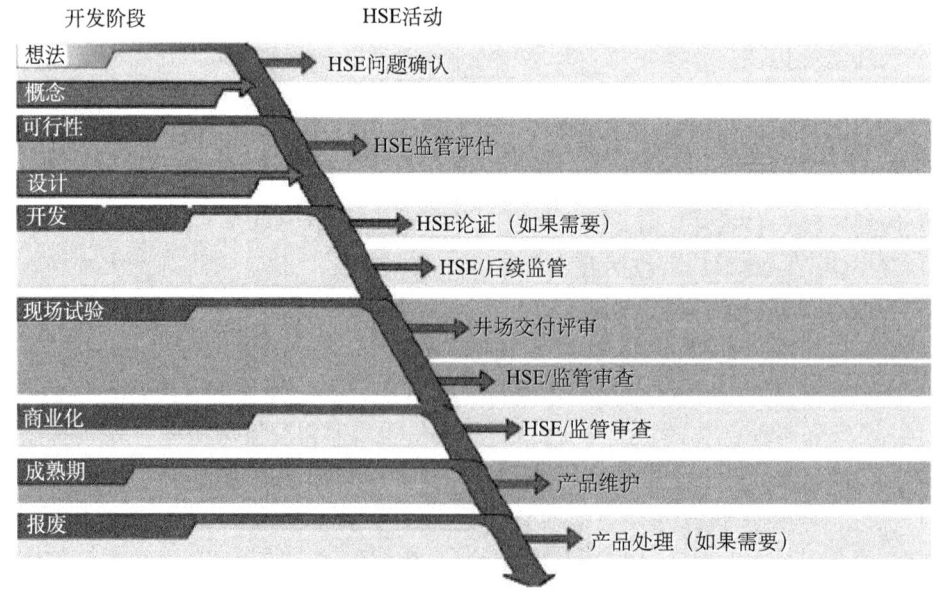

图 6.30 产品开发阶段的 HSE 注意事项（Hill 等，2003）

6.7 干预策略的选择

总之，针对所有的垢可提供的干预（去除和预防）方法包括：加热或其他操作方法、清管器、刮蜡器、抑制剂、溶剂以及上述两种或以上的组合。

对于水合物的干预方法通常使用减压。沥青质垢可通过保持压力来控制。在具体情况下，干预策略的选择是复杂的，需要对上面列出的策略进行分析选择，但选择都基于以下分析：

（1）具体的垢分析或分析积垢迹象，如产量下降。
（2）井或位置，物理结构包括连接装置、清管器发射器、处理管线和泵。
（3）预算方面的考虑，即资本支出和运营成本。
（4）化学药品和装备的交通运输状况。
（5）当地的生态环境和对毒性的规定［见 Jordan 和 Feasey（2008）介绍的与这些问题有关的特殊流体特性的详细清单］。

6.8 思考与讨论

（1）为了防止有机垢形成，应将如脱水和维护或加热这些主要技术设计在生产系统中并应用。为了防止沥青质的形成和沉积，应采用在第3章和第4章中介绍的各种方法，使生产条件尽量避开沥青质不稳定包络线。各种设计方法也可用来预防蜡垢和水合物垢的形成。

（2）已开发的有机垢抑制剂用来减少各种垢对生产的影响。在许多情况下，这些有机垢抑制剂的作用方式更趋于分散或溶解有机质垢，而不是真正抑制垢晶体形成。无机垢抑制剂能够在非常低的浓度下防止许多类型无机垢的形成。与此相反，对于有机垢来说大部分聚合物型抑制剂，必须使用百万分之几百的浓度才能减少蜡和沥青质沉积，并且它们的有效性通常仅为 50%～90%。

（3）一些研究人员认为，蜡抑制剂的抑制机理是蜡抑制剂以无机结垢抑制剂相同的方式充当晶体改性剂，但是在大多数情况下，从现有数据来看，其抑制效率是非常低的（以磷酸酯或聚丙烯酸酯为例）。然而，至少有一篇文章声称，使用分散和晶体改性剂的组合剂，对蜡垢的抑制效率可以高达90%。抑制效率这种大的变化幅度是由于大多数有机垢的高度异质性，以及组合剂主要降低了油的黏度和倾点，从而减少了管道中有机垢的形成。分散型抑制剂和晶体改性剂也可以作为倾点降低剂。

（4）当前，沥青质抑制剂作用机理的有效信息比蜡抑制剂的少得多。一般的结论是，所述化学药品和"胶质"类似，可以使沥青质胶溶并保持沥青质分散。最有效的抑制剂使用浓度至少 500mg/L，并且抑制剂中含有机芳香族"溶剂"分子。一些 AI 型（聚合物基）材料可以改变沥青质的相包络线，但是确切的证据不足。因为沥青质的异质性，目前还没有材料可以抑制凝聚。

（5）研究者推荐了各种各样的水合物抑制剂（HI）。最有效的是热力学溶剂；然而，包括动力学水合物抑制剂（KHI）和抗凝聚型抑制剂在内的低剂量材料也可以商业化使用，这是抑制剂研发和推出专利的主要领域。KHI 材料可以将晶体的形成延迟几个小时，并且可以吸附到水合物晶体表面。但是，使用四氢呋喃（THF）水合物模型研究得出的一些机理可能不完全适用于天然气水合物。由于深水生产工作的增加，抑制水合物形成已成为人们最感兴趣的课题。Kelland（2006）估计，目前市场上对低剂量水合物抑制剂（LDHI）的需求可能超过 100 万美元，并且已开始了大规模的研发工作，供应商和运营商都期待高回报。

（6）目前正在开发可以降低环烷酸皂和环烷酸皂垢对生产影响的抑制剂以及分散剂。这包括一些结晶化级别的材料。然而，垢成分的多样性使得这一努力的有效性变得可疑。

（7）选择最合适的抑制剂（或使用另一种技术），需要考虑环境、成本、应用情况和操作要求（Jordan 和 Feasey，2008）。

（8）针对管道结垢问题，研究者推荐了一些有机垢的防黏附技术，但是当前最实用的方法主要是抑制和清除。目前也正在研发针对输气管道的特殊的"冷流"输送方法，该方法能保持含不黏附水合物的流体正常流动，可避免水合物堵塞管道。

（9）针对有机垢，正在开发许多不同的工艺技术，其中包括抑制剂挤注处理地层的方法及抑制剂胶囊技术和可替代双管线的单管线生产系统。

7 处理有机垢的最佳方法和案例研究

本章主要介绍最为有效的减轻或消除有机污染技术和案例。在案例中介绍有机垢的清除、分析和抑制方法及技术。为了避免本章中的案例与前面章节重复，在这只对案例进行简要概括。同时只对前几章中所介绍有关垢的化学和工程原理细节进行补充说明。本章首先介绍处理和预防有机垢的3个最佳方法。其次，对减清蜡、沥青质和水合物垢伤害的有效方法进行综述。

7.1 去除有机垢的最佳方法

去除有机垢的最佳方法中介绍了判断是否有潜在石蜡和沥青质垢的经验方法及去除这些垢的措施。有关内容的转载得到了斯伦贝谢公司的许可。

在所研究区块（墨西哥），有机垢通常存在于生产井（油井或气井）中或转注井中。它们可能会出现在从油管到地层的任何位置，主要原因要么是压力降低造成的［溶解气能溶解蜡类（Weingarten 和 Euchner，1988）］，要么是由于井筒附近的温度低于石蜡的析蜡点造成的。尤其是重质油，这意味着井底静态温度（BHST）降低到析蜡点以下会出现蜡垢。这些条件在低产井中很容易出现。油井在生产过程中或当注入冷处理液导致温度降低时，这些状况就可能会对生产产生负面影响。原油中添加低表面张力有机溶剂（柴油、汽油、挥发油）也可以使沥青质沉淀。生产过程中，原油中轻碳链组分的挥发也会使原油中石蜡与溶剂的比率增大，从而促进蜡沉淀（Houchin 和 Hudson，1986）。

7.1.1 判断方法

通过对现场实例的研究，预测有机垢伤害的判断方法如下：

（1）如果井底静态温度（BHST）小于185°F，API度不大于32°API，API度差不小于2°API时，可能会产生伤害。

（2）当 API 度不大于32°API，API 度减小，气油比（GOR）增加时，可能会产生伤害。

（3）当 API 度大于25°API，井底静态温度小于275°F，原油中所含的沥青质与软沥青质的比率大于1时，可能会产生伤害。

（4）如果水与油的比率增加，井底静态温度小于185°F，流体中沥青质质量分数不小于2%就暗示具有结垢潜质；砂岩中相关的运移颗粒变为油湿，并成为有机垢喜爱的成核点时，伤害可能会产生。

7.1.2 处理方法

有机垢的处理方法取决于垢所处的位置。在某些情况下，机械方法比化学方法更为有效，但其风险也更大。针对蜡垢，热力方法可以单独或与化学方法联合使用（Ashton 等，1989）。

油管中的有机垢。 当有机垢位于油管中或设备表面时，应用机械方法相比化学方法来说更为简单。在用机械法清除油管中有机垢的过程中，刮削下来的有机垢如果是通过循环排出井口时，可能会堵塞射孔孔眼。用热力方法清除石蜡时，循环通常是将热油从油套环空注入，从油管返出。然而，此方法也存在隐患，尤其是在低压、低温井中。因为油和石蜡的混合物在循环时会侵入地层，随后逐渐冷却，从而在地层中形成混合垢。

清除石蜡的最佳方法是两步法。所谓两步法就是：第一步，在保证热油不漏失到地层的情况，使用热油在管线中循环；第二步，向地层中注入清洁热油（提供全方位的安全防护措施）。值得注意的是，由于易燃流体的挥发性，泵注时需要安全防护措施。通常情况下，水湿的金属表面可以预防石蜡晶体的沉积。

砾石充填、射孔段、地层中的有机垢。芳香烃溶剂（甲苯、二甲苯）常用来溶解有机垢，其可以全浓度使用或用柴油进行稀释。但是，将低表面张力的有机溶液（柴油）与芳香烃混合后可能会对除垢的效果产生不利影响。在某些情况下，用互溶剂［乙二醇甲醚（EGME）或者酒精混合物］可以溶解有机垢。

在任何条件下，只要存在盐水，使用互溶剂是有用的，它能使芳香烃溶剂更好地与有机垢接触（Charles 和 Marcinew，1985）。少量的乙醇有助于溶解蜡和沥青质垢，从而能使接触表面水湿。芳香烃溶剂与热力方法的结合（在安全防护措施到位的情况下）能显著提高蜡垢的溶解效率。

在清除混合垢时，要将相配的酸和芳香烃溶剂按不同比例混合，混合溶剂连续作用于有机垢和无机垢上，能有效去除混合垢的伤害。事实上，这也是在墨西哥（Jujo-Tecominoacan 油田）作业能够成功的因素之一。一般情况下，无机垢大多是碳酸盐或岩盐，所以酸和溶剂混合物的处理效果很好。当无机垢中含有泥沙时，由于这些垢性质不同，使用分散剂与溶剂的混合物会比氢氟酸更为有效。

分散剂型表面活性剂可以明确地用于处理沥青质或者石蜡垢。这些表面活性剂水溶液可以渗透到有机垢中，并使其变得足够疏松，流体的冲刷作用就能驱散这些有机垢。然而，分散剂型表面活性剂溶解垢的有效性还存在争议，它们更多的是用来预防垢沉积的。但是，分散剂型表面活性剂似乎能增强芳香烃溶剂（+互溶剂）溶解有机垢的能力，它们之间具有协同作用（Muecke，1979）。

单一处理方法预防有机垢。给设备喷涂塑料涂层、井底加热器或者高流速生产技术可以用来减缓有机垢问题。加入表面活性剂和晶形改性剂能使金属表面水湿，并抑制石蜡晶体的生长，从而有效控制有机垢。

在清洁油管作业中，沥青质抑制剂要在井筒中循环并浸泡 4～6h 后返排（2～4 周内有效）或者连续低速泵入环空（浓度大约 100mg/L）。在清洁地层作业中，必须使用挤注处理技术。抑制剂被挤入地层（10～20gal/ft），并浸泡 6～12h 后，油井可恢复生产。在挤注处理前加氮雾化，能提高措施效率（提至 4 倍）。在预防混合垢时，可将晶体生长抑制剂和无机垢抑制剂混合在同一个挤注段塞中。

基于对 Montgomery 等（1996）Jujo-Tecominoacan 区块除垢措施的研究，推荐以下步骤：

(1) 芳香族溶剂：100～250gal，浸泡 12～24h；
(2) 互溶剂体系中合理添加 2%～10% 芳香类溶剂；
(3) 酸+分散剂；
(4) 添加分散剂/表面活性剂起预防作用；

（5）抑制剂以模式速率泵入。如果注入困难或要提高效率，要尽可能浸泡（25gal/ft，当井底静态温度小于105℉时浸泡4～12h，井底静态温度大于150℉时浸泡2～4h）。

推荐方法有以下的潜在问题和缺陷：
（1）互溶剂会破坏原生水膜，进而伤害地层颗粒；
（2）互溶剂的使用成本较高，因为它用量较大且比醇类昂贵；
（3）互溶剂和醇类可能会对缓蚀剂产生不利影响（需经检测）；
（4）有机携带液不安全，有毒且易燃；
（5）有机携带液比水基溶液昂贵；
（6）芳香烃溶剂不安全且有毒，尤其是甲苯（在第5章查看可选方案）；
（7）发烟硫酸（阴离子表面活性剂）不安全。

本书作者申明，本节中所提到的方法都是在油气生产领域广泛应用的。有关可选溶液和较环保溶液的内容可以参考5.3节。

7.2 流动保障的最佳案例（关于水合物和石蜡垢）——深海气田开发面临的挑战

本节介绍预防水合物和蜡垢堵塞的方法，有关其他详细信息参照Kopps等（2007）的著作。

本节研究了一个深水凝析气藏的典型实例。目的在于介绍一些施工中遇到的难题，以及解决这些问题的较好方法。对凝析气生产系统（凝析水是唯一水相）来说，由于沥青质和无机垢问题不具有代表性，因此，控制水合物和蜡垢成为凝析气生产系统两个主要的研究焦点。

过去几年，由于油田开发已进入深海区域，回接距离更长，海底温度更低，流动保障就成为海洋油气生产的聚焦点。此类作业环境增加了水合物堵塞风险和蜡质垢所导致的流动问题。在深水中（大于500m），处理这些问题可利用的方法和手段越少，其费用就会越高。

长距离回接带来的技术挑战和限制有以下3点：
（1）油气田投入商业开发需要储层压力保持充足，以保证在一段时内有可观的产量；
（2）较长距离输油管线中，维持生产流体温度高于相变温度有一定困难；
（3）在关井时有形成高强度蜡凝胶的潜质，这些凝胶量大且强度大，而恢复井生产时的自然压力有可能不足以克服这些凝胶的流动阻力。

生产中通常遇到的问题包括水合物堵塞、沥青质垢、蜡或石蜡垢、无机垢和腐蚀。现如今，流动保障工程师必须同时考虑腐蚀和垢的问题，例如储层微粒和腐蚀产物。监护从储层到流体交接的整个生产系统的任何部位，鉴定这些垢的潜在危害，量化它们的数量都是非常重要的工作。在油田生产周期内，生产剖面的压力、温度以及气、液、水的流量变化都会造成垢的沉积问题。风险管理要求工程师能预测在稳定生产和瞬时操作（开、关井）时潜在的流体和系统问题，并论证生产系统能否在可控状态下进行生产。

流动保障设计应在油田开发前进行，并且要包含多重技术接口。在设计过程中要考虑风险管理和系统效益这两个重要方面。流动保障工程师要将储层、完井作业、输油管和出油管线、水下控制、地面作业以及操作人员都考虑在内。由于各种因素之间的相互作用十分密切，因此有效的工程管理是十分重要的。这些设计通常包括水下系统架构、水下系统机械设计、改善操作策略和设备的集成。

流动保障师的一项工作就是测定和记录流体特征和PVT情况以及分析垢的形成潜力，并将这些资料与生产温度、压力以及流动状态结合起来。基于流动保障计划中提供的系统参数，就能利用热工水力过程模拟方法来确定管线尺寸，决定是否要利用保温装置防止水合物的形成以及控制蜡沉积。管线尺寸和保温装置由给定系统的流速、天然气/凝析油、油田生产周期中的预计含水率所决定。多相管线的设计需要考虑一系列的稳态和瞬态情况，为生产系统确定总体的作业范围。通过油藏模拟，这些设计参数必须与生产剖面的发展相匹配，因为这些设计决定油井的生产动态。

工作审查时会问到类似"如果这样做了会……？"以及"我们应该怎样……？"的问题，这些问题能帮助我们了解到处理方案中潜在的问题和不确定性因素。如果能找出这些问题和因素，就能在正确的系统设计、工作程序以及工作应急计划中将它们考虑进去。在油田开发的初始阶段，选择油田开发方式时必须对系统操作有清楚的、更深层次的认识。工作计划必须及早制订，以便及时确定如何井控和测试、概述不同生产作业（例如化学处理和清管作业的基本原理）、确立恢复生产工序。工作计划还能帮助操作者了解操作条件可能如何变化以及确定系统和设备与资产预期寿命相配的极限工作条件。

将热力方法和乙二醇（MEG）循环系统结合可以管理油田内管线中的水合物风险。乙二醇将连续注入每一个海底采油树中。这是由于乙二醇与甲醇相比，其优势在于可循环回收利用和对环境友好。因此，连续抑制水合物时优选乙二醇。热力法将要提供至少有12h的最低冷却时间，以确保管线达不到水合物或者凝胶形成条件（不论水合物或者凝胶哪一个先形成）。

应急系统是为水下油井开启，流体进入一个冷系统过程中减缓水合物堵塞风险而设计的。应急系统中可用甲醇或乙二醇作为水合物抑制剂。在系统状态稳定和所有节流装置都安装在船甲板上的条件下，由于系统已经用乙二醇处理过，因此，通常情况下应急系统无须启动。之所以设计应急系统，是为了把水合物堵塞的风险降到最小。

为防止天然气输出线中发生水合物堵塞，对水露点的控制有着极为严格的要求。如果管线中没有冷凝水，并且水含量保持低于 $2.5lb/10^6ft^3$，则输气过程将无水合物形成。通过密相输送工艺可避免管道中有任何凝结现象发生。

油田内部管线中的蜡垢可以用热力方法清除。在维持一定流速的情况下，足够高的油藏温度和高规格的管线保温装置可以防止蜡垢的生成。辅助装置包括清管器传输系统和化学药品注入系统。

在输出管线中，需要使用清管器，有时需要使用蜡抑制剂（化学的）来降低清管频率。在冷凝液输出管线中加入足够的溶解气，可降低凝胶形成的温度和凝胶强度，从而防止冷凝液输出管线中凝胶生成。如上所述，在油田生产周期中，如果溶解气量低，同时能保持流体的相对含水量低，那么水合物堵塞的风险就能降至最低水平。

7.3 控制环烷酸盐垢的最佳方法

参看 4.4 节和 6.4.4 节，读者可详细了解更多有关环烷酸盐形成和控制方法。

Turner 和 Smith（2005）介绍了控制环烷酸盐形成和沉积的最佳方法。对于开发环烷酸盐和环烷酸盐垢形成风险高的新油田，传统的生产系统设计已不适用。常规设计生产流程将包括立管和连接到主流体处理设备的各种管线，随后是一级加热炉用来加热流体、破乳。流体有时要流经一个或两个分离器和二级加热装置，紧跟的是静电处理设备和原油聚结器。水处理装置（包括水力旋流器、除气器和气浮器）用来处理水。在每个处理单元，流体经历的压降和剪切变形都会促使环烷酸盐垢形成。温度的增加也会产生环烷酸盐垢，影响油水分离。静电方法既有助于环烷酸盐聚集，又能减少脱水工艺。

鉴于物理参数对环烷酸盐或环烷酸盐垢生成过程的影响，在生产流程设计时必须谨慎。任何流程都必须仔细考虑。不局限于传统设计理念的设计如果能减少环烷酸盐垢的生成，就能节省大量的作业费用（包括延迟石油生产期）。对现有系统作业参数优化也能减少环烷酸盐垢的产生。

在设计新工艺或改造现有工艺操作流程时，要考虑以下几个物理参数，工艺设计要考虑最小化环烷酸盐或环烷酸盐垢的产生。

（1）保持生产系统设计和工作压力尽可能高。这不仅适用于连续生产，而且适用于意外关井。油井放空时能产生相对多的环烷酸盐，而且能使管道中的环烷酸盐垢变硬，反过来又导致关井次数增加。这方面的知识和操作理念已经被熟知，而且被成功地应用于酸化作业中酸液的返排中。输送富含环烷酸盐的流体时，在最低温度条件下操作非常重要，该温度要保证油排放口底部沉淀物和含水量达标。这可能需要确定不影响脱水的最佳操作窗口，并且在某些情况下还需要开发"冷处理"破乳剂，以便在较低的操作温度下成功处理乳胶（如 55～65℃，而不是 70～85℃）。

（2）工艺过程中尽早脱水，可以减少环烷酸盐的数量，从而减少处理环烷酸盐和环烷酸盐垢的化学试剂的用量。

（3）尽量减少使用能产生高剪应力的作业设备（例如，减少在井中使用电潜泵，在船甲板上使用高剪切泵，使用低剪切流量控制阀）。

（4）静电处理设备可能会加剧现有的环烷酸盐问题。

（5）预测在未来的发展中，不相容的液体可能采用回接技术。

对于一些新的采油设备，能采用一些其他手段来降低采出液流中环烷酸盐的结垢趋势。方法之一是周期性地将产出水在水处理设备和分离器前端之间循环，帮助油水分离和增大水珠的粒径分布。另一个方法是通过向分离系统前端加入饮用水、海水或软化水，稀释产出水中促使环烷酸盐、水垢（例如碳酸氢盐）沉淀形成的各种组分。

给油流中掺入无环烷酸盐形成趋势流体是另一个值得考虑的选择。如果注入海水保持油藏压力或驱替油流，海水突进能逐渐降低产出水中碳酸氢盐含量到不再产生环烷酸盐、水垢的水平。注入富含二氧化碳的气体也是一种选择，因为它能在油水分离之前，使水的 pH 值降低到低于环烷酸盐形成范围。应当强调的是，虽然这些方法至今仍尚未经验证，但它们确实为进一步的研究提供了一些思路。

尽管适用的工艺设计对有效抑制环烷酸盐的生成起重大作用。但是，由于环烷酸盐失控的后果十分严重，因此，推荐在设计和操作策略中应包含相配的化学抑制剂。在选择和使用具有酸性和表面活性的化学试剂时，一定要考虑它们的优缺点。考虑到化学试剂的选择和应用对工艺流程中环烷酸盐产生的重要性，建立化学药品管理程序（CMP）尤为重要。另外，环烷酸盐或环烷酸盐垢的特性和危害严重性会随着条件的改变而骤然变化。

较高的温度能增加环烷酸盐或环烷酸盐垢的数量。在大多数工艺中，加热器设计是工艺设计不可分割的一部分，加热器产生的热量用来帮助流体破乳及减少管线中底部沉积物和水的量。工艺流程运行时，为了操作简便，通常的操作温度远高于绝对必需的温度，为破乳处理提供安全系数。通常情况下，破乳剂要每 6 个月变换一次。

高级工程师协会作者（Turner 和 Smith，2005）也提到，应用控制 pH 值的化学试剂，例如冰醋酸、盐酸、磷酸、抑制剂和分散剂来阻止环烷酸盐垢的生成是化学药品管理流程（CMP）的一部分。作者也提到，大多数情况下，pH 值只有处在 6.0 左右的一个狭窄范围内才能抑制沉淀生成，同时也不产生腐蚀等问题。

必须要强调的是，所有的环烷酸盐或环烷酸钙垢的工程案例都是独一无二的，控制固体沉淀产生的有效方法之一是开发流体品质实时监测程序，以保障生产系统安全生产和成功制定化学药品管理流程。

7.4 石蜡控制措施的案例研究

本节再现了过去 25 年中发表的有关石蜡控制技术的案例分析，列举了一些技术研究成果。详细内容可参阅 4.1 节、5.1 节、5.3 节和 6.4.1 节。在此重点介绍实用的油田现场应对措施。

7.4.1 密歇根州北部尼亚加拉油田控制石蜡的实例

Newberry 等（1986）指出，机械方法已经大量应用于石蜡垢的清除。其中，包括石蜡刮刀、抽油杆刮蜡器、热油或热水循环、塑料涂层以及出油管线清管技术。同时，从列举的实例中可以看到化学配方、测试技术和应用技术的改进，已使这些化学处理方法取得很好的经济效益。

这一区域中各个井中石蜡问题严重程度不同，有些井每天都出问题，而另外一些井每个月出一次问题。该区井富含大量潜在垢成分的产出水（10%～40%）加剧了石蜡沉积问题。盐结晶也可能加剧了石蜡沉积。为了降低盐的浓度，防止盐结晶，采用了给生产系统连续注淡水或周期性注淡水，获得了一定的效果。

化学方法与机械方法或热力方法相结合能获得很好的整体处理效果。针对特定油田问题，化学药品的筛选与应用工艺技术完美结合是化学处理成功的关键。

作者从其工作中总结得出以下结论：

（1）石蜡垢及其相关的花费是密歇根州北部尼亚加拉油田生产中的主要问题。

（2）高凝点、高析蜡点、高含蜡量、高气油比和严冬条件相结合，促进了尼亚加拉油井中石蜡的沉积。

（3）占主导地位的游梁式抽油机井中应用化学添加剂比机械方法经济效益更好。
（4）在制订有效的处理方案时，首要考虑因素是应用方法。
（5）成功的应用技术包括用表面活性剂或水溶液、热水或表面活性剂清洗、用增溶剂冲洗以及使用连续注入淡水的注入系统。
（6）测试处理剂对石蜡作用效果及测试处理剂与产出液体的配伍性是十分必要的。
（7）处理存在严重结垢问题的自喷井时，处理方法、处理剂和垢的接触时间、化学活性以及经济效益等依然存在问题。

7.4.2 阿拉斯加石油输油管（TAP）中的蜡沉积研究

之所以在这里介绍 Burger 等（1981）对阿拉斯加石油输油管中蜡沉积的研究实例，是因为该实例中包含的技术也许能应用于其他地区。

此项目的主要目的是研究蜡沉积机制，确定管线中蜡垢的性质以及确定蜡垢的厚度与时间和距离之间的函数关系。研究结果表明，开井期间的蜡垢受蜡晶体运移、溶解和沉淀3个独立机制控制。当油冷却下来时，浓度梯度会导致分子扩散，随后井壁上会出现沉淀物和蜡垢。另外，先前沉淀的蜡微粒可能会在布朗扩散和剪切分散作用下发生横向运移。有关研究的更多详细内容参照第4章。

该项目的研究表明，油中携带着的蜡晶体碎片可能在横向运移，并且与稳定的垢结合在一起。通常认为，在稳定的垢中有14%～17%具有多孔结构，而且孔隙空间中充满油。在阿拉斯加萨德尔罗奇特地区，石油在低于40℃并且散热的条件下流动时会发生结垢问题。该文献中介绍了蜡沉积试验和计算模型。测量的物理参数有：

（1）蜡的溶解度；
（2）蜡垢的成分；
（3）沉淀物颗粒的粒度分布和沉降速度；
（4）原油中溶解蜡的分子扩散系数。

石蜡的横向运移和在管壁沉积的机理研究包括：理论和数学分析以及在实验室测量成比例模拟管线蜡的实际沉积速率；用现场大尺寸管道测试验证室内实验的研究结果。

总的来说，在萨德尔罗奇特地区，具有潜在沉淀能力的高分子量碳氢化合物组分大约占原油总量的14%。当原油的流动温度小于40℃时，固体蜡晶体就会沉淀。当原油温度降至0℃时，此组分中只有大约20%沉淀。也就是说，在最有利的沉积条件下只有一小部分高分子量碳氢化合物沉积下来。

当流动的原油温度降低时，在运移、溶解和沉淀的作用下蜡在管壁上沉积。

蜡沉淀物颗粒的粒度会随着温度降低而稳步增加。在流动状态下，由于蜡颗粒在剪切分散作用下可能再分散，所以重力沉降机制的影响可以忽略不计。

用特定的机理模型预测了开井初期时阿拉斯加石油输油管线系统中的结垢情况。正如预测的那样，阿拉斯加油田在开井及随后的作业中都没有遇到与蜡垢相关的问题。这一研究实例中，所研发的机理模型和实验方法可应用于研究操作条件范围内的蜡沉积情况（例如在储油罐、船舶储罐、井筒）。然而，由于不同原油中的蜡晶特征不同，因此对于不同的原油都要进行单独研究。不同原油中蜡沉积趋势也不一样。

7.4.3 与石蜡有关问题的处理研究

Thomas（1988）出版了一本基于室内实验（与油田蜡问题相关）的著作。书中介绍了蜡相关问题的理论和方法，推荐了一些处理这些问题的方案。具体内容可以查阅参考文献和第 4 章，尤其是在 4.7 节中有关沉积测试的相关议题。

有效解决这些石蜡相关的问题，需要用阶梯式相关联的解决方法。实验室测试方法的选择受问题和它产生的原因以及可用的研究方法的影响。反过来，实验室测试结果又会影响产品和使用方法的选择。

在分析实验结果时，充分考虑油田的需求、出现的问题和应用方法也非常关键。在大多数情况下，如果对实验结果没有进行仔细的评价研究，实验室数据会得出不恰当的处理建议。一些测试方法更适合于特定的问题、特定的应用范围或者特定的原油。实验结果与现场数据相结合，综合分析解释，才能得出一个完整、精确的解决问题的方案。解决石蜡的沉积问题需要从以下几个方面入手：

（1）现场问题的资料。
（2）实验室评价过程的设计与实施。
（3）有关现场问题的实验结果解释。
（4）可行的应用方法。
（5）预期的结果。
（6）经济效益和有效性。

解决石蜡问题的第一步是评估现场结蜡情况，从而确定分析问题和解决问题的方法。

（1）问题是什么？在哪发生？问题是如何影响生产系统的？
（2）系统工作参数和配置，包括温度剖面、流速、设备组成、环境条件、操作条件以及工作规程的详细资料。
（3）问题现在如何应对？之前的处理方法和效果以及相关的费用如何？
（4）期望处理方法和具体的措施方案。

Thomas（1988）得出了以下结论：

（1）收集现场的背景资料并进行评估以确定蜡沉积的原因及其对生产的影响。
（2）实验室测试时必须将问题和现场需求考虑在内。
（3）给定原油中石蜡的组成可能较为复杂，蜡的类型也不尽相同，但在现场，它们以单一问题显现。
（4）实验室测试次数必须尽量多，以确保能精准描述问题，并找到合适的解决方案。
（5）重点的实验室测试包括露点和泡点测试、沉积物和原油的色谱分析、冷凝管和其他沉积测试以及除蜡试验等。为了满足现场问题的需要，实验方法的多样性也许是必要的。
（6）要获得的合理的处理溶剂，必须进行进行实验室测试。
（7）应该考虑有效性和经济效益。不同类型的石蜡都有可能引起问题，对选出的每一种类型的产品来说，解决方案一般遵循 80/20 成功法则。

7.4.4 高倾点原油、沥青质原油和凝析油（Tuttle，1983）

石蜡和沥青质在储层岩石、井下管柱、泵、容器和管线中结垢，会严重影响油气的生产和运输。针对这些垢造成的运营问题,已经研发出了各种各样的解决方法。本书列举了有关结垢问题的现场实例和解决方案。

本书还引用了美国壳牌公司解决这些结垢问题的现场实例和技术(在路易斯安那州南和犹他州)。

7.4.5 石蜡对深海油气工程设计的挑战

Alwazzan等(2008)指出,如果油气生产和运输系统经过相应的设计并且按操作规程执行,流动保障的风险(如水合物、蜡、沥青质等垢)就能被识别并控制。为此,预防蜡沉积是良好的海底深水系统设计的关键组成部分。蜡沉积可以形成堵塞,阻碍流体流动,导致油井数周的产量损失和生产系统无法正常生产。

本节讨论墨西哥花园堤岸海湾(Mexico Garden Banks)GB-244区块的Cottonwood深海水下回接设计带来的挑战。Cottonwood的水下主要基础设施由两口在GB-244区块深度2118ft(645m)的井和平行于东卡梅伦373区块主机设备的两条半径6in(15cm)、长17.4mile(28km)管线组成。一条半径8in、长20mile的输出管线将凝析油从EC-373(东卡梅伦373区块)输送到运往花园堤岸72区块(GB-72)的作业平台。此区域产出的流体主要是富含凝析油的天然气和地层水,虽然缺少开发所需的可靠的流体性质参数,但基于临近油田已知的操作经验,可以推断出该区域存在潜在的结蜡问题。

本部分重点介绍流动保障的挑战,这些挑战能帮助我们有计划地制定生产作业策略,保证在初期生产过程中就能够预防蜡垢,同时该策略要具有灵活性,以便适应对现场实际流体属性数据审查后可能发生的适当调整。简而言之,本部分主要介绍与蜡质相关的测量技术和在开井和日常工作期间防蜡和除蜡的有效策略。

总之,如果提早发现并设计开发出与之相适应的系统和工作流程,就能识别和处理流动保障的风险。在选择和部署合适的流动保障策略时,充分了解各种固体垢的性质十分重要。否则,在最小化风险的同时最小化资本支出和运营成本是不容易做到的。

为了确定给定系统出现结垢的主要因素,需要对高质量的原油样品进行分析和测试。一般而言,由于污染或轻微的流体变化,样本可能已经不能代表产出的流体,所以做设计时要考虑到最坏的情况。正如在墨西哥湾(GOM)地区的大多数油田,几个特质促成了流动保障的挑战,而这些挑战与本文提及的Cottonwood油田流动保障的挑战有相似之处,因此,在前期的工程设计和施工设计过程中都进行了系统的FA分析。详细内容请参阅2009年6月出版的《石油技术杂志》(第45~47页)。

7.4.6 用微生物减少蜡和沥青质垢从而提高原油产量

麦克罗—巴克公司网站(http:www.micro-bac.com)(Micro-Bac,2004)提供了以下几个利用微生物除蜡的案例分析。

7.4.6.1 实例1

(1)井眼描述。中国油田,油井温度为103~110℃,原油倾点为35~41℃,产层深度为2620~3048m,石蜡含量为17.1%~38%,沥青质含量为5.2%~6.8%,有杆泵举升系统。

这口井中出现了沥青质垢和石蜡垢问题。研发的微生物处理方案已开始改善井的生产情况。

(2) 方法。在这口井中进行了 3 次施工处理，每次都从油套环空向下注入 75% Para-Bac/S 和 25% Ben-Bac 的混合物。

(3) 结果。总的来说，所处理井中沥青质垢减少了 55%，产出油增加了 121%。

7.4.6.2 实例 2

该实例介绍了中国 333 井除蜡增产的方法。

(1) 项目：在该油田应用微生物方法不仅有助于生产井中石蜡的清除，延长泵的维护周期，而且能提高油井产量。该项目研究的主要目的是确定微生物的使用对产量提高是暂时的，还是长期的。

在生产井中应用微生物方法清除石蜡垢之前，需要每月用热油循环的方法去除油管中的石蜡垢。另外，每两个月要对泵进行一次维护。

(2) 结果。自从第一次注入微生物，333 井的产量从 8.37t/d 增加至稳产 10t/d。并且从开始注入的 17 个月内，没有对井进行热油注入处理和泵的维护。值得一提的是：

① 17 月内总产量增加了 813.62t；

② 17 月内没有采用热油处理；

③ 17 月内，总共避免了 9 次泵的维护工作；

④ 原本 27d 的停产检修没有出现；

⑤ 该井应用微生物方法，总共注入了 600gal（2271L）的微生物溶液。

控制垢的讨论见 5.5 节。

7.5 沥青质问题和应对策略

本节概括总结了现场的实例和研究，列举了前面章节有关控制沥青质垢的一些技术研究，具体详情查看 4.2 节、5.1 节、5.3 节和 6.4.2 节。本节重点介绍生产现场解决沥青质垢的方法。

7.5.1 处理沥青质垢的最佳方法

García 等（2001）介绍了马拉开波湖产区处理和抑制油井中有机垢（主要是沥青质）的方法，同时还介绍了一项稳定性测试方法。

通常使用预测法、改善法和预防法来控制沥青质。法国石油研究院标准方法（IFP，2007）中介绍了原油中沥青质沉淀倾向和原油混合物稳定性的预测方法。在测试原油特征（流体组分和物理化学特性）的基础上，一些模型能预测沥青质絮凝压力和温度条件。读者可以参考第 4 章的方法。整治措施包括机械清除法（刮刀或者清管器）或化学措施（使用芳香溶剂溶解垢）。

在现场，往往是已经出现堵塞和严重的产量递减时，才单独或组合使用这些方法。预防沥青质絮凝最有效的方法是保持油藏压力在沥青质的絮凝压力以上。然而，在许多情况下，由于油藏枯竭和天然气回注困难，使得此方法很难或根本不可能实现。这时，用沥青质分散剂和沥青质抑制剂来抑制垢的生成是较好的预防措施。这些试剂能保持体积小的、新形成的沥青质颗粒悬浮在油基质中（在分散剂存在的情况下）或预防它们的形成（当使用抑制剂时），从而避免沥青质颗粒黏附在油管内壁和沉积在管线、储存罐及其他地面设备中。

这些方法能有效避免管道堵塞和产量下降，同时还可以降低作业成本。因此，在全世界范围内，对抑制剂作用机理以及原油组分和有机沉淀抑制剂时效性之间的相关性正在进行广泛的调查研究。

针对马拉开波湖地区沥青质垢堵塞的油井，研究人员进行了室内实验，以便设计出能让其重新开始生产的处理措施。在大气条件下初步评估原油（脱气原油）的基础上，又在不同压力和温度下研究原油的组分特征和稳定性，分析原油中沥青质的沉积趋势，为给这些油井选择出合适的沥青质抑制剂提供了主要信息。García 等（2001）得出了以下结论：

（1）根据沥青质絮凝影响，3 种脱气原油样本显示出一定程度的不稳定性。

（2）由垢的特征可以看出，此油藏中的主要堵塞问题是在产油过程中沥青质的沉积和积聚造成的。

（3）在油藏条件下研究大多数原油发现，沥青质的凝聚点与研究井的井底压力相近。

（4）在马拉开波湖地区的油藏中，如果井底压力保持在沥青质絮凝点以上，则垢就能有效地被抑制。即使此方法不可行，选择合适的化学抑制剂也能将油井产量维持在令人满意的范围内，并保证一定的经济效益。

（5）在大气压力条件下，确定的沥青质抑制剂的抑制效率，如滴定法，能帮助作业人员选择在特定油藏温度、压力条件下效果应该最好的化学剂以及现场作业中最佳的处理方法。然而，通过这种方法优选出的抑制剂应用于现场，并不是所有处理都是有效的。

（6）当石蜡组分和流体以及多孔介质接触时，为了避免由沥青质沉淀诱导产生的严重的问题，其他因素（例如，溶剂和产出液体的流态）也必须要考虑。

7.5.2 高倾点沥青质原油和凝析油

Tuttle（1983）介绍了以现场试验为基础的控制沥青质垢的对策。

历史记录。在很多条件下，沥青质垢都会给生产带来很大麻烦。在加州 Ventura Avenue 油田，从初期生产阶段到油井酸化和注 CO_2 提高采收率阶段都发生了沥青质垢的问题。

Ventura Avenue 油藏 D-6 和 D-7 生产区域，油井的早期生产阶段就出现了明显的沥青质垢问题。1944 年 D-7 产区刚投入开发，沥青质垢就已经导致筛管割缝、射孔孔眼及绕丝衬管和油管堵塞。同时，产出的砂和钻井液固体也对堵塞有贡献。D-7 产区的油井深度大于 8500ft（2591m），井底温度为 212～310℉（100～156℃）。初始井底压力约为 8500psi，泡点压力在 3500～4500psi 之间。这些井早在 1994 年就使用了循环油来避免或降低沥青质垢的影响。此方法很有效，因为加入的油稀释了油井中的原油，降低了原油中沥青质的沉积趋势。在解决该问题时，也尝试加入溶剂与热油一起正向和反向循环产生双重效果，但这些溶剂处理不是十分有效，这很大程度上是因为使用的溶剂只局限于芳香溶剂（例如甲苯）造成的。

卤代烃溶剂、吡啶和二硫化碳溶解沥青质垢更有效，但由于它们的费用、安全问题以及对炼油厂的影响问题，导致它们的应用具有局限性。氯化烃类会污染油流，而且可能在炼油厂分解产生盐酸，造成严重的腐蚀问题。二硫化碳能有效地去除沥青质垢，但由于其燃点（燃烧和爆炸事故）较低，很难在现场中使用。另外，二硫化碳也会造成炼油厂设备的腐蚀。吡啶价格太高，此处不予考虑。Ventura Avenue 油田的沥青质垢的问题在井底压力下降到原油的泡点压力以下后就消失了。例如，一口井中曾发生过 15 次的沥青质垢堵塞，但在油藏压力下降到泡点压力以下时，沥青质垢问题明显减少了。在此油田开发的早期阶段，由于沥青质垢的问题没有被解决，重新钻了很多井。然而，20 世纪 70 年代后，这些井都恢复了正常生产。

在油井增产和提高采收率过程中也存在有机垢的问题。如盐酸等用于油井增产的流体，也会对含沥青质的原油的井产生明显的伤害。因为酸与此类原油接触时会产生沥青质的沉淀和刚性膜，从而严重伤害井筒附近的多孔介质。要清除沥青质和刚性膜十分困难，有时油井会被永久性损伤，并需要重钻。这意味着储层流体含有沥青质时，在实施增产措施之前必须测试措施流体与储层流体的配伍性。在密西西比 Little Creek 油井，在使用注 CO_2 增产的试验井油管中，发生了沥青质沉积。而在之前的报道中，此区块初次采油和二次采油中从未出现过沥青质垢。此问题的产生被认为是由于注入的 CO_2 扮演类似于丙烷的角色导致沥青质沉积。另外，由于 CO_2 能对流体 pH 值产生影响，从而导致在油水界面产生一层刚性膜，这些刚性膜也对沥青质沉积有贡献。

石蜡和沥青质沉积会提高开采成本，并影响油井的正常作业。通常情况下，清蜡可使用加热、机械（刮或切削）方法或注入热流体和化学剂来解决。有时也会利用添加涂层或注入化学分散剂的方法，但经济效益不好。沥青质沉积也是非常棘手的现场问题，尤其是发生在深井或生产层段中。去除沥青质垢用机械方法最为有效。当产出原油沥青质含量较高时，在井酸化之前需要进行大量的实验，以防酸化导致沥青质沉淀。另外，由于 CO_2 能导致沥青质沉淀，因此在提高采收率项目中要考虑这一因素。

7.5.3 模型预测 Marrat 油田沥青质垢对开发的影响

Yi 等（2009）介绍了建模预测沥青质沉积的方法，并用此方法模拟现场生产情况，给出了研究结果。

科威特石油公司提供的实例显示，科威特西部和东南部采区的侏罗系生产井曾遇到过沥青质垢的问题。位于科威特西部的 Marrat 区块的侏罗系产层，主要有 45 口油井，其中一半的井曾经历过沥青质垢清理作业。这些油井大约占科威特西部区块（产量约 5×10^4 bbl/d）油井的 7%。此区块油藏压力（约 9500psi）大大高于沥青质的初始沉淀压力（AOP）（2000~4000psi）。因而，在此油藏中不可能有沥青质沉积。然而，在生产期间，当油管中的压力降到沥青质的初始沉淀压力以下时，沥青质就开始从原油中析出。随着生产的进行，沥青质逐渐在油管中沉积，导致油管的有效半径变小，从而使产量减少，最终垢堵塞了油管使油井中的原油完全停止流动。在此情况发生时，就需要清理油井，恢复油井的生产。

位于科威特北部，在布尔甘大油田内部，海底平均深度为 11000~11500ft 的 Marrat 油藏是碳酸盐岩油藏，储层流体较轻，API 度为 36°~40°API。油藏的预测储量在 20×10^8 bbl 左右。原始油藏压力为 9650psi。因为在油管和地面生产设备中发现了沥青质垢，所以油藏流体中含有沥青质（Kabir 和 Jamaluddin，2002）。因此，需要周期性地进行清除和处理作业。

此项工作的目的是为 Marrat 油田建立具有沥青质成分的流体组分仿真模型，建立模拟工作流程，并且分析不同情况下沥青质垢对 Marrat 油田开发的影响。

模型研究结果。从图7.1和图7.2中可以清楚地看到,沥青质垢对原油产量递减的影响。无论在高和低的井底压力,还是在高和低的流速条件下,沥青质垢都会导致原油产量降低。然而,不同条件下,沥青质降低产量的程度也不尽相同。当制定的井底压力较高(接近沥青质初始沉淀压力)时,沥青质对产量的影响不严重。然而,当制定的井底压力较低时,沥青质对产量的影响很严重。这是由于当压力接近沥青质初始沉淀压力时,只有少量的沥青质沉淀和沉积。当流速较高时,沥青质对产量的影响就会越早出现,这是由于在给定时间内会有更多含有沥青质的原油流过地层,因此,更多数量的沥青质沉积和更严重的储层伤害就越早出现。

在注水开发过程中,无论是高流速还是低流速生产,沥青质垢都会导致产量减少。但是,由于注水可以保持地层压力比衰竭式开采高得多,因此,沥青质垢的发生较少。在注水开发期间,高井底压力条件下,沥青质对产油量(产量减少的百分比)的影响要比井衰竭式开采的要小。

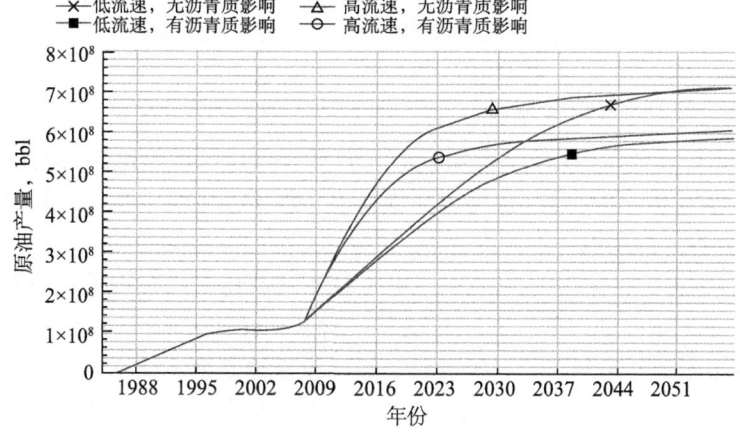

图7.1 衰竭式开采模式下低井底压力油井沥青质对产量的影响

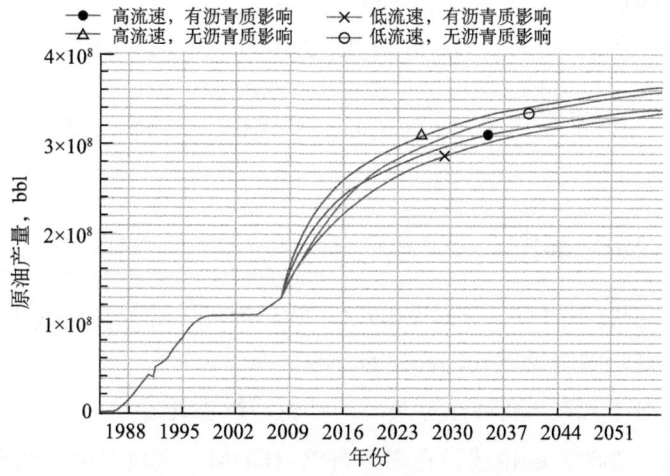

图7.2 衰竭式开采模式下高井底压力油井沥青质对产量的影响

7.5.4 用碳氢化合物溶剂抑制油井中的石蜡和悬浮的沥青质

Campbell 和 Griffin（2003）介绍了使用溶剂和烃类聚合物的混合液（作者命名为 HIS 聚合物）减少石蜡和沥青质垢的方法。详尽的实验室测试在原文中有介绍，同时也可以参见 6.4.2 节中与该项技术有关的专利（Campbell，2007）介绍。

处理液由抑制沥青质垢生成的化学剂组成。在作业时将它们挤入射孔或裸眼完井的砂岩地层中。已有报道，用混合了活化剂和沥青质抑制剂的柴油作为溶剂，用原油作为驱替介质，将溶剂挤入地层，能起增加油井产量及延长油井清理周期的作用（Cenegy，2001）。

同样，利用盐溶液混合时放出的化学反应热也是一种特殊的清除石蜡—沥青质垢的方法。反应在井底发生，能使井底温度上升 40°F（22℃），并持续 2h（Mitchell 等，1984）。这些处理措施对无机垢和其他有机垢或铁氧化物无效。两种盐溶液在地面混合后注入预定的深度时也会发生延迟的放热反应，也就是延迟产生大量的、数量可预测的氮气和热量[有关放热反应的例子查看式（5.4）]，可溶解有机垢。这里讨论的用溶剂和烃类聚合物的混合液作为预冲洗液已经顺利实现了升温 30°F（17℃）的作用。在此应用方案中，为了在井中产生瞬时的放热反应，可先将两种特殊的化学试剂在地面混合。

基于发表的实验研究，可以得出以下结论：

（1）双滴双晶法（DDDC）测试石英和方解石晶体的结果证实，水湿砂岩在 HIS 聚合物作用下倾向油湿，这使得溶剂/聚合物混合物有效作用时间长的假设被证实。

（2）双滴双晶法试验表明，石英表面暴露在 HIS 聚合物中时，其润湿性发生了改变，由之前的弱水湿变成了油湿。

（3）双滴双晶法实验还表明，在浸泡期内 HIS 聚合物吸附在石英或方解石表面，在实验整个过程中，HIS 聚合物没有向水相或油相中释放出任何表面活性成分。

（4）HIS 聚合物混合物浓度为 1000mg/L 时，重质油黏度下降了：

① 67%，在稀释剂为 60%、API 度为 9°API 和稀释剂为 40%、API 度为 27°API 的情况下（黏度从 3990mPa·s 下降到 1320mPa·s）。

② 29%，在稀释剂为 70%、相对密度为 9°API 和稀释剂为 30%、相对密度为 27°API 的情况下（黏度从 4750mPa·s 下降到 3390mPa·s）。

（5）用 30% 稀释剂，HIS 聚合物浓度为 1000mg/L 时，重质油黏度下降了 17%（4750mPa·s 下降到 3920mPa·s）。

（6）产出原油 API 度为 15.2°API 的油井，经过 HIS 聚合物处理后，产量增加了 3 倍，至少多产了 6000bbl 原油。

7.6 抑制水合物的案例

本节重现了第 6 章（6.1 节、6.2 节和 6.4.3 节）中关于抑制天然气化合物的技术实例，重点列举了油气田现场抑制天然气化合物的方法。

7.6.1 墨西哥湾深海干式采油树井水合物整治措施的经验教训

正如 Harun 等（2007）的论述，在墨西哥湾（GOM）区块，由于飓风的影响，油井关井，虽然在关井之前已向井中注入了（抗凝聚型）低剂量水合物抑制剂，但是关井后人们怀疑两口干式采油树油井泥线以上有水合物淤塞，推测在泥线以上的生产立管中形成了水合物淤塞。深入研究发现，这是由于注入头出现故障，使得低剂量水合物抑制剂的注入量不足造成的。当确认地面控制的井下安全阀（SCSSV）是打开的，注入原油，油管压力增大证实了确实有水合物淤塞形成。估算的关井后井筒流体静压力和温度与水合物分解曲线对比显示，关井后井筒条件有利于水合物的形成。

从以上研究中能得出以下结论：

（1）干式采油树的井，长期关井之前注入的抗凝聚型抑制剂、抗凝聚型低剂量水合物抑制剂（AA LDHI）量不足时可能会在井中泥线之上产生水合物堵塞。

（2）向油套环空中注入热油，能成功解除油井中的水合物堵塞。

（3）井筒热工流体瞬态模拟对评定热油注入措施的可行性有帮助，尤其是估算需要注入热油的温度和流量。

（4）利用向油套环空中注入热油的方法解决油管中的水合物堵塞时，复审流体与热油和注入通道的兼容性以及固体沉淀存在的可能性是非常重要的。

（5）了解水合物堵塞的大概位置，有助于评估油套环空注入热油成功溶解油管中水合物堵塞的可能性。

（6）已经研发出的改进油井重启程序，能将今后生产过程中出现水合物堵塞的可能性降到最低。

（7）在水合物整治的工作中，确保安全作业，多学科交叉研究是十分重要的。

7.6.2 抗凝聚型水合物抑制剂的成功应用

Frostman 和 Przybylinski（2001）介绍了抗凝聚型抑制剂、抗凝聚型低剂量水合物抑制剂（有关低剂量水合物抑制剂的详细内容查看 6.4.3 节）的应用。这些试剂如今已应用于几个深海油田的生产系统中。

本文介绍的实验室测试内容包括：水合物抑制的测试、流体黏度、材料的配伍性、抗凝聚型抑制剂对消泡的影响和对乳化趋势的影响等。

现场试验的研究结果总结如下：

（1）低剂量水合物抑制剂通过了所有的性能测试，满足在 A 井和 B 井中应用的条件，具体内容包括以下几个方面：

① A 井的实验室测试显示，作为抗凝聚型抑制剂的低剂量水合物抑制剂 A 具有良好的作用效果；

②低剂量水合物抑制剂 A 的黏度足够低，能保证其有足够大的流速通过毛细管束；

③低剂量水合物抑制剂 A 能与 22Cr 毛细管束相配；

④低剂量水合物抑制剂 A 对 A 井中油的消泡没有产生不利影响；

⑤低剂量水合物抑制剂 A 能溶于甲醇；

⑥低剂量水合物抑制剂 A 有助于井 A 与井 B 中油的破乳。

（2）在关井和重启期间，总共用了 160gal 的低剂量水合物抑制剂 A 对油井进行保护。使用小排量的泵，可使所用的化学试剂量消耗更少。

（3）两口油井重启时都没有发生堵塞现象，作业时也没有出现问题。

（4）油井重启期间产水不均匀，因此，确定油井重启时水合物抑制剂最佳施用量较为困难。值得注意的是，就此问题来说，甲醇的施用量也和低剂量水合物抑制剂 A 一样很难达到最佳。

（5）在这些井中，即使产水量增加 12 倍，仍然选用抗凝聚型抑制剂来控制水合物。工作人员表示，现场试验很成功。工作人员还注意到，井 A 和井 B 使用低剂量水合物抑制剂 A 的方法与早先向井中注入柴油的方法相比，可以使井 A 和井 B 的生产时间延长 12h，能多产出 7500bbl 的原油。在这个作业平台上，针对计划的开关井，工作人员已经把使用低剂量水合物抑制剂 A 作为标准作业程序。

海上油田现在已经使用了 2 种不同的抗凝聚型水合物抑制剂进行了一些现场试验。所有的试验都十分成功，不但没有再出现水合物问题，而且抗凝聚型抑制剂的使用也没有对现场作业的其他方面产生不利影响。注入抗凝聚型水合物抑制剂，具有加药量少和高过冷度的优势，同时能显著扩展现有生产系统控制水合物能力。

7.6.3 深海井中清除水合物堵塞的实例

Reyna 和 Stewart（2001）介绍了苏格兰西部，英国大陆架以外深海井试油作业时产生水合物堵塞的原因和解决方法。在水下 2750ft 的试油作业过程中，在立管中高于泥线部位形成了长达 800ft 的水合物段塞，阻塞了水下测试井口装置以下的通道。通过诊断检测，确定了堵塞区域位置，并且初步确定了两个潜在堵塞元凶：石蜡和水合物。试图用连续油管注入热的乙二醇或盐溶液来处理堵塞。但经过几次诊断工作后，最终使用连续油管水力喷射装置、铣刀和钻井泵，成功地解决了水合物堵塞。

清除水合物堵塞的作业是成功的。从作业方案和施工过程中得到以下几点收获：

（1）水合物和石蜡垢形成的压力、温度和化学条件是相似的。现场观察收集数据时，必须同时考虑水合物和石蜡垢。任何形式的水，无论是清理的滤液或产出的水，都有可能形成水合物垢。因此，必须在试井工作中进行说明，并得到正确鉴别。一旦发现有产生水合物的可能性，就需要采取应急方案进行有效的应对。

（2）尽管洗井作业能清除井中未固结的水合物，但对于固结的水合物垢需要磨铣。在未来的作业中，磨铣可能会成为工作的主要内容。

（3）从水下井口装置到水面的隔热油管能减少产出流体从海底到水面的热量散失。在此情况下，如果试井时设计的流速较小，即使有隔热油管，依然会生成水合物。

（4）用清洗和磨铣的方法清除水合物堵塞时，可用 25%（体积分数）乙二醇和 75%（体积分数）盐水的混合液作为清洗液。

（5）清洗、磨铣时，要保持系统回压，减少从主体堵塞物上脱落的小块水合物对地面控制系统的影响。基于相似情况的现场经验，针对该项作业，尽管作者强烈建议 1000psi 作为回压的最小值，但还是武断地将回压定在 1000psi。在今后的操作中，对于回压的选择应该考虑建立更加严格的标准。

（6）尽量保持流体的温度。带有蒸汽加热器的封闭的环路系统能有效地将修井液温度提高到抑制水合物形成所需的温度以上。在未来的作业中，有必要考虑更加高效的流动环路系统，在该系统中，加热器能被放置在生产立管和连续油管之间的流体中。

附录1 符号名称

a——范德瓦耳斯方程系数

A——表面积，cm²

b——Van der Waals 方程系数

B_o——地层体积系数

C_1——溶解蜡界面浓度

C——饱和浓度

C_b——溶解蜡体积浓度（浓度单位不同）

C_p——沉淀剂体积浓度

D——直径，cm

D_{eff}——有效扩散系数，m²/s

f——摩擦系数

f——逸度，Pa

F_{RI}——折射率函数

F_W——沉淀物中固体蜡含量，%（质量分数）或 %（体积分数）

g——重力加速度，9.8m/s²

H——坡度

H——焦耳—汤姆逊方程热焓

HA——泛型有机酸

k——速率常数（单位取决于反应级数）

K_f——凝固点降低值，℃/mol

K_{sp}——溶度积，mol/kg

L——长度，m

m——质量摩尔浓度，mol/kg

M——溶剂的摩尔质量，g/mol

n——折射率

N_0——阿伏伽德罗常数，6.02×10^{23}/mol

pK_a—— $-\lg K_a$（平衡常数）

p——压力，Pa

p_{ob}——泡点压力

p_r——油藏压力

Q——体积流量，m/s

r_i——沉积后的流动半径，cm

r_{ia}——沥青质沉淀率

R——清洁管的内径，cm

R——通用气体常数，8.314J/(K·mol)

Re——雷诺数

S——沥青质溶解度，m^3/m^3

T——温度，K，℃，℉

t——时间，s

T_m——溶剂熔点，K，℃，℉

T_{oil}——原油温度

T_{res}——油藏温度

T_{wall}——壁面温度

T_{WAT}——结蜡温度

u——平均流速

V_m——摩尔体积，m^3/mol

V——体积，cm^3

w——分子量分布

W_{sb}——剪切和布朗运动影响下蜡的沉积总速度

W_t——蜡沉积总速度，g/(d·m)

z——压缩系数

α——入射角，(°)

γ——剪切应变

ΔG——吉布斯自由能，kJ/mol

Δh——高度差，cm

ΔH——焓变，kJ/mol

ΔH_f——每摩尔溶剂溶解热量，kJ/mol

Δp——压差，Pa

ΔS——沥青质溶解度之差，m^3/m^3

ΔU——汽化焓，kJ/mol

μ_a——偏吉布斯自由能，kJ/mol

δ——溶解度参数，$MPa^{1/2}$

ε——电子极化率，C/m^2

η——绝对黏度，Pa·s

κ——PR 状态方程系数

μ——黏度，mPa·s

μ_{JT}——焦耳—汤姆逊系数，K/Pa

ρ——密度，g/cm^3

σ——剪切应力，Pa

τ_y——凝胶屈服应力，Pa

υ——动黏滞系数，η/ρ，m^2/s

ϕ ——体积分数
x ——弗洛利—哈金斯相互作用参数
ω ——PR 方程离散系数

附录2 主题词索引

AA——抗凝聚型抑制剂
AAS——原子吸收光谱法
AACP——亚烷基脂肪酸的缩合物
ABS——丙烯腈—丁二烯—苯乙烯三聚物
AD——分散型沥青质抑制剂
ADT——沥青质检测试验
AI——沥青质抑制剂
AOP——沥青质初始沉淀压力
APE——沥青质沉淀的 P & T
API——美国石油学会
ARN——北海原油中含有的一种特殊酸和环烷含酸物的总称
ART——声学共振技术
AsIsT——沥青质不稳定趋势
ASM——沥青质稳定模型
ASTM——美国材料试验协会
ATR——衰减全反射比
ATW——应用技术研讨会
BHA——底部钻具组合
BHP——井底压力
BHST——井底静态温度
BO——补偿系统
BOD——耗氧量
BOP——防喷器
Br——布朗运动
BS&W——水杂淀积
BTEX——苯、甲苯、乙苯和二甲苯
BZI——苯并咪唑
capex——基建费用
CC——稳定组分
CFD——计算流体力学
CI——缓蚀剂
CII——胶体不稳定性指数
CIM——化学剂注入芯棒

CIS——化学注入系统
CMC——临界胶束浓度
CME——等质量扩张
CMP——化学处理方法
CNAC——临界纳米聚集体浓度
CNI——环烷酸钙抑制剂
CP——浊点
CPI——石油化学工业
CPM——正交极化显微镜
CSMHyK–OLGA——科罗拉多州立矿业学院模型
CT——挠性油管
CTU——挠性油管设备
CVD——定容衰减
CVU——卡顿瓦利设备
CyC5——环戊烷
DBSA——十二烷基苯磺酸
DEA——二乙醇胺
DEG——二甘醇
DETPMP——二乙烯三胺五亚甲基膦酸
DGA——二甘醇胺
DL——差异分离
DLA——有限扩散凝聚模型
DOE——能源部
DP——癸基苯酚
DR——癸基间苯二酚
DSC——差示扫描量热法
DSF——指标流速及流水量
DST——中途测试
DTPA——二乙烯三胺五乙酸
DV——微分脱气
EA——电子亲和力
EC_{50}——有效浓度稳定在50%
EDLC——静电双层组件
EDTA——乙二胺四乙酸
EGME——乙二醇甲醚
ELD——双电荷层
EOR——提高采收率
EOS——状态方程

EPA——环境保护管理局
EPDM——三元乙丙橡胶（M级）
ESEM-EDX——环境扫描电镜
ESP——电动潜油泵
EVA——乙烯—醋酸乙烯树脂
FA——流动保障
FAST——流动保障和流量规模团队
FBP——最终恢复压力
FCC——面心立方
FID——氢火焰离子化检测器
FPU——浮式采用系统
FT-IR——傅里叶红外光谱仪
FTP——最终油压
FVF——地层原油体积系数
FW——给水
GAA——冰醋酸
GC——气相色谱法
GH——天然气水合物
GL——气举
GLC——气液色谱
GOM——墨西哥湾
GOR——气油比
GPC——凝胶渗透色谱法
HAN——重质芳香烃油
HDT——水合物离解温度
HF——氢氟酸
HGI——水合物生长抑制剂
HHI——混合水合物抑制剂
HI——水合物抑制剂
HIS——溶剂的商业名称
HLB——亲水亲油平衡值
HM——Hassi Massoud（海思—马苏德）
HP/HT——高压/高温
HPLC——高压液相色谱法
HPM——高压显微镜
HPWJ——高压喷水
HSE——健康、安全与环境
HTGC——高温气相色谱

ICPOES——电感耦合等离子体发射光谱学
ID——内径
IF——界面张力
IFP——流体动力学会
IOGCC——州际石油天然气契约委员会
IP——电离电势
IPA——异丙醇
IR——红外的
ISO——国际标准化组织
JIP——联合资助项目
KHI——动力学水合物抑制剂
K/K_1——渗透率变化
KOC——科威特国家石油公司
LC——液相色谱法
LC_{50}——致死浓度为50%
LC/MS——液相色谱法/质谱测定法
LDHI——小剂量水合抑制剂
LDNI——小剂量环烷酸盐抑制剂
LNG——液化天然气
logP——分布系数对数值
LOI——烧失量
LST——光散射技术
MA——肉豆蔻酸
MAA——马来酸酐
MCP——微生物培养产品
MD——分子动力学
MDT——模块式地层动态测试
MEA——单乙醇胺
MEG——乙二醇
MEK——甲乙酮
MeOH——甲醇
MIC——抑制剂最低浓度
MODU——移动式海洋钻井装置
MPS——最大可能溶解度
MPSR——多相试样容器
MRSC——模块化的试样室
MSDS——材料安全数据表
MW——分子量

NGH——天然气水合物
NIR——近红外线的
NMP——N-甲基吡咯烷酮
NMR——核磁共振
NORM——自然出现的放射性物质
NP——壬基酚
NSA——南北美洲
OD——外径
OECD——经济合作与发展组织
OLGA——商业软件包
OMAC——烷烃—马来酸酐聚合物
opex——作业费用
OSHA——职业安全与健康管理局
P&T——压力和温度
PAH——多环芳香族碳氢化合物
PCAP——膦酰基羧酸聚合物
PCS——光子关联能谱法
PC-SAFT——动链统计缔合流体理论
PEB——聚异丁烯
PEO——聚环氧乙烯
PG——丙二醇
PI——采油指数
PINA——烷烃、异构烷烃、环烷烃和芳香族化合物
PM——丙二醇甲醚
PMA——聚甲基丙烯酸酯
PODA——聚十八烷基丙烯酸酯
POT——生产停机时间
PPCA——聚 β-氯苯乙炔
PVS——聚乙烯磺酸盐
PS——粒度
PTFE——聚四氟乙烯
PV——孔隙空间
PVCap——聚氟乙烯
PVP——聚乙烯基吡咯烷酮
PVT——压力、体积、温度
QAB——季铵盐溴化物
QCM——石英晶体测量天平
QSAR——定量构效关系

R&D——研究与发展
RI——折射系数
RIH——下钻
RLA——反应控制聚集模型
ROI——投资回报率
ROV——远程操作潜水器
SAFT——统计联想流体的理论
SANS——中子小角散射
SARA——饱和烃、芳香烃、胶质和沥青质
SAXS——X射线小角散射
SCSSV——地面控制井底安全阀
SDS——固体探测系统
SDU——水下分配单元
SEM——扫描电子显微镜
SFM——扫描力显微镜
SFT——分离器闪光测试
SG——相对密度
SGN——自生成氮气方法
SI——饱和指数或防垢剂
SNG——合成天然气
SPMC——单向多层装置
SR——饱和比
SRB——硫酸盐还原菌
SS——不锈钢
SSLV——水下防喷安全阀
SSTT——海底测试采油树
STO——地面脱气油
STP——标准温度和压力
SW——盐水
TAN——总酸值
TAP——美国阿拉斯加输油管系统
TBAB——四丁基溴化铵
TCP——油管输送射孔
TDS——溶解固体总量
TEG——三乙烯
THF——四氢呋喃或氧杂环戊烷
THI——热力学水合物抑制剂
TLC-FID——薄层色谱法

TPAB——对苯二甲酸
TUTU——船舷上部中央终端单元
USGS——美国地质调查所
VCAP——乙烯树脂
VDW——范德瓦尔斯
VIMA——乙烯基树脂
VIT——真空绝缘双壁管材
VP——乙烯基吡咯烷酮
WAT——析蜡点（析蜡温度）
WDE——蜡沉积包络线
WK——科威特西部
WOR——水油比
WPT——蜡沉淀温度；可与浊点交换使用
WTI——西得克萨斯中质原油
XPS——X射线光电子能谱学
XRD——X射线衍射
XRF——X射线荧光

参考文献

Aalvik, J. 1987. An Investigation From Hydrate Formation in Flowing Fluids. PhD dissertation, University of Trondheim, Norwegian Institute of Technology, Division of Refrigeration Engineering, Trondheim, Norway.

Abdallah, W., Buckley, J.S., Carnegie, A., Edwards, J., Herold, B., and Frodham, E. 2007. Fundamentals of Wettability. Oilfield Review 19 (2): 44–61.

Abney, L. and Browne, A. 2009. Pipeline flow assurance: Combined mechanical and chemical cleaning techniques. SPE News October (129): 19–23. ISSN 1449–8545.

About Pigs. 2008. Gloucestershire, UK: Pipeline Pigging Products & Services Association.

Afanasyev, V., Guieze, P., Scheffler, A., Pinguet, B., and Theuveny, B. 2009. Multiphase Fluid Samples: A Critical Piece of the Puzzle. Oilfield Review 21 (2): 30–37.

Afghoul, A.C., Amaravadi, S., Boumali, A., Calmeto, J.C.N., Lima, J., Lovell, J., Tinkham, S., Zemlak, K., and Stall, T. 2004. Coil Tubing: The Next Generation. Oilfield Review 16 (1): 38–57.

Ahn, S., Wang, K.S., Shuler, P.J., Creek, J.L., and Tang, Y. 2005. Paraffin Crystal and Deposition Control by Emulsification. Paper SPE 93357 presented at the SPE International Symposium on Oilfield Chemistry, The Woodlands, Texas, USA, 2–4 February. DOI: 10.2118/93357–MS.

Akbarzadeh, K., Hammami, A., Kharrat, A., Zhang, D., Allenson, S., Creek, J., Kabir, S. et al. 2007.

Asphaltenes: Problematic but Rich in Potential. Oilfield Review 19 (2): 22–43.

Akbarzadeh, K., Ratulowski, J., and Davies, T. 2008. The Importance of Deposition Measurements in the Simulation and Design of Subsea Pipelines. Paper SPE 115131 presented at the SPE Annual Technical Conference and Exhibition, Denver, 21–24 September. DOI: 10.2118/115131–MS.

Ali, S.A. and Hinkel, J.J. 2000. Additives in Acidizing Fluids. In Reservoir Stimulation, third edition, eds. M.J. Economides and K.G. Nolte, Chichester, UK: John Wiley & Sons.

Ali, S.A., Irfan, M., Rinaldi, D., Malik, B.Z., Tong, K.K., and Ferdiansyah, E. 2002. Case Study: Using CT–Deployed Scale Removal to Enhance Production in Duri Steam Flood, Indonesia. Paper SPE 74850 presented at the SPE/ICoTA Coil Tubing Conference and Exhibition, Houston, 9–10 April. DOI: 10.2118/74850–MS.

Allen, T.O. and Roberts, A.P. 1982. Production Operations: Well Completion, Workover, and Stimulation, Vol. 2. Tulsa: Oil & Gas Consultants International.

Allenson, S.J. and Walsh, M.A. 1997. A Novel Way to Treat Asphaltene Deposition

Problems Found in Oil Production. Paper SPE 37286 presented at the International Symposium on Oilfield Chemistry, Houston, 18–21 February. DOI: 10.2118/37286-MS.

Als, J.S. 2006. Composition and Method for Removing Deposits. US Patent No. 6, 984, 614.

Altgelt, K.H. and Boduszynski, M.M. 1994. Composition and Analysis of Heavy Petroleum Fractions. New York: Marcel Dekker.

Alwazzan, A., Utgard, M., and Barros, D. 2008. Design Challenges Due to Wax on a Fast-Track Deepwater Project. Paper OTC 19160 presented at the Offshore Technology Conference, Houston, 5–8 May. DOI: 10.4043/19160-MS.

Amin, A., Riding, M., Shepler, R., Smedstad, E., and Ratulowski, J. 2005. Subsea Development from Pore to Process. Oilfield Review 17 (1): 4–17.

Andersen, S.I. 1999. Flocculation Onset Titration of Petroleum Asphaltenes. Energy & Fuels 13 (2): 315–322. DOI: 10.1021/ef980211d.

Andersen, S.I. and Speight, J.G. 1999. Thermodynamic Models for Asphaltene Solubility and Precipitation.Journal of Petroleum Science and Engineering 22 (1): 53–66.

Andersen, S.I. and Speight, J.G. 2001. Petroleum Resins: Separation, Character, and Role in Petroleum.Petroleum Science and Technology 19 (1): 1–34.

Anderson, B., Tester, J.W., Borghi, G.P., and Trout, B.L. 2005. Properties of Inhibitors of Methane Hydrate Formation via Molecular Dynamics Simulations. J. Am. Chem. Soc. 127 (50): 17, 852– 17, 862. DOI: 10.1021/ja0554965.

Andreatta, G., Bostrom, N., and Mullins, O.C. 2007. Ultrasonic Spectroscopy of Asphaltene Aggregation.In Asphaltenes, Heavy Oils and Petroelomics, eds. O.C. Mullins, E.Y. Sheu, A. Hammami, and A.G. Marshall, 231–258. New York: Springer.

Andreatta, G., Goncalves, C.C., Bostrom, N., Quintella, C.M., Areaga-Larios, F., Pérez, E., and Mullins, O.C. 2005. Nanoaggregates and Structure–Function Relations in Asphaltenes. Energy & Fuels 19 (4): 1282–1289. DOI: 10.1021/ef0497762.

Angel, M., Neubecker, K., and Sanner, A. 2005. Grafted Polymers as Gas Hydrate Inhibitors. US Patent No. 6, 867, 262.

Angle, C.W., Long, Y., Hamza, H., and Lue, L. 2006. Precipitation of Asphaltenes from Solvent- Diluted Heavy Oil and Thermodynamic Properties of Solvent-Diluted Heavy Oil Solutions. Fuel 85 (4): 492–506. DOI: 10.1016/j.fuel.2005.08.009.

APHA 1999. Standard Methods for the Examination of Water and Wastewater. Washington, DC: American Public Health Association.

Argo, C.B., Blain, R.A., Osborne, C.G., and Priestly, I.D. 1997. Commercial Deployment of Low- Dosage Hydrate Inhibitors in a Southern North Sea 69-Kilometer Wet-Gas Subsea Pipeline. Paper SPE 37255 presented at the SPE International Symposium on Oilfield Chemistry, Houston, 18–21 February. DOI: 10.2118/37255-MS.

Arjmandi, M., Ren, S.-R., Yang, J., and Tohidi, B. 2002. Design and Testing of Low Dosage Hydrate Inhibitors. Proceedings of the 4th International Conference on Natural Gas Hydrates,

Yokohama, Japan, 19-23 May.

Ashbaugh, H.S., Radulescu, A., Prud'homme, R.K., Schwahn, D., Richter, D., and Fetters, L.J. 2002. Interaction of Paraffin Wax Gels with Random Crystalline/Amorphous Hydrocarbon Copolymers. Macromolecules 35 (18): 7044-7053.

Ashbaugh, H.S., Guo, X., Schwahn, D., Prud'homme, R.K., Richter, D., and Fetters, L.J. 2005. Interaction of Paraffin Wax Gels with Ethylene/Vinyl Acetate Co-Polymers. Energy & Fuels 19 (1): 138-144.

Ashton, J.P., Kirspel, L.J., Nguyen, H.T., and Credeur, D.J. 1989. In-Situ Heat System Stimulates Paraffinic-Crude Producers in Gulf of Mexico. SPE Prod Eng 4 (2): 157-160. SPE-15660-PA. DOI: 10.2118/15660-PA.

Asomaning, S. and Watkinson, A.P. 1990. Deposit Formation by Asphaltene-Rich Heavy Oil Mixtures on Heat Transfer Surfaces. In Understanding Heat Exchanger Fouling and Its Mitigation, ed. T.R. Bott, 283-290. New York: Begell House.

Asomaning, S. and Watkinson, A.P. 2000. Petroleum Stability and Heteroatom Species Effects in Fouling of Heat Exchangers by Asphaltenes. Heat Transfer Engineering 21 (3): 10-16.

ASTM 1969. Manual of Water, third edition. West Conshohocken, PA: American Society for Testing and Materials.

ASTM D86-07b, Standard Test Method for Distillation of Petroleum Products at Atmospheric Pressure.2007. West Conshohocken, Pennsylvania: ASTM International.

ASTM D97-06, Standard Test Method for Pour Point of Petroleum Products. 2006. West Conshohocken, Pennsylvania: ASTM International.

ASTM D341-93, Standard Test Method for Viscosity-Temperature Charts for Liquid Petroleum Products. 1998. West Conshohocken, Pennsylvania: ASTM International.

ASTM D445-04e1, Standard Test Method for Kinematic Viscosity of Transparent and Opaque Liquids (and the Calculation of Dynamic Viscosity). 2004. West Conshohocken, Pennsylvania: ASTM International.

ASTM D1026-82, Method of Test for Sodium in Lubricating Oils and Additives (Gravimetric Method) (Withdrawn 1990). 1990. West Conshohocken, Pennslyvania: ASTM International.

ASTM D1133-04, Standard Test Method for Kauri-Butanol Value of Hydrocarbon Solvents. 2004. West Conshohocken, Pennsylvania: ASTM International.

ASTM D1262-81, Method of Test for Lead in New and Used Greases (Withdrawn 1990). West Conshohocken, Pennsylvania: ASTM International.

ASTM D1318-00, Standard Test Method for Sodium in Residual Fuel Oil (Flame Photometric Method).2005. West Conshohocken, Pennsylvania: ASTM International.

ASTM D1368, Test Method for Trace Concentrations of Lead in Primary Reference Fuels, (Withdrawn 1994). West Conshohocken, Pennsylvania: ASTM International.

ASTM D1548-92e1, Test Method for Vanadium in Navy Special Fuel Oil (Withdrawn

1997). West Conshohocken, Pennsylvania: ASTM International.

ASTM D2007-98, Standard Test Method for Characteristic Groups in Rubber Extender and Processing Oils by the Clay-Gel Adsorption Chromatographic Method. 1993. West Conshohocken, Pennsylvania: ASTM International.

ASTM D2500-02, Standard Test Method for Cloud Point of Petroleum Products. 2002. West Conshohocken, Pennsylvania: ASTM International.

ASTM D2887-02, Standard Test Method for Boiling Range Distribution of Petroleum Fractions by Gas Chromatography. 2002. West Conshohocken, Pennsylvania: ASTM International.

ASTM D2892-05 Standard Test Method for Distillation of Crude Petroleum (15-Theoretical Plate Column). West Conshohocken, Pennsylvania: ASTM International.

ASTM D4055-04 Standard Test Method for Pentane Insolubles by Membrane Filtration. 2004. West Conshohocken, Pennsylvania: ASTM International.

ASTM D5236-03, Standard Test Method for Distillation of Heavy Hydrocarbon Mixtures (Vacuum Potstill Method). 2007. West Conshohocken, Pennsylvania: ASTM International.

ASTM D5307-97 Standard Test Method for Determination of Boiling Range Distribution of Crude Petroleum by Gas Chromatography. 2007. West Conshohocken, Pennsylvania: ASTM International.

ASTM D5772-04, Standard Test Method for Cloud Point of Petroleum Products (Linear Cooling Rate Method). 2004. West Conshohocken, Pennsylvania: ASTM International.

ASTM D5949-01e1, Standard Test Method for Pour Point of Petroleum Products (Automatic Pressure Pulsing Method). 2001. West Conshohocken, Pennsylvania: ASTM International.

ASTM D6560-00 (2005), Standard Test Method for Determination of Asphaltenes (Heptane Insolubles) in Crude Petroleum and Petroleum Products, 143. 2005. West Conshohocken, Pennsylvania: ASTM International.

Azarinezhad, R., Chapoy, A., Anderson, R., and Tohidi, B. 2008. Hydraflow: A Multiphase Cold Flow Technology for Offshore Flow Assurance Challenges. Paper OTC 19485 presented at the Offshore Technology Conference, Houston, 5-8 May. DOI: 10.4043/19485-MS.

Bailey, S.A., Kenney, T.M., and Schneider, D.R. 2001. Microbial Enhanced Oil Recovery: Diverse Successful Applications of Biotechnology in the Oil Field. Paper SPE 72129 presented at the SPE Asia Pacific Improved Oil Recovery Conference, Kuala Lumpur, 6-9 October. DOI: 10.2118/72129-MS.

Bakeev, K.N., Chuang, J., Drzewinski, M.A., and Graham, D.E. 2000. Methods for Preventing or Retarding the Formation of Gas Hydrates. US Patent No. 6, 117, 929.

Baker-Hughes, 2003. Coil Tubing Solutions, Pub. No. BOT-02-9242 4M 07/03. Texas: Baker Hughes. Ballard, A.L. 2002. A Non-Ideal Hydrate Solid Solution Model for a Multi-Phase Equilibria Program. PhD dissertation, Colorado School of Mines, Golden, Colorado.

Barcenas, M., Orea, P., Buenrostro-Gonzalez, E., Zamudio-Rivera, L.S., and Duda, Y.

2008. Study of Medium Effect on Asphaltene Agglomeration Inhibitor Effi ciency. Energy & Fuels 22 (3): 1917–1922.

Barker, J.W. and Gomez, R.K. 1989. Formation of Hydrates During Deepwater Drilling Operations. J Pet Technol 41 (3): 297–301. SPE-16130-PA. DOI: 10.2118/16130-PA.

Barthelmy, D. 2010. Mineralogy Database. http: //webmineral.com/. Last visited 30 May 2010. Barton, A.F.M. 1983. CRC Handbook of Solubility Parameters and Other Cohesion Parameters. Boca Raton, Florida: CRC Press.

Baugh, T.D., Grande, K.V., Mediaas, H., Vinstad, J.E., and Wolf, N.O. 2005. The Discovery of High- Molecular-Weight Naphthenic Acids (ARN)Responsible for Calcium Naphthenate Deposits. Paper SPE 93011 presented at the SPE International Symposium on Oilfield Scale, Aberdeen, 11–12 May. DOI: 10.2118/93011-MS.

Beal, C. 1946a. Viscosity of Air, Water, Natural Gases, Crude Oil and Its Associated Gases at Oil Field Temperature and Pressures. Trans., AIME 165: 94–95. SPE-946094-G.

Beal, C. 1946b. Viscosity of Air, Water, Natural Gases, Crude Oil and Its Associated Gases at Oil Field Temperature and Pressures. Trans., AIME 165: 114–127. SPE-946094-G.

Becker, H.L. and Wolf, B.W. 1996. Asphaltene Removal Composition and Method. US Patent No. 5, 504, 063.

Becker, J.R. 1997. Crude Oil Waxes, Emulsions and Asphaltenes. Tulsa: PennWell Books.

Becker, J.R. 1998. Inorganic and Organic Scale. In Corrosion and Scale Handbook, ed. J.R. Becker, 96–97. Tulsa: PennWell Books.

Becker, J.R. 1998. Corrosion and Scale Handbook. Tulsa: PennWell Books.

Bell, T., Chambers, R., and Pyle, R. 2008. Overcoming the Challenges to Intelligently Pig the Unpiggable—Platform Elly to Shore Oil Pipeline Case Study. Presented at Prevention First 2008, California Lands Commission, Long Beach, California, 9–10 September.

Benallal, A., Maurel, P., Agassant, J., Darbouret, M., Avril, G., and Peuriere, E. 2008. Wax Deposition in Pipelines: Flow-Loop Experiments and Investigations on a Novel Approach. Paper SPE 115293 presented at the SPE Annual Technical Conference and Exhibition, Denver, 21–24 September. DOI: 10.2118/115293-MS.

Bendiksen, K.H., Maines, D., Moe, R., and Nuland, S. 1991. The Dynamic Two-Fluid Model OLGA: Theory and Application. SPE Prod Eng 6 (2): 171–180. SPE-19451-PA. DOl: 10.2118/ 19451-PA.

Bennion, B. 1999. Formation Damage—the Impairment of the Invisible, by the Inevitable and Uncontrollable, Resulting in an Indeterminate Reduction of the Unquantifiable! J Can Pet Technol 38 (2): 12–15. 99-02-DA. DOI: 10.2118/99-02-DA.

Bern, P.A., Withers, V.R., and Cairns, R.J.R. 1980. Wax Deposition in Crude Oil Pipelines. Paper EUR 206, presented at the European Offshore Petroleum Conference and Exhibition, London, 21–24 October, 571–575.

Bernadiner, M.G. 1993. Advanced Asphaltene and Paraffin Control Technology. Paper SPE

25192 presented at the SPE International Symposium on Oilfield Chemistry, New Orleans, 2–5 March DOI: 10.2118/25192-MS.

Berry, S.L. and Beall, B. 2007. Method of Treating Oil or Gas Well with Biodegradable Emulsion. US Patent Application No. 20, 070, 225, 174.

Berry, S.L., Boles, J.L., and Cawiezel, K.E. 2007. Evaluation of a Renewable, Environmentally Benign Green Solvent for Wellbore and Formation Cleaning Applications. Paper SPE 106067 presented at the International Symposium on Oilfield Chemistry, Houston, 28 February–2 March. DOI: 10.2118/106067-MS.

Berry, S.L. and Cawiezel, K.E. 2007. Method of Treating an Oil or Gas Well with Biodegradable Low Toxicity Fluid System. US Patent No. 7, 231, 976.

Berry, S.L. and Cawiezel, K.E. 2006. Method of Treating an Oil or Gas Well with Biodegradable Low Toxicity Fluid System. US Patent Application No. 20, 060, 096, 758.

Betancourt, S., Davies, T., Kennedy, R., Dong, C., Elshahawi, H., Mullins, O.C., Nighswander, J., and O'Keefe, M. 2007. Advancing Fluid–Property Measurements. Oilfield Review 19 (3): 56–70.

Bilden, D. and Jones, V.E. 1997. Asphaltene Adsorption Inhibition Treatment. US Patent No. 6, 051, 535.

Bilden, D.M., Efthin, F.P., Garner, J.J., Pence, T.C., and Kovacevich, S.T. 1990. Evaluation and Treatment of Organic and Inorganic Deposition in the Midway Sunset Field, Kern County, California. Paper SPE 20073 presented at the SPE California Regional Meeting, Ventura, California, USA, 4–6 April. DOI: 10.2118/20073-MS.

Bishnoi, P.R. 2003. Gas Hydrates Research at the University of Calgary. Workshop "Fire in Ice: Implications for Energy Development and the Carbon Cycle?" Rice University, Houston, 12–13 November.

Bishnoi, P.R. and Dholabhai, P.D. 1999. Equilibrium Conditions for Hydrate Formation for a Ternary Mixture of Methane, Propane and Carbon Dioxide, and a Natural Gas Mixture in the Presence of Electrolytes and Methanol. Fluid Phase Equilibria 158–160 (June): 821–827.

Bishnoi, P.R., Natarajan, V., and Kalogerakis, N. 1994. A Unified Description of the Kinetics of Hydrate Nucleation, Growth, and Decomposition. Annals of the New York Academy of Sciences 715: 311–322.

Bloys, B. and Lacey, C. 1995. Laboratory Testing and Field Trial of a New Kinetic Hydrate Inhibitor. Paper OTC 7772 presented at the Offshore Technology Conference, Houston, 1–4 May. DOI: 10.4043/7772-MS.

Blumer, D.J., Bohon, W.M., Chan, A., and Ly, K.T. 1998. Novel Chemical Dispersant for Removal of Organic/Inorganic "Schmoo" Scale in Produced Water Injection System. Paper NACE 98073 presented at CORROSION 98, San Diego, California, USA, 22–27 March.

Bobev, S. and Tait, K. 2004. Methanol—Inhibitor or Promoter of the Formation of Gas Hydrates from Deuterated Ice? American Mineralogist 89: 1208–1214.

Boek, E.S., Ladva, H.K., Crawshaw, J.P., and Padding, J.T. 2008. Deposition of Colloidal Asphaltene in Capillary Flow: Experiments and Macroscopic Simulation. Energy & Fuels 22 (2): 805–813.

Bohlen, D.S. and Settineri, W.J. 1988. Retarding Deposition of Paraffin from Crude Oil. US Patent No. 4, 722, 398.

Bon, J., Sarma, H., Rodrigues, T., and Bon, J.G. 2007. Reservoir−Fluid Sampling Revisited—A Practical Perspective. SPE Res Eval & Eng 10 (6): 589–596. SPE−101037−PA. DOI: 10.2118/101037−PA.

Borchardt, J.K., ed. 1989. Chemicals Used in Oil−Field Operations. In Oil−Field Chemistry, ACS Symposium Series, Vol. 396, Chap. 1, 3–54. Washington, DC: American Chemical Society. Chapter DOI: 10.1021/bk−1989−0396.ch001.

Bott, T.R. 1997. Aspects of Crystallization Fouling. Experimental Thermal and Fluid Science 14 (4): 356–360.

Bott, T.R. and Gudmundsson, J.S. 1977. Deposition of Paraffin Wax from Kerosene in Cooled Heat Exchanger Tubes. Canadian Journal of Chemical Engineering 55 (4): 381–385.

Bouts, M.N., Wiersma, R.J., Muijs, H.M., and Samuel, A.J. 1995. An Evaluation of New Asphaltene Inhibitors: Laboratory Study and Field Testing. J Pet Technol 47 (9): 782–787. SPE−28991−PA. DOI: 10.2188/28991−PA.

Breedveld, G.J.F. and Prausnitz, J.M. 1973. Thermodynamic Properties of Supercritical Fluids and Their Mixtures at Very High Pressures. American Institute of Chemical Engineers Journal 19 (4): 783–796.

Breen, P.J. 2000. Inhibition of Asphaltene Deposition in Crude Oil Production Systems. Canada Patent No. 2, 298, 880.

Brock, R. 1989. An Experimental Paraffin Control Treatment Technique. Presented at the Southwest Petroleum Short Course, Lubbock, Texas, USA, 19–20 April.

Broseta, D., Robin, M., Savvidis, T., Fejean, C., Durandeau, M., and Zhou, H. 2000. Detection of Asphaltene Deposition by Capillary Flow Measurements. Paper SPE 59294 presented at the SPE/DOE Improved Oil Recovery Symposium, Tulsa, 3–5 April. DOI: 10.2118/59294−MS.

Brown, F.G. 1992. Microbes: The Practical and Environmentally Safe Solution to Production Problems, Enhanced Production, and Enhanced Oil Recovery. Paper SPE 23955 presented at the Permian Basin Oil and Gas Recovery Conference, Midland, Texas, USA, 18–20 March.DOI: 10.2118/23955−MS. Brown, L.D. 2002. Flow Assurance: A ? Discipline. Paper OTC 14010 presented at the Offshore Technology Conference, Houston, 6–9 May. DOI: 10.4043/14010−MS.

Brown, J.M. and Dobbs, J.B. 1998. A Novel Exothermic Process for the Removal of Paraffin Deposits in Hydrocarbon Production. Paper NACE 98233 presented at CORROSION 98, San Diego, California, USA, 22–27 March.

Brown, T.S., Niesen, V.G., and Erickson, D.D. 1993. Measurement and Prediction of the

Kinetics of Paraffin Deposition. Paper SPE 26604 presented at the Annual Technical Conference and Exhibition, Houston, 3–6 October. DOI: 10.2118/26604–MS.

Brown, T.S., Niesen, V.G., and Erickson, D.D. 1994. The Effects of Light Ends and High Pressure on Paraffin Formation. Paper SPE 28505 presented at the SPE Annual Conference and Technical Exhibition, New Orleans, 25–28 September. DOI: 10.2118/28505–MS.

Bruinsmaa, D.F.M., Desens, J.T., Notz, P.K., and Sloan, E.D. 2004. A Novel Experimental Technique for Measuring Methanol Partitioning Between Aqueous and Hydrocarbon Phases at Pressures up to 69 MPa. Fluid Phase Equilibria 222–223: 311–315.

Brunelli, J.–F. and Fouquay, S. 2001. Acrylic Copolymers as Additives for Inhibiting Paraffin Deposition in Crude Oils, and Compositions Containing Same. US Patent No. 6, 218, 490.

Buckley, J.S. 1996. Microscopic Investigation of Onset of Asphaltene Precipitation. Petroleum Science & Technology 14 (1–2): 55–74.

Buckley, J.S. and Wang, J.X. 2002. Crude Oil and Asphaltene Characterization for Prediction of Wetting Alteration. J. Pet. Sci. Eng. 33 (1–3): 195–202. Fig. 4.19 reprinted with permission from Elsevier.

Buckley, J.S., Wang, J., and Creek, J.L. 2006. Solubility of the Least–Soluble Asphaltenes. In Asphaltenes, Heavy Oils, and Petroleomics, eds. O.C. Mullins, E.Y. Sheu, A. Hammami, and A.G. Marshall, 399–435. New York: Springer Science+Business Media.

Budd, D., Hurd, D., Pakulski, M., and Schaffer, T.D. 2004. Enhanced Hydrate Inhibition in an Alberta Gas Field. Paper SPE 90422 presented at the SPE Annual Technical Conference and Exhibition, Houston, 26–29 September. DOI: 10.2188/90422–MS.

Bullin, K.A. and Bullin, J.A. 2004. Optimizing Methanol Usage for Hydrate Inhibition in a Gas Gathering System. Proc., 83rd Annual Gas Processors Association Convention, San Antonio, Texas, USA. Paper P200423.

Burger, E.D., Perkins, T.K., and Striegler, J.H. 1981. Studies of Wax Deposition in the Trans Alaska Pipeline J Pet Technol 33 (6): 1075–1086. SPE–8788–PA. DOI: 10.2118/8788–PA.

Byars, H.G. 1999. Corrosion Control in Petroleum Production, second edition. Houston: NACE International.

Camargo, R. and Palermo, T. 2002. Rheological Properties of Hydrate Suspensions in Asphaltenic Crude Oil. Proc., 4th International Hydrates Conference, Yokohama, Japan, 19–23 May.

Campbell, G.J. 2006. Method for Stimulating a Petroleum Well. US Patent Application No. 20, 060, 011, 341.

Campbell, G.J. 2007. Method for Stimulating a Petroleum Well. US Patent Application No. 20, 070, 169, 934.

Campbell, G.P. and Griffi n, J.M. 2003. Hydrocarbon/Solvent Treatment for Inhibiting Paraffin and Suspending Asphaltenes in Oil Wells. Paper SPE 81004 presented at the SPE Latin American and Caribbean Petroleum Engineering Conference, Port–of–Spain, Trinidad and Tobago, 27–30 April. DOI: 10.2188/81004–MS.

Carlson, M.R. 2003. Practical Reservoir Simulation. Tulsa: PennWell Books.

Carnahan, N., Salager, J.-L., and Anton, R. 2007. Effect of Resins on Stability of Asphaltenes. Paper OTC 19002 presented at the Offshore Technology Conference, Houston, 30 April–3 May. DOI: 10.4043/19002-MS.

Carroll, J.J. 2003. Natural Gas Hydrates—A Guide for Engineers. Amsterdam: Gulf Professional Publishing.

Carroll, J.J. 2004. An Examination of the Prediction of Hydrate Formation Conditions in Sour Natural Gas.Presented at the Gas Producers Association Europe, Spring Meeting, Dublin, Ireland, 19–21 May.

Carstensen, A., Zugik, M., Creek, J., and Koh, C.A. 2001. Clathrate Hydrate Formation and Inhibition. The Internet Journal of Vibrational Spectroscopy 6 (1): http://www.ijvs.com/volume6/edition1/ section2.html.

Carstensen, A., Creek, J.L., and Koh, C.A. 2004. Investigating the Performance of Clathrate Hydrate Inhibitors Using In Situ Raman Spectroscopy and Differential Scanning Calorimetry. The American Mineralogist 89 (8–9): 1215–1220.

Cecil, J. 2007. The Destruction of Sodom and Gomorrah. BBC, http://www.bbc.co.uk/history/ancient/ cultures/sodom_gomorrah_01.shtml#top.

Cenegy, L.M. 2001. Survey of Successful World-Wide Asphaltene Inhibitor Treatments in Oil Production Fields. Paper SPE 71542 presented at the 2001 SPE Annual Technical Conference and Exhibition, New Orleans, 30 September–3 October. DOI: 10.2118/71542-MS.

Cha, S.B., Ouar, H., Wildeman, T.R., and Sloan, E.D. 1988. A Third-Surface Effect on Hydrate Formation.Journal of Physical Chemistry 92 (23): 6492–6494. DOI: 10.1021/j100334a006.

Champagne, P.J., Manolakis, E., and Ternan, M. 1985. Molecular Weight Distribution of Athabasca Bitumen. Fuel 64 (3): 423–425.

Chang, C., Boger, D.V., and Nguyen, Q.D. 1998. The Yielding of Waxy Crude Oils. Industrial Engineering Chemical Research 37 (4): 1551–1559.

Chang, C.L. and Fogler, H.S. 1994a. Stabilization of Asphaltenes in Aliphatic Solvents Using Alkylbenzene-Derived Amphiphiles, Part I: Effect of the Chemical Structure of Amphiphiles on Asphaltene Stabilization. Langmuir 10 (6): 1749–1757. DOI: 10.1021/la00018a022.

Chang, C.L. and Fogler, H.S. 1994b. Stabilization of Asphaltenes in Aliphatic Solvents Using Alkylbenzene-Derived Amphiphiles, Part II: Study of the Asphaltene-Amphiphile Interactions and Structures Using Fourier Transform Infrared Spectroscopy and Small-Angle X-Ray Scattering Techniques. Langmuir 10 (6): 1758–1766. DOI: 10.1021/la00018023.

Chapman, W.G., Jackson, G., and Gubbins, K.E. 1988. Phase Equilibria of Associating Fluids, Chain Molecules with Multiple Bonding Sites. Molecular Physics 65 (5): 1057–1079.

Chapman, W.G., Gubbins, K.E., Jackson, G., and Radosz, M. 1990. New Reference Equation of State for Associating Liquids. Industrial and Engineering Chemistry Research 29 (8):

1709–1721. DOI: 10.1021/ie00104a021.

Charles, J.G. and Marcinew, R.P. 1985. Unique Paraffin Inhibition Technique Reduces Well Maintenance.Paper 85-36-11 presented at the 36th Annual Technical Meeting of the Petroleum Society of the Canadian Institute of Mining, Metallurgy and Petroleum, Edmonton, Canada, 2–5 June.

Chen, C.J., Woo, H.J., and Robinson, D.B., 1988. The Solubility of Methanol or Glycol in Water- Hydrocarbon Systems, Research Report RR-117, Gas Processors Association, Tulsa.

Chen, T., Neville, A., and Yuan, M.D. 2004. Effect of PPCA and DETPMP Inhibitor Blends on $CaCO_3$ Scale Formation. Paper SPE 87442 presented at the SPE International Symposium on Oilfield Scale, Aberdeen, 26–27 May. DOI: 10.2118/87442-MS.

Chokshi, K., Sun, W., and Nesic, S. 2005. Iron Carbonate Scale Growth and the Effect of Inhibition in CO_2 Corrosion of Mild Steel. Paper 05285 presented at Corrosion 2005, Houston, 3–7April.

Christianson, R.L., Bansal, V., and Sloan, E.D. 1994. Avoiding Hydrates in the Petroleum Industry: Kinetics of Formation. Paper SPE 27994 presented at the University of Tulsa Centennial Petroleum Engineering Symposium, Tulsa, 29–31 August. DOI: 10.2118/27994-MS.

Cimino, R., Correra, A.D., and Lockhart, T.P. 1995. Solubility and Phase Behavior of Asphaltenes by Hydrocarbon Media. In Asphaltenes, Fundamentals and Applications, eds. E.Y. Sheu and O.C.Mullins, 97–129. New York: Plenum Press.

Cingotti, B., Sinquin, A., Durand, J.P., and Palermo, T. 2000. Study of Methane Hydrate Inhibition Mechanisms Using Copolymers. Annals of the New York Academy of Sciences 912 (Gas Hydrates: Challenges for the Future): 766–776.

Clark, L.W., Frostman, L.M., and Anderson, J. 2005. Low Dosage Hydrate Inhibitors (Ldhi): Advances in Flow Assurance Technology for Offshore Gas Production Systems. Paper SPE 10562 presented at the International Petroleum Technology Conference, Doha, 21–23 November. DOI: 10.2118/10562-MS.

Civan, F. 2000. Reservoir Formation Damage, first edition. Houston: Gulf Publishing.

Civan, F. and Weers, J.J. 2001. Laboratory and Theoretical Evaluation of Corrosion Inhibiting Emulsions. SPE Prod & Fac 16 (4): 260–266. SPE-74271-PA. DOI: 10.2118/74271-PA.

Cochran, S.W. 2003. Recommended Practice for Hydrate Control and Remediation: Results and Positive Applications of a Major Survey of Industry Deepwater Developments/Operations to Prevent Flowline/Pipeline Hydrate Formation. World Oil 224 (9): 76–80.

Coffey, M.D., Thompson, J.L., and Carney, M.J. 1974. Solvent-Acid Dispersions Solve Difficult Stimulation and Clean-up Problems. Paper SPE 4938 presented at the SPE Rocky Mountain Regional Meeting, Billings, Montana, USA, 15–16 May. DOI: 10.2118/4938-MS.

Cohen, J.M., Wolf, P.F., and Young, W.D. 1998. Enhanced Hydrate Inhibitors: Powerful Synergism with Glycol Ethers. Energy & Fuels 12 (2): 216–218. DOI: 10.1021/ef970166u.

Colle, K.S., Costello, C.A., Oelfke, R.H., Peiffer, D.G., Rabeony, M., Talley, L.D., and Wright, P.J. 1996. A Method for Inhibiting Hydrate Formation. World Patent No.

WO/1996/008456.

Colle, K.S., Costello, C.A., Oelfke, R.H. and Talley, L.D. 1997. Method for Inhibiting Hydrate Formation. US Patent No. 5, 600, 044.

Collesi, J.B., Scott, T.A., and McSpadden, H.W. 1988. Surface Equipment Cleanup Utilizing In-Situ Heat. SPE Prod Eng 3 (2): 258–262. DOI: 10.2118/16215-PA.

Collins, I.R. and Vervoort, I. 2001. Water-in-Oil Microemulsions Useful for Oil Field or Gas Field Applications and Methods for Using the Same. US Patent No. 6, 581, 687.

Collins, I.R. 2002. A New Model for Mineral Scale Adhesion. Paper SPE 74655 presented at the International Symposium on Oilfield Scale, Aberdeen, 30–31 January. DOI: 10.2118/74655-MS.

Collins, I.R. 2005. Process for Treating an Oil Well. US Patent No. 6, 939, 832.

Collins, I.R. 2008. Process for Treating an Oil Well. US Patent No. 7, 419, 938.

Corrigan, A., Duncum, S.N., Edwards, A.R., and Osborne, C.G. 1996. Trials of Threshold Hydrate Inhibitors in the Ravenspurn to Cleeton Line. SPE Prod & Fac 11 (4): 250–255. SPE-30696-PA. DOI: 10.2118/30696-PA.

Cosultchi, A., Ascencio-Gutierrez, J.A., Reguera, E., Zeifert, B., and Yee-Madeira, H. 2006. On a Probable Catalytic Interaction between Magnetite (Fe_3O_4) and Petroleum. Energy & Fuels 20 (3): 1281–1286. DOI: 10.1021/ef0502958.

Coulombe, S. and Sawatzky, H. 1986. H.P.L.C. Separation and G.C. Characterization of Polynuclear Aromatic Fractions of Bitumen, Heavy Oils and Their Synthetic Crude Products. Fuel 65 (4): 552–557. DOI: 10.1016/0016-2361 (86)90048-7.

Coutinho, J., Andersen, S.I., and Stenby, E. H. 1995. Evaluation of Activity Coefficient Models in Prediction of Alkane Solid-Liquid Equilibria. Fluid Phase Equilibria 103 (1): 23–39.

Coutinho, J.A.P. 1998. Predictive Uniquac: A New Model for the Description of Multiphase Solid- Liquid Equilibria in Complex Hydrocarbon Mixtures. Industrial & Engineering Chemistry Research 37 (12): 4870–4875. DOI: 10.1021/ie980340h.

Coutinho, J.A.P. 1999. Predictive Local Composition Models: NRTL and UNIQUAC and their Application to Model Solid-Liquid Equilibrium of n-alkanes. Fluid Phase Equilibria 159 (1): 447–557.

Coutinho, J.A.P., Edmonds, B., Moorwood, T., Szczepanski, R., and Zhang, X. 2002. Reliable Wax Predictions for Flow Assurance. Paper SPE 78324 presented at the SPE European Petroleum Conference, Aberdeen, 29–31 October. DOI: 10.2118/78324-MS.

Coutinho, J.A.P. and Daridon, J.-L. 2005. The Limitations of the Cloud Point Measurement Techniques and the Influence of the Oil Composition on Its Detection. Petroleum Science and Technology 23 (9): 1113–1128. DOI: 10.1081/LFT-200035541.

Couto, G.H., Chen, H., Dellecase, E., Sarica, C., and Volk, M. 2008. An Investigation of Two- Phase Oil/Water Paraffin Deposition. SPE Prod & Oper 23 (1): 49–55. SPE-114735-PA. DOI: 10.2118/114735-PA.

Covatch, G.L. and Morrison, J. 2005. Stripper Well Consortium Offers Opportunities and

Technologies to the Stripper Well Industry. Paper SPE 98007 presented at the SPE Eastern Regional Meeting, Morgantown, West Virginia, USA, 14–16 September. DOI：10.2118/98007-MS.

Cowan, J.C. and Weintritt, D.J. 2004. Mineral & Organic Scale Deposits. Lafayette：Cowan & Weintritt Publishing.

Cox, J.L. ed. 1983. Natural Gas Hydrates：Properties, Occurrence, and Recovery. Woburn：Butterworth Publishers.

Crabtree, M., Eslinger, D., Fletcher, P., Miller, M., Johnson, A., and King, G. 1999. Fighting Scale— Removal and Prevention. Oilfield Review 11 (3)：30–45.

Craddock, H.A., Mutch, K., Sowerby, K., McGregor, S., Cook, J., and Strachan, C. 2007. A Case Study in the Removal of Deposited Wax from a Major Subsea Flowline System in the Gannet Field.Paper SPE 105048 presented at the International Symposium on Oilfield Chemistry, Houston, 28 February–2 March. DOI：10.2118/105048-MS.

Creek, J.L., Lund, H.J., Brill, J.P., and Volk, M. 1999. Wax Deposition in Single Phase Flow. Fluid Phase Equilibria 158–160 (June)：801–811. DOI：10.1016/S0378-3812 (99)00106-5. Fig. 4.47 reprinted with permission from Elsevier.

Creek, J.L., Buckley, J.S., and Wang, J. 2008. Asphaltene Instability Induced by Light Hydrocarbons. Paper OTC 19690 presented at the Offshore Technology Conference, Houston, 5–8 May. DOI：10.4043/19690-MS.

Creek, J.L., Wang, J., and Buckley, J.S. 2009. Verification of Asphaltene-Instability-Trend (ASIST)Predictions for Low-Molecular-Weight Alkanes. SPE Prod & Oper 24 (2)：360–368. SPE-125203- PA. DOI：0.2118/125203-PA.

Crosby, D.L., Rivers, G.T., and Frostman, L.M. 2005. Enhancement Modifiers for Gas Hydrate Inhibitors.US Patent Application No. 20, 050, 261, 529.

Crowe, C., 1993. Misca-Micellar Iron and Sludge Acid. Report DL-10782, Sugar Land, Texas：Schlumberger Technology Corporation.

Curtis, G. and Weaver, C.W. 1998. Use of Ft-Ir to Identify Organic Deposits. Paper NACE 98337 presented at Corrosion 98, San Diego, California, USA, 22–27 March.

CVI. 2010. Electromagnetic Viscometer. Medford, Massachusetts：Cambridge Viscosity. http：//www. cambridgeviscosity.com/.

Czandema, A.W. and Lu, C. 1984. Applications of Piezoelectric Quartz Crystal Microbalances. Amsterdam：Elsevier.

Dalmazzone, C., Carrausse, M., Tabacchi, G., Mouret, A., and Noïk, C. 2005. Development of Green Chemicals for Cleaning Operations in Platforms Decommissioning. Paper SPE 92826 presented at the SPE International Symposium on Oilfield Chemistry, The Woodlands, Texas, USA, 2–4 February. DOI：10.2118/92826-MS.

Danesh, A., Xu, D., and Todd, A.C. 1992. A Grouping Method to Optimize Oil Description for Compositional Simulation of Gas-Injection Processes. SPE Res Eng 7 (3)：343–348. SPE 20745-PA. DOI：10.2118/20745-PA.

Davalath, J. and Barker, J.W. 1993. Hydrate Inhibition Design for Deepwater Completions. SPE Drill & Compl 10 (2): 115–121. SPE-26532-PA. DOI: 10.2188/26532-PA.

David, A. 1973. Asphaltene Flocculation During Solvent Simulation of Heavy Oils. In AIChE Symposium Series 69, 127, 56–61. New York: American Institute of Chemical Engineers.

Davidson, R. 2002. An Introduction to Pipeline Pigging. Presented at the Pigging Products and Services Association Aberdeen Seminar, Aberdeen, 9 November.

Davies, M. and Scott, P.J.B. 2006. Oilfield Water Technology. Houston: NACE International.

Davies, S.R., Ivanic, J., and Sloan, E.D. 2005. Prediction of Hydrate Plug Dissociation with Electrical Heating. Proc., Fifth International Conference on Gas Hydrates, Trondheim, Norway, 4: 1396–1405.

Davies, S.R., Selim, M.S., Sloan, E.D., Bollavaram, P., and Peters, D.J. 2006. Hydrate Plug Dissociation.AIChE Journal 52 (12): 4016–4027. DOI: 10.1002/aic.11005.

Davies, S.R., Boxall, J.A., Dieker, L.E., Sum, A.K., Koh, C.A., Sloan, E.D., Creek, J.L., and Xu, Z.-G. 2009a. Improved Predictions of Hydrate Plug Formation in Oil-Dominated Flowlines. Paper OTC 19990 presented at the Offshore Technology Conference, Houston, 4–7 May. DOI: 10.4043/19990-MS.

Davies, S.R., Boxall, J.A., Koh, C.A., Sloan, E.D., Hemmingsen, P.V., Kinnari, K.J., and Xu, Z.-G.2009b. Predicting Hydrate Plug Formation in a Subsea Tieback. SPE Prod & Oper 24 (4): 573–578.SPE-115763-PA. DOI: 10.2118/115763-PA.

de Boer, R.B., Leerlooyer, K., Eigner, M.R.P., and van Bergen, A.R.D. 1995. Screening of Crude Oils for Asphalt Precipitation: Theory, Practice and the Selection of Inhibitors. SPE Prod & Fac 10 (1): 55–61. SPE-24987-PA. DOI: 10.2118/24987-PA.

Deepstar 1995. Mms/Deepstar Workshop on Produced Fluids. Offshore Technology Conference, Houston (4 May).

Del Bianco, A. and Stroppa, F. 1995. Effective Hydrocarbon Blend for Removing Asphaltenes. US Patent No. 5, 382, 728.

Del Bianco, A. and Stroppa, F. 1997. Composition Effective in Removing Asphaltenes. US Patent No. 5, 690, 176.

Del Villano, L., Kommedal, R., and Kelland, M.A. 2008. Class of Kinetic Hydrate Inhibitors with Good Biodegradability. Energy & Fuels 22 (5): 3143–3149. DOI: 10.1021/ef800161z.

Delion, A.S., Durand, J.P., Gateau, P., and Velly, M. 1998. Process for Inhibiting or Retarding the Formation, Growth and/or Aggregation of Hydrates in Production Effl uents. US Patent No.5, 817, 898.

Denis, J., Briant, J., and Hipeaux, J.C. 1997. Lubricant Properties Analysis and Testing. Paris: Technip.

DeSimone, J.M., 1997. Design and Application of Surfactants for Carbon Dioxide. Green Chemistry Academic Award. Washington, DC: US Environmental Protection Agency.

Di Lullo, A.G., Lockhart, T.P., Carniani, C., and Tambini, M. 1998. A Techno-Economic Feasibility Study of Asphaltene Inhibition Squeeze Treatments. Paper SPE 50656 presented at the European Petroleum Conference, The Hague, 20–22 October. DOI: 10.2118/50656-MS.

Dickie, J.P. and Yen, T.F. 1967. Macrostructures of the Asphaltic Fractions by Various Instrumental Methods. Analytical Chemistry 39 (14): 1847–1852.

Dong, L., Xie, H., and Zhang, F. 2001. Chemical Control Techniques for the Paraffin and Asphaltene Deposition. Paper SPE 65380 presented at the SPE International Symposium on Oilfield Chemistry, Houston, 13–16 February. DOI: 10.2118/65380-MS.

Lee, J.D. and Englezos, P.I. 2005. Enhancement of the Performance of Gas Hydrate Kinetic Inhibitors with Polyethylene Oxide. Chemical Engineering Science 60 (19): 5323–5330.

Dorset, D.L. 2000. Chain Length Distribution and the Lamellar Crystal Structure of a Paraffin Wax. Journal of Physical Chemistry B 104 (35): 8346–8350. DOI: 10.1021/jp0021087.

Dotto, M.E.R., Ziglio, C.M., and Camargo, S.S. 2008. Toward a Direct Measurement of Paraffin Adhesion Forces. Energy & Fuels 22 (5): 3384–3389. DOI: 10.1021/ef800234d.

Dralle-Voss, G., Oppenlander, K., Faul, D., Roser, J., Hartmann, H., and Wenderoth, B. 1998. Modified Copolymers Suitable as Paraffin Dispersants, Their Preparation and Use, and Mineral Oil Middle Distillates Containing Them. US Patent No. 5, 767, 202.

Duffy, D.M. and Rodger, P.M. 2002. Wax Inhibition with Poly (Octadecyl Acrylate). Physical Chemistry Chemical Physics 4 (2): 328–334. DOI: 10.1039/b106530k.

Duncum, S., Edwards, A.R., James, K., and Osborne, C.G. 1996. Hydrate Inhibition. WIPO Patent Application No. PCT/GB1996/000591.

Duncum, S., Edwards, J.K., James, K., and Osborn, C. 2001. Hydrate Inhibition. US Patent No. 6, 251, 836.

Dunlop, J. 2003. Novel High Performance Additives for Asphaltene Control in Oil Production Operations. Presented at the Royal Society of Chemistry/European Oilfield Specialty Chemicals Association's Chemistry in the Oil Industry Ⅷ, Manchester, UK, 3–5 November.

Dutch, S. 2007. Natural Gas Hydrates: Overview. Green Bay, Wisconsin: University of Wisconsin. http://www.uwgb.edu/dutchs/Petrology/Clathrate-0.HTM.

Dyer, R.J. 2007. Method for Simultaneous Removal of Asphaltene, and/or Paraffin and Scale from Producing Oil Wells. US Patent No. 7, 296, 627.

Dyer, R.J. 2008. Method for Simultaneous Removal of Asphaltene, and/or Paraffin and Scale from Producing Oil Wells. US Patent Application No. 20, 080, 047, 712.

Dyer, S.J., Graham, G.M., and Arnott, C. 2003. Naphthenate Scale Formation—Examination of Molecular Controls in Idealised Systems. Paper SPE 80395 presented at the SPE International Symposium on Oilfield Scale, Aberdeen, 29–30 January. DOI: 10.2118/80395-MS.

Dyer, S.J., Williams, H.L., Graham, G.M., Cummine, C., Melvin, K.B., Haider, F., and Gabb, A.E. 2006. Simulating Calcium Naphthenate Formation and Mitigation Under Laboratory Conditions. Paper SPE 100632 presented at the SPE International Oilfield Scale Symposium,

Aberdeen, 30 May–1 June. DOI: 10.2118/100632–MS.

Eaton, P.E. and Weeter, G.Y. 1976. Paraffin Deposition in Flow Lines. Paper No. 76–CSME/CSChE–22. presented at the 16th National Heat Transfer Conference, St. Louis, Missouri, USA, 8–11. August.Economides, M.J. and Boney, C. 2000. Reservoir Stimulation in Petroleum Production. In Reservoir Stimulation, third edition, ed. M.J. Economides and K.G. Nolte. Chichester, UK: John Wiley & Sons.

Edmonds, B., Moorwood, T., Szczepanski, R., and Zhang, X. 2008. Simulating Wax Deposition in Pipelines for Flow Assurance. Energy & Fuels 22 (2): 729–741.

Einer, R. 2008. Control of Hydrates by Automated Injection of Methanol Using Laser Water Monitoring.Tulsa: Williams Pipeline Company.

Eisenstein, M. 2006. A Look Back: Adventures in the Matrix. Nature Methods 3 (5): 410–410.

Ekaabi, A., Fogler, S., and Solomon, M. 2007. Experimental Studies of Paraffin Gel Breaking Behavior.Unpublished work from University of Michigan Industrial Affiliates Program.

Englezos, P., Kalogerakis, N., Dholabhai, D., and Bishnoi, P.R. 1987. Kinetics of Formation of Methane and Ethane Gas Hydrates. Chemical Engineering Science 42 (11): 2647–2658. Fig. 4.35 reprinted with permission from Elsevier.

Enhanced Pipeline Cleaning Using Combined Mechanical and Chemical Techniques. 2006. CIS Oil and Gas October 2006 (6): 186.

Erickson, D.D., Niesen, V.G., and Brown, T.S. 1993. Thermodynamic Measurement and Prediction of Paraffin Precipitation in Crude Oil. Paper SPE 26604 presented at the Annual Technical Conference and Exhibition, Houston, October 3–6. DOI: 10.2118/26604–MS.

Escrochi, M., Nabipour, M., Ayatollahi, S., and Mehranbod, N. 2008. Wettability Alteration at Elevated Temperatures: The Consequences of Asphaltene Precipitation. Paper SPE 112428 presented at the SPE International Symposium and Exhibition on Formation Damage Control, Lafayette, Louisiana, USA, 13–15 February. DOI: 10.2118/112428–MS.

Espinat, D. and Ravey, J.C. 1993. Colloidal Structure of Asphaltene Solutions and Heavy-Oil Fractions Studied by Small–Angle Neutron and X–Ray Scattering. Paper SPE 25187 presented at the SPE International Symposium on Oilfield Chemistry, New Orleans, 2–5 March. DOI: 10.2118/ 25187–MS.

Ethier, C.R. 2002. Computational Modeling of Mass Transfer and Links to Atherosclerosis. Annals of Biomedical Engineering 30 (4): 461–471.

Ettre, L.S. 1993. Nomenclature for Chromatography (Iupac Recommendations 1993). Pure & Applied Chemistry 65 (4): 819–872.

Evangelista, E.A., Chagas, C.M., Melo, J.A.F., Rocha, J.D.H., Filho, N.B., and Marques, L.C.C. 2009. Removal of a Hydrate Plug from a Subsea Christmas–Tree Located in Ultra–Deep Waters with the Aid of a Heat–Releasing Treating Fluid. Paper OTC 19730 presented at the Offshore Technology Conference, Houston, 4–7 May. DOI: 10.4043/OTC–19730–MS.

Faclone, G., Teodoriu, C., Reinicke, K.M., and Bello, O.O. 2008. Multiphase-Flow Modeling Based on Experimental Testing: An Overview of Research Facilities Worldwide and the Need for Future Developments. SPE Proj, Fac & Const 3 (3): 1-10. SPE-110116-PA. DOI: 10.2118/110116-PA.

Fan, L.-D.G., Fan, J.C.J., Ross, R.J., and Bain, D. 1999. Scale and Corrosion Inhibition by Thermal Polyaspartates. Paper NACE 99120, Corrosion 99, San Antonio, Texas, USA, 25-30 April.

Fan, S., Zhang, Y., Tian, G., Liang, D., and Li, D. 2006. Natural Gas Hydrate Dissociation by Presence of Ethylene Glycol. Energy & Fuels 20 (1): 324-326.

Fan, T. and Buckley, J.S. 2002. Rapid and Accurate Sara Analysis of Medium Gravity Crude Oils. Energy & Fuels 16 (6): 1571-1575.

Fan, Y. and Llave, F.M. 1996. Chemical Removal of Formation Damage from Paraffin Deposition: Part I—Solubility and Dissolution Rate. Paper SPE 31128 presented at the SPE Formation Damage Control Symposium, Lafayette, Louisiana, USA, 14-15 February. DOI: 10.2118/31128-MS.

Fernandez-Lozano, J.A. and Rodriguez, Y.M. 1984. Rheological and Conductometric Properties of Two Different Crude Oils and of Their Fractions. Industrial and Engineering Chemistry Process Design and Development 23 (1): 115-121.

Ferraro, J., Nakamoto, K., and Brown, C. 2003. Introductory Raman Spectroscopy, second edition. San Diego, California: Academic Press.

Ferworn, K.A., Hammami, A., and Ellis, H. 1997. Control of Wax Deposition: An Experimental Investigation of Crystal Morphology and an Evaluation of Various Chemical Solvents. Paper SPE 37240 presented at the International Symposium on Oilfield Chemistry, Houston, 18-21 February. DOI: 10.2118/37240-MS.

Fink, J.K. 2003. Oil Field Chemicals. Burlington, Massachusettes: Gulf Professional Publishing Elsevier Science.

Firoozabadi, A. 1999. Thermodynamics of Hydrocarbon Reservoirs. New York: McGraw-Hill.

Fleming, N., Stokkan, J.A., Mathisen, A.M., Ramstad, K., and Tydal, T. 2003. Maintaining Well Productivity Through Deployment of a Gas Lift Scale Inhibitor: Laboratory and Field Challenges. Paper SPE 80374 presented at the SPE International Symposium on Oilfield Scale, Aberdeen, 29-30 January. DOI: 10.2118/80374-MS.

Flory, P.J. 1942. Thermodynamics of High Polymer Solutions. Journal of Chemical Physics 10 (1): 51-61.

Ford, W.G.F. and Hollenbeak, K.H. 1987. Composition and Method for Reducing Sludging During the Acidizing of Formations Containing Sludging Crude Oils. US Patent No. 4, 663, 059.

Førdedal, H., Nodland, E., Sjöblom, J., and Kvalheim, O.M. 1995. A Multivariate Analysis of W/O Emulsions in High External Electric Fields as Studied by Means of Dielectric Time Domain Spectroscopy Journal of Colloid and Interface Science 173 (2): 396-405.

Freedonia Group. 2007. Oilfield Chemicals, R154-1738. North Adams, Massachusettes:

MindBranch. Frenier, W.W. 1996. Introduction to Toxicity Testing. Paper NACE 96154 presented at the NACE International Corrosion Forum, Denver, 24–29 March.

Frenier, W.W. 2001. Technology for Chemical Cleaning of Industrial Equipment. Houston: NACE International.

Frenier, W.W., Fredd, C.N., and Chang, F. 2001. Hydroxyaminocarboxylic Acids Produce Superior Formulations for Matrix Stimulation of Carbonates. Paper SPE 68924 presented at the European Formation Damage Conference, The Hague, 21–22 May 2001. DOI: 10.2118/68924-MS.

Frenier, W.W. and Brady, M. 2008. Treating Composition. US Patent No. 7, 427, 584.

Frenier, W.W. and Ziauddin, M. 2008a. Formation, Removal, and Inhibition of Inorganic Scale in the Oilfield Environment. Richardson, Texas: SPE.

Fretwell, P. 2007. Developments in Mechanical Production Cleaning of Pipelines. Presented at the Pigging Products and Services Association Seminar, Aberdeen, 14 November.

Friberg, S. 2007. Micellization. In Asphaltenes, Heavy Oil, and Petroleomics, ed. O.C. Mullins, E.Y. Sheu, A. Hammami, and A.G. Marshall. New York: Springer.

Frost, K.A., Daussin, R.D., and van Domelen, M.S. 2008. New, Highly Effective Asphaltene Removal System with Favorable HSE Characteristics. Paper SPE 112420 presented at the SPE International Symposium and Exhibition on Formation Damage Control, Lafayette, Louisiana, USA, 13–15 February. DOI: 10.2118/112420-MS.

Frostman, L.F. 2000. Anti-Agglomerant Hydrate Inhibitors for Prevention of Hydrate Plugs in Deepwater Systems. Paper SPE 63122 presented at the SPE Annual Technical Conference and Exhibition, Dallas, 1–4 October. DOI: 10.2118/63122-MS.

Frostman, L.M. and Przybylinski, J.L. 2001. Successful Applications of Anti-Agglomerant Hydrate Inhibitors. Paper SPE 65007 presented at the SPE International Symposium on Oilfield Chemistry, Houston, 13–16 February. DOI: 10.2118/65007-MS.

Fu, B. 2000. A Novel Kinetic Hydrate Inhibitor for Hydrate Control. Presented at the NACE Northern Area Conference, Saskatoon, Saskatchewan, Canada, 29 February–2 March.

Fu, B., Neff, S., and Bakeev, K.N. 2001. Novel Low Dosage Hydrate Inhibitors for Deepwater Operations.Paper SPE 71472 presented at the SPE Annual Technical Conference and Exhibition, New Orleans, 30 September–3 October. DOI: 10.2118/71472-MS.

Fu, B. 2007. Development of Non-Interfering Corrosion Inhibitors for Sour Gas Pipelines with Co-Injection of Kinetic Hydrate Inhibitors. Paper NACE 07666 presented at Corrosion 07, Nashville, Tennessee, USA, 11–15 March.

Fusheng, Z. and Biao, W. 1995. Development of a Complex Type of Pour Point-Viscosity Depressant and Infrared Spectrum Research. Paper SPE 29011 presented at the SPE International Symposium on Oilfield Chemistry, San Antonio, Texas, USA, 14–17 February.DOI: 10.2118/29011-MS.

Gallagher, C., Debord, J.D., Asomaning, S., Towner, J., and Hart, P. 2007. Inhibiting Naphthenate

Solids and Emulsions in Crude Oil. WIPO Patent Application No. PCT/US2006/061343.

Gao, S. 2008. Investigation of Interactions between Gas Hydrates and Several Other Flow Assurance Elements. Energy & Fuels 22 (5): 3150–3153.

Garca, M.C., Carbognanir, L., Urbina, A., and Orea, M. 1998. Correlation Between Oil Composition and Paraffin Inhibitors Activity. Paper SPE 49200 presented at the SPE Annual Technical Conference and Exhbition, New Orleans, 2–4 September. DOI: 10.2118/49200-MS.

Garcia-Hernandez, F. 1989. Estudio Sobre El Control De La Depositacion Organica En Pozos Del Area Cretacica Chiapas-Tabasco. Ingeniería petróleo July: 39–45.

García, M.C., Chiaravallo, N., and Sulbarán, A. 2001. Production Restarting on Asphaltene-Plugged Oil Wells in a Lake Maracaibo Reservoir. Paper SPE 69513 presented at the SPE Latin American and Caribbean Petroleum Engineering Conference, Buenos Aires, 25–28 March. DOI: 10.2118/69513-MS.

Gateau, P., Barbey, A., and Brunelli, J.-F. 2004. Acrylic Copolymers as Additives for Inhibiting Paraffin Deposit in Crude Oil, and Compositions Containing Same. US Patent No. 6, 750, 305.

Gbarukoa, B.C., Igwea, J.C., Gbarukob, P.N., and Nwokeoma, R.C. 2007. Gas Hydrates and Clathrates: Flow Assurance, Environmental and Economic Perspectives and the Nigerian Liquefied Natural Gas Project. Journal of Petroleum Science and Engineering 56 (1–3): 192–198.

Gentili, D.O., Khalil, C.N., Rocha, N.O., and Lucas, E.F. 2005. Evaluation of Polymeric Phosphoric Ester-Based Additives as Wax Deposition Inhibitors. Paper SPE 94821 presented at the SPE Latin American and Caribbean Petroleum Engineering Conference, Rio de Janeiro, 20–23 June. DOI: 10.2118/94821-MS.

Gharfeh, S., Singh, P., Kraiwattanawong, K., and Blumer, D. 2007. A General Study of Asphaltene Flocculation Prediction at Field Conditions. SPE Prod & Oper 22 (3): 277–284. SPE-112782-PA. DOI: 10.2118/112782-PA.

GIA, 2006. Asphaltene Inhibitors. Rockville, Maryland: Global Industry Analysts.

Giraldo, C., Ehlers, D., Oellrich, L., and Clarke, M. 2009. Ethane and Carbon Dioxide Gas Hydrate Incipient Conditions in Reverse Micelles. International Journal of Thermodynamics 11 (1): 29–34. Gochin, R.J. and Smith, A. 2001. Method of Controlling Asphaltene Precipitation in a Fluid. US Patent No. 6, 270, 653.

Goldman, M.S. and Nathan, C.C. 1957. Prevention of Paraffin Deposition and Plugging. US Patent No. 2, 817, 635.

Goldszal, A., Hurtevent, C., and Rousseau, G. 2002. Scale and Naphthenate Inhibition in Deep- Offshore Fields. Paper SPE 74661 presented at the SPE International Symposium on Oilfield Scale, Aberdeen, United Kingdom, 30–31 January. DOI: 10.2118/74661-MS.

Gonzalez, D.L., Ting, P.D., Hirasaki, G.J., and Chapman, W.G. 2005. Prediction of Asphaltene Instability Under Gas Injection with the Pc-Saft Equation of State. Energy & Fuels 19 (4): 1230–1234.

Gonzalez, D.L., Vargas, F.M., Hirasaki, G.H., and Chapman, W.G. 2008. Modeling Study of CO_2- Induced Asphaltene Precipitation. Energy & Fuels 22 (2): 757–782.

Gozalpour, F., Danesh, A., Tehrani, D.H., Todd, A.C., and Tohidi, B. 1999. Predicting Reservoir Fluid Phase and Volumetric Behavior from Samples Contaminated With Oil–Based Mud. Paper SPE 56747 presented at the SPE Annual Technical Conference and Exhibition, Houston, 3–6 October. DOI: 10.2118/56747–MS.

Graham, G.M., Frigo, D.M., McCracken, I.R., Graham, G.C., Davidson, W.G., Kapusta, S., and Shone, P. 2001. The Influence of Corrosion Inhibitors/Scale Inhibitors Interference on the Selection of Chemical Treatments in Harsh (HP/HT/H_2S)Reservoir Conditions. Paper SPE 68330 presented at the SPE International Symposium on Oilfield Scale, Aberdeen, 30–31 January. DOI: 10.2118/68330–MS.

Graham, G.M. and Mackay, E.J. 2004. A Background to Inorganic Scaling—Mechanism, Formation, and Control. Short Course S, SPE International Symposium and Exhibition on Formation Damage Control, Lafayette, Louisiana, USA, 18–20 February.

Groffe, P., Volle, J.L., and Ziada, A. 1995. Application of Chemicals in Prevention and Treatment of Asphaltene Precipitation in Crude Oils. Paper SPE 30128 presented at the SPE European Formation Damage Conference, The Hague, 15–16 May. DOI: 10.2118/30128–MS.

Gross, J. and Sadowski, G. 2001. Perturbed–Chain SAFT: An Equation of State Based on a Perturbation Theory for Chain Molecules. Industrial & Engineering Chemistry Research 40 (4): 1244–1260.

Growcock, F.B. and Frenier, W.W. 1984. Process for Removal and Inhibition of Oil Field Paraffin. Document No. 56–40002, Sugar land, Texas: Schlumberger Technology.

Gunn, R.D. 1972. Corresponding States: I. Theoretical Development for Mixtures. AIChE Journal 18 (1): 183–188.

Gupta, D.V.S. and Kirk, J.W. 2009. Well Treating Compositions for Slow Release of Treatment Agents and Methods of Using the Same. US Patent No. 7, 493, 955.

Hach, 2005. Test Kits. Loveland, Colorado: Hach Company.

Haghighi, H., Chapoy, A., and Tohidi, B. 2008. Freezing Point Depression of Electrolyte Solutions: Experimental Measurements and Modeling Using the Cubic–Plus–Association Equation of State. Industrial & Engineering Chemistry Research 47 (11): 3983–3989.

Halliburton, 2005. Hydra–Blast® Pro SM Service. Houston: Halliburton.

Hammami, A., Chang–Yen, D., Nighswander, A., and Stange, E. 1995. An Experimental Study of the Effect of Paraffinic Solvents on the Onset and Bulk Precipitation of Asphaltenes. Fuel Science Technology International 13 (9): 1167–1184.

Hammami, A., Phelps, C.H., Monger–McClore, T., Little, T.M., and Drews, M. 1999. Asphaltene Precipitation from Live Oils: An Experimental Investigation of the Onset Conditions and Reversibility. Presented at the Spring AIChE Meeting, Mechanisms and Mitigation of Fouling in the Upstream: Wells and Pipelines, Houston, 14–18 March.

Hammami, A. and Raines, M.A. 1999. Paraffin Deposition from Crude Oils: Comparison of Laboratory Results with Field Data. SPE J. 4 (1): 9–18. SPE-54021-PA. DOI: 10.2118/54021-PA.

Hammami, A. and Ratulowski, J. 2007. Precipitation and Deposition of Asphaltenes in Production Systems: A Flow Assurance Overview. In Asphaltenes, Heavy Oils, and Petroleomics, ed. O.C. Mullins, E.Y. Sheu, A. Hammami, and A.G. Marshall, 617–660. London: Springer Science+Business Media.

Hammerschmidt, E.G. 1934. Formation of Gas Hydrates in Natural Gas Transmission Lines. Industrial & Engineering Chemistry 26 (8): 851–855.

Hammerschmidt, E.G. 1939. Gas Hydrate Formations: A Further Study on Their Prevention and Elimination from Natural Gas Pipe Lines. GAS May: 30–35.

Handa, S., Hodgson, P.K., and Ferguson, W.J. 1999. Asphaltene Precipitation Inhibiting Polymer for Use in Oil. Great Britain Patent No. 2, 337, 522.

Hansen, A.B., Clasen, T.L., and Bass, R.M. 1999. Direct Impedance Heating of Deepwater Flowlines. Paper OTC 11037 presented at the Offshore Technology Conference, Houston, 3–6 May. DOI: 10.4043/11037-MS.

Hansen, A.B., Larsen, E. Pedersen, W.B. Nielsen, A.B., and Rønningsen, H.P. 1991. Wax Precipitation from North Sea Crude Oils. 3. Precipitation and Dissolution of Wax Studied by Differential Scanning Calorimetry. Energy & Fuels, 5 (6): 914–923.

Hansen, C.M. 1967. The Three Dimensional Solubility Parameter—Key to Paint Component Affinities: I. Solvents, Plasticizers, Polymers, and Resins. J. Paint Technol 39 (505): 104–117.

Hansen, C.M. 2000. Hansen Solubility Parameters: A User's Handbook. Boca Raton, Florida: CRC Press.

Hansen, C.M. and Beerbower, A., eds. 1971. Solubility Parameters, Supplement. In Kirk-Othmer Encyclopedia of Chemical Technology, second edition, 889–910. New York: Interscience.

Hansen, J. H. 1988. A Thermodynamic Model for Predicting Wax Formation in Crude Oils. AIChE J 38: 1937–1942.

Harrob, D. 2005. Wax Formation. Houston: BP Exploration.

Hart, P.R. and Brown, J.M. 1996. Methods for Melting and Dispersing Paraffin Wax in Oil Field Production Equipment. US Patent No. 5, 484, 488.

Harun, A.F., Krawietz, T.E., and Erdogmus, M. 2007. Hydrate Remediation in Deepwater Gulf of Mexico Dry-Tree Wells: Lessons Learned. SPE Prod & Oper 22 (4): 472–476. OTC-17814-PA. DOI: 10.4043/17814-PA.

Harun, A.F., Fung, G., and Erdogmus, M. 2008. Experience in AA-LDHI Usage for a Deepwater Gulf of Mexico Dry-Tree Oil Well: Pushing the Technology Limit. SPE Prod & Oper 23 (1): 100–107. SPE-100796-PA. DOI: 10.2118/100796-PA.

Haskett, C.E. and Tartera, M. 1965. A Practical Solution to the Problem of Asphaltene

Deposits— Hassi-Messaoud Field, Algeria. J Pet Technol 17 (4): 387–391. SPE-994-PA. DOI: 10.2118/994-PA.

Haynes, H.H. and Lenderman, G.L. 1986. Cost-Effective Paraffin Inhibitor Squeezes Can Improve Production Economics. Paper SPE 15178 presented at the SPE Rocky Mountain Regional Meeting, Billings, Montana, USA, 19–21 May. DOI: 10.2118/15178-MS.

Heftmann, E. 1975. Laboratory Handbook of Chromatographic and Electrophoretic Methods, third edition. New York: Van Nostrand Reinhold.

Henriot, V., Lachet, V., and Heintze, E. 2005. Method for Detecting and Controlling Hydrate Formation at Any Point of a Pipe Carrying Multiphase Petroleum Fluids. US Patent No. 6, 871, 118.

Hernandez, O.C., Sarica, C., Brill, J.P.M.V., Delle-Case, E., and Creek, J. 2003. Effect of Flow Regime, Temperature Gradient and Shear Stripping in Single-Phase Paraffin Deposition. Presented at the 11th International Conference Multiphase 03, San Remo, Italy, 11–13 June.

Hildebrand, J.H. and Scott, R.L. 1950. Solutions of Nonelectrolytes. Annual Review of Physical Chemistry 1: 75–90.

Hildebrand, J.H. and Scott, R.L. 1964. The Solubility of Nonelectrolytes. New York: Dover.

Hill, D.G., Dismuke, K., Shepherd, W., Witt, I., Romijn, H., Frenier, W., and Parris, M. 2003. Development Practices and Achievements for Reducing the Risk of Oilfield Chemicals. Paper SPE 80593 presented at the SPE/EPA/DOE Exploration and Production Environmental Conference, San Antonio, Texas, USA, 10–12 March. DOI: 10.2118/80593-MS.

Hille, M., Kupfer, R., and Bohm, R. 1995. Process of Inhibiting Corrosion, Demulsifying and/or Depressing the Pour Point of Crude Oil. US Patent No. 5, 421, 993.

Hirschberg, A., deJong, L.N.J., Schipper, B.A., and Meijer, J.G. 1984. Influence of Temperature and Pressure on Asphaltene Flocculation. SPE J. 24 (3): 283–293. SPE-11202-PA. 10.2118/ 11202-PA.

Hlatki, M., Mecs, I., Puskas, S., Balazs, J., Kalman, M., and Lengyel, G. 2006. Method for the Treatment and Prevention of Asphaltene-Paraffin-Wax Precipitates in Oil-Wells, Wellheads and Pipelines by the Use of Biocolloid Suspensions. US Patent Application No.20, 060, 060, 350.

Holder, G.A. and Winkler, J. 1965. Wax Crystallization from Distillate Fuels, Part I. Cloud and Pour Phenomena Exhibited by Solutions of Binary N-Paraffin Mixtures. J. of the Institute of Petroleum 51: 228.

Houchin, L.R. and Hudson, L.M. 1986. The Prediction, Evaluation and Treatment of Formation Damage Caused by Organic Deposition. Paper SPE 14818 presented at the SPE Symposium on Formation Damage Control, Lafayette, Louisiana, USA, 26–27 February. DOI: 10.2118/ 14818-MS.

HPVTG 2009. High Production Volume (HPV)Chemical Challenge Program Revised Test Plan. Asphalt category analysis and hazard characterization. Consortium Registration No. 1100997, pp 6–53. Petroleum HPV Testing Group. www.petroleumhpv.org.

Hsu, J.J.C., Santamaria, M.M., and Brubaker, J.P. 1994. Wax Deposition of Waxy Live Crudes

Under Turbulent Flow Conditions. Paper SPE 28480 presented at the SPE Annual Technical Conference and Exhibition, New Orleans, 25–28 September. DOI: 10.2118/28480-MS.

Hubbard, R.A. and Campbell, J.M. 1991. Recent Developments in Gas Dehydration and Hydrate Inhibition. Paper SPE 21507 presented at the SPE Gas Technology Symposium, Houston, 22–24 January. DOI: 10.2118/21507-MS.

Huffmaster, M.A. 2004. Gas Dehydration Fundamentals. Presented at the Laurence Reid Gas Conditioning Conference, Norman, Oklahoma, USA, 26 February–1 March.

Huggins, M.L. 1941. Solutions of Long Chain Compounds. J. Chem Phys 9 (5): 440–440.

Hurtevent, C. and Ubbels, S. 2006. Predicting Naphthenate Stabilized Emulsions and Naphthenate Deposits on Fields Producing Acidic Crude Oils. Paper SPE 100430 presented at the SPE International Oilfield Scale Symposium, Aberdeen, 30 May–June 1. DOI: 10.2118/100430-MS.

Hutter, J.L., King, H.E., and Min, Y.L. 2000. Polymeric Hydrate-Inhibitor Adsorption Measured by Neutron Scattering. Macromolecules 33 (2): 2670–2679.

Hydrafact 2008. Centre for Gas Hydrate Research, Hydrafact Limited Institute of Petroleum Engineering, Heriot-Watt University, Edinburgh, UK http://www.hydrafact.com.

Hyver, K.J. and Sandra, P. 1989. High Resolution Gas Chromatography P/N 5950-3562. Palo Alto, California: Hewlett Packard.

Ibrahim, H.H. and Idem, R.O. 2004a. Interrelationships between Asphaltene Precipitation Inhibitor Effectiveness, Asphaltenes Characteristics, and Precipitation Behavior During N-Heptane (Light Paraffin Hydrocarbon)-Induced Asphaltene Precipitation. Energy & Fuels 18 (4): 1038–1048.

Ibrahim, H.H. and Idem, R.O. 2004b. CO_2-Miscible Flooding for Three Saskatchewan Crude Oils: Interrelationships between Asphaltene Precipitation Inhibitor Effectiveness, Asphaltenes Characteristics, and Precipitation Behavior. Energy & Fuels 18 (3): 743–754.

Ibrahim, J.M. and Ali, K. 2005. Thermo-Chemical Solution for Removal of Organic Solids Build-Up in and Around Wellbore, Production Tubing, and Surface Facilities. Paper SPE 93844 presented at SPE Asia Pacific Oil and Gas Conference and Exhibition, Jakarta, 5–7 April. DOI: 10.2118/93844-MS.

Icon Group, 2006. The World Market for Petroleum Jelly; Paraffin Wax, Microcrystalline Petroleum Wax, and Other Mineral Waxes Obtained by Synthesis or Other Process: A 2007 Global Trade Perspective. Publication ID: ICN1364052, Rockville, Maryland: Icon Group International.

IFP. 2007. IFP Standard Method 143, Rueil-Malmaison, France: Institut Français du Petróle.

IOGCC. 2004. Marginal Oil and Gas: Fuel for Economic Growth. Oklahoma City: Interstate Oil and Gas Compact Commission.

IP-143/90. 1993. Determination of Asphaltenes (Heptane Insoluble), Part 143. Channelview, Texas: Institute of Petroleum (Intertek).

Irani, C. 2007. Collect Accurate HP/HT Reservoir Samples. E&P November: 5–7.

Islam, M.R. 1994. Role of Asphaltenes on Oil Recovery and Mathematical Modeling of Asphaltene Properties. In Asphaltenes and Asphalts I, ed. T.F. Yen and G.V. Chilingarian, 249–298. Amsterdam: Elsevier.

Islam, M.R. 1995. Potential of Ultrasonic Generators for Use in Oil Wells and Heavy Crude Oil/ Bitumen Transportation Facilities. In Asphaltenes, Fundamentals and Applications, ed. E.Y. Shey and O.C. Mullins, New York: Plenum Press.

Ito, Y., Kamakura, R., Obi, S., and Mori, Y.H. 2003. Microscopic Observations of Clathrate-Hydrate Films Formed at Liquid/Liquid Interfaces. II. Film Thickness in Steady-Water Flow, and Other Shell Thickness. Chemical Engineering Science 58 (1): 107–114A.

Ivanova, I.K. and Shitz, E. 2008. Hydrocarbon Solvents on the Hexane Base for Oil Organic Deposits Elimination in the Irelyakh Gas and Oil Field. Oil & Gas Business: 1–7. http: //www.ogbus.ru/eng/.

Jacobs, I.C. and Thorne, M.A. 1986. Asphaltene Precipitation During Acid Stimulation Treatments. Paper SPE 14823 presented at the SPE Symposium on Formation Damage Control, Lafayette, Louisiana, USA, 26–27 February. DOI: 10.2118/14823-MS.

Jagera, M.D., Peters, C.J., and Sloan, E.D. 2002. Experimental Determination of Methane Hydrate Stability in Methanol and Electrolyte Solutions. Fluid Phase Equilibria 193 (1): 17–38.

Jamaluddin, A.K.M. and Nazarko, T.W. 1996. Process for Removing and Preventing Near-Wellbore Damage Due to Asphaltene Precipitation. US Patent No. 5, 425, 422.

Jamaluddin, A.K.M., Sivaraman, A., Imer, D., Thomas, F.B., and Bennion, D.B. 1998. A Proactive Approach to Address Solids (Wax and Asphaltene)Precipitation During Hydrocarbon Production. Paper SPE 49465 presented at the SPE Abu Dhabi Petroleum Exhibition and Conference, Abu Dhabi, UAE, 11–14 October. DOI: 10.2118/49465-MS.

Jamaluddin, A.K.M., Nighswander, J., and Joshi, N. 2001. A Systematic Approach in Deepwater Flow Assurance Fluid Characterization. Paper SPE 71546 presented at the SPE Annual Technical Conference and Exhibition, New Orleans, 30 September–3 October. DOI: 10.2118/71546-MS.

Jamaluddin, A.K.M., Joshi, N., Iwere, F., and Gurpinar, O. 2002a. An Investigation of Asphaltene Instability Under Nitrogen Injection. Paper SPE 74393 presented at the SPE International Petroleum Conference and Exhibition in Mexico, Villahermosa, Mexico, 10–12 February DOI: 10.2118/74393-MS.

Jamaluddin, A.K.M., Creek, J., Kabir, C.S., Mcfadden, J.D., D'Cruz, D., Manakalathil, J., Joshi, N., and Ross, B. 2002b. Laboratory Techniques to Measure Thermodynamic Asphaltene Instability. J Can Pet Technol 41 (7): 44–52.

Jasinski, R., 1987. Chemistry of Steel Surfaces. Document DL-10237. Sugar Land, Texas: Schlumberger Technology.

Jassim, E., Abdi, M.A., and Muzychka, Y. 2008. A CFD-Based Model to Locate Flow-Restriction Induced Hydrate Deposition in Pipelines. Paper OTC 19190 presented at the Offshore Technology Conference, Houston, 5-8 May. DOI: 10.4043/19190-MS.

Javora, P.H., Beall, B.B., Vorderburggen, M.A., Qu, Q., and Berry, S.L. 2009. Method of Using Waterin-Oil Emulsion to Remove Oil Base or Synthetic Oil Base Filter Cake. US Patent No. 7, 481, 273.

Jenneman, G. 2006. Microbiologically Influenced Corrosion in the Oil Field. Tulsa: NACE International.

Jennings, D.W. 2004. Paraffin Inhibitor Compositions and Their Use in Oil and Gas Production. US Patent Application No. 20, 040, 058, 827.

Jennings, D.W. and Weispfennig, K. 2006. Effect of Shear on the Performance of Paraffin Inhibitors: Cold-Finger Investigation With Gulf of Mexico Crude Oils. Energy & Fuels 20 (6): 2457-2464.

Jennings, D.W. and Newberry, M.E. 2008. Paraffin Inhibitor Applications in Deepwater Offshore Developments. Paper IPTC 12127 presented at the International Petroleum Technical Conference, Kuala Lumpur, 3-5 December. DOI: 10.2523/IPTC-12127-MS.

Jessen, F.W. and Howell, J.N. 1958. Effect of Flow Rate on Paraffin Accumulation in Plastic, Steel, and Coated Pipe. Trans., AIME 231: 80-84.

Jones, C.R. 2008. Soap Control Agent. US Patent Application No. 20, 080, 029, 438.

Jones, G.M. and Povey, M.J.W. 2006. Measurement and Control of Asphaltene Agglomeration in Hydrocarbon Liquids. US Patent Application No. 20, 060, 156, 820.

Jordan, M.M. and Feasey, N.D. 2008. Meeting the Flow Assurance Challenges of Deepwater Developments: From CAPEX Development to Field Start Up. Paper SPE 112472 presented at the SPE North Africa Technical Conference and Exhibition, Marrakech, Morocco, 12-14 March. DOI: 10.2118/112472-MS.

Jordan, R.M. 1967. Paraffin Deposition and Prevention in Oil Wells. Southwest Petroleum Short Course, Texas Tech University, Lubbock, Texas, USA, 26 September.

Jordon, M.M. and Mackin, M. 1998. The Application of Novel Wax Diverter. Paper SPE 49196 presented at the SPE Annual Technical Conference and Exhibition, New Orleans, 27-30 September. DOI: 10.2118/49196-MS.

Kabir, C.S. and Jamaluddin, A.K.M. 2002. Asphaltene Characterization and Mitigation in South Kuwait's Marrat Reservoir. SPE Prod & Fac 17 (4): 251-258. SPE-53155-PA. 10.2118/53155-PA.

Kaminski, T.J. 2001. Classification of Asphaltenes Via Fractionation and the Effect of Heteroatom Content on Dissolution Kinetics. Ann Arbor, Michigan: University of Michigan Industrial Affiliates Project.

Kaminsky, R.D. 1999. Several Short Excursions into Wax Deposition Modeling. Presented at the AIChE Annual Summer Steering Committee Meeting, Houston, 17 March.

Kammerlingh Onnes, H. 1901. Expression of the Equation of State of Gases and Liquids by Means of Series. Communications from the Physical Laboratory of the University of Leiden 71: 3–25.

Karan, K., Hammami, A., Flannery, M., and Stankiewicz, A. 2002. Systematic Evaluation of Asphaltene Instability and Control During Production of Live Oils: A Flow Assurance Study. Presented at the American Institute of Chemical Engineers Spring National Meeting, New Orleans, 10–14 March.

Kariznovi, M., Nourozieh, H., Jamialahmadi, M., and Shahrabad, A. 2008. Optimization of Asphaltene Deposition and Adsorption Parameter in Porous Media Search. Paper SPE 114037 presented at the SPE Western Regional and Pacific Section AAPG Joint Meeting, Bakersfield, California, USA, 29 March–2 April. DOI: 10.2118/114037-MS.

Karydas, A. 1988. Use of Organic Fluorochemical Compounds with Oleophobic and Hydrophobic Groups in Asphaltenic Crude Oils as Viscosity Reducing Agents. US Patent No. 4, 769, 160.

Kattsyn, G.E. and Kogai, B.E. 2004. Method and Device to Reduce Asphaltene and Paraffin Accumulations in Wells. US Patent No. 6, 702, 022.

Kaufman, P.B. and Becker, H.L. 2007. Porous Composites Containing Hydrocarbon-Soluble Well Treatment Agents and Methods for Using the Same. US Patent Application No. 20, 070, 173, 417.

Kaufman, P.B. and Becker, H.L. 2009. Porous Composites Containing Hydrocarbon-Soluble Well Treatment Agents and Methods for Using the Same. US Patent No. 7, 598, 209.

Kaufman, P.B., Gupta, D.V.S., Richards, A.R., and Stephenson, C.J. 2009. Non-Spherical Well Treating Particulates and Methods of Using the Same. US Patent Application No. 20, 090, 178, 807.

Kayhan, M. 1982. Proposed Classification and Definitions of Heavy Crude Oils and Tar Sands. Presented at the UNITAR Conference on Heavy Crude and Tar Sands, Caracas, 7–17 February.

KCC. 2008. KCC ™ Glycol & Methanol Injection & Recovery Systems. Houston: Cameron Commerce.

Kelland, M.A., Svartaas, T.M., and Dybvik, L.A. 1994. Control of Hydrate Formation by Surfactants and Polymers. Paper SPE 28506 presented at the SPE Annual Technical Conference and Exhibition, New Orleans, 26–28 September. DOI: 10.2118/28506-MS.

Kelland, M.A., Svartaas, T.M., and Dybvik, L. 1995. A New Generation of Gas Hydrate Inhibitors. Paper SPE 30695 presented at the SPE Annual Technical Conference and Exhibition, Dallas, 22–25 October. DOI: 10.2118/30695-MS.

Kelland, M.A. 2006. History of the Development of Low Dosage Hydrate Inhibitors. Energy & Fuels 20 (3): 825–847.

Kelland, M.A. 2008. Additives for Inhibiting Gas Hydrate Formation. World Patent Application No. WO/2008/023989.

Kelland, M.A. 2009. Production Chemicals for the Oil and Gas Industry. Boca Raton, Florida: CRC Press.

Kennard, M.A. and McNulty, G. 1992. Conventional Pipeline Pigging Technology. Part 2. Corrosion Inhibitor Deposition Using Pigs. Pipes & Pipelines International 37 (4): 14–20.

Kidnay, A.J. and Parrish, W.R. 2006. Fundamentals of Natural Gas Processing (Dekker Mechanical Engineering). Boca Raton, Florida: CRC Press Taylor and Francis Group.

King, M. 1997. Method for Removing Paraffin and Asphaltene from Producing Wells. US Patent No. 5, 641, 022.

Kinnari, K., Labes-Carrier, C., Crawford, J.B., Kirspel, L.J., and Torrance, B. 2007. Method for Hydrate Plug Removal. US Patent No. 7, 279, 052.

Kirchhoff, M. 2000. A Supercritical Clean Machine. ChemMatters April: 14–15.

Kittel, C. and Kroemer, H. 1980. Thermal Physics. New York: W.H. Freeman and Company.

Klomp, U.C., Kruka, V.R., Reijnhart, R., and Weisenborn, A.J. 1995. Method for Inhibiting the Plugging of Conduits by Gas Hydrates. US Patent No. 5, 460, 728.

Klomp, U.C., Kruka, V., and Reijnhart, R. 1997. Low Dosage Inhibitors: (How)Do They Work? Proc., IBE Scale Conference, Aberdeen, 13 October.

Klomp, U.C. and Mehta, A.P. 2007. Validation of Kinetic Inhibitors for Sour Gas Fields. Paper IPTC 11374 presented at the SPE International Petroleum Technology Conference, Dubai, 4–6 December, DOI: 10.2523/11374-MS.

Klug, P. and Feustel, M. 2003. Additives for Inhibiting Gas Hydrate Formation. US Patent No. 6, 566, 309.

Knapp, H.R., Doring, L., Oellrich, U., Plocker, K., and Prausnitz, J.M. 1982. Vapor-Liquid Equilibria for Mixtures of Low Boiling Substances VI. Hamburg: DeChem-Tech.

Knopp, M.S. 2007. Non-Emulsifying Anti-Sludge Composition for Use in the Acid Treatment of Hydrocarbon Wells. US Patent Application No. 20, 070, 093, 394.

Koh, C.A. 2002. Toward a Fundamental Understanding of Natural Gas Hydrates. Chem Soc Rev 31: 157–167.

Koh, C.A., Westacott, R.E., Zhang, W., Hirachanda, K., Creek, J.L., and Soperc, A.K. 2002. Mechanisms of Gas Hydrate Formation and Inhibition. Fluid Phase Equilibria 194–197 (March): 143–151.

Koh, C.A. and Sloan, E.D. 2007. Natural Gas Hydrates: Recent Advances and Challenges in Energy and Environmental Applications. AIChE J. 53 (7): 1636–1643.

Kopps, K., Venkatesan, R., Creek, J., and Montesi, A. 2007. Flow Assurance Challenges in Deepwater Gas Developments. Paper SPE 109670 presented at the SPE Asia Pacific Oil and Gas Conference and Exhibition, Jakarta, 30 October–1 November. DOI: 10.2188/109670-MS.

Kraiwattanawong, K., Fogler, H.S., Gharfeh, S.G., Singh, P., Thomason, W.H., and Chavadej, S. 2009. Effect of Asphaltene Dispersants on Aggregate Size Distribution and Growth.

Energy & Fuels 23 (3): 1575–1582.

Kraiwattanawong, K., Fogler, H.S., Gharfeh, S.G., Singh, P., Thomason, W.H., and Chavadej, S. 2007. Thermodynamic Solubility Models to Predict Asphaltene Instability in Live Crude Oils. Energy & Fuels 21 (3): 1248–1255.

Krajieck, R.W., Mehta, N.K., and Duffy, J.R. 1995. Method for Quick Turnaround of Hydrocarbon Processing Units. US Patent No. 5, 425, 814.

Krieger, I.M. and Dougherty, T.J. 1959. A Mechanism for Non-Newtonian Flow in Suspensions of Rigid Spheres. Trans Soc Rheol 3: 137–148.

Kruka, V.R. 1987. Process for Removal of Wax Deposits. US Patent No. 4, 646, 837.

Kruka, V.R., Cadena, E.R., and Long, T.E. 1995. Cloud Point Determination of Crude Oils. J Pet Technol 47 (8): 681–687. SPE-31032-PA. DOI: 10.2118/31032-PA.

Kulkarni, V.B., Zhu, T., and Hveding, F. 2008. Determination and Prediction of Wax Deposition from Alaska North Slope Crude Oil. Paper IPTC 11972 presented at the SPE International Petroleum Technology Conference, Kuala Lumpur, 3–5 December. DOI: 10.2523/IPTC-11972-MS.

Kumar, P.S., Van Gisberger, S., Harris, J., Ferdiansyah, E., Brady, M., Harthy, S.A., and Pandey, A. 2008. Eliminating Multiple Interventions Using a Single Rig-Up Coiled-Tubing Solution. SPE Prod Oper 23 (2): 119–124. SPE-94125-PA. DOI: 2118/94125-PA.

Kvenvolden, K. 1993. Gas Hydrates—Geological Perspective and Global Change. Reviews of Geophysics 31: 173–187.

Labes-Carrier, C., Rønningsen, H.P., Kolnes, J., and Leporcher, E. 2002. Wax Deposition in North Sea Gas Condensate and Oil Systems: Comparison Between Operational Experience and Model Prediction. Paper SPE 77573 presented at the SPE Annual Technical Conference and Exhibition, San Antonio, Texas, USA, 29 September–2 October. DOI: 10.2118/77573-MS.

Laboratories/Wax Deposition. 2005. Aberdeen: Roemex Limited.

Laboratory Screening Tests to Determine the Ability of Scale Inhibitors to Prevent the Precipitation of Calcium Sulfate and Calcium Carbonate from Solution. 2001. TM0374-2001. Houston: NACE International.

Lachet, V. and Behar, E. 2000. Industrial Perspective on Natural Gas Hydrates. Oil & Gas Science and Technology—Rev. IFP 55 (6): 611–616.

Langulier, W.F. 1936. The Analytical Control of Anti-Corrosion Water Treatment. J. of the American Water Works Assn 28: 1500.

Larsen, R. 1997. Clathrate Hydrate Single Crystals: Growth and Inhibition. PhD dissertation, Norwegian University of Science and Technology, Trondheim, Norway.

LAT, 2007. Lake Asphalt of Trinidad and Tobago (1978)Limited Overview. 3. ttp://www.trinidadlakeasphalt.com/pdf/history_page.pdf.

Lathe, G.H. and Ruthven, C.R. 1956. The Separation of Substances and Estimation of Their Relative Molecular Sizes by the Use of Columns of Starch in Water. Biochem J. 62 (4): 665–674.

Latron. 1994. Mk-5 Iatroscan. Tokyo: Latron Labs.

Lavallie, O., Ansari, A.A., O'Neil, S., Chazelas, O., Glénat, P., and Tohidi, B. 2009. Successful. Field Application of an Inhibitor Concentration Detection System in Optimizing the Kinetic. Hydrate Inhibitor (KHI)Injection Rates and Reducing the Risks Associated with Hydrate Blockage. Paper IPTC 13765 presented at the International Petroleum Technology Conference, Doha, 7–9 December. DOI: 10.2523/13765-MS.

Lawson, M.B. and Snyder, K.J. 1978. Method for Dissolving Asphaltic Material. US Patent No.4, 108, 681.

Lederhos, J.P., Long, J.P., Sum, A., Christiansen, R.L., and Sloan, E.D.J. 1996. Effective Kinetic Inhibitors for Natural Gas Hydrates. Chem Eng Sci 51 (8): 1221.

Lederhos, J.P. and Sloan, E.D. 1996. Transferability of Kinetic Inhibitors between Laboratory and Pilot Plant. Paper SPE 36588 presented at the SPE Annual Technical Conference and Exhibition, Denver, 6–9 October. DOI: 10.2118/36588-MS.

Lee, J.-H., Baek, Y.-S., and Sung, W.-M. 2002. Effect of Flow Velocity and Inhibitor on Formation of Methane Hydrates in High Pressure Pipeline. J. Ind & Eng Chem 8 (5): 493–498.

Lee, J., Hamilton, B., Alapati, R.R., Sanford, E.A., and O'Brien, S. 2009. Innovative Technique for Flowline Plug Remediation. Paper OTC 20171 presented at the Offshore Technology Conference, Houston, 4–7 May. DOI: 10.4043/20171-MS.

Lee, K.S., Kim, W.S., and Lee, T.H. 1997. A One-Dimensional Model for Frost Formation on a Cold Flat Surface. Intl. J. Heat Mass Transfer 40 (18): 4359–4365.

Lee, J., Vachon, G., Vega, P., and Means, M. 2006. Chemical Automation: A Part of the Well-Centric Production Optimization Loop. Paper SPE 102339 presented at the Abu Dhabi International Petroleum Exhibition and Conference, Abu Dhabi, 5–8 November. DOI: 10.2118/102339-MS.

Leland, T.W. and Chappelear, P.S. 1968. The Corresponding States Principle—a Review of Current Theory and Practice. Industrial & Engineering Chemistry 60 (7): 15–43.

Leontaritis, K.J. and Mansoori, G.A. 1987. Asphaltene Flocculation During Oil Production and Processing: A Thermodynamic Colloidal Model. Paper SPE 16258 presented at the SPE International Symposium on Oilfield Chemistry, San Antonio, Texas, USA, 4–6 February. DOI: 10.2118/16258-MS.

Leontaritis, K.J., Amaefule, J.O., and Charles, R.E. 1994. A Systematic Approach for the Prevention and Treatment of Formation Damage Caused by Asphaltene Deposition. SPE Prod & Fac 9 (3): 157–164. SPE-23810-PA. DOI: 10.2118/23810-PA.

Leontaritis, K.J. 1998. Asphaltene Near-Wellbore Formation Damage Modeling. Paper SPE 39446 presented at the SPE Formation Damage Control Conference, Lafayette, Louisiana, USA 18–19 February. DOI: 10.2118/39446-MS.

Leontaritis, K.J. and Leontaritis, J.D. 2003. Cloud Point and Wax Deposition Measurement Techniques. Paper SPE 80267 presented at the SPE International Symposium on Oilfield

Chemistry, Houston, 5–7 February. DOI: 10.2118/80267-MS.

Leontaritis, K.J. 2007. Wax Flow Assurance Issues in Gas Condensate Multiphase Flowlines. Paper OTC 18790 presented at the Offshore Technology Conference, Houston, 30 April–3 May. DOI: 10.4043/18790-MS.

Leontaritis, K.L. and Monsoori, G.A. 1988. Asphaltene Deposition: A Survey of Field Experiences and Research Approaches. J. of Petroleum Science and Engineering 1 (3): 229–239.

Leporcher, E.M., Fourest, J.M., Labes-Carrier, C., and Lompre, M. 1998. Multiphase Transportation: A Kinetic Inhibitor Replaces Methanol to Prevent Hydrates in a 12-in. Pipeline. Paper SPE 50683 presented at the SPE European Petroleum Conference, The Hague, 20–22 October. DOI: 10.2118/50683-MS.

Lervik, J.K., Ahlbeck, M., Raphael, H., Lauvdal, T., and Holen, P. 1998. Direct Electrical Heating of Pipelines as a Method of Preventing Hydrates and Wax Plugs. Proc., 8th International Offshore Polar Engineering Conference, Montreal, Quebec, Canada, Vol. II, 39–45.

Levich, V.G. 1962. Physicochemical Hydrodynamics. Englewood Cliffs, New Jersey: Prentice-Hall.

Levik, O.I. 2007. Thermophysical and Compositional Properties of Natural Gas Hydrate. Trondheim, Norway: Norwegian University of Science and Technology. http://www.levik.no/hydrates.html.

Lichaa, P.M. and Herrera, L. 1975. Electrical and Other Effects Related to the Formation and Prevention of Asphaltenes Deposition. Paper SPE 5304 presented at the SPE Oilfield Chemistry Symposium, Dallas, 13–14 January. DOI: 10.2118/5304-MS.

Lichaa, P.M. 1977. Asphaltene Deposition Problem in Venezuela Crudes—Usage of Asphaltenes in Emulsion Stability. Can Pet Technol J., Oil Sands: 609–624.

Lightford, S., Pitoni, E., Armesi, F., and Mauri, L. 2008. Development and Field Use of a Novel Solvent-Water Emulsion for the Removal of Asphaltene Deposits in Fractured Carbonate Formations. SPE Prod & Oper 23 (3): 301–311. SPE-101022-PA. DOI: 10.2118/101022-PA.

Lindeman, O.E. and Allenson, S.J. 2005. Theoretical Modeling of Tertiary Structure of Paraffin Inhibitors. Paper SPE 93090 presented at the SPE International Symposium on Oilfield Chemistry, The Woodlands, Texas, USA, 2–4 February. DOI: 10.2118/93090-MS.

Lindner, H. 2006. A New Chemical Cleaning Approach for Black Powder Removal. Presented at the PPSA Seminar, Aberdeen, 13 November.

Linote, J. 1979. Nouvelles Compositions de Carburants Contenant Au Moins Un Amide D'un Acide Alkylpolyglycol-Carboxylique Derive D'alcools En C8–C20 Polyoxyethyles. France Patent No. FR-A-2 407 258.

Loree, D.N. 2000. Oil and Gas Well Operation Fluid Used for the Solvation of Waxes and Asphaltenes, and Method of Use Thereof. US Patent No. 6, 093, 684.

Lund, A., Lysne, D., Larsen, R., and Hjarbo, K.W. 2004. Method and System for Transporting a Flow of Fluid Hydrocarbons Containing Water. US Patent Application No. 20, 040,

176, 650.

Lund, H.J. 1998. Investigation of Paraffin Deposition During Single-Phase Liquid Flow in Pipelines.Master's thesis, University of Tulsa, Tulsa.

Lutnais, B.F., Brandal, Ø., Sjöblom, J., and Krane, J. 2006. Archaeal C80 isoprenoid tetraacids responsible for naphthenate deposition in crude oil processing. Organic & Biomolecular Chemistry 4: 616–620. DOI: 10.1039/b516907k.

Lyons, W.C. and Plisga, G.J. 2005. Standard Handbook of Petroleum and Natural Gas Engineering, second edition, 6–236. Burlington, Massachusetts: Gulf Professional Publishing.

Lysandrou, M.C. and Dulaney, C.L. 1987. System for Acidizing Oil and Gas Wells. US Patent No. 4, 696, 752.

MacDonald, A.W.R., Petrie, M., Wylde, J.J., Chalmers, A.J., and Arjmandi, M. 2006. Field Application of Combined Kinetic Hydrate and Corrosion Inhibitors in the Southern North Sea: Case Studies.Paper SPE 99388 presented at the SPE Gas Technology Symposium, Calgary, 15–17 May.DOI: 10.2118/99388-MS.

MacDonald, B.A. and Engwall, S.J. 1983. High-Volume Electrical Submersible Pumping in the Sulfate-Scaling Environment of the Piper Field. Paper SPE 11882 presented at the SPE Offshore Europe Conference, Aberdeen, 6–9 September. DOI: 10.2118/11882-MS.

Machado, A.L.C. and Lucas, E.F. 1999. Poly (Ethylene-Co-Vinyl Acetate) (EVA) Copolymers as Modifiers of Oil Wax Crystallization. Pet Sci Technol 17 (10): 1029–1041.

Magda, J., El-Gendy, H., Oh, K., Deo, M.D., Montesi, A., and Venkatesan, R. 2009. Time-Dependent Rheology of a Model Waxy Crude Oil with Relevance to Gelled Pipeline Restart. Energy & Fuels 23 (3): 1311–1315.

Majeed, A., Bringedal, B., and Overa, S. 1990. Model Calculates Wax Deposition for N. Sea Oils. Oil Gas J. 88: 63–68.

Mak, T.C.W. and McMullan, R.K. 1965. Polyhedral Clathrate Hydrates. X. Structure of Double Hydrate of Tetrahydrofuran and Hydrogen Sulfide. J. of Chemical Physics 42 (8): 2732–2737.

Makogon, T. and Sloan, E.D. 2002. Mechanism of Kinetic Hydrate Inhibitors. Presented at the Fourth International Conference on Gas Hydrates, Yokohama, Japan, 19–23 May.

Makogon, T.Y. and Sloan, E.D. 2001. Mechanism of Kinetic Hydrate Inhibitors. Golden, Colorado: Center for Hydrate Research, Colorado School of Mines.

Makogon, Y.F. 1997. Hydrates of Hydrocarbons. Tulsa: PennWell Books.

Manfield, P., Nisbit, W., Balius, J., Broze, G., and Vreenegoor, L. 2007. "Wax-on, Wax-Off": Understanding and Mitigating Wax Deposition in a Deepwater Subsea Gas/Condensate Flowline. Paper OTC 18834 presented at the Offshore Technology Conference, Houston, 30 April–2 May. DOI: 10.4043/18834-MS.

Mannistu, K.D., Yarranton, H.W., and Masliyah, J.H. 1997. Solubility Modeling of Asphaltenes in Organic Solvents. Energy & Fuels 11 (3): 615–622.

Mansoori, G.A. 1988. Asphaltene Deposition: An Economic Challenge in Heavy Petroleum Crude Utilization and Processing. OPEC Review 12 (1): 103–113.

Mansoori, G.A. 2001. Arterial Blockage/Fouling Prediction and Prevention. Chicago: University of Illinois Heavy Organics Program, Department of Chemical Engineering.

Mansoori, G.A. 2008. Arterial Blockage/Fouling Prediction and Prevention. Chicago: University of Illinois Heavy Organics Program, Department of Chemical Engineering.

Mansoori, G.A. 2010. Thermodynamics Research Laboratory Departments of Bio & Chem Engineering, http://tigger.uic.edu/ ~ mansoori/TRL_html. Last visited 28 May 2010.

Maqbool, T. and Fogler, H.S. 2007. Kinetics of Asphaltene Precipitation: A Novel Experimental Approach. Ann Arbor, Michigan: University of Michigan, Industrial Affiliates Program, Department of Chemical Engineering.

Marques, L.C.C., Pedroso, C., and Neumann, L.F. 2004. A New Technique To Solve Gas Hydrate Problems in Subsea Christmas Trees. SPE Prod & Fac 19 (4): 253–258.

Martin, R.L., Becker, H.L., and Galvan, D. 2007. Pour Point Reduction and Paraffin Deposition Reduction by Use of Imidazolines. US Application Patent No. 20, 070, 051, 033.

Masoudi, R. and Tohidi, B. 2005. Experimental Investigation on the Effect of Commercial Oilfield Scale Inhibitors on the Performance of Low Dosage Hydrate Inhibitors (LDHI). Presented at the Fifth International Conference on Gas Hydrates, Trondheim, Norway, 13–16 June.

Masoudi, R., Tohidi, B., Danesh, A., Todd, A.C., and Yang, J. 2006. Measurement and Prediction of Salt Solubility in the Presence of Hydrate Organic Inhibitors. SPE Prod & Oper 21 (2): 182–187. SPE-87468-PA. DOI: 10.2118/87468-PA.

Matlach, W.J., Newberry, M.E., and Thierheimer, C.L. 1986. Method of Transporting Viscous Hydrocarbons. US Patent No. 4, 570, 656.

Matta, G.B. 1985. D-Limonene Based Aqueous Cleaning Compositions. US Patent No. 4, 511, 488.

Matthews, P.N., Notz, P.K., Widender, M.W., and Prukop, G. 2000. Flow Loop Experiments Determine Hydrate Plugging Tendencies in the Field. Annals of New York Academy of Science 912 (January): 330–338.

McCain, W.D. 1989. The Properties of Petroleum Fluids, second edition. Tulsa: PennWell Books.

McCain, W.D. and Alexander, R.A. 1992. Sampling Gas-Condensate Wells. SPE Res Eng 7 (3): 358–362. SPE-19729-PA. DOI: 10.2118/19729-PA.

McCain, W.D. 2002. Analysis of Black Oil PVT Reports Revisited. Paper SPE 77386 presented at the Annual Technical Conference and Exhibition, San Antonio, Texas, USA, 29 September–2 October. DOI: 10.2118/77386-MS.

McCalflin, G.G. and Whitfi ll, D.L. 1983. Control of Paraffin Deposition in Production Operations. Paper SPE 12204 presented at the SPE Annual Technical Conference and Exhibition, San Francisco, 5–8 October. DOI: 10.2118/12204-MS.

McClaflin, G.G. and Yang, K. 1987. Composition and Method for Treatment of Wellbores and Well Formations Containing Paraffin. US Patent No. 4, 668, 408.

McClain, B., Betts, D.E., Canelas, D.A., Samulski, E.T., deSimone, J.M., Londono, J.D., Cochran, H.D., Wignall, G.D., Chillura-Martino, D., et al. 1996. Design of Nonionic Surfactants for Supercritical Carbon Dioxide. Science 274 (5295): 2049-2052.

McIntyre, G., Hlavinka, M., and Hernandez, V. 2004. Hydrate Inhibition with Methanol—A Review and New Concerns Over Experimental Data Presentation. Presented at the 83rd Annual GPA Convention, San Antonio, Texas, USA, 14–17 March.

McLaughlin, W.A. and Richardson, E.A. 1978. Acidizing Asphaltenic Oil Reservoirs With Acids Containing Salicylic Acid. US Patent No. 4, 096, 914.

McLean, J.D. and Kilpatrick, P.K. 1997. Effects of Asphaltene Aggregation in Model Heptane-Toluene Mixtures on Stability of Water-in-Oil Emulsions. J. Colloid Interface Sci 196 (1): 23–34.

McNair, H.M. and Miller, J.M. 1997. Basic Gas Chromatography. New York: John Wiley & Sons.

Means, C.M. and Green, D.H. 2008. Closed Loop Additive Injection and Monitoring System for Oilfield Operations. US Patent No. 7, 389, 787.

Mehta, A.P., Hebert, P.B., Cadena, E.R., and Weatherman, J.P. 2003. Fulfilling the Promise of Low- Dosage Hydrate Inhibitors: Journey from Academic Curiosity to Successful Field Implementation. SPE Prod & Fac 18 (1): 73–79. SPE-81927-PA. DOI: 10.2118/81927-PA.

Mehta, N.K. and Krajieck, R.W. 1995. Decontamination of Hydrocarbon Process Equipment. US Patent No. 5, 389, 156.

Meier, I.K., Goddard, R.J., and Ford, M.E. 2006. Amine-Based Gas Hydrate Inhibitors. US Patent Application No. 20, 060, 237, 691.

Melvin, K., Cummine, C., Youles, J., Williams, H.L., Graham, G.M., and Dyer, S.J. 2008. Optimizing Calcium Naphthenate Control in the Blake Field. Paper SPE 114123 presented at the SPE International Oilfield Scale Conference, Aberdeen, 28–29 May. DOI: 10.2118/114123-MS.

Mena Cervantes, V.J., Zamudio Rivera, L.S., Lozada y Cassou, M., Beltrán Conde, H.I., Buenrostro González, E., López Ramirez, S., Douda, Y., Morales Pacheco, A., Hernández Altamirano, R., et al. 2007. Composición de Aditivo Inhibidor Dispersante de Asfaltenos a Base de Oxazolidinas Derivadas de Polialquilo Polialquenil N-Hidroxialquilsuccinimidas. Mexico Patent Application No. MX/E/2007/084388.

Mendell, J.L. and Jessen, F.W. 1970. Mechanism of Inhibition of Paraffin Deposition in Crude Oil Systems. Paper SPE 2688 presented at the SPE Production Techniques Symposium, Wichita Falls, Texas, USA, 14–15 May. DOI: 10.2118/2688-MS.

Mestetsky, P.A. 1995. Method of Separating Oily Materials from Wash Water. US Patent No. 5, 459, 066.

Metcalf, S. 2007. Unconventional Gas Well Bore Clean Out. Presented at the NACE Central

Area Conference, Tulsa, 24–26 September.

Micro-Bac. 2004. Case Histories. Round Rock, Texas: Micro-Bac International.

Micromotion, 2008. Coriolis Flow and Density Measurement. St. Louis, Missouri: Emerson Electric Company. http://www.emersonprocess.com/micromotion/tutor/42_densityoperatingprincipal.htm.

Milburn, C.R. and Sitz, G.M. 2002. Amines Useful in Inhibiting Gas Hydrate Formation. US Patent No. 6, 444, 852.

Miller, D., Vollmer, A., and Feustel, M. 1999. Use of Alkanesulfonic Acids as Asphaltene-Dispersing Agents. US Patent No. 5, 925, 233.

Miller, M. 2002. Mechanisms of Formation Damage by Adverse Acid-Oil Interactions. Sugar Land, Texas: Schlumberger Client Support Lab.

Miller, T. 1986. Process for Removal of Oil Field Paraffin. Sugar Land, Texas: Schlumberger Technology Corporation.

Minssieux, L. 1998. Removal of Asphalt Deposits by Cosolvent Squeeze: Mechanisms and Screening. Paper SPE 39447 presented at the SPE Formation Damage Control Symposium, Lafayette, Louisiana, USA, 18–19 February. DOI: 10.2118/39447-MS.

Mitchell, G.F. and Talley, L.D. 1999. Application of Kinetic Hydrate Inhibitor in Black-Oil Flowlines. Paper SPE 56770 presented at the SPE Annual Technical Conference and Exhibition, Houston, 3–6 October, 1999. DOI: 10.2118/56770-MS.

Mitchell, T.R., Donovan, S.C., Collesi, J.B., and McSpadden, H.W. 1984. Application of a Chemical Heat and Nitrogen Generating System. Paper SPE 12776 presented at the SPE California Regional Meeting, Long Beach, California, USA, 11–13 April. DOI: 10.2118/12776-MS.

Mohammadi, A.H. and Tohidi, B. 2005a. Prediction of Hydrate Phase Equilibria in Aqueous Solutions of Salt and Organic Inhibitor Using a Combined Equation of State and Activity Coefficient-Based Model. Canadian J. Chem Eng 83 (5): 865–871.

Mohammadi, A.H. and Tohidi, B. 2005b. A Novel Predictive Technique for Estimating the Hydrate Inhibition Effects of Single and Mixed Thermodynamic Inhibitors. Canadian J. Chem Eng 83 (6): 951–961.

Mohammed, M.A., Sorbie, K.S., and Shepherd, A.G. 2009. Thermodynamic Modeling of Naphthenate Formation and Related pH Change Experiments. SPE Prod & Oper 24 (3): 466–472. SPE-114034-PA. DOI: 10.2118/114034-PA.

Mokhatab, S., Wilkens, R.J., and Leontaritis, K.J. 2007. A Review of Strategies for Solving Gas-Hydrate Problems in Subsea Pipelines. Energy Sources Part A 29: 39–45.

Moloney, J.J., Mok, W.Y., and Gamble, C.G. 2008. Corrosion and Hydrate Control in Wet Sour Gas Transmission Systems. Paper SPE 115074 presented at the SPE Asia Pacific Oil and Gas Conference and Exhibition, Perth, Australia, 20–22 October. DOI: 10.2118/115074-MS.

Monger-McClure, T.G., Tackett, J.E., and Merrill, L.S. 1999. Comparisons of Cloud Point Measurement and Paraffin Prediction Methods, SPE Prod & Fac 14 (1): 4–16. SPE-54519-PA.

DOI: 10.2118/54519-PA.

Monger, T.G. and Fu, J.C. 1987. The Nature of CO_2-Induced Organic Deposition. Paper SPE 16713 presented at the SPE Annual Technical Conference and Exhibition, Dallas, 27–30 September. DOI: 10.2118/16713-MS.

Monger, T.G. and Trujillo, D.E. 1991. Organic Deposition During CO_2 and Rich-Gas Flooding. SPE Res Eng 6 (1): 17–24. SPE-18063-PA. DOI: 10.2118/18063-PA.

Montgomery, C.T., Cuesta, J., Teggin, D., and Fragachán, F. 1996. Organic Deposits: Best Practices and Lessons Learned from the Experience 1992—1996 in Villahermosa, Mexico. Sugar Land, Texas: Schlumberger Technology Corporation.

Mooijer-van den Heuvel, M.M. and Peters, C.J. 2008. Gas Hydrates. Delft, The Netherlands: TU Delft (Delft University of Technology). www.dct.tudelft.nl/ttf/hydrate.htm#Structure.

Moore, J.A., Vers, L.V., and Conrad, P. 2009. Understanding Kinetic Hydrate Inhibitor and Corrosion Inhibitor Interactions. Paper OTC 19869 presented at the Offshore Technology Conference, Houston, 4–7 May. DOI: 10.4043/19869-MS.

Moore, J.C. 1964. Gel Permeation Chromatography. I. A New Method for Molecular Weight Distribution of High Polymers. J. Polym Sci 2A 2 (2): 835–843.

Moricca, G. and Trabucchi, G. 1996. Effective Removal of Asphaltene Deposits from Pipelines and Treating Plants. Paper SPE 36834 presented at the SPE European Petroleum Conference, Milan, Italy, 22–24 October. DOI: 10.2118/36834-MS.

Muecke, T.W. 1979. Formation Fines and Factors Controlling Their Movement in Porous Media. J Pet Technol 31 (2): 144–150.

Muhammad, M., McFadden, J., and Creek, J. 2003. Asphaltene Precipitation from Reservoir Fluids: Asphaltene Solubility and Particle Size vs. Pressure. Paper SPE 80263 presented at the SPE International Symposium on Oilfield Chemistry, Houston, 5–7 February. DOI: 10.2118/80263-MS.

Mukkamala, R. and Banavali, R.M. 2006. Compounds Containing Amide and Carboxyl Groups as Asphaltene Dispersants in Crude Oil. US Patent No. 7, 122, 112.

Mullins, O.C. and Schroer, J. 2000. Real-Time Determination of Filtrate Contamination During Openhole Wireline Sampling by Optical Spectroscopy. Paper SPE 63071 presented at the SPE Annual Technical Conference and Exhibition, Dallas, 1–4 October. DOI: 10.2118/63071-MS.

Mullins, O.C. 2005. Molecular Structure and Aggregation of Asphaltenes and Petroleomics. Paper SPE 95801 presented at the Annual Technical Conference and Exhibition, Dallas, 9–12 October. DOI: 10.2118/95801-MS.

Mullins, O.C., Betancourt, S.S., Cribbs, M.E., Dubost, F.X., Creek, J.L., Andrews, A.B., and Venkataramanan, L. 2007a. The Colloidal Structure of Crude Oil and the Structure of Oil Reservoirs. Energy & Fuels 21 (5): 2785–2794.

Mullins, O.C., Sheu, E.Y., Hammami, A., and Marshall, A. 2007b. Asphaltenes, Heavy Oils and Petroleomics. London: Springer.

Mullins, O.C., Ventura, G.T., Nelson, R.K., Betancourt, S.S., Raghuraman, B., and Reddy, C.M. 2008. Visible-Near-Infrared Spectroscopy by Downhole Fluid Analysis Coupled with Comprehensive Two-Dimensional Gas Chromatography to Address Oil Reservoir Complexity. Energy & Fuels 22 (1): 496–503.

Nagar, A., Mangla, V.K., Singh, S.P., and Kachari, J. 2006. Paraffin Deposition Problems of Mumbai High. Paper SPE 103800 presented at the SPE/IADC Indian Drilling Technology Conference and Exhibition, Mumbai, India, 16–18 October. DOI: 10.2118/103800-MS.

Nagarajan, N.R., Honarpour, M.M., and Sampath, K. 2006. Reservoir Fluid Sampling and Characterization— Key to Efficient Reservoir Management. Paper SPE 101517 presented at the SPE Abu Dhabi International Petroleum Exhibition and Conference, Abu Dhabi, 5–8 November. DOI: 10.2118/101517-MS.

Najibi, H., Chapoy, A., Haghighi, H., and Tohidi, B. 2009. Experimental Determination and Thermodynamic Prediction of Methane Hydrate Stability in Alcohols and Electrolyte Solutions. Fluid Phase Equilibria 275 (2): 127–131.

Nalgren, T.A. 1996. Merck Molecular Force Field. I. Basis, Form, Scope, Parameterization, and Performance of Mmff 94. J. Computational Chemistry 17 (5–6): 490–519.

Naphthenate Deposits, Emulsions Highlighted in Technology Workshop. 2008. Techbits, J Pet Technol 60 (7): 30–31.

Nathan, C.C. 1955. How to Evaluate Paraffin Inhibitors. Pet Eng November: B66–B68.

Nazzer, C.A. and Keogh, J. 2006. Advances in Glycol Reclamation Technology. Paper OCT 18010 presented at the Offshore Technology Conference, Houston, 1–4 May. DOI: 10.4043/18010-MS.

Negahban, S., Bahamaish, J.N.M., Joshi, N., Nighswander, J., and Jamaluddin, A.K.M. 2005. An Experimental Study at an Abu Dhabi Reservoir of Asphaltene Precipitation Caused by Gas Injection. SPE Prod & Fac 20 (2): 115–125. SPE-80261-PA. DOI: 10.2118/80261-PA.

Nellensteyn, F.J. 1924. Constitution of Asphalt. J. Inst Pet Technol 10: 311–325.

Nellensteyn, F.J. and Loman, R. 1932. Asfaltbitumen En Teer. In Theorie En Practijk Der Bitumineuze Wegdekken, ed. D.B. Centens. Amsterdam: Uitgevers-MILJ NV.

Nelson, L.C. and Obert, E.F. 1954. Generalized PVT Properties of Gases. Trans., ASME 76: 1057–1076.

Nenniger, J.E. 1995. Method for Injection Well Stimulation. US Patent No. 5, 400, 430.

Nes, K. and van Westerns, H.A. 1951. Aspects of the Constitution of Mineral Oils. New York: Elsevier.

Newberry, M.E. 1982. Chemical Treatments for Paraffin Control in the Oilfield. Presented at the Southwestern Petroleum Short Course, Lubbock, Texas, USA, 21–22 April.

Newberry, M.E. and Barker, K.M. 1983. Method for the Removal of Asphaltenic Deposits. US Patent No. 4, 414, 035.

Newberry, M.E. and Barker, K.M. 1985. Formation Damage Prevention through the Control of Paraffin and Asphaltene Deposition. Paper SPE 13796 presented at the SPE Production Operations Symposium, Oklahoma City, Oklahoma, USA, 10–12 March. DOI: 10.2118/13796-MS.

Newberry, M.E., Addison, G.E., and Barker, K.M. 1986. Paraffin Control in the Northern Michigan Niagaran Reef Trend. SPE Prod Eng 1 (3): 213–229. SPE-12320-PA. DOI: 10.2118/12320-PA.

Newberry, M.E. and Barker, K.M. 2000. Organic Formation Damage Control and Remediation. Paper SPE 58723 presented at the SPE International Symposium on Formation Damage Control, Lafayette, Louisiana, USA, 23–24 February. DOI: 10.2118/58723-MS.

Newlove, J.C., McDougall, L.A., Walker, J.R., and Stockwell, J.R. 1991. Polymer Article of Manufacture. US Patent No. 5, 073, 276.

Ng, H.-J. and Robinson, D.B. 1984. The Influence of Methanol on Hydrate Formation at Low Temperatures. Research Report RR-74. Tulsa: Gas Processors Association.

Ng, H.-J. and Robinson, D.B. 1994. New Developments in the Measurement and Prediction of Hydrate Formation for Processing Needs. Annals of the New York Academy of Sciences 715: 450–462.

Ng, H. and Robinson, D.B. 1976. The Measurement and Prediction of Hydrate Formation in Liquid Hydrocarbon-Water Systems. Ind Eng Chem. Fundam 15 (4): 293–298.

Nghiem, L.X., Hassam, M.S., Nutakki, R., and George, A.E.D. 1993. Effi cient Modeling of Asphaltene Precipitation. Paper SPE 26642 presented at the SPE Annual Technical Conference and Exhibition, Houston, 3–6 October. DOI: 10.2118/26642-MS.

Nguyen, D.A. and Fogler, H.S. 2001. Dissolution of Paraffin Deposits in Sub-Sea Pipelines Using Fused Chemical Reaction and Encapsulation Technique. Ann Arbor, Michigan: University of Michigan Industrial Affi liates Project.

Nguyen, D.A., Fogler, H.S., and Chavadej, S. 2001. Fused Chemical Reactions. II. Encapsulation: Application to Remediation of Paraffin Plugged Pipelines. Ind Eng Chem Res 40: 5058–5065.

Nicholas, J.W., Dieker, L.E., Sloan, E.D., and Koh, C.A. 2008. Assessing the Feasibility of Hydrate Deposition on Pipeline Walls—Adhesion Force Measurements of Clathrate Hydrate Particles on Carbon Steel. J. of Colloid and Interface Science 331 (2): 322–328. Fig. 6.4 reprinted with permission from Elsevier.

Nielsen, R.B. and Bucklin, R.W. 1983. Why Not Use Methanol for Hydrate Control? Hydrocarbon Processing 62 (4): 71–78.

Nighswander, J.N., Joshi, N., Jamaluddin, A.K.M., Mullins, O.C., Creek, J., and McFadden, J.D. 2002. Estimation of Particle Size and Initial Growth Kinetics of Asphaltene Particles Using Spectral Analysis of Reservoir Fluid. Paper PETSOC 2002-189 presented at the Petroleum Society's Canadian International Petroleum Conference, Calgary, 11–13 June.

Nissenbaum, A. 1978. Dead Sea Asphalts—Historical Aspects. Bull., American Assn. of

Petroleum Geology 65 (5): 837–844.

Nissenbaum, A. 1994. Sodom, Gomorrah, and the Other Lost Cities of the Plain—A Climatic Perspective.Climate Change 26 (4): 1573–1480.

Notz, P.K., Bumgardner, B.D., Schaneman, B.D., and Todd, J.L. 1996. Application of Kinetic Inhibitors to Gas Hydrate Problems. SPE Prod & Fac 11 (4): 256–260.

NOV. 2008. Tubing Gauge Cutter. Houston: National Oilwell Varco.

Novosad, Z. and Costain, T.G. 1990. Experimental and Modeling Studies of Asphaltene Equilibria for a Reservoir under CO_2 Injection. Paper SPE 20530 presented at the SPE Annual Technical Conference and Exhibition, New Orleans, 23–26 September. DOI: 10.2118/20530-MS.

O'Keefe, M., Godefroy, S., Vasques, R., Agenes, A., Weinheber, P., Jackson, R., Ardila, M., Wichers, W., Daungkaew, S., et al. 2007. In-Situ Density and Viscosity Measured by Wireline Formation Testers. Paper SPE 110364 presented at the SPE Asia Pacific Oil and Gas Conference and Exhibition, Jakarta, 30 October–1 November. DOI: 10.2118/110364-MS.

O'Keefe, M., Eriksen, K.O., Williams, S., Stensland, D., and Vasques, R. 2008. Focused Sampling of Reservoir Fluids Achieves Undetectable Levels of Contamination. SPE Res Eval & Eng 11 (2): 205–218. SPE-101084-PA. DOI: 10.2118/101084-PA.

OGJ. 2001. DOE, University of Tulsa Embark on Wax Deposition Study. Oil & Gas J. 99 (5).

OLGA 2000. Transient Flow Simulator. Kjeller, Norway: Scandpower Petroleum Technology.

Oliensis, G.L. 1933. A Qualitative Test for Determining the Degree of Heterogeneity of Asphalts. Proc., ASTM 36th Annual Meeting, Chicago, 33 (II): 715–728.

Oram, R.K. 1995. Advances in Deepwater Pipeline Insulation Techniques and Materials. Presented at the Deepwater Pipeline Technology Congress, London, 11–12 December.

Oschmann, H.-J. 2002. New Methods for the Selection of Asphaltene Inhibitors in the Field. Special Publication, Royal Society of Chemistry 280 (2002): 254–263.

Oskarsson, H., Lund, A., Hjarbo, K.W., Uneback, I., Navarrete, R.C., and Hellsten, M. 2005. New Technique for Evaluating Antiagglomerate Gas-Hydrate Inhibitors in Oilfield Applications. Paper SPE 93075 presented at SPE International Symposium on Oilfield Chemistry, The Woodlands, Texas, USA, 2–4 February. DOI: 10.2118/93075-MS.

Ostroff, A.G. 1979. Introduction to Oilfield Water Technology. Houston: NACE International.

Otacka, E.P. 1973. Modern Gel Permeation Chromatography. Acc Chem Res 6 (10): 348–354.

Paez, J.E., Blok, R., Vaziri, H., and Islam, M.R. 2001. Problems in Hydrates: Mechanisms and Elimination Methods. Paper SPE 67322 presented at the SPE Production Operations Symposium, Oklahoma City, Oklahoma, USA, 26–28 March. DOI: 10.2118/67322-MS.

Paitakhti Oskouei, S.J., Roostaazad, R., Ghotbi, S., and Sadeghazad, A. 2005. Experimental Assessment of Bacterial Ability to Tackle the Wax Problem in the Crude Industry. Paper SPE 106330 presented at the SPE Technical Symposium of Saudi Arabia, Dhahran, Saudi Arabia,

14–16 May. DOI: 10.2118/106330-MS.

Pakulski, M.K. 2000. Quaternized Polyether Amines as Gas Hydrate Inhibitors. US Patent No. 6, 025, 302.

Pakulski, M.K. 2001. Method for Controlling Gas Hydrates in Fluid Mixtures. US Patent No. 6, 331, 508.

Pan, H. and Firoozabadi, A. 1996. Thermodynamic Micellization Model for Asphaltene Aggregation and Precipitation in Petroleum Fluids. Paper SPE 36741 presented at the SPE Annual Technical Conference and Exhibition, Denver, 6–9 October. DOI: 10.2118/36741-MS.

Pan, H. and Firoozabadi, A. 1997. Thermodynamic Micellization Model for Asphaltene Precipitation from Reservoir Crudes at High Pressure and Temperature. Paper SPE 38857 presented at the SPE Annual Technical Conference and Exhibition, San Antonio, Texas, USA, 5–8 October. DOI: 10.2118/38857-MS.

Panchalingam, V., Rudel, M.G., and Bodnar, S.H. 2007. Methods for Inhibiting Hydrate Blockage in Oil and Gas Pipelines Using Simple Quaternary Ammonium and Phosphonium Compounds. US Patent No. 7, 264, 653.

Paraffin Deposition Progress Report, April–June. 2004. Tulsa: University of Tulsa.

Parekh, V.R., Traxler, R.W., and Sobek, J.M. 1977. N-Alkane Oxidation Enzymes of a Pseudomonad. Applied Env Microbiology 33 (7): 881–884.

Parrish, W.R. and Prausnitz, J.M. 1972. Dissociation Pressures of Gas Hydrates Formed by Gas Mixtures. Ind Eng Chem Proc Des Dev 11 (1): 26–35.

Patni, S. and Davalath, J. 2005. Service Line Option for Hydrate Management in Single Flowline Tieback. Paper SPE 95563 presented at SPE Annual Technical Conference and Exhibition, Dallas, 9–12 October. DOI: 10.2118/95563-MS.

Paulis, J.B. and Sharma, M.M. 1997. A New Family of Demulsifiers for Treating Oilfield Emulsions. Paper SPE 37269 presented at the SPE International Symposium on Oilfield Chemistry, Houston, 18–21 February. DOI: 10.2118/37269-MS.

Pearson, C.D., Huff, G.S., and Gharfeh, S.G. 1968. Technique for the Determination of Asphaltenes in Crude Oil Residues. Anal Chem 58 (14): 3265–3266.

Pedersen, K.S., Thomassen, P., and Fredenslund, A.A. 1984. Thermodynamics of Petroleum Mixtures Containing Heavy Hydrocarbons. I. Phase Envelope Calculations by Use of the Soave-Redlich-Kwong Equation of State. Ind Eng Chem Process Des Dev 23 (1): 163–170.

Pedersen, K.S. and Ronningsen, H.P. 2003. Influence of Wax Inhibitors on Wax Appearance Temperature, Pour Point, and Viscosity of Waxy Crude Oils. Energy & Fuels 17 (2): 321–328.

Pedersen, K.S. and Christensen, P.L. 2007. Phase Behavior of Petroleum Reservoir Fluids. Boca Raton: CRC Press, Taylor & Francis Group. Used with permission of Taylor & Francis Group; permission conveyed through Copyright Clearance Center.

Pedersen, K.S. and Sørensen, C.H. 2007. PC-SAFT Equation of State Applied to Petroleum

Reservoir Fluids. Paper SPE 110483 presented at the SPE Annual Technical Conference and Exhibition, Anaheim, California, 11–14 November. DOI: 10.2118/110483-MS.

Pedrera, B.H.B. and Augustin, A. 2002. Wettability Effect on Oil Relative Permeability During a Gravity Drainage. Paper SPE 77542 presented at the SPE Annual Technical Conference and Exhibition, San Antonio, Texas, USA, 29 September–2 October. DOI: 10.2118/77542-MS.

Pelger, J.W. 1992. Wellbore Stimulation Using Microorganisms to Control and Remediate Existing Paraffin Accumulations. Paper SPE 23813 presented at the SPE Formation Damage Control Symposium, Lafayette, Louisiana, USA, 26–27 February. DOI: 10.2118/23813-MS.

Peng, D.Y. and Robinson, D.B. 1976. A New Two-Constant Equation of State. Ind & Eng Chem. Fund 15 (1): 59–64.

Penney, G.S. 1986. Method of Increasing Hydrocarbon Production by Remedial Well Treatment. US Patent No. 4, 565, 639.

Perez, G.P. 2005. Development of a Chemical Treatment for the Management of Wellbore Tar Adhesion.Paper SPE 97721 presented at the SPE/PS-CIM/CHOA International Thermal Operations and Heavy Oil Symposium, Calgary, 1–3 November. DOI: 10.2118/97721-MS.

Perez, G.P. 2007. Silicate-Containing Additives for Well Bore Treatments and Associated Methods. US Patent No. 7, 311, 158.

Petrov, D. and Ivanov, I.Z. 1932. Formation of Naphthenic Acids. Journal of the American Chemical Society 54 (1): 239–242.

Peysson, Y., Nuland, S., Maurel, P., and Vilagines, R. 2003. Flow of Hydrates Dispersed in Production Lines. Paper SPE 84044 presented at the SPE Annual Technical Conference and Exhibition, Denver, 5–8 October. DOI: 10.2118/84044-MS.

Peytavy, J.-L., Glenat, P., and Bourg, P. 2007. Kinetic Hydrate Inhibitors—Sensitivity Towards Pressure and Corrosion Inhibitors. Paper IPTV 11233 presented at the International Technology Conference, Dubai, 4–6 December.

Peyton, K.B. and Wang, S.L. 2001. Composition and Method for Lubricant Wax Dispersant and Pour Point Improver. US Patent No. 6, 174, 843.

Piro, G., Canonico, L.B., Galbariggi, G., Bertero, L., and Carniani, C. 1996. Asphaltene Adsorption onto Formation Rock: An Approach to Asphaltene Formation Damage Prevention. SPE Prod & Fac 11 (3): 156–160. SPE-30109-PA. DOI: 10.2118/30109-PA.

Pirtle, L. 2007. Pigging for Corrosion Control. Presented at the NACE International Central Area Conference, Tulsa, 23–26 September.

Pit, H., Ünsal, R., and McFarland, S. 2008 Development of Corrosion Inhibitor and Kinetic Hydrate Inhibitor for the Pearl GTL Project. Paper IPTC 12405 presented at the International Petroleum Technology Conference, Kuala Lumpur, 3–5 December. DOI: 10.2118/12405-MS.

Poggesi, G., Hurtevent, C., and Buchart, D. 2002. Multifunctional Chemicals for West African Deep Offshore Fields. Paper SPE 74649 presented at the SPE International Symposium on Oilfield Scale, Aberdeen, 30–31 January. DOI: 10.2118/74649-MS.

Poling, B.E., Prausnitz, J.M., and O'Connell, J.P. 2000. The Properties of Gases and Liquids, fifth edition. New York: McGraw–Hill.

Porte, G., Zhou, H., and Lazzeri, V. 2003. Reversible Description of Asphaltene Colloidal Association and Precipitation. Langmuir 19 (1): 40–47.

POSC. 2006. Life Cycle (Report). Houston: Petrochemical Open Standards Consortium.

Prasad, R. 1987. Transportation of Waxy Crude Oils. Chemical Age India 28: 673–675.

Price, R.C. 1971. Flow Improvers for Waxy Crudes. J. Institute of Petroleum. 57: 106–109.

Purdy, I.L. and Cheyne, A.J. 1991. Evaluation of Vacuum Insulated Tubing for Paraffin Control at Norman Wells. Paper SPE 22102 presented at the International Arctic Technology Conference in Anchorage, 29–31 May. DOI: 10.2118/22102–MS.

Purinton, R.J. Jr. 1984. Cleaning Pipeline Interior with Gelled Pig. US Patent No. 4, 473, 408.

Purinton, R.J. Jr. 1985. Aqueous Crosslinked Gelled Pigs for Cleaning Pipelines. US Patent No. 4, 543, 131.

Purinton, R.J. Jr. and Mitchell, S. 1987. Practical Applications for Gelled Fluid Pigging. Pipe Line Industry 66 (3): 55–56.

Qin, X., Wang, P., Sepehrnoori, K., and Pope, G.A. 2000. Modeling Asphaltene Precipitation in Reservoir Simulation. Industrial and Engineering Chemistry Research 39 (8): 2644–2654.

Qu, Q., Stevens, R.F.J., and Alleman, D. 2007. Compositions for Treating a Well Penetrating a Subterranean Formation and Uses Thereof. US Patent Application No. 20, 070, 135, 310.

Raal, J.D. and Muhlbauer, A.L. 1997. Phase Equilibria: Measurement and Computation. Washington, DC: Taylor & Francis.

Rabeony, M., Peiffer, D.G., Costello, C.A., Wright, P.J., Colle, K.S., and Talley, L.D. 1996. Surface Active Agents as Gas Hydrate Inhibitors. World Patent No. WO/1996/008636.

Rademeyer, M. and Dorset, D.L. 2001. Crystal Structure of Wax Lamellar Interfaces—A Residual Petroleum Fraction Characterized by Electron Crystallography. J. Physical of Chemistry, B 105 (22): 5139–5143.

Rao, N.D., Girard, M., and Sayegh, S.G. 1992. Impact of Miscible Flooding on Wettability, Relative Permeability, and Oil Recovery. SPE Res Eng 7 (2): 204–212. SPE–20522–PA. DOI: 10.2118/ 20522–PA.

Rao, N.D. and Girard, M.G. 1996. A New Technique for Reservoir Wettability Characterization. J Can Pet Technol 35 (1): 31–39.

Records, L.R. and Seely, D.H. Jr. 1951. Low Temperature Dehydration of Natural Gas. Trans., AIME 192: 61–66. SPE–951061–G. DOI: 10.2118/951061–G.

Redlich, O. and Kwong, J.N.S. 1949. On the Thermodynamics of Solutions. V. An Equation of State. Fugacities of Gaseous Solutions. Chemical Reviews 44 (1): 233–244.

Reid, R.C. and Leland, T.W. Jr. 1965. Pseudocritical Constants. AIChE J. 11 (2): 228–237.

Reyna, E.M. and Stewart, S.R. 2001. Case History of the Removal of a Hydrate Plug Formed During Deep Water Well Testing. Paper SPE 67746 presented at the SPE/IADC Drilling

Conference, Amsterdam, 27 February–1 March. DOI: 10.2118/67746-MS.

Reynolds, J.G. and Biggs, W.R. 1988. Analysis of Residuum Demetalation by Size Exclusion Chromatography.Fuel Science Technology International 6 (3): 329–354.

Riazi, M.R. 2005. Characterization and Properties of Petroleum Fractions. West Conshohocken, Pennsylvania: ASTM International.

Ribeiro, F.S., Mendes, P.R.S., and Braga, S.L. 1997. Obstruction of Pipelines Due to Paraffin Deposition During the Flow of the Crude Oil. International J Heat and Mass Transfer 40: 4319–4328.

Rider, K.T. 1999. Hydrate Single Crystals: Morphology, Inhibition, and Pipeline Flow Assurance. Master's thesis, Colorado School of Mines, Golden, Colorado.

Rivers, G.T. and Crosby, D.L. 2007a. Gas Hydrate Inhibitors. US Patent Application No. 20, 070, 032, 689.

Rivers, G.T. and Crosby, D.L. 2007b. Gas Hydrate Inhibitors. US Patent No. 7, 164, 051.

Rivers, G.T., Tian, J., and Trenery, J.B. 2008. Kinetic Gas Hydrate Inhibitors in Completion Fluids. World Patent Application No. WO/2008/017007.

Roberts, P.M., Venkitaraman, A., and Sharma, M.M. 1996. Ultrasonic Removal of Organic Deposits and Polymer Induced Formation Damage. Paper SPE 31129 presented at the SPE Formation Damage Control Symposium, Lafayette, Louisiana, 14–15 February. DOI: 10.2118/31129-MS.

Robinson, A.M., Stromberg, J.R., Jurek, M.J., and Bakeev, K.N. 2002. Paraffin Wax Inhibitors. US Patent Application No. 20, 020, 166, 995.

Rodger, P.M. 2006a. Rational Design and Testing of Low Dosage Hydrate Inhibitors for Use with Offshore Oil and Gas Production, Final Report, GR/N06441. Coventry, UK: Warwick University.

Rodger, P.M. 2006b. The Effect of Corrosion Inhibitor Films on Deposition and Adhesion of ParaffinWax to Metal Surfaces, Final Report, GR/L73739. Coventry, UK: Warwick University.

Roehner, R.M. and Hanson, F.V. 2001. Determination of Wax Precipitation Temperature and Amount of Precipitated Solid Wax Versus Temperature for Crude Oils Using Ft-Ir Spectroscopy. Energy & Fuels 15 (3): 756–760.

Rogel, E., León, O., Espidel, Y., González, Y., and Metropolitana, U. 2001. Asphaltene Stability in Crude Oils. SPE Prod & Fac 16 (2): 84–88. SPE-72050-PA. DOI: 10.2118/72050-PA.

Rønningsen, H.P., Bjørndal, B., Hansen, A.B., and Pedersen, W.B. 1991. Wax Precipitation from North Sea Crude Oils: 1. Crystallization and Dissolution Temperatures, and Newtonian and Non- Newtonian Flow Properties. Energy & Fuels 5 (6): 895–908.

Ross, R. 1999. Atherosclerosis - an Inflammatory Disease. The New England J of Medicine 340 (2): 115–126.

Rousseau, G., Xhou, H., and Hurtevent, C. 2001. Calcium Carbonate and Naphthenate Mixed

Scale in Deep-Offshore Fields. Paper SPE 68307 presented at the SPE International Symposium on Oilfield Scale, Aberdeen, 30–31 January. DOI: 10.2118/68307-MS.

Rudrake, A. 2008. Investigation of Asphaltene-Metal Interactions. Master's thesis, Queen's University, Kingston, Ontario, Canada.

Runham, G. and Smith, C. 2009. Successful Naphthenate Scale and Soap Emulsion Management. Paper SPE 121522 presented at the SPE International Symposium on Oilfield Chemistry, The Woodlands, Texas, 20–22 April. DOI: 10.2118/121522-MS.

Sadeghazad, A. and Ghaemi, N. 2003. Microbial Prevention of Wax Precipitation in Crude Oil by Biodegradation Mechanism. Paper SPE 80529 presented at the SPE Asia Pacific Oil and Gas Conference and Exhibition, Jakarta, 9–11 September. DOI: 10.2118/80529-MS.

Saini, R.K. and Todd, B.T. 2007. A Method of Placing Treating Chemicals. US Patent No. 7, 216, 705. Samuelson, M.L. 1991. Development of a Low Toxicity Solvent for Paraffin, Asphaltenes and Pipe Dope Solvents, DL 10639. Sugarland, Texas: Schlumberger Technology Corporation.

Samuelson, M.L. 1992. Alternatives to Aromatics for Solvency of Organic Deposits. Paper SPE 23816 presented at the SPE Formation Damage Control Symposium, Lafayette, Louisiana, 26–27 February. DOI: 10.2118/23816-MS.

Sanada, A. and Miyagawa, Y. 2006. A Case Study of a Successful Chemical Treatment to Mitigate Asphaltene Precipitation and Deposition in Light Crude Oil Field. Paper SPE 101102 presented at the SPE Asia Pacific Oil and Gas Conference and Exhibition, Adelaide, Australia, 11–13 September. DOI: 10.2118/101102-MS.

Sanchez, V., Murgia, E., and Lubkowitz, J.A. 1984. Size Exclusion Chromatographic Approach for the Evaluation of Processes for Upgrading Heavy Petroleum. Fuel 63 (5): 612–615.

Sandler, S.I. 1989. Chemical and Engineering Thermodynamics, second edition. New York: Wiley Series in Chemical Engineering, John Wiley & Sons.

Sarac, S. 2007. Experimental Investigation and Modeling of Naphthenate Soap Deposition Kinetics in Petroleum Reservoirs. Master's thesis, University of Oklahoma, Norman, Oklahoma.

Sarac, S. and Civan, F. 2008. Mechanisms, Parameters, and Modeling of Naphthenate Soap-Induced Formation Damage. Paper SPE 112434 presented at the SPE International Symposium and Exhibition on Formation Damage Control, Lafayette, Louisiana, 13–15 February. DOI: 10.2118/112434-MS.

Schantz, S.S. and Stephenson, W.K. 1991. Asphaltene Deposition: Development and Application of Polymeric Asphaltene Dispersants. Paper SPE 22783 presented at the SPE Annual Technical Conference and Exhibition, Dallas, 6–9 October. DOI: 10.2118/22783-MS.

Scott, P.R. 1975a. Method of Preventing Hydrocarbonaceous Deposition on Solid Surfaces. Canada Patent No. 960, 597.

Scott, P.R. 1975b. Method of Pipeline Transporting of Waxy Crude. Canada Patent No. 960, 726.

Seagraves, S. and Wu, Y. 1996. Comparison of Scale Index Calculations and Two Predictive Models. Paper 96186 presented at Corrosion/96, NACE International, Houston.

Settineri, W.J., Klassen, H.E., and Tolly, M.C. 1982. Process for the Removal of Carbon from Solid Surfaces. US Patent No. 4, 363, 673.

Settineri, W.J., Charles, J.G., Hinkel, J.J.. and Malone, B.P. 1984. Method for Removing or Retarding Paraffin Buildup on Surfaces in Contact with Crude Oil. US Patent No. 4, 455, 175.

Shahreyar, N. 2000. Review of Paraffin Control and Removal in Oil Wells Using Southwestern Petroleum Short Course Searchable Database. Master's thesis, Texas Tech University, Lubbock, Texas.

Shaw, C.K., Crow, C.L., Aeschbacher, W.E. Jr., Ramachandran, S., Means, M.C., and Tubel, P.S. 2007.

Subsea Chemical Injection Unit for Additive Injection and Monitoring System for Oilfield Operations. US Patent No. 7, 234, 524.

Shepherd, A.G., Thompson, G., Westacott, R., Neville, A., and Sorbie, K.S. 2005. A Mechanistic Study of Naphthenate Scale Formation. Paper SPE 93407 presented at the SPE International Symposium on Oilfield Chemistry, The Woodlands, Texas, 2–4 February. DOI: 10.2118/93407-MS.

Shepherd, A.G., Thomson, G., Westacott, R., Sorbie, K.S., Turner, M., and Smith, P.C. 2006. Analysis of Organic Field Deposits: New Types of Calcium Naphthenate Scale or the Effect of Chemical Treatment? Paper SPE 100517 presented at the SPE International Oilfield Scale Symposium, Aberdeen, 30 May–1 June. DOI: 10.2118/100517-MS.

Sherik, A. 2008. Black Powder—Conclusion: Management Requires Multiple Approaches. Oil & Gas J. 106 (31): 55–56.

Sheu, E.Y. 2002. Petroleum Asphaltenes: Properties, Characterization, and Issues. Energy & Fuels 16 (1): 74–82.

Shmakova-Lindeman, O.E. 2005. Paraffin Inhibitor. US Patent Application No. 20, 050, 215, 437.

Shmakova-Lindeman, O.E. 2008. Paraffin Inhibitors. US Patent No. 7, 417, 009.

Simanzhenkov, V. and Idem, R. 2003. Crude Oil Chemistry. New York: Marcel Dekker.

Simulated Distillation Analysis of Heavy Canadian Crude Oil by ASTM D 5307. 2009. Columbia, Maryland: Shimadzu Scientific Instruments.

Singh, P. and Fogler, H.S. 1998. Fused Chemical Reactions: The Use of Dispersion to Delay Reaction Time in Tubular Reactors. Industrial and Engineering Chemical Research 37 (6): 2203.

Singh, P., Venkatesan, R., Fogler, H.S., and Nagarajan, N. 2000. Formation and Aging of Incipient Thin Film Wax-Oil Gels. AIChE J. 46 (5): 1059–1074.

Singh, P., Venkatesan, R., Fogler, H.S., and Nagarajan, N.R. 2001a. Morphological Evolution of Thick Wax Deposits During Aging. AIChE J. 47 (1): 6–18.

Singh, P., Youyen, A., and Fogler, H.S. 2001b. Existence of a Critical Carbon Number in the

Aging of a Wax-Oil Gel. AIChE J. 47 (9): 2111–2124.

Singh, P., Walker, J., Lee, H.S., Gharfeh, S., Thomason, B., and Blumer, D. 2006. An Application of Vacuum Insulation Tubing (VIT)for Wax Control in an Arctic Environment. Paper OTC 18316 presented at the Offshore Technology Conference, Houston, 1–4 May. DOI: 10.4043/18316.

Sivaraman, R. 2002. Flow Assurance: Understanding and Controlling Natural Gas Hydrate. Gas TIPS Gas Technology Institute Summer: 19–23.

Sjöblom, J., Hemmingsen, P.V., and Kallevik, H. 2006. The Role of Asphaltenes in Stabilizing Waterin- Crude Oil Emulsions. In Asphaltenes, Heavy Oil, and Petroleomics, ed. O.C. Mullins, E.Y. Sheu, A. Hammami, and A.G. Marshall. New York: Springer.

Skibinski, D. and Smith, C. 2006. Fluid with Asphaltene Control. Canada Patent No. 2, 560, 423.

Skoog, D.A., Holler, F.J., and Crouch, S.R. 2007. Principles of Instrumental Analysis. Pacific Grove, California: Brooks/Cole Thomson Learning.

Skurtveit, R., Sjöblom, J., and Høiland, H. 1989. Emulsions under Elevated Temperature and Pressure Conditions: I. The Model System Water-Hexadecanoic Acid-Sodium Hexadecanoate-Decane at 70℃. J. of Colloid and Interface Science 133 (2): 395–403.

Slavcheva, E., Shone, B., and Turnbull, A. 1999. Review of Naphthenic Acid Corrosion in Oil Refining. British Corrosion Journal 34 (2): 125–131.

Sloan, E.D. Jr. 1990. Clathrate Hydrates of Natural Gas. New York City and Basel, Switzerland: Marcel Dekker.

Sloan, E.D. Jr. 1991. Natural Gas Hydrates. J Pet Technol 43 (12): 1414–1417. SPE-23562-PA. DOI: 10.2118/23562-PA.

Sloan, E.D. Jr. 2003. Seven Industrial Hydrate Flow Assurance Lessons from 1993–2003. Golden, Colorado: Center for Hydrate Research, Colorado School of Mines.

Sloan, E.D. Jr. and Koh, C.A. 2006. Clathrate Hydrates of Natural Gases, third edition. Boca Raton, Florida: CRC Press.

Sloan, E.D. Jr., Koh, C.A., Sum, A.K., Ballard, A.L., Shoup, G.J., McMullen, N., Creek, J.L., and Palermo, T. 2009. Hydrates: State of the Art Inside and Outside Flowlines. J Pet Technol 61 (12): 89–94. SPE-118534-PA. DOI: 10.2118/118534-PA.

Sloan, E.D. Jr., Subramanian, S., Matthews, P.N., Lederhos, J.P., and Khokhar, A.A. 1998. Quantifying Hydrate Formation and Kinetic Inhibition. Industrial and Engineering Chemistry Research 37 (8): 3124–3132.

Small, H. 1989. Ion Chromatography. New York: Plenum Press.

Smith, D.F., Klein, G.C., Yen, A.T., Squicciarini, M.P., Rodgers, R.P., and Marshall, A.G. 2008. Crude Oil Polar Chemical Composition Derived from Ft-Icr Mass Spectrometry Accounts for Asphaltene Inhibitor Specificity. Energy & Fuels 22 (5): 3112–3117.

Smith, J.M. and Ness, H.C.V. 1987. Introduction to Chemical Engineering Thermodynamics. New York: McGraw-Hill Book Company.

Smith, T., Szymczak, S., Gupta, D.V.S., and Brown, J.M. 2009. Solid Paraffin Inhibitor Pumped in a Hydraulic Fracture Provides Long-Term Paraffin Inhibition in Permian Basin Wells. Paper SPE 124868 presented at the SPE Annual Technical Conference and Exhibition, New Orleans, 4–7 October. DOI: 10.2118/124868-MS.

Snyder, L.R. and Kirkland, J.J. 1979. Introduction to Modern Liquid Chromatography. Malden, Massachusetts: Wiley-Interscience.

Snyder, L.R., Kirkland, J.J., and Glajch, J.L. 1997. Practical HPLC Method Development, second edition.Hoboken, New Jersey: John Wiley & Sons.

Soave, G. 1972. Equilibrium Constants from a Modified Redlich-Kwong Equation of State. Chem.Eng. Sci. 27 (6): 1197–1203.

Soldan, A.L., Barbosa, L.C.F., Santos, R.L.A., Morira, J.C., Menezes, S.C., Teixeira, M.A.G., Souza, C.R., Haag, R.B., Marques, L.C.C., et al. 1995. First SPE Brazil Section Colloidal Chemistry in Oil Production. Presented at the Asphaltene and Wax Deposition International Symposium, Rio de Janeiro, 26–20 November.

Soni, B. and Lal, B. 2009. Wellbore Treatment for Reducing Wax Deposits. US Patent Application No.20, 090, 025, 931.

Speight, J.G. 1991. The Chemistry and Technology of Petroleum. New York: Marcel Dekker.

Spiecker, P.M., Gawrys, K.L., Trail, C.B., and Kilpatrick, P.K. 2003. Effects of Petroleum Resins on Asphaltene Aggregation and Water-in-Oil Emulsion Formation. Colloids and Surfaces A: Physicochem.Eng. Aspects 220: 9–27.

Spitzer, W.R. 1987. Plug for Use in Hot Oil Treatment of Wells Having Paraffin Deposits and Method of Use Therefore. US Patent No. 4, 655, 285.

Stadler, M.P., Deo, M.D., and Orr, F.M. Jr. 1993. Crude Oil Characterization Using Gas Chromatography and Supercritical Fluid Chromatography. SPE 25191 presented at the SPE International Symposium on Oilfield Chemistry, New Orleans, 2–5 March. DOI: 10.2118/25191-MS.

Stankiewicz, A.B., Flannery, M.D., Fuex, N.A., Broze, G., Couch, J.L., Dubey, S.T., Iyer, S.D., Ratulowski, J., and Westrich, J.T. 2002. Prediction of Asphaltene Deposition Risk in E&P Operations.Paper 47C, Proc., 3rd International Symposium on Mechanisms and Mitigation of Foulingin Petroleum and Natural Gas Production, AIChE Spring National Meeting, New Orleans, 10–14 March.

Stephenson, W.K. and Kaplan, M. 1991. Asphaltene Dispersants – Inhibitors. US Patent No. 5, 021, 498.

Stephenson, W.K. and Kaplan, M. 2002. Asphaltene Dispersants—Inhibitors. Canada Patent No.2, 029, 465.

Stephenson, W.K., Walker, J.S., Krupay, B.W., and Wolsey-Iverson, S.A. 2004. Desalting Adjunct Chemistry. Canada Patent No. 2, 075, 749.

Stoecker, J.G. II. 2001. Practical Manual on Microbiologically Influenced Corrosion, Volume 2, A. Houston: NACE International.

Straub, T.J., Autry, S.W., and King, G.E. 1989. An Investigation Into Practical Removal of Downhole Paraffin by Thermal Methods and Chemical Solvents. Paper SPE 18889 presented at the SPE Production Operations Symposium, Oklahoma City, Oklahoma, 13–14 March. DOI: 10.2118/18889-MS.

Sugier, A., Bourgmayer, P., Behar, E., and Freund, E. 1989. Process for Transporting a Fluid Which Forms Hydrates. European Patent Application No. EP323307.

Sugier, A., Bourgmayer, P., Behar, E., and Freund, E. 1990. Method of Transporting a Hydrate Forming Fluid. US Patent No. 4, 915, 176.

Sum, A.K., Burruss, R.C., and Sloan, E.D. Jr. 1997. Measurement of Clathrate Hydrates Via Raman Spectroscopy. J Physical. Chemistry B 38 (101): 7371–7377.

Sung, R.L., Derosa, T.F., Storm, D.A., and Kaufman, B.J. 1991. Composition of Matter for Oligomeric Aliphatic Ethers as Asphaltene Dispersants. US Patent No. 5, 202, 056.

Sutton, G.D. 1979. Methods of Removing Organic Deposits from Surfaces. Canada Patent No. 1, 067, 685.

Svartaas, T.M., Kelland, M.A., and Dybvik, L. 2000. Experiments Related to the Performance of Gas Hydrate Kinetic Inhibitors. Annals of the New York Academy of Sciences 912: 744–752.

Swanson, T.A., Petrie, M., and Sifferman, T.R. 2005. The Successful Use of Both Kinetic Hydrate and Paraffin Inhibitors Together in a Deepwater Pipeline With a High Water Cut in the Gulf of Mexico.Paper SPE 93158 presented at the SPE International Symposium on Oilfield Chemistry, The Woodlands, Texas, 2–4 February. DOI: 10.2118/93158-MS.

Svendsen, J.A. 1993. Mathematical Modeling of Wax Deposition in Oil Pipeline Systems. AIChE J39: 1377–1388.

Szymczak, S., Sanders, K., Pakulski, M., and Higgins, T. 2006. Chemical Compromise: A Thermodynamic and Low-Dose Hydrate-Inhibitor Solution for Hydrate Control in the Gulf of Mexico. SPE Proj Fac & Const 1 (4): 1–5. SPE-96418-PA. DOI: 10.2118/96418-PA.

Tackett, J.E. 1996. Comparison of Cloud Point Methods, DSIIA A-907-1. Denver: Deepstar IIA Project, Marathon Oil Company, Petroleum Technology Center.

Talley, L.D. and Oelfke, R.H. 1999. Method for Predetermining a Polymer for Inhibiting Hydrate Formation. US Patent No. 5, 900, 516.

Tantayakom, V., Fogler, H.S., Charoensirithavorn, P., and Chavadej, S. 2005. Kinetic Study of Scale Inhibitor Precipitation in Squeeze Treatment. Crystal Growth & Design 5 (1): 329–335.

The Roto-Wash Tool. 2007. Sugar Land, Texas: Schlumberger.

Thomas, D.C. 1988. Selection of Paraffin Control Products and Applications. Paper SPE 17626 presented at the International Meeting on Petroleum Engineering, Tianjin, China, 1–4

November. DOI: 10.2118/17626-MS.

Thomas, D.C., Becker, H.L., and Del Real Soria, R.A. 1995. Controlling Asphaltene Deposition in Oil Wells. SPE Prod and Fac 10 (2): 119–123. SPE-25483-PA. DOI: 10.2118/25483-PA.

Thomas, F.B. and Bennion, D.B. 1999. Development and Evaluation of Paraffin Technology: Current Status. J Pet Technol 51 (2): 60–61. SPE-50561-MS. DOI: 10.2118/50561-MS.

Thompson, J.L. 1974. Organic Deposit and Calcium Sulfate Scale Removal Emulsion and Process. US Patent No. 3, 794, 523.

Thorssen, D.A. and Loree, D.N. 1998. Oil and Gas Well Operation Fluid Used for the Solvation of Waxes and Asphaltenes, and Method of Use Thereof. US Patent No. 5, 795, 850.

Ting, P.D., Gonzalez, D.L., Hirasaki, G.J., and Chapman, W.G. 2007. Application of the PC-SAFT Equation of State to Asphaltene Phase Behavior. In Asphaltenes, Heavy Oils, and Petroleomics, ed.O.C. Mullins, E.Y. Sheu, A., Hammami and A.G. Marshall. New York: Springer.

Tinsley, J.F., Prud'homme, R.K., Guo, X., and Adamson, D.H. 2006. Effect of Polymer Additives Upon Waxy Deposits. Paper 14 presented at the 7th International Conference on Petroleum Phase Behavior and Fouling, Asheville, North Carolina, 25–29 June.

Tinsley, J.F., Prud'homme, R.K., Guo, X., Adamson, D.H., Callahan, S., Amin, D., Shao, S., Kriegel, R.M., and Saini, R. 2007. Novel Laboratory Cell for Fundamental Studies of the Effect of Polymer Additives on Wax Deposition from Model Crude Oils. Energy & Fuels 21 (3): 1301–1308.

Tinsley, J.F., Jahnke, J.P., Adamson, D.H., Guo, X., Amin, D., Kriegel, R., Saini, R., Dettman, H.D., and Prud'home, R.K. 2009a. Waxy Gels with Asphaltenes 2: Use of Wax Control Polymers. Energy & Fuels 23 (4): 2065–2074.

Tinsley, J.F., Jahnke, J.P., Dettman, H.D., and Prud'homme, R.K. 2009b. Waxy Gels with Asphaltenes 1: Characterization of Precipitation, Gelation, Yield Stress, and Morphology. Energy & Fuels 23 (4): 2056–2064.

Tohidi, B., Danesh, A., and Todd, A.C. 1995. Modeling Single and Mixed Electrolyte-Solutions and Its Applications to Gas Hydrates. Chemical Engineering Research & Design 73 (A4): 464–472.

Tohidi, B., Burgass, R.W., Danesh, A., Ostergaard, K.K., and Todd, A.C. 2000. Improving the Accuracy of Gas Hydrate Dissociation Point Measurements. Annals of the New York Academy of Sciences 912: 924–931.

Tohidi, B., Zain, Z., Yang, J., and Burgass, R. 2007. Methods for Monitoring Hydrate Inhibition Including an Early Warning System for Hydrate Formation. US Patent Application No. 2007/0276169.

Tohidi, B. and Yang, J. 2008. Particle Detection. US Patent Application No. 2008/0041163.

Tomson, M.B., Kan, A.T., Fu, G., and Al-Thubaiti, M. 2004. A Molecular Theory of Mineral Scale Inhibition. Paper NACE 04075 presented at Corrosion 04, New Orleans, 28 March–1April.

Tordal, A. 2006. Pigging of Pipelines with High Wax Content. Presented at PPSA Aberdeen Seminar, Aberdeen, 13 November.

Torres, C.A., Treint, F., Alonso, C., Milne, A., and Lecomte, A. 2005. Asphaltenes Pipeline Cleanout: A Horizontal Challenge for Coiled Tubing. Paper SPE 93272 presented at the SPE/ICoTA Coiled Tubing Conference and Exhibition, The Woodlands, Texas, 12–13 April. DOI: 10.2118/93272-MS.

Towler, B.F., and Rebbapragada, S. 2004. Mitigation of Paraffin Wax Deposition in Cretaceous Crude Oils of Wyoming. J. Pet. Sci. Eng. 45 (1–2): 11–19. Fig. 6.7 reprinted with permission from Elsevier.

Toyama, M. and Seya, M. 2004. Gas Hydrate Formation Inhibitor and Method for Inhibiting Gas Hydrate Formation with the Same. US Patent Application No. 20, 040, 024, 152.

Trimble, M.I., Fleming, M.A., Andrew, B.L., Tomusia, G.A., DiGiacinto, P.M., and Heymans, L.M. 2008. Method for Removing Asphaltene Deposits. US Patent Application No. 20, 080, 020, 949.

Tung, N.P., Phong, N.T.P., Long, B.Q.K., Thuc, P.D., and Son, T.C. 2001. Studying the Mechanisms of Crude Oil Pour Point and Viscosity Reductions When Developing Chemical Additives With the Use of Advanced Analytical Tools. Paper SPE 65024 presented at the SPE International Symposium on Oilfield Chemistry, Houston, 13–16 February. SPE-65024-MS. DOI: 10.2118/65024-MS.

Turner, D. 2006. Clathrate Hydrate Formation in Water-in-Oil Dispersions. PhD dissertation, Colorado School of Mines, Golden, Colorado.

Turner, D. and Talley, L. 2008. Hydrate Inhibition Via Cold Flow—No Chemicals or Insulation. Paper 5818, Proc., 6th International Conference on Gas Hydrates, Vancouver, British Columbia, Canada, 6–10 July.

Turner, D.J., Boxall, J., Yang, S., Kleehammer, D.M., Koh, C.A., Miller, K.T., and Sloan, E.D. 2005.Development of a Hydrate Kinetic Model and Its Incorporation into the Olga2000® Transient Multiphase Flow Simulator. Paper 4018, Proc., 5th International Conference on Gas Hydrates, Trondheim, Norway, 13–16 June.

Turner, D.J., Talley, L.D., and Priedeman, D.K. 2007. Method of Generating a Non-Plugging Hydrate Slurry. Canada Patent No. 2, 645, 486.

Turner, M.S. and Smith, P.C. 2005. Controls on Soap Scale Formation, Including Naphthenate Soaps—Drivers and Mitigation. Paper SPE 94339 presented at the SPE International Symposium on Oilfield Scale, Aberdeen, 11–12 May. DOI: 10.2118/94339-MS.

Tuttle, R.N. 1983. High-Pour-Point and Asphaltic Crude Oils and Condensates J Pet Technol 35 (6): 1192–1196. SPE-10004-PA. DOI: 10.2118/10004-PA.

Ubbels, S.J. 2005. Methods for Inhibiting Naphthenate Salt Precipitates and Naphthenate-Stabilized Emulsions. US Patent Application No. 20, 050, 282, 915.

Ubbels, S.J., Venter, P.J., and Nace, V.M. 2005. Low Dosage Naphthenate Inhibitors. US

Patent Application No. 20, 050, 282, 711.

Uchendu, C., Obadare, A., and Nwoke, L. 2004. Solvent/Acid Blend Provides Economic Single Step Matrix Acidizing Success for Fines and Organic Damage Removal in Sandstone Reservoirs: A Niger Delta Case Study. Paper SPE 90798 presented at the SPE Annual Technical Conference and Exhibition, Houston, 26–29 September. DOI: 10.2118/90798-MS.

Urdahl, O., Lund, A., Mork, P., and Nilsen, T. 1995. Inhibition of Gas Hydrate Formation by Means of Chemical Additives—I. Development of an Experimental Set-up for Characterization of Gas Hydrate Inhibitor Efficiency with Respect to Flow Properties and Deposition. Chem. Eng. Sci. 50 (5): 863–870.

Van der Waals, J.D. 1873.Over De Continuïteit Van Den Gas – En Vloeistoftoestand Physics. University of Leyden. PhD dissertation.

Van der Waals, J.H. and Platteeuw, J.C. 1959. Clathrate Solutions. Advances in Chemical Physics 2 (1): 1–57.

Vargas, F.M., Gonzalez, D.L., Creek, J.L., Wang, J., Buckley, J., Hirasaki, G.J., and Chapman, W.G.2009. Development of a General Method for Modeling Asphaltene Stability. Energy & Fuels 23 (3): 1147–1154.

Vassenden, F., Nielsen, F.M., Rian, M., and Haldoupis, A.J. 2005. Why Didn't All the Wells at Smorbukk Scale In? Paper SPE 94578 presented at the SPE International Symposium on Oilfield Scale, Aberdeen, 11–12 May. DOI: 10.2118/94578-MS.

Vavro, M.E. 1996. Minimizing Natural Gas Dehydration Costs With Proper Selection of Dry Bed Desiccants and New Dryer Technology. Paper SPE 37348 presented at the SPE Eastern Regional Meeting, Columbus, Ohio, 23–25 October. DOI: 10.2118/37348-MS.

Velly, M., Delion, A.-S., and Durand, J.-P. 1998. Process for Reducing the Tendency of Hydrates to Agglomerate in Production Effluents Containing Paraffin Oils. US Patent No. 5, 848, 644.

Venkatesan, R., Singh, P., and Fogler, H.S. 2002. Delineating the Pour Point and Gelation Temperature of Waxy Crude Oils. SPE J. 7 (4): 349–352. SPE-72237-PA. DOI: 10.2118/72237-PA.

Venkatesan, R., Wattana, P., and Fogler, H.S. 2003. The Effect of Asphaltenes on the Gelation of Waxy Oils. Energy & Fuels 17 (6): 1630–1640.

Venkatesan, R. 2004. The Deposition and Rheology of Organic Gels. PhD dissertation, University of Michigan, Ann Arbor, Michigan.

Venkatesan, R. and Creek, J.L. 2007. Wax Deposition During Production Operations: SOTA. Paper OTC 18798 presented at the Offshore Technology Conference, Houston, 30 April–3 May. DOI: 10.4043/18798-MS.

Victorov, A.I. and Firoozabadi, A. 1996. Thermodynamic Micellization Model of Asphaltene Precipitation from Petroleum Fluids. AIChE J. 42 (6): 1753–1764.

Vindstad, J.E., Bye, A.S., Grande, K.V., Hustad, B.M., Hustvedt, E., and Nergård, B. 2003.

Fighting Naphthenate Deposition at the Heidrun Field. Paper SPE 80375 presented at the SPE International Symposium on Oilfield Scale, Aberdeen, 29–30 January. DOI: 10.2118/80375-MS.

Vindstad, J.E., Grande, K.V., and Mediaas, H. 2007. Effi cient Management of Calcium Naphthenate Deposition at Oil Fields. Presented at the TEKNA–Separation Technology Conference, Stockholm, Sweden, 26–27 September.

Viscometer. 2009. Wikipedia, http: //en.wikipedia.org/wiki/Viscometer. Downloaded 15 August 2009. Viscovitz, J. 2001. Skin Cleansing Composition for Removing Ink. US Patent No. 6, 265, 363.

Volk, M. and Sarica, C. 2003. Tulsa University Paraffin Deposition Projects, Semi–Annual Report, March 2003–September 2003. Tulsa: University of Tulsa.

Vollmer, D.P. and Horton, R.L. 2002. Methods for Enhancing Wellbore Treatment Fluids. US Patent No. 6, 489, 270.

Von Flatern, R. 2001. Serrano charged up for hydrates battle. Offshore Engineer July: 23–28.

Wang, J. and Buckley, J. 2002. Measuring Refractive Index Using the GPR. Socorro, New Mexico, New Mexico Tech University, PRRC, 11–37.

Wang, J., Buckley, J.S., and Creek, J.L. 2004a. Asphaltene Deposition on Metallic Surfaces. J. of Dispersion Science and Technology 25 (3): 287–297.

Wang, J.X. and Buckley, J.S. 2001a. A Two–Component Solubility Model of the Onset of Asphaltene Flocculation in Crude Oils. Energy & Fuels 15 (5): 1004–1012.

Wang, J.X. and Buckley, J.S. 2001b. An Experimental Approach to Prediction of Asphaltene Flocculation.Paper SPE 64994 presented at the SPE International Symposium on Oilfield Chemistry, Houston, 13–16 February. DOI: 10.2118/64994-MS.

Wang, J.X., Buckley, J.S., Burke, N.E., and Creek, J.L. 2004b. A Practical Method for Anticipating Asphaltene Problems. SPE Prod & Fac 19 (3): 152–160. SPE–87638–PA. DOI: 10.2118/87638-PA.

Wang, J.X., Creek, J.L., and Buckley, J.S. 2006a. Screening for Potential Asphaltene Problems. Paper SPE 103137 presented at the SPE Annual Technical Conference and Exhibition, San Antonio, Texas, 24–27 September. SPE–103137–MS. DOI: 10.2118/103137-MS.

Wang, K.–S., Wu, C.–H., Creek, J.L., Shuler, P.J., and Tang, Y. 2002. Measurement of Wax Deposition in Paraffin Solutions. AIChE J. 48: 2107–2110.

Wang, Q., Sarica, C., and Chen, T.X. 2001. An Experimental Study on Mechanics of Wax Removal in Pipeline. Paper SPE 71544 presented at the SPE Annual Technical Conference and Exhibition, New Orleans, 30 September–3 October. DOI: 10.2118/71544-MS.

Wang, S. and Civan, F. 2001. Productivity Decline of Vertical and Horizontal Wells by Asphaltene Deposition in Petroleum Reservoirs. Paper SPE 64991 presented at the SPE International Symposium on Oilfield Chemistry, Houston, 13–16 February. DOI: 10.2118/64991-MS.

Wang, S. and Civan, F. 2005. Preventing Asphaltene Deposition in Oil Reservoirs by Early Water Injection. Paper SPE 94268 presented at the SPE Production Operations Symposium, Oklahoma City, Oklahoma, 16–19 April. DOI: 10.2118/94268-MS.

Wang, X. and Buckley, J.S. 2007. Effect of Dilution Ratio on Amount of Asphaltenes Separated from Stock Tank Oil. J. of Dispersion Science and Technology 28: 425–430.

Wang, X. and Javora, P.H. 2007. Methods of Using Crosslinkable Compositions. US Patent No. 7, 306, 039.

Wang, X., Qu, Q., Javora, P., and Pearcy, R. 2006b. New Trend in Oilfield Flow Assurance Management: A Review of Thermal Insulating Fluids. Paper SPE 103829 presented at the International Oil and Gas Conference and Exhibition in China, Beijing, 5–7 December. DOI: 10.2118/103829-MS.

Wasden, F.K. 2003. Flow Assurance in Deepwater Flowlines and Pipelines—Challenges Met, Challenges Remaining. Paper OTC 15184 presented at the Offshore Technology Conference, Houston, 5 May–8 May. DOI: 10.4043/15184-MS.

Wattana, P. and Fogler, H.S. 2001. Dissolution Kinetics of Asphaltenes at Low Temperature. Ann Arbor, Michigan: University of Michigan Industrial Affiliates Project.

Wattana, P., Wojciechowski, D.J., and Fogler, H.S. 2001. Study of Asphaltene Precipitation Using Refractive Index Measurement. Ann Arbor, Michigan: University of Michigan Industrial Affiliates Project.

Wattana, P., Saithong, T., Poonsateansup, N., and Fogler, H.S. 2002. Determination of Solubility of Asphaltenes in Aromatic Solvents. Ann Arbor, Michigan: University of Michigan Industrial Affiliates Program.

Weber, J. and Knopf, K., eds. 1994. Inhibition of Corrosion and Scaling in Industrial Cooling Systems. In Corrosion Inhibitors, 39–50. London: The Institute of Metals.

Webster, S., McMahon, A.J., Paisley, D.M.E., and Harrop, D. 1996. Corrosion Test Methods. British Petroleum Sundbury Report, Sunbury, UK.

Weingarten, J.S. and Euchner, J.A. 1986. Methods for Predicting Wax Precipitation and Deposition. Paper SPE 15654 presented at the SPE Annual Technical Conference and Exhibition, New Orleans, 5–8 October. DOI: 10.2118/15654-MS.

Weinheber, P., Jackon, R.R., De Santo, I., Atenzi, G.L., and Guadagnini, E. 2009. Focused Sampling and Downhole Fluid Analysis—A West Africa Perspective. Paper OTC 20024 presented at the Offshore Technology Conference, Houston, 4–7 May. DOI: 10.4043/20024-MS.

Weispfennig, K. 2001. Advancements in Paraffin Testing Methodology. Paper SPE 64997 presented at the SPE International Symposium on Oilfield Chemistry, Houston, 13–16 February. DOI: 10.2118/64997-MS.

Weiss, J. 1994. Ion Chromatography. New York: John Wiley & Sons.

Wendt, C.J. and Lu, W.-T. 2006. Sourcing Archaeological Bitumen in the Olmec Region. J.

Archaeological Sci. 33 (1): 89–97.

West Texas Intermediate. 2009. Wikipedia, http: //en.wikipedia.org/wiki/West_Texas_Intermediate. Downloaded 15 October 2009.

Westcor. 2009. Vapor Pressure Osmeter, http: //www.wescor.com/biomedical/osmometer/index.html#. Wiehe, I.A., Varadaraj, R., Jermansen, T.G., Kennedy, R.J., and Brons, C.H. 2000. Branched Alkyl− Aromatic Sulfonic Acid Dispersants for Solubilizing Asphaltenes in Petroleum Oils. US Patent No. 6, 048, 904.

Wiehe, I.A. 2008. Process Chemistry of Petroleum Macromolecules. Boca Raton, Florida: CRC Press.

Wilkes, M.F. and Davies, M. 2008. Asphaltene Inhibition. US Patent Application No. 20, 080, 096, 772.

Willmon, J.G. and Edwards, M.A. 2006. From Pre−commissioning to Startup: Getting Chemical Injection Right. SPE Prod & Oper 21 (4): 483–491. SPE−96144−PA. DOI: 10.2118/96144−PA.

Witzke, T. 2007. Evenkite Photograph. Germany. http: //tw.strahlen.org/indengl.html. Last visited 10 June 2010.

Wojciechowski, D., Bolaños, G., and Scott Fogler, 2001. Using Refractive Index to Study Asphaltene Precipitation. Ann Arbor, Michigan: University of Michigan Industrial Affiliates Project.

Won, K.W. 1986. Thermodynamics for Solid−Liquid Equilibria: Wax Phase Formation from Heavy Hydrocarbon Mixtures. Fluid Phase Equil 30 (1): 265–279.

Wong, T.C., Hwang, R.J., Beaty, D.W., Dolan, J.D., McCarty, R.A., and Franzen, A.L. 1997. Acid− Sludge Characterization and Remediation Improve Well Productivity. SPE Prod & Fac 12 (1): 51–58. SPE−35193−PA. DOI: 10.2118/35193−PA.

Woo, G.T., Garbis, S.J., and Gray, T.C. 1984. Long−Term Control of Paraffin Deposition. Paper SPE 13126 presented at the SPE Annual Technical Conference and Exhibition, Houston, 16–19 September. DOI: 10.2118/13126−MS.

Wu, C.−H., Wang, K.−S., Shuler, P.J., Tang, Y., Creek, J.L., Carlson, R.M., and Cheung, S. 2002. Measurement of Wax Deposition in Paraffin Solutions. AIChE J. 48 (9): 2107–2110.

Wylde, J.J. and Slayer, J.J.L. 2009. Development, Testing, and Field Application of a Heavy Oil Pipeline Cleaning Chemical: A Cradle to Grave Case History. Paper SPE 119688 presented at the SPE Western Regional Meeting, San Jose, California, 24–26 March. SPE−119688−MS. DOI: 10.2118/119688−MS.

Yanga, C., Lia, D., Czarneckic, J., and Masliyah, J.H. 1998. Kinetics of Particle Transport to a Solid Surface from an Impinging Jet under Surface and External Force Fields. J. of Colloid and Interface Science 208 (1): 226–240.

Yater, R.W. 2007. Sub Sea Intervention Fluid Transfer System. US Patent No. 7, 225, 877.

Yau, W.W., Kirkland, J.J., and Bly, D.D. 1979. Modern Size−Exclusion Chromatography:

Practice of Gel Permeation and Gel Filtration Chromatography. New York: John Wiley & Sons.

Yen, T.F., Erdman, J.G., and Pollack, S.S. 1961. Investigation of the Structure of Petroleum Asphaltenes by X-Ray Diffraction. Analytical Chemistry 33 (11): 1587–1594.

Yi, T., Fadili, A., Ibrahim, M., and Al-Matar, B.S. 2009. Modeling the Effect of Asphaltene on the Development of the Marrat Field. Paper SPE 120988 presented at the SPE European Formation Damage Conference, Scheveningen, The Netherlands, 27–29 May. DOI: 10.2118/120988-MS.

Yiantsios, S.G. and Karabelas, A.J. 1995. Detachment of Spherical Microparticles Adhering on Flat Surfaces by Hydrodynamic Forces. J. of Colloid and Interface Science 176 (1): 74–85.

York, J.D. and Firoozabadi, A. 2008. Effect of Brine on Hydrate Anti-Agglomeration. Paper SPE 116214 presented at the SPE Annual Technical Conference and Exhibition, Denver, 21–24 September.

DOI: 10.2118/116214-MS.

Young, W.D., Cohen, J.M., and Wolf, P.F. 1997. Enhanced Hydrate Inhibitors: Powerful Synergism with Glycol Ethers. Preprints of papers presented at the 213th ACS National Meeting, 40-Fuel, San Francisco, 13–17 April.

Yousif, M.H. 1998. Effect of Underinhibition With Methanol and Ethylene Glycol on the Hydrate- Control Process. SPE Prod & Fac 13 (3): 184–189. SPE-50972-PA. DOI: 10.2118/50972-PA.

Yousif, M.H., Dunayevsky, V.A., and Hale, A.H. 1997. Hydrate Plug Remediation: Options and Applications for Deep Water Drilling Operations. Paper SPE 37624 presented at the SPE/IADC Drilling Conference, Amsterdam, 4–6 March. DOI: 10.2118/37624-MS.

Youyen, A., Singh, P., and Fogler, H.S. 2000. Counter Diffusion of Wax Molecules in Gel Deposits: A Prediction of the Critical Carbon Number. Ann Arbor, Michigan: University of Michigan Industrial Affiliates Project.

Zain, Z.M., Yang, J., Tohidi, B., Cripps, A., and Hunt, A. 2005. Hydrate Monitoring and Warning System: A New Approach for Reducing Gas Hydrate Risks. Paper SPE 94340 presented at the SPE Europec/EAGE Annual Conference, Madrid, Spain, 13–16 June. DOI: 10.2118/94340-MS.

Zekri, A.Y., Shedid, S.A., and Alkashef, H. 2001. Use of Laser Technology for the Treatment of Asphaltene Deposition in Carbonate Formation. Paper SPE 71457 presented at the SPE Annual Technical Conference and Exhibition, New Orleans, 30 September–3 October. DOI: 10.2118/71457-MS.

Zhang, G., Yu, C.-Z., Su, S.-H., Kalra, K.L., and Zhou, D. 2003. DeParaffinization Compositions and Methods for Their Use. US Patent No. 6,632,598.

Zhang, W., Creek, J.L., and Koh, C.A. 2001. A Novel Multiple Cell Photo-Sensor Instrument: Principles and Application to the Study of THF Hydrate Formation. Measurement Science &. Technology 12 (10): 1620–1630.

Zougari, M., Hammami, A., Broze, G., and Fuex, N. 2005. Live Oils Novel Organic Solid Deposition and Control Device: Wax Deposition Validation. Paper SPE 93558 presented at the SPE Middle East Oil and Gas Show and Conference, Kingdom of Bahrain, 12–15 March. DOI: 10.2118/93558.

Zougari, M., Jacobs, S., Ratulowski, J., Hammami, A., Broze, G., Flannery, M., Stankiewicz, A., and Karan, K. 2006. Novel Organic Solids Deposition and Control Device for Live-Oils: Design and Applications. Energy & Fuels 20 (4): 1656–1663.

国外油气勘探开发新进展丛书（一）

书号：3592
定价：56.00元

书号：3663
定价：120.00元

书号：3700
定价：110.00元

书号：3718
定价：145.00元

书号：3722
定价：90.00元

国外油气勘探开发新进展丛书（二）

书号：4217
定价：96.00元

书号：4226
定价：60.00元

书号：4352
定价：32.00元

书号：4334
定价：115.00元

书号：4297
定价：28.00元

国外油气勘探开发新进展丛书（三）

书号：4539
定价：120.00元

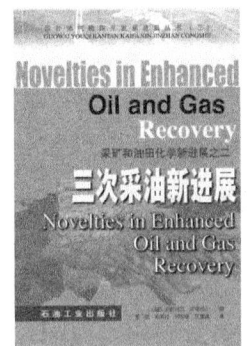

书号：4725
定价：88.00元

书号：4707
定价：60.00元

书号：4681
定价：48.00元

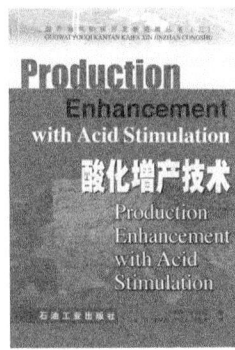

书号：4689
定价：50.00元

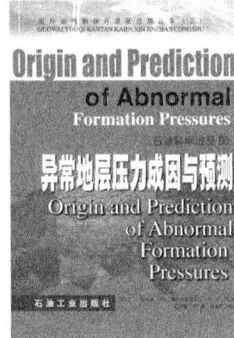

书号：4764
定价：78.00元

国外油气勘探开发新进展丛书（四）

书号：5554
定价：78.00元

书号：5429
定价：35.00元

书号：5599
定价：98.00元

书号：5702
定价：120.00元

书号：5676
定价：48.00元

书号：5750
定价：68.00元

国外油气勘探开发新进展丛书（五）

书号：6449
定价：52.00元

书号：5929
定价：70.00元

书号：6471
定价：128.00元

书号：6402
定价：96.00元

书号：6309
定价：185.00元

书号：6718
定价：150.00元

国外油气勘探开发新进展丛书（六）

书号：7055
定价：290.00元

书号：7000
定价：50.00元

书号：7035
定价：32.00元

书号：7075
定价：128.00元

书号：6966
定价：42.00元

书号：6967
定价：32.00元

国外油气勘探开发新进展丛书（七）

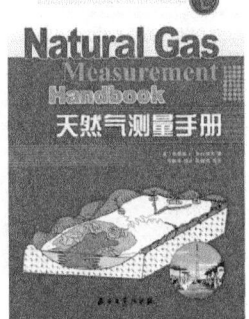

书号：7533
定价：65.00元

书号：7802
定价：110.00元

书号：7555
定价：60.00元

书号：7290
定价：98.00元

书号：7088
定价：120.00元

书号：7690
定价：93.00元

国外油气勘探开发新进展丛书（八）

书号：7446
定价：38.00元

书号：8065
定价：98.00元

书号：8356
定价：98.00元

书号：8092
定价：38.00元

书号：8804
定价：38.00元

书号：9483
定价：140.00元

国外油气勘探开发新进展丛书（九）

书号：8351
定价：68.00元

书号：8782
定价：180.00元

书号：8336
定价：80.00元

书号：8899
定价：150.00元

书号：9013
定价：160.00元

书号：7634
定价：65.00元

国外油气勘探开发新进展丛书（十）

书号：9009
定价：110.00元

书号：9989
定价：110.00元

书号：9574
定价：80.00元

书号：9024
定价：96.00元

书号：9322
定价：96.00元

书号：9576
定价：96.00元

国外油气勘探开发新进展丛书（十一）

书号：0042
定价：120.00元

书号：9943
定价：75.00元

书号：0732
定价：75.00元

书号：0916
定价：80.00元

书号：0867
定价：65.00元

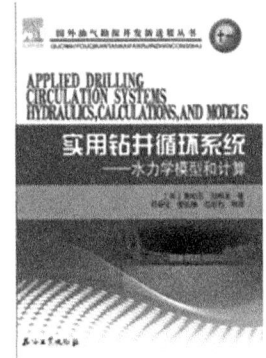

书号：0732
定价：75.00元

国外油气勘探开发新进展丛书（十二）

书号：0661
定价：80.00元

书号：0870
定价：116.00元

书号：0851
定价：120.00元

书号：1172
定价：120.00元

书号：0958
定价：66.00元

书号：1529
定价：66.00元

国外油气勘探开发新进展丛书（十三）

书号：1046
定价：158.00元

书号：1167
定价：165.00元

书号：1645
定价：70.00元

书号：1259
定价：60.00元

书号：1875
定价：158.00元

书号：1477
定价：256.00元

国外油气勘探开发新进展丛书（十四）

书号：1456
定价：128.00元

书号：1855
定价：60.00元

书号：1874
定价：280.00元

书号：2857
定价：80.00元

书号：2362
定价：76.00元

国外油气勘探开发新进展丛书（十五）

书号：3053
定价：260.00元

书号：3682
定价：180.00元

书号：2216
定价：180.00元

书号：3052
定价：260.00元

书号：2703
定价：280.00元

书号：2419
定价：300.00元

国外油气勘探开发新进展丛书（十六）

书号：2428
定价：168.00元

书号：1979
定价：65.00元

书号：3384
定价：168.00元

书号：2274
定价：68.00元

书号：3450
定价：280.00元